四川唐家河国家级自然保护区生物多样性研究

Research on Biodiversity
in Tangjiahe National Nature Reserve, China

张泽钧 主编

科学出版社
北京

内 容 简 介

生物多样性是国家重要的战略资源，是人类社会可持续发展的物质基础。四川唐家河国家级自然保护区位于岷山山系东南麓，既是"国宝"大熊猫的集中分布区，也是我国生物多样性保护的关键区域之一。本书在野外考察的基础上，结合历史文献，全面报道了唐家河国家级自然保护区内的生物多样性资源，包括大型真菌、蕨类植物、裸子植物、被子植物、昆虫、鱼类、两栖类、爬行类、鸟类以及兽类等不同类群，并对保护区主要保护对象——大熊猫、扭角羚及川金丝猴的生态生物学习性进行了较为全面的介绍，同时，对保护区内植被类型与景观格局、保护区周边经济社会状况、保护管理现状、生态旅游资源开发与可持续发展也做了初步介绍。

本书内容丰富，数据详实，条理清晰，语言简洁，可作为生物多样性研究工作者及自然保护管理人员的案头参考书。

图书在版编目(CIP)数据

四川唐家河国家级自然保护区生物多样性研究/张泽钧主编. —北京:科学出版社, 2016.12

ISBN 978-7-03-050346-6

Ⅰ.①唐…　Ⅱ.①张…　Ⅲ.①自然保护区-科学考察-考察报告-四川

Ⅳ.①S759.992.71

中国版本图书馆 CIP 数据核字 (2016) 第 259637 号

责任编辑：张　展　孟　锐 / 封面设计：墨创文化
责任校对：王　翔 / 责任印制：余少力

斜 学 出 版 社 出版

北京东黄城根北街16号
邮政编码：100717
http://www.sciencep.com

成都锦瑞印刷有限责任公司印刷
科学出版社发行　各地新华书店经销

＊

2016 年 12 月第　一　版　　开本：787*1092　1/16
2016 年 12 月第一次印刷　　印张：34
字数：800 千字

定价：148.00 元
(如有印装质量问题,我社负责调换)

《四川唐家河国家级自然保护区生物多样性研究》
编委会

科学顾问：胡锦矗

主　　编：张泽钧

副 主 编：谌利民　袁施彬　黄小富　甘小洪　李明富

编　　委：西华师范大学（以姓氏笔画为序）

马永红　韦　伟　石爱民　戎战磊　严贤春　李林辉

张晋东　周　宏　洪明生　高　辉　曾　燏　廖文波

黎大勇

四川农业大学：杨建东

绵阳师范学院：官天培

唐家河国家级自然保护区管理处（以姓氏笔画为序）：

杨　艳　陈万里　郑维超

序

  生物多样性是国家重要的战略资源,是人类社会生存与发展的物质基础。生物多样性的保护维护了自然界的生态平衡,确保了生态系统结构的完整和功能的正常发挥,在水源涵养、土壤保持、防风固沙及气候调节等方面发挥着重要的作用。

  我国是全球生物多样性资源最为丰富的国家之一。然而,我国生物多样性保护的形势却日益严峻。在各种保护努力中,创建自然保护区是开展物种就地保护的主要形式。截至2015年,我国已创建各级各类自然保护区超过2000个。四川唐家河自然保护区创建于1978年,位于岷山山系龙门山地震断裂带的西北段、摩天岭南麓,为四川盆地北部向青藏高原过渡的高山峡谷地带。保护区内植被茂密,生态系统完整,是大熊猫、扭角羚、川金丝猴等珍稀野生动物资源分布较丰富的地区,被世界自然基金会评定为A级自然保护区,是岷山山系大熊猫保护区群中一颗璀璨的明珠。

  为摸清保护区内生物多样性资源,四川师范学院(现西华师范大学)珍稀动植物研究所于2003年夏季组织了保护区第一次综合科学考察,在此基础上出版了《四川唐家河自然保护区综合科学考察报告》一书。为进一步摸清家底,西华师范大学生命科学学院应保护区管理处邀请于2013年再次组织技术力量对保护区内生物资源进行了全面科学考察,并结合保护区第一次综合科学考察数据和相关研究文献,形成了《四川唐家河国家级自然保护区生物多样性研究》一书。与国内一般综合科学考察报告相比,该书在提供不同生物类群物种名录的同时,尽可能提供了在保护区内的空间分布信息,同时对保护区主要保护对象——大熊猫、扭角羚及川金丝猴的生态生物学习性进行了专题研究,并发展了相应的保护管理对策。因此,该书突破了普通综合科学考察报告的范围和深度,既可供自然保护科研工作者参考,对指导保护区未来的保护管理实践亦大有裨益。

(研究员)
中国科学院动物研究所
2016年9月3日

前　言

四川唐家河国家级自然保护区成立于 1978 年，是以大熊猫(*Ailuropoda melanoleuca*)、扭角羚(*Budorcas taxicolor*)、川金丝猴(*Rhinopithecus roxellanae*)等珍稀野生动物及其栖息地为主要保护对象的森林和野生动物类型自然保护区。

保护区地处龙门山西北侧摩天岭南麓，位于四川省广元市青川县之西北角，介于东经 104.6°~104.87°、北纬 32.5°~32.68°之间，北邻甘肃省文县白水江国家级自然保护区，西南与平武县毗连，东南与四川东阳沟省级自然保护区及青川县清溪镇、桥楼乡和三锅镇接壤。东西长 24.5 km，南北宽 16.3 km，面积约为 400 km²。保护区地处全球生物多样性保护的热点地区，生物资源富集，是中国岷山山系大熊猫栖息地的重要组成部分，属世界自然基金会划定的 A 级自然保护区，被誉为"生命家园"、"天然基因库"和岷山山系的"绿色明珠"。

2003 年，保护区管理处委托西华师范大学珍稀动植物研究所组织开展了第一次综合科学考察，初步摸清了保护区内的物种多样性资源。其中，脊椎动物共计有 5 纲 27 目 101 科 428 种，大型真菌计有 51 科 434 种，苔藓植物计有 46 科 176 种，蕨类植物计有 32 科 192 种，裸子植物计有 7 科 24 种，被子植物计有 131 科 1596 种。为进一步保护好区内生物多样性资源，促进自然保护与社区经济的协调发展，2013 年 1 月，保护区管理处委托西华师范大学生命科学学院组织开展第二次综合科学考察。在接受任务后，西华师范大学生命科学学院积极组织技术力量，分别于 2013 年 4~5 月、2013 年 7 月及 2013 年 10 月对保护区内生物多样性资源、社区经济及保护管理现状等进行了较全面的考察。

野外考察期间，多次得到了四川省野生动物资源调查保护管理站、唐家河国家级自然保护区管理处等单位的大力支持和帮助。西华师范大学生命科学学院 2011 级和 2012 级动物学、生态学及野生动物与自然保护区管理专业的部分硕士研究生也参加了本次科学考察的野外工作，北京大学王戎疆教授及中国科学院动物研究所温知新博士提供了部分资料，官天培与马文虎提供了封面照片，并得到国家自然科学基金项目(31270570，31470462)的资助，在此一并致谢！

保护区内地形崎岖，植被类型复杂多样，生物多样性资源极为丰富。摸清保护区内生物多样性资源现状需要长期的监测与努力。另外，虽然考察人员尽了最大努力，但限于水平和能力，报告中难免存在一些不足之处，恳请各位专家批评指正。

《四川唐家河国家级自然保护区生物多样性研究》编写组

2015 年 12 月

目　　录

第1章 自然环境

四川唐家河国家级自然保护区(简称保护区)地处龙门山西北侧摩天岭南麓,位于四川省广元市青川县的西北角,介于东经104.6°～104.87°、北纬32.5°～32.68°之间。保护区北邻甘肃省文县白水江国家级自然保护区,西南与平武县毗连,东南与四川东阳沟省级自然保护区及青川县清溪镇、桥楼乡和三锅镇接壤(附图1)。

保护区东西长24.5 km,南北宽16.3 km,面积约为400 km²。其中,核心区面积为271.54 km²,缓冲区面积为37.98 km²,实验区面积为90.48 km²,分别占保护区总面积的67.88%、9.50%和22.62%。

1.1 地 质 地 貌

1.1.1 地形、地貌

保护区所在区域属岷山山系,北缘为岷山山脉东南段,余尾延伸至摩天岭,自西向东横亘,并向南展布深入乔庄断裂以南的龙门山中。

保护区内地形复杂,峰峦重叠,山势陡峭,河谷深切,为川西北高原向四川盆地过渡的高山峡谷地带。在地势上自西北向东南倾斜,区内最高海拔达3864 m,最低海拔约1100 m,相对高差达2764 m。北路沟自西北而东南横贯保护区中部,两侧沟谷切割剧烈。

保护区内的主要山峰有:

(1)海拔3000 m以上山峰有7座,分别是大草坪(3837.1 m)、深垭口(3516 m)、麻山(3504 m)、火烧岭(3233 m)、大草堂(3232.2 m)、大草坡(3210 m)和大尖包(3099 m)。

(2)海拔2000～3000 m的山峰有13座,分别是乱石山(2997 m)、取水岩(2919 m)、癫肚子石(2915 m)、双石人(2884 m)、草坡岩窝(2865 m)、马鞍岭(2805 m)、团包山(2702 m)、陷坑坪(2643 m)、光景堂(2506 m)、花栎山(2358 m)、南天门(2339 m)、八卦梁(2351 m)和摩天岭(2227 m)。

以上山峰大多分布在川甘(四川省青川县与甘肃省文县)和青平(青川与平武)交界地带,诸峰连接形成的山脊线构成保护区与外部之间的天然分界。

1.1.2 地层、地质

保护区地处龙门山断裂带与秦岭、摩天岭褶皱带波及区,出露地层包括第四系、志留系、震旦系和前震旦系，但以震旦系和前震旦系出露面积最大。岩石以千枚岩、变质岩和变砂岩分布最广。由于新老构造运动影响，保护区内软硬性岩呈交替出现的现象。

保护区在地质构造上为东北向的乔庄大断裂，走向北东，东倾向北、北西，由倾角 60°~80° 的逆断层构成。该断裂源自陕西，经刘家场、天隍院、上马坊、孔溪、乔庄、三锅、桥楼坝、青溪后进入平武境内。褶皱为摩天岭构造带，为一系列紧密残状褶皱，挤压强烈，结构面向北西倾斜，次级褶皱发育，并伴有高角度冲断裂，使褶皱更加复杂。

1.2　土　　壤

1.2.1　成土母质

1.2.1.1　成土母质类型

保护区内成土母质仅有"新、老冲积"和"坡残积"两大类。据岩性、风化物属性及母质成因，成土母质包括下述 8 种。

(1) 黄色新冲积母质：属第四系全新统地层发育而成，搬运距离较近，呈中性至微酸性，无碳酸盐反应，砂粒稍重于黏粒，矿质养分含量高，主要分布于清水河、乔庄河及其支流的河漫滩和一级阶地。

(2) 灰棕色冲积母质：属第四系全新统地层发育而成，搬运距离较远，呈中性至微碱性，碳酸盐反应中至高，以砂粒为主，矿质养分含量较丰富，主要分布于白龙江两岸的河漫滩和一级阶地。

(3) 黄色老冲积母质：属第四系中、上更新统地层发育而成，呈中性至微酸性，无碳酸盐反应，以黏粒为主，矿质养分复杂且含量低，分布于河谷两岸的二、三级阶地。

(4) 紫色钙质页岩坡残积母质：属三叠系飞仙关组地层的坡残积物，呈微碱性，碳酸盐反应中等，以物理性黏粒为主，矿质养分含量较高，分布于坡面中下部地区。

(5) 变砂岩坡残积母质：属三叠系、石炭系、寒武系地层的砂岩、变砂岩、粉砂岩的坡残积物，呈中性至微酸性，无碳酸盐反应，砂粒与黏粒基本相当，矿质养分含量较高。

(6) 片岩、千枚岩残积母质：属志留系、泥盆系、震旦系地层的千枚岩、片岩的坡残积物，呈中性至微酸性，无碳酸盐反应，黏粒较少，砂粒较多，矿质养分含量较低，分布于保护区内大多数地区。

(7) 板岩坡残积母质：属震旦系、寒武系地层的板岩坡残积物，呈中性至微酸性，无碳酸盐反应，砂粒与黏粒基本相当，矿质养分较低，分布面积零散。

(8) 灰岩坡残积母质：各系地层碳酸盐岩类的坡残积物，呈中性至微酸性，碳酸盐反应中至高，以黏粒为主，土质养分含量高，零星分布于境内。

1.2.1.2 土壤形成特点

1. 物理风化强烈

保护区内山高坡陡，岩层倾角大，岩石裂隙发育，抗冲抗蚀能力弱。岩层多是千枚岩、片岩，岩面中的颗粒细小，组织细密，透水困难，碳酸盐淋失较慢，风化物易形成细小的岩石碎屑。区内气温月较差和日较差较大，风化物的矿物及化学组成与母岩相同，风化层浅薄，砾石含量高，细土少，矿物风化度低。

2. 富铝化过程微弱

在湿润的气候条件下，成土母岩矿物质易遭分解，可溶盐基和碳酸钙来不及聚集就进入溶液而流失。硅酸盐和硅酸铝盐分解为主要由硅、铝、铁所组成的黏土，并为钙、镁等阳离子饱和，使土壤溶液呈中性。由于区内雨量充沛而集中，风化物极易随地表水流失，母质和土层被侵蚀与堆积频繁，使土壤的富铝化过程薄弱，始终处于初级阶段。

3. 黏化过程弱

在土壤成土过程中，原生矿物分解后形成了次生黏土矿物。由于侵蚀、冲刷，次生黏土矿物随地表径流流失，使黏化过程弱，因而土壤普遍含黏粒。

4. 土壤淋溶淀积不明显

土体表层在成土过程中，生成的次生矿物和盐基大量流失，相应地使淋溶下渗量减少。加之冻溶交替使土壤疏松，非毛细管空隙多，不保水，土体下的岩层破碎，地下水位低，无托水层，加快了土壤水分的散失，次生矿物和盐基在土体中不易保留而淋失，故土壤淋溶淀积不明显。

1.2.2 土壤分布

1.2.2.1 垂直分布

保护区内土壤垂直分带明显，海拔由低到高依次为黄壤—黄棕壤—暗棕壤—亚高山草甸土。其中，黄壤为基带土壤，分布于海拔 1250~1600 m 的地区，黄棕壤分布的海拔上限为 2200~2300 m，暗棕壤分布的海拔上限为 3200~3400 m，亚高山草甸土分布的海拔上限为 3700 m 左右。

1.2.2.2 水平分布

1. 带状土壤组合分布

由于地层从北东向西南呈条带状展布，引起土壤相应成条带状分布。粗骨性黄壤亚类由北至南包括石片子黄泥土属带(北中部)和石渣子土属带(南部)。青砂泥土种因岩性展布的特征，沿乔庄断裂呈北东向带状分布。

2. 河谷格状土壤组合分布

保护区内河谷发育，河流沟谷多呈格子形状展布。沿河谷分布的潮土、水稻土类及老冲积黄泥土的组合呈格子状分布，一般从谷底至两岸二、三级阶地，依次分布着潮土—水稻土—老冲积黄泥土。

3. 土壤复域分布

坡残积母质发育的土壤分布，受地貌影响。山体坡度变化大，坡形组合多样，造成多样组合形式的复域土壤。直线坡度面上，自上至下呈现沙黄泥土—石渣子土—石片子土组合形式；在复型坡面上，坡面变缓地带分布黄壤亚类，或粗骨型黄壤亚类中土体较厚、质地偏重、砾石含量较少的土种，在其上下两侧分布着粗骨性黄壤亚类中土体较缓、质地轻、砾石含量较多的土种。母质类型的零星分布亦造成土壤的复域分布。

1.2.3 土壤分类

在自然成土因素(母质、气候、生物、地形地貌、时间)综合作用下形成的、未经人类开垦利用的自然植被下的土壤，谓之自然土壤。在自然土壤的基础上，人类生产活动及自然因素综合作用下而形成的土壤，谓之农业土壤。保护区内的土壤主要为自然土壤，土壤类型受成土因素的影响较大。随海拔、气温、植被等因素的不同，保护区内土壤类型有黄壤、黄棕壤、暗棕壤和亚高山草甸土共四种，以黄壤为基带，多呈微酸性反应，pH 为 5~6.5，垂直分布明显。

1.2.3.1 黄壤

黄壤分布于保护区内东南面海拔 1250~1600 m 的常绿、落叶阔叶林下，呈微酸性，在 30°以下地段土层较厚，在 30°以上陡坡狭谷及悬崖地，土层薄，石矿多。受自然成土因素影响，黄壤在成土过程中物理风化强，化学风化弱，盐基淋溶淀积不明显，绝大多数黄壤的发育处于幼年阶段，分黄壤和粗骨性黄壤两个亚类。

1. 黄壤亚类

黄壤亚类主要分布于保护区内二、三级阶地与坡度平缓的坡面。土层厚 4~35 cm 时，色泽为棕色，松紧度紧，质地为中砾质重壤，铁锰斑纹少量，pH 为 6.8，有机质含量为 1.39%，全氮含量为 0.108%，全磷含量为 0.08%，碳酸钙含量为 0.725%。

2. 粗骨性黄壤亚类

粗骨性黄壤亚类土层厚度 0~9 cm，色泽灰黄色，成粒状或小块状结构，容重 1.42 g/cm^2，孔隙度 47.09%，松紧度散状。质地为多砾质中壤，pH 为 6.4，有机质含量为 3.73%，全氮含量为 0.177%，全磷含量为 0.084%，碳酸钙含量为 0.494%。

1.2.3.2 黄棕壤

黄棕壤在保护区内分布于海拔 1400~2300 m，向上与暗棕壤接壤。黄棕壤由各类岩石的残积母质发育而成，风化作用较黄壤低，主要进行黏化过程和很弱的富铝化过程，黏粒的移动和盐基的淋溶较明显。受成土因素、发育方向和阶段等影响，保护区内黄棕壤包括粗骨性黄棕壤和山地黄棕壤两个亚类。

1. 粗骨性黄棕壤亚类

保护区内的粗骨性黄棕壤亚类土层厚度为 0~11 cm，质地属重壤，pH 为 6.2，有机质含量为 5.88%，全氮含量为 0.386%，全磷含量为 0.088%，碳酸钙含量为 1.07%。

2. 山地黄棕壤亚类

保护区内的山地黄棕壤亚类土层厚度 0～14 cm，色泽为暗棕色，团粒状结构，质地为中壤，pH 为 5.5，有机质含量为 10.12%，全氮含量为 0.492%，全磷含量为 0.178%，碳酸钙含量为 0.801%。

1.2.3.3 暗棕壤

暗棕壤位于黄棕壤之上，在保护区内分布丁海拔 2200～3400 m。该土类由各岩石的坡残积母质发育而成。土层厚度为 0～14 cm 时，呈暗褐黑色团粒状结构，松紧度为松，质地为中壤，pH 为 6.3，有机质含量为 10.87%，全氮含量为 0.507%，全磷含量为 0.105%，碳酸钙含量为 0.787%。

1.2.3.4 亚高山草甸土

亚高山草甸土在保护区内分布于海拔 3200 m 以上，由各岩石坡残积母质发育而成。土层薄，分化不明显，粗骨性强，细土质少，淋溶程度弱，新生体发育差。因分布海拔高，气候寒冷，细菌活动弱，腐殖质高易保持积累，色泽较暗。

1.3 气候与水文

保护区属亚热带季风气候区，气温波动较大，垂直变化明显；夏季凉爽短促，冬季寒冷漫长。区内雨量充沛，水能储量较为丰富。

1.3.1 气候

1.3.1.1 气温

保护区内年均气温 12℃，低于青川县年平均温度（13.7℃）。区内温度随海拔上升而降低。一般海拔每升高 100 m，气温下降 0.6℃。气温月变化显著，最冷为 1 月，平均温度-1.2℃，最高温度 5.3℃，最低温度-11℃；最热为 7 月，平均气温为 19.7℃左右，最高可达 24.7℃。保护区内毛香坝保护站和青川县各地多年（1959～1985 年）月平均气温比较见表 1-1。

表 1-1　保护区毛香坝保护站与青川县各地多年（1959～1985 年）月平均气温比较表（℃）

月份	毛香坝	乔庄	房石	上马	三锅	茶坝
1	-1.2	2.5	2.6	3.7	2.1	1.7
2	1.8	4.7	4.8	5.7	4.6	4.0
3	6.4	9.6	9.8	11.1	9.4	8.9
4	11.0	14.7	14.5	15.9	14.6	13.8

月份	毛香坝	乔庄	房石	上马	三锅	茶坝
5	14.1	18.7	19.6	20.4	18.5	17.2
6	17.1	22.0	22.0	23.3	21.6	21.2
7	19.7	23.7	23.6	24.6	23.2	22.8
8	19.4	23.1	23.0	23.9	22.7	22.2
9	15.2	18.6	18.5	19.7	18.9	18.0
10	11.0	14.3	14.8	15.7	14.5	13.6
11	5.1	8.2	8.4	9.7	9.3	8.1
12	1.0	3.9	4.1	4.9	4.7	3.2

保护区海拔高差大，形成了 4 个垂直气候带：

(1)海拔 1100～1500 m 的低山地带，气温约 12℃，为山地暖温带。

(2)海拔 1500～2300 m 的中山地带，气温 9～11.5℃，为山地中温带。

(3)海拔 2300～3200 m 的中山—亚高山地带，最高气温仅 10℃，为山地寒温带。

(4)海拔 3200 m 以上的亚高山山岭地带，最高气温在 10℃以下，为山地亚寒带。

1.3.1.2　光照

1. 日照时数

保护区内年平均日照时数为 1337.6 h，年平均日照时数最多的月份为 8 月，达 153.0 h，9 月和 10 月最少，分别为 77.4 h 和 76.1 h（表 1-2）。全年大于或等于 10℃的日照平均总时数为 900.4 h，最多达 1012.3 h，最少 775 h。日照百分率平均为 30%，其中 1 月最多，达 68%，10 月、11 月最少，仅 7%。

表 1-2　唐家河自然保护区内多年各月日照时数（h）

月份	1	2	3	4	5	6	7	8	9	10	11	12	月平均日照时数
平均	102.7	80.2	90.8	120.2	138.3	146.2	148.9	153.0	77.4	76.1	86.7	105.3	110.5
最多	169.8	126.3	145.3	167.0	205.9	205.6	210.4	214.5	144.0	121.1	136.6	169.2	168.0
最少	26.1	21.0	34.3	73.1	77.7	103.4	94.4	74.3	30.0	23.3	22.0	45.5	52.1

2. 太阳能辐射值

保护区内全年太阳总辐射能平均为 90.8 Mcal/cm²。一年中以 6 月最高，达 10.5 Mcal/cm²，次为 7 月（10.4 Mcal/cm²），最少是 12 月（5.02 Mcal/cm²），高低相差 5.48 Mcal/cm²（表 1-3）。

表 1-3　唐家河自然保护区内多年各月平均太阳能辐射值（Mcal/cm²）

月份	1	2	3	4	5	6	7	8	9	10	11	12	月平均太阳能辐射值
太阳能辐射值	5.87	5.45	7.60	8.98	10.0	10.5	10.4	9.64	6.62	5.72	5.03	5.02	7.6

1.3.1.3 降水

保护区内年平均降水量(包括降雪)为1021.7 mm(表1-4),最多为1737.1 mm,最少仅607.1 mm,年际相差很大,但80%年份降水量在900 mm以上。一年内不同时段降水量分布不均,夏季降雨大,多为暴雨。降水量与气温变化大体同步,春季约占年降水量的16%,夏季占57%,秋季占25%,冬季占2%,形成冬春偏旱、夏秋偏涝的特点。

表1-4 唐家河自然保护区四季及冬半年、夏半年降水量

季节	春季 (3~5月)	夏季 (6~8月)	秋季 (9~11月)	冬季 (12~2月)	夏半年 (5~10月)	冬半年 (11~4月)	多年平均 降水量
降水量/mm	168.0	583.7	249.6	21.4	905.4	117.3	1021.7
百分比/%	16	57	27	2	88	12	

一年内在各月之间以7月降水居多,可达243.3 mm;以12月最少,平均仅为4.8 mm(表1-5)。6~8月降水量大,蒸发量小,为湿季,其余各月蒸发量大于降水量,为干季。

表1-5 唐家河自然保护区多年各月平均降水量(mm)

月份	1	2	3	4	5	6	7	8	9	10	11	12	月平均温度
平均降水量	7	8.4	24.2	53.6	85.8	113.7	243.3	233.5	169.3	59.8	23.8	4.8	85.6

1.3.1.4 空气湿度

保护区内多年平均相对湿度为76%,而7~10月大于80%,其余各月在70%左右。平均相对湿度均值最小的为3月,仅为69%(表1-6)。

表1-6 唐家河自然保护区历年各月平均相对湿度和最小相对湿度(%)

月份	1	2	3	4	5	6	7	8	9	10	11	12	全年平均值
平均相对湿度	70	71	69	70	73	74	82	83	85	83	78	73	76
最小相对湿度	11	9	12	10	16	15	17	19	24	13	14	10	9

1.3.1.5 风、冰雹和降雪

1.风

保护区内多年(1963~1982年)平均风速为1.5 m/s,最大瞬间风速可达17 m/s以上,来源分为寒潮大风和雷雨大风两大类。大风平均每年有3.8次,4月最多,占23%;次为3月,占19%;9~11月最少。多年平均有风天占58%,最大风力为8级。风向上最多为北风,次为东北风,再次是东北偏北风和西北偏西风。

2.冰雹

降雹时间多在3~9月,其中5月降雹最多,约占全年的33%,6月约占20%。白天比夜间多,下午比上午多,一般多发生在午后和傍晚。

3.降雪

保护区内降雪及终止的早晚与海拔有密切关系。海拔越高，降雪越早，终止越迟；海拔越低，降雪越迟，终止越早。随着海拔升高，积雪时间逐渐加长。降雪最早为11月，最晚为1月；终止最早为12月，最迟为4月。在海拔3500 m以上的山岭，每年积雪可长达3~4个月。

1.3.2 水文

1.3.2.1 水系

保护内河谷发育，大小溪沟纵横。有4条大沟、46条支沟、123条小支沟，是白龙江第一支流青竹江(清水河，古称醍醐水)的发源地。

区内均属长江流域嘉陵江水系，主要支流有北路沟和唐家河。

(1)北路沟(俗称上河里)：主要支流有文县河(文县沟)、洪石河和石桥河，源于大草坪、乱石山一带；小湾河源于大草堂，均流向东南，再纳入南北两侧的支流支沟，形成树状水系，至北雄关以下即称北路沟。

(2)唐家河：源于摩天岭南麓，由北而南汇纳东侧诸支沟后，至唐家河检查站与北路沟相汇，形成青竹江的源头，由北而南注入下寺河，流经广元市昭化张家坪，再注入白龙江，最后汇归嘉陵江，全长约170 km。

区内河床不规整，多乱石，河水终年不断，水流湍急，比降大，流域面积达1430.7 km^2，水利资源蕴藏量达10.73×10^4 kW。丰水期流量为50~80 m^3/s，枯水期流量为1~1.5 m^3/s，多年平均流量为30.3 m^3/s。

1.3.2.2 地表水和地下水

地表水主要来源于降雨、融雪、化冰及地下水的补给，径流量与降水量成正比。区内由于地质、地貌、气候、土壤、植被等的不同，径流也有所不同。径流量在年际变化较大，在各月份的分配也不一样，径流量最多者为8月，最少者为2月。中山地形径流深500 mm，径流量5.4亿m^3；低中山和低山地形径流深663 mm，径流量为8.2亿m^3；河谷地区径流深462~567 mm，径流量为3.443亿m^3。

区内沟谷发育，水网密布，河谷多垂于构造线发育，溪流多顺构造线展布，对地下水的运动和储集有重要作用。主要地下水类型为基岩裂隙潜水、第四系松散堆积层空隙潜水和碳酸盐岩裂隙岩溶水等。

据多点取样化验，地表水水质为无色、透明、无味，酸碱度(pH)为7~8。地下水类型以重碳酸硫酸钙镁型水、重碳酸氯化钠钙镁型水为主。各种有害物质未超标，符合人、畜饮用和农田灌溉标准。

第2章 社会经济

2.1 社会经济现状

我国自然保护区大多数分布在经济欠发达的边远山区，自然资源利用与保护工作之间的矛盾突出。对自然保护区而言，开展保护工作的主要目的是确保主要保护对象可持续生存、维持区内生态系统的完整性与稳定性并确保生态功能的正常发挥。然而，不能一味单纯地强调保护而忽视当地社会经济发展的需要。

保护区位于青川县西北角，周边涉及平武县高村乡、木皮乡、木座乡，以及青川县青溪镇、桥楼乡、三锅镇等六个乡（镇）。青溪镇、桥楼乡和三锅镇所辖的 23 个行政村中，有 14 个行政村与保护区接壤。为此，此次调查首先从区域角度了解保护区所在青川县的社会与经济发展状况，特别关注人口、自然资源、社会经济、基础设施等四个层面的内容。在此基础上，选择一些与保护区接壤或相距较近且与保护区关系密切的周边社区进行微观分析和研究，具体包括青溪镇的落衣沟村（由原工农村、三龙村、联盟村合并而成）、魏坝村（由原和平村和西坪村合并而成）和阴平村，桥楼乡的苏阳村及三锅镇的民利村。

在方法上，采取实地调查与二手统计资料收集的结合。实地调查涉及落衣沟村、魏坝村、阴平村、苏阳村、民利村等保护区周边社区，包括问卷调查、半结构性访谈和参与式访谈等。二手统计资料的收集主要用于分析保护区所在区域（青川县）的社会经济状况。除特别说明以外，所涉及的二手资料均来自于 2013 年青川县国民经济和社会发展统计公报及统计年鉴。

2.1.1 人口状况

正确认识既是生产者又是消费者的人口在数量、结构、素质、传统习惯等方面的现状、特点及变化趋势对于保护区工作的开展有着重要的现实意义。

2.1.1.1 人口总量与人口密度

2013 年年底，青川县人口总量、面积和人口密度见表 2-1。从表 2-1 可以看出，该县人口总量不多，约为 24 万，人口密度也不大，只有 74.65 人/km²，远远低于广元市（190.19 人/km²）、四川省（167.15 人/km²）和全国平均人口密度（141.74 人/km²）。

表 2-1　2013 年青川县人口总量及密度

地区	人数/人	国土面积/km²	人口密度/(人/km²)
青川县	240073	3216	74.65
广元市	3102200	16311	190.19
四川省	81070000	485000	167.15
中国	1360720000	9600000	141.74

2.1.1.2　人口变化趋势

2009～2013 年，青川县人口总量减少了 6644 人，减少幅度达到 26.93‰（表 2-2）。从人口变化趋势看，近 5 年每年人口都在减少，年人口减少率均在 4‰以上。

表 2-2　青川县近 5 年来人口变化

年份	2009	2010	2011	2012	2013
人数/人	246717	244055	242943	241811	240073
年间人口增长率/‰		−10.79	−4.56	−4.66	−7.19

2.1.1.3　性别结构

人口性别比是人口中男性人数与女性人数之比，是反映人口性别构成的指标之一，通常用女性人口数为 100 时所对应的男性人口数来表示。一个地区人口在性别比例、年龄结构上的特点能够决定其未来发展变化的趋势。

由于重男轻女的传统思想在农村地区尚在一定程度上存在，因此，青川县人口性别比呈现偏高的现象，近五年来基本维持在 107～108 的水平（表 2-3），高出全国第六次人口普查性别比（105）2～3 个单位。

表 2-3　青川县近 5 年人口性别结构

年份	2009	2010	2011	2012	2013
男性/人	128405	126549	125915	125255	124316
女性/人	118312	117506	117028	116556	115757
男女比例/%	108.53	107.70	107.59	107.46	107.39

2.1.1.4　职业结构

人口职业结构不但能反映一个地区人口就业情况，而且也能够较为客观地反映出该地区产业发展水平、文化素质和经济收入。

1. 农业人口与非农业人口组成

青川县城镇化发展水平不高，农业人口的数量占总人口比例比较高。2013 年，该县总人口中，农业人口有 191956 人，占人口总量的 79.96%；非农业人口有 48117 人，只占 20.04%（表 2-4）。该县城镇化水平远远低于四川省和全国的平均水平。

表 2-4　2013 年青川县人口职业结构

项目	总人口/人	农业人口		非农业人口	
		数量	比例/%	数量	比例/%
青川县	240073	191956	79.96	48117	20.04
广元市	3102200	2380300	76.73	721900	23.27
四川省	81070000	44670000	55.10	36400000	44.90%
中国	1360720000	629610000	46.27%	731110000	53.73%

2.农业人口数量及变动

青川县属四川北部经济欠发达地区，产业结构升级不明显，农业人口占总人口的绝对比例大(表 2-5)，农业生产活动在该县经济组成中占有重要地位。

表 2-5　青川县近 5 年农业人口变动

年份	2009	2010	2011	2012	2013
总人口/人	246717	244055	242943	241811	240073
农业人口/人	207180	201698	201189	194986	191956
所占比例/%	84	83	83	81	80

将该县近五年农业人口变动情况与总人口变动情况进行比较，可以发现该县近五年农业人口变化趋势与总人口的变化趋势一致，都有所下降，但农业人口占总人口的比例均维持在 80% 以上(表 2-5)，5 年间只下降了 4%。这表明，该县产业结构调整缓慢，仍处于以农业为主导产业的时期。

2.1.1.5　文化程度

文化程度与思想道德素质、健康素质等一起构成了人的综合素质。一个地区文化素质水平的高低决定该地区人们可能从事的经济活动类型，进而决定该地区的社会经济发展状况及未来社会经济发展的路径选择，包括经济活动类型的优化、经济活动的效益和效率能否得到提高，以及产业结构能否实现升级。

青川县对教育非常重视，注重教育事业的均衡发展。深入推进素质教育，"九年制义务教育"得到较好普及，成人教育、职业教育、幼儿教育同步发展，教育教学质量稳步提高。2013 年年底，全县共有各级各类学校 64 所，教职工人数 3307 人，其中专任教师 2757 人。在校学生 27788 人，其中普通高中在校学生 4662 人，职高在校学生 2648 人，初中在校学生 6199 人，小学在校学生 9232 人，幼儿园在园幼儿 5047 人。全年普通中学共输送本、专科学生 991 人。适龄儿童入学率达 99.3%，小学毕业升学率达 96.4%，高考升学率达到 63%。

2.1.1.6　外出务工

在保护区建立后，尤其是随着"天然林保护工程"和"退耕还林工程"等的实施，周边社区原有的以自然资源利用为主的经济活动受到限制，富余劳动力外出打工的逐渐增多。

从年龄结构上看，外出务工人员以 20～40 岁的青壮年为主。以三锅镇为例，2012 年外出务工人员总数为 1646 人，平均每户有 0.665 个劳动力外出务工，即 1～2 户农户中就有一个劳动力外出打工，占该乡劳动力资源总数的 36.63%。外出打工人员中，19～25 岁的人数占外出打工人数的 55%；25～35 岁的人数占 32%；35 岁以上的人数占 13%。外出打工人员以初中、高中及一些中专毕业年轻人为主。

从务工方向来看，外出务工人员在省内多选择广元、绵阳、成都等地务工，或在当地打短工。省外务工分布较广，以浙江、江苏、广东等沿海经济发达省份为主。实地调查中了解到，有少数务工者甚至远到塔吉克斯坦等国从事黄金矿开采业。

就所从事职业来看，外出务工人员主要集中在制造业、住宿餐饮业、运输业、建筑业、家政服务业、采矿业等行业，从事体力劳动的居多。这表明该县农民外出务工人员掌握的技能较少，外出打工前获得的技术、技能培训不够。

近年来，青川县坚持“要富裕农民首先要减少农民”的理念，确立了“输出一人致富一家，输出百人致富一村”的工作目标，拓展输出渠道、强化技能培训、深化维权服务，劳务输出工作有了前所未有的发展。2013 年，全县输出和转移农村劳动力 86600 人，实现劳务收入 7.8 亿元，人均劳务收入 3249 元，劳务收入占农民人均纯收入的 52.66%，劳务经济成了该县的第一大支柱产业。

2.1.2　区域资源

自然资源是社会经济发展的物质基础。丰富的自然资源一方面意味着该地区的经济发展具有潜力；另一方面也可能意味着该地区将会面临由于对自然资源不合理开采而带来的生态破坏和环境恶化。

2.1.2.1　土地资源

1. 概况

青川县境内地形以中山为主，属于典型的山区地带，农业用地少，林业用地多，特别是实行“退耕还林”工程后，25°以上坡耕地退还为林业用地，加之城镇建设、农村建房、工矿占地、公路修建、“5·12”地震灾害损毁和灾后重建用地等，该县农业用地减少(图 2-1)。

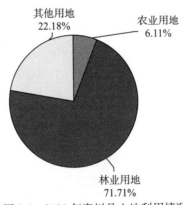

其他用地
22.18%

农业用地
6.11%

林业用地
71.71%

图 2-1　2013 年青川县土地利用情况

2013 年，青川县有林业用地 3459510 亩（1 亩 ≈ 666.67 m²），占土地总面积的 71.71%；耕地面积 294870 亩，占土地总面积的 6.11%。由此可见，该县林业用地面积远大于农业用地。

2. 耕地

据《青川县志》（1986~2006 年）记载，1986 年，青川县尚有耕地 65 万亩，占全县土地面积的 13.47%，人均农业耕地 2.7 亩。自 2000 年以来，该县农业耕地面积减少非常迅猛。2009~2013 年，耕地面积在 30 万亩左右波动，人均耕地面积只有 1.2 亩左右。

2.1.2.2 森林资源

2013 年，青川县境内森林覆盖面积已达 229944 hm²，全县森林覆盖率为 71.5%。该年完成造林面积 2.7 万亩，其中人工造林 2.2 万亩、封山育林 0.5 万亩。在"银杏富民"工程中，全县栽植银杏 1138 万株。

青川县是一个森林资源十分丰富的山区县，境内除唐家河国家级自然保护区外，尚有东阳沟和毛寨两个省级自然保护区，保护区总面积达到 75300 hm²（唐家河为 40000 hm²，东阳沟为 24000 hm²，毛寨为 11300 hm²）。境内森林生态系统完整，动植物资源十分丰富，分布有众多国家和省级重点保护动物，包括大熊猫、川金丝猴、扭角羚、豹、云豹、林麝、马麝、金雕、斑尾榛鸡、绿尾虹雉等。唐家河国家级自然保护区更被誉为"岷山地区动植物基因库"。

2.1.2.3 水资源

青川县境内地表水主要来源于降水、融雪、化冰和地下水补给，多年平均地表总径流量为 155.59 亿 m³，水域面积达到 183.52 km²，主要分布在溪沟、河流、湖泊以及水库、水电站等。县境内大小河流纵横，集雨面积达到 50 km² 的河流有 19 条，主要有白龙江（白龙湖）、青竹江、乔庄河三大河流。

白龙江：嘉陵江一级支流、长江二级支流，跨甘肃、四川两省，发源于川、甘边境的岷山北麓，经甘肃武都东南进入四川，在广元市昭化汇入嘉陵江。河道全长 576 km，流域面积 3.18 万 km²。河道穿行于山区峡谷，平均比降 4.83%，天然落差 2783 m。年平均流量为 389m³/s，水能蕴藏量达 432 万 kW。

青竹江（又名清水河）：发源于青川县摩天岭南麓及龙门山北端，分布在青川县境内西部和中南部，由西北向东南流经唐家河国家级自然保护区、青溪镇（在青溪镇境内称为东河）、桥楼乡、曲河乡、前进乡、关庄镇、凉水镇、七佛乡、马鹿乡、竹园镇，汇入黄沙河（又名清江河、下寺河），在广元市利州区宝轮镇注入白龙江，境内流长 154 km，集雨面积 1765 km²，水能资源可开发量为 8.05 万 kW。

乔庄河（又名牛头河、青川河）：发源于海拔 2669.3 m 的鸭包嘴东麓，从甘肃省文县碧口镇李子坝流经杜家山下，由茶园子的青岩关流入青川县境，初自北向南，后转向东北，流经乔庄镇、黄坪乡、瓦砾乡、板桥乡、骑马乡，于沙州镇汇入白龙江，青川县境内流长 79 km，集雨面积 755.2 km²，水能资源可开发量为 0.73 万 kW。

全县有水库、蓄水池、水电站、饮水工程、围河坝等蓄水总量达 131 万 m³，有力地保障了农业生产和水电开发。

2.1.2.4　矿产资源

青川县位于我国重点成矿区带上，成矿地质条件优越，矿产资源蕴藏较为丰富。能源矿产主要有煤、天然沥青矿，金属矿产主要有金矿、铁锰矿、铜锌矿、铝土矿等，非金属矿产主要有玻璃用石英砂岩、玻璃用脉石英、石灰岩、饰面石材、重晶石、页岩、黏土矿等。以上矿产资源储量的潜在价值达 660 亿元以上，矿产资源潜力较大。

全县已查明资源储量的矿产共 115 处，主要有煤矿 4 处、天然沥青矿 5 处、锰矿 5 处、铝土矿 4 处、砂金矿 8 处、玻璃用石英砂岩矿 17 处、玻璃用脉石英矿 26 处、饰面用花岗岩矿 7 处、砖瓦用页岩矿 7 处及其他矿 32 处。主要矿产资源的储量情况如下所述。

煤：分布较少，查明资源储量仅约 87.36 万 t。

天然沥青：被专家称为"中华第一黑矿"，分布于白家乡、建峰乡一带，查明资源储量为 264.285 万 t。

锰矿：主要分布于马公乡、石坝乡的寒武系地层，属沉积变质型矿床，目前虽查明储量不多，但具较大的资源潜力。

铝土矿：是青川县的次要优势矿产，主要分布在竹园镇、建峰乡、白家乡下二叠统梁山组及下侏罗统白田坝组与下覆地层不整合面上，目前查明资源储量 46.8 万 t。

砂金：是青川县的优势矿产，沿该县三大流域白龙江、青竹江、乔庄河分布，规模大，利于开采，地质工作程度高，查明储量为 2410 kg，基础储量为 4817 kg，资源量达 11533 kg。

玻璃用石英砂岩：主要分布于竹园镇、白家乡，保有资源储量 2167.72 万 t，居广元市第一位，是青川县乃至广元市和四川省的优势矿产。

玻璃用脉石英：是青川县的优势矿产，主要分布在桥楼乡、茅坝乡的寒武系、志留系茂县群地层中，呈脉状产出，质纯，SiO_2 含量高，是生产工业硅的主要原料，保有资源储量 605.513 万 t。其中，桥楼马家坝脉石英矿已达到中型矿床规模。

饰面用花岗岩：主要分布于青溪镇、曲河乡和房石镇，保有资源储量为 620.574 万 m^3。

砖瓦用页岩：是建房的主要材料，零星分布于主要公路干线旁。目前全县查明资源储量为 73.848 万 m^3。

2.1.2.5　旅游资源

青川县自然环境优美，生物多样性丰富，历史文化底蕴深厚，拥有众多的自然景观和人文景观，具备丰富的旅游资源。

青川位于川、陕、甘三省的结合部，素有"鸡鸣三省"之说，是陇南入蜀之咽喉，为历代兵家必争、商贾必经之地。

历史上的青川，西汉时期就已置郡管辖，至今已有 2300 多年的历史。氐人曾在此建立"仇池国"，回、藏、彝等 10 个民族在此繁衍生息，民俗风情多样而有特色。历史上著名的阴平古道、景谷道、马鸣阁道横穿县境东西，连接古丝绸之路；郝家坪战国墓群出土的木牍，为研究先秦田律、探索商鞅变法和先秦土地制度提供了强有力的佐证；刘备白水关斩高怀、杨沛而兴汉，邓艾偷渡阴平而灭蜀，留下千古遗憾。

青川堪称是生命的家园、生态的绿洲。国家级自然保护区唐家河，景色如画，是多层次、大容量动植物"基因宝库"。这里有丰富的野生动物和自然景观，大熊猫、金丝猴、扭角羚等珍稀野生动物让人流连忘返，大草坪云海、大草堂日出、麻山观雾、水池坪垂钓，让人感受到大自然的无穷魅力。

作为国家级风景名胜区的白龙湖，是西南地区最大的人工湖，集湖泊、岛屿、山峦、森林、峡谷、溶洞等自然景观于一体，是旅游度假胜地和休养、疗养及水上运动的理想场所。

青川素来都是动植物学家和历史学家手中宝贵的研究资源，它的美丽与高贵不得不被人举手称赞。"5·12"地震后，世人更多地把眼光投向这里，徘徊于东河口地震公园，在"震难天冢"废墟面前，感受人在大自然面前的渺小、脆弱与无奈。抗震救灾、重建家园，让青川从悲壮走向豪迈。

2.1.3　区域经济

经济发展是社会进步最重要的标志，处于不同经济水平的社会往往具有不同的生产生活方式、不同的资源利用方式及对待自然环境保护不同的态度和思维方式。

2.1.3.1　经济发展总体水平

1.经济总量

近年来，青川县经济发展速度较快，国内生产总值(GDP)增长幅度高于全国年均增长速度，经济总量增长较为明显。2013年，该县生产总值为26.1732亿元，比上一年增长9.7%(表2-6)。

表2-6　青川县国内生产总值现状

地区	GDP/亿元	人均GDP/(元/人)	比上一年增长/%
青川县	26.1732	10902	9.7
广元市	518.75	20505	10.5
四川省	26260.8	29627	10.0
中国	568845	33530	7.7

2013年，全国实现国内生产总值568845亿元，比上年增长7.7%，全国人均GDP为5414美元，按当年人民币对美元平均汇率6.1932折算成人民币为33530元。同年，四川省实现国内生产总值26260.8亿元，在全国列第8位，按可比价格计算比上一年增长10.0%，人均GDP为29627元。2013年，广元市实现国内生产总值518.75亿元，在四川省列第17位，比上年增长10.5%，人均GDP为20505元。同年，青川县实现国内生产总值26.1732亿元，人均GDP为10902元，在广元市所有区县中列最后一位。以上

数据表明，青川县的经济发展水平较低，人均 GDP 更是远远落后于四川省和全国平均水平。

2. 总体消费水平

随着经济发展，青川县农民人均收入有明显增长，消费量也不断增加。2013 年，该县农民人均纯收入为 6170 元，比上年增加 763 元，增长 14.1%，但低于广元市（6442元）和四川省（7895 元）的农民人均纯收入。该年青川县人均生活消费支出 5108 元，比上年增加 529 元，高于广元市人均消费额（4782 元），但低于四川省平均水平（6127元）（表 2-7）。

表 2-7　青川县 2013 年人均生活水平（元）

地区	人均消费额（RMB）	农民人均纯收入（RMB）
青川县	5108	6170
广元市	4782	6442
四川省	6127	7895

2013 年，青川县每百户农民家庭拥有洗衣机 100 台，比上年增加 29.7 台；电视机 103.8 台，比上年增加 16 台；农村居民恩格尔系数为 48.4%。城镇居民可支配收入实现 17322 元，比去年增加 1717 元，增长 11%；人均生活消费支出 16716 元，比上年增加 2192 元。每百户城镇居民拥有家用计算机 55 台、洗衣机 100 台、冰箱 98.8 台、摩托车 33.8 辆、电视机 111.3 台、照相机 18.8 架，城镇居民恩格尔系数为 38.7%。

3. 地方财政税收

2013 年，青川县财政税收收入稳定增长。全县财政总收入 29897 万元，增长 8.8%，其中基金收入 10175 万元，增长 57.8%。公共财政总收入（三级收入）19722 万元，下降 6.2%。地方公共财政收入完成 11829 万元，同比增长 0.1%。其中税收收入 9307 万元，下降 8.7%，税收收入占地方公共财政收入的 78.7%。全县地方公共财政支出 148374 万元，增长 11.7%；一般公共服务支出 11060 万元，增长 4.9%。全年国税收入 4805 万元，增长 7.3%；地税收入 12292 万元，下降 16.2%。

2013 年，全县财政总收入 29897 万元，而支出达到 148374 万元，财政赤字达到 118477 万元，赤字率（财政赤字/GDP×100%）高达 45.27%，远超过了国际公认的 3% 安全警戒赤字率。

2.1.3.2　产业发展水平

2013 年，青川县 GDP 总量达 261732 万元，增长 9.7%。其中，第一产业实现增加值 64492 万元，增长 4.3%；第二产业实现增加值 112832 万元，增长 15.7%；第三产业实现增加值 84408 万元，增长 7.1%。三项产业对经济增长的贡献率分别为 11.9%、62.5%、25.6%。三项产业结构由上年的 25.7∶41.6∶32.7 调整为 24.6∶43.2∶32.2，第一产业下降 1.1 百分点，第二产业提高 1.6 百分点，第三产业下降 0.5 百分点。

在青川县产业结构中，作为第一产业的农、林、牧、渔业在国民生产总值中占的比例相对较小，而作为第二产业的制造、采矿、电力、燃气、建筑等行业发展水平相对较高，在国民生产总值占着很大的比例，产业结构呈现"第二产业＞第三产业＞第一产业"的格局。

与广元市、四川省和全国相比，青川县的产业发展水平还比较低，第一产业在国民生产总值中所占比例还比较大。一般来说，经济越发达的地区，第三产业在地区生产总值中所占比例越大，第一产业所占比例越小，呈现"第三产业＞第二产业＞第一产业"的格局。由此可见，该县产业结构需要进一步调整和优化(图 2-2)。

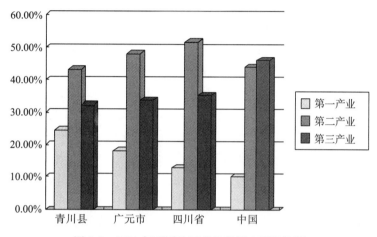

图 2-2　2013 年不同地区产业发展水平比较图

1. 工业经济

近年来，青川县抓住灾后重建的大好机遇，坚持"以人为本、生态兴县、艰苦奋斗、富民强县"的总体思路，着力建设"生态产品基地县、生态旅游强县、生态文明示范县"，按照"突出项目、壮大产业、加快发展"的主基调，开启了"生态兴县、富民强县、统筹发展、追赶跨越"的新征程。在产业布局上，选择优化工业产业结构，淘汰落后高能耗、高污染工业企业，大力发展生态产业和低碳经济，建好"川浙合作产业园"，全力打造竹园经济开发区、青溪石材加工区，积极推进木鱼、孔溪、三谷农副产品加工基地建设，"一园两区三基地"齐头并进。与此同时，还集中打造了"孔溪乡小企业园"，初步建成了以矿产品加工、医药制造、木材加工、特色建材、特色农产品加工五大产业板块的工业发展体系。

青川新材料产业园、石材产业园基本建成，小企业创业园、食品产业园等园区建设加快推进，园区发展活力不断增强。唯鸿食品 2 万 t 农产品加工生产线、裕泰石业 200万 m² 花岗石板材加工等重点工业项目建成投产。唯鸿食品成长为亿元企业，全县亿元企业达到 6 家。

2013 年，新培育规模以上企业 2 家，规模以上企业达到 30 家，规模以上工业实现总产值 202607 万元，增长 25.3%。全社会固定资产投资完成 36.1764 亿元，开工 53 个大项目，完成投资 27.8 亿元。招商引资成效显著，引资到位市外资金 25.6 亿元，其中工业项目到位资金 16 亿元。总投资 9.5 亿元的省级重点工程——曲河水库顺利开工。

2013 年，该县全部工业实现增加值 90811 万元，增长 13.9%，占 GDP 比例为

34.7%，较上年提高 1 百分点，对经济贡献率达到 43.4%，拉动经济增长 4.2%，工业经济实现了较快增长。

2.农业发展

2013 年，全县生态农业稳步发展，优势特色产业不断壮大，现代农业示范园建设稳步推进，农业现代化水平不断提升，农业经济稳步增长。围绕绿色山珍、名优绿茶、风景银杏、木本油料、生态畜牧、有机水产六大特色产业，建成了三锅镇三谷生态观光农业园区、蒿溪有机茶园区、板桥生态畜牧园区、青溪现代观光农业园区，全县主要农产品无公害、绿色及有机认证比例达到 55%。

青川县将蒿溪回族乡的茶文化园、三锅镇山珍农业观光园和桥楼乡低碳农业示范园加以整合，建设青川"三谷"生态农业观光园，辐射面积约 10 km²，其中核心区约 2.7 km²。通过开发田园观光、现代农业体验、养生度假、城郊休闲四位一体的旅游产品，将"三谷"生态农业观光园打造成国家 AAAA 级旅游景区和特色乡村旅游目的地，构建现代农业产业、旅游产业、文化产业互动发展、多产业链并进的模式。

2013 年，青川县实现农业总产值 139027 万元，增长 4.4%。从现有数据来看，农业在该县经济结构中居次要地位，占国民生产总值的 24.6%。据资料显示，中国 2008 年的农业产值占国民生产总值 13.1%，此后，农业产值在国民经济中的比例持续下降，2013年农业产值在国民经济中的比例仅为 10.0%。由此可见，青川县经济结构中，农业比例相对较大，高于全国平均水平。

1)农业结构

由于缺少该县 2013 年农业结构状况资料，现以 2012 年的资料进行分析。从农业产业结构来看，该县种植业生产总值占农业总产值的 48.02%，属于典型的以种植业为主的生产结构；从大农业与小农业的角度看，该地区的小农业(包括种植业和畜牧业)产值在农业总产值中的比例达到 82.79%，更说明该县农业尚处于初级发展阶段(表 2-8)。

表 2-8　2012 年青川县农林牧渔产值总体情况表

	农业总产值	种植业总产值	林业总产值	牧业总产值	渔业总产值	农林牧渔服务业
产值/万元	125286	60156	4240	43565	16500	825
所占比例/%	100	48.02	3.38	34.77	13.17	0.66

2013 年，青川县银杏、山珍食用菌、有机茶叶、木本油料、生态牧业、特色水产业等六大特色产业提质增效，发展规模、产量、产值均实现大幅增长。"银杏富民工程"深入推进，2011 年以来，该县开始实施"银杏富民"工程，倡导"一人十株银杏树，十年就成富裕户"。三年来，广大干部、群众积极栽植银杏树，到 2013 年年底，已累计栽植银杏 1138 万株，圆满实施了"一人十株银杏树"的目标，让青川百姓家家户户建起了"绿色银行"。建成青溪现代农业示范园区，"三谷"现代农业、白龙湖水产、蒿溪茶叶产业等示范园区得到巩固提升。龙头企业发展势头强劲，新培育亿元龙头企业 2 家，新增市级龙头企业 6 家，市级以上龙头企业达到 24 家。大力发展高效农业、科技农业、品牌农业，新增农民专业合作社 61 家，总数达到 124 家；建成农业科技示范片 2.8 万亩，培育科技示范户 700 余户。"青川黑木耳"、"七佛贡茶"、"青川天麻"、"白龙湖有机鱼"、

"青川竹荪"和"青竹江娃娃鱼"等产品先后获得国家地理标志产品保护，全县地标产品
达到 6 个；"唐家河蜂蜜"获得国家农产品地理标志保护；"白龙湖牌七佛贡茶"获"四
川名牌产品"，"山客牌"商标获"四川省著名商标"。成功创建为"四川省现代农业建设
重点县"、"省级林业产业强县"、"省级无公害农产品产地整体认证县"。

2)农业各产业状况

(1)粮食作物种植。青川县种植业以夏秋轮作为主。夏粮主要是小麦，秋粮以玉米、
水稻为主。2013 年，该县粮食种植总面积为 38431 hm²，比上年增加 195 hm²；产量
101645 t，增产 1445 t，增长 1.5%。其中，小春粮食播种面积 18773 hm²，比上年增加
58 hm²，产量 21769 t，减产 342 t，减少 1.5%；大春粮食播种面积 19658 hm²，比上年
增加 137 hm²，产量 79876 t，增产 1787 t，增长 2.3%。

由于粮食种植面积增加，而且广大农户采取间作套种、化肥、农药、地膜覆盖栽培
等农业技术，粮食总产量较 2012 年有所增加(表 2-9)。

表 2-9　2013 年青川县主要粮食产量及增长速度(t)

项　　目	2012 年	2013 年	2013 年与 2012 年相比增长率/%
粮食	100200	101645	1.5
其中:水稻	8938	8542	−4.4
小麦	13497	12161	−9.9
玉米	57692	59275	2.7

从总体上看，该县农业生产条件持续得到改善。2013 年，农业机械总动力
9.2 万 kW，比上年提高 0.8 万 kW；农用排灌动力机械 1710 台/1.49 万 kW，比上年增加
48 台/0.01 万 kW。全年农药施用量 80 t，下降 1.2%；农用塑料薄膜 509 t，增长 16%。
农村用电量 3986 万 kW·h，下降 13.9%。

部分边远山区仍沿用传统的农业生产技术，对现代技术应用较少，依赖自然降水，
还无法引渠灌溉。农药施用量小，施药主要集中于经济作物，"靠天吃饭"特征明显。由
此，粮食单位面积产量还是存在一定增长空间。

(2)经济作物种植。随着农作物种植结构的调整，青川县地处山区的区位优势得以逐
步发挥，突出了山珍食用菌、木本油料、有机茶叶等几大主导特色产业，生产规模不断
扩大，促进农业和农村经济的全面发展。

山珍食用菌：包括青川黑木耳、香菇、竹荪等。2008 年"5·12"地震后，根据青
川良好的资源禀赋和得天独厚的空气、水质、土壤、气候等先天自然要素，引进省级龙
头企业四川唯鸿食品有限公司进入三锅镇规模化种植加工食用菌。公司将建好的大棚以
"零租赁"的方式租给当地百姓种植。目前，公司流转农户土地 3000 多亩，建成标准化
食用菌栽培大棚 5000 个，工厂化食用菌大棚 300 个，建立了 27 个乡镇食用菌专业合作
社，年可供应鲜香菇 2 万 t 以上。2011 年公司返聘出租土地农民 1200 余人常年务工，年
收入 1500 万元。直接带动周边乡镇农户 3.9 万户，户平增收 5000 元以上。

木本油料：一是核桃产业，新建示范基地 600 亩，实施高接换优 2000 余亩、病虫害
防治 3.2 万亩；二是油橄榄产业，高接换优 2000 亩，稳步推进 2.2 万亩丰产示范片建

设；三是山桐子产业，新栽 1.5 万亩，累计达到 3.1 万亩。

绿色有机茶叶：是青川的传统优势产业。2008 年"5·12"地震后，成立了甫川、金川两家茶叶专业合作社，同时在蒿溪、房石等 8 个茶叶专业乡(镇)组建茶叶专业合作社，促进茶叶产业稳步发展。目前，全县茶叶生产基地规模已达到 20 余万亩，已生产名优茶约 300 t，实现产值 4800 余万元，带动辐射区茶农人均增收 1148 元以上。

2013 年，主要经济作物播种面积及产量分别为：油料作物播种面积 6259 hm²，比上年增加 5 hm²，产量 8407 t，增长 3.5%；蔬菜种植面积 3218 hm²，比上年增加 393 hm²，产量 58939 t，增长 15.2%；食用菌产量 4399 t，增长 13.1%；药材产量 4074 t，增长 9.1%；水果产量 15196 t，增长 15.9%；茶叶产量 3292 t，增长 22%(表 2-10)。

表 2-10　2013 年青川县主要经济作物总产量表(t)

	油料	蔬菜	食用菌	药材	水果	茶叶
总产量	8407	58939	4399	4074	15196	3292
较上一年增减/%	3.5	15.2	13.1	9.1	15.9	22

(3)林业。2002 年以来，受到国家退耕还林政策的影响，青川县农业产业结构有很大调整，林业产值总量不高，林业总产值占农林牧渔业总产值的比例较小。同时，保护区周边农户的家庭生产活动也有较大改变。大多数农户利用退耕地营造速生用材林和经济林，种植有核桃、板栗、银杏、杜仲、黄柏、漆树、猕猴桃、苹果、梨、桤木等，但由于发展时间短，管护不到位，收益并不大。有的农户利用胸径 12~20 cm 的木材人工栽培天麻、香菇和木耳，取得一定的经济效益。部分农户将林地对外租赁承包，租赁户营造经济林和种植药材。随着退耕还林政策的实施，当地农户由单一的农业生产经营活动走向了农林结合的生产道路。

以青溪现代农业示范园区为例，该园区大力发展生态高效农业，以银杏、林果为主导产业，在银杏间套种优质高收益白茶。通过"政府补助"、"农户参与"的方式，在阴平村栽植嫁接 200 亩 10000 株优质冬梨树和 1200 株甜柿子；在东桥、东方村流转 600 亩土地栽植 10000 余株大苗银杏树，在银杏林间套种白茶，发展高效立体农业。

(4)畜牧业。生态畜牧业是青川县重点打造的六大特色产业之一，发展态势良好，以鸡、鸭、猪、牛、羊、兔、蜜蜂为主的现代畜牧业养殖基地正在建设。建立了唐家河、西阳沟、毛寨 3 个中蜂养殖示范点，养蜂 1.2 万箱；完成了瓦砾乡柴王村、乐安乡通坝、沙州镇江边 3 个生猪养殖示范点建设；建立了马公乡锅台、大院乡竹坝、姚渡镇柿坪等 8 个土鸡养殖示范点；规范建成了瓦砾柴王村、建峰乡开封、曲河乡羌农等 9 个生猪专业合作社，青川县青江、姚渡镇汉道河、马鹿乡菜溪等 7 个土鸡养殖专业合作社，关庄巨高兔业、三锅石华城獭兔、长毛兔等 7 个兔养殖专业合作社。2013 年，全县出栏生猪 21.2 万头，增长 4.2%；羊 3 万只，增长 9.1%；家禽 154.8 万只，增长 5.6%。肉类总产量 17592 t，增长 6.7%；禽蛋产量 2621 t，增长 3.1%；蜂蜜产量 273 t，增长 65.5%。

(5)渔业。白龙湖水产养殖和青竹江大鲵养殖是青川县的特色水产养殖。"白龙湖银鱼"和"青竹江娃娃鱼"获国家地理标志产品保护。近年来，青川县重视科技兴渔工作，把强化科教兴渔作为促进渔业增收的重要手段，采取送技术下乡、举办技术培训班、印发技术资料、现场指导等多种形式提高行业技术水平和生产能力，提高全县水产养殖的科学化水平。建成了青竹江特色鱼类养殖场和两处配套鱼种场；完成了三锅镇 40 亩冷水鱼养殖基地建设任务；桥楼乡 30 亩特色鱼类养殖场恢复生产；曲河乡 30 亩规模大鲵繁殖场已经投产，发展特种鱼类养殖 11 家，加盟养殖农户 200 余户。白龙湖水产养殖示范园区投放银鱼卵 4000 万粒、常规鱼苗 20 t，网箱总规模达到 4500 箱，白龙湖大湖养殖 6.8 万亩，7 个渔业专业合作社捕捞队初步运转，休闲渔业初具规模，新建钓鱼位 30 个、渔家乐 25 户。2013 年，该县水产品产量达到 16480 t，增长 9.9%。

2.1.4　基础设施

基础设施状况主要涉及教育、交通、医疗设施等方面，主要从社会硬件设施角度反映某一地区的社会发展状况。经济水平较为发达的地区通常会拥有一个较完备并且运行良好的基础设施系统。对于保护区周边社区来说，为改变社会经济面貌，基础设施通常需要在以下几个方面予以改善：

其一，需要建设便利的交通来改善其物流条件，以加强与外界的联系。

其二，需要较多的教育投入来提高广大人民群众的素质。

其三，需要改善邮电与通信设施来获取更多有用的信息，打通与外界的壁垒、缩短与时代的距离。

保护区周边社区也有特殊的一面，诸如交通设计的合理与否，将影响到生态系统的完整性和稳定性，从而影响保护工作能否顺利进行。此外，保护区周边社区比其他地区对提高资源利用率的技术有着更为迫切的需求。自 2008 年以来，青川县随着灾后重建、浙江援建等的全面推进，固定资产投资实现了快速增长，在基础设施方面的投资力度也比以往有所加大，教育、交通、医疗设施等方面基础设施建设水平和社会服务水平都在不断提高。

2.1.4.1　教育基础条件

青川县农村人口文化素质不高，提高教育质量、普及义务教育迫切而重要。据资料显示，2012 年，全县共有各级各类学校 64 所，其中：幼儿园 14 所，小学 27 所，初中 19 所，普通高中 2 所，职业高中 1 所，教师进修校 1 所(表 2-11)。2013 年，全年教育经费总投入达 2.49 亿元，比上年增长 2.5%。全年县财政补贴义务教育阶段学校运转经费达 830 万元，全县义务教育阶段学校生均公用经费达 1468 元。向上级争取到位项目建设资金 2607 万元，实施了边远地区教师周转房、薄弱学校改造、食堂改造、校舍维修改造等项目建设。改造农村薄弱学校学生食堂 12975 m^2，新建教师周转房 1097 m^2，新建幼儿园 2 所。为部分薄弱学校采购了价值 126 万元的电子白板，为全县 7 所项目学校采购了多媒体远程教育设备 88 套，为青川职业高中采购了价值 100 万元的教学设备 33 套，为 23 所学校配备了数字教育资源接收和播放设备。目前，全县有 19 所学校实现了"优质资源班班通"，所有学校实现了宽带网络校校通。

表 2-11　2012 年青川县教育条件及师生数量表

学校类别	学校数量/所	专任教师/人	在校学生/人
幼儿园	14	128	4255
小学	27	982	14222
初中	19	1056	10886
普通高中	2	323	4665
职业高中	1	65	2482
教师进修校	1	25	—

2012 年，青川县每一位幼儿教师教授学生 33.2 人，每一位小学教师教授学生 14.5 人，每一位初中教师教授学生 10.3 人，每一位普通高中教师教授学生 14.4 人，每一位职高教师教授学生 38.2 人，每一位学生拥有的教育事业费为 8960 元。近年来，青川县利用灾后重建资金加大对教育的投入，学校硬件设施齐备，师生教学及生活环境得到极大改善。

2.1.4.2　医疗卫生

2013 年，青川县医疗卫生事业得到提升，医药卫生体制改革稳步推进，基本医疗保障力度进一步加大，基层医疗卫生服务体系不断完善。县级公立医院综合改革顺利实施，县人民医院、县中医院创建二甲医院通过评审，公共卫生服务均等化水平进一步提升。2013 年年底，全县拥有各级医疗卫生机构 166 个，其中县级医疗卫生单位 2 个，乡镇卫生院 36 个，社区卫生服务中心(站)28 个，门诊所、村卫生室 100 个，拥有床位 614 张，卫生技术人员 693 名。全县 268 个行政村、100 个村卫生站共有村卫生人员和村妇幼保健人员 40 名。全县基本形成了县、乡、村三级医疗卫生、防疫保健的服务网络。孕产妇死亡率为零，孕产住院分娩率达 99.7%，婴儿死亡率为 7.7‰。新型农村合作医疗参合人员 189581 人，参合率达 98.5%。

2013 年，青川每个医院的负荷量为 1446.2 人，每千人拥有的病床数量为 2.6 张。每千人拥有卫生技术员数为 2.9 人。据《2013 年广元市国民经济和社会发展统计公报》显示，全市有各级各类医疗卫生机构数 3531 个(包括村卫生室)，实有床位 15525 张，卫生技术人员 14037 人；每千人口拥有病床 5.0 张，每千人口拥有卫生技术人员 4.52 个。从这两项重要指标上看，青川县卫生医疗在广元市处于落后水平。

2.1.4.3　交通

青川县境内有绵(阳)—广(元)、广(元)—甘(肃)两条高速公路，一条 G212 国道和一条 S105 省道。

广(元)—甘(肃)高速是兰州至海口高速公路的重要一段，连接川、甘两省，也是四川通往西北的一条高速通道，起于广元市利州区罗家沟立交，止于青川县姚渡镇将军石(川甘交界)，全长 46.25 km，与广南高速(兰海高速)、绵广高速(京昆高速)互通，北接甘肃武罐高速，在青川县境内有多个出口。通过广甘高速，青川与广元、绵阳、成都等城市的交通变得更加方便快捷。

G212 线北起甘肃兰州，南止重庆市，在县境东部由北向南穿行，境内路段长 57 km。

省道 S105 线，即成都—青川公路，起自成都市新都县，在平武与青川交界处分水垭进入青川县境，由西向东横贯县境，与国道 G212 线联网，县境段全长 102.85 km²。

青川县已有出口通道 10 条，东通广元、宁强、剑阁，南下江油、绵阳、成都，西上平武、九寨沟，北上武都、文县。此外，青川县境内还有多条县乡公路，县道 8 条 191 km，乡道 13 条 220.24 km，林区专业道 11 条 132.21 km，油路总里程达 134.2 km，泥结碎石路 316.7 km，形成以县城乔庄为中心向四周辐射的公路网络。县内 100%的乡镇、80%的行政村、56%的农业合作社都通公路，平均每平方公里土地有公路 0.25 km。

此外，竹园镇有宝成铁路经过，建设中的兰渝铁路、西成客运专线亦将通过县境。

2013 年，全县客运周转量达到 18850 万人公里，比上年增长 6.2%；货运周转量达到 24525 万吨公里，比上年增长 21.2%。

2.1.4.4　邮政与电信设施

在步入信息社会的今天，信息的获取显得越发重要。对于山区的居民来说，如果能够拥有必备的通信设施和技术，通过运用手机、网络等通讯工具以加强与外界的联系，获取科技与市场方面的信息，将有效地提高该地区社会经济发展水平。

1. 电信设施

目前，青川已建成比较完善的通信网络，中国电信、中国移动、中国联通的营业网点在城乡都有分布。2013 年固定电话用户 1.8 万户，比上年下降了 11.1%，移动电话用户 16.9 万户，比上年增加了 0.1%，手机普及率达到了 70.4 部/百人，互联网用户 1.5 万户，增加 0.35 万户（表 2-12）。

表 2-12　2013 年青川县电信设施情况

固定电话装机量/部	互联网用户/户	手机/户	手机普及率/(部/百人)
18000	15000	169000	70.4

2. 邮政设施

青川县邮政体系建设比较完善。2013 年，完成邮电主营业务收入 10628 万元，比上年下降 13.9%。青川邮政局下设多个邮政支局、所、邮政代办所，邮政营业网点遍布全县各个乡镇，主干邮路四通八达，县内各条邮路服务于全县每个村民小组和自然村，能够很好地满足全县邮政通信、邮政金融服务。随着社会经济的发展，青川邮政局在开办函、包、汇、发、储蓄、集邮、EMS 等业务的基础上，相继开办了邮购、广告、代办、电子商务、农资分销等 10 余种新型业务。

2.1.4.5　电力设施

青川县境内河流纵横，水力资源丰富，总蓄水量 157 亿 m³，水能蕴藏量 100 多万 kW。全县各类水利水电工程可供开发的有 25.97 万 kW，已开发的仅 0.46 万 kW，占可开发总量的 1.77%。建设的水电站有：杨村子电站，装机 2×200 kW；桥楼电站，装机 2×1250 kW；楼子电站，装机 100 kW；关庄电站，装机 2×100 kW；青溪电站，装机 3×590 kW；东风电站，装机 2×125 kW；新顺电站，装机 2×65 kW。同时，完成了电站供区的电网配套建设。

2.1.4.6　金融系统

青川县已建立比较完善的金融服务系统，有中国人民银行青川支行、中国农业银行青川支行、中国工商银行青川支行、中国建设银行青川支行、中国农业发展银行青川支行、青川县农村合作信用社、青川县城市信用社等 7 家金融机构，金融营业网点遍布全县各乡镇。

2013 年，全县各项存款余额 723819 万元，比年初增加 5358 万元，增长 0.8%。其中，城乡居民储蓄余额 329176 万元，增长 22%。年末各项贷款余额 329931 万元，比年初增加 42409 万元，增长 14.8%。其中，短期贷款 57110 万元，增长 20.8%；中长期贷款 272821 万元，增长 13.6%。短期贷款中个人贷款 42624 万元，增长 21.8%；单位贷款 14486 万元，增长 17.9%。中长期贷款中经营贷款 22942 万元，增长 76%；固定资产贷款 128772 万元，增长 12.4%。

2.1.4.7　保险

2013 年，全县各类保险机构达到 9 家，比上年新增 2 家。实现各类保费收入 9947 万元，增长 45.8%。其中，财险保费收入 3687 万元，增长 71.2%；寿险保费收入 6260 万元，增长 34.1%。财产险赔偿案件 3607 起，共赔付金额 1706 万元，上缴税金 249 万元；寿险赔偿案件 1154 起，共赔付金额 388 万元，上缴税金 125 万元。

随着经济发展，青川县社会保障体系日趋完善，社会保障功能显著增强。2013 年，全县加大政策宣传引导，全面推行社保"一卡通"，各险种参保人数和保费征收稳步增长。城乡居民社会养老保险覆盖 10.5 万人，其中城镇职工基本养老保险 19465 人，比上年增加 3228 人。城镇居民医疗保险覆盖 4.1 万人，其中城镇职工基本医疗保险 17682 人，比上年增加 882 人。

2.1.5　周边社区社会经济概况

此次调查涉及保护区周边社区包括青溪镇的落衣沟村(由原工农村、三龙村、联盟村合并而成)、魏坝村(由原和平村和西坪村合并而成)、阴平村，桥楼乡的苏阳村，三锅镇的民利村。

2.1.5.1　周边社区人口

与保护区接壤的青溪镇、桥楼乡和三锅镇所辖的 29 个行政村(现合并为 23 个)，有 198 个村民小组(现合并为 126 个)，12133 户(其中农业户 9077 户)，总人口 30716 人(其中农业人口 27389 人，劳动力人口 12781 人)，总面积为 798 km² (表 2-13)。与保护区实验区接壤的有 18 个行政村(现合并为 14 个)4300 户，总人口 15676 人。少数民族主要是回族，分散居住于青溪镇和桥楼乡，共有 3112 人。

表 2-13 2012 年保护区周边 3 个典型乡镇人口基本情况

乡镇	合计	青溪镇	桥楼乡	三锅镇
土地面积/km²	798	526.6	91.2	180.2
行政村/个	29	15	8	6
村民小组/个	198	82	64	52
户籍户数/个	12133	6370	2617	3146
农业户/个	9077	4502	2098	2477
人口密度/(人/km²)	38.49	29.02	77.11	46.62
人口/口	30716	15283	7032	8401
其中农业人口/人	27389	13148	6594	7647
劳动力/人	12781	5288	3401	4092
其中男劳动力/人	6977	2828	1883	2266
女劳动力/人	5804	2460	1518	1826
男女劳动力比例/%	120.21	114.96	124.04	124.10
从事种植业劳动力/人	10568	4428	2801	3339

从表 2-13 可以看出，在与保护区相邻的 3 个乡镇中，桥楼乡人口总量最少，但由于辖区面积小，人口密度却是最高的，达到 77.11 人/km²；青溪镇人口总量最多，但辖区面积最大，人口密度反而最低，只有 29.02 人/km²；三锅镇的人口密度为 46.62 人/km²。从总体上看，三个乡镇的人口平均密度为 38.49 人/km²，低于全县的人口平均密度 74.65 人/km²。据统计资料显示，与保护区接壤的 18 个行政村人口密度为 51.84 人/km²。本次调查所选择的五个行政村的人口状况见表 2-14，人口数量最多的是民利村，有 1476 人，数量最少的是苏阳村，只有 987 人。

表 2-14 2013 年保护区周边社区 5 个典型村人口总量

序号	乡镇	村	村民组数/个	户数/户	人口数/人
1		落衣沟村	6	265	1090
2	青溪镇	魏坝村	4	312	1120
3		阴平村	5	431	1442
4	桥楼乡	苏阳村	6	285	987
5	三锅镇	民利村	5	446	1476

周边社区人口特点如下。

(1)人口受教育程度不高。在保护区周边的广大山区，人们文化水平总体比较低。据青川县统计局 2013 年统计资料显示，在随机抽样调查的 80 户村民中，文盲或半文盲人口占 10.38%，小学文化程度的人口占 30.19%，初中文化程度人口占 48.11%，高中文化程度人口占 6.13%，中专以上文化程度人口只占总人口的 5.19%。年龄在 20～30 岁的青年农民的知识文化水平多为初中，60 岁以上的老年人有 30% 是文盲。部分村民由于文化素质低，与外界接触少，不容易接受新技术、新信息，满足于传统的耕作方式。

（2）少数民族人口占有一定比例。周边社区约 10% 是回族人口，定居于青溪镇和桥楼乡乡镇及公路沿线。回族使用汉语，但还保留一些波斯语和阿拉伯语的词汇。回族人民普遍信仰伊斯兰教，过开斋节、圣纪节和古尔邦节三大传统节日。饮食方面以大米和白面为主食，喜吃牛羊肉，禁吃猪、马、驴、骡和一切凶禽猛兽的肉，所食牛、羊、鸡、鸭、兔必经阿訇宰杀。

（3）人口性别结构较为不合理。保护区周边社区几乎都是传统的农业耕作区，农牧业仍然是许多村民谋生的主要手段，在劳动力人口中从事种植业劳动力占 82.69%（表 2-13）。由于传统的耕作方式劳动强度大，因而对男性劳动力的需求量大；此外，该地区男权主义思想还存在，男孩被视为家族"传宗接代"和"保持香火"的标志，因而一般家庭都希望生一个男孩。因此，2012 年青溪镇、桥楼乡和三锅镇 3 个乡镇总的男劳动力与女劳动力之比达到了 120.21（表 2-13），较国际上公认的正常值（103～107）高出 13～17 个单位。

（4）传统风俗习惯和耕作方式对环境的威胁较大。保护区内有 3 片比较集中的坟地，埋葬有原区内伐木厂因工、因病死亡职工及区内居民搬离之前死亡者。按照传统风俗，其后人每逢春节、清明节及七月半"鬼节"都要入区祭祀，焚烧香蜡纸烛，容易造成较大火灾隐患。按照传统的耕作方式，周边社区居民每年秋季、春季都要焚烧秸秆、杂枝等以获取火灰积肥来增加土地肥力，但多数农民缺乏野外用火意识，疏于管理，稍有不慎，易于酿成火灾，直接威胁到保护区内的森林植被。

（5）居住方式和家庭组合方式。保护区周边社区的居民大都在河谷两岸台原地带聚集成自然村庄，有近 30% 的居民还居住在海拔 1000～1400 m 的山腰上，相近的几个自然村结合形成行政村。近年来，为实施保护区创建国家 AAAA 旅游景区项目计划，建设"关虎游人接待中心"，在当地政府支持下，将青溪镇原工农村四社村民 33 户 131 人迁至茶石板（小地名）集中建房安置。"5·12"特大地震发生后，周边社区全面开展灾后基础设施建设，对农村房屋进行了风貌改造，对原有村落进行了规划布局，村民居住趋于集中，极大地改善了村民的居住环境和条件。

周边社区居民基本沿袭传统的家庭组合方式。自然村仍然是一个或几个较大的姓氏的集聚地，同姓氏的家族聚居在一起或较近的地方，然而这种情况正在发生变化。虽然村子仍然有大家族的存在，但是新的姓氏已经慢慢地迁移进来，并且慢慢融入了这些村子的生产和生活之中。大多数村庄随着人口的迁移和流动，已经成为多姓氏、多家族的复合村。子女成婚时多为女方从男方而居，少数男方入赘女方；子女在成家后部分与父母分家单独生活，成立新的家庭，部分继续与父母生活在一起。

2.1.5.2　周边社区资源概况

1. 土地资源

保护区周边社区两乡一镇国土总面积达 798 km²，其中林业用地 865062 亩，耕地 35057 亩，人均林业用地面积 28.16 亩，人均耕地面积 1.14 亩（表 2-15）。

表 2-15　2012 年保护区周边社区乡镇土地资源使用情况

	人口/人	国土面积/km²	林业用地面积/亩	耕地面积/亩	人均林业用地面积/(亩/人)	人均耕地面积/(亩/人)
青溪镇	15283	526.6	552930	14502	36.18	0.95
桥楼乡	7032	91.2	106704	10454	15.17	1.49
三锅镇	8401	180.2	205428	10101	24.45	1.20
合计	30716	798	865062	35057	28.16	1.14

2. 森林资源

周边社区除与保护区相邻的自然村还保留少量的原始森林外，均是采伐后自然更新的次生林，大多栽植工业原料林、山珍原料林、茶园、核桃林、果树林等，人工林成分较高。社区非木材林产品和药用植物比较丰富，药用植物主要有羌活、贝母、天麻、淫羊藿、独活、大黄、党参、白芨、山药、柴胡、五味子、大力子、赤芍、天南星、纽子七、首乌、紫苏、车前草、兔丝子、川木通、金银花、辛夷花、杜仲、厚朴、当归等，非木材林产品有刺龙苞、鹿耳韭、蕨菜、羊肚菌、牛肝菌、黑木耳、香菇、竹荪及杂菌等。

3. 矿产资源

周边社区地质构造复杂，矿产资源蕴藏十分丰富，分布有铜、锌、金、汞、铀、石英、石灰石、硫矿、锰矿、花岗岩等矿产。其中，分布于青溪镇魏坝村的花岗岩矿床为西南地区最大。

4. 旅游资源

周边社区旅游资源丰富。除唐家河国家级自然保护区外，还有东阳沟省级自然保护区、阴平古道省级风景名胜区、明代青溪古城、千年古寺石牛寺、明建文皇帝避难之所华严奄、清道光五台山五峰庙、神奇美丽的青溪八景、三国名将邓艾安营扎寨之地等自然景观和历史人文景观。此外，阴平村、落衣沟村等地极富乡土风情的田园农家乐，与周边社区自然、人文景观和谐交融，成为四川最具潜力的生态旅游发展新亮点。

2.1.5.3　周边社区的经济状况

1. 周边社区经济发展水平

保护区周边社区的经济发展水平与整个青川县的经济发展平均水平大体相当，但低于广元市和四川省的整体水平。如表 2-16、表 2-17 所示，2012 年青溪镇、桥楼乡和三锅镇农民人均收入水平为 5391 元，与青川县当年人均收入水平(5407 元)基本相当。其中，除青溪镇农民人均收入(5271 元)略低于全县平均水平外，桥楼乡和三锅镇的农民人均收入都要稍高于全县平均水平，但与四川省整体水平相比还有相当大的差距。

更为微观的分析发现，阴平村农民人均纯收入水平最高，高出苏阳村近 2000 元，高出其他三个村 1000 元左右(表 2-18)。

表 2-16   2012 年保护区周边社区乡镇农民人均收入水平

地区	青溪镇	桥楼乡	三锅镇	青川县	广元市	四川省
人口/口	15283	7032	8401	241811	3117300	80762000
农民人均纯收入/(元/人)	5271	5469	5543	5407	5649	7001

表 2-17   2012 年保护区周边社区各乡镇经济发展状况

乡镇	总人口/人	耕地面积/亩	粮食总产量/t	肉类总产量/t	人均粮食产量/kg	人均肉类产量/kg	油料作物产量/t	蔬菜产量/t	农民人均纯收入/元
青溪镇	15283	14502	5206	842.6	340.6	55.1	430	2433	5271
桥楼乡	7032	10454	3440	711.9	489.2	101.2	185	1940	5469
三锅镇	8401	10101	4686	707.5	557.8	84.2	675	1570	5543
合计	30716	35057	13332	2262	434.0	73.6	1290	5943	5391

表 2-18   2012 年保护区周边 5 个典型村农民人均收入水平

序号	乡镇	村	组数/个	户数/户	人口数/人	人均收入/[元/(年·人)]
1		落衣沟村	6	265	1090	5410
2	青溪镇	魏坝村	4	312	1120	5327
3		阴平村	5	431	1442	6547
4	桥楼乡	苏阳村	6	285	987	4584
5	三锅镇	民利村	5	446	1476	5605

　　保护区周边社区的经济活动以从事农林牧业生产、劳务输出、旅游业等为主，兼有少量的渔业收入。民营企业主要有砖瓦厂、石英厂、锌铜矿厂及采石场(以花岗岩为主)。农作物主要有水稻(亩产 400~500 kg)、玉米(亩产 300 kg)、小麦(亩产 150 kg)、黄豆(亩产 100 kg)、红薯(亩产 250 kg)、洋芋(亩产 300~400 kg)、油菜(亩产 80 kg)、花生(亩产 140 kg)等。水田主要分布在青溪镇至三锅镇的河谷两岸，是水稻主要产区。

　　2012 年，在保护区周边上述 3 个乡(镇)共有耕地面积 3505 亩，年产粮食总量为 13332 t，肉类 2262 t，人均产量分别为 434 kg 和 73.6 kg，油料 1290 t，蔬菜 5943 t (表 2-18)；茶叶 429 t，水果 1776 t(表 2-19)；禽蛋 149.4 t，蜂蜜 131.5 t(表 2-20)；核桃 1694.9 t，板栗 49.9 t，木耳 318.1 t，香菇 445.8 t(表 2-21)。

表 2-19   2012 年保护区周边社区茶叶、水果生产情况

乡(镇)	茶园面积/亩	茶叶产量/t	果园面积/亩	水果产量/t
青溪镇	10144	149	228	1403
桥楼乡	11491	158	15	105
三锅镇	8286	122	298	268
合计	29921	429	541	1776

表 2-20　2012 年保护区周边社区畜牧业产品产量(t)

乡(镇)	肉产量	禽蛋产量	蜂蜜产量
青溪镇	842.6	87.2	130.3
桥楼乡	711.9	46.2	0.5
三锅镇	707.5	16	0.7
合计	2262	149.4	131.5

表 2-21　2012 年保护区周边社区主要林特产品生产情况(t)

林产品	青溪镇	桥楼乡	三锅镇	合计
生漆		0.4		0.4
油桐籽	17	8	3.1	28.1
棕片	15.2	1.6	0.7	17.5
核桃	791.3	401.1	502.5	1694.9
板栗	16.6	20.1	13.2	49.9
木耳	274.5	29.6	14	318.1
香菇	210.9	20.6	214.3	445.8
白果	4	11.5	5.8	21.3
辣椒	16.3	3.5	4.3	24.1
杂菌	9	0.8	1.5	11.3
芋片	29.8	9.5	3.5	42.8
薇菜	17.8	1.8	1.6	21.2

2012 年，两镇一乡农林牧渔业总收入 12819 万元，其中农业收入 7482 万元，林业收入 332 万元，牧业收入 4802 万元，渔业收入 125 万元，农林牧渔服务业收入 78 万元(表 2-22)。

表 2-22　2012 年保护区周边社区各乡镇农林牧渔业总产值(万元)

乡镇	农林牧渔业总产值	农业	林业	牧业	渔业	农林牧渔服务业
青溪镇	4900	2407	170	2287	9	27
桥楼乡	3477	2485	34	917	16	25
三锅镇	4442	2590	128	1598	100	26
合计	12819	7482	332	4802	125	78
所占比例/%	100	58.37	2.59	37.46	0.98	0.60

2.周边社区家庭主要收入途径

保护区周边社区农民收入的主要来源包括种植业(粮食作物和经济作物)、林业、畜牧养殖业、务工、旅游业及退耕还林的补偿收入，现有的经济活动类型都与当地的自然环境、气候、资源条件高度相关。诸如，种植业收入主要来源于核桃、板栗、香菇、木耳、魔芋、花椒、果树、茶叶、竹荪、漆树、杜仲、厚朴、黄柏、银杏等经济作物；副业收入来源以外出务工、家庭经营农家乐提供餐饮住宿娱乐服务、养蜂、畜牧养殖业、采药、采菌及运输等为主。调查地区农户收入构成基本相同，但不同村镇、不同农户在各项收入的构成比例上呈现出较大的差异性。

(1)种植业收入。保护区周边社区的主要农作物种类包括水稻、小麦、玉米、黄豆、油菜、土豆、红薯等，农户在庭院或周边的一些自留地上种植蔬菜，供自己食用。随着"退耕还林"政策的实施，周边社区耕地在逐渐减少，粮食总产量不高，主要是用来满足农户自身的生活需要，可用于出卖的粮食较少，粮食生产只是农民维持生计而不是取得收入的手段。近年来，周边社区居民种植结构发生了改变，种植业成为部分农村收入的主渠道。周边3个乡(镇)政府按照发展"生态农业、特色农业、高效农业"的要求，坚持"区域化布局、规模化生产、集约化经营"的原则，鼓励农村居民在传统种植水稻、小麦、玉米、土豆、黄豆、油菜等农作物的基础上，将更多土地用来种植杜仲、厚朴、黄柏等"三木药材"，大力发展核桃、板栗、花椒、果树、茶叶等经济林，混农林业、林农间作、林药间作也出现，千亩核桃、千亩茶园、千亩果园初见规模，袋料香菇、袋料白菇、木耳、竹荪、灵芝、天麻人工栽培等都形成产业。

(2)林业收入。保护区周边社区一度从集体林采伐中获得收益。"天然林保护工程"实施后，当地的森林资源利用活动受到限制，诸如利用传统方法种植香菇、木耳的林木供给大幅度减少。由此，林业收入也随之急剧下降。目前，社区群众主要从事种植经济林和生态林、收获林副产品、采集野生药材等林业生产活动。退耕还林地主要栽种核桃、板栗、漆树、银杏、黄柏、杜仲、茶树、桤木、杉木等经济林和生态林，但大多数种植树木尚处于幼苗阶段或长势不好，未能产生明显的经济效益。

(3)畜牧业收入。猪、牛、羊、鸡的养殖活动在保护区周边社区较为普遍。农户主要利用富余的粮食和村庄及附近的草本植物来喂养自家的牲畜，饲养、管理方式较为粗放。其中，猪、鸡主要用于解决食肉和吃蛋问题。通常一般家庭每年养2或3头猪，卖1或2头，每头猪可卖2000~3000元。剩余的用来满足家人一年吃肉的需求。随着旅游业的发展，在有些村庄(如阴平村、落衣沟村)，猪肉、鸡、鸡蛋等产品得到游客的推崇，成为农户新的经济来源之一。

近年来，政府出台鼓励发展家庭养殖优惠政策，利用当地良好的自然资源，坚持产业发展与规模化养殖、标准化生产、产业化经营相结合的原则，建成了优质生猪、黄牛、家禽生产基地，实现了畜牧业生产能力的全面发展，成为当地的养殖专业户。在保护区推动下，3个乡(镇)大力发展养蜂业，带动周边社区250余户村民养蜂，蜂蜜年产量达到130 t，户均获得11000元收入。

(4)旅游业。保护区加快生态旅游培育和建设，带动了青溪镇乡村旅游快速发展，尤以川北民居特色的阴平村乡村旅游发展较快。阴平村是青川县重要的乡村旅游示范村，先后被为全国文明村、生态文化村和四川省文明村、乡村旅游示范村、新农村建设试点村、十佳卫生村。阴平村自2006年初开始以社会主义新农村建设为起点，按照生态旅游新村规划，立足生态资源、历史文化和乡土风情，利用自家闲置房屋发展以"吃农家饭、住农家屋、干农家活、享农家乐"为主要特色的农家乐乡村旅游业。灾后重建时，聘请专业的城市规划单位编制了《青溪镇阴平村(闫家坝)灾后重建修建性详细规划》，提炼整合"山、水、田、林、文"等资源要素，进一步彰显"原真、舒适、人文"的乡村旅游特色，利用援建资金、政府项目资金和村民自筹资金 1500 万元，改造完善参观步道、水景观等基础设施，大力实施"一户一园、一户一业"工程，家家户户建有小花园、小菜园，房子、亭子、林子、园子相映成趣，别具"吃有特色、观有景色、娱有古色"的独特魅力。通过几年的建设和发展，已有 200 家经营农家乐，乡村旅游业发展初具规模，乡村旅游业成为本村经济发展的支柱产业，年旅游收入达到 300 万元，村民人均纯收入从 2006 年的 2280 元增加到 2012 年的 6500 多元，高出全镇平均水平 1100 多元，成功实现收入翻番。随着唐家河保护区旅游营销策略加强，青溪古镇全面建设，竹园至青溪等 8 个沿途乡镇风貌和节点建设到位，旅游业发展潜力增大。

(5)劳务输出。劳务输出是社区居民主要收入来源之一，其收入占 3 个乡镇总收入的25.5%。据调查，自实施"退耕还林"工程以来，周边社区居民将 25°以上的坡耕地进行了退耕还林，种植结构得到调整，耕种土地减少，富余劳动力增多，大量的农村劳动力转向城市寻求就业门路，从事建筑、采矿、家政服务、玩具、制鞋等行业工作，人均年获得 20000 元的收入。

(6)退耕还林收入。按照国家有关规定，农户从退耕开始可以连续 8 年获得经济补偿，即每退耕一亩土地每年可获得 150 kg 粮食补贴及每亩 20 元的现金补贴。保护区周边社区大多数村民都参与了退耕活动。以离保护区较近的自然村工农村为例，全村退耕还林面积 563 亩，平均每户参与退耕的土地为 3.13 亩。当前，人均耕地面积只有 2 亩左右。

3.周边社区的支出情况

保护区周边社区群众的支出包括生产性支出和生活性支出。由于不同社区经济发展水平存在一定差异，生产性支出与生活性支出比值在不同社区间存在较大差异。对于阴平村来说，农户的生产性支出占其总支出的 50%以上。对于工农村来说，农户的绝大部分支出在于维持生活消费。

(1)生产性支出。生产性支出主要包括农药、种子、化肥、饲料、仔猪等农牧业投入。统计资料显示，保护区周边社区人均生产性支出 1557.4 元。最主要的生产性支出集中在农、林、牧业，占生产性支出的 76.9%。

(2)生活性支出。保护区周边社区人均生活性支出 3169.2 元，生活性支出主要包含两部分，一部分是日常支出，如买粮、衣服、油盐酱醋、通信、电费、交通费、医疗费等日常生活开支；一部分是特殊支出，如建房、人情往来等。据调查，该地区村民每年在人情往来方面的花费特别高，少则 2000~3000 元，多则高达 10000~20000 元，人情开支占了生活性支出的很大一部分，也成了当地老百姓的经济负担。

(3)教育费用支出。如果有子女上学，教育支出占了每个家庭支出的很大一部分。保护区周边社区各村只有两所村小，绝大部分适龄儿童从小学开始就要到乡镇学校过寄宿生活，个别孩子需要大人陪护照理，费用很高，一般子女上学每年需花费 1000~3000元，个别高达上万元。在有子女上大学的情况下，大多数家庭的经济较为拮据，每个大学生每年的学费、住宿费、生活费开销大概在 2 万左右；对于有两个孩子上大学的家庭，一年所需支付学费高达 4 万元。

4.周边社区经济特点

保护区周边社区当前经济活动对于保护区内资源的依赖性强，传统资源利用方式根深蒂固，然而，不同社区的经济活动组成存在差异。

(1)经济活动对保护区资源的依赖性强。目前，保护区周边社区的一些经济活动，如采药、采野生菌、采野菜、偷猎、盗伐、开矿、放牧、薪柴采集等，都对保护区资源有较强的依赖性。

(2)传统的资源利用方式根深蒂固。采药、采菌、放牧、采集薪柴等经济活动是当地人传统的生活方式。一方面，这些都是属于粗放型、掠夺式、效率低下的资源利用方式；另一方面，传统的资源利用方式在村民的思维中都是合乎道理的，如果外界对这些行为加以干预则会导致矛盾的发生。

(3)经济活动组成的差异。周边社区的经济发展表现出很强的地域差异性。有些地方收入以种植业为主，有的则基本依靠养殖业，有的依靠外出打工维持生计，有的则依靠发展旅游来谋求生存。有些地方经济要富裕一些，有的则仍然停留在低水平。

2.1.5.4　保护区与社区间的交通状况

1.保护区外部交通状况

保护区管理处现设在青溪镇，青溪镇是距离保护区最近的一个乡镇。青溪镇至毛香坝(原保护区管理处所在地)有一条长22 km的柏油路，是保护区与外界相通的唯一交通要道。该公路向内连接保护区内公路，向外贯通青川、平武、江油、绵阳、广元、成都等地。目前，青溪镇至保护区内关虎游客中心已开通班车，途经落衣沟村和阴平村。保护区周边社区两镇一乡有柏油公路分布，通车里程达100余千米，到村有机耕便道，少数村有泥结碎石林区公路。保护区管理处距桥楼乡19 km，距三锅镇26 km，距青川县城乔庄59 km，距广元市175 km(青溪—竹园—广元；青溪—青川—白龙湖—广元)，距成都市320 km(青溪—白草—江油—绵阳—成都；青溪—转嘴子—竹园—绵阳—成都)，与九环线相距32 km(青溪—白草)；距广元机场160 km，距绵阳机场174 km，距成都双流机场350 km。

2.保护区内部交通状况

关虎游客中心至毛香坝(关虎游客中心—白果坪保护站—蔡家坝保护站—毛香坝)、白果坪保护站至倒梯子(白果坪保护站—红军桥—摩天岭保护站—倒梯子)均为柏油路，毛香坝至红石河保护站(毛香坝—水池坪保护站—白熊坪—红石河保护站)为泥结碎石路。保护区内公路总里程36.5 km。此外，保护区内还建设有景区石板步道11.5 km、木栈道2.5 km及巡山步道64 km，为保护区经营管理、生态保护、护林防火、综合利用和生态旅游等提供了较为便利的交通条件。

2.1.5.5　周边社区文化教育及卫生状况

1.文化教育

据调查，两镇一乡现有初中2所、中心小学3所、村级小学2所，专职教师240余人，在校学生2600余人。全县为了整合教育资源，提升教育质量，将多数村级小学校建制撤消，所有学生集中在学校住校或寄宿就读。"5·12"地震后，青川县利用灾后重建资金加大对教育的投入，保护区周边3个乡(镇)的初中和小学师生教学条件及生活环境得到极大的改善，能满足各年龄段的学生就学需求，九年义务制教育就读率达到100%。3个乡(镇)均建有文化站、文化休闲广场，各村建有地面卫星接收站，青川县农、林、牧等部门不定期开展各种农村实用技术培训。

2. 卫生、医疗条件

周边乡(镇)有3个卫生院，27个村级医疗站，专业医护人员52名，病床100个。村级医疗站设施较为简陋，只能提供简单的医疗服务，村民稍有重病，需到乡(镇)一级卫生院就医。

2007年以来，青川县将全县农村居民纳入新型农村合作医疗保障体系，帮助农村居民抵御因疾病带来的医疗费用风险，保障农民健康，避免因病致贫、因病返贫的以大病统筹为主的农民医疗互助共济制度。农村居民参保率达95%以上。

近年来，周边社区按照县委、县政府的要求，创新性实施"十二户联洁制度"。一年当中，十二户中的每一户都会轮流值班一个月负责保持整洁的环境。村民通过"十二户联洁制度"互相约定，共同保持村庄的整洁、卫生，村民生活环境大为改观。

2.1.5.6　周边社区资源和能源利用

保护区周边社区耕地资源人均占有量少，可利用土地资源量更少，耕地面积随着退耕还林政策的实施及自然灾害的损毁在逐渐减少。

退耕还林后，林地资源相对增加，村民在退耕地上除按规定种植生态林外，在其余土地上种植了大量经济作物，如核桃、漆树、杜仲、猕猴桃、黄柏、甜柿子、桃树、梨树、银杏等，中间还套种了相当数量的药用植物。保护区周边社区土地资源和林地资源利用方式调查结果见表2-23。

表2-23　保护区周边社区土地和林地资源权属及利用方式

种类	权属	用途	备注
耕地	集体	种植玉米、水稻、小麦、洋芋、油菜、豆类，部分种植蔬菜	退耕还林地种植核桃、甜柿子、银杏等经济林木
宅基地	集体	建房、牲畜圈舍、种植蔬菜、果树自用	
荒山荒坡	集体	放牧(羊、牛)	部分栽植核桃、板栗、银杏等经济林木，或种植党参、柴胡、灵芝、猪苓、当归等中药材
自留山	集体	放牧、砍柴、采药、养蜂、采菌	
集体林	集体	放牧、砍柴、采药、养蜂、采菌	
国有林	国有	放牧、砍柴、采药、养蜂、采菌	保护区成立及天保工程实施后，封山育林

周边社区除与保护区相邻的自然村还保留少量的原始森林外，均是采伐后自然更新的灌木林，大多栽植工业原料林、山珍原料林、茶园、核桃林、果树林等，人工林成分较高，社区非木材林产品和药用植物比较丰富，主要有羌活、贝母、天麻、淫羊藿、独活、大黄、刺龙苞、鹿耳韭、蕨菜、羊肚菌等，多为野生采摘出售。

大部分村民的薪柴利用主要来自自留山，也有一部分来自集体林地(青川县林业局代管部分)。平坝地区居民 90% 的农户建有节柴灶和沼气池，20% 用上了液化气；山区居民均建有节柴灶，冬季用薪柴取暖。与传统的"鸡窝灶"相比，使用节柴灶每年可以减少 60% 的薪柴消耗量，从而减少了保护区森林资源的压力。使用节柴灶以后，平均每户每年的薪柴使用量由原来 11175 kg 下降到 4200 kg。

位于保护区实验区的落衣沟行政村，有 400 多只山羊，200 多头牛，几乎都是散放，放牧区域在自留山或集体林。

据不完全统计，每年有周边社区居民入区采药和采集野生菌类，如每年 4~5 月入区采集野生蕨菜、采挖野生天麻及其他草本药材，6~7 月捡野生菌和采挖贝母，9~10 月采摘猕猴桃和野生板栗、采挖党参等。

长期以来，周边社区居民有狩猎的习惯。狩猎同时也是当地居民短期获得经济收入的一种途径。社区居民进入保护区非法猎杀扭角羚、黑熊、斑羚、鬣羚、毛冠鹿、小麂等野生动物的案件时有发生。

2.1.5.7 野生动物危害

2002~2004 年，在全球环境基金(GEF)项目支持下，曾对保护区周边林缘社区 4 个自然村(三龙村、工农村、联盟村和平桥村)野生动物危害情况进行过调查分析，并将平桥村和联盟村作为野生动物危害防治示范村，制订野生动物危害防治方案，以期减少农户经济损失。2007 年，又对示范村进行过 PRA 跟踪调查。

自天然林保护和退耕还林工程实施以来，保护区周边森林植被得到较快恢复，野生动物种类、数量与分布范围都有显著增加和扩大，已对周边林缘社区居民生产生活带来危害，社区居民反应强烈。调查显示，野生动物形成损害主要是对农作物、林果和家畜家禽 3 大类。每年不同月份农作物都遭到各种野生动物的损害(表 2-24)。农作物受损主要发生在播种和即将成熟季节，损害家畜家禽较重的季节主要在秋冬季和早春，其他月份损害强度较弱。损害农作物的主要动物有扭角羚、藏酋猴、黑熊、野猪、豪猪、猪獾、小麂、野兔、鼠类、雉类、大嘴乌鸦等，损害林果类主要有扭角羚、黑熊、果子狸、松鼠等，损害家畜家禽主要有黑熊、豹、豹猫、黄鼬、猛禽类等(表 2-25)。

表 2-24 2004 年保护区周边 4 村不同月份野生动物对农作物及家畜家禽造成损害情况

	1月	2月	3月	4月	5月	6月	7月	8月	9月	10月	11月	12月
玉米				▲	▲	▲	▲	▲		▲		
小麦	▲	▲	▲		▲	▲					▲	▲
小杂粮				▲	▲	▲	▲	▲	▲			
洋芋			▲	▲	▲	▲	▲	▲				
蔬菜			▲	▲	▲	▲						
林果类					▲	▲	▲	▲	▲	▲		
家畜家禽	▲	▲	▲	▲	▲	▲	▲	▲	▲	▲	▲	▲

注：▲示损害发生

表 2-25　保护区周边 4 村野生动物损害类型

动物	农作物	林果类	家畜家禽
扭角羚	小麦	杉木、杜仲、黄柏、漆树、栒木	
藏酋猴	玉米、小麦、洋芋		
豹			黄牛幼仔、山羊
黑熊	玉米	板栗、核桃	山羊
豹猫			鸡、鸭、兔
果子狸	瓜类、萝卜、红薯	板栗、核桃、柿子、苹果	
野猪	玉米、小麦、洋芋、油菜、荞子、豌豆、瓜类、红薯		
豪猪	洋芋、豌豆、瓜类、红薯、萝卜		
猪獾	洋芋、瓜类、花生、红薯、萝卜		
黄鼬			鸡、鸭
小鹿	玉米、小麦、黄豆		
野兔	小麦、大豆、豌豆、荞子		
松鼠		板栗、核桃	
猛禽类			鸡、鸭、羊羔
雉类	小麦、油菜、玉米、洋芋		
大嘴乌鸦	小麦、玉米、洋芋、大豆、花生	柿子、苹果	
雀类	小麦、油菜、水稻	柿子、苹果	
鼠类	小麦、玉米、大豆、花生、红薯		

　　保护区周边社区几乎家家户户每年都会遭遇兽害，但是受害的程度不同。平均每年农作物经济损失 500~600 元的农户有 20％，损失 300~400 元的有 35％，损失在 100~200 元的有 40％。损失严重时，部分地块玉米、小麦颗粒无收。在三龙村和联盟村，营造的经济林和用材林常受到成群的扭角羚损害，扭角羚也常与散养的家牛群竞争草场。调查的 4 个村中，村民栽种的核桃、板栗、果树在果实成熟期不同程度常被黑熊、果子狸等采食。据不完全统计，2004 年核桃、板栗和水果类直接经济损失分别是 3000 元、2025 元、1200 元。有的食肉性野生动物不仅捕食家禽，也捕食家畜。如一家养羊专业户，3 年中被黑熊、豹捕食 26 只，经济损失严重。

　　为了缓解人与野生动物之间的冲突，2004 年将平桥和联盟两个自然村列为野生动物危害管理示范村，为村民提供魔芋种、木瓜、核桃和花椒树苗等动物不喜好的经济作物来调整种植结构，以及采取建栅栏、固定哨棚、危害监测等防护措施活动。2007 年通过 PRA 跟踪调查发现，示范村的种植结构得到优化，由以往单一农作物耕种方式向林果、林茶、林药混作方向发展；在耕地相对集中地段建固定哨棚、栅栏以及实施动物危害监测活动，在一定程度上起到了减轻野生动物危害的作用，但整体效果不是十分显著。

2.2 社会经济影响因素

创建保护区的目标在于保护该地区的生物多样性，并致力于当地乃至全国社会经济的可持续发展。"自然保护"与"社会经济全面发展"已成为我国的两项基本国策。随着人们对生存、发展的需求日益提高，保护区周边社区对于保护区内自然资源将维持较高的依存度，这也是由当前周边社区较为粗放的经济发展模式所决定的。

2.2.1 人口现状分析

人口与资源是社会经济两个最为重要的基本因素，社会经济的发展则是以人口对于资源的利用作为前提条件。一个国家、一个地区的社会经济发展水平取决于该国或该地区的人均资源拥有量、资源拥有类型、资源利用方式和资源利用水平等因素，而人均资源拥有量、资源利用方式和利用水平则与人口的素质息息相关。在发展中国家和贫困落后地区，人口和资源的关系常常体现为人均资源拥有量低、资源利用类型和利用方式单一及资源利用水平低，其原因可以归咎于自然资源不佳及人口的低素质。

2.2.1.1 人口密度

从青川县来看，人口密度不大，只有 74.65 人/km²，远远低于广元市人口密度(190.19 人/km²)、四川省人口密度(167.15 人/km²)和全国平均人口密度(141.74 人/km²)(图 2-3)。保护区周边 3 个乡(镇)中，桥楼乡的人口密度为 77.11 人/km²，三锅镇的人口密度为 46.62 人/km²，青溪镇的人口密度为 29.02 人/km²，也都远远低于四川省和全国人口密度水平。

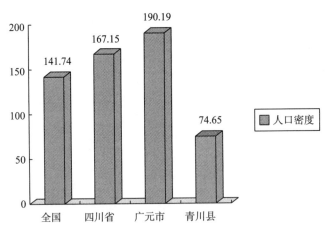

图 2-3 全国、四川省、广元市和青川县人口密度比较(人/km²)

从人口变化趋势看，近五年青川县人口出现负增长，每年人口减少率维持在 4‰～10‰。由此可见，该县人口自然增长率远远低于四川省和全国平均水平(表 2-26)。

表 2-26 中国、四川及青川最近五年人口变化情况表

年份	2009	2010	2011	2012	2013
中国人口/万人	133474	134100	134735	135404	136072
中国人口增长率/‰	5.05	NA	4.79	4.95	4.92
四川省人口/万人	8185	NA	8050	8076.2	8107
四川省人口增长率/‰	2.7	NA	2.98	2.97	3.0
青川县人口/人	246717	244055	242943	241811	240073
青川县人口增长率/‰	NA	−10.79	−4.56	−4.66	−7.19

青川县人口稀少，人口密度低，是四川边远山区的共同特征，但这并不意味着该地区的资源面临来自人类生产和生活的压力就小。相反，由于"5·12"大地震后泥石流等次生地质灾害频发，该地区土地、森林等自然资源在不同程度遭到破坏，加上灾后重建过程中，当地民众对经济发展的诉求更加强烈。因此，该地区资源都面临生产和生活所带来的长期压力。

2.2.1.2 人口受教育程度

青川县注重教育事业的发展。然而，保护区周边社区群众受教育的机会少，文化水平也不高，由此导致对新农业技术的学习和掌握能力低。对于保护区周边社区的调查表明，紧邻保护区的农村人口的文盲或半文盲率为10.38%，60岁以上的人口几乎有30%是文盲。保护区周边社区文化水平不高这一现实直接决定了该地区农户不容易接受新生事物和掌握农业新技术，无法认识到所从事生产活动的经济效率问题，也缺乏市场竞争意识，因而固守原有的、粗放式的经济活动。这也是保护区周边社区群众中农业人口比例过大的原因之一。文化低既是现实情况，也是社区长期以来存在的问题。从资源利用的角度来看，社区群众原本的资源利用效率低，难以掌握和应用节约资源的各种技术和方法，也就无法实现资源利用效率的提高，从而需要耗费更多的资源来维持现有的生产和生活。

2.2.1.3 农业人口结构

青川县总体上城镇化发展水平低、产业层次不高，农业占经济的比例相对较大，从而农业人口占总人口的比例非常高。2013年，该县农业人口占总人口的比例达到79.96%，远远高于四川省和全国平均水平。该县近五年来的农业人口变化趋势与总人口的变化趋势几乎是一致的，都有所下降。农业人口占总人口的比例尽管逐年也有所下降，但下降趋势不明显，五年间只下降了4%。由此可见，全县产业结构调整缓慢，升级不明显，仍处于农业占主导地位的阶段。

农业是一项对自然资源依赖性很强的产业，农业生产活动同时也具有较强的季节性。由于当地人均耕地面积较少，在非农忙时期，社区群众往往通过采挖中药材、采菌、采集野菜等自然资源利用活动来增加收入。此外，农业人口数量越多，该地区所需消耗的薪柴数量也越多。基于此，该地区大比例农业人口的现实对于自然资源所构成的威胁是

明显的。

2.2.1.4 风俗习惯

据调查，保护区内有 3 片比较集中的坟地，埋葬有原区内伐木厂因工、因病死亡职工及区内居民搬离之前死亡者，按照传统风俗，其后人每逢春节、清明节及七月半"鬼节"都要入区祭祀，焚烧香蜡纸烛，给保护区造成较大火灾隐患。

2.2.1.5 人口现状对于保护区构成的影响

总的来说，保护区所处的区域环境及周边社区均具有人口文化素质不高、农业人口比例过大等特征。农村人口比例大使得保护区内及周边的自然资源面临着直接的需求压力，而且这种压力居高不下。人口素质不高促使对于资源的需求压力集中在某几种资源上，以至对于资源需求的压力难以降低。

2.2.2 资源利用现状分析

自然资源的不合理利用会导致水土流失、森林急剧减少、草地退化等恶劣的生态后果，使得生态系统所具有的涵养水分、蓄积洪水、调节气候和为人类社会提供物质能源等功能下降，从而破坏生态系统的完整性。自然资源可以分为不可再生资源和可再生资源，对于矿产等不可再生资源来说，用一点就少一点；而对于森林、水生物等可再生资源，一旦利用超过作为资源载体的生态系统的承载力限度，这些资源也将难以实现再生。

长期以来，保护区周边社区社会经济发展水平低，资源利用方式单一、无序、粗放，缺乏可持续性。保护区的建立限制了周边社区经济活动的空间及对于自然资源的利用。然而，周边社区本着生存和发展的需求对于保护区内及周边的资源依赖性却难以降低，由此导致保护区与社区之间的冲突和矛盾频频发生，保护工作常常可能陷入被动局面。

2.2.2.1 矿产资源利用现状分析

青川县矿产资源丰富，其中部分矿产不仅总量大，人均拥有量也相当大，但是这些资源有一部分分布在保护区内或保护区周边社区。例如，魏坝村和落衣沟村有丰富的花岗石资源，呈山脉状分布，资源延伸到保护区的核心区。花岗石成色和质量比较好，加工成板材有较好的市场潜力。目前，已对魏坝村花岗石资源进行规模化开采，有多家企业进驻石材产业园区，成品石材年产值上亿元。落衣沟村的花岗石资源曾有过小规模的开采和加工，由于该村离保护区很近，矿产资源开采活动对保护区影响较大，经过保护区管理部门长期以来坚持不懈的工作，目前落衣沟村矿产资源开采活动已被叫停。通过实地调查，魏坝村整体开采毛料花岗岩石群，已经对岩层土壤和植被形成破坏，包括对森林的损毁和地下、地表径流的改变，破坏了野生动物赖以存活的栖息环境，并对这些野生动物造成惊吓。此外，对于矿产资源开采利用所产生的废弃物已直接污染当地环境，从而影响野生动物的存活和野生植物的生长，并危及当地群众的身体健康。随着开采花岗岩范围扩大，保护区的生态环境将会受到威胁。

2.2.2.2 耕地利用现状分析

随着"退耕还林"工程在保护区周边社区的实施，坡度 25°以上的农业用地被转变为林业用地，耕地面积数量大幅度较少。2012 年，周边社区两乡一镇有耕地 35057 亩，人均耕地面积只有 1.14 亩，只相当于全国平均水平的 75%。

在粮食种植上，保护区周边社区很多乡村仍沿用传统的农业生产模式，对于现代农业技术的应用较少。绝大多数村庄还无法实现灌溉，只能靠雨水浇地，具有典型的"靠天吃饭"生产特征。海拔较高区域立地条件较差，日照少、土地贫瘠，耕作较为粗放，农药和化肥施用量很小，耕地单位产量也较低，同时还面临着野生动物对庄稼的破坏，部分家庭的粮食无法实现自给。周边社区的耕地中旱地占绝对比例，水田只分布在青溪镇至三锅镇的河谷两岸，其他社区无法种植水稻，致使相当一部分农户通过买粮、换粮以解决吃粮问题。

耕地面积不断减少、粮食单产低下等因素的综合作用，使得粮食问题在唐家河周边社区显得较为突出。在这种情况下，社区群众为了生存和发展需要，只有通过其他形式的自然资源利用来获取更多的经济收入以购买粮食，这会导致对保护区内及周边社区资源的压力提高，并对自然资源构成直接和潜在的威胁。

2.2.2.3 森林资源利用现状分析

青川县属于典型的山区地带，宜林地面积大，林木资源丰富，有森林面积 229944 hm²，森林覆盖率高达 71.5%。随着天然林保护工程、退耕还林工程在该县的实施，森林资源数量和质量有进一步提高的趋势。

当前，青川县的商业采伐活动已经全面禁止。但是，在保护区周边社区还存在一些零星的采伐活动，所伐木材用于建房，人工种植天麻、香菇、木耳等。此外，当地社区对于薪柴的需求也是自然保护所面临的威胁之一。随着"改灶节柴"活动的推广，保护区周边社区的节柴灶和节柴火炉的数量明显增加，使得薪柴需求数量有所减少，从而对于森林资源的压力也相对较少。但由于薪柴是社区能源消耗的主要方式之一，周边社区目前所需要的薪柴数量仍居高不下，据调查，周边社区每户村民年消耗薪柴为 4200 kg 左右。由于需求量大，农户自己的自留山薪柴一般不能满足需求，出现一些盗伐现象。同时，由于周边社区居民缺乏对当地社区薪炭林和集体林的有效管理，导致平坝村居民经常到周边社区的国有林和集体林盗伐薪柴，加大了薪柴资源的消耗。据调查，三龙村和联盟村两个自然村每年有 10 万~15 万 kg 的薪柴被其他地区的居民盗伐运走。长期以来对薪柴资源的过度利用，使村民取柴难度逐年增大，距离越来越远，一般要到 2 km 以外才能采集到较好的薪柴。薪柴的过度消耗，不仅影响到保护区周边社区村级薪柴资源减少，同时已严重威胁到保护区的森林资源和物种的保护。只有进一步加大节柴灶、节柴炉普及力度，从根本上改善社区能源利用结构，森林资源的消耗才会得到有效遏制。

2.2.2.4 野生动植物资源利用现状分析

打猎原本是保护区周边社区村民的传统经济活动之一，随着保护工作的深入开展，打猎活动在该地区已经全面禁止。尽管盗猎活动偶有发生，但对野生动物资源构成的破坏活动不甚严重。采集中草药也是周边社区农户的传统经济活动之一。通过对青溪镇中药材个体收购点访谈得到的信息，其收购种类中有 60 余种中药材、菌类和野菜是来自保护区的资源。据不完全统计，每年有数十人次入区采药和拣菌等现象发生，每年 4~5 月入区采挖野生天麻，6~7 月捡野生菌，9~10 月采摘猕猴桃和野生板栗等。

从事采集活动的人群主要是居住在保护区附近的贫困居民，采集非木材林产品投入成本较低，一户一年最高能从保护区内获得 2000 元的现金收入。对于野生药用植物的大规模和无序利用，可能带来严重的植被破坏、水土流失问题，对生态环境和生物多样性的保护均将构成严重的负面影响。当前，我国对于野生药用植物的利用尚缺乏有效法律予以规范。由此可以预见，在保护区采集中草药的活动在相当一段时间内仍将较为活跃，由此自然保护工作的开展所面临的压力将是长期的。

2.2.2.5 资源利用现状对于自然保护构成的影响

从上文分析可以发现，当前保护区周边社区的资源利用行为具有一定惯性，也就是说现行的资源利用活动是传统经济活动的组成内容。保护区的成立对于这些传统资源利用活动产生了一定影响，但由于保护区周边社区群众的生计和发展，对薪柴、土地、矿产、野生药用植物等资源利用所带来的经济收入存在较大的依存度，这些资源利用活动并没有因为保护工作的开展而发生根本性的改变，其对于保护工作所带来的威胁和压力也必然在相当时间内存在，并可能维持一个较高的水平。此外，魏坝村矿产资源的大规模开采和利用，使保护区的生态环境面临着新的威胁和挑战。阴平村、落衣沟村所开展的农家乐对于当地生态景观资源进行利用的经济活动给当地村民带来了明显的经济效益，但就整个保护区周边社区而言，经济效益还很有限，上升的空间还很大。

2.2.3 经济发展水平现状分析

2.2.3.1 经济水平低

保护区地处四川边远山区，经济发展水平较低。虽然最近几年青川县的经济发展速度较快，但是由于基础薄弱，经济总量不高，人均产值也低，生活消费水平仍然处于较低的层次。2013 年，青川县的人均 GDP 为 10902 元，低于广元市的 20505 元和四川省的 29627 元，更是远远落后于全国平均水平（33530 元），在广元市所有区县中列最后一位，是省级贫困县。据世界银行统计，人均 GDP 达到 3000 美元既是经济发展的重要拐点，也是生态建设的重要拐点，标志着经济的发展已经有能力支持较大规模生态治理行动的开展。按照这个标准，青川县经济还远远不能达到要求，地区经济大规模反哺生态建设的时机还没有到来，需要中央财政更多的支持。在 2013 年，青川县 GDP 增长速度为 9.7%，高于全国平均水平。经济的快速发展对资源的支撑能力要求越来越高，资源和能源的快速增长必然会导致对自然的过度索取，加剧对能源、资源短缺的压力，带来生态退化和自然灾害增多。

2.2.3.2　产业水平低

2013 年,青川县三产业结构之比为 24.6∶43.2∶32.2,即作为第一产业的农、林、牧、渔业在地区生产总值中占的比例相对较小,而作为第二产业的制造、采矿、电力、燃气、建筑等行业发展水平相对较高,在地区生产总值占着较大的比例,产业结构呈现"第二产业＞第三产业＞第一产业"的格局,因而从总体上看,青川县的产业结构正在逐步得到优化。然而,与广元市、四川省和全国相比,青川县的产业发展水平还比较低,第一产业在国民生产总值中所占比例还比较大。

从农业结构上看,该县种植业生产总值占农业总产值的 48.02%,属于典型的以种植业为主的农业生产结构。由种植业和畜牧业组成的小农业在整个农业中已占到 82.79%,表明该县农业发展水平低。此外,农村人口比例大,农业劳动生产率低,可见该县经济发展尚未脱离农业初级发展阶段。处在农业发展初期阶段的地区,农业还将是一个支撑产业,农业生产仍是大多数人谋求生存和发展的主要手段,需要进行农业产业提升和优势经营。在经济结构中农业所占比例相对较大、产业水平较低和资源利用率不高这几个因素的综合作用下,人均 GDP 所耗费的资源和能源都会很高,这对自然保护来说是潜在威胁之一。

2.2.3.3　社区经济对资源依赖性强

周边社区农民的收入主要来源于种植业(其中包括粮食作物和经济作物收入)、林业、畜牧业等,这些经济形式都呈现出与当地的自然环境、资源条件高度相关的特点。如采药、狩猎、伐木、放牧、采集薪柴、采矿等经济活动都与保护区内的资源息息相关,许多村民的经济收入和生活来源都源自于这些活动。这些经济活动在周边社区都有相当长的历史,是当地人赖以生活的方式,在村民的思维中它们都是合乎情理的。这些对资源高度依赖的经济方式都具备粗放型、掠夺式、效率低下的特点。在这种资源利用方式下,人们会加大对保护区内资源的利用,从而带来一系列生态和环境问题。

总的来说,保护区所处区域和周边社区的社会经济发展水平不高,这既有经济发展基础薄弱等历史原因,也有人口素质不高、资源利用方式单一和利用效率低下、生产发展缺乏资金支持等现实因素。在周边社区对于生存和发展诉求日益高涨的今天,社区迫切希望改变当前发展欠佳的经济发展水平,现有的对于自然资源具有较高依赖性的经济活动将进一步扩张,这将使得社区对于保护区内及其周边地区的资源利用进一步增加,导致保护区面临来自社区更大的资源压力,从而影响保护区走上健康和可持续发展的道路。由此,在保护区管理部门的下一步保护管理工作中,应更为密切地关注周边社区的发展态势,并积极探索与社区发展相和谐的保护管理模式。

2.2.4　小结

多年来,我国政府已经将社会经济的可持续发展作为国家发展战略,由此对自然保护工作的开展给予了高度的重视和空前的投入。当前,我国自然保护区的建设和发展以当地政府的投入为主，当地的社会经济发展水平决定了对于保护工作开展所投入的物力、财力的能力，也就决定了该地区保护管理工作发展的水平。

保护区所处的较为不发达的社会经济环境使得保护区发展缺乏有力的周边社区环境保障，这也使得保护区当前面临，也将持续面临社会经济发展所造成的资源需求压力。自然保护工作的开展关系到诸多利益相关方，如果这些利益相关方从保护工作中不能得到相应利益，那么他们对保护工作则难以体现出积极性。进一步说，如果这些利益相关方的原有利益遭受损害，那么对于保护工作的抵触情绪、行为的产生和发生也就难以避免。保护区周边社区群众在自然保护工作开展中所获得的现实利益有限，而原有的资源利用活动却受到限制，难以实现经济状况的改善，由此导致部分群众对于保护工作产生抵触。

相比较而言，"保护区的保护"与"周边社区的发展"是一对复杂的矛盾体，现存矛盾绝非单靠保护区自身就能够解决，该矛盾的解决有待于中央政府、地方政府及保护区的共同合作和努力。换而言之，对于推动保护区周边社区社会经济水平的提高，以及缓解和消除当前不高的社会经济水平对于保护区发展构成的威胁所拟定的对策不能只从问题的表象去探索解决问题的办法，而应将问题置于社会经济环境中追溯问题产生的深层原因，即是要从"保护与发展"两者之间存在的辩证关系出发探寻问题的解决办法。保护区周边社区的社会经济水平提高不应以破坏保护目标作为实现条件，而应追求"保护与发展"和谐共存的社会经济发展模式，这首先需要国家从法律和政策方面对该种发展模式的形成给予保障；其次需要地方政府对于保护区发展目标达成共识，并将保护区的发展纳入地方社会经济发展规划；再次需要保护区关注并保障社区合理的资源利用诉求，并建立有效的机制推动"保护与发展"的共进。

总而言之，只要人类文明在延续，发展与环境和自然资源保护之间的矛盾和冲突就会存在。如何协调发展与保护的关系将是人类社会与自然关系最基本和永恒的主题。发展与保护的矛盾既是人类社会发展的限制，也是促进人类社会理智和平衡发展的内在动力，这对于保护区的未来也是如此。

第 3 章　大 型 真 菌

大型真菌是指真菌中形态结构较为复杂、子实体大、容易被人眼直接看到的种类。它们是重要的生物资源，对维持生态系统稳定，特别在植被更新、物质循环及能量流动中，起着极为重要的作用。同时，许多大型真菌不仅美味可口，还具有保健或药用价值。

保护区首次较为系统的大型真菌调查在 2003 年，共采集到 1500 余份大型真菌标本，包括 434 种，分属 2 亚门 5 纲 17 目 51 科 150 属。通过对该此考察报道的名录仔细核对及去除同物异名等重复纪录，2003 年实际采集到的大型真菌为 428 种，分属 2 亚门 5 纲 15 目 47 科 122 属。2011 年，保护区鲜方海等采集标本 578 号，报道保护区内大型真菌共有 8 目 39 科 95 属 219 种。为进一步摸清保护区内大型真菌资源，在保护区第二次综合科学考察中，我们组织技术力量对该地大型真菌再次进行了调查。

3.1　大型真菌物种多样性

生物多样性可简述为生物的物种多样性和变异性及其栖息环境的生态复杂性，主要包括基因多样性、物种多样性和生态系统多样性。可利用的大型真菌来源广泛，具有超强的繁殖能力，从而能适应各种生态环境，分布甚广，是菌物界里一支非常庞大的队伍。据估计，地球上约有 500 万种生物，其中约有 150 万种是菌物，菌物是仅次于昆虫的第二大生物群。目前，已记载的大型真菌达 2000 多种，在中国境内分布约 1000 种。

大型真菌分布受温度、相对湿度、营养供给影响极大。保护区内温度变化幅度大，为多种温型大型真菌的发生创造了条件。水系复杂，水资源丰富，使得保护区内大型真菌在不同季节都有生长。此外，保护区内植被类型丰富多样，大量的枯木、枯枝、落叶为大型真菌的繁衍奠定了物质基础。

在本次调查过程中，雇请了熟悉保护区自然环境并有菌类采集经验的民工参与标本采集。野外采集在保护区内按由近至远、海拔由低至高分区、分片进行，边采集、边照相、边登记，同时记录采集地自然环境状况。对采集的菌类标本进行编号、装袋，并送回室内鉴定。

调查期间共采集大型真菌标本 900 余号。根据《真菌字典》(第 10 版)的分类系统(Kirk et al.，2008)，参考我国公开发表的论文及相关专著(戴玉成，2008；戴玉成等，2009，2010；卯晓岚，2000；袁明生等，1999，2007)，采集的 900 余号标本共计 287 种，分属 2 亚门 5 纲 15 目 43 科 157 属。其中，有 55 种与保护区第一次综合科学考察报道的名录相同，其余 232 种为本次调查新发现种(附表 3-1)。综合两次综合科学考察及鲜方海等的报道，保护区内分布的大型真菌共计 667 种，分属于 2 亚门 5 纲 17 目 51 科 182 属，占中国大型真菌总数的 65%。这表明，保护区内大型真菌资源较为丰富，对维系区域生态平衡发挥着重要作用。

木腐型大型真菌可以在温度和湿度适宜的气候条件下，独立分解基质中的木质素、纤维素、半纤维素及蛋白质等大分子，被其吸收合成新的菌丝（菌丝体），再发育成蕈菌子实体。枯枝腐草型大型真菌分解利用落叶、树枝和青草表面及内部的糖、淀粉、少量多聚体、纤维素和半纤维素，留下的木质素组分由木腐型大型真菌继续分解，共同承担着森林中大部分绿色废弃物的分解重任。据调查，保护区内木腐型大型真菌有205种，属于1亚门1纲2目13科，占保护区大型真菌总量的31.11%，其中多孔菌科（Polyporaceae）（82种）、侧耳科（Pleurotaceae）（19种）、白蘑科（Tricholomataceae）（18种）、韧革菌科（Stereaceae）（13种）为优势类群。这些大型真菌很多以阔叶树木材、枯枝为营养源。

菌根型大型真菌和许多植物根系之间会建立共生关系。大型真菌扩大植物根系吸收营养的范围，提供营养和产生植物生长激素，加速植物生长，植物也会将自己合成的有机物供给大型真菌的生长。在保护区内，菌根型大型真菌有199种，属于1亚门1纲1目5科，占保护区总数的30.20%，其中，红菇科（Russulaceae）（58种）、牛肝菌科（Boletaceae）（41种）、白蘑科（Tricholomataceae）（22种）、鹅膏菌科（Amantiaceae）（20种）及丝膜菌科（Cortinariaceae）（20种）为优势类群。丰富多样的菌根型大型真菌，促进了保护区内植被的旺盛生长。

土生型大型真菌的菌丝在土壤中蔓延、扩展，分解土壤中的枝叶、粪草和腐殖质等并转化为营养，合成细胞物质和菌丝体，形成原基，进而发育成幼菇，完成无性繁殖阶段；再顶出土面，成熟开伞、落孢子，结束有性繁殖阶段。它们接替腐生型真菌，对剩余的森林垃圾进行二次分解、转化和利用，使其进入生态系统的物质和能量循环。在保护区内土生型大型真菌有19种，属于1亚门1纲1目2科，占保护区总量的2.88%，包括蘑菇科（Agaricaceae）15种、球盖菇科（Strophariaceae）3种和鬼伞科（Coprinaceae）1种。

寄生型大型真菌为寄生于有生命的活树体内，营寄生生活并最终使树木死亡，从而构成对森林生态系统危害的一类大型真菌。从种类和数量来看，保护区的寄生型大型真菌对林木的破坏微乎其微，仅有多孔菌科（Polyporaceae）中的皱皮孔菌（*Ischnoderma resinosum*）、毛栓菌（*Trametes trogii*）、药用拟层孔菌（*Fometopsis pinicola*）及白蘑科（Tricholomataceae）的假蜜环菌（*Armillariella tabescens*）。

3.2　大型真菌在保护区内空间分布格局

大型真菌栖息环境大致可分为森林、空旷山地及草地，其种类和分布与林地植被及其演替状态息息相关。例如，木腐菌类主要生长于林下枯木及落叶层上，草腐真菌主要生长于草地特别是牛羊等草食动物活动过的草地环境，空旷山地容易生长马勃类菌物。保护区植被类型多样，包括落叶阔叶林、针阔叶混交林、针叶林、亚高山灌丛草甸等不同类型，不同植被类型中大型真菌种类有所不同。

3.2.1　阔叶林中的大型菌类

保护区内阔叶林地上生长有黑蜡伞科（Hygrophoraceae）、鬼伞科（Coprinaceae）、裂褶菌科（Schizophyllaceae）、侧耳科（Pleurotaceae）、白蘑科（Tricholomataceae）、多孔菌科（Polyporaceae）等的一些种类。在这些大型真菌中，有的以腐烂树叶为营养来源，如黑蜡伞（Hygrocybe conicus）等，有的以树干枯枝为营养来源，如朱红栓菌（Trametes cinnabarina）、裂褶菌（Schizophyllum commne）等。

1. 栎林

保护区栎林主要分布在海拔 1200～1500 m 的局部地区，尤其是在鸡公垭沟、来宝山、毛香坝河对岸环道等区域分布较多。在栎林中分布有木蹄层孔菌（Fomes fomentarius）、金耳（Tremella aurintialba）、橙盖鹅膏菌（Amnita caesaea）、红蜡蘑（Laccaria laccata）等大型真菌。它们以树干为营养源，具有较强的分解木质素能力，使这类枯木被转化进入生态循环；而林中的橙盖鹅膏菌、红蜡蘑等以落叶为营养物质生存，将纤维素类物质进行转化进入物质流动中。

2. 桦木林

红桦林在保护区内分布于四角湾、铁厂沟等地，糙皮桦林在保护区内主要分布于棕山子沟、阴坝沟、后沟里、四角湾、摩天岭、吴尔沟等沟系。在桦木林中分布有单色云芝（Coriolus unicolor）、碳球菌（Daldinia concentrica）、黑薄芝（Polystics microloma）、毛云芝（Coriolus hirsutus）、黄薄芝（Polystics membranaceus）、木蹄层孔菌（Fomes fomentarius）等。桦木为优质的食用菌木材，枯倒的桦木树干上生长着多种木质化菌类及伞菌类。在山区，老百姓认为只要是桦木树上生长的菌类均可以食用。

3.2.2　针阔叶混交林中的大型菌类

保护区内针阔混交林在保护区内分布面积较小，但范围较广，偶有成片分布，目前见到的仅是局部存在的边缘林或残存林，主要分布在海拔 2000～2400 m 的局部地区，尤其在小草坡、红石河、红花草地、加字号、大岭子沟等沟系分布较多。林中分布有白蘑科（Tricholomataceae）的簇生褐离褶伞（Lyophyllum aggregatum）、杯伞（Clitocybe infundibuliformis），以及丝膜菌科（Cortinariaceae）的粘柄丝膜菌（Cortinarius collinutus）、白丝膜菌（Cortinarius hinnuleus）等大型真菌。

3.2.3　针叶林中的大型菌类

保护区内针叶林地中有红菇科（Russulaceae）、鹅膏菌科（Amantiaceae）、牛肝菌科（Boletaceae）、松塔牛肝菌科（Strobilomycetaceae）、白蘑科（Tricholomataceae）、陀螺菌科（Gomphaceae）、齿菌科（Hydnaceae）、多孔菌科（Polyporaceae）、羊肚菌科（Morchhellaceae）及枝瑚菌科（Ramriaceae）等的一些种类，多分布在海拔 2000～3400 m 的地段。它

们协同作用，将林中枯木、枯枝及落叶分解利用后进入物质循环。

1. 云杉林

云杉林主要分布在保护区加字号沟和文县河沟的上游局部地区，分布的大型真菌主要有皂味口蘑（*Tricholoma saponaceum*）、黄褐丝盖伞（*Inocybe flavobrunnea*）、黑脉羊肚菌（*Morchella anguisticeps*）、金黄枝瑚菌（*Ramria aurea*）、松乳菇（*Lactarius deliciosus*）、灰托鹅膏（*Amanita vaginata*）、栎小皮伞（*Collibia dryophila*）、褐疣柄牛肝（*Leccinum scabrum*）、褐环粘盖牛肝菌（*Suillus luteus*）、油黄口蘑（*Tricholoma flavovirens*）及松塔牛肝菌（*Strobilomyces strobilaceus*）等。

2. 冷杉林

冷杉林分布在保护区内文县河、加字号、石桥河、小湾河等沟系阴坡和半阴坡。林地中分布的大型真菌主要有密粘褶菌（*Gloephyllum trabeum*）、黑脉羊肚菌（*Morchella anguisticeps*）、紫蜡蘑（*Laccaria amethystea*）、冷杉红菇（*Russula abietian*）、篱边粘褶菌（*Gloephyllum saepiarium*）、翘鳞肉齿菌（*Sarcodon imbricatus*）、螺陀菌（*Gomphus clavatus*）、金黄枝瑚菌（*Ramria aurea*）等。

3.2.4　灌丛草甸中的大型真菌

在保护区灌丛草甸中分布的大型真菌主要有白蘑科（Tricholomataceae）的短柄铦囊蘑（*Melanoleuca brevipes*）、直柄铦囊蘑（*Melanoleuca paedida*），粉褶菌科（Schizophyllaceae）的黄肉色粉褶菌（*Entoloma flavocerinus*）、脆柄粉褶菌（*Entoloma fragilipes*），以及麦角菌科（Clavicipitaceae）的冬虫夏草（*Cordyceps sinensis*）、蝉花（*Cordyceps sobolifera*）等。

3.3　保护区内重要大型真菌简介

在 2003 年进行的第一次综合科学考察中，没有有关大型真菌各种类的分布记录。鲜方海等的报道也没有这方面的信息。相对而言，本次采集的标本记录较为全面，包括物种的分布区域及海拔等。为此，以下对保护区内重要大型真菌种类的描述提供了部分种类的分布区域及海拔范围。

1. 蜡伞科（Hygrophoraceae）

[1] 蜡黄蜡伞（*Hygrophorus chlorophanus* Fr.）

形态特征：子实体较小。菌盖直径 2~5 cm，初期半球形或钟形，后平展，硫黄色至金黄色，表面光滑而黏，边缘有细条纹或常开裂。菌肉淡黄色，薄而脆。菌褶同盖色或稍浅，直生至弯生，较稀、薄。菌柄长 4~8 cm，粗 0.3~0.8 cm，圆柱形，稍弯曲，同盖色，表面光滑，黏，往往有纵裂纹。孢子无色，光滑，椭圆形，$(6~8)\mu m \times (4.5~5)\mu m$。夏秋季于林中或林缘及草地上群生。分布在铁厂沟等地，海拔 1560 m。

经济价值：可食用。

[2] 白蜡伞 [*Hygrophorus ebrurnesus*（Bull.：Fr.）Fr.]

形态特征：子实体一般较小，白色。菌盖直径 2~8 cm，扁半球型至平展，白色，后期带黄色，有时带粉红色，光滑，黏，湿时更黏。菌肉白色，中部稍厚。菌褶近延生，稀，不等长。菌柄细长，长 5~13 cm，粗 0.3~1.5 cm，近柱形，下部渐细，光滑，顶部有鳞片。担子细长。孢子无色，光滑，椭圆形，(6~9.5)μm×(3~5)μm。夏秋季于阔叶林或混交林中地上群生或近丛生，与栎等树木形成外生菌根，分布在铁厂沟，海拔 1620 m。

经济价值：可食用。

[3] 变黑蜡伞 [*Hygrocybe conicus*(Fr.)Fr.]

形态特征：子实体较小，受伤处易变黑。菌盖初期圆锥形，后呈斗笠形，直径可达 2~6 cm，橙红、橙黄或鲜红色，从顶部向四面分散出许多深色条纹，边缘常开裂。菌褶浅黄色，菌肉浅黄色，尤其菌柄下部最容易变黑色。菌柄长 4~12 cm，粗 0.5~1.2 cm，表面带橙色并有纵条纹。内部变空心。孢子印白色，光滑，稍圆形，带黄色，(10~12)μm×(7.5~8.7)μm。担子细长，往往是孢子长度的 5 倍。夏秋季在针叶林或阔叶林中地上成群或分散生长。

经济价值：多记载有毒，中毒后潜伏期较长。发病后剧烈吐泻，类似霍乱，甚至因脱水而休克死亡。分布广泛，据记载与栎等形成外生菌根。

2. 侧耳科(Pleurotaceae)

[4] 侧耳 [*Pleurotus ostreatus*(Jacq.：Fr.)Kummer]

形态特征：子实体中等至大型，寒冷季节子实体色调变深。菌盖直径 5~21 cm，扁半球形，后平展，有后檐，白色至灰白色、青灰色，有条纹。菌肉白色，厚。菌褶白色，延生，在菌柄上交织，稍密或稍稀。菌柄长 1~3 cm，粗 1~2 cm，短或无，侧生，白色，内实，基部常有绒毛。孢子无色，光滑，近圆柱形，(7~10)μm×(2.5~3.5)μm。春冬季于阔叶树腐木上覆瓦状丛生。野外调查在下述地区有分布：摩天岭(海拔 1530 m)、阴坝沟(海拔 1628 m)、大草堂(海拔 1855 m)。

经济价值：可食用，味道鲜美。现人工栽培十分普遍，是重要的栽培食用菌之一。属木腐菌，使木质部分形成丝片状白色腐朽。子实体水提取液实验抗癌，对小白鼠肉瘤 180 及艾氏癌的抑制率分别为 75% 和 60%。中药用于治腰酸腿疼痛、手足麻木、筋络不适。

[5] 刺芹侧耳 [*Pleurotus eryngi*(DC.：Fr.)Quél]

形态特征：子实体一般中等大。菌盖直径 3~13 cm，初期半球形、扁平至边缘渐翘，后中部下凹，或呈浅盘状或浅杯状，浅灰青褐色至灰黄色，表面粗糙似有绒毛或近龟裂，边缘内卷或呈波状。菌肉白色，厚。菌褶污白色，延生，密。菌柄长 3~9 cm，粗 0.5~3.5 cm，偏生，稀侧生，粗壮，实心，幼时近瓶状。野外调查发现分布在红石河(海拔 1920 m)等地。

经济价值：味道鲜美，目前为工厂化广为栽培品种。

[6] 香菇 [*Lentinus edodes*(Berk.)Sing.]

形态特征：子实体较小至稍大。菌盖直径 5~12 cm，可达 20 cm，扁平球形至稍平展，表面菱色、浅褐色、深褐色至深肉桂色，有深色鳞片，而边缘往往鳞片色浅至污白色，以及有毛状物或絮状物。菌肉白色，稍厚或厚，细密。菌褶白色，弯生，密，不等长。菌柄长 3~8 cm，粗 0.5~1.5 cm，中生至偏生，白色，常弯曲。菌环以下有纤毛状鳞片，纤维质，内实。菌环易消失，白色。孢子无色，光滑，椭圆形至卵圆形，(4.5~7)μm×(3~4)μm。冬春生长，有些地方夏秋季生阔叶树倒木上。野外调查发现在摩天岭有分布(海拔 1600 m)。

经济价值：香菇是中国传统的著名食用菌并最早人工驯化栽培，现人工栽培十分普遍，是重要的栽培食用菌之一。香菇可降低血压，还可分离出降血清胆固醇的成分。灰分中含有钾盐及其他矿质元素，视为防止酸性食物中毒的理想食品。香菇中的碳水化合物以半纤维素最多。现代研究证明，香菇多糖具有调节身体免疫的 T 细胞和降低甲基胆蒽诱发肿瘤的能力，故对癌细胞有强烈的抑制作用。对小白鼠肉瘤 180 及对艾氏癌的抑制率分别为 97.5% 和 80%。此外，还含有双链核糖核酸，能诱导产生干扰素，具有抗病毒能力。

3. 锈耳科(Crepidotaceae)

[7] 粘锈耳 [*Crepidotus mollis* (Schaeff. : Fr.)Gray]

形态特征：子实体小。菌盖直径 1~5 cm，半圆形或扇形，水浸状后半透明，黏，干后全部纯白色，光滑，基部有毛，初期边缘内卷。菌肉薄。菌褶稍密，从盖至基部辐射而出，延生，初白色，后变为褐色。孢子印褐色。孢子椭圆形或卵形，淡锈色，有内含物，(7.5~10)μm×(4.5~6)μm。褶缘囊体柱形或近线形，无色，(35~45)μm×(3~6)μm。叠生于腐木上。

经济价值：可食用，但个体较小，食用意义不很大。

4. 裂褶菌科(Schizophyllaceae)

[8] 裂褶菌(*Schizophyllum commne* Fr.)

形态特征：子实体小。菌盖直径 0.6~4.2 cm，扇形或肾形，白色至灰白色，质韧，被有绒毛或粗毛，具多数裂瓣。菌肉白色，薄。菌褶窄，从基部辐射状生出，白色或灰白色，有时淡紫色，沿边缘纵裂而反卷。菌柄短或无。孢子无色，棍状(5~5.5)μm×2 μm。春至秋季生于阔叶树或针叶树的枯枝及腐木上，散生，群生或呈覆瓦状叠生。野外调查发现在摩天岭、红石河、文县河等地海拔 1200~1850 m 处均有分布。

经济价值：可食用，云南产的气香味鲜，称为"白参"，食用有滋补强壮作用。此菌含裂褶菌多糖，试验抗癌，对小白鼠肉瘤 180 及艾氏癌的抑止率均为 70%，对大白鼠吉田瘤和小白鼠 37 的抑制率为 70%~100%。

5. 鹅膏菌科(Amanitaceae)

[9] 橙盖鹅膏菌(橙盖伞) [*Amanita caesarea* (Scop. : Fr.)Pess. ex Schw]

形态特征：子实体大型。菌盖直径 5~20 cm，初期卵形至钟形，后渐平展，中间稍凸起，鲜橙黄色至橘红色，边缘具明显条纹，光滑，稍黏。菌肉白色。菌褶黄色，离生，较厚，不等长。菌柄长 8~25 cm，粗 1~2 cm，圆柱形，淡黄色，往往具橙黄色花纹或鳞片，内部松软至空心。菌环生菌柄上部，淡黄色，膜质，下垂，上面具细条纹。菌托大，苞状，白色，有时破裂而成片附着在菌盖表面。孢子印白色。孢子无色，光滑，宽椭圆形、卵圆形，(10~12.6)μm×(6~8.5)μm。夏秋季于林中地上散生或单生。野外调查发现在铁厂沟(海拔 1700 m)、水池坪(海拔 1330 m)及魏坝村(海拔 1160 m)等地有分布。

经济价值:可食用,味很好,属著名食用菌。据报道提取物试验抗癌,对小白鼠肉瘤 180 有抑制作用。与云杉、冷杉、山毛榉、栎等形成外生菌根。

[10] 白橙盖鹅膏菌(*Amanita caesarea* var. *alba* Gill.)

形态特征:子实体大型,白色。菌盖直径 7~20 cm,初期卵形至钟形,后渐平展,白色至乳白色,往往中部凸起并带淡土黄色,光滑,边缘具明显条纹。菌肉白色至乳白色。菌褶白色,离生,宽,稍密,不等长。菌柄长 8~18 cm,粗 1~2 cm,圆柱形,白色,光滑或具纤毛状鳞片,内部松软至空心。菌环生菌柄上部,白色,下垂,上面具细条纹,易脱落。菌托大,苞状,有时破裂而成片附着在菌盖表面。孢子印白色。孢子无色,光滑,宽椭圆形至卵圆形,(10~12.6)μm×(8.7~10)μm,非糊性反应。夏秋季于林中地上单生、散生或群生。

经济价值:可食用,味较好。与剧毒的白毒伞、鳞菌柄白鹅膏菌比较相似,其主要区别是后两种子实体较细弱,菌盖边缘无条纹,菌托及孢子均较小。属树木形成外生菌根。

[11] 灰托鹅膏 [*Amanita vaginata*(Bull. ; Fr.)Vitt.]

形态特征:子实体中等或较大,瓦灰色或灰褐色至鼠灰色。菌盖直径 3~14 cm,初期近卵圆形,开伞后近平展,中部凸起,边缘有明显的长条棱,湿时黏,表面有时附着菌托残片。菌肉白色。菌褶白色至污白色,离生,稍密,不等长。菌柄细长,长 7~17 cm,粗 0.5~2.4 cm,圆柱形,向下渐粗,污白色或带灰色。无菌环。具有白色较大的菌托。孢子无色,光滑,球形至近球形,(8.8~12.5)μm×(7.3~10)μm,非糊性反应。春至秋季于针叶、阔叶或混交林中地上单生或散生,往往数量多。

经济价值:一般认为可食,但在广西某些地区曾发生数次中毒,一般发病较快,有头昏、胸闷症状,有的中毒严重,其毒素不明。与多种针叶或阔叶树形成外生菌根。

6. 光柄菇科(Pluteaceae)

[12] 鼠灰光柄菇(*Pluteus murinus* Bres.)

形态特征:子实体较小,菌盖直径 3~3.5 cm,扁半球形至平展。中部凸起,灰褐色,似有小鳞片,常开裂。菌肉白色,薄。菌褶粉红色,离生,密,较宽。菌柄长 3~6 cm,粗 0.3~0.4 cm,柱形,白色,具丝状纤毛,往往弯曲,内实。菌托白色至灰黑色,较大,杯状,厚。孢子印粉红色。孢子光滑,近球形至宽椭圆形,(6.5~8)μm×(5.5~7)μm。褶缘囊体近梭形,(4.5~6.5)μm×(14~25)μm。秋季于林地上单生或群生。野外调查发现分布于大岭子(海拔 2060 m)及大草坪(海拔 2516 m)等地。

经济价值:暂无。

[13] 粉褐光柄菇(*Pluteus depauperatus* Rom.)

形态特征:子实体较小,菌盖直径 2.5~4 cm,扁半球形或扁平至平展,粉灰色,中部色稍深,表面光滑或后期形成小鳞片或开裂,边缘有条纹。菌肉污白色,薄。菌褶粉白至粉红褐色,离生,稍密,不等长。菌柄长 3~5 cm,粗 0.3~0.4 cm,柱形,白色,下部带黄色,基部稍膨大。孢子近无色,光滑,宽椭圆形至近球形,(7~8)μm×(5.5~6.8)μm。褶缘囊体无色,棒状或梭形,(60~180)μm×(15~35)μm。秋季生阔叶树腐木上。野外调查发现分布在铁厂沟(海拔 1550 m)及魏坝村(海拔 1160 m)等地。

经济价值：暂无。

7. 白蘑科(Tricholomataceae)

[14] 蜜环菌 [*Armillarella mellea*(Vahl.：Fr.)Karst.]

形态特征：子实体一般中等大。菌盖直径 4～14 cm，浅土黄色、蜂蜜色至浅黄褐色，变老后棕黄色，中部有平伏或直立的小鳞片，边缘具条纹。菌肉白色。菌褶白色或稍带肉粉色，直生至延生，稍稀，老后常出现暗褐色斑点。菌柄细长，圆柱形，稍弯曲，长 5～13 cm，粗 0.6～1.8 cm，同菌盖色，有纵条纹和毛状小鳞片，纤维质，内部松软变至空心，基部稍膨大。菌环白色，生于柄上部，幼时常呈双层，松软，后期带奶油色。孢子印白色。孢子无色或稍带黄色，光滑，椭圆形或近卵圆形，(7～11.3)μm×(5～7.5)μm。夏秋季生于林中地上、腐木上、树桩或树皮根部。蜜环菌可引起200多种树木(包括阔叶树和针叶树)的根腐病。常见在树桩、枯树皮下形成黑褐色的菌索。菌丝体和菌索在暗处会发出荧光。

经济价值：可食用。为人工栽培天麻、猪苓不可缺少的共生条件之一。蜜环菌可以人工栽培。目前主要利用固体发酵或液体发酵生产菌丝体和菌索，来制造蜜环菌片。可用以治疗风湿腰膝疼痛、四肢痉挛、眩晕头痛、小儿惊痛等多种疾病。该菌除侵害多种树木形成根腐病外，还导致被害树木发生白色腐朽、死亡。

[15] 长根奥德蘑 [*Oudemansiella radicata*(Relhan.：Fr.)Sing.]

形态特征：子实体中等至稍大。菌盖宽 2.5～11.5 cm，半球形至渐平展，中部凸起或似脐状并有深色辐射状条纹，浅褐色或深褐色至暗褐色，光滑、湿润，黏。菌肉白色，薄。菌褶白色，弯生，较宽，稍密，不等长。菌柄近柱状，长 5～18 cm，粗 0.3～1 cm，浅褐色，近光滑，有纵条纹，往往扭转，表皮脆骨质，内部纤维质且送软，基部稍膨大且延生成假根。孢子印白色。孢子无色，光滑，卵圆形至宽圆形，(13～18)μm×(10～15)μm。囊体近梭形，顶端稍钝，(87～100)μm×(10～25)μm。夏秋季在阔叶林中地上单生或群生，其假根着生在地下腐木上。分布在铁厂沟，海拔 1540 m。

经济价值：可食用，肉细嫩，味鲜美，可人工栽培，含有蛋白质、氨基酸、碳水化合物、维生素、微量元素等多种营养成分。发酵液及子实体中含有长根菇素(小奥德蘑酮 ousenine)，有降压作用。据记载，若同其他降压药配合，降压效果显著。另试验抗癌，对小白鼠肉癌180有抑制作用。

[16] 栎小皮伞 [*Collibia dryophila*(Bull.：Fr.)Karst.]

形态特征：子实体较小。菌盖直径 2.5～6 cm。菌盖黄褐或带紫红褐色，一般呈乳黄色，表面光滑。菌褶窄而很密。菌柄细长，长 4～8 cm，粗 0.3～0.5 cm。上部白色或浅黄色，而靠基部黄褐色至带有红褐色。孢子印白色。孢子光滑，椭圆形，无色，(5～7)μm×(3～3.5)μm。一般在阔叶林或针叶林中地上成丛生或成群生长。野外调查发现在文县河(海拔 1620 m)有分布。

经济价值：一般认为可食，但有认为含有胃肠道刺激物，食后可引起中毒。

[17] 金针菇 [*Flammulina velutipes*(Curt.：Fr.)Sing.]

形态特征：子实体小，菌盖直径 1.5～7 cm，幼时扁半球形，后渐平展，黄褐色或淡黄褐色，中部肉桂色，边缘乳黄色并有细条纹，较黏，湿润时黏滑。菌肉白色，较薄。菌褶白色至乳白色或微带肉粉色，弯生，稍密，不等长。菌柄长 3 cm，具黄褐色或深褐色短绒毛，纤维质，内部松软，基部往往延伸似假根并紧靠在一起。孢子无色或淡黄色，光滑，长椭圆形，(6.5~7.8)μm×(3.5~4)μm。早春和晚秋至初冬季节于阔叶林腐木上或根部丛生。分布广泛，可食用，是人工栽培较广泛的食用菌之一。野外调查发现摩天岭（海拔 1972 m）有分布。

经济价值：含冬菇多糖和朴菇素，具有明显的抗癌作用。水提取物所含多糖，试验抗癌，对小白鼠肉瘤 180 的抑制率达 81.1%~100%，对艾氏癌的抑制率为 80%。

8. 蘑菇科（Agaricaceae）

[18] 白林地蘑菇 [*Agaricus silvicola* (Vitt.)Satt.]

形态特征：子实体中等至稍大。菌盖直径 6.5~11 cm，初扁半球形，后平展，白色或淡黄色，有时中部浅褐色，覆有平伏的丝状纤毛，边缘时常开裂。菌肉白色，膜质，单层，上部平滑，下部棉绒状，大，易脱落。生菌柄上部。孢子褐色，光滑，多数有 1 油滴，椭圆形到卵形，(5~8)μm×(3~4.5)μm。褶缘囊体近洋梨形。夏秋季于林中地上单生到散生。

经济价值：可食用，肉厚，味道较好。

9. 鬼伞科（Coprinaceae）

[19] 毛头鬼伞 [*Coprinus comatus* (Mull.：Fr.)Gray]

形态特征：子实体较大，菌盖直径 3~5 cm，高达 9~11 cm，圆柱形，当开伞后很快边缘菌褶融化成黑汁状液体，表面黑色至浅褐色，并随着菌盖长大而断裂成较大型鳞片。菌肉白色。菌柄较细长，长 7~25 cm，粗 1~2 cm，圆柱形且向下渐粗，白色，孢子光滑，椭圆形，(12.5~16)μm×(7.5~9)μm。囊体，无色，棒状顶部钝圆。春至秋季的雨季于田野、林缘、道旁、公园、茅屋顶上生长，分布广泛。含有苯酚等肠胃道刺激物。野外调查发现分布在大草堂（海拔 2736 m）。

[20] 晶粒鬼伞 [*Coprinus micaceus* (Bull.)Fr.]

形态特征：子实体小，菌盖直径 2~4 cm 或稍大，初期卵圆形、钟形、半球形、斗笠形，污黄色至黄褐色，表面有白色颗粒状晶体，中部红褐色，边缘有显著的条纹或棱纹，后期平展而反卷，有时瓣裂。菌肉白色、薄。菌褶初期黄白色，后变黑色而与菌盖同时自溶为墨汁状，离生，密、窄，不等长。菌柄长 2~11 cm，粗 0.3~0.5 cm，圆柱形，白色，具丝光，较韧，中空。孢子印黑色。孢子光滑，卵圆形至椭圆形，(7~10)μm×(5~5.5)μm。褶侧和褶缘囊体无色，透明，短圆柱形，有时呈卵圆形。春至秋季于阔叶林中树根部地上丛生。初期幼嫩时可食用，最好不要与酒类同食，以免发生中毒。含有苯酚等肠胃道刺激物。可人工栽培。野外调查发现分布在铁厂沟（海拔 1650 m）。

经济价值：实验抗癌，对小白鼠肉瘤 180 及艾氏癌的抑制率为 70% 和 80%。

10. 粪锈伞科（Bolbitiaceae）

[21] 小脆锥盖伞 [*Conocybe fragilis* (Peck)Sing.]

形态特征：子实体小。菌盖直径 0.5~2 cm，钟形至圆锥形，稀半球形，黄褐色至土黄褐色或红褐色，干时色变浅，边缘有条纹。菌肉浅黄色。菌褶土黄色或浅锈褐色，近直生。菌柄长 2～5.5 cm，粗 0.1～0.2 cm，柱形，直或弯曲，同盖色，基部稍膨大，有条纹，具粉粒，空心。孢子椭圆形。夏季生草地上，群生。野外调查发现在铁厂沟(海拔 1720 m)有分布。

经济价值：不明。

11. 球盖菇科(Strophariaceae)

[22] 翘鳞环锈伞 [*Pholiota squarrosa*(Pers.：Fr.)Quél.]

形态特征：子实体中等大，土黄色或黄褐色，菌盖和菌柄有明显的反卷鳞片。菌盖直径 2.5～10 cm，半球形至扁半球形，最后稍平展，表面干燥，具有带红褐色反卷或翘起的鳞片，边缘有菌幕残物。菌肉稍厚，淡黄色。菌褶直生，密，不等长，浅黄色至红褐色及暗锈色。菌柄长 4～10 cm，近圆柱形，靠近基部渐细。鳞片反卷。菌环膜质，生柄的上部。孢子印褐锈色。孢子椭圆形至卵圆形，光滑，近锈色，$(6～8)\mu m×(4.5～6)\mu m$。褶侧囊体棒状，无色或浅褐色，$(20～45)\mu m×(10～12)\mu m$。夏秋季在针叶树、阔叶树的倒木、树桩基部成丛生长。

经济价值：可食用，不要与酒同食。

12. 丝膜菌科(Cortinariaceae)

[23] 粘柄丝膜菌 [*Cortinarius collinutus*(Pers.)Fr.]

形态特征：子实体小至中等大。菌盖直径 4～10 cm，扁半球形，后平展，部分中央凸起，淡黄色至黄褐色，黏滑，边缘平滑无条纹但有丝膜。菌肉近白色。菌褶弯生，土黄色，老后褐色，不等长，中间较宽。菌柄长 4～15 cm，粗 1～1.2 cm，圆柱形或向下渐细，污白色，下部带紫色，黏滑，有环状鳞片。菌幕蛛网状。孢子印锈褐色。孢子淡锈色，粗糙，扁球形或近椭圆行，$(12.4～16)\mu m×(7～9)\mu m$。褶缘囊体近棒状，无色，$(37.5～50)\mu m×(9～15)\mu m$。秋季于混交林中地上群生。

经济价值：可食用，味较好。此菌与壳斗科的树木形成菌根。试验抗癌，对小白鼠肉瘤 180 的抑制率为 80%，对艾氏癌的抑制率为 90%。

13. 粉褶菌科(Rhodophyllaceae)

[24] 锥盖粉褶菌 [*Rhodophyllus turbidus*(Fr.)Quél.]

形态特征：子实体小。菌盖直径 3～7 cm，钟形至近平展，中部凸起，表面水浸状，暗褐色，有隐条纹，后期呈波状和开裂。菌肉灰白色，薄。菌褶直生至弯生，后期近离生，密，较宽，灰白色变至棕灰色，边缘波状，不等长。菌柄圆柱形，基部稍粗，长 3.6～9.5 cm，粗 0.4～1 cm，表面光滑有纵条纹，同盖色至银灰色，基部有白色绒毛，内部实至松软。孢子印粉红色。孢子近球形有角，$(8～10.5)\mu m×(6.5～8)\mu m$。夏秋季生于云杉、冷杉等林中地上，单生或散生。野外调查发现在水池坪(海拔 1430 m)有分布。

经济价值：可食用。

14. 桩菇科(Paxillaceae)

[25] 黑毛桩菇 [*Paxillus atrotomentosus*(Batsch)Fr.]

形态特征：子实体中等或较大，深褐色，菌盖直径 5～10 cm，初期半球形，后平展或中部下凹，污黄褐色、锈褐色至烟灰色，具细绒毛，边缘内卷。菌肉污白色、稍厚。菌褶浅黄褐色，后变黄褐色至青灰色，延生，长短不一，褶间有横脉连接成网状，菌褶与菌柄连接处往往部分白色。菌柄长 3~5 cm，最长可达 10 cm，粗 1~3 cm，偏生，具栗褐色至黑紫褐色绒毛，粗壮，肉质。孢子黄色至锈黄色，光滑，厚壁，具有 1 油滴，卵圆形或宽椭圆形，(4.5~7.5)μm×(3~5)μm。春至秋季于针叶林、竹林等地上或腐木上常常数个菌体丛生一起生长。

经济价值：气味难闻，味道略苦，报道有毒，不宜食用。

15. 铆钉菇科（Gomphidiaceae）

[26] 红铆钉菇 [*Gomphidius roseus* (Fr.) Gill.]

形态特征：菌盖圆锥形至钟形，后平展中部常下凹呈浅漏斗形，盖直径 3~7 cm。盖面浅粉红色至玫瑰红色，湿时较黏，干后有光泽。菌肉厚，白色至浅粉红色，味柔和。菌褶延生，稀疏，幅窄，近柄处分叉，不等长，灰白色至奶油色，后变黑色。菌柄近圆柱形，基部稍细，长 5~8 cm，上部白色，中下部粉红色，近基部黄褐色。柄肉鲜黄色，中实。菌环上位，棉毛状，白色，易消失，孢子印青褐色，孢子近纺锤形，光滑，淡棕褐色，(15~17)μm×(4~5)μm。囊状体圆柱行，无色，(90~160)μm×(12~15)μm。夏秋季针叶林和阔叶林地上散生至群生。与松树形成外生菌根。野外调查发现在水池坪(海拔 1450 m)及魏坝村(海拔 1160 m)有分布。

经济价值：可食用。

16. 松塔牛肝菌科（Strobilomycetaceae）

[27] 混淆松塔牛肝菌（*Strobilomyces confusus* Sing.）

形态特征：子实体小或中等大。菌盖直径 3~9.5 cm，扁半球形，老后中部平展，茶褐色至黑色，具小块贴生鳞片，中部的鳞片较密，且呈直立而较尖。菌肉白色，受伤后变红色。菌管长 0.4~1.8 cm，灰白色至灰色变为浅黑色，直生至稍延生，在菌柄四周稍凹陷，管口多角形。菌柄长 4.2~7.8 cm，粗 1~2 cm，内实，向下渐细，罕等粗，白色，受伤时变红色，后变黑灰色，在菌环以上具网纹。菌幕薄，脱落后呈片状残留于盖边缘。孢子污褐色，具小刺至鸡冠状凸起或具片断不完整网纹，椭圆形至近球形，(10.5~12.5)μm×(9.7~10.2)μm。褶缘囊体棒状至近梭形，(32~61)μm×(7.5~26)μm。林中地上单生或散生。野外调查发现在东阳沟(海拔 1270 m)有分布。

经济价值：可食用。

17. 牛肝菌科（Boletaceae）

[28] 褐环粘盖牛肝菌 [*Suillus lutes* (L.：Fr.) Gray]

形态特征：子实体中等。菌盖直径 3~10 cm，扁半球形或凸形至扁平，淡褐色、黄褐色、红褐色或深肉桂色、光滑，很黏。菌肉淡白色或稍黄色，伤后不变色，厚或较薄。菌管米黄色或莽黄色，直生或稍下延，或在菌柄周围有凹陷，管口角形，每毫米 2~3 个，有腺点，菌柄长 3~8 cm，粗 1~2.5 cm，近柱形或在基部稍膨大，蜡黄色或淡褐色，有散生小腺点，顶端有网纹。菌环在菌柄之上部，薄，膜质，初黄白色，后呈褐色。孢子近纺锤形，平滑带黄色，(7~10)μm×(3~3.5)μm。管缘囊体无色到淡褐色，棒状，丛生。夏秋季于松林或混交林中地上单生或群生。

经济价值：可食用。对小白鼠肉瘤 180 及艾氏癌的抑制率为 90% 和 80%。与落叶松、乔松、云南松、高山松等形成外生菌根。

18. 红菇科(Russulaceae)

[29] 松乳菇 [*Lactarius deliciosus*(Fr.)S. F. Gray]

形态特征：子实体中等至稍大。菌盖直径 4～10 cm，扁半球形，中部脐状，伸展后下凹，虾仁色、胡萝卜黄色或深橙色，有或没有较明显的环带，后色变浅，伤后变绿色，特别是菌盖边缘变绿色显著，边缘最初内卷，后平展，湿时黏，无毛。菌肉初带白色，后变胡萝卜黄色，乳汁量少，橘红色，最后变绿色。菌褶与菌盖同色，直生或稍延生，稍密，近菌柄处分叉，褶间具横脉，伤或老后变绿色。菌柄长 2～5 cm，粗 0.7～2 cm，近圆柱形或向基部渐细，有时局暗橙色凹窝，色与菌褶或更浅，伤后变绿色，内部松软，后中空，菌柄切面先变橙红色，后变暗红色。孢子印近米黄色。孢子无色，有疣和网纹，广椭圆形，(8～10)μm×(7～8)μm。褶侧囊体稀少，近梭形。夏秋季于林中地上单生或群生。分布广泛。野外调查发现在红石河(海拔 2079 m)有分布。

经济价值：可食用，味道柔和，后稍辛辣。可与松杉、铁杉、冷杉、高山松、马尾松及多种阔叶树等形成外生菌根。

[30] 大红菇 [*Russula alutacea*(Pers.)Fr.]

形态特征：子实体一般大型。菌盖直径 6～16 cm，扁半球形，后平展而中部下凹，深苋菜红色、鲜紫红或暗紫红色，湿时黏，边缘平滑或有不明显条纹。菌肉白色，味道柔和。菌褶乳白色后显赭黄色，直生或近延生，少数在基部分叉，褶间有横脉，褶之前缘常带红色，等长或几乎等长。菌柄长 3.5～13 cm，粗 1.5～3.5 cm，近圆柱形白色，常于上部或一侧带粉红色，或全部粉红色而向下渐淡。孢子印黄色。孢子淡黄色，有小刺或疣组成棱纹或近网状，近球形，(8～10.9)μm×(7～9.7)μm。褶侧囊体近梭形，(67～123)μm×(9～15)μm。夏秋季于林中散生。野外调查见于魏坝村(海拔 1160 m)。

经济价值：药用，可制成"舒筋散"，治腰腿疼痛、手足麻木、筋骨不适、四肢抽搐，属树木外生菌根菌。

19. 鸡油菌科(Cantharellaceae)

[31] 鸡油菌(*Cantnarellus cibarius* Fr.)

形态特征：子实体一般中等大，喇叭形，肉质，杏黄色至蛋黄色。菌盖直径 3～10 cm，顶部色浅呈蓝灰白色，并具深浅不同的环带，干时全体呈锈褐色。菌肉近纤维质或革质，菌丝有锁状联合。孢子浅黄褐色，角形具刺状凸起，(8～10)μm×(6～9)μm。夏秋季生于松林或阔叶林中地上，丛生或群生。野外调查发现在魏坝村(海拔 1160 m)有分布。

经济价值：可食用。与云南产的干巴菌外形特征很相似，具有海藻气味，当地亦作为气味香美的食用菌。为外生菌根菌。

[32] 灰喇叭菌 [*Cantharellus cornucopioides*(L.；Fr.)Pers.]

形态特征：子实体小至中等大，高 3～10 cm，呈喇叭形或号角形，全体灰褐色至灰黑色，半膜质，薄。菌盖中部凹陷很深，表面有细小鳞片，边缘波状或不规则形向内卷曲。担子细长，2～4 小梗。无囊体。孢子无色，光滑，椭圆形，(8～14)μm×(6～8)μm，阔叶林中底上单生或群生至丛生。野外调查发现在大草堂(海拔 2435 m)有分布。

经济价值：可食用，味道鲜美。与云杉、山毛榉、栎等树木形成外生菌根。

20. 陀螺菌科(Gomphaceae)

[33] 陀螺菌(*Gomphus clavatus* Gray)

形态特征：子实体中等大至较大。菌盖直径 7~15 cm，平展后中部下凹呈漏斗形或喇叭状，表面深蛋壳色带紫褐色，干，光滑或具小鳞片，边缘薄呈花瓣状。褶棱粉灰紫褐色，延生，厚，窄，皱褶，交织成网或近似孔。菌柄较短，长 1~4 cm，粗 1~3 cm，基部有白色绒毛。孢子印带浅黄色。孢子壁粗糙有皱，椭圆形，$(13.9\sim15.3)\mu m\times(5.2\sim6.3)\mu m$。夏秋季于云杉、冷杉等针叶林地上丛生、群生或单生。国内分布于四川、甘肃、云南、西藏、贵州等地，在保护区内分布于大草堂(海拔 2480 m)。

经济价值：可食用。属树木外生菌根菌。

[34] 叶状耳盘菌 [*Cordierites frondosa*(Kobay.)Korf.]

形态特征：子囊盘小，直径 2~3.5 cm，呈浅盘状或杯状，黑色，由数枚或很多枚集聚生一起，具短柄或几乎无柄，个体大者盖边缘呈波状，上表面光滑，下表面粗糙和有棱纹，湿润时有弹性，呈木耳状或叶状，干燥后质硬，味略苦涩。子囊细长，呈棒状，$(43\sim48)\mu m\times(3\sim5)\mu m$，内有 8 个近双行排列的孢子。孢子无色，稍弯曲，短柱状，$(5\sim7.6)\mu m\times(1\sim1.4)\mu m$。侧丝近无色，细长，顶部弯曲，有分隔和分枝，顶端粗约 3 μm。夏秋季于桦木等阔叶树腐木上丛生或簇生。

经济价值：极似木耳，木耳产区多发生误食中毒，其症状如胶陀螺菌中毒，属日光过敏性皮炎，可能含有卟啉。一般食后约 3 h 发病，出现手指、脚趾发痒，脸面红肿、灼烧般疼痛，往往形成水泡和水肿，嘴唇肿胀外翻，凡露光部位反应更严重，发病率高达 80%。

21. 珊瑚菌科(Clavariaceae)

[35] 堇紫珊瑚菌(*Clavaria zollingeri* Lév)

形态特征：子实体较小却丛生一起，肉质，高 1.5~7.5 cm，最高达 15 cm，密集成丛，基部常相连一起，每一株通常不分枝，有时顶部分为两叉或多分叉的短枝，呈齿状。新鲜时具艳丽的堇紫色、水晶紫色，向上部分较暗，或基部渐褪色。菌肉很脆，浅紫色，味道温和，无异味。孢子白色，光滑，卵圆形或椭圆形，具一小尖，$(7\sim8.6)\mu m\times(3.3\sim4.5)\mu m$。担子细长，4 小梗，$(45\sim60)\mu m\times(6.5\sim9)\mu m$。夏秋季在冷杉等林中地上成丛生长或群生。野外调查发现分布在铁厂沟。

经济用途：可食用。发酵液有抗结核菌的作用。

22. 枝瑚菌科(Ramariaceae)

[36] 金黄枝瑚菌 [*Ramaria aurea*(Fr.)Quél.]

形态特征：子实体中等或较大，形成一丛，有许多分枝由较粗的柄部发出，高可达 20 cm，宽可达 5~12 cm，分枝多次分成叉状，金黄色、卵黄色至赭黄色，柄基部色浅或呈白色。担子棒状，$(3.8\sim5.5)\mu m\times(7.5\sim10)\mu m$，4 小梗。孢子带黄色，表面粗糙有小疣，椭圆形至长椭圆形，$(7.5\sim15)\mu m\times(3\sim6.5)\mu m$。秋季在云杉等混交林中地上群生或散生。

经济用途：可食用，也有记载有毒。另外，与云杉、山毛榉等树木形成菌根。据试验，此菌有抗癌作用，对小白鼠肉瘤 180 和艾氏癌的抑制率为 60%。

23. 杯瑚菌科(Clavicoronaceae)

[37] 杯瑚菌［*Clavcorone pyxidata*(Pers.：Fr.)Doty］

形态特征：子实体中等至较大，高 3~13 cm，淡黄色或粉红色，老后、伤后变为暗土黄色。柄纤细，粗 1.5~2.5 mm，向上膨大，顶端杯状，由枝端分出一轮小枝，多次从下向上分枝，上层小枝分枝形状呈杯状。菌肉白色或色淡。孢子印白色。孢子光滑，含油球，椭圆形，(3.5~4.5)μm×(2~2.5)μm。囊体无色，梭形，(18~45)μm×(4~7)μm。有大量油囊体，粗 5~8 μm。于腐木上，特别是杨、柳树的腐木上群生或丛生，有时生腐木桩上。野外调查发现在铁厂沟(海拔 1520 m、1630 m)等处有分布。

经济价值：可食用。

24. 伏革菌科(Corticiaceae)

[38] 皱褶革菌［*Plicatura crispa*(Pers.：Fr.)Rea］

形态特征：子实体小，革质。菌盖直径 0.5~3 cm，扇形或半圆形，无柄或有短菌柄，边缘呈花瓣状或波状，向内卷，表面浅黄色，边缘白黄色，中部带橙黄色。菌柄基部色浅，被细毛及不明显环纹。子实层面乳白色至浅黄褐色，由基部放射状发出皱曲的褶脉亦分叉或断裂。菌肉白色，较薄，柔软。孢子小，无色，光滑，往往含有 2 个油球，近柱状弯曲，(3~6)μm×(1~2)μm。夏秋季生于阔叶树木及腐木上，群生。野外调查发现在铁厂沟(海拔 1520 m)等地有分布。

经济价值：皱褶革菌属木腐菌，引起木材腐朽。

25. 韧革菌科(Stereaceae)

[39] 丛片韧革菌［*Stereum frustulosum*(Pers.)Fr.］

形态特征：子实体小，直径 0.2~1 cm，厚 1~2 mm，初期为半球形小疣，后渐扩大相连但不相互愈合，往往挤压成不规则角形，形成龟裂状外观，表面近白色、灰白色至浅肉色，坚硬，平伏，木质，边缘黑色粉状。菌肉肉桂色，多层。孢子无色，平滑，长卵形至卵圆形，(5~6)μm×(3~3.5)μm。担子近圆柱状，4 小梗。子实层上有瓶刷状的侧丝，粗 2~4 μm。生于青红栎等枯树干上。野外调查发现在铁厂沟(海拔 1530 m)等地有分布。

经济价值：引起木材腐朽，对小白鼠肉瘤 180 及艾氏癌的抑制率分别为 90% 和 80%。

26. 革菌科(Thelephoraceae)

[40] 头花革菌［*Thelephoro anthocephala*(Bull.)Fr.］

形态特征：子实体丛生，直立，韧革质，分枝，高 3~5 cm。菌柄柱形，长 2~3 cm，粗 0.2~0.3 cm，有细长毛，粉灰褐色，干时呈深褐色，上部分裂许多裂片，顶部棕灰色，呈撕裂状，平滑。孢子有瘤状疣，近球形，(6~9)μm×(5.6~7.5)μm。生林中地上。野外调查发现在铁厂沟(海拔 1530 m)等地有分布。

经济价值：暂无。

27. 齿菌科(Hydnaceae)

[41] 翘鳞肉齿菌［*Sarcodon imbricatus*(L：Fr.)Karst］

形态特征：子实体中等至较大，菌盖直径 6~20 cm，初期凸起，后扁平，中部脐状或下凹，有时呈浅漏斗状，浅粉灰色，表面有暗灰色到黑褐色大鳞片，鳞片厚，覆瓦状，趋向中央特别大并翘起，呈同心环状排列。菌肉近白色。菌柄长 5~9 cm，粗 0.7~3 cm，有时短粗或较细长，上下等粗或基部膨大可达 4 cm，淡白色，后期变淡褐色，中生或稍偏生，中实，平滑。刺初期灰白色，后变深褐色，延生，锥形，长可达 1~1.5 cm。孢子淡褐色，具大而不规则的疣，形状不规则，(6~8.6)μm×(5~6.1)μm。生于高山针叶林中地上，尤以云杉、冷杉林中生长多。

经济价值：可食用，新鲜时味道很好，而老后或雨多浸湿者带苦味。多于西藏、新疆等高寒凉爽的云杉林中分布，属树木的外生菌根菌。菌肉厚，水分少，不生虫，便于收集加工。子实体有降低血中胆固醇的作用，并含有较丰富的多糖类物质。

[42] 美味齿菌 [*Hydnum repandum* L. : Fr.]

形态特征：子实体中等大。菌盖直径 3.5~13 cm，扁半球形至近扁平，有时呈不规则圆形，表面有微细绒毛，后光滑，初期边缘内卷，后期上翘或有时开裂，蛋壳色至米黄色。菌柄长 2~12 cm，粗 0.5~2 cm，同盖色，内实。担子棒状，4 小梗，无色，(30~50)μm×(7~10)μm。孢子无色，光滑，球形至近球形，(7~9)μm×(6.5~8)μm。夏秋季于混交林中地上常散生或群生。野外调查发现在魏坝村(海拔 1160 m)等地有分布。

经济价值：可食用，新鲜时味道很好，分布广泛。属外生菌根菌，于栎、栗、榛等阔叶树形成外生菌根。

28. 耳匙菌科(Auriscalpiaceae)

[43] 耳匙菌(*Auriscalpium vulgare* S. F. Gray)

形态特征：子实体较小，革质，韧，被暗褐色绒毛。菌盖直径 0.5~3 cm，勺形或耳匙状、半圆形或肾形至心脏形，灰烟褐色，老后盖表面绒毛稍脱落。菌柄侧生，直立或弯曲，与菌盖同色，上部充实，下部稍粗且松软，长 1~6 cm，粗 0.2~0.5 cm。菌盖下刺初黄灰色，后呈浅褐至黑褐色，密集，短而锥形，长 1~2 mm。孢子近无色，光滑或似有小疣和小麻点，含油球，近球形，4~5 μm。夏秋季生于马尾松等针叶树的球果上。

经济价值：属木腐菌类，能分解松属木质纤维。

29. 猴头菌科(Hericiaceae)

[44] 猴头菌 [*Hericium erinaceus*(Bull. : Fr.)Pers.]

形态特征：子实体中等大、较大或大型。直径 5~10 cm 或可达 30 cm，扁半球形或头状，由无数肉状软刺生长在狭窄或较短的菌柄部，刺细长下垂，长 1~3 cm，新鲜时白色，后期浅黄色至浅褐色，子实层生刺之周围。孢子无色，光滑，含油滴，球形或近球形，(5.1~7.6)μm×(5~7.6)μm。秋季多生于栎等阔叶树立木上或腐木上，少生于倒木。在海拔 3000 m 左右，该菌色调加深。可人工栽培，也可利用菌丝体举行深层发酵培养。野外调查发现在铁厂沟(海拔 1640 m)等地有分布。

经济价值：可食用，含多种人体必需氨基酸，子实体中含多糖体和多肽类物质，有增强抗体免疫功能。其发酵液对小白鼠肉瘤 180 有抑制作用。

30. 多孔菌科(Polyporaceae)

[45] 青柄多孔菌(*Polyporus picipes* Fr.)

形态特征：子实体大，菌盖直径 4~6 cm，厚 2~3.5 mm，扇形、肾形、近圆形至圆形，稍凸至平展，基部常下凹，栗褐色，中部色较深，有时表面全呈黑褐色，光滑，边缘薄而锐，波浪状至瓣裂。菌柄侧生或偏生，长 2～5 mm，粗 0.3～1.3 cm，黑色或基部黑色，初期具细绒毛后光滑。菌肉白色或近白色，厚 0.5～2 mm。菌管延生，长 0.5～1.5 mm，与菌肉色相似，干后呈淡粉灰色。管口角形至近圆形，每毫米 5～7 个。子实层中菌丝体无色透明，菌丝粗 1.2～2 μm。孢子椭圆形至长椭圆形，一端尖狭，无色透明，平滑，(5.8～7.5)μm×(2.8～3.5)μm，生于阔叶树腐木上，有时生于针叶树上。

经济价值：属木腐菌，导致桦、椴、水曲柳、槭或冷杉的木质部形成白色腐朽，产生齿孔菌酸、有机酸、多糖类，以及纤维酶、漆酶等代谢产物，供轻工、化工及医学使用。

[46] 单色云芝 [*Coriolus unicolor*(L.：Fr.)Pat.]

形态特征：子实体一般小，无柄，扇形、贝壳形或平伏而反卷，覆瓦状排列，革质。菌盖宽 4～8 cm，厚 0.5 cm，往往侧面相连，表面白色，灰色至浅褐色，有时因有藻类附生而呈绿色，有细长的毛或粗毛和同心环带，边缘薄而锐，波浪状或瓣裂，下侧无子实层，菌肉白色或近白色，厚 0.1 cm，在菌肉及毛层之间有一条黑线，菌管近白色、灰色，管孔面灰色到紫褐色，孔口迷宫状，平均每毫米 2 个，很快裂成齿状，但靠边缘的孔口很少开裂。担孢子长方形，光滑，无色，(4.5～6)μm×(3～3.5)μm。生于桦、杨等阔叶树的伐桩、枯立木、倒木上。

经济价值：对小白鼠艾氏癌及腹水癌有抑制作用。为木腐菌，使侵害部位呈白色腐朽。生木耳和香菇椴上，被视为"杂菌"。

[47] 云芝 [*Coriolus versicolor*(L.：Fr.)Quél.]

形态特征：子实体一般小，无柄、平伏而反卷，或扇形或贝壳状，往往相互连接在一起呈覆瓦状生长。菌盖直径 1～8 cm，厚 0.1～0.3 cm，革质，表面有细长绒毛和褐色、灰黑色、污白色等多种颜色组成的狭窄的同心环带，绒毛常有丝绢光彩，边缘薄，波浪状。菌肉白色。管孔面白色，淡黄色，每毫米 3～5 个。孢子圆柱形，无色，(4.5～7)μm×(3～3.5)μm。生于多种阔叶树木桩上、倒木或枝上。野外调查发现在摩天岭(海拔 2105 m)等地有分布。

经济价值：该菌药用，去湿、化痰、疗肺疾。治疗慢性支气管炎、迁延性、慢性肝炎、小儿痉支炎有疗效。本菌可作为肝癌免疫治疗的药物。菌丝体提取的多糖和从发酵液中提取的多糖均具有强烈的抑癌性。对小白鼠肉瘤 180 和艾氏癌的抑制率分别为 80% 和 100%。可侵害近 80 种阔叶林树木木质部形成白色腐朽。导致枕木、电杆、楞木、桥梁等木用建材腐朽。有蛋白酶、过氧化酶、淀粉酶、虫漆酶及革酶等代谢产物，有广泛的经济用途。

[48] 密粘褶菌 [*Gloephyllum trabeum*(Pers.：Fr.)Murr.]

形态特征：子实体较小，一年生。菌盖革质，无柄，半圆形，(1～3.5)cm×(2～5)cm，厚 0.2～0.5 cm，有时侧面相连或平伏又反卷，至全部平伏，有绒毛或近光滑，稍有环纹，锈褐色，边缘钝，完整至波浪状，有时色稍浅，下侧无子实层。菌肉同菌盖色，厚 1～2 mm。担子棒状，具 4 小梗。菌管圆形，迷路状或褶状，长 1～3 mm，直径 0.3～0.5 mm。孢子(7～9)μm×(3～4)μm。生于杨树等阔叶树木材上，有时生于冷杉等针叶木材上。野外调查发现在铁厂沟(海拔 1580 m)等地有分布。

经济价值：属木腐菌，导致针叶树木及枕木的木质褐色腐朽。该菌液对小白鼠肉瘤 180 有抑制作用。

[49] 篱边粘褶菌［*Gloephyllum saepiarium*(Wulf：Fr.)Karst.］

形态特征：子实体中等至大型。无柄，长扁半球形、长条形，平伏而反卷，韧，木栓质。菌盖宽 2～12 cm，厚 0.3～1 cm，表面深褐色，老组织带黑色，有粗绒毛及宽环带，边缘薄而锐，波浪状。菌种锈褐色至深咖啡色，宽 0.2～0.7 cm，极少相互交织，深褐色至灰褐色，初期厚，渐变薄，波浪状。担子棒状，具 4 小梗。孢子圆柱形，无色，光滑，(7.5～10)μm×(3～4.5)μm。生云杉、落叶松的倒木上，群生。

经济价值：可药用。该菌有抑癌作用，对小白鼠肉瘤 180 和艾氏癌的抑制率为 60%。对云杉、落叶松等心材引起褐色块状腐朽。

[50] 木蹄层孔菌［*Fomes fomentarius*(L.：Fr.)Kick.］

形态特征：子实体大至巨大，马蹄形，无柄，多呈灰色、灰褐色、浅褐色至黑色，(8～42)cm×(10～64)cm，厚 5～20 cm，有一层厚的角质皮壳及明显环带和环棱，边缘钝。菌管多层，管层很明显，每层厚 3～5 mm，锈褐色。菌肉软木栓质，厚 0.5～5 cm，锈褐色。管口每毫米 3～4 个，圆形，灰色至浅褐色。孢子长椭圆形，无色，光滑，(14～18)μm×(5～6)μm。此种多年生。生于栎、桦、杨、柳、椴、苹果等阔时树干上或木桩上。往往在阴湿或光少的生境出现棒状奇形子实体。野外调查发现在大草堂(海拔 1860 m)和铁厂沟(海拔 1590 m)等地有分布。

经济价值：可药用。有消积化瘀作用，其味微苦，性平。试验对小白鼠肉瘤 180 的抑制率达 80%。治疗食道癌、胃癌、子宫癌等。

[51] 宽鳞大孔菌［*Favolus squamosus*(Huds.：Fr.)Ames.］

形态特征：子实体中等至很大。菌盖扇形，(5.5～26)cm×(4～20)cm，厚 1～3 cm，具短柄或近无柄，黄褐色，有暗褐色鳞片。柄侧生，偶尔近中生，长 2～6 cm，粗 1.5～3.6 cm，基部黑色，软，干后变浅色。菌管延生，白色。管口长形，辐射状排列，长 2.5～5 mm，宽 2 mm。孢子光滑，无色，(9.7～16.6)μm×(5.2～7)μm。菌肉的菌丝无色，无横隔，有分枝，无锁状联合。生于柳、杨、榆、槐、洋槐及其他阔叶树的树干上。野外调查发现在摩天岭(海拔 1620 m)等地有分布。

经济价值：幼时可食，老后变木质化不宜食用。此菌引起被生长树木的木材白色腐朽。另试验对小白鼠肉瘤 180 的抑制率为 60%。

[52] 漏斗大孔菌［*Favolus arcularius*(Batsch：Fr.)Ames.］

形态特征：子实体一般较小。菌盖直径 1.5～8.5 cm，扁平中部脐状，后期边缘平展或翘起，似漏斗状，薄，褐色、黄褐色至深褐色，有深色鳞片，无环带，边缘有长毛，新鲜时韧肉质，柔软，干后变硬且边缘内卷。菌肉薄厚不及 1 mm，白色或污白色。菌管白色，延生，长 1～4 mm，干时呈草黄色，管口近长方圆形，辐射状排列，直径 1～3 mm。柄中生，同盖色，往往有深色鳞片。长 2～8 cm，粗 1～5 mm，圆柱形，基部有污白色粗绒毛。孢子无色，长椭圆形，平滑，(6.5～9)μm×(2～3)μm。夏秋季生于多种阔叶树倒木及枯树上。

经济价值：幼嫩时柔软，可以食用，干时变硬。当湿润时吸收水分恢复原状。对小白鼠肉瘤 180 的抑制率为 90%，对艾氏癌的抑制率为 100%。

[53] 硫磺菌 [*Laetiporus sulphureus*(Fr.)Murrill]

形态特征：子实体大型。初期瘤状，似脑髓状，以后长出一层层菌盖，覆瓦状排列，肉质，多汗，干后轻而脆。菌盖直径 8~30 cm，厚 1~2 cm，表面硫磺色至鲜橙色，有细绒或无，有皱纹，无环带，边缘薄而锐，波浪状至瓣裂。菌肉白色或浅黄色，管孔面硫磺色，干后退色，孔口多角形，平均每毫米 3~4 个。孢子无色，光滑，卵形、近球形，(4.5~7)μm×(4~5)μm。生柳、云杉等活立树干、枯木上。野外调查发现在文县河（海拔 1640 m）等地有分布。

经济价值：幼时即可食用，味道较好。药用，性温、味甘，能调节肌体、增进健康、抵抗疾病，对人体可起重要的调节作用。有抗癌作用，对小白鼠肉瘤 180 及艾氏癌的抑制率分别为 80% 和 90%。

31. 灵芝科(Ganodermataceae)

[54] 树舌灵芝 [*Ganoderma applanatum*(Pers.)Pat.]

形态特征：子实体大或特大，无柄或几乎无柄。菌盖直径(5~35)cm×(10~50)cm，厚 1~12 cm，半圆形、扁半球形或扁平，基部常下延，表面灰色，渐变褐色，有同心环纹棱，有时有瘤，皮壳胶角质，边缘较薄。菌肉浅栗色，有时近皮壳处白色后变暗褐色，孔圆形，每毫米 4~5 个。孢子褐色至黄褐色，卵形，(7.5~10)μm×(4.5~6.5)μm。于杨、桦、柳、栎等阔叶树、枯立木、倒木褐伐桩上多年生，长可达 20 余年。属重要的木腐菌，导致木质部形成白色腐朽。野外调查发现在大草堂（海拔 1860 m）等地有分布。

经济价值：可药用。在中国、日本民间作为抗癌药物，中国四川民间治疗食道癌，还可以治疗风湿性肺结核，有止痛、清热、化积、止血、化痰之功效。对小白鼠肉瘤 180 的抑制率为 64.9%。

32. 木耳科(Auriculariales)

[55] 黑木耳 [*Auricularia auricular*(L. ex Hook.)Underwood]

形态特征：子实体一般较小，宽 2~12 cm，浅圆盘形、耳形或不规则形，胶质，新鲜时软，干后收缩。子实层生里面，光滑或略有皱纹，红褐色或棕褐色，干后变深褐色或黑褐色。外面有短毛，青褐色。孢子无色，光滑，常弯曲，腊肠形，(9~17.5)μm×(5~7.5)μm。担子细长，有 3 个横隔，柱形，(50~65)μm×(3.5~5.5)μm。栎、榆、杨、榕、刺槐等阔叶树上或朽木上及针叶树冷杉上密集成丛生长。

经济价值：可药用，能人工栽培。《本草纲目》中记载木耳治痔，性平，味甘，补血气，止血活血，有滋润、强壮、通便之功能。对小白鼠肉瘤 180 及艾氏癌的抑制率分别为 42.5%~70% 和 80%。

33. 胶耳科(Exidiaceae)

[56] 焰耳 [*Phlogiotis helvelloides*(DC.：Fr.)Martin]

形态特征：子实体一般较小，高 3~8 cm，宽 2~6 cm，匙形或近漏斗形，柄部半开裂呈管状，浅土红色或橙褐色，内侧表面被白色粉末，胶质。子实层面近平滑，或有皱或近似网纹状，盖缘卷曲或后期呈波壮。孢子无色，光滑，宽椭圆形，(9.5~12.5)μm×

$(4.5\sim7.5)\mu$m。夏秋季生于针叶林或针阔叶混交林中地上，林地苔藓层或腐木上，单生或群生，有时近丛生。野外调查发现在铁厂沟(海拔 1600 m)等地有分布。

经济价值：可食用。试验对小白鼠肉瘤 180 及艾氏癌的抑制率分别为 70%和 80%。

34. 银耳科(Tremellaceae)

[57] 金耳(*Tremella aurintialba* Bandoni et Zang)

形态特征：子实体中等至较大，呈脑状或瓣裂状，基部着生于木上，长 8～15 cm，宽 7～11 cm。新鲜时金黄色或橙黄色，干后坚硬，浸泡后可复原状。菌丝有锁状联合，担子圆形至卵圆形。纵裂为 4，上担子长达 125 μm，下担子阔约 10 μm。分生孢子圆形或椭圆形，$(3\sim5)\mu$m×$(2\sim3)\mu$m。夏秋季生于高山栎等阔叶树木，有时也见于冷杉倒腐木上，与韧革菌等有寄生或共生关系。野外调查发现在摩天岭(海拔 1910 m)等地有分布。

经济价值：可食用，含有甘露糖、葡萄糖及多糖，可防癌抗癌。另有治肺热、气喘、高血压等作用。

35. 花耳科(Dacrymycetaceae)

[58] 桂花耳 [*Guepinia spathularia* (Schw.) Fr.]

形态特征：子实体微小，匙形或鹿角形，上部常不规则裂成叉状，橙黄色，干后橙红色，不孕部分色浅，光滑。子实体高 0.6～1.5 cm，柄下部粗 0.2～0.3 cm，有细绒毛，基部栗褐色至黑褐色，延伸入腐木裂缝中。担子 2 分叉。孢子 2 个，无色，光滑，初期无横隔，后期形成 1～2 横膜，即成为 2～3 个细胞，椭圆形近肾形，$(8.9\sim12.8)\mu$m×$(3\sim4)\mu$m，担子叉状，$(28\sim38)\mu$m×$(2.4\sim2.6)\mu$m。春至晚秋于杉木等针叶树倒腐木或木桩上往往群生或丛生。分布广泛。可食用。子实体虽小，但色彩鲜，便于认识。野外调查发现在摩天岭(海拔 1870 m)、铁厂沟(海拔 1750 m)等地有分布。

经济价值：可食用。含类胡萝卜素等。

36. 鬼笔科(Phallaceae)

[59] 细黄鬼笔 [*Phallus tenuis* (Fisch.) O. Ktze.]

形态特征：子实体较小，高 7～10 cm，菌盖小，钟形，顶端平，具一小穿孔，盖高 2～25.5 cm，黄色，有明显的小网格，其上有黏而臭、黄褐色的孢体，菌柄细长，海绵状、淡黄色，长 5～7 cm，粗 0.8～1.0 cm，内部空心，向上渐尖细，基部有白色菌托。孢子椭圆形，$(2.5\sim3)\mu$m ×1.5 μm，常生腐朽木上。

经济价值：菌盖上黏液腥臭，有人认为有毒。

37. 地星科(Geastraceae)

[60] 尖顶地星 [*Geastrum triplex* (Jungh.) Fisch.]

形态特征：子实体一般较小。外包被基部深呈袋形，上半部裂为 5～8 片尖瓣。张开时直径可达 5～7 cm。初期埋土中或半埋生。外包被外表面光滑，蛋壳色，内侧肉质，干后变薄，浅肉桂灰色。内包被无柄，近球形，浅棕灰色，直径 1～2 cm，顶部咀明显，色浅，圆锥形，周围凹陷，有光泽。孢子球形，褐色，有小疣，直径 3.5～5 μm。孢丝浅褐色，壁厚，粗达 4～6 μm。秋季在林中地上单生或群生。

经济价值：孢子用于外伤止血。

38. 马勃科(Lycoperdaceae)

[61] 小马勃(*Lycoperdon pusillum* Batsch：Pers)

形态特征：子实体较小，宽 1~1.8 cm，高达 2 cm，近球形，初期白色，后变土黄色及浅茶色，无不孕基部，有根状菌丝索固定于基物上。外包被由细小易脱落的颗粒组成。内包被薄，光滑、成熟时顶尖有小口，内部蜜黄色至浅茶色。孢子浅黄色，近光滑，有时具短柄，球形，3~4 μm。孢子丝与孢子同色，分枝，粗 3~4 μm。夏秋季生草地上。野外调查发现在红石河(海拔 1894 m)等地有分布。

经济价值：子实体有止血、消肿、解毒、清肺、利喉的作用。

[62] 褐皮马勃(*Lycoperdon fuscum* Bon.)

形态特征：子实体一般较小，直径 2~4 cm，广陀螺形或梨形，不孕基部短。外包被由成丛的暗色至黑色小刺组成，刺长 0.5 mm，易脱落。内包烟色，膜质浅。孢体烟色。孢子青色，稍粗糙，有易脱落的短柄，球形，直径 4~4.8 μm。孢丝褐色，线形，较长，少分枝，无横隔，厚壁，粗 3.5~4 μm。林中苔藓地上单生近丛生。野外调查发现在铁厂沟(海拔 1540 m)等地有分布。

经济价值：幼嫩时可食。

39. 硬皮马勃科(Sclerodermataceae)

[63] 大孢硬皮马勃(*Scleroderma bovista* Fr.)

形态特征：子实体小，直径 1.5~5 cm，高 2~3.5 cm，不规则球形至扁球形，由白色根状菌索固定于地上，包被浅黄色至灰褐色，薄，有韧性，光滑或呈鳞片状。孢子暗青褐色。孢丝褐色，顶端膨大，壁厚，有锁状联合，2.5~5.5 μm，孢子暗褐色，含有 1 油滴，有网棱，网眼大，周围有透明薄膜，球形，直径 10~18 μm。夏秋季生林中地上。野外调查发现在红石河(海拔 1920 m)、文县河(海拔 1690 m)及魏坝村(海拔 1170 m)有分布。

经济价值：幼嫩时可食。老熟后用作消肿止血，治疗外伤出血、冻疮流水，使用时可将适量孢子粉敷于伤口处。与树木形成外生菌根。

40. 美口菌科(Calostomataceae)

[64] 小美口菌(*Calostoma miniata* Zang)

形态特征：子实体小，高 5~7 mm，宽 6~8 mm，圆形或近圆形，外包被有黄褐色角锥状凸起或散生的小颗粒，基无柄，假根单一或丛生，宿存。菌体顶端缘孔口呈星芒状裂开，朱砂色，五裂。孢子圆形或近圆形，孢壁具网络凹穴状饰纹，17~20 μm。与柔叶立灯藓混生，与松属等植物形成外生菌根。野外调查发现在铁厂沟(海拔 1570 m)等地有分布。

经济价值：不明。

41. 鸟巢菌科(Nidulariaceae)

[65] 白蛋巢菌(*Crucibulum vulgare* Tul.)

形态特征：子实体小，似鸟巢，内有数个扁球形的小包，包被高 0.4~1 cm，顶部直径 0.5~1 cm，初期有深肉桂色的绒毛，以后光滑，褐色，最后变灰色，内侧光滑，灰色，成熟前有盖膜。盖膜白色，上有深肉桂色绒毛。小包扁球形，由一纤细的有韧性的绳状体固定于包被中，直径 0.15～0.2 cm，其表面有一层白色的外膜，后期变成白色，外膜脱落后变成黑色，担子棒状，细长，具 2～4 小梗，(25～30)μm×(4～5.5)μm。孢子无色，光滑，椭圆形至近卵形，(7.6～12)μm×(4.5～6)μm。夏秋季于林中腐木和枯枝上群生。

经济价值：能产生纤维素酶以分解植物纤维素。

42. 麦角菌科(Clavicipitaceae)

[66] 冬虫夏草 [*Cordyceps sinensis*(Berk.)Sacc.]

形态特征：子座棒状，生于鳞翅目幼虫体上，一般只长 1 个子座，少数 2～3 个，从寄主头部、胸中生出至地面。长 5～12 cm，基部粗 1.5～2 cm，头部圆柱形，褐色，中空。子囊壳椭圆形至卵圆形，基部埋于子座中，(330～500)μm×(138～240)μm，子囊长圆筒形，(240～480)μm×(12～16)μm。子囊孢子 2～3 个，无色，线形，横隔多且不断，(160～470)μm×(4.5～6)μm。自然分布在海拔 3000～5000 m 的高山草甸和高山灌木丛生带，寄生于虫草蝙蝠蛾(*Hepialus armoricanus*)的幼虫体上。每年 5～7 月出现。也有记载 11 月开始出现子座，但不发育。

经济价值：为名贵中药，性温味甘、后微辛、补精益髓、保肺、益肾、止血化痰、止涝嗽。含有虫草菌素，是一种有抗生作用或抑制细胞分裂作用的与核酸有关的物质。人工驯化栽培进展较快，利用菌丝体可以深层发酵培养，其培养物用于保健品和制药。

43. 肉座菌科(Hypocreaceae)

[67] 黄肉棒菌 [*Podostroma alutaceum*(Pers.：Fr.)Atk.]

形态特征：子座比较小，高 2～5 cm，粗 0.5～0.8 cm，呈粗棒状或角状，肉质或近肉质，幼时浅黄色或浅橙黄色，成熟后上部黄褐色，表面粗糙呈疣状。菌柄色浅或黄白色至白色，内部实或近松软。子囊壳埋生，100～150 μm。子囊细长，呈圆柱状或棒状，含 16 个孢子。孢子无色，平滑，近椭圆状或卵圆形或不规则球形，(3～5)μm×(3～4)μm。夏秋季于混交林地上或腐树根上单生或群生。

经济价值：不明。

44. 炭角菌科(Xylariaceae)

[68] 劈裂炭角菌(*Xylari fissilis* Ces.)

形态特征：子实体不分枝，单根、丛生，棒形至扁棒形，上部圆筒状，头部钝圆，粗 0.2～0.5 cm，暗褐色、黑褐色至黑色，表面有白色粉末，炭质。空心，常纵向开裂。柄暗褐色，多皱，长 0.5～1.8 cm，子囊壳埋生，近球形，直径约 500 μm，孔口不明显。子囊圆筒形，有孢子部分(80～100)μm×(6.5～8)μm。孢子褐色至浅褐色，光滑，单孢，单行排列。为不等边椭圆形，(5.8～15)μm×(3.5～4.5)μm。腐木上散生或群生或丛生。野外调查发现在文县河(海拔 1760 m)等地有分布。

经济价值：不明。

45. 球壳菌科(Sphaeriaceae)

[69] 炭球菌 [*Daldinia. concentrica*(Bolt.：Fr.)Ces. & de Not.]

形态特征：子实体较小，直径 1.5～5 cm，高 1～3.5 cm，半球形或近球形，无柄或近无柄，初期表面土褐色或紫褐色，后变至褐黑色或黑色，内部暗褐色，纤维状，有明显的同心环带。子囊壳近棒状，孔口点状至稍明显。子囊圆筒形，有孢子部分(75~85)μm×(8~10)μm。孢子8个，单行排列，不等边椭圆形或肾形，(11~16)μm×(6~9)μm。生于阔叶树腐木上或树皮上，单生或群生。分布广泛。野外调查发现在摩天岭(海拔1920 m)等地有分布。

经济价值：炭球菌属腐木菌，可使多种阔叶树木褐枯立木、倒木、伐木、木建筑用材形成白色腐朽。

46. 块菌科(Tuberaceae)

[70] 中国块菌(*Tuber sinense* Tao et Liu)

形态特征：子实体直径1.5~10 cm，近球形或不规则块状，黄褐色或红褐色，成熟后色变深或暗褐色，表面有3~5个角锥组成的小疣，顶端钝，宽2~3.5 mm，高1~1.5 mm。孢体灰白色，具乳白色大理石状菌脉纹，逐渐变为淡褐色或黑褐色，髓层和菌脉常通向子囊果表面的开口处。子囊球形至近球形，具柄状基部，内含1~4个孢子。孢子无色至褐色，表面正视区有(5~7)μm×(3~5)μm的网格，椭圆形，子囊内单个的孢子为(32~37)μm×(43~50)μm，2个的孢子(27~30)μm×(39~46)μm，3~4个的孢子(23~25)μm×(30~35)μm，饰纹为规则或不规则的网纹，网纹隆基的交叉处形成小刺。

经济价值：著名食用菌。属树木外生菌根菌。

47. 地舌科(Geoglossaceae)

[71] 黄地匙菌(*Spathularia flavida* Pers. : Fr.)

形态特征：子实体肉质，较小。高3~8 cm，有子实层的部分黄色或柠檬黄色，呈倒卵形或近似勺状，沿柄的上部的两侧生长，宽1~2 cm，往往波浪状或有向两侧的脉楞。菌柄长2~5.5 cm，粗0.3~0.5 cm，近柱形或略扁，色深，基部稍膨大。子囊棒状，(90~120)μm×(10~13)μm。孢子成束，8个，无色，多行排列，棒形至线形，(35~48)μm×(2.5~3)μm。侧丝线形，细长的顶部粗约2 μm。夏秋季于云杉、冷杉等针叶林中地上群生，往往生苔藓间，与树木形成外生菌根。

经济价值：记载可食用。

48. 盘菌科(Pezizaceae)

[72] 粪生刺盘菌 [*Cheilymenia coprinaria* (Cooke) Boud.]

形态特征：子囊盘直径0.2~1 cm，呈浅杯或浅盘状，橘黄色，边缘色较深，无柄，内表面光滑，外表面被浅褐色至无色的毛，其毛顶端尖锐，(520~820)μm×(33~38)μm。子囊柱状，基部收缩。子囊孢子椭圆形至长椭圆形，(17~18)μm×(8~9.5)μm。侧丝细棒状，顶部多充满黄褐色颗粒。温带亚热带林缘地或草原上多于草原畜牧粪上散生或聚生。

经济价值：可能有分解牛粪等纤维素的作用。

49. 肉盘菌科(Sarcosomataceae)

[73] 紫星裂盘菌 [*Sarcosphaera corronaria* (Jacq. ex Cke.) Boud.]

形态特征：子囊盘中等大，直径4~10 cm，幼时近球形，埋生基物内，中空，渐外露伸展，从顶部星状开裂。有短的柄状基部。子实体紫色，外侧面污白色，往往黏附有砂土杂物。子囊圆柱形，有孢子部分60~70 μm，孢子8个，单行排列。孢子物色，光滑，含有1~2个油滴，椭圆形，(13~18)μm×(8~9)μm。侧丝上部浅褐色，线形，顶端膨大，3~4 μm。秋季于云杉林沙地上埋生至半埋生、群生、散生。

经济价值：可食用，味好，但也有记载有毒。

50. 羊肚菌科（Morchellaceae）

[74] 羊肚菌 [*Morchella esculenta*（L.）Pers.]

形态特征：子实体较小或中等，高 6~14 cm。菌盖长 4~6 cm，宽 4~6 cm，不规则圆形、长圆形，表面形成很多凹坑，丝羊肚状，淡黄褐色。菌柄长 5~7 cm，粗 2~2.5 cm，白色，有浅纵沟，基部稍膨大。子囊（200~300）μm×（18~22）μm。子囊孢子 8个，单行排列，宽椭圆形，（20~24）μm×（12~15）μm。侧丝顶端膨大，有时有隔。阔叶林中地上及路旁单生或群生。

经济价值：可食用，味道鲜美，是一种优质食用菌。可药用，利肠胃、化痰理气，含 7 种人体必需氨基酸。

[75] 黑脉羊肚菌（*Morchella anguisticeps* Peck.）

形态特征：子囊果中等大，高 6~12 cm。菌盖锥形或近圆柱形，顶端一般尖，高 4~6 cm，粗 2.3~5.5 cm，凹坑多呈长方圆形，淡褐色至蛋壳色，棱纹黑色，纵向排列，由横脉交织，边缘于菌柄连接一起。菌柄乳白色，近圆柱形，长 5.5~10.5 cm，粗 1.5~3 cm，上部稍有颗粒，基部往往有凹槽。子囊近圆柱形，（128~280）μm×（15~23）μm。子囊孢子单行排列，（20~26）μm×（13~15.3）μm。侧丝基部有的分隔，顶端膨大，粗 8~13 μm。在云杉、冷杉等林地上大量群生。

经济价值：可食用，味道鲜美，属重要的野生食用菌。有助消化、益肠胃、理气的功效。可以用菌丝体进行深层发酵培养。

51. 马鞍菌科（Helvellaceae）

[76] 马鞍菌（*Helvella elastica* Bull.：Fr.）

形态特征：子实体小。菌盖直径 2~4 cm，蛋壳色至褐色或近黑色，表面平滑或卷曲，边缘与柄分离。菌柄长 4~9 cm，粗 0.6~0.8 cm，圆柱形，蛋壳色至灰色。子囊（200~280）μm×（14~21）μm，含孢子 8 枚，单行排列。孢子无色，含 1 大油滴，光滑，有的粗糙，椭圆形，（17~22）μm×（10~14）μm。侧丝上端膨大，粗 6.3~10 μm。夏秋季于林中地上往往成群生长。

经济价值：记载可以食用，但也有怀疑有微毒。

3.4 保护区内大型真菌资源评价

保护区内大型真菌按照资源价值，可以划分为以下五类。

3.4.1 食用菌

保护区内可食用大型真菌共 367 种，占总数的 55.02%。其中白蘑科（Tricholomataceae）74 种，占可食用大型真菌总数的 19.3%，重要的种类有油黄口蘑（*Tricholoma flavovirens*）、金针菇（*Flammulina velutipes*）、大白桩菇（*Leucopaxillus giganteus*）、蜜环菌（*Armillaria* mellea)、淡土黄丽蘑(*Calocybe carnea*)、白香蘑(*Lepista caespitosa*)、灰紫香蘑(*Lepista glaucana*)、粉紫香蘑(*Lepista lusicna*)、紫丁香蘑(*Lepista nuda*)等；红菇科(Russulaceae) 44种，占可食用大型真菌总数的12.0%，重要的种类有松乳菇(*Lactarius deliciosus*)、香乳菇(*Lactarius camphoratum*)、大白菇(*Russula delica*)、大红菇(*Russula alutaceae*)等；牛肝菌科(Boletaceae)42种，占可食用大型真菌总数的11.2%，重要的种类有美味牛肝菌(*Boletus edulis*)、褐环粘盖牛肝菌(*Suillus luteus*)、亚金黄粘盖牛肝菌(*Suillus subaureus*)、灰褐牛肝菌(*Boletus griseus*)、污褐牛肝菌(*Boletus variipes*)、红疣柄牛肝菌(*Leccinum chromapes*)等；侧耳科(Pleurotaceae)21种，占可食用大型真菌总数的5.7%，重要的种类有侧耳(*Pleurotus ostreatus*)、刺芹侧耳(*Pleurotus eryngi*)、白灵侧耳(*Pleurotus nebrodensis*)、扇形侧耳(*Pleurotus flabellatus*)、香菇(*Lentinus edodes*)等；蘑菇科(Agaricaceae)13种，占可食用大型真菌总数的3.5%，重要的种类有美味蘑菇(*Agaricus edulis*)、夏生蘑菇(*Agaricus aestivalis*)等；丝膜菌科(Cortinariaceae)12种，占可食用大型真菌总数的3.3%，重要的种类有米黄丝膜菌(*Cortinarius multiformis*)、托柄丝膜菌(*Cortinarius callochrous*)、蓝丝膜菌(*Cortinarius caerulescens*)等；鬼伞科(Coprinaceae)11种，占可食用大型真菌总数的2.7%，重要的种类有毛头鬼伞(*Coprinus comatus*)等；羊肚菌科(Morchhellaceae)7种，占可食用大型真菌总数的1.9%，重要的种类有羊肚菌(*Morchella esculenta*)、粗腿羊肚菌(*Morchella crassipes*)等。保护区可栽培的食用菌品种较多，是获取野生资源的重要基地。

3.4.2　药用菌

药用菌是指那些用于医药的大型真菌，目前人工栽培的有灵芝、茯苓、猪苓、猴头、天麻、桑黄、蛹虫草等。药用大型真菌能产生提高人体免疫力的多糖类物质，具有多方面的功能，在治疗高血压、高血脂、糖尿病等现代"文明病"方面，从药用真菌中筛选新的药物具有较好的前景。

保护区药用大型真菌资源较为丰富，有189种，占大型真菌总数的28.34%。其中，多孔菌科(Polyporaceae)46种(资料认为其中有44种能产生抗癌活性物质)，占药用菌总数的24.34%；白蘑科(Tricholomataceae)32种，占药用菌总数的16.93%；红菇科(Russulaceae)20种，占药用菌总数的10.58%；马勃科(Lycoperdaceae)10种，占药用菌总数的5.29%；羊肚菌科(Morchhellaceae)7种，占药用菌总数的3.70%；侧耳科(Pleurotaceae)7种，占药用菌总数的3.70%；鬼伞科(Coprinaceae)6种，占药用菌总数的3.17%；灵芝科(Ganodermataceae)5种，占药用菌总数的2.65%。其中，尤以羊肚菌科、灵芝科和马勃科的药用菌占本科总数的比例最大。具有抗癌功能的大型真菌占药用菌总量的比例高达76.7%，表明保护区具有丰富的抗癌药物资源。

3.4.3　毒菌

据记载，世界上有1000余种毒菌，我国已知近500种，其中误食后对人危害大、能使人致命的有30～40种。保护区内有毒菌共74种，占大型真菌总量的11.09%。其中，鹅膏菌科(Amantiaceae)15 种，占有毒菌总数的 20.27％，包括豹斑毒鹅膏菌(*Amanita panthria*)、条纹毒鹅膏菌(*Amanita phalloides*)等，这类菌主要含毒伞肽和毒肽，毒性强，耐高温，化学性稳定，主要损害肝、肾、血管内壁细胞及中枢神经系统，发病后主要表现为胃肠炎症状，尤以肝损害为主，中毒死亡率高达 90％～100％。红菇科(Russulaceae)和鬼伞科(Coprinaceae)各 11 种，共占有毒菌总数的 29.73％，毒性大的有稀褶黑菇(*Russula nigricans*)和墨汁鬼伞(*Coprinus atramentarius*)等，这类菌主要有类树脂、苯酚、类甲酚、鬼伞素、毒杯伞素等，误食后常见的中毒特点是潜伏期短(10 min 至 6 h)，发病快，病程短，恢复快，愈后好，中毒症状表现为胃肠机能紊乱。临床表现为剧烈恶心、呕吐、腹泻，伴有头晕、头痛、无力等，如无并发症，死亡甚少。鬼伞科(Coprinaceae)的花褶伞类 6 种，含有光盖伞素等，其毒素主要使交感神经兴奋、心跳加快、血压上升、体温升高，常产生幻视、幻想、幻听，伴有兴奋愉快、狂言乱语、手舞足蹈，如同醉汉喜怒无常，或如痴似呆、似梦非梦状态，一般数小时后恢复正常。马鞍菌科(Helvellaceae)3 种，占有毒菌的 4.05％，包括褐鹿花菌(*Gyromitra fastigiata*)、赭鹿花菌(*Gyromitra infula*)等，这类菌主要有鹿花菌素，属甲基联胺化合物，具有强烈的溶血作用，使红细胞被破坏，出现急性贫血、血红蛋白尿、尿毒症等，如不及时抢救，严重者会导致肝受损及心力衰竭死亡。

保护区内有毒菌甚至剧毒菌，在采集食用时要小心谨慎，以免中毒。有的毒菌可因水洗、水煮、晒干、煮熟等烹调措施以破坏毒素，成为可食用的种类，但一定要有辨别能力。同时毒菌的毒素也有多种用途，毒蝇碱、毒肽可用于生物防治，具有很高的抑制癌细胞的能力和开发价值。因此，保护区内的毒菌也是宝贵的资源。

3.4.4　木腐菌

木腐菌是指能分解木材细胞壁、常引起木材白色和褐色腐朽的真菌，被视为森林清洁工，它们能使枯枝、落叶分解归还于大自然，参与物质循环，同时促使森林树木天然的新陈代谢，维持生态平衡。保护区共分布有木腐菌 169 种，占大型真菌总数的 25.34％。其中，多孔菌科(Polyporaceae)85 种，占木腐菌总数的 50.30％；侧耳科(Pleurotaceae)19 种，占木腐菌总数的 11.24％；白蘑科(Tricholomataceae)18 种，占木腐菌总数的 10.65％；韧革菌科(Stereaceae)13 种，占木腐菌总数的 7.69％；灵芝科(Ganodermataceae)10 种，占木腐菌总数的 5.92％；炭角菌科(Xylariaceae)6 种，占木腐菌总数的 3.55％。这些大型真菌共同参与保护区内枯枝、落叶的分解利用，有利于维持区内生态平衡。

3.4.5　外生菌根菌

外生菌根型大型真菌和许多植物的根系之间会建立一种共生关系。大型真菌扩大植物根系吸收营养的范围，提供营养和产生植物生长激素，加速植物生长，植物也会将自己合成的有机物供给大型真菌的生长。在保护区内，菌根型大型真菌有 199 种，属于 1 亚门 1

纲 1 目 5 科，占保护区总量的 29.84%。其中，红菇科（Russulaceae）58 种，牛肝菌科（Boletaceae）41 种，共计占外生菌根的 49.75%，为优势外生菌根科；白蘑科（Tricholomataceae）22 种，鹅膏菌科（Amantiaceae）20 种，丝膜菌科 Cortinariaceae 20 种，共计占外生菌根的 31.16%。丰富多样的大型真菌菌根菌，促进了保护区内植被的旺盛生长。

附表 3-1　唐家河国家级自然保护区大型真菌名录

序号	中文名	拉丁学名	食用菌	可驯化	药用	抗癌	毒菌	木腐菌	外生菌根菌	其他	资料来源
	担子菌亚门	Basidiomycotina									
一	层菌纲	Hymenomycetes									
（一）	伞菌目	Agaricales									
1.	蜡伞科	Hygrophoraceae									
[1]	蜡黄蜡伞	*Hygrophorus chlorophanus*	√								S
[2]	变黑蜡伞	*Hygrophorus conicus*					√				F
[3]	白蜡伞	*Hygrophorus eburnesus*	√						√	√	S
[4]	变红蜡伞	*Hygrophorus erubesceus*	√								F
[5]	胶环蜡伞	*Hygrophorus gliocycjus*									F
[6]	小红蜡伞	*Hygrophorus imazekii*	√								F
[7]	柠檬黄蜡伞	*Hygrophorus lucorum*	√						√		S
[8]	黄粉红蜡伞	*Hygrophorus nemoreus*	√								F
[9]	粉红蜡伞	*Hygrophorus pudorinus*	√								F
[10]	拟光蜡伞	*Hygrophorus pseudocucorum*	√								S
[11]	红菇蜡伞	*Hygrophorus russula*	√					√	√		F
[12]	鸡油湿伞	*Hygrocybe cantharellus*	√						√		S
[13]	绯红湿伞	*Hygrocybe coccine*	√								S
[14]	凸顶橙红湿伞	*Hygrocybe cuspidata*								√	S
[15]	粉粒红湿伞	*Hygrocybe helobia*									F
[16]	小红湿伞	*Hygrocybe miniata*	√								FS
[17]	颇尔松湿伞	*Hygrocybe persoonii*	√								F
[18]	草地拱顶菇	*Camarophyllus pratensis*	√								S
2.	侧耳科	Pleurotaceae									
[19]	鹅色侧耳	*Pleurotus anserinus*							√		S
[20]	亮白小侧耳	*Pleurotellus candidissimus*	√	√					√		S
[21]	黄白侧耳	*Pleurotellus cornucopiae*	√		√	√			√		F
[22]	刺芹侧耳	*Pleurotus eryngi*	√	√					√		S
[23]	扇形侧耳	*Pleurotus flabellatus*	√	√					√		S

续表

序号	中文名	拉丁学名	食用菌		药用菌		毒菌	木腐菌	外生菌根菌	其他	资料来源
			食用菌	可驯化	药用	抗癌					
[24]	腐木生侧耳	*Pleurotus lignatilis*	√					√		√	F
[25]	白小侧耳	*Pleurotellus limpidus*	√					√			F
[26]	白灵侧耳	*Pleurotus nebrodensis*	√	√				√			S
[27]	侧耳	*Pleurotus ostreatus*	√	√	√	√		√			FS
[28]	肺形侧耳	*Pleurotus pulmonarius*	√					√			FS
[29]	长柄侧耳	*Pleurotus spodoleucus*	√		√	√		√			S
[30]	小亚侧耳	*Hohenbuelelia flexinis*									S
[31]	勺状亚侧耳	*Hohenbuelelia petaloides*	√					√			F
[32]	香菇	*Lentinus edodes*	√		√	√		√			S
[33]	大杯香菇	*Lentinus giganteus*	√	√						√	F
[34]	虎皮香菇	*Lentinus tigrinus*	√	√				√		√	F
[35]	瘤凸香菇	*Lentinus torulosus*	√		√	√		√			S
[36]	鳞皮扇菇	*Panellus stypticus*	√		√	√		√			S
[37]	亚侧耳	*Panellus serotinus*	√	√	√	√		√		√	
[38]	革耳	*Panus rudis*	√		√	√		√		√	F
[39]	紫革耳	*Panus torulosus*	√		√	√		√		√	F
[40]	小伏褶菌	*Resupinatus applicatus*	√								F
[41]	毛伏褶菌	*Resupinatus trichotis*	√								F
3.	裂褶菌科	Schizophyllaceae									
[42]	裂褶菌	*Schizopyllum commune*	√	√	√	√		√			FS
4.	锈耳科	Crepidotaceae									
[43]	毛靴耳	*Crepidotus herbarum*						√			F
[44]	粘锈耳	*Crepidotus mollis*	√					√		√	F
[45]	枯木靴耳	*Crepidotus putrigenus*						√			F
[46]	多变靴耳	*Crepidotus variabilis*						√			F
5.	鹅膏菌科	Amantiaceae									
[47]	橙盖鹅膏菌	*Amanita caesarea*	√		√	√	√		√		FS
[48]	白橙盖鹅膏菌	*Amanita caesaea* var. *alba*	√						√		F
[49]	圈托鳞鹅膏菌	*Amanita ceciliae*	√		√				√		S
[50]	白橙黄盖鹅膏菌	*Amanita citrina*	√						√		S
[51]	块鳞青鹅膏	*Amantia excelsa*					√		√		F
[52]	小托柄鹅膏菌	*Amanita farinosa*						√	√		S
[53]	黄赭鹅膏菌	*Amanita flavorubescens*					√		√		F
[54]	赤褐鹅膏菌	*Amanita fulva*									S

序号	中文名	拉丁学名	食用菌	可驯化	药用	抗癌	毒菌	木腐菌	外生菌根菌	其他	资料来源
[55]	黄盖鹅膏菌	*Amantia gemmata*					√		√		FS
[56]	浅橙鹅膏菌	*Amanita hemibapha*	√						√		S
[57]	本乡鹅膏菌	*Amanita hongoi*									S
[58]	长条棱鹅膏菌	*Amanita longistrinata*	√						√		F
[59]	雪白毒鹅膏菌	*Amanita nivalis*									S
[60]	卵盖鹅膏菌	*Amanita ovoidea*					√				S
[61]	豹斑毒鹅膏菌	*Amanita panthria*					√		√		F
[62]	条纹毒鹅膏菌	*Amanita phalloides*					√		√		S
[63]	赭盖鹅膏菌	*Amanita rubescens*					√		√		F
[64]	土红鹅膏菌	*Amanita rufoferruginea*					√		√		S
[65]	角磷灰毒鹅菌	*Amanita spissacea*					√		√		FS
[66]	芥黄鹅膏菌	*Amanita subjunquillea*					√		√		S
[67]	白黄盖鹅膏菌	*Amanita subjunquillea* var. *alba*					√				S
[68]	灰托鹅膏菌	*Amanita vaginata*	√						√		F
[69]	白毒鹅膏菌	*Amanita verna*					√		√		F
[70]	锥鳞白鹅膏菌	*Amanita virgineoides*					√		√		F
[71]	白鳞粗柄伞	*Amantia vittadinii*					√		√		F
[72]	苞脚鹅膏菌	*Amanita volvata*					√				S
[73]	黄尖鳞鹅膏菌	*Amanita xanthogola*							√		S
6.	光柄菇科	Pluteaceae									
[74]	黑边光柄菇	*Pluteus atromarginatus*	√					√			F
[75]	灰光柄菇	*Pluteus cervinus*	√					√			F
[76]	粉褐光柄菇	*Pluteus depauperatus*									FS
[77]	狮黄光柄菇	*Pluteus leoninus*	√								S
[78]	小孢光柄菇	*Pluteus microsporus*									S
[79]	鼠灰光柄菇	*Pluteus murinus*									S
[80]	帽盖光柄菇	*Pluteus petasatus*	√					√			S
[81]	裂盖光柄菇	*Pleteus rimosus*									F
[82]	林白草菇	*Volvariella speciosa*	√								F
[83]	草菇	*Volvariella volvacea*	√	√	√	√				√	F
7.	白蘑科	Tricholomataceae									
[84]	褐褶边奥德蘑	*Oudemansiella brunneomarginata*	√								F
[85]	淡褐奥德蘑	*Oudemansiella canarii*	√		√	√		√			F
[86]	白环粘奥德蘑	*Oudemansiella mucida*	√		√	√		√		√	F
[87]	宽褶奥德蘑	*Oudemansiella platyphylla*	√	√	√	√					F

续表

序号	中文名	拉丁学名	食用菌		药用菌		毒菌	木腐菌	外生菌根菌	其他	资料来源
			食用菌	可驯化	药用	抗癌					
[88]	绒奥德蘑	*Oudemansiella pudens*									F
[89]	长根奥德蘑	*Oudemansiella radicata*	√	√	√	√					F
[90]	白变长根奥德蘑	*Oudemansiella radicata* var. *alba*	√								S
[91]	鳞柄长根奥德蘑	*Oudemansiella radicata* var. *furfuracea*									F
[92]	紫蜡蘑	*Laccaria amethystea*	√		√	√					FS
[93]	双色蜡蘑	*Laccaria bicolor*	√						√		F
[94]	橘红蜡蘑	*Laccaria fraterna*	√								S
[95]	红蜡蘑	*Laccaria laccala*	√		√	√			√		F
[96]	条柄蜡蘑	*Laccaria proxima*	√		√	√			√		FS
[97]	深紫蜡蘑	*Laccaria purpuryro-badia*	√						√		FS
[98]	酒色蜡蘑	*Laccaria vinaceoavellanea*	√								S
[99]	沟纹小菇	*Mycena abramsii*									FS
[100]	褐小菇	*Mycena alcalina*			√	√					FS
[101]	弯柄小菇	*Mycena arcangeliana*									S
[102]	污黄小菇	*Mycena citronella*									S
[103]	黄柄小菇	*Mycena epipterygia*									F
[104]	盔盖小菇	*Mycena galericulata*	√		√	√		√			FS
[105]	红汁小菇	*Mycena haematopus*	√		√	√					FS
[106]	铅灰色小菇	*Mycena leptocephala*									F
[107]	白粉红褶小菇	*Mycena leucogata*	√								F
[108]	早生小菇	*Mycena praecox*									S
[109]	洁小菇	*Mycena pura*	√		√	√	√				F
[110]	巴西岸生小菇	*Ripartitella brasiliensis*									S
[111]	银灰口蘑	*Tricholoma argyreum*	√						√		F
[112]	油黄口蘑	*Tricholoma flavovirens*	√		√	√			√		FS
[113]	黄褐口蘑	*Tricholoma fulvum*	√						√		F
[114]	大白口蘑	*Tricholoma giganteum*	√	√					√		S
[115]	鳞盖口蘑	*Tricholoma imbricatum*	√						√		F
[116]	豹斑口蘑	*Tricholoma pardinum*	√	√					√		S
[117]	灰雕纹口蘑	*Tricholoma portentosum*	√		√	√			√		F
[118]	黄绿口蘑	*Tricholoma sejunctum*	√		√	√			√		S
[119]	皂味口蘑	*Tricholoma saponaceum*	√		√	√	√		√		F
[120]	多鳞口蘑	*Tricholoma squarrulosum*									S
[121]	亚凸顶口蘑	*Tricholoma subacutum*							√		S

续表

序号	中文名	拉丁学名	食用菌		药用菌		毒菌	木腐菌	外生菌根菌	其他	资料来源
			食用菌	可驯化	药用	抗癌					
[122]	硫磺色口蘑	*Tricholoma sulphureum*	√		√	√			√		S
[123]	棕灰口蘑	*Tricholoma terreum*	√						√		F
[124]	红鳞口蘑	*Tricholoma vaccinum*	√		√	√			√		F
[125]	凸顶口蘑	*Tricholoma virgatum*			√	√	√		√		S
[126]	淡红拟口蘑	*Tricholomopsis crocobapha*							√		S
[127]	竹林拟口蘑	*Tricholomopsis bambusina*			√	√	√	√			S
[128]	黄拟口蘑	*Tricholomopsis decora*	√								S
[129]	黑鳞拟口蘑	*Tricholomopsis nigra*						√			F
[130]	小白亚脐菇	*Omphalia gracillima*									FS
[131]	毒杯伞	*Clitocybe cerussata*					√				F
[132]	条缘灰杯伞	*Clitocybe expallens*	√								F
[133]	肉色杯伞	*Clitocybe geotropa*	√		√	√	√				FS
[134]	深凹杯伞	*Clitocybe gibba*	√								F
[135]	污白杯伞	*Clitocybe houghtonii*									S
[136]	杯伞	*Clitocybe infundibuliformis*	√		√	√					F
[137]	白密褶杯伞	*Clitocybe lignatilis*	√					√			S
[138]	林地杯伞	*Clitocybe obsoleta*					√	√			S
[139]	赭杯伞	*Clitocybe sinopica*									F
[140]	褐黄杯伞	*Clitocybe xanthophylla*						√			S
[141]	簇生离褶伞	*Lyophyllum aggregatum*	√		√	√			√		F
[142]	荷叶离褶菌	*Lyophyllum decastes*	√	√							F
[143]	暗褐离褶伞	*Lyophyllum loricatum*	√								S
[144]	短柄铦囊蘑	*Melanoleuca brevipes*	√								F
[145]	钟形铦囊蘑	*Melanoleuca exscissa*	√								F
[146]	草生铦囊菌	*Melanoleuca graminicola*	√								S
[147]	条柄铦囊蘑	*Melanoleuca grammnopodia*	√								F
[148]	直柄铦囊蘑	*Melanoleuca paedida*	√								F
[149]	赭褐铦囊菌	*Melanoleuca stridula*	√								S
[150]	堆金钱菌	*Collybia acervata*	√								FS
[151]	乳酪金钱菌	*Collybia butyracea*	√								F
[152]	董紫金钱菌	*Collybia inocephala*									S
[153]	斑金钱菌	*Collybia maculata*	√								F
[154]	暗褐盖金钱菌	*Collybia meridana*						√			S
[155]	靴状金钱菌	*Collybia peronata*	√								F
[156]	脉褶菌	*Campanella junhhuhnii*									F

续表

序号	中文名	拉丁学名	食用菌		药用菌		毒菌	木腐菌	外生菌根菌	其他	资料来源
			食用菌	可驯化	药用	抗癌					
[157]	纯白微皮伞	*Marasmiellus candidus*									F
[158]	白黄微皮伞	*Marasmiellus coilobasis*									S
[159]	黑柄微皮伞	*Marasmiellus nigripes*									F
[160]	枝生微皮伞	*Marasmiellus ramealis*	√		√	√					FS
[161]	安络皮伞	*Marasmius androsaceus*	√	√	√	√					F
[162]	绒柄小皮伞	*Marasmius confluens*	√								FS
[163]	马鬃小皮伞	*Marasmius crinisequi*									F
[164]	栎小皮伞	*Marasmius dryophilus*	√								S
[165]	硬刺小皮伞	*Marasmius echinatulus*	√		√	√					S
[166]	叶生皮伞	*Marasmius epiphyllus*									F
[167]	马尾小皮伞	*Marasmius graminum*									F
[168]	大盖小皮伞	*Marasmius maximus*	√								S
[169]	雪白小皮伞	*Marasmius niveus*									S
[170]	硬柄小皮伞	*Marasmius oreades*	√		√	√					F
[171]	盾状小皮伞	*Marasmius pernatus*	√								F
[172]	褐红小皮伞	*Marasmius pulcherripes*									F
[173]	琥珀小皮伞	*Marasmius siccus*									F
[174]	白香蘑	*Lepista caespitosa*	√								S
[175]	灰紫香蘑	*Lepista glaucana*	√								F
[176]	粉紫香蘑	*Lepista lusicna*	√						√		F
[177]	紫丁香蘑	*Lepista nuda*	√	√	√	√				√	F
[178]	红褐小蜜环菌	*Armillariella polymyces*	√								F
[179]	假蜜环菌	*Armillariella tabescens*	√	√	√	√		√			FS
[180]	蜜环菌	*Armillaria mellea*	√	√	√	√		√	√		F
[181]	橘黄环菌	*Armillaria aurantia*	√		√						F
[182]	金针菇	*Flammulina velutipes*	√	√	√	√		√			S
[183]	白金针菇	*Flammulina velutipes* var. *velutipes*	√	√	√	√		√			S
[184]	绒松果伞	*Strobilurus tenacellus*	√					√			S
[185]	纯白桩菇	*Leucopaxillus albissimus*	√								S
[186]	大白桩菇	*Leucopaxillus giganteus*	√							√	F
[187]	尖盾白蚁伞	*Termitomyces clypentus*	√							√	F
[188]	中型白蚁伞	*Termitomyces medius*	√							√	S
[189]	裂纹白蚁伞	*Termitomyces schimperi*	√							√	F
[190]	端圆白蚁伞	*Termitomyces tyleranus*	√							√	F
[191]	金黄丽蘑	*Calocybe chrysenteron*						√			S

续表

序号	中文名	拉丁学名	食用菌		药用菌		毒菌	木腐菌	外生菌根菌	其他	资料来源
			食用菌	可驯化	药用	抗癌					
[192]	淡土黄丽蘑	*Calocybe carnea*						√			S
[193]	小橙伞	*Cyptotrama aspratum*					√				F
[194]	金黄鳞盖伞	*Cyptotrama chaysopelum*					√				F
[195]	黄褐色孢菌	*Callistosporium luteoliraceum*						√			S
[196]	假灰杯伞	*Pseudoclitocybe cyathiformis*	√								F
8.	蘑菇科	Agaricaceae									
[197]	球基蘑菇	*Agaricus aburptibulbus*	√								S
[198]	夏生蘑菇	*Agaricus aestivalis*	√								S
[199]	大紫蘑菇	*Agaricus auqustus*	√	√	√	√					F
[200]	双环蘑菇	*Agaricus bitorquis*	√	√	√	√					F
[201]	褐鳞蘑菇	*Agaricus crocopeplus*	√								F
[202]	美味蘑菇	*Agaricus edulis*	√								S
[203]	假环柄蘑菇	*Agaricus lepiotiformis*									F
[204]	双环林地菇	*Agaricus placomyces*	√		√	√	√				F
[205]	草地蘑菇	*Agaricus pratensis*	√								F
[206]	白林地蘑菇	*Agaricus silvicola*	√								F
[207]	赭鳞蘑菇	*Agaricus subrufescens*	√		√	√					F
[208]	金盖鳞伞	*Phaeolepiota aurea*	√		√	√	√		√		F
[209]	锐鳞环柄菇	*Lepiota acutesquamosa*	√								F
[210]	黑顶环柄菇	*Lepiota atrodosca*									F
[211]	褐顶环柄菇	*Lepiota pramineus*	√								FS
[212]	近肉红环柄菇	*Lepiota subincarnata*					√				S
[213]	红色白环菇	*Leucoagaricus rubrotinctus*									F
9.	鬼伞科	Coprinaceae									
[214]	墨汁鬼伞	*Coprinus atramentarius*	√		√	√	√		√	√	FS
[215]	灰盖鬼伞	*Coprinus cinereus*	√								F
[216]	毛头鬼伞	*Coprinus comatus*	√	√	√	√	√				FS
[217]	绒白鬼伞	*Coprinus lagopus*			√	√					F
[218]	射纹鬼伞	*Coprinus leiocephalus*							√	√	FS
[219]	晶粒鬼伞	*Coprinus micaceus*	√		√	√	√			√	FS
[220]	雪白鬼伞	*Coprinus niveus*									F
[221]	小孢毛鬼伞	*Coprinus ovatus*	√	√							F
[222]	辐毛鬼伞	*Coprinus radians*	√		√	√					S
[223]	小射纹鬼伞	*Coprinus patouillardi*						√			F
[224]	褶纹鬼伞	*Coprinus plicatilis*	√		√	√					F

序号	中文名	拉丁学名	食用菌		药用菌		毒菌	木腐菌	外生菌根菌	其他	资料来源
			食用菌	可驯化	药用	抗癌					
[225]	草地小脆柄菇	*Psathyrella campestris*									S
[226]	白黄小脆柄菇	*Psathyrella candolleana*	√								S
[227]	橙褐小脆柄菇	*Psathyrella caudata*									S
[228]	褐白小脆柄菇	*Psathyrella gracilis*						√			S
[229]	小脆柄菇	*Psathyrella hydrophila*	√								F
[230]	乳褐小脆柄菇	*Psathyrella lactobrunnescens*						√			S
[231]	花盖小脆柄菇	*Psathyrella multipedata*						√			S
[232]	杂色小脆柄菇	*Psathyrella multissima*						√			S
[233]	钝小脆柄菇	*Psathyrella obtusata*									S
[234]	毡毛小脆柄菇	*Psathyrella velutina*	√								S
[235]	小假鬼伞	*Pseudocoprinus disseminatus*	√								S
[236]	钟形花褶伞	*Panaeolus vampanulatus*					√				F
[237]	粪生花褶伞	*Panaeolus fimicola*					√				FS
[238]	黄褐花褶伞	*Panaeolus foenisecii*					√				S
[239]	花褶伞	*Panaeolus retirugis*					√				FS
[240]	紧缩花褶菇	*Panaeolus sphinctrinus*					√				S
[241]	褐红花褶伞	*Panaeolus subbalteatus*					√				S
[242]	半卵形斑褶菇	*Anellaria semiovata*					√				S
[243]	薄边花边伞	*Hypholoma appendiculatum*					√				F
10.	粪锈伞科	Bolbitiaceae									
[244]	粪锈伞	*Bolbitius vitellinus*					√				F
[245]	云南粪锈伞	*Bolbitius yunnanesis*					√	√			F
[246]	小脆锥盖伞	*Conocybe fragilis*									S
[247]	石灰锥盖伞	*Conocybe siliginea*									F
[248]	柔弱锥盖伞	*Conocybe tenera*									F
[249]	硬田头菇	*Agrocybe dura*	√		√						F
[250]	田头菇	*Agrocybe praecox*	√	√	√	√					F
11.	球盖菇科	Strophariaceae									
[251]	褐光盖伞	*Psilocybe argentipes*					√				S
[252]	浅赭色球盖菇	*Stropharia hornemanni*	√					√			S
[253]	砖红韧伞	*Naematoloma sublateritum*	√	√	√	√					F
[254]	黄伞	*Pholiota adiposa*	√	√	√	√					F
[255]	地生环锈伞	*Pholiota highandensis*	√								F
[256]	翘鳞环锈伞	*Pholiota squarrosa*	√		√	√	√				F
12.	丝膜菌科	Cortinariaceae									

续表

序号	中文名	拉丁学名	食用菌		药用菌		毒菌	木腐菌	外生菌根菌	其他	资料来源
			食用菌	可驯化	药用	抗癌					
[257]	橙黄丝膜菌	*Cortinarius aurantiofulvus*	√								F
[258]	蓝丝膜菌	*Cortinarius caerulescens*	√						√		F
[259]	托柄丝膜菌	*Cortinarius callochrous*	√						√		F
[260]	黄棕丝膜菌	*Cortinarius cinnamomeus*	√		√	√			√		S
[261]	粘柄丝膜菌	*Cortinarius collinutus*	√						√		F
[262]	草黄丝膜菌	*Cortinarius colymbadinus*									F
[263]	土褐丝膜菌	*Cortinarius croceofolius*							√		F
[264]	黄花丝膜菌	*Cortinarius crocolitus*							√		F
[265]	白丝膜菌	*Cortinarius hinnuleus*							√		F
[266]	较高丝膜菌	*Cortinarius elatior*	√		√	√			√		F
[267]	雅致丝膜菌	*Cortinarius elegantior*	√						√		F
[268]	棕褐丝膜菌	*Cortinarius infractus*							√		F
[269]	锦葵丝膜菌	*Cortinarius malachius*							√		F
[270]	米黄丝膜菌	*Cortinarius multiformis*	√						√		F
[271]	紫丝膜菌	*Cortinarius purpurascens*	√						√		F
[272]	大淡紫丝膜菌	*Cortinarius traganus*							√		F
[273]	紫绒丝膜菌	*Cortinarius violaceus*	√		√	√			√		F
[274]	星孢丝盖伞	*Inocybe asterospora*					√		√		F
[275]	翘鳞丝盖伞	*Inocybe calamistrata*					√				F
[276]	黄丝盖伞	*Inocybe fastigiata*					√		√		F
[277]	黄褐丝盖伞	*Inocybe flavobrunnea*					√		√		F
[278]	红褐丝盖伞	*Inocybe friesii*					√		√		F
[279]	暗毛丝盖伞	*Inocybe lacera*					√				S
[280]	姜黄丝盖伞	*Inocybe lutea*									F
[281]	皱盖罗鳞伞	*Rozites caperata*	√		√	√			√		F
[282]	紫皱盖罗鳞伞	*Rozites emodensis*	√						√		F
[283]	橘黄裸伞	*Gymnopilus Spectabilis*			√	√			√		F
13.	粉褶菌科	Schizophyllaceae									
[284]	黄肉色粉褶菌	*Entoloma flavocerinus*									S
[285]	脆柄粉褶菌	*Entoloma fragilipes*									S
[286]	黑紫粉褶菌	*Rhodophyllus ater*			√	√					S
[287]	黄色赤褶菌	*Rhodophyllus murraii*			√	√					F
[288]	赭红赤褶菌	*Rhodophyllus quadratus*			√	√					F
[289]	锥盖粉褶菌	*Rhodophyllus turbidus*	√								S
14.	桩菇科	Paxillaceae									

序号	中文名	拉丁学名	食用菌		药用菌		毒菌	木腐菌	外生菌根菌	其他	资料来源
			食用菌	可驯化	药用	抗癌					
[290]	黑毛桩菇	*Paxillus atrotomentosus*					√	√		√	F
[291]	绒毛网褶菌	*Paxillus rubicunlus*					√				F
15.	铆钉菇科	Gomphidiaceae									
[292]	斑点铆钉菇	*Gomphidius maculatus*	√						√		F
[293]	红铆钉菇	*Gomphidius roseus*	√						√		FS
16.	松塔牛肝菌科	Strobilomycetaceae									
[294]	混淆松塔牛肝菌	*Strobilomyces confusis*	√						√		FS
[295]	绒松塔牛肝菌	*Strobilomyces floccopus*	√								F
[296]	锥鳞松塔牛肝菌	*Strobilomyces polypytamis*	√						√		F
[297]	半裸松塔牛肝菌	*Strobilomyces seminudus*	√						√		F
[298]	松塔牛肝菌	*Strobilomyces strobilaceus*	√						√		F
[299]	假造红孢牛肝菌	*Porphytrellus pseudoscabar*	√						√		F
17.	牛肝菌科	Boletaceae									
[300]	铜色牛肝菌	*Boletus aereus*	√						√		S
[301]	白牛肝菌	*Boletus albus*	√						√		F
[302]	金黄柄牛肝菌	*Boletus auripes*	√						√		F
[303]	褐盖牛肝菌	*Boletus brunneissimus*	√						√		F
[304]	美味牛肝菌	*Boletus edulis*	√		√	√			√		F
[305]	灰褐牛肝菌	*Boletus griseus*	√						√		F
[306]	红网牛肝菌	*Boletus luridus*	√						√		F
[307]	粗网牛肝菌	*Boletus ornatipes*	√						√		F
[308]	土褐牛肝菌	*Boletus pinopilus*	√						√		F
[309]	美网柄牛肝菌	*Boletus reticulatus*	√						√		S
[310]	网柄粉牛肝菌	*Boletus retipes*	√						√		S
[311]	美观小牛肝菌	*Boletus spectabilis*	√						√		S
[312]	林地牛肝菌	*Boletus sylvestris*	√						√		F
[313]	绒柄牛肝菌	*Boletus tamentipes*	√						√		F
[314]	污褐牛肝菌	*Boletus variipes*	√						√		F
[315]	黑鳞疣柄牛肝菌	*Leccinum atrostipiatum*	√						√		F
[316]	橙黄疣柄牛肝	*Leccinum aurantiacum*	√						√		F
[317]	红疣柄牛肝菌	*Leccinum chromapes*	√						√		F

序号	中文名	拉丁学名	食用菌		药用菌		毒菌	木腐菌	外生菌根菌	其他	资料来源
			食用菌	可驯化	药用	抗癌					
[318]	裂皮疣柄牛肝菌	*Leccinum extrioemirientale*	√						√		S
[319]	灰疣柄牛肝菌	*Leccinum griseum*	√						√		F
[320]	污白疣柄牛肝菌	*Leccinum holopus*	√						√		F
[321]	皱盖疣柄牛肝菌	*Leccinum rugosicepes*	√						√		F
[322]	栎疣柄牛肝菌	*Leccinum quercinum*	√						√		S
[323]	褐疣柄牛肝	*Leccinum scabrum*	√						√		F
[324]	褐疣牛肝菌	*Leccinum scabrum*	√						√		F
[325]	褐环粘盖牛肝菌	*Suillus luteus*	√		√	√			√		F
[326]	亚金黄粘盖牛肝菌	*Suillus subaureus*	√						√		F
[327]	虎皮粘盖牛肝菌	*Suillus pictus*	√		√	√			√		S
[328]	凤梨条孢牛肝菌	*Boletellus ananas*					√				F
[329]	木生条孢牛肝菌	*Boletellus emodensis*	√								S
[330]	美丽褶孔牛肝菌	*Phylloporus bellus*	√								S
[331]	褶孔牛肝菌	*Phylloporus rhodoxanthus*	√						√		F
[332]	黄粉牛肝菌	*Pulveroboletus ravenelii*						√	√		S
[333]	红管粉牛肝菌	*Pulveroboletus amarellus*	√						√		F
[334]	苦粉孢牛肝菌	*Tylopilus felleus*	√						√		S
[335]	黑盖粉孢牛肝菌	*Tylopilus alboater*	√						√		S
[336]	红盖粉孢牛肝菌	*Tylopilus roseolus*	√						√		S
[337]	细绒盖牛肝菌	*Xerocomus parvulus*	√						√		S
[338]	长孢绒盖牛肝菌	*Xerocomus rugosellus*	√						√		S
[339]	云绒盖牛肝菌	*Xerocomus versicolor*	√						√		S
[340]	淡棕绒盖牛肝菌	*Xerocomus alutaceus*	√						√		S
[341]	松林小牛肝菌	*Boletinus pinetorum*	√						√		F
[342]	紫褐圆孢牛肝菌	*Gytoporus purpurinus*	√						√		F
[343]	栗金孢牛肝菌	*Xanthoconiun affine*	√						√		F

序号	中文名	拉丁学名	食用菌		药用菌		毒菌	木腐菌	外生菌根菌	其他	资料来源
			食用菌	可驯化	药用	抗癌					
18.	红菇科	Russulaceae									
[344]	冷杉红菇	*Russula abietian*	✓						✓		F
[345]	烟色红菇	*Russula adusta*	✓		✓	✓			✓		S
[346]	铜绿红菇	*Russula aeruginea*					✓		✓		F
[347]	大红菇	*Russula alutaceae*	✓		✓	✓			✓		FS
[348]	平滑红菇	*Russula aquosa*							✓		S
[349]	黑紫红菇	*Russula atropurpurea*	✓						✓		F
[350]	黄斑红菇	*Russula aurata*	✓		✓	✓			✓		F
[351]	葡紫红菇	*Russula azurea*	✓						✓		S
[352]	矮狮红菇	*Russula chamaeleontina*							✓		S
[353]	黄斑绿菇	*Russula crustosa*	✓		✓	✓			✓		S
[354]	梨红菇	*Russula cyanoxantha*	✓		✓				✓		S
[355]	褐色红菇	*Russula decolorans*	✓						✓		F
[356]	大白菇	*Russula delica*	✓		✓	✓			✓		F
[357]	红柄红菇	*Russula erythropus*	✓						✓		S
[358]	姜黄红菇	*Russula flavida*							✓		S
[359]	臭黄菇	*Russula foetens*			✓	✓	✓		✓		F
[360]	乳白绿菇	*Russula galochroa*	✓						✓		S
[361]	叶绿红菇	*Russula heterophylla*	✓						✓		F
[362]	全缘红菇	*Russula integra*	✓		✓				✓		F
[363]	白菇	*Russula lactea*	✓						✓		S
[364]	拟臭黄菇	*Russula laurocerasi*			✓	✓	✓		✓		S
[365]	红菇	*Russula lepida*	✓		✓	✓			✓		F
[366]	较小红菇	*Russula minutus*									S
[367]	稀褶黑菇	*Russula nigricans*	✓		✓	✓	✓		✓		S
[368]	青黄红菇	*Russula olivacea*	✓						✓		S
[369]	紫绒红菇	*Russula omiensis*							✓		S
[370]	沼泽红菇	*Russula paludos*	✓						✓		S
[371]	青灰红菇	*Russula patazurea*	✓						✓		S
[372]	拟篦边红菇	*Russula pectinatoides*	✓						✓		S
[373]	紫薇红菇	*Russula puellaris*	✓						✓		S
[374]	玫瑰红菇	*Russula rosacea*	✓						✓		S
[375]	红色红菇	*Russula rosea*	✓						✓		F
[376]	大朱红菇	*Russula rubra*	✓						✓		F
[377]	血红菇	*Russula sanguinea*	✓		✓	✓			✓		S

续表

序号	中文名	拉丁学名	食用菌	可驯化	药用	抗癌	毒菌	木腐菌	外生菌根菌	其他	资料来源
[378]	点柄臭红菇	*Russula senecis*					√				F
[379]	粉红菇	*Russula subdepallens*	√						√		S
[380]	菱红菇	*Russula vesca*	√		√	√			√		S
[381]	红菇	*Russula vinosa*	√		√				√		S
[382]	菫紫红菇	*Russula violacea*	√						√		F
[383]	绿菇	*Russula virescens*	√		√	√			√		S
[384]	浅橙红乳菇	*Lactarius akahatsu*	√						√		S
[385]	香乳菇	*Lactarius camphoratum*	√		√	√			√		F
[386]	白杨乳菇	*Lactarius controversus*	√						√		F
[387]	皱盖乳菇	*Lactarius corrugis*	√						√	√	F
[388]	松乳菇	*Lactarius deliciosus*	√						√		FS
[389]	甜味乳菇	*Lactarius glyciosmus*	√						√		F
[390]	苦乳菇	*Lactarius hysginus*					√				F
[391]	无味乳菇	*Lactarius insulsus*	√						√		F
[392]	细质乳菇	*Lactarius mitissimus*	√						√		F
[393]	橄榄褐乳菇	*Lactarius necator*	√						√		F
[394]	苍白乳菇	*Lactarius pallidus*	√		√	√			√		F
[395]	黑乳菇	*Lactarius picinus*	√						√		F
[396]	白乳菇	*Lactarius piperatus*	√		√	√			√	√	F
[397]	绒边乳菇	*Lactarius pubescens*					√		√		F
[398]	红褐乳菇	*Lactarius rufus*					√		√	√	F
[399]	血红乳菇	*Lactarius sanguifluus*	√						√		F
[400]	窝柄黄乳菇	*Lactarius scrobiculatus*					√		√		F
[401]	微甜乳菇	*Lactarius subdulcis*			√	√			√		F
[402]	亚绒白乳菇	*Lactarius subvellerreus*			√	√			√		F
[403]	毛头乳菇	*Lactarius torminosus*					√				FS
[404]	潮湿乳菇	*Lactarius uvidus*					√		√	√	F
[405]	多汁乳菇	*Lactarius volemus*									S
(二)	非褶菌目	Aphyllophorales									
19.	鸡油菌科	Cantharellaceae									
[406]	金色鸡油菌	*Cantharellus aurantiacus*	√								S
[407]	鸡油菌	*Cantharellus cibarius*	√		√	√			√		F
[408]	灰褐鸡油菌	*Cantharellus cinereus*	√						√		F
[409]	漏斗鸡油菌	*Cantharellus infundibuliformis*	√						√		F
[410]	小鸡油菌	*Cantharellus minor*	√		√	√			√	√	F

序号	中文名	拉丁学名	食用菌		药用菌		毒菌	木腐菌	外生菌根菌	其他	资料来源
			食用菌	可驯化	药用	抗癌					
[411]	白鸡油菌	*Cantharellus subalbidus*	√						√		F
[412]	疣孢鸡油菌	*Cantharellus tuberculosporus*	√						√		F
[413]	云南鸡油菌	*Cantharellus yunnanensis*	√						√		S
[414]	金黄喇叭菌	*Craterellus aureus*	√						√		F
[415]	灰喇叭菌	*Craterellus cornucopioides*	√						√		F
20.	陀螺菌科	Gomphaceae									
[416]	地陀螺菌	*Gomphus clavatus*	√						√		F
[417]	喇叭陀螺菌	*Gomphus floccosus*	√				√		√		FS
[418]	紫陀螺菌	*Gomphus purpuraceus*	√						√		F
[419]	叶状耳盘菌	*Cordierites frondosa*									S
21.	珊瑚菌科	Clavariaceae									
[420]	平截棒瑚菌	*Clavariadelphus trucatus*	√								F
[421]	虫形珊瑚菌	*Clavaria vermicularis*	√								F
[422]	菫紫珊瑚菌	*Clavaria zollingeri*	√		√				√		S
[423]	黄珊瑚菌	*Clavulinopsis corniculata*	√								F
[424]	红拟锁瑚菌	*Clavulinopsis miyabeana*	√								F
[425]	白须瑚菌	*Pterula multifida*									S
22.	枝瑚菌科	Ramriaceae									
[426]	尖顶枝瑚菌	*Ramria apiculata*	√								F
[427]	金黄枝瑚菌	*Ramria aurea*	√		√	√	√				F
[428]	红顶枝瑚菌	*Ramria botrytoides*	√								F
[429]	小孢白枝瑚菌	*Ramaria flaccide*						√			S
[430]	细顶枝瑚菌	*Ramaria gracllic*	√								F
[431]	淡红枝瑚菌	*Ramaria hemiruella*	√								F
[432]	紫丁香枝瑚菌	*Ramaria mairei*	√								F
[433]	米黄枝瑚菌	*Ramaria obtusissima*	√		√						S
[434]	变绿枝瑚菌	*Ramaria ochraceo-virens*	√								F
[435]	偏白枝瑚菌	*Ramaria secunda*	√								F
[436]	白枝瑚菌	*Ramaria seusisa*	√								F
[437]	密枝瑚菌	*Ramaria stricuta*	√								F
23.	杯瑚菌科	Clavicoronaceae									
[438]	杯瑚菌	*Clavicorona pyxidata*	√								S
24.	伏革菌科	Corticiaceae									
[439]	蓝色伏革菌	*Corticium caeruleum*						√			S
[440]	皱褶革菌	*Plicatura crispa*						√			FS

续表

序号	中文名	拉丁学名	食用菌		药用菌		毒菌	木腐菌	外生菌根菌	其他	资料来源
			食用菌	可驯化	药用	抗癌					
25.	韧革菌科	Stereaceae									
[441]	厚血韧革菌	*Stereum australe*						√			F
[442]	扁韧革菌	*Stereum fasciatum*						√			F
[443]	丛片韧革菌	*Stereum frustulosum*			√	√		√			S
[444]	烟色韧革菌	*Stereum gausapatum*			√	√		√			F
[445]	粗毛韧革菌	*Stereum hirsutum*						√			F
[446]	大韧革菌	*Stereum princeps*						√			S
[447]	金丝韧革菌	*Stereum spectabilis*						√			F
[448]	硬荀革菌	*Stereum subpieata*			√	√		√			F
[449]	槽荀革菌	*Stereum sulcata*						√			F
[450]	褐盖韧革菌	*Stereum vibrans*						√			F
[451]	伯特拟韧革菌	*Stereopsis burtianum*						√			S
[452]	浅色拟韧革菌	*Stereopsis diaphanum*						√			F
[453]	平伏刷革菌	*Xylobolus annosum*						√			F
26.	革菌科	Thelephoraceae									
[454]	头花革菌	*Thelephora anthocephala*									S
[455]	橙黄革菌	*Thelephora aurantiotincta*	√								S
[456]	掌状革菌	*Thelephora palmata*								√	F
[457]	串珠盘革菌	*Aleurodiscus amorphous*									F
27.	齿菌科	Hydnaceae									
[458]	红汁栓齿菌	*Calodon ferrugineum*	√						√		F
[459]	蓝柄丽齿菌	*Calodon suaveolens*									FS
[460]	环纹丽齿菌	*Calodon zonatus*	√						√		F
[461]	变红齿菌	*Hydnum refescens*	√						√		F
[462]	美味齿菌	*Hydnum repandum*	√						√		S
[463]	白齿菌	*Hydnum repandum*	√						√		F
[464]	赭黄齿菌	*Stecherinum ochracum*	√						√		F
[465]	褐白肉齿菌	*Sarcodon funigineo-albus*	√						√		F
[466]	翘鳞肉齿菌	*Sarcodon imbricatus*	√		√	√			√		F
[467]	长刺白齿耳菌	*Steccherinum pergameneum*	√						√		F
28.	耳匙菌科	Auriscalpiaceae									
[468]	耳匙菌	*Auriscalpium vulgare*						√			F
29.	猴头菌科	Hericiaceae									
[469]	高山猴头菌	*Hericium alpestre*	√		√	√			√		F
[470]	珊瑚状猴头菌	*Hericium coralloides*	√	√	√				√		F

续表

序号	中文名	拉丁学名	食用菌		药用菌		毒菌	木腐菌	外生菌根菌	其他	资料来源
			食用菌	可驯化	药用	抗癌					
[471]	猴头菌	*Hericium erinaceus*	√	√	√	√		√			FS
30.	多孔菌科	Polyporaceae									
[472]	黄褐多孔菌	*Polyporus badius*							√		S
[473]	小褐多孔菌	*Polyporus blanchetianus*						√			F
[474]	波缘多孔菌	*Polyporus confluens*						√			F
[475]	黄多孔菌	*Polyporus elegans*			√						S
[476]	射纹多孔菌	*Polyporus grammocephalus*						√			F
[477]	黑柄多孔菌	*Polyporus melanopus*			√	√		√			FS
[478]	青杯多孔菌	*Polyporus picipes*						√			F
[479]	珠鸡斑云芝	*Polystictus meleagris*						√			S
[480]	黄薄芝	*Polystictus membranaceus*						√			S
[481]	黑薄芝	*Polystictus microloma*						√			S
[482]	污白干酪菌	*Tyromyces amygdalinus*						√			S
[483]	薄白干酪菌	*Tyromyces chioneus*						√			F
[484]	绒盖干酪菌	*Tyromyces pubescens*			√	√		√			S
[485]	硫磺干酪菌	*Tyromyces sulphureus*	√	√	√	√		√			F
[486]	朱红栓菌	*Trametes cinnabarina*		√		√		√			F
[487]	皱褶栓菌	*Trametes corrugata*			√			√			S
[488]	偏肿栓菌	*Trametes gibbosa*			√	√		√			F
[489]	草野栓菌	*Trametes kusanoana*						√			S
[490]	乳白栓菌	*Trametes lactinea*						√			S
[491]	褐带栓菌	*Trametes meyenii*						√			F
[492]	东方栓菌	*Trametes orientalis*			√	√		√			F
[493]	香栓菌	*Trametes suaveloens*						√			S
[494]	毛栓菌	*Trametes trogii*						√			S
[495]	二型云芝	*Coriolus biformis*			√	√		√			F
[496]	鲑贝芝	*Coriolus consors*			√	√		√			F
[497]	毛云芝	*Coriolus hirsutus*			√	√		√			FS
[498]	单色云芝	*Coriolus unicolor*			√	√		√			F
[499]	云芝	*Coriolus versicolor*		√	√	√		√			FS
[500]	灰盖褶孔菌	*Lenzites acuta*						√			S
[501]	桦革褐菌	*Lenzites betulina*			√	√	√	√			F
[502]	桦剥管菌	*Piptoporus betulinus*	√			√		√			F
[503]	隐孔菌	*Cyptoporus volvatus*			√	√					F
[504]	篱边粘褶菌	*Gloephyllum saepiarium*			√	√		√			F

续表

序号	中文名	拉丁学名	食用菌		药用菌		毒菌	木腐菌	外生菌根菌	其他	资料来源
			食用菌	可驯化	药用	抗癌					
[505]	薄条纹粘褶菌	*Gloephyllum striatum*						✓			F
[506]	密粘褶菌	*Gloephyllum trabeum*			✓	✓		✓			F
[507]	大孔菌	*Favolus alveolaris*			✓	✓		✓			S
[508]	漏斗大孔菌	*Favolus arcularius*	✓		✓	✓		✓			F
[509]	光盖大孔菌	*Favolus mollis*						✓			F
[510]	匙形棱孔菌	*Favolus spathulatus*						✓			F
[511]	宽鳞大孔菌	*Favolus squamosus*	✓		✓	✓		✓			FS
[512]	冷杉囊孔菌	*Hirschioporus abietinus*			✓	✓		✓			F
[513]	褐紫囊孔菌	*Hirschioporus fusco-violaceus*			✓	✓		✓			S
[514]	北方顶囊孔菌	*Climacocystis borealis*			✓	✓		✓			S
[515]	硬皮褐层孔菌	*Fomes adamantinus*			✓			✓			S
[516]	哈尔蒂木层孔菌	*Fometopsis hartigii*			✓	✓		✓			F
[517]	木蹄层孔菌	*Fometopsis fomentarius*			✓	✓		✓			FS
[518]	红缘拟层孔菌	*Fometopsis pinicola*			✓	✓		✓			FS
[519]	红肉拟层孔菌	*Fometopsis rosea*			✓	✓		✓			F
[520]	亚红缘拟层孔菌	*Fometopsis rufolaccatus*						✓			F
[521]	黑层孔菌	*Nigrofomes melanoporus*						✓			S
[522]	薄黑孔菌	*Nigroporus vinosus*			✓	✓		✓			S
[523]	厚贝木层孔菌	*Phellinus densus*									F
[524]	淡黄木层孔菌	*Phellinus gilvus*			✓	✓		✓			S
[525]	黑盖木层孔菌	*Phellinus nigricans*			✓			✓			FS
[526]	松木层孔菌	*Phellinus pini*			✓	✓		✓			F
[527]	缝裂木层孔菌	*Phellinus rimosus*			✓	✓		✓			S
[528]	裂孔平伏菌	*Poria versipora*						✓			S
[529]	白迷孔菌	*Daedalea aibida*			✓	✓		✓			S
[530]	肉色迷孔菌	*Daedalea dickinsii*			✓	✓		✓			S
[531]	茶色迷孔菌	*Daedaleopsis confragosa*						✓			S
[532]	三色迷孔菌	*Daedaleopsistricolor*						✓			F
[533]	紫苇拟迷孔菌	*Daedaleopsis purpurea*						✓			S
[534]	红拟迷孔菌	*Daedaleopsis rubescens*						✓			S
[535]	毛峰窝菌	*Hexagonia apiaria*						✓			S
[536]	多毛蜂窝菌	*Hexagonia hirta*						✓			S
[537]	亚蜂窝菌	*Hexagonia subtenuis*						✓			S
[538]	薄蜂窝菌	*Hexagonia tenius*						✓			F

续表

序号	中文名	拉丁学名	食用菌	可驯化	药用	抗癌	毒菌	木腐菌	外生菌根菌	其他	资料来源
[539]	粗毛黄褐孔菌	*Xanthochrous hispidus*						√			S
[540]	厚纤孔菌	*Inonotus dryadeus*						√			S
[541]	桦褐孔菌	*Inonotus obliquus*						√			S
[542]	乳白稀管菌	*Oligoporus tephroleucus*						√			S
[543]	肉桂色集毛菌	*Coltricia cinnamome*						√			F
[544]	铔孔菌	*Coltricia perennis*							√		S
[545]	硫磺菌	*Laetiporus sulphureus*	√		√	√		√			S
[546]	白锐孔菌	*Oxyporus cuneatus*						√			S
[547]	紫胶孔菌	*Gloeoporus dichrous*						√			S
[548]	皱皮孔菌	*Ischnoderma resinosum*						√			S
[549]	海绵皮孔菌	*Spongipellis spumeus*						√			S
[550]	白黑拟牛肝多孔菌	*Boletopsis leucomelas*						√			S
[551]	小亚孔菌	*Dictyopanus pusillus*						√			
[552]	二年残孔菌	*Abortiporus bienni*						√			F
[553]	褐栓地花	*Albatrellus pes-caprae*						√			F
[554]	洁粉孢菌	*Amylosporus campbellii*						√			F
[555]	黑管菌	*Bjerkandera adusta*						√			F
[556]	灰树花	*Grifola frondosa*	√		√	√					F
[557]	猪苓	*Grifola umbellata*	√		√	√					F
[558]	皱孔菌	*Ischnoderma resinosum*						√			F
[559]	褐红小孔菌	*Microporus affinis*									F
[560]	桦剥管菌	*Piptoporus betulinus*						√			F
[561]	褐拟多孔菌	*Polyporellus badius*						√			F
[562]	绯红迷孔菌	*Pycnoporus coccineus*						√			F
31.	灵芝科	Ganodermataceae									
[563]	树舌灵芝	*Ganoderma applanatum*			√	√		√			S
[564]	弱光泽灵芝	*Ganoderma curtisis*						√			F
[565]	密环树舌灵芝	*Ganoderma densizonatum*						√			S
[566]	吊罗山树舌灵芝	*Ganoderma diaoluoshanese*			√	√		√			S
[567]	有柄树舌灵芝	*Ganoderma gibbosum*						√			F
[568]	白皮壳灵芝	*Ganoderma leucophacu*						√			F
[569]	黄边灵芝	*Ganoderma luteomarginatum*						√			S
[570]	层叠灵芝	*Ganoderma lobatum*			√			√			S
[571]	灵芝	*Ganoderma lucidum*	√		√	√				√	F

续表

序号	中文名	拉丁学名	食用菌		药用菌		毒菌	木腐菌	外生菌根菌	其他	资料来源
			食用菌	可驯化	药用	抗癌					
[572]	褐孔灵芝	*Ganoderma subtornatum*						✓			S
[573]	松杉灵芝	*Ganoderma tsugae*		✓	✓	✓		✓			
二	异担子菌纲	Heterobasidiomycetes									
(三)	木耳目	Auriculariales									
32.	木耳科	Auriculariaceae									
[574]	黑木耳	*Auricularia auricula*	✓	✓	✓	✓		✓			FS
[575]	盾形木耳	*Auricularia peltata*	✓	✓				✓			S
[576]	毛木耳	*Auricularia polytricha*	✓	✓				✓			F
33.	胶耳科	Exidiaceae									
[577]	虎掌刺银耳	*Pseudohydnum gelatinosum*	✓		✓	✓					FS
[578]	胶黑耳	*Exidia glandulosa*					✓	✓			S
[579]	焰耳	*Phogiotis helvelloises*	✓		✓	✓					FS
(四)	银耳目	Tremellales									
34.	银耳科	Tremellaceae									
[580]	金耳	*Tremella aurintialba*	✓	✓	✓	✓		✓			FS
[581]	橙耳	*Tremella cinnabarina*	✓		✓	✓					F
[582]	大锁银耳	*Tremella fabulifera*	✓		✓	✓					F
[583]	茶色银耳	*Tremella foliacea*	✓		✓	✓				✓	F
[584]	银耳	*Tremella fuciformis*	✓	✓	✓	✓					F
[585]	橙黄银耳	*Tremella lutescens*	✓		✓	✓					F
(五)	花耳目	Dacrymycetales									
35.	花耳科	Dacrymycetaceae									
[586]	胶角	*Calocera corne*	✓					✓		✓	F
[587]	掌状花耳	*Dacrymyces palmatus*	✓					✓		✓	F
[588]	桂花耳	*Guepinia spathularia*	✓					✓			FS
三	腹菌纲	Gasteromycetes									
(六)	鬼笔目	Phallaes									
36.	鬼笔科	Phallaceae									
[589]	重脉鬼笔	*Phallus costatus*	✓								F
[590]	红鬼笔	*Phallus rubicundu*			✓						F
[591]	细皱鬼笔	*Phallus rugulosu*					✓				F
[592]	细黄鬼笔	*Phallus tenuis*					✓				F
(七)	马勃目	Lycoperdales									
37.	地星科	Geastraceae									
[593]	粉红地星	*Geastrum rufescens*			✓						F

序号	中文名	拉丁学名	食用菌		药用菌		毒菌	木腐菌	外生菌根菌	其他	资料来源
			食用菌	可驯化	药用	抗癌					
[594]	袋形地星	*Geastrum saccatu*			√						F
[595]	尖顶地星	*Geastrum triplex*			√						F
[596]	小地星	*Geastrum minimum*									S
[597]	绒皮地星	*Geastrum velutinum*			√						F
38.	马勃科	Lycoperdaceae									
[598]	粒皮马勃	*Lycoperdon asperum*	√		√						F
[599]	长刺马勃	*Lycoperdon echinatum*	√		√						F
[600]	长柄秃马勃	*Lycoperdon excipuliformis*	√		√	√					F
[601]	褐皮马勃	*Lycoperdon fuseum*	√								S
[602]	白磷马勃	*Lycoperdon mammaeforme*	√		√						F
[603]	网纹马勃	*Lycoperdon perlatum*	√		√						F
[604]	小马勃	*Lycoperdon pusillum*			√						S
[605]	梨形马勃	*Lycoperdon pyriforme*	√		√						F
[606]	长柄梨形马勃	*Lycoperdon pyriforme*	√		√	√					FS
[607]	红马勃	*Lycoperdon subincarnatrm*	√								F
[608]	白刺马勃	*Lycoperdon wrightii*			√						F
[609]	头状马勃	*Calvtia craniiformis*	√		√				√		FS
[610]	草地横膜马勃	*Vascellum pratense*	√								S
(八)	硬皮地星目	Sclerodermatales									
39.	硬皮马勃科	Sclerodermataceae									
[611]	马勃状硬皮马勃	*Scleroderma areolatum*	√		√						F
[612]	大孢硬皮马勃	*Scleroderma bovista*	√		√				√		S
[613]	光硬皮马勃	*Scleroderma cepa*	√		√				√		S
[614]	橙黄硬皮马勃	*Scleroderma citrinum*	√		√						F
[615]	多根硬皮马勃	*Scleroderma polythizum*	√		√						F
[616]	疣硬皮马勃	*Scleroderma verrucosum*			√				√		S
(九)	美口菌目	Calostomatales									
40.	美口菌科	Calostomataceae									
[617]	小美口菌	*Calostoma miniata*								√	S
(十)	鸟巢菌目	Nidulariales									
41.	鸟巢菌科	Nidulariaceae									
[618]	粪生黑蛋巢	*Cyathus stercoreus*			√						F
[619]	白蛋巢菌	*Crucibulum vulgare*								√	F
	子囊菌亚门	Ascomycotina									

续表

序号	中文名	拉丁学名	食用菌		药用菌		毒菌	木腐菌	外生菌根菌	其他	资料来源
			食用菌	可驯化	药用	抗癌					
四	核菌纲	Pyenomycetes									
(十一)	麦角菌目	Clavicipitales									
42.	麦角菌科	Clavicipitaceae									
[620]	蛹虫草	*Cordyceps militaris*	√	√	√						F
[621]	垂头虫草	*Cordyceps nutans*			√						S
[622]	冬虫夏草	*Cordyceps sinensis*	√		√						F
[623]	蝉花	*Cordyceps solobifera*	√		√						S
[624]	亚黄蜂草	*Cordyceps oxycephala*	√		√						F
(十二)	肉座菌目	Hypocreales									
43.	肉座菌科	Hypocreaceae									
[625]	黄肉棒菌	*Podostroma alutaceum*			√						S
(十三)	炭角菌目	Xylariales									
44.	炭角菌科	Xylariaceae									
[626]	椹座炭角菌	*Xylaria anisopleur*									F
[627]	劈裂炭角菌	*Xylaria fissilis*						√			S
[628]	长柄炭角菌	*Xylaria longipes*						√			F
[629]	黑炭角菌	*Xylaria nigrescens*						√			F
[630]	黑柄炭角菌	*Xylaria nigrepes*	√								F
[631]	多型炭角菌	*Xylaria polymorpha*				√		√			F
[632]	土黄柄炭角菌	*Xylaria tabacina*						√			F
[633]	截头碳团菌	*Hypoxylon annulatum*						√		√	F
(十四)	球壳菌目	Sphaeriales									
45.	球壳菌科	Sphaeriaceae									
[634]	加州轮层碳球菌	*Daldinia californica*						√			F
[635]	碳球菌	*Daldinia concentrica*						√			FS
[636]	红棕炭球菌	*Hypoxylon rutium*						√			S
五	盘菌纲	Discomycetes									
(十五)	块菌目	Tuberales									
46.	块菌科	Tuberaceae									
[637]	中国块菌	*Tuber sinen*	√		√				√		F
(十六)	柔膜菌目	Helotiales									
47.	地舌科	Geoglossaceae									
[638]	肉质囊盘菌	*Ascocoryne sarcoides*							√		S
[639]	黄地锤菌	*Cudonia lutea*	√					√			FS

续表

序号	中文名	拉丁学名	食用菌	可驯化	药用	抗癌	毒菌	木腐菌	外生菌根菌	其他	资料来源
[640]	黄地匙菌	*Spathularia flavida*	√						√		
(十七)	盘菌目	Pezizales									
48.	盘菌科	Pezizaceae									
[641]	红毛盘菌	*Scutellinia scutellata*						√			FS
[642]	粪缘刺盘菌	*Cheilymenia coprinaria*									F
[643]	茎盘菌	*Peziza ampliata*									S
[644]	林地盘菌	*Peziza sylvestris*	√								F
[645]	泡质盘菌	*Peziza badia*	√				√				F
[646]	波缘盘菌	*Peziza repanda*	√								F
[647]	褐侧盘菌	*Otidea umbrina*	√								F
[648]	柠檬黄侧盘菌	*Otidea onotica*									S
[649]	黑皱盘菌	*Inonomimidotis fulvitingens*					√	√			S
[650]	雷那索氏盘菌	*Sowerbyella rhenana*									S
[651]	红白毛杯菌	*Sarcoscypha coccinea*	√								F
[652]	白色肉杯菌	*Sarcoscypha vassiljevae*									F
49.	肉盘菌科	Sarcosomataceae									
[653]	紫星裂盘菌	*Sarcosphaera corronaria*	√								F
50.	羊肚菌科	Morchhellaceae									
[654]	黑脉羊肚菌	*Morchella angusticeps*	√	√	√				√		F
[655]	尖顶羊肚菌	*Morchella conica*	√	√	√				√		F
[656]	粗腿羊肚菌	*Morchella crassipes*	√	√	√				√		F
[657]	小羊肚菌	*Morchella deliciosa*	√	√	√						F
[658]	羊肚菌	*Morchella esculenta*	√	√	√				√		F
[659]	宽圆羊肚菌	*Morchella rotunda*	√	√	√				√		F
[660]	半开羊肚菌	*Morchella semilibera*	√	√	√				√		F
[661]	圆维钟菌	*Verpa conica*					√				F
51.	马鞍菌科	Helvellaceae									
[662]	皱柄白马鞍菌	*Helvella crispa*	√								F
[663]	碗马鞍菌	*Helvella cupuliformis*									S
[664]	马鞍菌	*Helvella elastica*	√				√				F
[665]	小马鞍菌	*Helvella pezizoides*									F
[666]	褐鹿花菌	*Gyromitra fastigiata*					√				F
[667]	赭鹿花菌	*Gyromitra infula*					√				F

注："√"代表该菌的价值或特性；"F"代表该菌为首次科考采集种；"S"代表该菌为该次科考采集种；"FS"代表该菌为两次科考均采集到的种

第4章 蕨 类 植 物

目前，国内学者对蕨类植物的研究都建立在秦仁昌系统的基础上，主要集中在区系、孢子形态、细胞观察、资源调查、系统发育等方面，其中以区系研究最多。有关国内蕨类植物的地理演化、系统分类等方面的研究相对还较薄弱。

在野外调查获取第一手资料的基础上，本书对保护区蕨类植物的综合调查还参考了《四川植物志》及已公开发表的相关期刊论文。

4.1 蕨类植物区系组成

据调查，保护区内分布有蕨类植物 155 种（含种下分类阶元），按照秦仁昌系统可分为 30 科 63 属，分别占四川（含重庆）蕨类植物 41 科 120 属 708 种数的 73.17%、52.5%、21.89%，以及中国蕨类植物 52 科 204 属 2600 种的 57.69%、30.88%、5.96%。

4.1.1 科的分析

在保护区蕨类植物组成中，含 15 种以上的科共 3 科，即水龙骨科（Polypodiaceae）（属/种：8/22，下同）、蹄盖蕨科（Athyriaceae）（7/17）和鳞毛蕨科（Dryopteridaceae）（4/17）（表 4-1）。这 3 个科共有 19 属 56 种，分别占保护区总属数和总种数的 32.20% 和36.13%。水龙骨科以热带美洲和亚洲东南部为两大分布中心，其东南亚的分布中心为喜马拉雅至横断山区。蹄盖蕨科全世界约 20 属，是以北半球为主的广布科，集中分布在中国，在保护区内分布有 7 属。该科中的蹄盖蕨属（*Athyrium*）以中国西南为现代分布中心。鳞毛蕨科主产北半球温带及亚热带高山林下，在中国西南及喜马拉雅有较广泛分布。

表 4-1 唐家河自然保护区蕨类植物科及科内种的数量组成

科的类型（种数）	科数	占总科数/%	包含种数	占总种数/%
多种科（≥15）	3	10.00	56	36.13
中等类型科（6~14）	7	23.33	57	36.77
少种科（2~5）	10	33.33	32	20.65
单种科（1）	10	33.33	10	6.45
合计	30	100.00	155	100.00

保护区蕨类植物中，含 6~14 种的中等类型科共计有 7 科，所含种数达到 57 种，占保护区总科数和总种数的 23.33% 和 36.77%。这 7 科分别为：卷柏科（Selaginellaceae）（10 种）、木贼科（Equisetaceae）（6 种）、凤尾蕨科（Pteridaceae）（7 种）、中国蕨科（Sinopteridaceae)(9 种)、铁线蕨科(Adiantaceae)(7 种)、铁角蕨科(Aspleniaceae)(10 种)及金星蕨科(Thelypteridaceae)(8 种)。

保护区内含 2～5 种的少种科有 10 科,共计 32 种,分别占保护区总科数的 33.33% 和总种数的 20.65%。这些科包括石松科(Lycopodiaceae)(5 种)、阴地蕨科(Botrychiaceae)(2 种)、里白科(Gleicheniaceae)(2 种)、膜蕨科(Hymenophyllaceae)(5 种)、姬蕨科(Dennstaedtiaceae)(4 种)、陵齿蕨科(Lindsacaceae)(2 种)、裸子蕨科(Gymnogrammaceae)(4 种)、蕨科(Pteridiaceae)(2 种)、乌毛蕨科(Blechnaceae)(2 种)及球子蕨科(Onocleaceae)(2 种)。

只含 1 种的单种科共 10 科,分别为石杉科(Huperziaceae)、瓶尔小草科(Ophioglossaceae)、海金沙科(Lygodiaceae)、紫萁科(Osmundaceae)、篠蕨科(Oleandraceae)、书带蕨科(Vittariaceae)、肿足蕨科(Hypodematiaceae)、苹科(Marsileaceae)、满江红科(Azollaceae)和瘤足蕨科(Plagiogyriaceae)。

保护区蕨类植物单种科和少种科具有较高比例,而以水龙骨科、蹄盖蕨科、鳞毛蕨科、卷柏科和铁角蕨科等少数几个大、中型科在物种数量上占绝对优势,这表明保护区蕨类植物区系的大部分科内属、种较为贫乏。

4.1.2　属的分析

据统计,保护区含 5 种以上的属仅 6 属,依次为：耳蕨属(*Polystichum*)(9 种)、铁角蕨属(*Asplenium*)(9 种)、铁线蕨属(*Adiantum*)(7 种)、凤尾蕨属(*Pteris*)(7 种)、瓦韦属(*Lepisorus*)(6 种)及蹄盖蕨属(*Athyrium*1)(5 种),其余 57 个属所含物种数量均少于 5 种,其中单种属多达 26 属。属的数量组成也反映出该区域蕨类植物相对较为贫乏。

4.1.3　分布区类型

"属"是植物分类学中较稳定的单位,植物区系地理学常以它为分析依据。根据吴征镒等关于植物分布区类型的分类方法,将保护区蕨类植物 63 属划分为 12 个分布区类型(含 2 变型)(表 4-2)。

1. 世界分布

世界分布类型在该区共计 7 属,占保护区总属数的 15.25%。在这一分布类型属中,石松属(*Lycopodium*)、卷柏属(*Selaginella*)等为现存蕨类的原始代表,而苹属(*Marsilea*)、满江红属(*Azolla*)则是进化的水生蕨类。另外 3 属分别为蕨属(*Pteridium*)、石杉属(*Huperzia*)、小石松属(Lycopodiella)。同种子植物一样,世界分布属也不能反映该区域蕨类植物区系特征,但可以体现出该地区蕨类植物区系与世界蕨类区系之间的相互联系。

表 4-2 唐家河自然保护区蕨类植物属的分布区类型统计

	分布区类型	属数	占总属数/%	种数	占总种数/%
世界分布	1 世界分布	7	11.11	6	3.87
热带分布	2 泛热带分布	19	30.16	—	—
	3 热带亚洲和热带美洲间断分布	1	1.59	3	1.94
	4 旧世界热带分布	4	6.35	2	1.29
	5 热带亚洲至热带大洋洲分布	1	1.59	1	0.65
	6 热带亚洲至热带非洲分布	2	3.17	2	1.29
	7 热带亚洲分布	4	6.35	8	5.16
温带分布	8 北温带分布	13	20.63	6	3.87
	9 东亚和北美间断分布	1	1.59	2	1.29
	10 东亚分布	3	4.76	34	21.94
	10-1 中国喜马拉雅	4	6.35	17	10.97
	10-2 中国—日本	3	4.76	33	21.29
	11 温带亚洲分布	—	—	5	3.23
中国特有	12 中国特有分布	1	1.59	36	23.23
	合计	63	100.00	155	100.00

2. 热带分布

热带分布类型在保护区内共 31 属,占总属数的 49.21%。其中,泛热带分布类型最多,有 19 属,占总属数的 30.16%,包括海金沙属(*Lygodium*)、里白属(*Dipopterygium*)、铁角蕨属(*Asplenium*)、蔊蕨属(*Mecodium*)、碗蕨属(*Dennstaedtia*)、乌蕨属(*Sphenomeris*)、篠蕨属(*Oleandra*)、凤尾蕨属(*Pteris*)、粉背蕨属(*Aleuritopteris*)、碎米蕨属(*Cheilanthes*)、旱蕨属(*Pellaca*)、凤丫蕨属(*Coniogramme*)、书带蕨属(*Vittaria*)、短肠蕨属(*Allantodia*)、毛蕨属(*Cyclosorus*)、金星蕨属(*Parathelypteris*)、乌毛蕨属(*Blechnum*)等。旧世界热带分布类型共 4 属,占总属数的 6.35%,分别为芒萁属(*Dicranopteris*)、鳞盖蕨属(*Microlepiam*)、瘤足蕨属(*Plagiogyria*)和线蕨属(*Colysis*);热带亚洲分布类型共 4 属,占总属数的 6.35%,分别为星蕨属(*Microsorium*)、假瘤蕨属(*Phymatopteris*)、石韦属(*Pyrrosia*)。热带亚洲和热带美洲间断分布和热带亚洲至热带大洋洲分布类型在保护区各有 1 属,依次为金毛裸蕨属(*Gymnopteris*)和新月蕨属(*Abacopteris*);热带亚洲至热带非州分布工属,分别为肿足蕨属(*Hypodemetium*)和金粉蕨属(*Onychium*)。

3. 温带分布

温带分布类型共 24 属,占总属数的 38.10%,其中最为重要的是北温带分布和东亚分布型 2 种类型。北温带分布型有 13 个属,占总属数的 20.63%,包括木贼属(*Equisetun*)、瓶尔小草属(*Ophioglossum*)、紫萁属(*Osmunda*)、膜蕨属(*Hymenophyllum*)、蹄盖蕨属(*Athyrium*)、冷蕨(*Cystopteris*)、羽节蕨属(*Gymnocarpium*)、卵果蕨属(*Phe-*

gopteris)、狗脊属(*Woodwardis*)、荚果蕨属(*Matteuccia*)、鳞毛蕨属(*Dryopteris*)、阳地蕨属(*Botrychium*)、耳蕨属(*Polystichum*)。东亚分布型(包括中国喜马拉雅和中国—日本)共计 11 属，占总属数的 17.46%，主要有金粉蕨属(*Onychium*)、假冷蕨属(*Pseudocystopteris*)、贯众属(*Cytomium*)、节肢蕨属(*Arthromeris*)、丝带蕨属(*Drymotaenium*)、骨牌蕨属(*Lepidogrammitis*)、水龙骨属(*Polypodium*)、瓦韦属(*Lepisorus*)、水鳖蕨属(*Sinephropteris*)等。

东亚和北美间断分布类型的仅 1 属，即蛾眉蕨属(*Lunathyrium*)；中国特有 1 属即中国蕨属(Sinopteris)。

4.1.4 种的分析

从种分类等级上对蕨类植物区系特点进行分析，所得到的结论可能比科属更能说明该区域的区系特点。保护区调查发现的 155 种蕨类植物可以划分为 11 个分布类型(含 2 个变型)(表 4-2)。

以东亚分布(包括中国喜马拉雅和中国—日本)和中国特有分布为主，共有 120 种，占该区总种数的 77.42%，而其他成分共有 35 种，仅占 22.58%。保护区蕨类植物区系以东亚分布类型的种类最多，表明该区蕨类植物可能处于东亚蕨类植物区系的分布中心。其中中国—日本分布变型的蕨类植物有 33 种，占该区总种数的 21.29%，其大部分种类在分布上多局限于秦岭、长江以南，如尖齿凤丫蕨(*Coniogramme affinis*)、西南凤尾蕨(*Pteris wallichiana*)等，有些种类则分布于秦岭、长江以北乃至中国东北地区，如溪洞碗蕨(*Dennstaedtia wilfordii*)、普通凤丫蕨(*Coniogramme intermedia*)、华北鳞毛蕨(*Dryopteris laeta*)等。中国喜马拉雅分布变型有 17 种，占该区总种数的 10.97%，主要分布于中国西南，如指叶凤尾蕨(*Pteris dactylina*)，有些种除分布西南地区外还可延伸到中国东南部，如细裂复叶耳蕨(*Arachniodes coniifolia*)、披针叶新月蕨(*Pronephrium penangianum*)等，有些种类也能分布到华北和华东等地区，如兖州卷柏(*Selaginella involvens*)等。

保护区蕨类植物区系中国特有分布极其丰富，包括中国特有种 36 种，占该区蕨类植物总种数的 23.23%。在中国特有种中，以西南分布为主，如蹄盖蕨(*Athyrium filixfemina*)、大叶假冷蕨(*Pseudocystopteris atkinsoni*)、星毛卵果蕨(*Phegopteris levingei*)、多羽节肢蕨(*Arthromeris mairei*)、二色瓦韦(*Lepisorus bicolor*)等；有些种类向北分布到秦岭、华北，如白背铁线蕨(*Adiantum davidii*)、网眼瓦韦(*Lepisorus clathratus*)等。本区特有种还有翠云草(*Selaginella uncinata*)、镰叶瘤足蕨(*Plagiogyria distinctissima*)、华中铁角蕨(*Asplenium sarelii*)、齿头鳞毛蕨(*Dryopteris labordei*)、抱石莲(*Lepidogrammitis drymoglossoides*)、水龙骨(*Polypodium amoenum*)等。特有种类丰富，且以西南分布为主，可能与该区地处横断山区东缘与横断山的地史和地质构造密切相关。

除东亚分布和中国特有分布外，其他的温带成分(包括北温带分布、东亚和北美间断分布和温带亚洲)有 13 种，仅占 8.39%。

热带成分共计 16 种，占保护区蕨类植物总种数的 10.32%。热带成分少，可能与该区所处的地理位置(温带与亚热带过渡区域)和山地环境有密切的关系。

4.2　蕨类植物区系特点

1.种类较丰富

保护区分布有蕨类植物30科59属155种，蕨类资源较为丰富。

2.特有化程度高

保护区分布有36种中国特有蕨类，且以西南分布为主，这跟该区地处横断山区东北缘及与横断山的地质演化史等可能具有密切相关。

3.优势科明显，大部分科内属、种贫乏

水龙骨科、蹄盖蕨科和鳞毛蕨科为该区优势类群，所含种数占该区蕨类植物总种数的36.13％，表明该区域优势科明显。少种科和单种科数量占绝大多数，表明该区域大部分科内属、种较为贫乏。

4.属的分布区类型以热带类型为主，而种的分布区类型则温带性质显著

保护区蕨类植物中有28属的分布区类型为热带性质，占总属数的47.46％，而有133种(含中国特有种)的分布区类型为温带性质，占该区蕨类植物总种数的85.81％。这说明，该区域蕨类植物区系具有热带起源和温带分布的双重特性。

4.3　蕨类植物资源类型

1.药用蕨类

保护区几乎所有蕨类植物都可以作为药用植物资源，数量多，分布范围广。常见种类有：蜈蚣草(*Pteris multifida*)、江南卷柏(*Selaginella moellendorfii*)、蕨(*Pteridium aquilinum* var. *latiusculum*)、乌蕨(*Sphenomeris chinensis*)、芒萁、紫萁(*Osmunda japonica*)、海金沙、水龙骨等。其中，有不少种类在本区民间被广泛使用，用于治疗刀伤、火烫伤、毒蛇和狂犬咬伤、跌打损伤、疗毒溃烂等。近年来，国内外在寻找新药资源时，对蕨类药用植物资源的研究越来越重视。例如，已在卷柏科和里白科中发现了防治癌症的药物资源。因此，保护区蕨类药用植物资源的开发利用前景可能十分广阔。

2.观赏蕨类

自20世纪80年代以来，蕨类植物逐渐成为观赏植物中极为重要的组成部分。由于大部分观赏蕨类植物清雅新奇，具有耐荫的特点，因而在室内园艺中更具重要地位，在公园、庭院和室内采用观赏蕨类作为布景和装饰材料逐渐普遍，观赏蕨类的商品生产和栽培育种发展迅速。在保护区蕨类植物中，适宜作为观赏资源的种类有50余种，其中，观赏价值较大的种类包括膜蕨属(*Hymenophylhum*)、铁线蕨属(*Adiantum*)、蕨、狗脊蕨属(*Woodwardis*)、紫萁、贯众、里白属、芒萁属等。

3.环境指示蕨类

保护区分布的不少蕨类植物对土壤的酸碱性有特殊的适应性，有的只能生活在酸性或偏酸性的土壤中，成为酸性土壤的指示植物；有的只适宜生活于碱性或偏碱性的土壤中，成为碱性土壤的指示植物。保护区内环境指示蕨类共20余种，如铁角蕨(*Asplenium trichomanes*)、石松、紫萁、狗脊蕨、芒萁等可作为酸性土壤指示植物，舟山碎米蕨（*Cheilanthes chusana*）、井栏边草（*Pteris multifida*）、凤尾蕨（*P. cretica* var. *nervosa*）、蜈蚣草、贯众、铁线蕨等可作为钙质土和石炭岩土的指示植物。

4. 化工原料蕨类

植物性工业原料是现代工业赖以生存的基本条件，蕨类植物中此类资源植物不少，可以从其植物体中提取鞣质、植物胶、油脂、染料等化工原料。保护区可作为化工原料资源的蕨类植物有 20 余种，如石松类（*Lycopodium* spp.）、卷柏类（*Selaginella* spp.）、节节草（*Hippochaeter amosissima*）、蕨、凤尾蕨、贯众、海金沙、紫萁、蘋等。

5. 编织蕨类

许多蕨类植物的根、茎、叶柄较为柔韧，富有弹性，可用于编织席子、草帽、草包、篮子、网兜及绳索等各种生活用品和工艺制品。保护区内具有此类用途的蕨类植物资源有 10 余种，常见的有瓦韦、石韦属（*Pyrrosia*）植物、节节草、蕨、海金沙、紫萁、凤丫蕨等。

6. 食用蕨类

中国食用蕨类植物约有 29 科 39 属 95 种，其中约 27 科 34 属 90 种蕨类植物幼嫩的拳卷叶、营养叶（俗称蕨菜）可被用作时令蔬菜、制成干菜或罐头。保护区内的紫萁（*Osmunda japonica*）、蕨（*Pteridium aquilinum*）、荚果蕨（*Matteuccia struthiopteris*）等的幼嫩的孢囊柄或拳卷叶脆嫩可口，其蛋白质和膳食纤维含量较高，与大多数蔬菜接近或略高，所含氨基酸、维生素、矿物质种类也较为齐全。全国约有 13 科 13 属 45 种蕨类植物根状茎中的淀粉（俗称蕨根淀粉）可被用于制作羹汤、粉条或酿酒，而在保护区内主要有蕨属、紫萁属、荚果蕨属和凤丫蕨属（*Coniogramme*）等植物。

然而，应该引起重视的是，不少蕨类植物体内含有毒成分，对人畜可产生有害作用，甚至引起死亡，因此食用蕨类时要格外小心，同时由于许多蕨类叶的生长发育后期将形成有毒物质，故食用只能是幼叶，掌握采摘时机非常重要。

7. 饲料和绿肥蕨类

饲料和绿肥蕨类资源既可作为家禽和家畜的优质饲料，又可改善土壤结构，提高土壤肥力，为农作物提供多种有效养分，还能在农业生态系统中起重要的作用。保护区内较重要的种类有满江红、蘋、蕨、芒萁等，其中以满江红最为突出。满江红鲜嫩多汁，纤维含量少，味甜适口，是鸡、鸭、鱼、猪的优质饲料。同时，满江红能与固氮蓝藻、念珠藻等共生，同化空气中的氮气，是农业生产中的重要绿肥植物。满江红分布范围广、生长快，适宜大规模开发利用。

8. 农药类蕨类

植物农药因其对人畜安全，易分解，无残毒危害，不污染环境，极其适于果树、蔬菜类施用，在当今有极大的发展潜力。蕨类植物中也有越来越多的种类被作为农药类资源开发。保护区内可作为农药类的蕨类植物主要有贯众、海金沙、水龙骨、蜈蚣草等。

附表 4-1 唐家河国家级自然保护区蕨类植物名录

1.石杉科(Huperziaceae)

[1] 中华石杉(*Huperzia chinensis*(Christ)Ching)：在保护区内见于大草堂、大草坪、加字号、红花草地等地，生于海拔 3000~3500 m 的高山岩石缝。

2.石松科(Lycopodiaceae)

[2] 石松(*Lycopodium japonicum* Thunb. ex Murray)：在保护区内仅见于西阳沟，生于海拔 1300~1800 m 的山坡林缘或疏林下。

[3] 多穗石松(*L. annotinum* L.)：《四川植物志》第 6 卷记录该物种在青川周边地区有分布，生于海拔 2000~3800 m 的针阔混交林或高山草甸。保护区内仅见于大草坪有少量分布。

[4] 笔直石松(*L. obscurum* L.)：在保护区东部及北部海拔 1500~2700 m 的山区有零星分布，如西阳沟、沙帽石、红岩子、摩天岭、大草堂等，生于阳坡草地或疏林下。

[5] 扁枝石松(*Diphasiastrum complanatum*(L.). Holub)：偶见于保护区内西阳沟，生于海拔 1600 m 的阳坡灌草丛。

[6] 小石松(*Lycopodiella inundata*(L.)Holub)：零星分布于保护区大草坪周边山区，生于海拔 2800~3400 m 的亚高山或高山草甸。

3.卷柏科(Selaginellaceae)

[7] 缘毛卷柏(*Selaginella ciliaris Spring*)：见于保护区中部地区及齐头岩，生于海拔 1600~2500 m 的草地、灌丛、疏林下或林缘岩石上。

[8] 薄叶卷柏(*S. delicatula*(Desv.)Aloton)：仅零星见于唐家河保护站、蔡家坝周边低海拔山区，生于海拔 1100~1400 m 的常绿阔叶林下或沟谷阴湿处。

[9] 兖州卷柏(*S. involvens*(Sw.)Spring)：见于保护区水池坪、毛香坝、蔡家坝、西阳沟、背林沟、倒梯子、清坪地、观音岩、长坪子等周边中低山区，生于海拔 1100~2200 m 的路边、山坡草地或岩石上。

[10] 细叶卷柏（*S. labordei Hieron. ex Christ*)：见于保护区中东部山区，如毛香坝、蔡家坝、水池坪、西阳沟、背林沟、到梯子、清坪地、观音岩、长坪子等，生于海拔 1000~2600 m 的山沟或林缘阴湿处。

[11] 江南卷柏(*S. moellendorffii Hieron.*)：见于保护区西阳沟、齐头岩、蔡家坝、毛香坝、唐家河保护站、背林沟、关虎等较低海拔山区，生于海拔 1100~1400 m 的林缘或岩壁下阴湿处。

[12] 伏地卷柏(*S. nipponica* Franch. et Sav.)：在保护区内普遍分布，生于海拔 1200~3500 m 的沟谷灌丛或潮湿的疏林下及高山地带林缘。

[13] 垫状卷柏(*S. pulvinata*(Hook. et Grev.)Maxim)：该物种在保护区内分布范围较广，生于海拔 1200~3500 m 的阳坡草地或岩石缝中，主要分布于大草坪周边高海拔山区。

[14] 卷柏 [*S. tamariscina*(Beauv.)Spring]：见于保护区蔡家坝、毛香坝、唐家河保护站、背林沟、关虎等周边低海拔山区，生于海拔 1100~1300 m 的阴湿疏林下。

[15] 峨眉卷柏(*S. bodinieri* var. *omeiensis*(*Ching ex. H. S. Kung*)*W. M. Chu. st.*

nw)：见于保护区蔡家坝、毛香坝、唐家河保护站、关虎等周边低海拔山区，生于海拔
1100~1400 m 的阴湿疏林下或山谷草地。

[16] 翠云草 [*S. uncinata*(Desv.)Spring]：仅见保护区唐家河保护站至关虎一线周
边低海拔山区，生于海拔 1100 m 左右的阔叶林下或沟谷阴湿地。

4. 木贼科(Eauisetaceae)

[17] 问荆(*Equisetun arvense* L.)：在保护区内分布较为普遍，生于海拔 1100~
3000 m 的阴湿疏林下或山坡草地。

[18] 笔管草(*E. debile* Roxb. ex Vauncher)：见于保护区水池坪、毛香坝、蔡家坝、
唐家河保护站、齐头岩、西阳沟、背林沟、摩天岭、清坪地等周边中低山区，生于海拔
1200~2000 m 的阴湿的疏林下。

[19] 披散木贼(*E. diffusum* D. don.)：在保护区海拔 1200~2500 m 的山区常见，
生于空旷阴湿地或疏林下。

[20] 木贼(*E. hyemale* L.)：在保护区内广泛分布，生于海拔 1300~3400 m 的沟谷
草地或阴湿唐家河、草甸，主要见于大草坪周边山区。

[21] 犬问荆(*E. palustre* L.)：在保护区内广泛分布，生于海拔 1100~3000 m 的沟
谷草地或阴湿地。

[22] 节节草(*E. ramosissimum* Desf.)：在保护区中西部普遍分布，生于海拔 1100~
2500 m 的阴湿空旷地或沟谷阴湿地。

5. 阴地蕨科(Botrychiaceae)

[23] 扇羽阴地蕨(*Botrychium lunaria*(L.)Sw.)：偶见于保护区大草坪、大草堂等
周边山区，生于海拔 3000~3500 m 的亚高山灌丛、草甸或高山草甸。

[24] 阴地蕨(*B. ternatum*(Thunb.)Sw.)：见于保护区水池坪、毛香坝、蔡家坝、
唐家河保护站、齐头岩、西阳沟、背林沟、摩天岭、清坪地等周边中低海拔山区，生于
海拔 1100~2200 m 的疏林下或阴湿地。

6. 瓶尔小草科(Ophioglossaceae)

[25] 瓶尔小草(*Ophioglossum vulgatum* L.)：偶见于保护区海拔 1500~2300 m 的
西阳沟、沙帽石、红岩子、摩天岭等阳坡草地。

7. 紫萁科(Osmundaceae)

[26] 紫萁(*Osmunda japonica* Thunb)：在保护区中东部山区较为常见，生于海拔
1200~2000 m 的疏林下或岩石缝中。

8. 瘤足蕨科(Plagiogyriaceae)

[27] 镰叶瘤足蕨(*Plagiogyria distinctissima* Ching)：保护区内偶见于唐家河保护
站、官虎等周边低海拔山区，生于海拔 1100~1500 m 的阔叶林下。

9. 里白科(Gleicheniaceae)

[28] 芒萁(*Dicranopteris dichotoma* Berhn.)：见于保护区毛香坝、蔡家坝、唐家河
保护站、官虎、齐头岩、西阳沟等周边低海拔山区，生于海拔 1100~1500 m 的路边草丛
或疏林下。

[29] 里白(*Hicriopteris glauca*(Thunb.)Ching)：在保护区内偶见于蔡家坝、唐家

河保护站、官虎等周边山区，生于海拔 1100～1500 m 的阔叶林下。

10. 海金沙科(Lygodiaceae)

[30] 海金沙(*Lygodium japonicum* (Thunb.)Sw.)：在保护区东部山区较为常见，生于海拔 1100～1600 m 的灌丛或疏林下。

11. 膜蕨科(Hymenophyllaceae)

[31] 华东膜蕨(*Hymenophyllum barbatum* (v. d. B.)HK et Bak.)：在保护区内偶见于西阳沟，生于海拔 1100～1600 m 的树干或岩石上。

[32] 小果蕗蕨(*Mecodium microsorum* Ching)：偶见于保护区大草堂、大火地等附近山区，生于海拔 2700～3000 m 的树干或岩石上。

[33] 四川蕗蕨(*M. szechuanense* Ching et Chiu)：据《中国植物志》记载，该种为四川北部特有种。

[34] 全苞蕗蕨(*M. tenuifrons* Ching)：《四川植物志》第 6 卷记录该物种在青川周边地区有分布，生于海拔 900～2000 m 的林下或岩石上。

[35] 长柄蕗蕨(*M. osmundoides* (v. d. B.)Ching)：在保护区中东部山区偶见，零星散生于海拔 1300～2500 m 的林下或岩石上。

12. 姬蕨科(Dennstaedtiaceae)

[36] 溪洞碗蕨(*Dennstaedtia wilfordii* (Moore)Christ)：见于保护区水池坪、毛香坝、蔡家坝、唐家河保护站、齐头岩、红岩子、西阳沟、清平地、长沟、背林沟、摩天岭等周边中低海拔山区，生于海拔 1200～2000 m 的山坡阴湿地或疏林下。

[37] 碗蕨(*D. scabra* Moore)：在保护区东部低山区零星分布，偶见于毛香坝、蔡家坝、唐家河保护站、齐头岩、背林沟、西阳沟等周边山区，生于海拔 1100～1600 m 的阔叶林下或阴湿岩石上。

[38] 边缘鳞盖蕨(*Microlepia marginata* C. Chr.)：在四川主要分布于盆地西南部，保护区内偶见于蔡家坝、唐家河保护站等地，生于海拔 1100～1500 m 的阔叶林下或沟谷阴湿处。

[39] 中华鳞盖蕨(*M. sinostrigosa* Ching)：主产盆地西部山区。根据《四川植物志》第 6 卷(孔宪需，1983)，记载该物种在盆地及周边山区极为常见，生于海拔 1400 m 以下山区的山坡林下或溪边，在保护区南部低海拔山区有零星分布。

13. 陵齿蕨科(Lindsaeaceae)

[40] 陵齿蕨(*Lindsaea cultrata* (Willd.)Sw.)：据《四川植物志》记载，该物种在盆地内及四川西南部常见，保护区内分布数量较少，见于唐家河保护站、官虎、齐头岩等低海拔山区，生于海拔 1100～1700 m 的林缘或山坡草地。

[41] 乌蕨(*Stenoloma chusanum Ching*)：低海拔山区常见种，区内多见于保护区西阳沟、齐头岩、官虎、唐家河保护站、蔡家坝、背淋沟等地，生于海拔 1100～1400 m 的林缘阴湿地、疏林下或山坡草丛。

14. 蕨科(Pteridiaceae)

[42] 蕨(*Pteridium aquiliunm* var. *latiusculum* Underw. ex Heller)：保护区内海拔 2500 m 以下的山区普遍分布，多见于水池坪至唐家河保护站一线周边山区及齐头岩等

地，生于林缘空旷地或疏林下。

[43] 毛轴蕨（*P. revolutum* Nakai）：在保护区内的分布范围和生长环境与蕨（*Pteridium aquiliunm* var. *latiusculum*）相同，但最高海拔可达 2800 m。

15. 蓧蕨科（Oleandraceae）

[44] 高山蓧蕨（*Oleandra wallichii*（Hk.）Presl）：偶见于摩天岭、倒梯子、大草堂、红花草地等周边山区，生于海拔 1800～2700 m 的山坡岩石上或灌草丛中。

16. 凤尾蕨科（Pteridaceae）

[45] 猪鬣凤毛蕨（*Pteris actinopteroides* Christ）：在保护区中东部地海拔山区偶见，生于海拔 1100～1700 m 的溪沟边、阴湿疏林下或岩壁上。

[46] 凤尾蕨（*P. cretica* var. *nervosa* Chinget S. H. Wu）：在保护区内中东普遍分布，生于海拔 1100～2200 m 的疏林下、阴湿岩石或沟谷草地。

[47] 指叶凤尾蕨（*P. dactylina* Hook.）：在保护区内普遍分布，散生于海拔 1200～3300 m 的阴湿岩壁、疏林下或灌丛中。

[48] 井栏边草（*P. multifida* Poir.）：低海拔市区常见种，区内见于唐家河保护站、蔡家坝等地，生于海拔 1100～1300 m 的溪沟边或阴湿疏林下。

[49] 西南凤尾蕨（*P. wallichiana* Agar.）：据《四川植物志》记载，该物种在盆地内及四川西南部常见，在保护区内分布数量较少，偶见于西阳沟、齐头岩等低海拔山区，生于海拔 1100～1700 m 的林缘灌草丛。

[50] 狭叶凤尾蕨（*P. henryi* Christ）：见于保护区幺磨岩、水池坪、长沟、清平地、蔡家坝、唐家河保护区、官虎、齐头岩、西阳沟等地，生于海拔 1200～1800 m 的疏林下、阴湿岩壁或沟谷草丛。

[51] 蜈蚣草（*P. vittata* L.）：保护区中东部山区普遍分布，常生于海拔 1100～2200 m 的岩壁上。

17. 中国蕨科（Sinopteridaceae）

[52] 小叶中国蕨（*Sinopteris albofusca* Ching）：偶见于保护区西阳沟、红岩子、沙帽石等地，生于海拔 1500～2000 m 的阳坡岩石缝或疏林下。

[53] 多鳞粉背蕨（*Aleuritopteris anceps* Panigr.）：保护区内偶见于西阳沟，生于海拔 1500～1700 m 的山坡灌丛下。

[54] 银粉背蕨 [*A. argentea*（Gmel.）Fee]：在保护区海拔 1400～3000 m 均有一定分布，常生于阳坡干旱区域的土坎上或岩石缝中。

[55] 华北粉背蕨（*A. kuhnii* Ching）：见于保护区西阳沟、摩天岭、红岩子、倒梯子、长沟、清平地、红石河等地，生于海拔 1600～2500 m 的疏林下或林缘灌草丛中。

[56] 狭盖粉背蕨（*A. stenochlamys* Ching ex S. K. Wu）：见于保护区中西部山区，零星生于海拔 2200～3200 m 的疏林下或林缘灌草丛中。

[57] 毛轴碎米蕨（*Cheilanthes chusana*（Hook.）Ching et Shing.）：在保护区海拔 1100～2700 m 的山区分布较为广泛，生于沟谷灌丛或疏林下。

[58] 野雉尾金粉蕨（*Onychium japonicum* Kze.）：见于保护区东部低海拔山区，生于海拔 1100～1700 m 的疏林下或林缘灌草丛。

[59] 粟柄金粉蕨(*O. japonicum* var. *lucidum* Christ)：据《四川植物志》记载，该物种除西北部外，全省各地均有，多生于海拔 2000 m 以下的山区。

[60] 旱蕨(*Pellaea nitidula* Baker)：见于保护区西阳沟、沙帽石、红岩子、摩天岭等地，生于海拔 1100～2100 m 的阳坡灌草丛。

18. 铁线蕨科(Adiantaceae)

[61] 铁线蕨(*Adiantum capillus-veneris* L.)：在保护区内普遍分布，生于海拔 1100～2800 m 的阴湿岩石壁上。

[62] 灰背铁线蕨(*A. myriosorum* Baker)：据《四川植物志》记载，该物种在平武、广元等地有分布，在保护区内海拔 1200～2700 m 偶见，生于疏林下或阴湿岩壁上。

[63] 团叶铁线蕨(*A. capills-junonis* Rupr.)：据《四川植物志》记载，该物种在平武、青川、绵阳等地有分布，在保护区内偶见于西阳沟、唐家河保护站、蔡家坝、齐头岩等周边低海拔山区，生于海拔 1100～1500 m 的灌木林下或岩壁上。

[64] 白背铁线蕨(*A. davidii* Franch.)：偶见于保护区中西部中高海拔山区，生于海拔 1600～3000 m 的阔叶林或针叶林下。

[65] 普通铁线蕨(*A. edgewothii* Hook.)：在保护区内海拔 1100～2500 m 的山区普遍分布，生于阴湿岩石壁上、山坡草地或疏林下。

[66] 长盖铁线蕨(*A. fimbriatum* Christ)：在保护区内偶见于石桥河、文县河、红花草地、大草坪、大草堂等地，生于海拔 2600～3400 m 的亚高山针叶林下或灌丛下。

[67] 掌叶铁线蕨(*A. pedatum* L.)：在保护区内普遍分布，散生于海拔 1700～3000 m 的针阔混交林、针叶林或亚高山灌丛下。

19. 裸子蕨科(Hemionitidaceae)

[68] 尖齿凤丫蕨(*Coniogramme affinis* Hieron.)：偶见于保护区倒梯子、大火地、石桥河、大草坪等地，生于海拔 2000～3200 m 的针阔混交林下或灌丛中。

[69] 普通凤丫蕨(*C. intermedia* Hieron)：在保护区内海拔 2800 m 以下山区分布较为普遍，生于阔叶林下或林缘灌草丛中。

[70] 川西金毛裸蕨(*Gymnopteris bipinnata* Christ)：偶见于保护区摩天岭、红岩子、沙帽石等地，生于海拔 1500～2000 m 的阳坡草地。

[71] 耳叶金毛裸蕨(*G. bipinnata* var. *auriculata* (Franch.) Ching)：偶见于保护区沙帽石、红岩子、摩天岭等地，生于海拔 1600～2400 m 的山坡草地。

20. 书带蕨科(Vittariaceae)

[72] 书带蕨(*Vittaria flexuosa* Fee)：据《四川植物志》记载，青川有分布，生于海拔 1800 m 以下的山区。

21. 蹄盖蕨科(Athyriaceae)

[73] 鳞柄短肠蕨(*Allantodia squamigera* Ching)：偶见于保护区中东部中低海拔山区，生于海拔 2000 m 以下的阔叶林或针阔叶混交林下。

[74] 麦秆蹄盖蕨(*Athyrium fallaciosum* Milde)：在保护区海拔 2200 m 以下的山地分布较为普遍，生于山谷林下或阴湿岩石缝中。

[75] 蹄盖蕨(*A. filix-femina* Roth.)：主要分布于保护区海拔 2500～3400 m 的中

高海拔山区，生于疏林下、林缘灌草丛或阴湿岩壁上。

[76] 长江蹄盖蕨（*A. goringianum* Rosent.）：在保护区的南部和东部，如清坪地、长沟、蔡家坝、西阳沟等有一定分布，生于海拔 1100～2400 m 的林下或林缘灌丛。

[77] 日本蹄盖蕨（*A. niponicum* Hance）：仅偶见于保护区蔡家坝周边低海拔山区，生于海拔 1100～1300 m 的阴湿疏林下或林缘湿地。

[78] 峨眉蹄盖蕨（*A. omeiense* Ching）：见于保护区文县河周边山区，生于海拔 2000～2700 m 的林下阴湿处，或杂木林缘或沟边岩石缝中。

[79] 川滇蹄盖蕨（*A. mackinnomii* C. chr.）：见于保护区文县河、石桥河、大草坪、红花草地、摩天岭、大草堂等地，生于海拔 2000～3300 m 的沟谷灌丛、疏林下、亚高山灌草丛或阴湿岩壁上。

[80] 毛轴假蹄盖蕨［*Athyriopsis petersenii*（kunze）Ching］：偶见于保护区西阳沟，生于海拔 1100～1500 m 的山谷溪边或林下湿地。

[81] 冷蕨（*Cystopteris fragilis* Bernh.）：见于保护区中西部地区，如文县河、石桥河、长沟、清坪地、腰磨石窝、大草堂、大草坪、红花草地等周边山区，生于海拔 1600～3400 m 的沟边、亚高山灌丛、岩壁阴湿处等。

[82] 宝兴冷蕨（*C. moupinensis* Franch.）：见于保护区大草坪、文县河、石桥河、腰磨石窝、大草堂、红花草地等周边中高海拔山区，生于海拔 2000～3300 m 的沟边、亚高山灌丛、针阔叶混交林或针叶林下或岩壁阴湿处等。

[83] 膜叶冷蕨（*C. pellucida* Ching ex C. Chr.）：在保护区内偶见于倒梯子、大草坪、红花草地、大草堂等地中高海拔山地，生于海拔 1800～3400 m 的针阔叶混交林、针叶林或湿润亚高山灌草丛下。

[84] 高山冷蕨［*C. montana*（Lam.）Bernh. ex Desv.］：偶见于保护区中西部海拔 2000 m 以上的山地，生于沟谷灌丛、林下阴湿地或阴湿岩壁上。

[85] 羽节蕨（*Gymnocarpium jessoense*（Koidz.）Koidz.）：在保护区海拔 2800 m 以下的山区有一定分布，生于林下阴湿地或阴湿岩壁上。

[86] 东亚羽节蕨（*G. oyamense* Ching）：在保护区海拔 2500 m 以下的山区分布较为普遍，生于林下阴湿地或石上苔藓中。

[87] 四川峨眉蕨（*Lunathyrium Sichuanense* Z. R. Wong）：见于保护区西阳沟、摩天岭、红岩子、清坪地、长沟等周边山地，生于海拔 1500～2300 m 的沟谷林下或灌丛。

[88] 陕西峨眉蕨（*L. giraldii* Ching）：在保护区中东部山区均有一定分布，生于海拔 1200～2500 m 的林下岩石上或路边草丛。

[89] 大叶假冷蕨（*Pseudocystopteris atkinsonii* Ching）：在保护区内分布范围较广且较为常见，生于海拔 1500～3400 m 的林下或山坡灌丛。

22. 铁角蕨科（Aspleniaceae）

[90] 北京铁角蕨（*Asplenium pekinense* Hance）：在保护区内广泛分布，生于海拔 1200～3400 m 的林下岩石上。

[91] 长叶铁角蕨（*A. prolongatum* Hook.）：见于保护区蔡家坝、唐家河保护站、官虎、背淋沟等低海拔山地，生于海拔 1100～1300 m 的河边悬岩上或疏林下。

［92］华中铁角蕨(*A. sarelii* Hook.)：在保护区中东部山区分布较为普遍，生于海拔 1100～2500 m 的水沟边岩石上。

［93］铁角蕨(*A. trichomanes* L.)：在保护区中东部山区分布较为普遍，常生于海拔 1100～2600 m 的阔叶林的岩壁上。

［94］三翅铁角蕨(*A. tripteropus* Nakai)：《四川植物志》第 6 卷记载该物种在青川有分布，生于海拔 1100～1300 m 的阔叶林下阴湿地。

［95］变异铁角蕨(*A. varians* Wall.)：《四川植物志》第 6 卷记载有分布，生于海拔 3500 m 以下的林下或岩石上。

［96］扁柄铁角蕨(*A. yoshingae* Makino)：偶见于保护区西阳沟、齐头岩、唐家河保护站、官虎、摩天岭等地，生于海拔 1100～2000 m 的阔叶林中或岩壁上。

［97］长叶铁角蕨(*A. prolongatum* Hook.)：见于保护区蔡家坝、唐家河保护站、官虎等地，生于海拔 1300 m 以下的常绿阔叶林下的阴湿岩石壁或树干上。

［98］肾羽铁角蕨(*A. humistratum* Ching ex H. S. Kung)：在保护区内仅偶见于倒梯子，生于海拔 1800 m 的崖壁上。

［99］水鳖蕨(*Sinephropteris delavayi* Mickel)：偶见于保护区蔡家坝、唐家河保护站、官虎、齐头岩、西阳沟等周边山区，常生于海拔 1100～1700 m 的水沟边。

23. 肿足蕨科(Hypodematiaceae)

［100］肿足蕨(*Hypodemetium crenatum* Kuhn)：见于保护区西阳沟、摩天岭、齐头岩、沙帽石、红岩子、蔡家坝、官虎等周边山区，生于海拔 1200～1800 m 的阳坡干旱石灰岩缝或阳坡草地。

24. 金星蕨科(Thelypteridaceae)

［101］披针叶新月蕨(*Pronephrium Penangianum* (Hook.)Holtt.)：见于保护区唐家河保护站、蔡家坝、水池坪、背林沟、齐头岩、官虎等周边低海拔山区，生于海拔 1100～1500 m 的阔叶林下或沟谷灌丛下。

［102］渐尖毛蕨原变种(*Cyclosorus acuminatus* Nakai var. aluminatus)：见于保护区唐家河保护站、蔡家坝、官虎等低海拔山区，生于海拔 1100～1300 m 的沟谷灌丛或阴湿疏林下。

［103］金星蕨(*Parathelypteris glanduligera* Ching)：见于保护区水池坪、蔡家坝、唐家河保护站、背林沟等周边低海拔山区，生于海拔 1100～1500 m 的林缘或山坡草丛。

［104］中日金星蕨(*P. nipponica* Ching)：见于保护区中东部山地，生于海拔 1100～2500 m 的沟谷灌丛或阴湿疏林下。

［105］扶桑金星蕨(*P. nipponica* Ching)：见于保护区海拔 2500 m 以下的山地灌草丛或阴湿疏林下。

［106］延羽卵果蕨(*Phegopteris decursive-pinnata* Fee)：偶见于保护区海拔 1200～1800 m 的东部低海拔山地，生于阔叶林下或沟谷灌草丛。

［107］星毛卵果蕨(*P. levingei* Tagawa)：见于保护区西阳沟、红岩子等地，生于海拔 1500～2000 m 的山地向阳草丛。

［108］卵果蕨(*P. connectilis* (Michx.)Watt)：在保护区内较为常见，生于海拔

1200~3000 m的疏林林下或灌丛中。

25. 乌毛蕨科(Blechnaceae)

[109] 乌毛蕨(*Blechnum orientale* L.)：偶见于保护区唐家河保护站、官虎、背林沟等低海拔山区，生于海拔1100~1300 m的阴湿水沟旁、山坡灌丛中或疏林下。

[110] 单芽狗脊(*Woodwardis unigemmata* Nakai)：见于保护区水池坪至唐家河保护站一线的周边山区、长沟、背林沟、摩天岭、西阳沟、齐头岩等地，生于海拔1100~2000 m的阔叶林下阴湿地。

26. 球子蕨科(Onocleaceae)

[111] 东方荚果蕨(*Matteuccia orientalis* Trev.)：主产长江以南各省，保护区内在海拔1200~3000 m的山地分布较为普遍，生于疏林下或溪沟边。

[112] 荚果蕨(*M. struthiopteris* Todaro)：该物种分布广泛，主产温带、北温带地区，甘肃南部的文县和四川北部也有一定分布，生于海拔3000 m以下的山区，在保护区内见于文县河、石桥河、大草坪一带山区，生于海拔2400~2800 m的山谷林下或河岸湿地。

27. 鳞毛蕨科(Dryopteridaceae)

[113] 细裂复叶耳蕨(*Arachniodes coniifolia* Ching)：见于保护区内水池坪至唐家河保护站一线的周边山区及文县河、长沟、清平地、摩天岭、倒梯子、背林沟、官虎等地，生于海拔1100~2300 m的疏林下或林缘岩壁上。

[114] 镰羽贯众(*Cyrtomium balansae* C. Chr.)：保护区中东部山区常见种，生于海拔1700 m以下的阔叶林下或林缘灌草丛。

[115] 贯众(*C. fortunei* J. Sm.)：保护区内普遍分布，生于海拔1100~2500 m的山地石壁上或山坡灌草丛。

[116] 大羽贯众(*C. macrophyllum* Tagawa)：保护区常见物种，分布范围广阔，生于海拔1200~3500 m的山坡疏林下、溪沟边或灌木丛下。

[117] 两色鳞毛蕨(*Dryopteris setosa* (Thunb.) Akasawa)：为酸性土指示植物之一，偶见于保护区内红岩子、摩天岭、齐头岩、沙帽石、西阳沟等周边山区，常生于海拔1200~1800 m的阔叶林下、沟溪边、较阴的山边洞穴口周围。

[118] 阔鳞鳞毛蕨(*D. championii* C. Chr.)：偶见于保护区中东部山区，生于海拔1100~1700 m的林下或沟谷草丛。

[119] 川西鳞毛蕨(*D. rosthornii* C. Chr.)：见于保护区内摩天岭、倒梯子、大草堂、西阳沟、文县河等周边山区，生于海拔1500~2600 m的阔叶林、针阔叶混交林下或山坡灌草丛。

[120] 齿头鳞毛蕨(*D. labordei* C. Chr.)：该物种主要分布于我国东南部和西南各省，在保护区内零星分布于海拔1700 m以下的山区疏林林下或灌草丛。

[121] 尖齿耳蕨(*Polystichum acutidens* Christ)：在保护区中东部山区偶见，生于海拔1200~2400 m的山地常绿阔叶林下，多见于阴湿的石灰岩山谷。

[122] 鞭叶耳蕨(*P. craspedosorum* Diels)：保护区常见物种，生于海拔1200~2800 m的阴湿林下岩石上或岩壁上。

［123］黑鳞耳蕨（*P. makinoi* Tagawa）：见于保护区内蔡家坝、唐家河保护站、关虎、西阳沟、齐头岩、摩天岭、背林沟、清坪地、长沟、腰磨石窝等地，生于海拔1100～2500 m的林下湿地、岩石、山坡或沟边上。

［124］革叶耳蕨（*P. neolobatum* Nakai）：保护区内普遍分布，生于海拔1200～3000 m的林下阴湿地或山坡阴湿岩壁上。

［125］对马耳蕨（*P. tsus-simense*（Hook.）J. Sm.）：保护区内普遍分布，生于海拔1100～3000 m的山谷潮湿林下、溪沟边林下或林缘石崖上。

［126］喜马拉雅耳蕨（*P. brachypterum*（Kuntze）Ching）：见于保护区西北部，如文县河、大草坪、红花草地、摩天岭、倒梯子等周边山区，生于海拔2000～3400 m的阔叶林下或高山针叶林下。

［127］宝兴耳蕨（*P. baoxingense* Ching et H. S. Kung）：零星分布于保护区石桥河、文县河、腰磨石窝、水池坪长沟等周边山地，生于海拔1600～2500 m的疏林下或沟谷灌丛。

［128］长鳞耳蕨（*P. longipaleatum* Christ）：偶见于保护区官虎、落衣沟、沙帽石、西阳沟、背林沟、蔡家坝等周边山区，生于海拔1100～1600 m的阔叶林下或灌丛中。

［129］陕西耳蕨（*P. shensiense* Christ）：见于保护区内大草堂、大草坪等地，生于海拔2600～3300 m的亚高山草甸或高山针叶林下。

28. 水龙骨科（Polypodiaceae）

［130］节肢蕨（*Arthromeris lehmanni* Ching）：在保护区内偶见，附生于海拔1200～2900 m的阔叶林下岩石上或树干上。

［131］多羽节肢蕨（*A. mairei* Ching）：偶见于保护区大草堂、石桥河、文县河、长沟、蔡家坝、齐头岩、西阳沟、摩天岭等地，生于海拔1200～2600 m的林下或林缘岩石上。

［132］矩圆线蕨（*Colysis henryi*（Baker）Ching）：见于保护区内蔡家坝、唐家河保护站、官虎等地，生于海拔1100～1300 m的阔叶林下阴湿地或阴湿岩壁上。

［133］丝带蕨（*Drymotaenium miyoshianum* Makino）：在保护区海拔2500 m以下的山地分布较为普遍，生于阴湿林中树干或岩石上。

［134］抱石莲（*Lepidogrammitis drymoglossoides* Ching）：分布海拔低，区内仅见于唐家河保护站和官虎，生于海拔1100～1300 m的阴湿树干或岩石上。

［135］贴生骨牌蕨（*L. adnascens* Ching）：见于保护区内蔡家坝、唐家河、背林沟、长沟、清坪地等周边阔叶林下岩石上低海拔山区，生于阴湿岩壁上。

［136］二色瓦韦（*Lepisorus bicolor* Ching）：保护区内普遍分布，生于海拔1100～3200 m的阴湿林下树干上或岩石上。

［137］网眼瓦韦（*L. clathratus* Ching）：见于保护区内蔡家坝、水池坪、唐家河保护站、官虎、落衣沟、齐头岩、西阳沟、背林沟、清坪地等低海拔山区，生于海拔1200～1700 m的阴湿林下树干或岩石上。

［138］扭瓦韦（*L. contortus* Ching）：分布范围广，保护区内普遍分布，附生于海拔1100～3000 m的林下树干或岩石岩壁上。

［139］大瓦韦（*L. macrosphaerus* Ching）：保护区内普遍分布，附生于海拔1100～

3200 m 的林下树干或岩石岩壁上。

[140] 川西瓦韦(*L. soulieanus* Ching et S. K. Wu)：主产四川西部高山地带，保护区内仅在大草坪有少量分布，生于海拔 3000~3400 m 的阴湿岩壁上。

[141] 瓦韦(*L. thunbergianus* Ching)：保护区内海拔 1500 m 以下低海拔山区普遍分布，生于海拔 1100~1500 m 的林中树干、石缝中。

[142] 攀援星蕨(*Microsorum buergerianum* Ching)：保护区内中东部海拔 2000 m 以下的山地分布较为普遍，生于阴湿林中树干上或岩石上。

[143] 江南星蕨(*M. fortunei* Ching)：见于保护区中东部低海拔山地，生于海拔 1200~1800 m 的山坡林下、溪谷边树干或岩石上。

[144] 星蕨(*M. punctatum*(L.)Copel.)：保护区内偶见于文县河，生于海拔 1800~2400 m 的阴湿疏林下的树干上或岩石上。

[145] 金鸡脚假瘤蕨(*Phymatopteris hastate* Kitagawa)：保护区内偶见于西阳沟、齐头岩、唐家河保护站、蔡家坝、水池坪、长沟、文县河、腰磨石窝、清坪地等周边山地，生于海拔 1200~2300 m 的阴湿疏林下或灌丛石头上。

[146] 陕西假瘤蕨(*P. shensiensis*(Christ)Pic. Serm.)：在保护区内海拔 3000 m 以下的山地均有一定分布，虽分布范围较广，但分布数量较少，常附生于树干上或阴湿岩石上。

[147] 友水龙骨(*Polypodiodes amoena*(Wall. ex Mett.)Ching)：在保护区内海拔 2500 m 以下的山区分布较为普遍，常附生于石上或大树干上。

[148] 日本水龙骨(*P. niponica*(Mett.)Ching)：见于保护区腰磨石窝至唐家河保护站一线周边山区及西阳沟、齐头岩、长沟、文县河、清坪地等周边山地，生于海拔 1200~2000 m 的阴湿岩石上或灌草丛。

[149] 光石韦(*Pyrrosia calvata* Ching)：见于保护区内蔡家坝、唐家河保护站、清坪地、齐头岩、倒梯子、背林沟、长沟周边低海拔山地，附生于海拔 1100~1800 m 的树干上或阴湿岩石上。

[150] 毡毛石韦(*P. drakeana* Ching)：在保护区内分布较为普遍，常附生于海拔 1200~3000 m 的树干上或阴湿岩石上。

[151] 石韦(*P. lingua* Farw.)：在保护区海拔 1700 m 以下的低海拔山区分布较为普遍，常附生于树干上或稍干的岩石上。

[152] 有柄石韦(*P. petiolosa* Ching)：广泛分布于全国各省区，在保护区中东部山区较为常见，常生于海拔 2000 m 以下的阳坡岩石或岩壁上。

[153] 庐山石韦(*P. sheareri* Ching)：主产四川东南部，保护区内见于红岩子、沙帽石、西阳沟等周边山地，生于海拔 1500~2000 m 的林下树干或岩石上。

29. 苹科(Marsileaceae)

[154] 苹(*Marsilea quadrifolia* L.)：偶见于保护区蔡家坝周边山区，生于沟谷两边的低洼地。

30. 满江红科(Azollaceae)

[155] 满江红[*Azolla imbricate*(Roxb.)Nakai]：见于保护区西阳沟、唐家河保护站、蔡家坝等，生于海拔 1200~1500 m 的低洼地的积水处、水沟或水塘。

第5章 裸子植物

裸子植物是组成唐家河自然保护区针叶林和针阔混交林等森林植被的优势种或建群种，对于该保护区生态环境和生物多样性的维持和保护起着非常关键的作用。裸子植物还是重要的木材资源，树干通直，材质优良且出材率高。许多裸子植物体内还含有非常重要的可利用物质，常为人类和陆生动物提供大量的食物和药物，并在调节气候和防止水土流失等方面具有不可替代的作用。因此，有关裸子植物物种多样性及其区系的研究历来备受中外学者的关注。

有关保护区裸子植物物种多样性及其区系的研究较少，2003年7~8月，西华师范大学(原四川师范学院)珍稀动植物研究所组织科技人员对保护区进行了第一次综合科学考察，首次对区内裸子植物的科、属及物种数量进行统计，并对其区系成分进行初步分析(胡锦矗，2005a)。然而，该次调查的时间较短，只有一个季节的资料。另外，2008年"5·12"汶川8.0级特大地震发生后，青川县属地震受损重灾区，唐家河自然保护区内裸子植物资源现状如何尚不得而知。

为此，我们于2013年5~12月按不同季节对唐家河自然保护区的裸子植物多样性再次进行了科学考察。在野外调查资料的基础上，从植物系统学和区系学角度对保护区裸子植物资源进行综合分析，可为该地区生物多样性保护提供科学依据。

5.1 裸子植物区系组成

1.种类丰富

据调查，保护区内野生分布的裸子植物共6科12属22种(不含银杏和日本柳杉等两个栽培物种)，分别占全国裸子植物科数的60%、属数的35.29%、种数的8.00%，占四川裸子植物科数的66.67%、属数的42.86%、种数的21.78%(表5-1)。其中，以松科的属、种数量最多，其次为柏科，它们是构成本地区裸子植物区系的主体。

表 5-1 唐家河自然保护区裸子植物与全国及四川裸子植物的科、属、种比较

地区	全国			四川(含重庆)			唐家河自然保护区			卧龙自然保护区		
	科	属	种	科	属	种	科	属	种	科	属	种
裸子植物	10	34	275	9	28	101	6	12	22	6	10	20

从表5-1可以看出，保护区内裸子植物占全国及四川裸子植物科、属的比例是比较大的。与卧龙自然保护区进行比较发现，区内裸子植物比卧龙自然保护区多2属2种(卧龙植被及资源植物编写组，1987)，表明区内裸子植物的种类极为丰富。

与第一次科学考察的结果进行比较，本次考察发现保护区内裸子植物的科、属的数目及类别是一致的，仅是种类上比第一次科考结果少了一种（即柳杉）。经询问当地百姓及形态学鉴定，确定第一次科考时发现的柳杉，实为栽培的日本柳杉，在保护区已经形成人工纯林。

2. 特有种类较多，起源古老

在保护区野生分布的 22 种裸子植物中，属于我国特有的裸子植物共 19 种，占区内裸子植物种数的 86.36%，是组成该地针阔叶混交林、寒温性针叶林的建群植物。

植物区系的种类组成虽然与现代生态条件有一定关系，但主要还是长期历史发展所形成的产物。唐家河自然保护区位于四川省广元市青川县青溪镇境内，地处四川盆地北部边缘、摩天岭南麓。古气候的变化可能不仅没有造成本区生物的毁灭，反而促进一些生物的繁衍、分化，并成为古老植物分布的避难所（胡锦矗，2004）。在唐家河自然保护区裸子植物区系中，以中生代白垩纪及新生代古近-新近纪的古老植物较多，如产于白垩纪的松属（*Pinus*）、云杉属（*Picea*）、红豆杉属（*Taxus*）及产于古近纪的冷杉属（*Abies*）、铁杉属（*Tsuga*）、杉木属（*Cunninghamia*）和麻黄属（*Ephedra*）等（李仁伟等，2001），在一定程度上反映了该地裸子植物区系的古老性。

5.2 裸子植物区系特点

保护区内属温带分布类型的裸子植物为 4 科 9 属，占保护区裸子植物总科数的 66.67%、总属数的 75.00%。特有分布 1 科 1 属，占保护区裸子植物总科数的 16.67%、总属数的 8.33%（表 5-2）。从以上数据可以看出，唐家河自然保护区以温带分布的科数和属数最多，而缺乏热带分布的裸子植物，这表明该地区具有以温带分布为主的裸子植物区系特征。

根据吴征镒（1991）对种子植物属所划分的包括热带、温带、古地中海和中国特有等 15 个分布区类型，保护区在裸子植物区系地理上所包含的分布区类型也是丰富多样的。从表 5.2 可以看出，北温带分布属不仅在本地区全部属中所占的比例最高，同时在全国同类属中所占比例高达 88.89%，这可能与保护区植被垂直地带性分布规律有关。

表 5-2　唐家河自然保护区裸子植物属的分布区类型及与全国的比较

	全　国		唐家河自然保护区		
	属数	占总属数/%	属数	占总属数/%	占全国同类属/%
1. 世界分布	1	2.94	1	8.33	100.00
2. 泛热带分布	4	11.76	0	0	0
5. 热带亚洲至热带大洋洲分布	1	2.94	0	0	0
7. 热带亚洲（印度—马来西亚）分布	1	2.94	0	0	0
8. 北温带分布	9	26.47	8	66.67	88.89
9. 东亚—北美间断分布	8	23.53	1	8.33	12.50
10. 旧大陆温带（主要在欧洲温带）分布	1	2.94	0	0	0

	全 国		唐家河自然保护区		
	属数	占总属数/%	属数	占总属数/%	占全国同类属/%
14.东亚(东喜马拉雅至日本)	4	11.76	1	8.33	25.00
15.中国特有分布	5	14.71	1	8.33	20.00
合计	34	100.00	12	100.00	35.29

1.世界分布属

保护区分布的裸子植物中拥有世界分布属1属,即麻黄科的麻黄属。麻黄属属于干旱、荒漠分布类型,主要分布在亚洲、美洲、欧洲南部及非洲北部等干旱、荒漠地区。在唐家河地区西北部海拔2800~3700 m的亚高山草甸或流石滩石缝中有分布,这不仅是该地区植物区系的多样性体现,也反映出唐家河地区地理位置和地理环境的特殊性。

2.北温带分布属

北温带分布是唐家河自然保护区裸子植物分布属最多的类型,占保护区裸子植物总属数的66.67%。如冷杉属、松属、云杉属、油杉属(*Keteleeria*)、圆柏属(*Sabina*)、刺柏属(*Juniperus*)、柏木属(*Cupressus*)、红豆杉属等。其中,云杉属、冷杉属的不少种类是该地森林群落中的建群种和优势种。

3.东亚分布属

保护区东亚分布属仅有1属,即三尖杉科的三尖杉属(*Cephalotaxus*)。该属主要分布于亚洲东部,在我国最集中,四川地区是其重要的分布区。该属最早化石见于英格兰侏罗系及我国浙江中侏罗统,在本次野外调查中,三尖杉属见于保护区棕山子、文家河、寺沟里、落衣沟等地海拔1200~2000 m的阔叶林或灌丛中。

4.东亚—北美间断分布属

保护区东亚—北美间断分布属仅有1属,即松科的铁杉属。该属主要分布于亚洲东部及北美温暖湿润山地,在保护区内主要分布于四角湾、小湾河、加字号沟、文县河、石桥河等沟系。铁杉属最早的化石发现于西伯利亚东部沿海的始新世地层,在四川理塘新近纪大地层中亦有发现。作为一个典型的东亚—北美间断分布属,它是早期地质历史上东亚和北美地理上相互间曾有密切联系的结果,反映铁杉属在四川分布历史的古老。

5.中国特有分布属

保护区内中国特有分布属仅有1属,即杉科的杉木属。该属广泛分布于秦岭以南温暖地区及台湾。目前,杉木属处于残遗状态,在四川安宁河中下游河谷残存有天然林,以及在西南部地层中发掘出的大量杉木等,都证明四川不但是该属现代的重要分布区,而且与该属的演化发展也有紧密联系。本次野外调查发现,在保护区棕山子、寺沟里、西阳沟等沟系海拔1100~1600 m的阔叶林中伴生有杉木属植物,表明唐家河地区在杉木属的系统演化上是十分重要的,是"杉木属起源于中国中低纬度亚热带地区"的重要佐证。

5.3　保护区内裸子植物简介

1. 银杏科(Ginkgoaceae)

[1] 银杏(*Ginkgo biloba* L.)：栽培于路旁或宅旁，在保护区白果坪保护站河对岸有一株古银杏树。

2. 松科(Pinaceae)

[2] 峨眉冷杉(*Abies fabri* Craib)：多见于保护区文县河、加字号沟、石桥河、小湾河等沟系阴坡和半阴坡海拔 2400~3400 m 的针阔混交林或针叶林中。

[3] 岷江冷杉(*A. faxoniana* Rehd. et Wils.)：多见于保护区四角湾、文县河、加字号、石桥河、小唐家河等沟系的阴坡或半阴坡。

[4] 铁坚油杉(*Keteleeria davidiana* Beissn.)：多见于保护区背林沟、白果坪保护站河对岸及关虎附近。

[5] 麦吊云杉(*Picea brachytyla* Pritz.)：在保护区大岭子沟、红石河、石桥河、四角湾等沟系多见。

[6] 粗枝云杉(*P. asperata* Mast.)：多见于保护区四角湾、红石河、文县河等沟系。

[7] 青扦(*P. wilsonii* Mast.)：多见于保护区大岭子沟、长沟、小湾河等沟系林下或沟边，散生。

[8] 华山松(*Pinus armandi* Franch.)：在杉木属大、小湾河上游地区阳坡分布较多。

[9] 马尾松(*P. massoniana* Lamb.)：主要分布于保护区铁厂沟、鸡公垭沟、四角湾、摩天岭等沟系的林中或林缘路旁。

[10] 油松(*P. tabulaeformis* Carr.)：主要分布于保护区四角湾、文县河、红石河等沟系。

[11] 铁杉(*Tsuga chinensis* Pritz.)：主要分布于保护区四角湾、小湾河、加字号沟、文县河、石桥河等沟系。

[12] 云南铁杉(*T. dumosa* Eichler.)：主要分布于保护区四角湾、文县河、石桥河等沟系。

3. 杉科(Taxodiaceae)

[13] 杉木(*Cunninghamia lanceolata* Hook.)：主要分布于保护区棕山子、寺沟里、西阳沟等沟系海拔 1100~1600 m 的阔叶林中。

[14] 日本柳杉 [*Cryptomeria japonica*(Thunberg ex Linnaeus f.)D. Don]：在保护区棕山子沟海拔 1200~1500 m 的湿润山坡栽培，目前已成人工纯林。

4. 柏科(Cupressaceae)

[15] 柏木(*Cupressus funebris* Endl.)：主要分布于保护区棕山子沟、寺沟里等沟系海拔 1200~1500 m 的林中或路旁。

[16] 刺柏(*Juniperus formosana* Hayata.)：主要分布于保护区红石河、小湾河、文县河等沟系海拔 2000~2600 m 的针阔混交林中。

　　[17] 方枝柏(*Sabina saltuaria* Cheng et W. T. Wang)：主要分布于保护区唐家河、文县河、加字号沟、石桥河、小湾河等沟系 2700~3700 m 的亚高山针叶林中。

　　[18] 高山柏(*S. squamata* Ant.)：主要分布于保护区文县河、加字号沟、石桥河等沟系海拔 2700~3600 m 的亚高山针叶林中。

　　[19] 香柏(*S. squamata* var. *wilsonii* Cheng et L. K. Fu)：主要分布于保护区文县河、加字号沟、石桥河等沟系海拔 2800~3600 m 的亚高山针叶林中。

　　5. 粗榧科(Cephalotaxaceae)

　　[20] 三尖杉(*Cephalotaxus fortune* Hook. f.)：主要分布于保护区棕山子沟、寺沟里、瓦房地、落衣沟等沟系海拔 1200~2000 m 的阔叶林或灌丛中。

　　[21] 高山三尖杉(*C. fortune* var. *alpine* Li)：主要分布于保护区文县河、加字号、石桥河、大小湾河等沟系海拔 1800~3000 m 的林缘或灌丛。

　　[22] 粗榧(*C. sinensis* Li.)：主要分布于保护区棕山子沟、文家河、寺沟里、落衣沟等沟系海拔 1200~1500 m 的阔叶林或山坡灌丛。

　　6. 红豆杉科(Taxaceae)

　　[23] 红豆杉(*Taxus chinensis* Rehd.)：野外调查发现在保护区落衣沟(104.47146°E，32.31189°N，海拔 1506 m)、铁厂沟(104.46524°E，32.31048°N，海拔 1673 m)、红石河(104.65365°E，32.60324°N，海拔 2024 m)、四角湾(104.48443°E，32.38085°N，海拔 2086 m；104.49510°E，32.27370°N，海拔 2226 m)等沟系有分布。

　　7. 麻黄科(Ephedraceae)

　　[24] 矮麻黄(*Ephedra minuta* Florin)：主要分布于保护区加字号沟、文县河、石桥河等沟系海拔 2800~3700 m 的亚高山草甸。

5.4　保护区内濒危及特有裸子植物

5.4.1　珍稀濒危裸子植物

　　珍稀濒危植物是濒危植物、渐危植物和稀有植物的统称，是亿万年生物演化历史的重要遗产。其中，珍稀植物是指在科研和经济上具有重要价值的物种，稀有植物是指在分布区内只有很少的群体或仅存在于有限地区的我国特有单型科、单型属或少型属的代表植物种类；濒危植物是指分布区濒临绝灭危险的植物种类。珍稀濒危植物的存在，对古气候、古地理及物种的系统发育和古植物区系等方面的研究具有非常重要的意义。

　　根据国务院 1999 年发布的《国家重点保护野生植物名录(第一批)》，在唐家河自然保护区内自然分布的国家重点保护的裸子植物共 1 种，即国家Ⅰ级重点保护植物红豆杉(表 5-3)。

表 5-3　唐家河自然保护区国家重点保护裸子植物种类及用途

种　名	科　名	保护级别	种群多度	用途	备注
红豆杉	红豆杉科	I	Cop1	药用	

注：根据国务院于 1999 年 8 月 4 日批准的《国家重点保护野生植物名录(第一批)》统计

"种群多度"是衡量物种个体数量的一个指标，本表采用 Drude 多度制，其等级划分为：Soc.(极多)、Cop3(很多)、Cop2(多)、Cop1(尚多)、Sp.(少)、So(稀少)和 Un.(个别)等七个

5.4.2　特有植物

特有植物是指自古近-新近纪以来或第四纪冰川后，该植物在别的国家都已灭绝或者尚未见有记载，而为我国国产的植物(陈德懋，1985)。特有种类的丰富程度可体现该地在生物多样性研究和保护中的重要地位。研究和保护特有植物及其种质资源，在生物资源发展战略上具有特别意义(袁茂琴和张华海，2010)。

保护区内分布有我国特有裸子植物 19 种，分别是华山松(*Pinus armandii*)、油松(*P. tabulaeformis*)、峨眉冷杉(*Abies fabri*)、岷江冷杉(*A. faxoniana*)、铁坚油杉(*Keteleeria davidiana*)、麦吊云杉(*Picea brachytyla*)、青扦(*P. wilsonii*)、铁杉(*Tsuga chinensis*)、杉木(*Cunninghamia lanceolata*)、柏木(*Cupressus funebri*)、香柏(*Sabina pingii* var. *wilsonii*)、方枝柏(*S. saltuaria*)、高山柏(*S. squamata*)、刺柏(*Juniperus formosana*)、三尖杉(*Cephalotaxus fortunei*)、高山三尖杉(*C. fortune* var. *alpine*)、粗榧(*C. sinensis*)、红豆杉(*Taxus chinensis*)及矮麻黄(*Ephedra minuta*)。其中，峨眉冷杉为四川特有植物。

第6章 被子植物

6.1 被子植物区系组成

植物区系研究是认识区域植被本质属性、对植被进行区划、管理和经营利用的基础。目前对保护区被子植物区系的复杂性和多样性尚未有详尽的报道。为此，我们在保护区两次综合科学考察(2003年、2013年)的基础上，参考和查阅了《四川植物志》、《中国高等植物图鉴》、《高等植物图鉴》和近10年来的科研文献等历史资料，从植物系统学和区系的角度对该区域被子植物区系科、属、种的属性进行了统计分析，以期阐明该区域被子植物区系的基本特征及其与周边地区植物区系的关系，深刻了解该区域被子植物演化在西南地区的地位和作用，为该地区生物多样性保护提供科学参考。

在分析过程中，对大、中、小科和属，特有属、特有种的数量统计及对植物区系成分的分析，主要参考吴征镒等(1991，2003)和李仁伟(2002)的研究资料。对珍稀濒危植物的确定，主要参考了《国家重点保护野生植物名录(第一批)》(1999)等相关文献。

6.1.1 物种组成

按恩格勒有花植物分类系统(1964年版)初步统计，保护区现有被子植物133科642属1619种(含103余变种、7个亚种和2个变型)。其中，双子叶纲(木兰纲)植物达122科526属1380种，分别占科、属、种比例的91.73%、81.93%和85.24%，占据主导地位；而单子叶植物纲(百合纲)植物分布有11科116属239种，分别占科、属、种比例的8.27%、18.07%和14.76%(表6-1)。单子叶植物虽然在保护区的分布比例较低，但多数种类是组成山谷、山坡草地、亚高山草甸的优势类群，对该区域生态系统的完整性、维持生态系统平衡和促进生态演替等具有重要作用。

表6-1 唐家河自然保护区被子植物各分类阶元的数据统计

	双子叶植物		单子叶植物		合计	
	2003	2013	2003	2013	2003	2013
科	121(92.37)	123(92.48)	10(7.634)	10(7.52)	131	133
属	532(82.61)	526(81.93)	112(17.39)	116(18.07)	644	642
种	1360(85.21)	1380(85.24)	236(14.79)	239(14.76)	1596	1619

注："2003"指2003年保护区第一次综合科学考察报告数据；"2013"指本次调查数据，括号内数字表示百分数

本次调查的数据统计结果与2003年该区域综合科学考察结果有少量出入(表6-1)。

在 2003 年的综合科学考察报告中,将含羞草科、苏木科和蝶形花科三科归于广义的豆科处理,但这种处理结果与吴征镒等(2003)《世界种子植物科的分布区类型》不一致,从而影响了该区域被子植物的区系划分。本次调查报告中,将前面三个类群提升至科级分类阶元处理。

6.1.2 区系特征

科和属的大小是植物区系的一个重要数量特征。其中,属的大小被认为可以反映一个区域植物区系的古老性。按照李仁伟等(2001)对四川被子植物区系研究中的统计方法,以保护区内各科所含种数的多少为基础,可把保护区被子植物区系的科、属划分为 5 个类型:特大科(≥50 种)、大科(20~49 种)、中等科(10~19 种)、少种科(2~9 种)及单种科(1 种);特大属(≥20 种)、大属(15~19 种)、中等属(8~14 种)、少种属(2~7 种)及单种属(1 种)(表 6-2)。

表 6-2 唐家河自然保护区被子植物科、属的数量组成统计及分析

科的类型 (种数)	科数	占总科 数/%	包含 种数	占总种 数/%	属的类型 (种数)	属数	占总属 数/%	包含 种数	占总种 数/%
特大科(≥50)	7	5.26	549	33.91	特大属(≥20)	3	0.47	67	4.14
大科(20~49)	15	11.28	417	25.76	大属(15~19)	2	0.31	36	2.22
中等科(10~19)	23	17.29	319	19.70	中等属(8~14)	31	4.83	311	19.21
少种科(2~9)	66	49.63	312	19.27	少种属(2~7)	271	42.21	870	53.74
单种科(1)	22	16.54	22	1.36	单种属(1)	335	52.18	335	20.69
合计	133	100.00	1619	100.00	合计	642	100.00	1619	100.00

6.1.2.1 科的分析

统计表明,少种科(2~9 种)在保护区内最为丰富,达到 66 科,含 151 属 312 种,分别占该保护区被子植物总科数、总属数和总种数的 49.62%、23.52%和 19.27%。代表类群有胡桃科(Juglandaceae)、榆科(Ulmaceae)、藜科(Chenopodiaceae)、苋科(Amaranthaceae)、五味子科(Schisandraceae)、木通科(Lardizabalaceae)、马兜铃科(Aristolochiaceae)、芍药科(Paeoniaceae)、藤黄科(Guttiferaceae)、酢浆草科(Oxalidaceae)、牻牛儿苗科(Geraniaceae)、漆树科(Anacardiaceae)、凤仙花科(Balsaminaceae)、椴树科(Tiliaceae)、瑞香科(Thymelaeaceae)、胡颓子科(Elaeagnaceae)、旌节花科(Stachyuraceae)、葫芦科(Cucurbitaceae)、柳叶菜科(Onagraceae)、八角枫科(Alangiaceae)、珙桐科(Davidiaceae)、紫金牛科(Myrsinaceaae)、醉鱼草科(Buddlejaceae)、车前草科(Plantaginaceae)、败酱科(Valerianaceae)、川续断科(Dipsacaceae)、薯蓣科(Dioscoreaceae)、灯心草科(Juncaceae)和天南星科(Araceae)等。虽然少种科在保护区内所占比例较高,但由于多数类群在区域物种分布数量相对较少且分散,因此并不是组成保护区植被的主体。尽管如此,少种科也是该地物种多样性的重要基础,部分少种科在区系性质上具有一定

的古老性，如椴树科(Tiliaceae)、胡颓子科(Elaeagnaceae)等。

包含种数超过 20 种的大科和特大科在保护区内共计 22 科，所含属、种数分别达到 307 属 966 种。其中，物种数量超过 50 种的特大科在保护区虽然只有 7 科，但所包含属、种的数量分别达 195 属和 549 种。这些特大科依次为：蔷薇科(Rosaceae)(属数/种数：29/121，下同)、菊科(Compositae)(40/106)、禾本科(Gramineae)(51/89)、蝶形花科(Papilionaceae)(26/63)、百合科(Liliaceae)(23/60)、毛茛科(Ranunculaceae)(14/59)及虎耳草科(Saxifragaceae)(12/51)。含有 20~49 种的大型科在保护区有 15 科，含 148 属 417 种，分别占保护区被子植物总科数、总属数和总种数的 11.28%、23.05% 和 25.76%，包括伞形科(Umbelliferae)(22/47)、唇形科(Labiatae)(20/40)、杜鹃花科(Ericaceae)(8/37)、忍冬科(Caprifoliaceae)(7/34)、兰科(Orchidaceae)(21/33)、蓼科(Polygonaceae)(6/29)、荨麻科(Urticaceae)(13/25)、樟科(Lauraceae)(6/24)、玄参科(Scrophulariaceae)(11/24)、莎草科(Cyperaceae)(8/22)、报春花科(Primulaceae)(3/21)、茜草科(Rubiaceae)(12/21)、杨柳科(Salicaceae)(2/20)、壳斗科(Fagaceae)(6/20)及卫矛科(Celastraceae)(3/20)。

由于种系分化的状况能反映出生物多样性的动态变化，因此大科和特大科对于该区域的被子植物多样性具有重要意义(李仁伟，2001)。另外，在这些大科或特大科中，多数物种同时也成为该区各种植被类型的基础组成部分，在森林、草地群落中占据着优势地位，并在维持该区生态环境的稳定性中发挥着极为重要的作用。

含有 10~19 种的中等科在保护区分布有 23 科，含 125 属 319 种，分别占该保护区被子植物总科数、总属数和总种数的 17.29%、19.47% 和 19.70%。这些类群分别为：桦木科(Betulaceae)(5/17)、桑科(Moraceae)(5/13)、石竹科(Caryophyllaceae)(8/18)、小檗科(Berberidaceae)(5/16)、猕猴桃科(Actinidiaceae)(2/11)、山茶科(Theaceae)(4/10)、十字花科(Cruciferae)(10/18)、景天科(Crassulaceae)(4/16)、大戟科(Euphorbiaceae)(12/16)、芸香科(Rutaceae)(5/18)、槭树科(Aceraceae)(2/19)、鼠李科(Rhamnaceae)(5/17)、葡萄科(Vitaceae)(5/14)、堇菜科(Violaceae)(1/10)、山茱萸科(Cornaceae)(5/12)、五加科(Araliaceae)(6/16)、龙胆科(Gentianaceae)(6/15)、萝藦科(Asclepiadaceae)(5/10)、旋花科(Convolvulaceae)(6/11)、紫草科(Boraginaceae)(10/15)、马鞭草科(Verbenaceae)(6/11)、桔梗科(Campanulaceae)(8/16)和天南星科(Araceae)(4/10)。中等科的数量及所含种数在保护区并不占优势，但这些科几乎均广布于全国，说明保护区被子植物区系在发育与演化方面与全国的被子植物区系具有紧密联系。

单种科(包括单型科和单种科，单型科指在全球区系中，仅含有 1 种，而单种科则指在全球区系中，含有多个种类，而只在某个区域内仅含 1 种)的出现在一定程度上反映了植物区系的古老程度和演化过程中的孤立性，是研究植物区系起源的重要资料。保护区内分布有单种科达到 22 科，分别为：杜仲科(Eucommiaceae)、铁青树科(Olacaceae)、檀香科(Santalaceae)、粟米草科(Molluginaceae)、马齿苋科(Portulacaceae)、八角茴香科(Illiciaceae)、水青树科(Tetracentraceae)、云叶科(Eupteleaceae)、连香树科(Cercidiphyllaceae)、大血藤科(Sargentodoxaceae)、亚麻科(Linaceae)、交让木科(Daphniphyllaceae)、楝科(Meliaceae)、马桑科(Coriariaceae)、七叶树科(Hippocastanaceae)、小二仙草科(Haloragaceae)、岩梅科(Diapensiaceae)、白花丹科(蓝雪科)(Plumbaginaceae)、花荵科(Polemoniaceae)、透骨草科(Phrymataceae)、眼子菜科(Potamogetonaceae)和百部科(Stemonaceae)。其中水青树科、杜仲科和透骨草科为单型科。在这 3 个单型科中,除了透骨草科为东亚—北美间断分布外,其余 2 科都是中国或东亚分布的特有科,几乎都是在中生代三叠纪早期已经建立起来的科,在系统演化中属于古老和孤立的类群。

保护区内少种科(2~9 种)共 66 科 312 种,如领春木科(云叶科)(Eupteleaceae)、连香树科(Cercidiphyllaceae)、三白草科(Saururaceae)和马桑科(Coriariaceae)等,这些科在系统发育方面也有与单型科相似的特点,反映出唐家河国家级自然保护区被子植物区系的古老性及其悠久的演化历史。另外,这些单种科中也不乏在全国和全球植物区系中含有种或属较多的类群,它们虽然不是该保护区植物区系的主要组成部分,但能反映出该地区被子植物区系与四川及全国被子植物区系的广泛联系。这些科是在漫长的地质历史过程中植物区系与自然环境相互作用下长期演化发展的结果。

保护区植物区系科级类群包括了从单型科到特大型科的具有不同数量特征的科,科级类群丰富而复杂。由于科级分类单位的分化形成有着相对漫长的演化发展历史和特殊的自然环境条件,因而反映了该处地区地史演变的悠久与自然环境条件的优越性。

6.1.2.2 属的分析

属是分类学上较为自然的类群,相互间能更好地划清界限,因而从某种意义上讲,它在植物区系分析中相对于科来说更准确、更重要。属级分类群的分析能更进一步揭示出区系组成的复杂性和多样性(李仁伟,2001,2002)。

通过对属的统计分析(表 6-2)发现,保护区中被子植物区系成分组成以单种属(包括单型属在内)最丰富,共计达 335 属,占总属数的 52.18%,所含种数占总种数的 20.69%,代表属如青钱柳属(*Cyclocarya*)、杜仲属(*Eucommia*)、狗筋蔓属(*Cucubalus*)、狼毒属(*Stellera*)、牛繁缕属(*Malachium*)、山桐子属(*Idesia*)、水青树属(*Tetracentron*)、刺楸属(*Kalopanax*)、连香树属(*Cercidiphyllum*)、蕺菜属(*Houttuynia*)、升麻属(*Souliea*)、泥胡菜属(*Hemistepta*)、绣球属(*Hemiphragma*)、棣棠属(*Kerria*)、黄缨菊属(*Xanthopappus*)、扁核木属(*Prinsepia*)、大血藤属(*Sargentodoxa*)、串果藤属(*Sinofranchetia*)、吉祥草属(*Reineckia*)、天葵属(*Semiaquilegia*)、汉防己属(*Sinomenium*)、血水草属(*Eomecon*)、飞龙掌血(*Toddaia*)、山拐枣属(*Poliothyrsis*)、山茱萸属(*Macrocarpium*)、岩匙属(藏岩梅)(*Berneuxia*)、香果树属(*Emmenopterys*)、紫苏(*Perilla*)、显子草属(*Phaenospema*)、桔梗属(*Platycodon*)等。

绝大多数单型属和相当一部分单种属是古老子遗属,它们不仅是在漫长的系统发育过程中形成的,而且还反映了区系的古老性,如水青树属(*Tetracentron*)、连香树属(*Cercidiphyllum*)等。

保护区内含 2~7 种的少种属达到 271 属 870 种,分别占本区被子植物属、种总数的 42.21%和 53.74%,是唐家河自然保护区内被子植物区系的主要组成成分。在这些少种属中,属于古老成分的有山桐子属(*Idesia*)、化香属(*Platycarya*)等。此外,还有一些新生代古近-新近纪就已存在至今仍占重要地位的双子叶植物古老成分，如八角枫($Alangium$ $chinensis$)、润楠($Machilus$ sp.)、山胡椒($Lindera$ $glauca$)、胡枝子($Lespedera$ sp.)、菝葜($Smilax$ $chinnensis$)、柃木($Eurya$ $japonica$)等。少种属不仅物种数量最为丰富，而且部分种类为不同植被类型分布带的优势种。

含有 8~14 种的中等属在保护区内分布有 31 属，包含 311 种，占区内总属数、总种数的 4.83%、19.21%。含有 15 种以上的大属和特大属，区内共计 5 属，所含种数达 103 种，其中蓼属($Polygonum$)、悬钩子属($Rubus$)和杜鹃属($Rhododendron$)等 3 属所含种数均超过了 20 种。

由于种系分化是生物多样性的基础，因此含 15 种以上的属将对该地区物种多样性的发展产生深刻影响。

6.1.2.3　特有现象

特有现象是种系分化的结果，是植物区系多样性的依据。特有类群的分化和积累构成植物区系的特有现象。通过对特有类群的深入分析，不但有助于探索植物区系的演化和发展历程，也有助于对一个地区植物区系性质和特点的理解。

保护区地理环境和气候复杂多样的特点孕育了较为丰富的特有类群。据统计，在保护区内分布有 3 个中国特有科，分别为杜仲科、水青树科和珙桐科；特有属有 19 属，分别为青钱柳属($Cyclocarya$)、虎榛子属($Ostryopsis$)、串果藤属($Sinofranchetia$)、血水草属($Eomecon$)、动蕊花属($Kinostemon$)、双盾木属($Dipelta$)、无距兰属($Aceratorchis$)、青檀属($Pteroceltis$)、羌活属($Notopterygium$)、藤山柳属($Clematoclethr$)、水青树属(($Tetracentron$))、箭竹属($Fargesia$)、杜仲属、金钱槭属($Dipteronia$)、地构叶属($Speranskia$)、香果树属($Emmenopterys$)、山拐枣属($Poliothyrsis$)、黄钟花属($Spenceria$)和慈竹属($Neosinocalamus$)。

6.1.3　分布区类型

根据吴征镒(2003)对中国被子植物属分布区类型的划分方法及李仁伟等(2001)对四川被子植物区系的区分方法，把保护区内被子植物区系的科、属分别划分为世界分布、热带分布、温带分布和中国特有分布等 4 大类型，并在各大类型中进一步划分出一些亚型(表 6-3，表 6-4)。

6.1.3.1　科分布区类型

由表 6-3 可知，保护区内被子植物科以世界广布和泛热带分布的科最多，分别达 39 个和 40 个，占该区域总科数的 29.32% 和 30.08%。属北温带成分的共有 25 科，占该区总科数的 18.80%。除此之外，其余各种科分布类型均占较低成分。导致本区被子植物泛热带性质科占主要比例的原因可能主要是本区地形复杂，在地质历史上第四纪冰期对本区的影响较小，从而有大量古热带性质的科被保留下来。

表 6-3　唐家河自然保护区被子植物科分布区类型

类型	亚型	科数	占总科数百分比/%
世界分布	1 世界分布	39	29.32
热带分布	2 泛热带分布	40	30.08
	3 热带亚洲、美洲间断(广义)	8	6.02
	4 旧世界热带	2	1.50
	5 热带亚洲、澳洲	2	1.50
	6 热带亚洲、热带非洲	1	0.75
	7 热带亚洲	2	1.50
温带分布	8 北温带分布	25	18.80
	9 东亚北美洲间断分布	4	3.00
	10 旧世界温带	2	1.50
	14 东亚分布	5	3.76
中国特有	15 中国特有分布	3	2.26
合计		133	100.00

6.1.3.2　属分布区类型

在植物系统学上，属的特质、特征相对稳定，并占有比较稳定的分布区。在演化的过程中，属随环境条件的变化而产生分化，表现出显著的地区性差异。所以，属水平的分布区类型比较，比在科水平的比较更能反映系统发育过程和地区性特征。

根据吴征镒"中国被子植物属的分布区类型"的划分方法，该区被子植物属的分布区类型统计结果见表 6-4。

(1)以温带成分为主，共计达 379 属，占该区被子植物总属数的 59.04%。其中，以北温带分布类型属占绝对优势，共 169 属，占总属数的 26.32%，高于全国北温带分布属的比例(20.29%)。东亚—北美间断分布类型共 46 属(7.17%)、旧大陆温带分布类型共 54 属(8.41%)、温带亚洲分布类型共 12 属(1.87%)、东亚分布类型共 95 属(14.80%)，均高于全国同分类型所占比例(4.12%、5.44%、1.83%、9.93%)。造成这种现象的主要原因是本区地处四川盆地北缘，以山地植被类型为主。

地中海、西亚至中亚分布类型在保护区内共 2 属(0.31%)，中亚分布类型在保护区内仅 1 属(0.16%)，均低于全国同类分布型水平。总体而言，保护区内气候较为温暖湿润，适应于亚洲内陆干旱气候的植物在本区极少。

(2)热带成分在保护区分布有 196 属，占该区被子植物总属数的 30.53%。其中，以泛热带分布类型属最多，共 96 属，占该地区总属数的 14.95%，高于全国该分布区类型的百分比(12.02%)。然而，热带美洲和热带亚洲间断分布类型属(7 属，1.09%)、旧大陆热带分布类型属(15 属，2.34%)、热带亚洲至热带大洋洲分布类型属(15 属，2.34%)、热带亚洲至热带非洲分布类型属(21 属，3.27%)、热带亚洲(印度—马来西亚)分布类型属(33属,5.14%)等均比全国同类分布型百分比低,这可能与保护区在全国所处的地理位置有关。

表 6-4 唐家河自然保护区被子植物属分布区类型统计

	分布区类型	属数	占总属数百分比/%
世界分布	1.世界分布	48	7.48
热带分布	2.泛热带分布	96	14.95
	3.热带美洲和热带亚洲间断分布	7	1.09
	4.旧大陆热带分布	24	3.74
	5.热带亚洲至热带大洋洲分布	15	2.34
	6.热带亚洲至热带非洲分布	21	3.27
	7.热带亚洲(印度—马来西亚)分布	33	5.14
温带分布	8.北温带分布	169	26.32
	9.东亚—北美间断分布	46	7.17
	10.旧大陆温带(主要在欧亚温带)分布	54	8.41
	11.温带亚洲分布	12	1.87
	12.地中海、西亚至中亚分布	2	0.31
	13.中亚分布	1	0.16
	14.东亚(东喜马拉雅—日本)分布	95	14.80
中国特有分布	15.中国特有分布	19	2.96
	合　计	642	100.00

(3)中国特有属在保护区内共有19属,占保护区总属数的2.96%。

(4)世界分布属在保护区内共有48属,占保护区总属数的7.48%。

总之,在保护区被子植物属的分布区类型中,热带性质分布型除泛热带分布属的比列高于全国外,其余均低于全国同类分布型。而温带性质的分布型中,除地中海、西亚至中亚分布和中亚分布属数的百分数低于全国外,其余各温带性质分布类型都高于全国相应类型的百分数。因此,保护区被子植物区系的地理分布区类型具有以温带分布植物为主的特征,这与当地处于中纬度和具备中、高山地貌有利于温带植物成分分化发育有关。

总体而言,保护区被子植物区系呈现3个特征:①被子植物种类丰富;②植物起源古老;③分布区类型在科级水平以热带成分为主,在属级分类阶元则以温带成分为主,体现出该区被子植物的热带起源和温带分布的双重特性。

6.2 保护区内濒危保护野生被子植物

根据《国家重点保护野生植物名录(第一批)》(1999),保护区内现已知有7种被子植物属于国家重点保护植物(表6-5),其中国家Ⅰ级重点保护植物2种,国家Ⅱ级重点保护植物 5 种。

表 6-5　唐家河自然保护区国家重点保护被子植物

种　名	科　名	保护级别	种群多度	来源
珙桐(*Davidia involucrata*)	珙桐科(Nyssaceae)	Ⅰ	Cop2	调查
光叶珙桐(*Davidia involucrata* var. *vimoriniana*)	珙桐科(Nyssaceae)	Ⅰ	Cop2	调查
连香树(*Cercidiphyllum japonicum*)	连香树科(Cercidiphyllaceae)	Ⅱ	Cop1	调查
油樟(*Cinnamomum longepaniculatum*)	樟科(Lauraceae)	Ⅱ	Cop2	资料
西康玉兰(*Magnolia wilsonii*)	木兰科(Magnoliaceae)	Ⅱ	Sp.	资料
水青树(*Tctracentron sinensis*)	水青树科(Tetracentraceae)	Ⅱ	Cop1	调查
香果树(*Emmcnopterys hcnryi*)	茜草科(Rubiaceae)	Ⅱ	Sol.	资料

注：根据国务院于 1999 年 8 月 4 日批准的《国家重点保护野生植物名录(第一批)》统计。"资料"指《唐家河自然保护区综合科学考察报告》(2003)

"种群多度"是衡量物种个体数量的一个指标,本表采用 Drude 多度制,其等级划分为：Soc.(极多)、Cop3(很多)、Cop2(多)、Cop1(尚多)、Sp.(少)、Sol.(稀少)和 Un.(个别)等七个

在国家林业局征集的关于《国家重点保护野生植物名录(第二批)》调整意见中,保护区内还分布有猕猴桃(*Actinidia chinensis* Planch.)、绞股蓝(*Gynostemma pentaphyllum* Makino)、沙棘(*Hippophae rhamnoides* L.)等。此外,《濒危野生动植物物种国际贸易公约》(即 CITES 公约)将兰科植物所有种类列入附录Ⅱ中,国家林业局关于《国家重点保护野生植物名录(第二批)》的调整意见中也提出将兰科(Orchidaceae)植物所有种列入保护植物的范畴。

1.珙桐(*Davidia involucrata* Baillin)

珙桐,别名鸽子树,属蓝果树科［或珙桐科(Nyssaceae)］珙桐属(*Davidia*),稀有种。

该物种为新生代古近-新近纪留下的孑遗植物。在第四纪冰川时期,大部分地区的珙桐相继灭绝,只有在我国南方的一些地区幸存下来,因而成为植物界的"活化石",在研究古植物区系和系统发育方面有重要价值。珙桐为国家Ⅰ级重点保护植物。

我国珙桐分布很广。有"珙桐之乡"之称的四川宜宾珙县王家镇分布着全国数量众多的珙桐。另外,陕西东南部镇坪、岚皋,湖北西部至西南部神农架、兴山、巴东、长阳、利川、恩施、鹤峰、五峰；湖南西北部桑植、大庸、慈利、石门、永顺；贵州东北部至西北部松桃、梵净山、道真、绥阳、毕节、纳雍；四川东部巫山和北部平武、青川,西部至南部汶川、灌县、彭县、宝兴、天全、峨眉、马边、峨边、美姑、雷波、筠连；重庆南部南川；云南东北部巧家、绥江、永善、大关、彝良、威信、镇雄、昭通；广东省怀集县诗洞镇六龙的深山野岭里也有一定分布。珙桐常混生于海拔 1200~2200 m 的阔叶林中,偶有小片纯林。近年来在四川省荥经县也发现了数量巨大的珙桐林,达 10 万亩之多。在湖南省桑植县天平山海拔 700 m 处,还发现了上千亩的珙桐纯林,是目前发现的珙桐最集中的地方之一。自从 1869 年珙桐在四川穆坪被发现以后,珙桐先后为各国所引种,以致成为各国人民喜爱的名贵观赏树种。1904 年,珙桐被引入欧洲和北美洲,成

为有名的观赏树。在国内，珙桐也逐渐被引种并作为观赏植物。北京植物园栽培的珙桐能正常开花，这是目前所知中国大陆地区陆地栽培的最北位置。

在野外调查中发现，珙桐在保护区内的分布地点包括：阴坝沟有较多分布（104.72620°E，32.57425°N，海拔 1800 m；104.72991°E，32.57570°N，海拔 1674 m；104.72730°E，32.57370°N，海拔 1741 m）。根据《唐家河自然保护区综合科学考察报告》（2003）记载，珙桐在长沟、阴志沟、吴尔沟、鸡公垭沟、背林沟、小湾河靠近毛香坝一侧也有较多分布。

2. 光叶珙桐 ［*Davidia involucrata* var. *vimoriniana*（Dode）Wanger］

光叶珙桐为珙桐的变种，属稀有种，为国家Ⅰ级重点保护植物。与珙桐相比，光叶珙桐叶下面常无毛或幼时叶脉上被很稀疏的短柔毛及粗毛，有时下面被白霜，产于湖北西部、四川、贵州等省，常与珙桐混生。

保护区内分布：与珙桐的分布区域一致。

3. 连香树（*Cercidiphyllum japonicum* Sieb. et Zucc.）

连香树，别名五君树、山白果。属连香树科（Cercidiphyllaceae）连香树属（*Cercidiphyllum*）。为雌雄异株落叶的高大乔木，主要分布在中国和日本。国内主要分布于山西西南部、河南、陕西、甘肃、安徽、浙江、江西、湖北及四川。生于海拔 1000～1900 m 的沟谷或山坡的中下部，常与华西枫杨、秦岭冷杉、亮叶桦、椴树、水青树等混生。该物种具有重要的科研价值，观赏价值和药用价值。连香树为东亚孑遗植物之一。我国连香树种群数量小，且零星分布，现已列入国家Ⅱ级重点保护植物。

在野外调查中发现，连香树在保护区内的分布地点包括：西阳沟大茅坡路边（104°54′55.68″E，32°34′52.44″N，海拔 1270 m）、长沟（104.68599°E，32.59064°N，海拔 1967 m；104.68636°E，32.58355°N，海拔 2051 m）和阴坝沟（104.72620°E，32.57425°N，海拔 1800 m）等地。根据《唐家河自然保护区综合科学考察报告》（2003）记载，连香树在吴尔沟、石桥河、倒梯子也有一定分布。

4. 水青树（*Tctraccntron sinensis* Oliv.）

水青树属水青树科（Tetracentraceae）水青树属（*Tetracentron*），稀有种。该物种分布较为广泛，主要分布于陕西南部太白山、佛坪、户县、周至、眉县、凤县、南郑、山阳，甘肃东南部天水、舟曲、武都、宕昌，四川省北川、汶川、理县、宝兴、天全、洪雅、泸定、峨眉、汉源、峨边、南川、屏山、马边、越西、美姑、雷波，云南金阳、碧江、中甸、贡山、德钦、镇雄、永善、大关，贵州印江、江口、绥阳、凯里、雷山、毕节、威宁、纳维，湖南城步、新宁、东安、张家界、桑植、石六，湖北长阳、利川、宜恩、恩施、五峰、房县、鹤峰、巴东、宜昌、神农架、兴山，河南西部南召、西峡等地。此外，该物种在尼泊尔和缅甸北部也有分布。

水青树主要生于海拔 1600～2200 m 的沟谷或山坡阔叶林中，是新生代古近-新近纪古老孑遗珍稀植物，对研究中国古代植物区系的演化、被子植物系统和起源具有重要科学价值，并被列为国家Ⅱ级重点保护植物。

在野外调查中，发现水青树在保护区内的分布地点包括：摩天岭倒梯子沟（104°49′16.81″E，32°39′03.33″N，海拔 2244 m；104°49′14.86″E，32°39′05.98″N，海拔 2241

m；104°49′13.54″E，32°39′08.02″N，海拔 2236 m；104°49′11.20″E，32°39′09.78″N，
海拔 2252 m)、吴尔沟(104.75600°E，32.57712°N，海拔 1487 m)、长沟(104.68599°E，
32.59064°N，海拔 1967 m；104.68636°E，32.58355°N，海拔 2051 m)、文县河
(104.66624°E，32.61002°N，海拔 2047 m)、红石河(104.65365°E，32.60324°N，海拔
2024 m)及红花草地(104.69363°E，32.65520°N，海拔 2302 m)等处。

5. 香果树(*Emmcnopterys hcnryi* Oliv.)

香果树属茜草科(Rubiaceae)香果树属(*Emmcnopterys*)，落叶乔木，为中国特有种、
稀有种。香果树起源于距今约 1 亿年的中生代白垩纪，为古老孑遗植物，现为国家Ⅱ级
重点保护植物。

香果树分布于我国很多地方，主产陕西、甘肃、江苏、安徽、浙江、江西、福建、
河南、湖北、湖南、广西、四川、贵州、云南东北部至中部，生于海拔 430～1630 m 的
山谷林中，喜湿润而肥沃的土壤。该物种分布范围虽然较广，但多零散生长。由于毁林
开荒和乱砍滥伐，加上种子萌发力较低，天然更新能力差，因而分布范围逐渐缩减，大
树、老树更是罕见。香果树作为我国特有单种属植物，对研究茜草科系统发育和我国南
部、西南部的植物区系等均有一定意义。

保护区内分布：本次调查未发现该物种，但根据《唐家河自然保护区综合科学考察
报告》(2003)记载，该物种在唐家河、长沟沟口等沟谷地带有少量分布。

6. 油樟〔*Cinnamomum longepaniculatum*(Gamble)N. Chao〕

油樟属樟科(Lauraceae)樟属(*Cinnamomum*)植物，为国家Ⅱ级重点保护野生植物。
国内主要分布于四川宜宾和台湾，在湖南、江西等有引种栽培。

保护区内分布：本次调查未见该物种，但根据《唐家河自然保护区综合科学考察报
告》(2003)记载，油樟在保护区内背林沟沟口等地有分布。

7. 西康玉兰〔*Magnolia wilsonii*(Finet et Gagn)Rehd.〕

西康玉兰属木兰科(Magnoliaceae)木兰属(*Magnolia*)，为较原始种类，渐危种，现
为国家Ⅱ级重点保护植物。

西康玉兰零散分布于四川、云南和贵州的部分地区。由于树皮可做药用并代替厚朴，
资源破坏较为严重，加之森林滥伐，生境恶化，天然繁殖能力较弱，成年植株已不多见。

保护区内分布：本次调查未见，但根据《唐家河自然保护区综合科学考察报告》
(2003)记载，该物种在保护区内分布于长沟沟口一带。

6.3 资源被子植物

所谓资源植物，是指对人类生活、生产、经济等活动有用的植物的总称。本报告中
所涉及的资源植物主要指具有开发利用价值但尚未形成商品生产规模的一类植物。一旦
进入人工栽培阶段，形成一定的生产规模，资源植物的性质也就有了质的变化，即转化
为经济植物。经济植物是在资源植物的发生、发展的基础上形成的。资源植物按照用途
可分为药用、油脂、淀粉、纤维、单宁、芳香油、用材、观赏、饲料、野生蔬菜、野生
水果等 11 大类。

据统计，保护区内药用被子植物（下同）共 525 种，油脂植物 40 种，淀粉植物 39 种，纤维植物 71 种，单宁植物 30 种，芳香油植物 35 种，用材植物 94 种，观赏植物 328 种，饲料植物（含牧草植物）290 种，野生蔬菜植物 32 种，野生水果植物 59 种。资源植物共计 1543 种，占被子植物总种数的 95.31%。现简要分述如下。

6.3.1　药用植物

药用植物是指含有药用成分、具有医疗用途、可以作为植物性药物开发利用的植物。保护区内已知被子植物中药和草药共 525 种，占区内被子植物总数的 32.43%。其中，经济价值较大的常见药用种类有兰科的天麻（*Gastrodia elata* Bl.）、西南手参（*Gymnadenia orchidis* Linsl.），杜仲科的杜仲（*Eucommia ulmoides* Oliver），桑寄生科的槲寄生（*Viscum coloratum* Nakai）、枫香槲寄生（*V. liquidambaricolum* Hayata）、四川寄生（*Taxillus sutchuenensis* Danser）等，蓼科的何首乌（*Polygonum multiflorum* Thunb.）、掌叶大黄（*Rheum palmatum* L.）等，商陆科的商陆（*Phytolacca acinosa* Roxb.）、多药商陆（*P. polyandra* Bat.），石竹科的蚤缀（*Arenaria serpyllifolia* L.）、瞿麦（*Dianthus superbus* L.）等，五味子科的南五味子（*Kadsura longipedunculata* Frnet et Gagnep.）、翼梗五味子（*Schisandra henryi* Clarke）、红花五味子（*S. rubriflora* Rehd. et Wils.）、华中五味子（*S. sphenanthera* Rehd. et Wils）、铁砸散（*S. propinqua* var. *sinensis* Oliv.）等，毛茛科的乌头（*Aconitum carmichaelii* Debx.）、高乌头（*A. sinmontanum* Nakai）、单叶升麻（*Beesia calthaefolia* Ulbr.）、小木通（*Clematis armandii* Franch.）、威灵仙（*C. chinensis* Osbeck.）、长果升麻（*Souliea vaginata* Franch.）等，小檗科的多种小檗（*Berberis*）、八角莲（*Dysosma versipellis* M. Cheng）、淫羊藿（*Epimedium grandiflorum* Morr）、箭叶淫羊藿（*E. sagittartum* Maxim.）、十大功劳（*Mahonia*）等，防己科的木防己（*Cocculus trilobus* DC.）、汉防己（*Sinomenium acutum* Rehd. et Wils.）等，马兜铃科的马兜铃（*Aristolochia*）、细辛（*Asarum*）等，藤黄科的小连翘（*Hypericum erectum* Thunb.）、元宝草（*H. sampsonii* Hance）等，十字花科的毛葶苈（*Draba eriopoda* Turcz.）、葶苈（*D. nemorosa* L.）等，景天科的瓦松（*Orostachys fimbriatus* Berger）和多种景天（*Rhodiola*），蔷薇科的木瓜（*Chaenomeles sinensis* Koehne）等，豆科的鹿藿（*Rhynchosia volubilia* Lour.）等，牻牛儿苗科的尼泊尔老观草（*Geranium nepalense* Sweel）、甘青老观草（*G. pylzowianum* Maxim.）等，芸香科的飞龙掌血（*Toddaia asiatica* Lam.）、单面针（*Zanthoxylum dissitum* Hemsl.）等，堇菜科的多种堇菜（*Viola*），葫芦科的绞股蓝（*Gynostemma pentaphyllum* Makino）等，五加科的多种五加（*Acanthopanax*）、几种三七（*Panax*）等，伞形科的疏叶当归（*Angelica laxifoliata* Diels）、茂汶当归（*A. maowenensis* Yuan et Shan）、空心柴胡（*Bupleurum longicaule* var. *franchetii* Boiss.）、竹叶柴胡（*B. marginatum* Wall. ex DC.）、马尾柴胡（*B. microcephalum* Diels.）、小柴胡（*B. tenue* Buch.-Ham. ex D. Don.）、白亮独活（*Heracleum candicans* Wall. ex DC.）、独活（*H. hemsleyanum* Diels.）、短毛独活（*H. moellendorffii* Hance）、粗糙独活（*H. scabridum* Franch.）、短裂藁本（*Ligusticum brachylobum* Franch.）、藁本（*L. sinense* Oliv.）、羌活

（*Notopterygium incisum* Ting ex H. T. Chang）、紫花前胡（*Peucedanum decursivum* Maxim.）、白花前胡（*P. praeruptorum* Dunn）等，报春花科的多种过路黄（*Androsace*），龙胆科的多种龙胆（*Crawfurdia*）、扁蕾（*Gentianopsis*），茜草科的多种茜草（*Rubia*）等，旋花科的多种旋花（*Calystegia*）、菟丝子（*Cuscuta chinensis* Lam.）、马蹄金（*Dichondra repens* G. Forst.）等，唇形科的香薷（*Elsholtzia ciliata* Hyland.）、活血丹（*Glechoma longituba* Kupr.）、益母草（*Leonurus japonicus* Houtt.）、夏枯草（*Prunella vulgaris* L.）等，茄科的枸杞（*Lycium chinense* Mill）、癞茄（牛茄子）（*Solanum surattense* Burm. f.）等，透骨草科的透骨草（*Phryma leptostachya* var. *asiatica* Hara），败酱科的败酱（*Patrinia*）、缬草（*Valeriana*）等，川续断科的川续断（*Dipsacus asper* Wall.）、续断（*D. japonicaus* Miq.）、白花刺参（*Morina alba* Hand-Mazz.）、刺参（*M. bulleyana* L.）等，桔梗科的多种沙参（*Adenophora*）、多种党参（*Codonopsis*）、桔梗（*Platycodon grandiflorus* A. DC.）等，百合科的青川贝母（*Fritillaria glabra* var. *qingchuanensis* S. Y. Tang et S. C. Yueh）、麦冬（*Liriope*）、重楼（*Paris*）、黄精（*Polygonatum*）、鹿药（*Smilacina*）等，薯蓣科的多种薯蓣（*Dioscorea*）及天南星科的天南星（*Arisaema*）、半夏（*Pinellia*）等。

6.3.2　油脂植物

油脂是人类食物的主要营养物质之一，也是工业上的重要原料。油脂植物是指植物体果实、种子或其他部位含有油脂的植物。在野生油脂植物中，有些种类含有多种不饱和脂肪酸，对预防和治疗肥胖症及心脑血管疾病很有裨益。

保护区内野生油脂植物较为丰富，经统计达 40 种，主要有胡桃科的野胡桃（*Juglans cathayensis* Dode）、胡桃楸（*J. mandshurica* Maxim）、胡桃（*J. regia* L.），桦木科的虎榛子（*Ostryopsis davidiana* Decne.），十字花科的垂果南芥（*Arabis pendula* L.）、硬毛南芥（*A. hirsute* Scop.）、独行菜（*Lepidium apetalum* Willd.）、遏蓝菜（*Thlaspi arvense* L.）、大戟科的油桐（*Aleurites fordii* Hemsl.）、野桐（*M. tenuifolius* Pax）、乌桕（*Sapium sebiferum* Roxb.）等，漆树科的小漆树（*Toxicodendron delavayi* F. A. Barkl.）、野漆树（*T. succedaneum* Knntze）、漆树（*T. vernicifluum* F. A. Barkl.）等，省沽油科的野鸦椿（*Euscaphis japonica* Kanitz）、膀胱果（*Staphylea holocarpa* Hemsl.），山茱萸科的灯台树（*Cornus controversa* Hemsl. ex Prain）、红椋子（*C. hemsleyi* Schneid. *et* Wanger.）、梾木（*C. macrophylla* Wall.）等，以及山矾科的薄叶山矾（*Symplocos anomala* Brand）、茶条果（*S. ernestii* Dunn）、白檀（*S. paniculata* Miq.）等。

6.3.3　淀粉植物

淀粉广泛分布于植物果实、种子、根、茎等部位，其用途也极为广泛，在食品、黏接剂、造纸、纤维和其他工业领域广为利用。在保护区分布的被子植物中，属淀粉植物的有 39 种，主要种类包括桦木科的绒毛榛（*Corylus chinensis* var. *fargesii* Hu）、刺榛（*C. ferox* Wall.）、藏刺榛（*C. ferox* var. *thibetica* Franch.）、川榛（*C. sutchenensis* C. C.

Yang)，壳斗科的板栗（*Castanea mollissima* Bl.）、锐齿槲栎（*Quercus aliena* var. *acutesenate* Maxim.）、川滇高山栎（*Q. aquifoliodes* Rehd. et Wils.）、云南槲栎（*Q. dentate* var. *yuannanensis* A. Camus）、刺叶栎（*Q. spinosa* David.），榆科的青檀（*Pteroceltis tatarinowii* Maxim.），桑科的薜荔（*Ficus pumila* L.），蓼科的荞麦（*Fagopyrum esculentum* Moench.）、细梗荞麦（*F. gracilipes* Danuner.）、珠芽蓼（*Polygonum vivparum* L.），豆科的葛根（*Pueraria lobata* Ohwi）、苦葛藤（*P. peduncularis* Grah.）、粉葛藤（*P. thomsonii* Benth.），百合科的大百合（*Cardiocrinum giganteum* Makino）、百合（*Lilium brownii* var. *viridulum* Baker）、川百合（*L. davidii* Duchartre）、卷丹（*L. lancifolium* Thunb.）、宜昌百合（*L. leucanthum* Baker）、泸定百合（*L. sargentiae* Wilson）、土茯苓（*Smilax glabra* Roxb.），薯蓣科的黄独（*Dioscorea bulbifera* L.）、粘山药（*D. hemsleyi* Prain et Burkill）、日本薯蓣（*D. japonica* Thunb.）、高山薯蓣（*D. kamoonensis* var. *henryi* Prain et Burkill），以及天南星科的魔芋（*Amorphophallus rivieri* Durieu)等。

6.3.4　纤维植物

纤维植物是指利用其纤维作纺织、造纸原料或者绳索的植物。植物纤维存在于植物体的组织和器官中，以茎部纤维较为常见，其中纤维拉力强，长度适宜，细而柔软，具有弹力。光泽较好的纤维可用于纺织，光泽较差的可代麻用，质地脆弱又短的纤维可用于造纸用。

在保护区分布的被子植物中，属纤维植物已知有 71 种。其中，比较常见的有杨柳科柳属（*Salix*）多个种，榆科的紫弹树（*Celtis biondii* Pamp.）、小叶朴（*C. bungeana* Bl.）、珊瑚朴（*C. julianae* Schneid.）、朴树（*C. sinensis* Pers.）、兴山榆（*Ulmus bergmanniana* Schneid.），桑科的小构树（*Broussonetia kazinoki* Sieb. et Zucc.）、构树（*B. papyrifera* Vent.）、尖叶榕（*Ficus henryi* Warb ex Diels）、异叶榕（*F. heteromorpha* Hemsl.）、爬藤榕（*F. martinii* Levl. et Vant.）、鸡桑（*M. australis* Poir.）、岩桑（*M. mongolica* Schneid.），荨麻科的细叶苎麻（*Boehmeria gracilis* C. H. Wright）、苎麻（*B. nivea* Gaudich）、紫麻（*Oreocnide frutescens* Miq.），毛茛科的多种铁线莲（*Clematis*），猕猴桃科的称花藤（*Actinidia callosa* var. *henryi* Maxim.）、藤山柳（*Clematoclethra lasioclada* Maxim.）、刚毛藤山柳（*C. scandens* Maxim.）、少花藤山柳（*C. tiliacea* Kom.），豆科的香花崖豆藤（*Millettia dielsiana* Harms ex Diels）、光叶岩豆藤（*M. nitida* Benth.），卫矛科的苦皮藤（*Celastrus angulatus* Maxim.）、哥兰叶（*C. gemmatus* Loes.）、灰叶南蛇藤（*C. glaucophyllus* Rehd. et Wils.）、粉背南蛇藤（*C. hypoleucus* Warb. ex Loes.）、短梗南蛇藤（*C. rosthornianus* Loes.），锦葵科的苘麻（*Abutilon theophrsti* Medicus），瑞香科的芫花（*Daphne genkwa* Sieb. et Zucc.）、黄瑞香（*D. giraldii* Nitsch.）、凹叶瑞香（*D. retusa* Hemsl.）、甘肃瑞香（*D. tangutica* Maxim.）、河朔荛花（*Wikstroemia chamaedaphne* Meism.）、武都荛花（*W. haoii* Domke）、小黄构（*W. micrantha* Hemsl.）、轮叶荛花（*W. stenophylla* E. Pritz.），夹竹桃科的紫花络石（*Trachelospermum axillare* Hook. f.），以及禾本科的巴山木竹（*Bashania fargesii* Keng f. et Yi）、箭竹（*Fargesia*）等。

6.3.5　单宁植物

单宁(丹宁)又称鞣酸、鞣质,是一类广泛分布于植物中的多酚类化合物,化学上为黄酮烷醇聚合物,分子结构中含有大量羟基酚集团。植物单宁种类繁多,结构和属性差异很大。习惯上把具有鞣革性、收敛性和水溶性的植物提取成分统称为单宁,分子质量一般限定在500~3000 Da。单宁不仅可以烤胶鞣革、制药,还是优良的去水垢物质。单宁多分布在乔、灌木的皮部、枝条、果壳或草本植物的茎杆中,也有含在根部或果实中。

保护区内单宁被子植物已知有30种。其中,单宁含量较高的种类有蔷薇科的蔷薇属(*Rosa*)和悬钩子属(*Rubus*)中的多种植物,其根皮被土产部门收购时名为"红根",单宁含量可达15%~20%。漆树科的盐肤木(*Rhus chinensis* Mill.)和青麸杨(*R. potaninii* Maxim.)的叶片和枝条上寄生虫瘿,被商业部门收购时名为"五倍子",单宁含量高达60%~80%。壳斗科的青冈属(*Cyclobalanopsis*)、栲属(*Castanopsis*)、石栎属(*Lithocarpus*)、栎属(*Quercus*)等中多种植物果实上壳斗(总苞)含单宁可达10%~15%。胡桃科的化香树(*Platycarya strobilacea* Sied. et Zucc.)的果穗含单宁量可达15%~37%,叶片含单宁量可达20.24%。连香树叶片含单宁可达17%。荨麻科的长叶水麻(*Boehmeria longifolia* Wedd.)茎皮含单宁量约为30%。蓼科中羊蹄(*Rumex japonieus* Houtt.)根含单宁可达15.7%~38%,叶片含单宁17.3%~36%。其次,保护区内裸子植物中的冷杉、云杉、华山松、铁杉、云南铁杉等的茎皮单宁含量也较高。

6.3.6　芳香油植物

芳香油植物是提取香料、香精的主要原料。从芳香油植物中提取香料是古已有之的做法,从植物中提取的香料、香精被广泛应用于饮料、食品、烟草、洗涤剂、化妆品等行业。我国有记述的芳香油植物近300种,在被子植物中有60余科中有芳香油植物,尤以唇形科、芸香科和樟科为最,如香薷、薄荷、柠檬、花椒、川桂、肉桂、油樟等。

保护区内分布的被子植物中,芳香油植物约有35种。其中,芳香油含量较高的如樟科的三桠乌药(*Lindera obtusiloba* Blume),其枝条、叶片含芳香油0.4%~0.6%,种子含油量达61.52%,可用于制作化妆品、皂用香精等;木姜子(*Litsea*)叶片含芳香油达1%~1.2%,种子含油量达37.85%,可作食用、化妆品用香精原料。唇形科香料植物最为丰富,常见的如香薷(*Elsholtzia ciliata* Hyland.)、密花香薷(*E. donsa* Benth.)、鸡骨柴(*E. fruticosa* Rehd.)、香茶菜(*Isodon*)、野薄荷(*Mentha haplocalyx* Briq.)、荆芥(*Nepeta cataria* L.)、牛至(*Origanum vulgare* L.)等,它们的植物都可提取芳香油用于食用、化妆品、香皂、牙膏等的香精原料。芸香科的花椒(*Zanthoxylum bungeanum* Maxim.)、单面针(*Z. dissitum* Hemsl.)、卵叶花椒(*Z. ovalifolium* Wight)、刺卵叶花椒(*Z. ovalifolium* var. *spinifolum* Huang)、川陕花椒(*Z. piasezkii* Maxim.)、竹叶椒(*Z. planispinum* Sieb. et Zucc.)、毛竹叶花椒(*Z. planispinum* f. *ferrugineum* Huang)、狭叶花椒(*Z. stenophyllum* Hemsl.)、野花椒(*Z. simulans* Hance.)、香椒子(*Z. schini-*

folium Sieb. et Zucc.）等的叶片和果实均可以提出芳香油食用，臭节草（*Boenninghause-nia albiflora* Reichb.）、黑果茵芋（*Skimmia melanocarpa* Rehd. et Wils.）、湖北茱萸（*Euodia henryi* Dode）等的叶片和果实均可提取芳香油为轻工业香料。其次，五加科的五加（*Acanthopanax gracilistylus* W. W. Smith.）、糙叶五加（*A. henryi* Harms）、白勒（*A. trifoliatua* Merr.）、刺楸（*Kalopanax septemlobus* Koidz.）等的枝条、叶片，伞形科的疏叶当归（*Angelica laxifoliata* Diels）、独活（*Heracleum hemsleyanum* Diels.）、羌活（*Notopterygium incisum* Ting ex H. T. Chang）、藁本（*Ligusticum sinense* Oliv.）等都含芳香油，可用于提取香料调料。

6.3.7　用材植物

在保护区内现已知用材被子植物达 94 种。壳斗科中多种植物木材材质坚硬、纹理或直或斜，耐磨损，耐腐蚀性强，可作枕木、桥梁、地板、纺织器材、农具、家具等用材。桦木科的红桦（*Betula albo-sinensis* Burkill）、亮叶桦（*B. luminifera* H. Winkl.）、白桦（*B. platyphylla* Suk.）、糙皮桦（*B. utilis* D. Don）、华鹅耳枥（*Carpinus cordata* var. *chinensis* Franch.）、千筋树（*C. fargesiana* H. Wink.）、鹅耳枥（*C. turczaninowii* Hance）等材质轻软，纹理直，结构细，易于干燥而不翘裂，可供建筑、制作家具、农具、枪托、车辆等用材，但耐腐蚀性较差。杨柳科中山杨（*Populus davidiana* Dode）、毛山杨（*P. davidiana* var. *tomentella* Nakai）、大叶杨（*P. lasiocarpa* Oliv.）、青杨（*P. cathayana* Rehd.），以及和胡桃科中华西枫杨（*Pterocarya insignis* Rehd. et Wils.）、甘肃枫杨（*P. macroptera* Batal.）等材质轻软、纹理直、结构细，可用于房屋建造、制作胶合板、农具、家具、火柴、食品包装箱等。此外，豆科的槐树（*Sophora japonica* L.）、大风子科的山桐子（*Idesia polycarpa* Maxim.）、椴树科的椴树（*Tilia chinensis* Maxim.）和多毛椴（*T. intonsa* Rehd. et Wils.）、槭树科的多种槭树（*Acer*）、山茱萸科的多种楝木（*Cornus*）都是较好的用材植物。

6.3.8　观赏植物

观赏植物包括观赏水果、观赏蔬菜、观赏作物、香味植物、艺术造型植物、园林绿化植物等。我国野生观赏植物种类十分丰富。让野生观赏植物进入城市和园林，在资源植物的开发利用中具有重要经济意义。随着人们生活水平的不断提高，人们对观赏树木、花卉、盆景等的需求量越来越大，花卉已成为一项大有前途的新兴产业。

保护区内现有观赏被子植物约 328 种，是仅次于药用植物的第 2 大资源植物。其中，草本花卉有兰科的无距兰（*Aceratorchis tschillensis* Schltr.）、剑叶虾脊兰（*Calanthe ensi-folia* Rolfe）、三棱虾脊兰（*C. tricarinata* Lindl.）、流苏虾脊兰（*C. fimbriata* Franch.）、反瓣虾脊兰（*C. reflexa* Maxim.）、银兰（*Cephalanthera erecta* Lindl.）、凹舌兰（*Coeloglossm vinde* Hattm.）、蕙兰（*Cymbidium faberi* Rolfe）、建兰（*C. ensifolium* Sw.）、春兰（*C. goteringii* Rchb. f.）、毛杓兰（*Cypripedium franchetii* Wilson）、黄花杓兰

（*C. flavum* Hunt et Summerh.）、大叶火烧兰（*Epipactis mairei* Schltr.）、对叶兰（*Listera major* Nakai.）、广布红门兰（*Orchis chusua* D. Don）、二叶红门兰（*O. diantha* Schlte.）、长叶山兰（*Oreorchis fargesii* Finet）、山兰（*O. patens* Lindl.）、舌唇兰（*Platanthera japonica* Linsl.）、独蒜兰（*Pleione bulbocodioides* Rolfe）等；鸢尾科的蝴蝶花（*Iris japonica* Thunb.）、多斑鸢尾（*I. polysticta* Diels）、鸢尾（*I. tectorum* Maxim.），百合科的玉簪（*Hosta plantaginea* Aschers.）、吉祥草（*Reineckia carnea* Kunth）、高大鹿药（*Smilacina atropurpurea* Wang et Tang）、多种菝葜（*Smilax*）、丫蕊花（*Ypsilandra thibetica* Franch.）等；菊科的烟管头草（*Carpesium cernuum* L.）、高山金挖耳（*C. lipskyi* C. Winkl.）、大花金挖耳（*C. macrocephalum* Franch. et Savat.）、黄缨菊（*Xanthopappus subacaulis* C. Winkl.），毛茛科的狭瓣侧金盏花（*Adonis davidii* Franch.）、川滇银莲花（*Anemone delavayi* Franch.）、小银莲花（*A. exigua* Maxim.）、林荫银莲花（*A. flaccide* Fr. Schmidt）、钝裂银莲花（*A. geum* Levl.）、打破碗花花（*A. hupehensis* Lemoine）、空茎驴蹄草（*Caltha fistulosa* Schipcz.）、驴蹄草（*C. palustris* L.）、丝瓜花（*C. lasiandra* Maxim.）、蓝翠雀花（*Delphinium caeruleum* Jacq. ex Camb.）、弯距翠雀花（*D. campylocentium* Maxim）、单花翠雀花（*D. monanthum* Hard.-Mazz.）、川西翠雀花（*D. tongolense* Franch.）、小花人字果（*Dichocarpum franchtii* W. T. Wang et Hsiao）、高原毛茛（*Ranunculus brotherusii* Freyn）、川甘唐松草（*Thalictrum baicalense* var. *megalostigma* Boivin.）、西南唐松草（*T. fargesii* Fiinet et Gagnep.）、爪哇唐松草（*T. javanicum* Bl.）、高原唐松草（*T. cultratum* Wall.）、钩柱唐松草（*T. uncatum* Maxim.）、弯柱唐松草（*T. uncinulatum* Franch.）、毛茛状金莲花（*Trollius ranunculoides* Hemsl.）、矮金莲花（*T. farreri* Stapf.）、云南金莲花（*T. yunnanensis* Ulbr.）等，罂粟科的紫堇（*Corydalis edulis* Maxim.）、条裂紫堇（*C. linariodes* Maxim.）、蛇果黄堇（*C. ophiocarpa* Hook. f. et Ttoms.）、多刺绿绒蒿（*Meconopsis horridula* Hook. f. et Thoms.）、黄花绿绒蒿（*M. chelidonifolis* Bur. et Franch.）、五脉绿绒蒿（*M. quintuplenervia* Repel）等，凤仙花科的凤仙花（*Impatiens balsamina* L.）、齿萼凤仙花（*I. dicentra* Franch.）、水金凤（*I. noli tangere* L.）、黄金凤（*I. siculifer* Hook. f.）、窄萼凤仙花（*I. stenosepala* Pritz ex Diels）、白花凤仙花（*I. wilsonii* Hook. f.）等，秋海棠科的中华秋海棠（*Begonia sinensis* A. DC.），柳叶菜科的柳蓝（*Chamaenerion angustifolium* Scop.），报春花科的莲叶点地梅（*Androsace henryi* Oliv.）、点地梅（*A. umbellata* Merr.）、虎尾草（*Lysimachia barystachy* Bunge）、灰绿报春（*Primula cinerascens* Franch.）、羽叶报春（*P. incisa* Franch.）、掌叶报春（*P. palmata* Hand.-Mazz.）、多脉报春（*P. polyncura* Franch.）、锡金报春（*P. sikkimensis* Hook.）、狭萼粉报春（*P. stenocalyx* Maxim.）、云南报春（*P. yunnanensis* Franch.）等，唇形科的鄂西鼠尾草（*Salvia maximowicziana* Hemsl.）、柴续断（*Phlomis szechuanensis* C. Y. Wu），以及虎耳草科的多种虎耳草（*Saxifraga*）等都是很有开发利用潜力的野生花卉资源。

保护区内木本观赏植物尤为丰富。如木兰科的厚朴（*Magnolia officinalis* Rehd. et Wils.）、望春玉兰（*M. biondii* Paup.）、西康玉兰（*M. wilsonii* Rehd. et Wils.）等，樟科的三桠乌药、多种木姜子（*Litsea*）等，连香树科的连香树，云叶科的领春木，金缕梅科的四川蜡瓣花(*Corylopsis willmottiae* Rehd. et Wils.)，山茶科的尾叶山茶(*Camellia caudata* Wall.)、尖叶山茶(*C. cuspidata* Wight)、川鄂连蕊茶(*C. rostpidata* Hand.-Mazz.)、杨桐(*Cleyera japonica* Thunb.)等，蔷薇科的河南海棠(*Malus honanensis* Rehd.)、湖北海棠(*M. hupehensis* Rehd.)、川滇海棠(*M. prattii* Schneid.)、三叶海棠(*M. sieboldii* Rehd.)、多种石楠(*Photinia*)、短柄稠李(*Prunus brachypoda* Batal.)、长序稠李(*P. brachypoda* var. *pseudossiori*)、陕甘花楸(*Sorbus koehneana* Schneid.)、红毛花楸(*S. rufopilosa* Schneid.)等，槭树科的鸡爪槭(*Acer palmatum* Thunb.)、细果川甘槭(*A. yui* var. *leptocarpum* Fang et Wu)、五裂槭(*A. oliverianum* Pax)、鸡爪槭(*A. palmatum* Thunb.)、疏花槭(*A. laxiflorum* Pax)、房县槭(*A. franchetii* Pax)、建始槭(*A. henryi* Pax)、金钱槭(*Dipteronia ainensis* Oliv.)等，大风子科的山桐子和毛叶山桐子，山茱萸科的白毛四照花(*Dendrobenthamia japonica* var. *leucotricha* Fang et Hsieh)、灯台树(*Cornus controversa* Hemsl. ex Prain)、梾木(*C. macrophylla* Wall.)等，以及野茉莉科的野茉莉(*Styrax japonica* Sieb. et Zucc.)等都是优良观赏乔木植物。

保护区内灌木观赏植物种类众多，如山茶科的翅柃(*Eurya alata* Kobuski)、短柱柃(*E. brevistyla* Kobuski)、细枝柃(*E. loquiana* Dunn)、半齿柃(*E. semiserrulata* H. T. Chang)，小檗科的多种小檗(*Berberis*)，虎耳草科的多种溲疏(*Deutzia*)和多种茶藨子(*Ribes*)，蔷薇科的多种栒子(*Cotoneaster*)、中华绣线梅(*Neillia sinensis* Oliv.)、西康绣线梅(*N. thibetica* Bur. et Franch.)、金露梅(*Potentilla fruticosa* L.)、银露梅(*P. glabra* Lodd.)、单瓣木香花(*Rosa banksiae* var. *normalis* Regel)、复伞房蔷薇(*R. brunonii* Lindl.)、卵果蔷薇(*R. helenae* Rehd. et Wils.)、红花蔷薇(*R. moyesii* Hemsl. et Wils.)、多花蔷薇(*R. multiflora* Thunb.)、多种绣线菊(*Spiraea*)等，芸香科的黑果茵芋(*Skimmia melanocarpa* Rehd. et Wils.)、茵芋(*S. reevesiana* Fortune.)等，冬青科的珊瑚冬青(*Ilex corallina* Franch.)、构骨冬青(*I. cornuta* Lindl)、狭叶冬青(*I. fargesii* Franch.)、大果冬青(*I. macrocorpa* Oliv.)、猫儿刺(*I. pernyi* Franch.)、四川冬青(*I. szechwanensis* Loes.)、云南冬青(*I. yunnanensis* Franch.)等，黄杨科的黄杨(*Buxus microphylla* var. *sinica* Rehd. et Wils.)、顶蕊三角咪(*Pachysandra terminalis* Sieb. et Zucc.)、羽脉野扇花(*Sarcococca hookeriana* var. *digyna* Franch.)、野扇花(*S. ruscifolia* Stapf.)等，瑞香科的芫花(*Daphne genkwa* Sieb. et Zucc.)、凹叶瑞香(*D. retusa* Hemsl.)和多种荛花(*Wikstroemia*)等，怪柳科的水柏枝(*Myricaria germanica* Desv.)、球花水柏枝(*M. laxa* W. W. Sm.)等，杜鹃花科的多种杜鹃(*Rhododendron*)、灯笼花(*Enkianthus chinensis* Franch.)、多种白珠(*Gaultheria*)、多种南烛(*Lyonia*)、乌饭树(*Vaccinium bracteatum* Thunb.)、米饭花(*V. sprengelii* Sleumer)等，以及忍冬科的南方六道木(*Abelia dielsii* Rehd.)、短枝六道木(*A. engleriana* Rehd.)、小叶六道木(*A. parvifolia* Hemsl.)、双盾木(*Dipelta floribunda* Maxim.)、云南双盾木(*D. yunnanensis* Franch.)、狭萼鬼吹箫(*Leycesteria formosa* var. *stenosepala* Rehd.)、多种忍冬(*Lonicera acuminata*)、多种荚蒾(*Viburnum*)等。

保护区内藤本观赏植物包括五味子科的红花五味子(*Schisandra rubriflora* Rehd. et Wils.)和华中五味子(*S. sphenanthera* Rehd. et Wils.)，木通科的三叶木通(*Akebia tri-*

foliata Koidz.）、紫花牛姆瓜（*Holboellia fargesii* Reaub.）等，马兜铃科的木香马兜铃（*Aristolochia moupinensis* Franch.），豆科的香花崖豆藤（*Millettia dielsiana* Harms ex Diels）、常春油麻藤（*Mucuna sempervirens* Hemsl.）等，葡萄科的三叶爬山虎（*Parthenocissus himalayana* Planch.）、粉叶爬山虎（*P. thomsonii* Planch.）等，葫芦科的绞股蓝、川赤瓟（*Thladiantha davidii* Franch.）等，以及五加科的白勒（*A. trifoliatua* Merr.）等都是优良观赏藤本植物。

草坪植物是地被植物中具有观赏价值的一类，一般是多年生且丛生性轻的禾草植物。保护区内属于该类观赏植物的有多种早熟禾（*Poa*）、小糠草（*Agrostis alba* L.）、多枝剪股颖（*A. divaricatissima* Mez.）、剪股颖（*A. matsumura* Hack. ex Honda）、多花剪股颖、（*A. myrianthe* Hook. f.）、紫羊茅（*Festuca fubra* L.）、素羊茅（*F. modesta* Steud.）、羊茅（*F. ovina* L.）、十字马唐（*Digitaria cruciata* Neas ex Herb）及马唐（*D. sanguinalis* Scop.）等种类。

6.3.9 饲料植物

我国饲料植物资源极为丰富，国产饲料、牧草植物的总数有 500 种以上。在保护区被子植物中，属饲料植物（含牧草植物）约达 290 种。如豆科的地八角（*Astragalus bhotanensis* Baker）、多花黄芪（*A. floridus* Bcnth. ex Bge.）、马河山黄芪（*A. mahoschanicus* Hand.-Mazz.）、草木樨黄芪（*A. melilotoides* Pall.）、糙叶黄芪（*A. scaberrimus* Bunge）、紫云英（*A. sinicus* L.）、山蚂蝗（*Desmodium racemosum* DC.）、米口袋（*Gueldenstaedtia multiflora* Bunge）、多花木蓝（*Indigofera amblyantha* Craib）、牧地香豌豆（*Lathyrus Pratensis* L.）、百脉根（*Lotus corniculatus* L.）、广布野豌豆（*Vicia cracca* L.）、小巢菜（*V. hirsuta* S. F. Gray）、救荒野豌豆（*V. satvia* L.）等，石竹科的卷耳（*Cerastium arvense* L.）、簇生卷耳（*C. caespitosum* Gilib.）、缘毛卷耳（*C. furcatum* Chem. et Schlecht.）、狗筋蔓（*Cucubalus baccifer* L.）、牛繁缕（*Malachium aquaticum* Fries）、女娄菜（*Silene aprica* Turcz. ex Fisch. et Mey.）、米瓦罐（*S. conoidea* L.）、雀舌草（*Stellaria alsine* Grimm.）、中国繁缕（*S. chinensis* Regel.）、繁缕（*S. media* Cyr.）、石生繁缕（*S. saxatilis* Buch.-Ham.）等，蓼科的肾叶山蓼（*Oxyria digyna* Hill.）、头花蓼（*Polygonum alatum* Buch.-Ham. ex D. Don）、牛皮消蓼（*P. cynanchoides* Hemsl.）、水蓼（*P. hydropiper* L.）、酸模叶蓼（*P. lapathifolium* L.）等，荨麻科的序叶苎麻（*Boehmeria clidemioides* var. *diffusa* Hand.-Mazz.）、楼梯草（*Elatostema involucratum* Franch. et Sav.）、钝叶楼梯草（*E. obtusum* Wedd.）、石生楼梯草（*E. rupestre* Wedd.）、华中艾麻（*Laportea bulbifera* var. *sinesis* Chien）、艾麻（*L. macrostachya* Ohwi）、蔓赤车（*Pellionia scabra* Benth.）、粗齿冷水花（*Pilea fasciata* Franch.）、大叶冷水花（*P. martini* Hand.-Mazz.）、透茎冷水花（*P. mongolica* Wedd.）、冷水花（*P. notata* C. H. Wright）、西南冷水花（*P. plataniflora* C. H. Wright）等，伞形科的蒝蒿（*Carum carvi* L.）、香根芹（*Osmorhiza aristata* Makino et Yabe）等，茜草科的猪殃殃（*Galium aparine* var. *tenerum* Robb.）、六叶律（*G. asperuloides* var. *hoffmeisteri* Hand.-Mazz.）、阔叶四叶律（*G.*

bungei var. *trachyspermum* Cuf.）、西南拉拉藤（*G. elegans* Wall. ex Roxb.）、四川拉拉藤（*G. elegans* var. *nemorosum* Cuf.）、毛拉拉藤（*G. elegans* var. *velutinum* Cuf.）等，紫草科的盾果草（*Thyrocarpus sampsonii* Hance）、西南附地菜（*Trigonotis cavaleriei* Hand.-Mazz.）、附地菜（*T. peduncularis* Benth. ex Baker et Moore.）等，菊科的腺梗草（*Adenocaulon himalaicum* Edgew.）、粘毛香青（*Anaphalis bulleyana* Chang.）、旋叶香青（*A. contorta* Hook. f.）、淡黄香青（*A. flavescens* Hand.-Mazz.）、纤枝香青（*A. gracilis* Hand.-Mazz.）、乳白香青（*A. lactea* Maxim.）、珠光香青（*A. margaritacea* Benth. et Hook. f.）、小白酒草（*Conyza canadensis* Cronq.）、白酒草（*C. japonica* Lqss.）、小鱼眼草（*Dichrocephala benthamii* C. B. Clarke）、鱼眼草（*D. auriculata* Druce.）、一点红（*Emilia sinchifolia* DC.）、飞蓬（*Erigeron acer* L.）、一年蓬（*E. annus* Pers.）、山苦荬（*Ixeris chinensis* Nakai）、苦荬菜（*I. denticulate* Stebb.）、细叶苦荬（*I. gracilis* Stebb.）、多头苦荬（*I. polycephala* Cass.）、多种火绒草（*Leontopodium*）、多种凤毛菊（*Saussurea*）、红果黄鹌菜（*Youngia erythroesrpa* Babc. et Stebb.）、异叶黄鹌菜（*Y. heterophylla* Babc. et Stebb）、黄鹌菜（*Y. japonica* DC.）等，鸭跖草科的鸭跖草（*Commenlina communis* L.）和竹叶子（*Streptolirion volubile* Edgew）等。

保护区内野生牧草主要有禾本科的甘青芨芨草（*Achnatherum chingii* Keng）、异颖芨芨草（*A. inaequiglume* Keng）、小糠草（*Agrostis alba* L.）、多枝剪股颖（*A. divaricatissima* Mez.）、剪股颖（*A. matsumura* Hack. ex Honda）、多花剪股颖（*A. myrianthe* Hook f.）、看麦娘（*Alopecurus aequalis* Sobol.）、赖草（*Aneurolepidium dasystachys* Nevski.）、黄花茅（*Anthoxanthum odorum* L.）、三刺草（*Aristida triseta* Keng）、荩草（*Arthraxon hispidus* Makino）、小叶荩草（*A. lancifolius* Hochst.）、茅叶荩草（*A. prionodes* Dandy）、穗序野牯草（*Arundinella chenii* Keng）、野牯草（*A. hirta* Tanaka）、刺芒野牯草（*A. setosa* Trin.）、沟稃草（*Aulacolepis treutleri* Hack.）、野燕麦（*Avena fatua* L.）、白羊草（*Bothriochloa ischaemum* Keng.）、短柄草（*Brachypodium silvaticum* Beauv.）、雀麦（*Bromus japonicus* Thunb.）、疏花雀麦（*B. remotiflorus* Ohwi.）、华雀麦（*B. sinensis* Keng.）、野青茅（*Calamagrostis arundinacea* Roth）、拂子茅（*C. epigejos* Roth）、假苇拂子茅（*C. pseudophraginites* Hoel.）、糙野青茅（*C. scabrescens* Griseb.）、枝竹细柄草（*Capillepedium assimile* A. Camus）、鸭茅（*Dactylis glomerata* L.）、十字马唐（*Digitaria cruciata* Neas ex Herb）、马唐（*D. sanguinalis* Scop.）、无芒稗（*Echinochloa crusgalli* var. *mitis* Peterm.）、牛筋草（*Eleusine indica* Gaerth.）、披碱草（*Elymus dahuricus* Turcz.）、垂穗披碱草（*E. nutans* Griseb.）、老芒麦（*E. sibiricus* L.）、画眉草（*Eragrostis pilosa* Beauv.）、紫羊茅（*Festuca fubra* L.）、素羊茅（*F. modesta* Steud.）、羊茅（*F. ovina* L.）、高山羊茅（*F. subalpina* Chang et Skv.）、光花异燕麦（*Helictotrichon leianthum* Ohwi）、黄茅（*Heteropogon contortus* Beauv. ex Roem）、雀稗（*Paspalum thunbergii* Kunth ex Steud.）、狼尾草（*Pennisetum alopecuroides* Spreng.）、白草（*P. flaccidum* Griseb.）、显子草（*Phaenospema globosa* Munro. ex Benth）、多种早熟禾、金发草（*Pogonatherum paniceum* Hack.）、棒头草（*Polypogon fugax* Nees ex Steud.）、纤毛鹅观草（*Roegneria ciliaris* Nevski）、鹅观草（*R. kamoji* Ohwi）、垂穗鹅观草（*R. nutans Keng)、金色狗尾草(*Setaria glauca* Beauv)、棕叶狗尾草(*S. palmaefolia* Stapf.)、皱叶狗尾草(*S. plicata* T. Cooke)、狗尾草(*S. viridis* Beauv.)、鼠尾粟(*Sporobolus fortilis* W. D. Clayton)等；其次是莎草科的多种苔草(*Carex*)、蒿草(*Kobresia bellardii* Degl.)、矮蒿草(*K. humitis* Serg)、甘肃蒿草(*K. kansuensis* Kukenth.)、砖子苗(*Mariscus umbellatus* Vahl)及高秆珍珠草(*Scleria terrestris* Foss.)等。

6.3.10　野生蔬菜植物

蔬菜是人们生活中必不可少的食品之一。目前人类种植的蔬菜都是由野生蔬菜培植后被人们选择食用，在灾荒年代或战争年代，野菜是人们维持生计的必需品。我国地域辽阔，野生蔬菜资源丰富，种类繁多。在当今，随着人们生活水平的提高，野菜又以其少污染、食用安全、营养丰富、风味独特并兼有防病、治病等保健作用而广受人们欢迎。一些野菜还是我国重要的传统出口商品。

在保护区被子植物中，现已知约有32种属野生蔬菜植物。如荨麻科的裂叶荨麻(*Urtica fissa* Pritz.)，马齿苋科的马齿苋(*Portulaca oleracea* L.)，藜科的藜(*Chenopodinm albnm* L.)、苋科的野苋(*Amaranthus ascendens* Loisel.)、苋菜(*A. tricolor* L.)，三白草科的蕺菜(*Houttuynia cordata* Thunb.)，十字花科的荠菜(*Capsella bursa-patoris* Medic.)、弯曲碎米荠(*Cardamine flexuosa* With.)、碎米荠(*C. hirsuta* L.)、弹裂碎米荠(*C. impatiens* L.)、大叶碎米荠(*C. macrophylla* Willd.)、紫花碎米荠(*C. tangutorum* O. E. Schulz)、高河菜(*Megacarpaea delavayi* Franch.)、豆瓣菜(*Nasturtium officinale* R. Br.)、蔊菜(*Rorippa indica* Hiem)，清风藤科的阔叶清风藤(*Sabia latifolia* Rehd. et Wils.)、四川清风藤(*S. schumanniana* Diel.)(食幼嫩茎尖和幼叶)，伞形科的少花水芹(*Oenanthe benghalensis* Kurz)、西南水芹(*O. dielsii* Boiss.)、水芹(*O. javanica* DC.)，菊科的清明草(*Anaphalis napalensis* Hand.-Mazz.)，以及百合科的天蓝韭(*Allium cyaneum* Regel)、卵叶韭(*A. ovalifolium* Hand.-Mazz.)、多叶韭(*A. plurifoliatum* Rendle)、太白韭(*A. prattii* C. H. Wright)、野黄韭(*A. rude* J. M. Xu)、高山韭(*A. sikkimense* Baker)、高山葱(茖葱)(*A. victorialis* L.)、黄花(*Hemerocallis citrina* Baroni)、萱草(*H. fulva* L.)等都是品质优良的绿色食品。

6.3.11　野生水果植物

野生水果系指大量分布于荒山野岭、尚未被开发利用水果品种，因其分布广、品种多、适应性强、产量高、无公害而被誉为"天然绿色食品"和"健康食品"。

在保护区分布的被子植物中，具有开发利用价值的野生水果已知有59种。如桑科的桑(*Morus alba* L.)和地瓜(*Ficus tikoua* Bur.)，木通科的三叶木通(*Akebia trifoliata* Koidz.)、白木通(*A. trifoliata* var. *australis* Rehd.)，猕猴桃科的猕猴桃(*Actinidia chinensis* Planch.)、革叶猕猴桃(*A. coriacea* Dunn)、狗枣猕猴桃(*A. kolomikta* Maxim.)、黑蕊猕猴桃(*A. melanandra* Franch.)、木天蓼(*A. ploygama* Maxim.)、四萼猕

猴桃(*A. tetramera* Maxim.)、脉叶猕猴桃(*A. venosa* Rehd.)等，虎耳草科的多种茶藨子(*Ribes*)，蔷薇科的华中山楂(*Crataegus wilsonii* Sarg.)、枇杷(*Eriobotrya japonica* Lindl.)、东方草莓(*Fragaria orientalis* Lozinsk.)、锥腺樱桃(*Prunus conadenia* Koehne)、尾叶樱(*P. dielsiana* Schneid.)、毛桃(*P. persica* Batsch)、多毛樱桃(*P. polytricha* Roehne)、西南樱桃(*P. pilosiuscula* Koehne)、野李(*P. salicina* Lindl.)、毛樱桃(*P. tomentosa* Thunb.)、托叶樱桃(*P. stipulacea* Maxim.)、川西樱桃(*P. trichostoma* Koehne)、麻梨(*Pyrus serrulata* Rehd.)，漆树科的毛脉南酸枣(*Choerospondias axillaris* var. *pubinervis* Burtt et A. W. Hill)、蛇葡萄科的掌裂蛇葡萄(*Ampelopsis aconitifolia* var. *glabra* Diels)、蓝果蛇葡萄(*A. bodinieri* Rehd.)、三裂叶蛇葡萄(*A. delavayana* Planch ex Franch.)等，胡颓子科的窄叶木半夏(*Elaeagnus angustata* C. Y. Chang)、长叶胡颓子(*E. bockii* Diels)、蔓生胡颓子(*E. glabra* Thunb.)、披针叶胡颓子(*E. lanceolata* Warb. ex Diels)、牛奶子(*E. umbellate* Thunb.)、沙棘(*Hippophae rhamnoides* L.)、高沙棘(*H. rhamnoides* var. *procera* Rehd.)，山茱萸科的四照花(*Dendrobenthamia japonica* var. *chinensis* Fang)，以及柿树科的柿(*Diospyros kaki* L. f.)、油柿(*D. kaki* var. *sylvestris* Makino.)、君迁子(*D. lotus* L.)等都是优良野生水果资源。

附表 6-1　唐家河国家级自然保护区被子植物名录

1. 胡桃科(Juglandaceae)

该科全世界共 8 属 60 余种，分布于北半球。我国有 7 属 27 种 1 变种，南、北均产。在保护区内共分布有 4 属 8 种。

[1] 青钱柳(*Cyclocarya paliurus* Iljinsk.)：据《四川植物志》和《四川唐家河自然保护区综合科学考察报告》(2003)记载，该种在青川县有分布，生于海拔 800～2100 m 的杂木林或阔叶林中。

[2] 野胡桃(*Juglans cathayensis* Dode)：在保护区内中低海拔地带(1200～2000 m)均有较多分布，如阴坝沟、西阳沟等海拔 1500 m 左右的山坡处，该物种作为优势种大面积分布。

[3] 胡桃楸(*J. mandshurica* Maxim.)：据《四川植物志》和《四川唐家河自然保护区综合科学考察报告》(2003)记载，该种在青川县有分布，散生于海拔 1000～2100 m 的沟谷林下或林缘灌丛中。

[4] 胡桃(*J. regia* L.)：栽培或栽培逸散为野生种，主要生于海拔 1300～1600 m 的路边或林缘。

[5] 化香树(*Platycarya strobilacea* Sied. et Zucc.)：该物种散生于保护区内海拔 1200～2000 m 的阔叶林或灌丛中。

[6] 华西枫杨(*Pterocarya insignis* Rehd. et Wils.)：据《四川植物志》记载，该种在青川县有分布，散生于海拔 1700～2600 m 的疏林中。在保护区内见于西阳沟、文县河、长沟、落衣沟等，生于海拔 1600～2500 m 的河谷或阔叶林中。

[7] 甘肃枫杨(*P. macroptera* Batal.)：该物种在保护区内的分布与华西枫杨基本一

致，多散生于海拔 1700～2400 m 的河谷地带。

[8] 枫杨（*P. stenoptera* C. DC.）：该物种在保护区内的分布区域与上述两种相似，但分布海拔较低，主要生于海拔 1300～1800 m 的河滩或溪沟旁。

2.杨柳科（Salicaceae）

本科全世界有 3 属约 620 种，主产北温带。我国产 3 属 320 余种，在保护区内分布有 2 属 20 种，包括 1 变种。

[9] 响叶杨（*Populus adenopoda* Maxim.）：见于文县河、西阳沟、蔡家坝至白熊坪和野牛岭等地，多生于海拔 1200～1600 m 的路旁或疏林中。

[10] 青杨（*P. cathayana* Rehd.）：在保护区内散生于西阳沟、文县沟沟、蔡家坝至白熊坪一带海拔 1300～2300 m 阔叶林或疏林中。

[11] 山杨（*P. davidiana* Dode）：在保护区内常见种，散生于海拔 1400～2600 m 的疏林或山地灌丛。

[12] 毛山杨（*P. davidiana* var. *tomentella* Nakai）：据《四川植物志》记载，该种在西南山区均有分布。在保护区内的分布与原变种相近，多散生于海拔 1500～3000 m 的疏林或山地灌丛。

[13] 大叶杨（*P. lasiocarpa* Oliv.）：据《四川植物志》记载，该物种主要分布于重庆及四川凉山州一带。据《四川唐家河自然保护区综合科学考察报告》（2003）记载，该物种散生于野牛岭等地海拔 1200～2500 m 的疏林或山地灌丛中。

[14] 冬瓜杨（*P. purdomii* Rehd.）：据《四川植物志》记载，该物种主要分布于阿坝州。据《四川唐家河自然保护区综合科学考察报告》（2003）记载，该物种散生于保护区内海拔 1500～2500 m 的落叶阔叶林或针阔叶混交林。在本次调查中，在西阳沟等地发现有冬瓜杨分布。

[15] 川杨（*P. szechuanica* Schneid.）：在保护区内分布较少且散生，生于海拔 1200～2800 m 的阔叶林或针阔叶混交林内。

[16] 椅杨（*P. wilsonii* Schneid.）：在保护区内分布少，主要散生于海拔 1500～3100 m 的疏林或针叶林中。

[17] 银光柳（*Salix argyrophegga* Schneid.）：据《四川唐家河自然保护区综合科学考察报告》（2003）记载，该物种散生于 2500～3000 m 的山地灌丛。

[18] 筐柳（*S. cheilophila* Schneid.）：在保护区内海拔 1300～2400 m 的各沟系的河漫滩灌丛均有分布。

[19] 牛头柳（*S. dissa* Schneid.）：见于保护区内大岭子沟、红石河、石桥河、四角湾等沟系海拔 1800～3300 m 的林缘或山坡灌丛。

[20] 卧龙柳（*S. dolia* Schneid.）：见于保护区内各沟系海拔 1200～2600 m 的河谷或溪边。

[21] 棉穗柳（*S. eriostachya* Wall. ex Anderss.）：据《四川植物志》记载分布于雅江、稻城、木里、汶川、理县及黑水等县海拔 3000～5000 m 的山坡。据《四川唐家河自然保护区综合科学考察报告》（2003）记载该物种在保护区内散生于海拔 2000～2800 m 的灌丛或林缘。

〔22〕巫山柳（*S. fargesii* Burkill）：在保护区内主要分布于西阳沟、红岩子等海拔 1300～2100 m 的林下或林缘灌丛。

〔23〕紫枝柳（*S. heterochroma* Seemen）：在保护区内见于西阳沟、齐头岩、水淋沟、果子树沟等支沟系海拔 1200～2000 m 的林缘或山坡灌丛。

〔24〕翻白柳（*S. hypoleuca* Seem.）：在保护区内多见于西阳沟、摩天岭、唐家河等地海拔 1400～2200 m 的山地。

〔25〕丝毛柳（*S. luctuosa* Levl.）：据《四川植物志》记载该物种主要分布于重庆及四川凉山州和阿坝州一带。在保护区内见于文县沟、唐家河至红石河一线及摩天岭等地海拔 1400～2600 m 的河谷或山坡灌丛。

〔26〕乌饭柳（*S. myrtillacea* Anderss.）：据《四川植物志》记载该物种主要分布于川西高山地带。在保护区内主要分布于文县沟、石桥河、大草坪、大草堂等地海拔 1700～3200 m 的山地灌丛。

〔27〕秋华柳（*S. variegata* Franch.）：在保护区内见于西阳沟、文县沟、蔡家坝至红石河一线、白熊坪及摩天岭等地，散生于海拔 1200～3000 m 的河漫滩灌丛或沟谷灌丛。

〔28〕皂柳（*S. wallichiana* Anderss.）：在保护区内海拔 1600～2800 m 的山坡或沟谷的林下或灌丛均有少量散生。

3. 桦木科（Betulaceae）

本科全世界共有 6 属约 200 种，主产北温带。我国产 6 属 70 余种，在保护区内分布有 5 属 17 种，包括 5 变种。

〔29〕桤木（*Alnus cremastogyne* Burkill）：在保护内散生于关虎、红岩子、吴尔沟等地海拔 1200～1800 m 的林中或路旁。

〔30〕红桦（*Betula albo-sinensis* Burkill）：在保护区内散生于海拔 1400～3400 m 的落叶阔叶林或针阔叶混交林中，多见于野牛岭、白熊坪等地。

〔31〕亮叶桦（*B. luminifera* H. Winkl.）：在保护区内散生于野牛岭、白熊坪、红岩子，唐家河、西阳沟等地海拔 1200～2000 m 的常阔混交林中或灌丛中。

〔32〕白桦（*B. platyphylla* Suk.）：在保护区内为常见种，散生于海拔 1400～2600 m 的次生落叶阔叶林中。

〔33〕矮桦（*B. potaninii* Batal）：据《四川唐家河自然保护区综合科学考察报告》（2003）记载，该物种散生于海拔 2000～2800 m 的针叶阔叶混交林中。

〔34〕糙皮桦（*B. utilis* D. Don）：在保护区内为常见种，散生于阴坝沟、长沟、大岭子沟、文县沟、石桥河等地海拔 2200～3400 m 的针阔叶混交林或亚高山针叶林内。

〔35〕西南糙皮桦（*B. utilis* var. *prattii* Burk.）：分布区域常与糙皮桦重叠，散生于保护区阴坝沟、长沟、大岭子沟、文县沟、石桥河等地海拔 2000～3000 m 的针阔叶混交林或亚高山针叶林内。

〔36〕华鹅耳枥（*Carpinus cordata* var. *chinensis* Franch.）：该物种为区内常见种，主要分布于红岩子、南天门、溜马槽、齐头岩、西阳沟等地海拔 1600～2200 m 的常绿与落叶阔叶混交林内。

[37] 长穗鹅耳枥（*C. fangiana* Hu.）：多见于保护区内西阳沟、齐头岩、漆树坪、红岩子等地，生于海拔 1700~2000 m 的常绿与落叶阔叶混交林内。

[38] 千筋树（*C. fargesiana* H. Wink.）：据《四川唐家河自然保护区综合科学考察报告》（2003）记载，该物种散生于海拔 1500~2800 m 的落叶阔叶林或灌丛。

[39] 镰苞鹅耳枥（*C. tschonoskii* var. *falcatibracteata* P. C. Li）：据《四川唐家河自然保护区综合科学考察报告》（2003）记载，该物种散生于 1300~2000 m 的海拔阔叶林中。

[40] 鹅耳枥（*C. turczaninowii* Hance）：在保护区内为常见种，散生于西阳沟、齐头岩、漆树坪、红岩子、沙帽石等地海拔 1200~1500 m 的阔叶林或公路旁。

[41] 绒毛榛（*Corylus chinensis* var. *fargesii* Hu）：据《四川唐家河自然保护区综合科学考察报告》（2003）记载，该物种散生于保护区内海拔 1600~2800 m 的山地。

[42] 藏刺榛（*C. ferox* var. *thibetica* Franch.）：常见种，散生于保护区内海拔 2200~2600 m 的针阔叶混交林或林缘。

[43] 刺榛（*C. ferox* Wall.）：据《四川唐家河自然保护区综合科学考察报告》（2003）记载，该物种散生于海拔 2000~2600 m 的针阔叶混交林内。

[44] 川榛（*C. sutchenensis* C. C. Yang）：多见于保护区内唐家河、关虎、柏树湾等地海拔 1300~2000 m 的落叶阔叶林或灌丛内。

[45] 虎榛子（*Ostryopsis davidiana* Decne.）：见于保护区内关虎、沙帽石等地海拔 1200~2000 m 的山坡。

4. 壳斗科（Fagaceae）

本科全世界共有 6~8 属约 800 种，主产热带和亚热带。我国产 6 属 300 余种，在保护区内分布有 6 属 20 种，包括 3 变种。

[46] 野板栗（*Castanea mollissima* Bl.）：在保护区内为常见种，主要分布于唐家河—毛香坝—长坪一线及关虎等地海拔 1200~1500 m 的常阔混交林内或林缘。

[47] 栲（*Castanopsis fargesii* Franch.）：多见于保护区内关虎、唐家河等地，生于海拔 1100~1300 m 的沟谷阔叶林内。

[48] 青冈栎（*Cyclobalanopsis glauca* Oerst.）：多见于保护区内西阳沟、红岩子、唐家河、铁厂沟等地，生于海拔 1200~2200 m 的阔叶林中。

[49] 细叶青杠（*C. glauca* var. *gracilis* Y. T. Cheng）：见于保护区内铁厂沟、黄土梁、关虎、红岩子、唐家河等地，生于海拔 1200~2000 m 的常绿阔叶林内。

[50] 多脉青冈（*C. multinervis* Cheng et T. Hong）：据《四川唐家河自然保护区综合科学考察报告》（2003）记载，该物种散生于海拔 1300~2200 m 的常绿阔叶林内。

[51] 蛮青杠（*C. oxyodon* Miq.）：见于保护区内铁厂沟、关虎、黄土梁、红岩子等地，生于海拔 1400~2200 m 的常阔混交林中。

[52] 米心水青冈（*Fagus engleriana* Seem.）：散生于保护区内唐家河、沙石帽、关虎等地海拔 1200~2000 m 的林中或林缘路旁。

[53] 水青冈（*F. longipetiolata* Seem.）：见于保护区内铁厂沟、西阳沟、关虎等地海拔 1200~1700 m 的阔叶林中。

[54] 巴山水青冈(*F. pashanica* C. C. Yang)：据《四川唐家河自然保护区综合科学考察报告》(2003)记载，该物种散生于海拔 1200～1900 m 的阔叶林中。

[55] 全包石栎(*Lithocarpus cleistocarpus* Rehd. et Wils.)：见于保护区内西阳沟、漆树坪、唐家河、红岩子等地，生于海拔 1100～1800 m 的常绿阔叶林。

[56] 硬斗柯(*L. hancei* Rehd.)：见于保护区内唐家河、西阳沟、漆树坪、红岩子等地，生于海拔 1200～2000 m 的阔叶林或灌丛中。

[57] 麻栎(*Quercus acutissima* Carrath.)：散生于保护区内西阳沟、柏树湾、唐家河、漆树坪、红岩子等地，生于海拔 1100～1600 m 的落叶阔叶林中。

[58] 锐齿槲栎(*Q. aliena* var. *acutesenate* Maxim.)：见于保护区内唐家河、漆树坪、西阳沟、柏树湾、红岩子等地，生于海拔 1100～2000 m 的阔叶林下或灌丛。

[59] 川滇高山栎(*Q. aquifoliodes* Rehd. et Wils.)：在保护区内海拔 1600～2600 m 的阳坡或开阔地均有不同程度分布。

[60] 云南槲栎(*Q. dentate* var. *yuannanensis* A. Camus)：据《四川唐家河自然保护区综合科学考察报告》(2003)记载，该物种散生于海拔 1600～2500 m 的林中或林缘灌丛。

[61] 巴东栎(*Q. engleriana* Seem.)：在保护区内海拔 1800～2500 m 的落叶阔叶林或针阔叶混交林中有分布。

[62] 枹栎(*Q. glandulifera* Bl.)：见于保护区内唐家河、漆树坪、西阳沟、柏树湾、红岩子等地，生于海拔 1300～1800 m 的向阳山坡灌丛中。

[63] 短柄枹栎(*Q. glandulifera* var. *brevipetiolata* Nakai)：见于保护区内唐家河、漆树坪、西阳沟、柏树湾、红岩子等地，生于海拔 1200～2000 m 的林下或山坡灌丛。

[64] 刺叶栎(*Q. spinosa* David.)：据《四川唐家河自然保护区综合科学考察报告》(2003)记载，该物种散生于海拔 1400～2600 m 的阔叶林或针阔叶混交林内。

[65] 栓皮栎(*Q. variabilis* Bl.)：在保护区内为常见种，生于海拔 1100～1600 m 的林中或灌丛。

5. 榆科(Ulmaceae)

本科全世界有 18 属约 150 种，主产北温带。我国产 8 属 50 余种(变种)，在保护区内分布有 4 属 8 种。

[66] 紫弹树(*Celtis biondii* Pamp.)：见于保护区内唐家河至关虎一带，散生于海拔 1100～1400 m 的林中或河谷灌丛。

[67] 小叶朴(*C. bungeana* Bl.)：见于保护区内唐家河、漆树坪、柏树湾、西阳沟、红岩子、关虎等地，生于海拔 1200～2000 m 的林中或沟谷灌丛中。

[68] 珊瑚朴(*C. julianae* Schneid.)：见于保护区内唐家河至关虎一线，另外在漆树坪、柏树湾、西阳沟、红岩子等地有少量分布，散生于海拔 1100～1500 m 的阔叶林或沟谷灌丛中。

[69] 朴树(*C. sinensis* Pers.)：散生于保护区内唐家河、关虎、西阳沟、漆树坪、红岩子、柏树湾等地海拔 1300～1600 m 的常绿、常绿阔叶混交林中或沟谷灌丛中。

[70] 青檀(*Pteroceltis tatarinowii* Maxim.)：据《四川唐家河自然保护区综合科学

考察报告》(2003)记载，该物种散生于海拔 1100～1400 m 的石灰岩山地林缘或溪旁。

[71] 兴山榆(*Ulmus bergmanniana* Schneid.)：该物种在保护区内分布数量较少，范围较为狭窄，见于唐家河至毛香坝一线海拔 1400～1800 m 的林中或沟谷灌丛。

[72] 榔榆(*U. parvifolia* Jacg.)：见于保护区内毛香坝—唐家河—关虎一带海拔 1100～1400 m 的常绿阔叶林、落叶阔叶林或路旁。

[73] 大果榉(*Zelkova sinica* Schneid.)：据《四川唐家河自然保护区综合科学考察报告》(2003)记载，该物种散生于海拔 1200～1500 m 的林中或溪沟林缘。

6. 杜仲科(Eucommiaceae)

该科为单型科(即在世界植物区系中只有 1 个物种)，为我国特有，现为国家 II 级重点保护植物。

[74] 杜仲(*Eucommia ulmoides* Oliver)：多为栽培种或栽培逸散为野生，在保护区内低海拔地带(海拔 1100～1500 m)有少量分布，偶见于唐家河至关虎一带。

7. 桑科(Moraceae)

本科全世界有 40 属约 1000 种，主产热带和亚热带。我国产 16 属 160 余种，在保护区内分布有 5 属 14 种，包括 1 变种。

[75] 小构树(*Broussonetia kazinoki* Sieb. et Zucc.)：散生于保护区内唐家河、关虎、西阳沟、漆树坪、红岩子、柏树湾等地海拔 1100～1600 m 的阔叶林或山坡灌丛。

[76] 构树(*B. papyrifera* Vent.)：散生于保护区内唐家河、关虎、西阳沟、漆树坪、红岩子、柏树湾等地海拔 1200～1600 m 的林缘或山沟灌丛。

[77] 柘树(*Cudrania tricuspidata* Bur. ex Lavall.)：散生于保护区内西阳沟、漆树坪、唐家河、关虎等地海拔 1100～1500 m 的山谷林下或路边灌丛。

[78] 尖叶榕(*Ficus henryi* Warb ex Diels)：散生于保护区内唐家河、关虎、西阳沟、漆树坪等地海拔 1100～1400 m 的林下或沟边灌丛。

[79] 异叶榕(*F. heteromorpha* Hemsl.)：散生于保护区内西阳沟、漆树坪、红岩子、柏树、唐家河、关虎、湾等地海拔 1200～1800 m 的林下或沟谷灌丛。

[80] 爬藤榕(*F. martinii* Levl. et Vant.)：见于保护区内唐家河、关虎、西阳沟、漆树坪、红岩子、柏树湾等地，散生于海拔 1200～1800 m 的山坡灌草丛或林缘石壁上。

[81] 菱叶冠毛榕[*F. gasparriniana* Miq. var. *laceratifolia* (Lévl. et Vant.)Corner]：见于保护区内唐家河、关虎、西阳沟等地，散生于海拔 1100～1400 m 的林下。

[82] 薜荔(*F. pumila* L.)：见于保护区内唐家河、关虎、西阳沟等地，散生于海拔 1300～1600 m 的林下或林缘石壁上。

[83] 珍珠莲(*F. sarmentosa* var. *henryi* Corner)：散生于保护区内唐家河、关虎、西阳沟、漆树坪、红岩子、柏树湾等地海拔 1100～1600 m 的林下或阴湿沟谷灌丛中。

[84] 地瓜(*F. tikoua* Bur.)：散生于保护区内唐家河至关虎一带，另外见于西阳沟、齐头岩、红岩子、柏树湾等地，生于海拔 1100～1500 m 的疏林或山坡灌草丛。

[85] 葎草(*Humulus scandens* Merr.)：在保护区内为低海拔常见种，生于海拔 1100～1600 m 的阔叶林下或山坡灌草丛。

[86] 桑(*Morus alba* L.)：在保护区内低海拔常见种，生于海拔 1100～1500 m 的阔

叶林下、林缘或灌丛中。

[87] 鸡桑(*M. australis* Poir.)：散生于保护区内唐家河至关虎一带及西阳沟、齐头岩、红岩子、柏树湾等地海拔 1200~1800 m 的林下或灌丛。

[88] 岩桑(*M. mongolica* Schneid.)：保护区内多见于西阳沟海拔 1200~1700 m 的阔叶林下或河谷灌丛中。

8. 荨麻科(Urticaceae)

本科全世界有 45 属 700 余种，主产热带、亚热带和温带。我国产 23 属 220 余种，在保护区内共分布有 12 属 25 种。

[89] 序叶苎麻(*Boehmeria clidemioides* var. *diffusa* Hand. -Mazz.)：见于保护区内唐家河、关虎、水淋沟、鸡公垭沟、西阳沟、漆树坪、红岩子、柏树湾等地，散生于海拔 1200~1800 m 的山坡草地或灌丛。

[90] 细叶苎麻(*B. gracilis* C. H. Wright)：见于保护区内毛香坝至唐家河一带及关虎、西阳沟、漆树坪、齐头岩、沙帽石、红岩子、柏树湾等地，散生于海拔 1200~2000 m 的山坡阴湿灌丛中。

[91] 苎麻(*B. nivea* Gaudich)：见于保护区内唐家河、关虎、西阳沟等地，散生于于海拔 1100~1400 m 的山坡草地。

[92] 水麻(*Debregeasia edulis* Wedd.)：据见于保护区内关虎、唐家河、西阳沟、漆树坪、红岩子、齐头岩、柏树湾等地，散生于海拔 1100~1700 m 的阔叶林下或河谷灌丛。

[93] 长叶水麻(*D. longifolia* Wedd.)：据《四川唐家河自然保护区综合科学考察报告》(2003)记载，该物种散生于海拔 1200~1800 m 的林缘或灌丛。

[94] 东方水麻(*D. orientalis* C. J. Chen)：见于保护区内关虎、唐家河、西阳沟、漆树坪、红岩子、齐头岩、柏树湾等地的支沟内，散生于海拔 1200~2000 m 的河流两岸或山坡灌丛。

[95] 楼梯草(*Elatostema involucratum* Franch. et Sav.)：在保护区内海拔 1200~2000 m 的林下阴湿地或溪沟旁均有分布。

[96] 钝叶楼梯草(*E. obtusum* Wedd.)：在保护区内为常见种，生态幅宽，生于海拔 1500~3400 m 的阔叶林或针叶林下。

[97] 石生楼梯草(*E. rupestre* Wedd.)：在保护区内为常见种，生态幅较宽，生于海拔 1500~2800 m 的阔叶林或针阔叶混交林内。

[98] 红火麻(*Girardinia cuspidate* ssp. *triloba* C. J. Chen)：据《四川唐家河自然保护区综合科学考察报告》(2003)记载，该种分布于海拔 1200~1500 m 的沟谷边林下或路旁。

[99] 华中艾麻(*Laportea bulbifera* var. *sinesis* Chien)：见于保护区内唐家河、关虎、漆树坪、西阳沟、柏树湾、红岩子、齐头岩等地的支沟内，散生于海拔 1200~2200 m 的阔叶林或沟谷灌丛中。

[100] 艾麻(*L. macrostachya* Ohwi)：在保护区内为常见种，见于关虎、唐家河、西阳沟、红岩子、齐头岩、柏树湾等地，散生于海拔 1200~1800 m 的沟谷林下或林缘

草丛。

[101] 假楼梯草(*L. ecanthus peduncularis* Wedd.)：见于保护区内腰磨石窝至蔡家坝一带，另外还有关虎、西阳沟、漆树坪、红岩子、齐头岩、倒梯子、摩天岭等地的支沟内，散生于海拔 1400~2500 m 的针阔叶混交林或林缘灌丛。

[102] 糯米团(*Memorialis hirta* Wedd.)：在保护区内为常见种，生于海拔 1100~1600 m 的阔叶林缘或山坡草地。

[103] 花点草(*Nanocnide japonica* Bl.)：在保护区内为常见种，生于海拔 1100~1600 m 的山谷林下或阴湿草丛。

[104] 紫麻(*Oreocnide frutescens* Miq.)：在保护区内为低海拔常见物种，多见于关虎、唐家河、西阳沟、红岩子、齐头岩、柏树湾等地，生于海拔 1200~1500 m 的阔叶林下或河谷灌丛。

[105] 蔓赤车(*Pellionia scabra* Benth.)：在保护区内为低海拔常见物种，多见于唐家河、关虎一带，生于海拔 1100~1300 m 的沟谷边林下阴湿地。

[106] 粗齿冷水花(*Pilea fasciata* Franch.)：在保护区内为常见种，生态幅宽，生于海拔 1200~3000 m 的阔叶林、针叶林下或溪沟边。

[107] 大叶冷水花(*P. martini* Hand.-Mazz.)：在保护区内为常见种，生态幅较宽，生于海拔 1200~2600 m 的阔叶林、针叶林下或溪沟边。

[108] 透茎冷水花(*P. mongolica* Wedd.)：在保护区内为低海拔常见物种，散生于海拔 1100~1600 m 的阔叶林下或沟谷草丛。

[109] 冷水花(*P. notata* C. H. Wright)：在保护区内为低海拔常见物种，成片或散生于海拔 1200~1500 m 的常绿阔叶林下或林缘。

[110] 西南冷水花(*P. plataniflora* C. H. Wright)：在保护区内为低海拔常见物种，散生于海拔 1100~1600 m 的常绿阔叶林下。

[111] 雅致雾水葛(*Pouzolzia zeylanica* Benn.)：在保护区内为低海拔常见种，散生于海拔 1200~1800 m 的林缘或山地灌丛。

[112] 裂叶荨麻(*Urtica fissa* Pritz.)：在保护区内为低海拔常见种，散生于海拔 1100~2000 m 的林下或阴湿草丛。

[113] 宽叶荨麻(*U. laetevirens* Maxim.)：在保护区内为低海拔常见种，散生于海拔 1200~2400 m 的林下或沟边灌丛。

9. 铁青树科(Olacaceae)

本科全世界有 25 属 250 种，主产热带地区，少数种分布到亚热带地区。我国产 5 属 9 种 1 变种，在保护区内仅产 1 种。

[114] 青皮木(*Schoepfia jasminodora* Sieb. et Zucc.)：在保护区内见于海拔 1100~1500 m 的沟谷林下或山坡灌丛。

10. 檀香科(Santalaceae)

本科全世界共 30 属 400 余种，分布于全世界的热带和温带。我国产 8 属 35 种 6 变种，在唐家河国家级自然保护区内只分布 1 种。

[115] 百蕊草(*Thesium chinensis* Turcz.)：据《四川唐家河自然保护区综合科学考

察报告》(2003)记载，该种分布于保护区内海拔 1100～1600 m 的山坡草丛或林缘。

11. 桑寄生科(Loranthaceae)

本科全世界约有 65 属 1300 种，主要产于世界热带地区，温带分布较少。我国有 11 属约 64 种，大多数分布于华南和西南各省区，在保护区内分布有 3 属 4 种。

[116] 狭茎粟寄生(*Korthalsella japonica* var. *fasciculata* H. S. Kiu)：见于保护区内唐家河至关虎一带，寄生于海拔 1100～1500 m 的柿树上。

[117] 四川寄生(*Taxillus sutchuenensis* Danser)：偶见于保护区内关虎、唐家河、西阳沟、红岩子、齐头岩、沙帽石、柏树湾等地，寄生于海拔 1200～2000 m 的栎类树干上。

[118] 槲寄生(*Viscum coloratum* Nakai)：偶见于保护区内唐家河、关虎、西阳沟、红岩子、齐头岩、柏树湾、沙帽石等地，寄生于海拔 1200～2200 m 的柳、杨、栎、榆树干或树枝上。

[119] 枫香槲寄生(*V. liquidambaricolum* Hayata)：偶见于保护区内蔡家坝—唐家河—关虎一带，寄生于海拔 1100～1400 m 的枫香或油桐树干或树枝上。

12. 蛇菰科(Balanophoraceae)

本科全世界有 19 属约 120 种，分布于热带和亚热带地区。我国只有 3 属 17 种，产中南部至西南，在保护区内分布有 1 属 2 种。

[120] 筒鞘蛇菰(*Balanophora involucrata* Hook. f.)：见于保护区内文县河，寄生于海拔 2200～3500 m 的针叶阔叶混交林树根上。

[121] 穗花蛇菰(*B. spicata* Hayata)：据《四川唐家河自然保护区综合科学考察报告》(2003)记载，寄生于海拔 1200～2400 m 的阔叶林或针叶阔叶混交林的树根上。

13. 蓼科(Polygonaceae)

本科全世界约有 50 属 1200 种，主要分布于北温带，少数在热带；我国产 11 属 230 余种。在保护区内分布有 6 属 29 种，包括 3 变种。

[122] 短毛金线草(*Antenoron neofiliforme* Hara.)：据《四川唐家河自然保护区综合科学考察报告》(2003)记载，分布于海拔 1200～1700 m 的阔叶林下。

[123] 野荞麦(*Fagopyrum esculentum* Moench.)：见于保护区内唐家河、关虎、西阳沟、红岩子、齐头岩、沙帽石等地，散生于海拔 1200～1400 m 的山坡荒地或路旁。

[124] 细梗荞麦(*F. gracilipes* Danuner.)：据《四川唐家河自然保护区综合科学考察报告》(2003)记载，该种分布于海拔 1200～1800 m 的山坡路边或河滩草地。

[125] 肾叶山蓼(*Oxyria digyna* Hill.)：据《四川唐家河自然保护区综合科学考察报告》(2003)记载，该种分布于海拔 2000～3400 m 的针叶林或山坡草丛。

[126] 头花蓼(*Polygonum alatum* Buch. -Ham. ex D. Don)：在保护区内为常见种，生于海拔 2400～3000 m 的针叶林下或荒坡草地.

[127] 扁蓄(*P. aviculara* L.)：见于保护区内唐家河至长坪一带，另外在关虎、西阳沟、红岩子、齐头岩、沙帽石、摩天岭、倒梯子等地也有分布，生于海拔 1120～2000 m 的阔叶林或路边草丛。

[128] 火炭母(*P. chinense* L.)：见于保护区内唐家河至长坪一带，另外在关虎、西

阳沟、红岩子、齐头岩、沙帽石、摩天岭、倒梯子等地也有分布，生于海拔 1400~2400 m 的山坡草地或沟谷湿地。

[129] 虎杖(*P. cuspdatum* Sieb. et Zucc.)：见于保护区内唐家河至关虎一带，另外在西阳沟、红岩子、毛香坝附近等地也有分布，生于海拔 1100~1500 m 的阔叶林或沟谷灌丛。

[130] 牛皮消蓼(*P. cynanchoides* Hemsl.)：据《四川唐家河自然保护区综合科学考察报告》(2003)记载，该种分布于海拔 1100~1500 m 的山谷沟边或河边草丛。

[131] 水蓼(*P. hydropiper* L.)：见于保护区内唐家河至长坪一带，另外在关虎、西阳沟、红岩子、齐头岩、沙帽石、摩天岭、倒梯子等地也有分布，生于海拔 1200~2000 m 的林缘或水湿地。

[132] 酸模叶蓼(*P. lapathifolium* L.)：散生于保护区内蔡家坝—唐家河—关虎一带，生于海拔 1100~1500 m 的林下或沟谷草丛。

[133] 何首乌(*P. multiflorum* Thunb.)：为保护区内低海拔常见种，生于海拔 1100~1500 m 的山坡或河谷灌丛。

[134] 朱砂七(*P. multiflorum* var. *ciliinerve* Steward)：在保护区内为常见种，散生于海拔 1800~2400 m 的山地灌草丛或林缘。

[135] 尼泊尔蓼(*P. nepalense* Meisn.)：在保护区内为常见种，散生于海拔 1400~1800 m 的林下或山坡草地。

[136] 疏花蓼(*P. pauciflorum* Mayim.)：见于保护区内西阳沟、关虎、摩天岭等地，生于海拔 1200~1600 m 的林下或湿草地。

[137] 杠板归(*P. perfoliatum* L.)：为保护区内低海拔常见种，生于海拔 1200~1500 m 的常绿阔叶林下或林缘灌草丛。

[138] 丛枝蓼(*P. posumbu* Bi.-H. ex D. Don)：在保护区内为常见种，散生于海拔 1100~2400 m 的林下或水沟边草丛。

[139] 赤胫散(*P. runcinatum* var. *sinense* Hemsl.)：据《四川唐家河自然保护区综合科学考察报告》(2003)记载，该物种分布于海拔 1300~1800 m 的阔叶林或灌丛。

[140] 刺蓼(*P. senticosum* Franch. et Savat.)：据《四川唐家河自然保护区综合科学考察报告》(2003)记载，该物种分布于海拔 1200~1500 m 的林缘或溪沟旁。

[141] 西北利亚蓼(*P. sibiricum* Laxm.)：见于保护区内大草堂、大草坪等亚高山地带，生于海拔 3000~3600 m 的亚高山草甸。

[142] 圆穗蓼(*P. sphaerostachyum* Meisn.)：为保护区内亚高山常见物种，生于海拔 2800~3400 m 的亚高山草甸。

[143] 支柱蓼(*P. suffultum* Maxim.)：在保护区内为常见种，生于海拔 1200~2600 m 的阔叶林或针阔叶混交林下。

[144] 细穗支柱蓼(*P. suffultum* var. *pergraeile* G. Sam.)：据《四川唐家河自然保护区综合科学考察报告》(2003)记载，该种分布于海拔 1400~1800 m 的落叶阔叶林下。

[145] 珠芽蓼(*P. vivparum* L.)：亚高山常见物种，在保护区内生于海拔 2000~3600 m 的针叶林下或亚高山草甸。

[146] 掌叶大黄(*Rheum palmatum* L.)：在保护区内分布较少，常散生于海拔 2600~3400 m 的针叶林下或亚高山草甸。

[147] 皱叶酸膜(*Rumex crispus* L.)：保护区内常见种，生于海拔 1200~2200 m 的山坡草地或灌丛。

[148] 齿果酸膜(*R. dentatus* L.)：保护区内中低海拔地带常见物种，常生于海拔 1100~2000 m 的林缘山坡草丛。

[149] 羊蹄(*R. japonieus* Houtt.)：据《四川唐家河自然保护区综合科学考察报告》(2003)记载，该物种分布于海拔 1200~2600 m 的阔叶林或溪沟旁。

[150] 尼泊尔酸膜(*R. nepalensis* Spreng.)：在保护区内为常见物种，生于海拔 1200~2800 m 的山坡草地或溪沟草丛。

14. 商陆科(Phytolaccaceae)

本科全世界有 12 属约 100 种，广布于热带至温带地区，主产热带美洲、非洲南部，少数产亚洲。我国有 2 属 5 种，在保护区内分布有 1 属 2 种。

[151] 商陆(*Phytolacca acinosa* Roxb.)：保护区内常见种，生于海拔 1200~1800 m 的阔叶林或路旁草丛，在西阳沟、齐头岩、沙帽石等地有较多分布。

[152] 多药商陆(*P. polyandra* Bat.)：分布范围与商陆常重叠，散生于保护区内海拔 1400~2000 m 的林下或路旁草丛。

15. 粟米草科(Molluginaceae)

本科全球约有 14 属 95 种，主产热带和亚热带地区。我国有 2 属 6 种，在保护区内仅分布有属 1 种。

[153] 粟米草(*Mollugo pentaphylla* L.)：见于保护区内唐家河、关虎等低海拔山区，生于海拔 1200~1500 m 的湿润旷地或路边草丛。

16. 马齿苋科(Portulacaceae)

本科全球约有 19 属 580 种，广布于全世界，主产南美洲。中国现有 2 属 7 种，在保护区内仅分布有 1 属 1 种。

[154] 马齿苋(*Portulaca oleracea* L.)：偶见于保护区内唐家河至关虎、沙石帽和西阳沟一带，散生于海拔 1100~1500 m 的路旁草丛或河边唐家河。

17. 石竹科(Caryophyllaceae)

本科全球约有 75 属 2000 种，世界广布，但主要在北半球的温带和暖温带，少数在非洲、大洋洲和南美洲，地中海地区为分布中心。中国有 30 属约 388 种 58 变种 8 变型，分隶 3 亚科，在保护区内分布有 8 属 18 种。

[155] 甘肃蚤缀(*Arenaria kansuensis* Maxim.)：为保护区内常见物种，见于大草堂、大草坪、加字号等地，生于海拔 3000~3600 m 的亚高山草甸。

[156] 四齿蚤缀(*A. quadridentata* F. N. Williams)：见于保护区内大草堂、大草坪、加字号、石桥河、倒梯子等地，生于海拔 2500~3400 m 的亚高山草甸。

[157] 蚤缀(*A. serpyllifolia* L.)：保护区内常见物种，生于海拔 1200~1800 m 的山坡草丛或旷地。

[158] 卷耳(*Cerastium arvense* L.)：保护区内海拔 2000~2800 m 地带的常见种，

生于林缘或山坡草地。

[159] 簇生卷耳(*C. caespitosum* Gilib.)：主要分布于保护区的西北部，生于海拔 2000～3000 m 的林缘或山坡草丛。

[160] 缘毛卷耳(*C. furcatum* Chem. et Schlecht.)：保护区内常见物种，生于海拔 2000～3200 m 的亚高山草甸或灌丛。

[161] 狗筋蔓(*Cucubalus baccifer* L.)：保护区内常见物种，生于海拔 1200～2600 m 的阔叶林或林缘草丛。

[162] 瞿麦(*Dianthus superbus* L.)：在保护区分布较少，见于倒梯子、摩天岭、唐家河至长坪一带，散生于海拔 1200～2400 m 的山坡草地或林缘灌丛。

[163] 牛繁缕(*Malachium aquaticum* Fries)：保护区内常见种，成片或散生于海拔 1100～1800 m 的山坡草地。

[164] 漆姑草(*Sagina japonica* Ohwi)：保护区内中低海拔常见种，生于海拔 1200～2000 m 的山坡草地或溪边草丛。

[165] 女娄菜(*Silene aprica* Turcz. ex Fisch. et Mey.)：保护区内中低海拔常见种，生于海拔 1200～1800 m 的林下或石质山坡。

[166] 米瓦罐(*S. conoidea* L.)：在保护区内偶见，生于海拔 2000～2500 m 的山坡草地。

[167] 蝇子草(*S. gallica* Linn.)：在保护区分布较少，分布区域与瞿麦相同，散生于海拔 1200～2300 m 的山坡草地或林缘灌草丛。

[168] 雀舌草(*Stellaria alsine* Grimm.)：为保护区内常见物种，见于唐家河至关虎一带，生于海拔 1200～1400 m 的林缘湿润唐家河或溪沟旁。

[169] 中国繁缕(*S. chinensis* Regel.)：据《四川唐家河自然保护区综合科学考察报告》(2003)记载，该种分布于海拔 1300～1600 m 的林缘或沟边草丛。

[170] 繁缕(*S. media* Cyr.)：保护区内常见种，生于海拔 1200～1800 m 的山坡草地或路边草丛。

[171] 石生繁缕(*S. saxatilis* Buch.-Ham.)：保护区内低海拔常见种，生于海拔 1100～1600 m 的阔叶林或沟谷灌丛。

[172] 沼生繁缕(*S. talustris* Ehrh.)：偶见于保护区内水淋沟、果子树沟、西阳沟等地，生于海拔 1600～2400 m 的河边草地或水边湿地。

18. 藜科(Chenopodiaceae)

本科全世界大约有 100 属 1400 多种。我国有 39 属 170 余种，主产华北和西北，在保护区内分布有 3 属 5 种。

[173] 千针苋(*Acroglochin persicarioides* Moq.)：据《四川唐家河自然保护区综合科学考察报告》(2003)记载，该种分布于海拔 1200～1500 m 的山坡草地或荒坡。

[174] 藜(*Chenopodinm albnm* L.)：保护区内低海拔常见种，生于海拔 1100～1600 m 的山坡草地或路旁。

[175] 土荆芥(*C. ambrosioides* L.)：保护区内低海拔常见种，生于海拔 1200～1500 m 的山坡草地或路旁。

[176] 杖藜(*C. giganteum* D. Don)：偶见于保护区内唐家河至关虎一带，生于海拔1200～1400 m的阔叶林下或山坡草地。

[177] 地肤(*Kochia scoparia* Schrad.)：在保护区内分布普遍，见于海拔1100～1500 m的山坡草地或路边。

19. 苋科(Amaranthaceae)

本科全世界有65属850余种，主要分布于热带和温带地区。我国现分布约13属39种，在保护区内分布有4属8种。

[178] 土牛膝(*Achyranthes aspera* L.)：在保护区内海拔1200～2000 m的山坡阔叶林下或林缘普遍分布。

[179] 牛膝(*A. bidentata* Bl.)：在保护区内海拔1200～2200 m的阔叶林下或沟谷灌草丛普遍分布。

[180] 莲子草(*Alternanthera sessilis* DC.)：在保护区内海拔1100～1500 m的水沟旁普遍分布。

[181] 野苋(*Amaranthus ascendens* Loisel.)：在保护区内海拔1200～1600 m的山坡草地或路旁普遍分布。

[182] 繁穗苋(*A. cruentus* L.)：在保护区内的分布海拔较高，散生于海拔2000～2600 m的山坡草地。

[183] 皱果苋(*A. paniculatus* L.)：见于保护区内唐家河、关虎等、齐头岩等较低海拔山区，分布于海拔1200～1500 m的山坡草地。

[184] 苋菜(*A. tricolor* L.)：在保护区内普遍分布，生于海拔1100～1500 m的山坡草地。

[185] 青葙(*Celosia argentea* L.)：在保护区内普遍分布，生于海拔1100～1400 m的路旁或山坡草地。

20. 木兰科(Magnoliaceae)

本科全球有12属220余种，主产亚洲的热带和亚热带。我国有11属130余种，在保护区内分布有1属3种。

[186] 望春玉兰(*Magnolia biondii* Paup.)：据《四川唐家河自然保护区综合科学考察报告》(2003)记载，该种分布于海拔1600～2700 m的落叶阔叶林或林缘。

[187] 厚朴(*M. officinalis* Rehd. et Wils.)：栽培或栽培逸散种，见于保护区内关虎附近等海拔1100～1400 m的路边或其耕地。

[188] 西康玉兰(*M. wilsonii* Rehd. et Wils.)：据《四川唐家河自然保护区综合科学考察报告》(2003)记载，该种分布于海拔1700～2500 m的林中或林缘。

21. 五味子科(Schisandraceae)

本科全世界有2属50余种，分布于东亚、东南亚及北美的南部。我国2属均产，约30种，产西南部至东北部，在保护区内分布有2属5种。

[189] 南五味子(*Kadsura longipedunculata* Frnet et Gagnep.)：见于保护区内蔡家坝—唐家河—关虎一带的周边山区，生于海拔1100～1300 m的溪边或沟谷灌丛。

[190] 翼梗五味子(*Schisandra henryi* Clarke)：主要散生于保护区西部山区，生于

海拔 1400~1800 m 的阔叶林或阴坡灌丛。

[191] 铁砸散(*S. propinqua* var. *sinensis* Oliv.)：见于保护区西阳沟、沙帽石、关虎及唐家河一带的山区，生于海拔 1200~1600 m 的林缘或山坡灌丛。

[192] 红花五味子(*S. rubriflora* Rehd. et Wils.)：该物种在区内海拔 1800~3000 m 的针阔混交林、针叶林林下或林缘灌丛中较为常见。

[193] 华中五味子(*S. sphenanthera* Rehd. et Wils.)：在保护区内较为常见，生于海拔 1200~2400 m 的阔叶林或山谷灌丛。

22. 八角茴香科(Illiciaceae)

本科全世界仅 1 属 50 余种。我国分布约 30 种，主产地为西南部至东部，在保护区内仅分布有 1 属 1 种。

[194] 红茴香(*Illicium henryi* Diels)：据《四川唐家河自然保护区综合科学考察报告》(2003)记载，该种分布于海拔 1300~1500 m 的林下或溪沟旁。

23. 樟科(Lauraceae)

本科全部世界有约 45 属 2000~2500 种，主要分布于热带。我国有 20 属 420 余种，在保护区内仅分布有 5 属 23 种，包括 3 变种。

[195] 油樟(*Cinnamomum longepaniculatum* N. Chao)：据《四川唐家河自然保护区综合科学考察报告》(2003)记载，该种分布于海拔 1200~1600 m 的常绿阔叶林中。

[196] 卵叶钓樟(*Lindera limprichtii* Winkler)：在保护区内为常见种，是组成常绿阔叶林的主要树种之一，生于海拔 1200~2000 m 的阔叶林或灌丛。

[197] 香叶树(*L. communis* Hemsl.)：在保护区内分布区域与卵叶钓樟相近，但物种数量较少，生于海拔 1100~1500 m 的常绿阔叶林下。

[198] 绒毛钓樟(*L. floribunda* H. P. Tsui)：见于保护区西部山区海拔 1100~1500 m 的常绿阔叶林或林缘灌丛。

[199] 山胡椒(*L. glauca* Blume)：在保护区内海拔 1200~1800 m 的山坡较为常见，生于阔叶林下。

[200] 黑壳楠(*L. megaphylla* Hemsl.)：见于保护区内西阳沟、齐头岩、红岩子等地，散生于海拔 1200~1500 m 的常绿阔叶林。

[201] 三桠乌药(*L. obtusiloba* Blume)：在保护区内为常见种，生于海拔 1400~2500 m 的阔叶林或灌丛。

[202] 川钓樟(*L. pulcherrima* var. *hemsleyana* H. P. Tsui)：在保护区内为常见种，是组成常绿阔叶林的主要树种之一，生于海拔 1400~2000 m 的阔叶林或林缘灌丛。

[203] 四川山胡椒(*L. setchuenensis* Gamble)：据《四川唐家河自然保护区综合科学考察报告》(2003)记载，该种分布于海拔 1200~1500 m 的阔叶林中。

[204] 川鄂菱叶钓樟(*L. supracostata* var. *chuaneensis* H. S. Kung)：据《四川唐家河自然保护区综合科学考察报告》(2003)记载，该种分布于海拔 1300~1800 m 的阔叶林中或林缘灌丛。

[205] 高山木姜子(*Litsea chunii* Cheng)：据《四川唐家河自然保护区综合科学考察报告》(2003)记载，该种分布于海拔 2000~3000 m 的落叶阔叶林或灌丛。

[206] 山苍子(*L. cubeba* Pers.)：见于保护区内关虎、唐家河、西阳沟等地，生于海拔 1100～2000 m 的阔叶林或灌丛。

[207] 宝兴木姜子(*L. moupinensis* H. Lec.)：见于保护区内齐头岩、蔡家坝至腰磨石窝一带及摩天岭山区，散生于海拔 1500～2600 m 的阔叶林或针阔叶混交林。

[208] 四川木姜子(*L. moupinensis* var. *szechuanica* Yang et P. H. Huang)：偶见于保护区内唐家河至长坪一带，另外在关虎、西阳沟、红岩子、齐头岩、沙帽石、摩天岭、倒梯子等地也有分布，生于海拔 1200～2000 m 的林中或林缘灌丛。

[209] 尖叶木姜子(*L. pungens* Hemsl.)：据《四川唐家河自然保护区综合科学考察报告》(2003)记载，该物种分布于海拔 1200～2400 m 的林下或灌丛。

[210] 钝叶木姜子(*L. veitchiana* Gamble)：该物种生态幅较宽，在保护区海拔 1800～3100 m 的各地均有分布，散生于阔叶林或灌丛。

[211] 绒叶木姜子(*L. wisonii* Gamble)：主要散生于保护区内海拔 1200～1800 m 的西部山区，生于阔叶林或林缘灌丛。

[212] 杨叶木姜子［*L. populifolia*(Hemsl.)Gamble］：见于保护区西阳沟，生于海拔 1400～2000 m 的阳坡灌丛或疏林中。

[213] 小果润楠(*Machilus microcarpa* Hemsl.)：据《四川唐家河自然保护区综合科学考察报告》(2003)记载，该物种分布于海拔 1200～1600 m 的常绿阔叶林。

[214] 润楠(*M. pingii* Cheng ex Yang)：偶见于保护区西阳沟、齐头岩等地，生于海拔 1400～1600 m 的常绿阔叶林。

[215] 山楠(*Phoebe chinensis* Chun)：偶见于保护区关虎、唐家河一带的山区，生于海拔 1200～1500 m 的常绿阔叶林。

[216] 白楠(*P. neurantha* Gamble)：偶见于保护区蔡家坝至关虎一带及小湾河一带山区，生于海拔 1200～1600 m 的阔叶林中或林缘灌丛。

[217] 光枝楠(*P. neuranthoides* S. Lee et H. N. Wei)：据《四川唐家河自然保护区综合科学考察报告》(2003)记载，该物种分布于海拔 1100～2000 m 的林中或林缘路旁。

24. 水青树科(Tetracentraceae)

本科全球仅 1 属 1 种(单型科、单型属)，分布于中国、尼泊尔、缅甸、越南，主产我国西南地区，现为国家Ⅱ级重点保护植物。

[218] 水青树(*Tetracentron sinense* Olive.)：在保护内分布较为广泛，见于摩天岭、倒梯子沟的、吴尔沟、长沟、文县河、红石河、红花草地等地，生于海拔 1400～2400 m 的常绿和落叶阔叶林下。

25. 云叶科(Eupteleaceae)

本科全球仅有 1 属 2 种。我国分布有 1 属 1 种，在保护区内有 1 属 1 种。

[219] 领春木(*Euptelea pleiospermum* Hook. f. et Thoms.)：在保护区内普遍分布，生于海拔 1200～2400 m 的阔叶林或灌丛。

26. 连香树科(Cercidiphyllaceae)

本科全球仅 1 属 1 种，分布于中国和日本，我国为该物种的分布中心。在保护区内有较多分布，现为国家Ⅱ级重点保护植物。

[220] 连香树(*Cercidiphyllum japonicum* Sieb. et Zucc.)：在保护区内见于西阳沟大茅坡路边、长沟、阴坝沟等地。据《唐家河自然保护区综合科学考察报告》(2003)记载，该物种在吴尔沟、石桥河、倒梯子也有一定分布。另外，连香树常与水青树混生，所以在保护区内的分布常与水青树重叠，生于海拔 1200～2300 m 的常绿和落叶阔叶林下或沟谷内。

27. 毛茛科(Ranunculaceae)

本科全球约有 59 属 2000 种，主产北温带。我国分布有 41 属约 725 种，大部产西南各省，在保护区内分布有 17 属 59 种，包括 5 变种。

[221] 乌头(*Aconitum carmichaelii* Debx.)：见于保护区内西阳沟、齐头岩、摩天岭、毛香坝等地海拔 1200～1800 m 一带。

[222] 伏毛铁棒槌(*A. flavum* Hand.-Mazz.)：见于保护区西部加字号、大草堂、大草坪、红花草地等高山亚高山地带，生于海拔 3200～3600 m 的亚高山草甸。

[223] 长距乌头(*A. hemsleyanum* var. *elongatum*)：见于保护区腰磨石窝以西山区，生于海拔 2000～2600 m 的针阔叶混交林下。

[224] 高乌头(*A. sinmontanum* Nakai)：分布于保护区水池坪以西山区及摩天岭、大岭子沟的山坡草地或亚高山草地，生于海拔 2400～3200 m 的岷江冷杉林或亚高山草甸。

[225] 松潘乌头(*A. sungpanense* Hand.-Mazz)：在保护区内分布较为普遍，多生于海拔 2000～3200 m 的针阔混交林下或林缘草丛。

[226] 甘青乌头(*A. tanguticum* Stapf.)：见于保护区西部加字号、大草堂、大草坪、红花草地等海拔 3000～3600 m 的亚高山草甸。

[227] 草乌头(*A. kusnenzoffii* Reichb.)：偶见于保护区中部山区，生于海拔 1500～2100 m 的疏林下或林缘草丛。

[228] 类叶升麻(*Actaea asiatica* Hara)：在保护区内海拔 1200～2500 m 的阔叶林、针阔叶混交林下或林缘灌草丛分布广泛。

[229] 狭瓣侧金盏花(*Adonis davidii* Franch.)：在保护区内海拔 2000～2600 m 的针阔叶混交林或灌丛分布较为普遍。

[230] 川滇银莲花(*Anemone delavayi* Franch.)：在保护区内海拔 2000～2600 m 的针阔叶混交或林缘普遍分布。

[231] 小银莲花(*A. exigua* Maxim.)：在保护区内普遍分布，生于海拔 2000～3000 m 的针阔叶混交林或灌丛。

[232] 林荫银莲花(*A. flaccide* Fr. Schmidt)：据《四川唐家河自然保护区综合科学考察报告》(2003)记载，该物种分布于海拔 1600～2500 m 的林下或沟谷灌丛。

[233] 钝裂银莲花(*A. geum* Levl.)：主要分布在保护区西部大草堂、大草坪、加字号、红花草地等地海拔 3000～3600 m 的亚高山草甸。

[234] 打破碗花花(*A. hupehensis* Lemoine)：在保护区内较为普遍分布，生于海拔 1200～2000 m 的路边草丛、疏林下或石砾旷地。

[235] 草玉梅(*A. rivularis* Buch.-Ham.)：在保护区内较为普遍分布，生于海拔

1800～2600 m 的林缘或山坡草丛。

[236] 小草玉梅(*A. rivularis* var. *barbulata* Turcz.)：在保护区内较为普遍分布，生于海拔 1600～3000 m 的山地唐家河或河边灌丛。

[237] 大火草(*A. tomentosa* Pei)：保护区内普遍分布，生于海拔 1400～2800 m 的林缘或山坡草地。

[238] 无距耧斗菜(*Aquilegia ecalcarata* Maxim.)：见于保护区大岭子沟、鸡公垭沟、洪石坝、加字号、观音岩、倒梯子、西阳沟等海拔 1500～2600 m 的山地草丛或林缘。

[239] 耧斗菜(*A. viridiflora* Pall.)：见于保护区大岭子沟、鸡公垭沟、观音岩、倒梯子、西阳沟、摩天岭等地，生于海拔 1400～2500 m 的山地草丛或林缘。

[240] 单叶升麻(*Beesia calthaefolia* Ulbr.)：见于保护区大草堂、大草坪、大火地等地，生于海拔 1500～3000 m 的阔叶林及针叶林下。

[241] 空茎驴蹄草(*Caltha fistulosa* Schipcz.)：见于保护区大草堂、大草坪、加字号、红花草地等地，生于海拔 2800～3600 m 亚高山草甸。

[242] 驴蹄草(*C. palustris* L.)：在保护区内为常见种，生于海拔 1800～3000 m 的林下或沟谷草丛。

[243] 升麻(*Cimicifuga foetida* L.)：见于保护区西阳沟、齐头岩、沙帽石、摩天岭、蔡家坝至长坪子等周边山区，生于海拔 1600～2500 m 的阔叶林或灌丛。

[244] 单穗升麻(*C. simlex* Wormsk.)：据《四川唐家河自然保护区综合科学考察报告》(2003)记载，该物种分布于海拔 2000～2600 m 的针阔叶混交林。

[245] 星叶草(*Circaeaster agrestis* Maxim)：见于保护区大火地、洪石坝等周边山区，生于海拔 2500～2800 m 的山坡林下。

[246] 粗齿铁线莲(*Clematis argentilucida* W. T. Wang)：在保护区内为常见种，生于海拔 1300～2500 m 的路边灌丛或沟谷灌丛。

[247] 小木通(*C. armandii* Franch.)：见于保护区唐家河、关虎、齐头岩、红岩子等周边山区，生于海拔 1200～1600 m 的路边或沟谷灌草丛。

[248] 短尾铁线莲(*C. brevicaudata* DC.)：见于保护区沙帽石、齐头岩、摩天岭、倒梯子、八佛岩、清坪地、长沟等地，生于海拔 1500～2800 m 的山坡灌丛或疏林。

[249] 威灵仙(*C. chinensis* Osbeck.)：见于保护区唐家河、关虎、齐头岩、毛香坝、蔡家坝等周边低海拔山坡，生于海拔 1200～1500 m 的山坡或河滩灌丛。

[250] 山木通(*C. finetiana* Levl. et Vant.)：在保护区内为常见种，生于海拔 1200～2000 m 的林下或灌丛。

[251] 丝瓜花(*C. lasiandra* Maxim.)：据《四川唐家河自然保护区综合科学考察报告》(2003)记载，该物种分布于海拔 1400～2600 m 的山坡灌丛。

[252] 绣球藤(*C. montana* Buch. -Ham. ex DC.)：在保护区内为常见种，生于海拔 1500～3000 m 的针叶林或山谷灌丛。

[253] 钝齿铁线莲(*C. obtusidentata* Hj. Eichler)：在保护区内为常见种，生于海拔 1200～1800 m 的路边灌丛或沟谷灌丛。

[254] 毛果铁线莲(*C. peterae* var. *trichocarpa* W. T. Wang)：见于保护区西阳沟、摩天岭等地，生于海拔 1600~2600 m 的林缘或沟谷灌丛。

[255] 须蕊铁线莲(*C. pogonandra* Maxim.)：据《四川唐家河自然保护区综合科学考察报告》(2003)记载，该物种分布于海拔 1400~2300 m 的林缘或灌丛。

[256] 美花铁线莲(*C. potaninii* Maxim.)：该物种生态幅较宽，在保护区海拔 1500~3000 m 的山区均有分布，生于阔叶林下或亚高山灌丛。

[257] 曲柄铁线莲(*C. repens* Finet et Gagnep.)：仅见于保护区齐头岩，生于海拔 1300~1800 m 的山坡灌丛。

[258] 革叶铁线莲(*C. uncinata* var. *coriacea* Pamp.)：见于保护区唐家河、关虎等地的周边低海拔山区，生于海拔 1100~1500 m 的山坡灌丛。

[259] 蓝翠雀花(*Delphinium caeruleum* Jacq ex Camb.)：在保护区内为常见种，生于海拔 1500~2800 m 的林缘或灌草丛。

[260] 弯距翠雀花(*D. campylocentium* Maxim)：见于保护区溜马槽、倒梯子、清坪地、西阳沟、长沟等周边山区，生于海拔 1700~2200 m 的林缘或沟谷灌丛。

[261] 单花翠雀花(*D. monanthum* Hard.-Mazz.)：主要分布于保护区的西部大草堂、大草地、加字号等地海拔 2800~3400 m 的林缘或高山灌丛。

[262] 川西翠雀花(*D. tongolense* Franch.)：主要分布于保护区的西部中高海拔，见火烧地、石桥河、于大草堂、大草地、加字号等周边山区，生于海拔 2500~3200 m 的林缘或沟谷灌丛。

[263] 小花人字果(*Dichocarpum franchtii* W. T. Wang et Hsiao)：见于保护区黄土梁、果子树沟、清坪沟等地，生于海拔 1600~2200 m 的沟谷草丛、山坡林下。

[264] 高原毛茛(*Ranunculus brotherusii* Freyn)：见于保护区内大草堂、大草地，生于海拔 3200~3600 m 的亚高山或高山草甸。

[265] 茴茴蒜(*R. chinensis* Bunge)：见于保护区内唐家河、蔡家坝、关虎等周边低海拔山区，生于海拔 1200~1500 m 的溪边或路边草丛。

[266] 毛茛(*R. japonicus* Thunb.)：为保护区东部较低海拔常见种，生于海拔 1200~1800 m 的路边草丛。

[267] 石龙芮(*R. sceleratus* L.)：为保护区东部较低海拔常见种，生于海拔 1200~1500 m 的山坡草丛或溪旁。

[268] 杨子毛茛(*R. sieboldii* Miq.)：为保护区中东部常见物种，生于海拔 1200~2400 m 河边草地或山坡灌丛。

[269] 天葵(*Semiaquilegia aboxoides* Makinno)：据《四川唐家河自然保护区综合科学考察报告》(2003)记载，该物种分布于海拔 1200~1600 m 的阔叶林或灌草丛。

[270] 长果升麻(*Souliea vaginata* Franch.)：见于保护区内溜马槽、倒梯子、长沟、洪石坝等周边山区，生于海拔 1600~2500 m 的林下阴湿地。

[271] 川甘唐松草(*Thalictrum baicalense* var. *megalostigma* Boivin)：在保护区内海拔 1600~2800 m 的林下或林缘灌丛普遍分布。

[272] 西南唐松草(*T. fargesii* Fiinet et Gagnep.)：在保护区内分布较为普遍，分

布区域与川甘唐松草相近，生于海拔 1200～2400 m 的林缘或山坡草地。

[273] 爪哇唐松草(*T. javanicum* Bl.)：见于保护区内西阳沟、关虎、沙帽石、齐头岩、倒梯子、摩天岭、长沟、鸡公垭等地，生于海拔 1200～2400 m 的林下或沟边草丛。

[274] 高原唐松草(*T. cultratum* Wall.)：见于保护区内大火地、大草堂、大草坪、加字号等周边山区，生于海拔 2700～3400 m 的林缘草地或灌丛。

[275] 钩柱唐松草(*T. uncatum* Maxim.)：见于保护区内齐头岩、柏树湾、背林沟、达架岩等周边山区，生于海拔 1600～2400 m 的林下或林缘草丛。

[276] 弯柱唐松草(*T. uncinulatum* Franch.)：见于保护区内清坪地、石桥河等周边山区，生于海拔 2200～2500 m 的林缘或山坡草地。

[277] 矮金莲花(*Trollius farreri* Stapf.)：见于保护区内加字号、大草堂、大草坪等，生于海拔 2500～3200 m 的亚高山灌丛。

[278] 毛茛状金莲花(*T. ranunculoides* Hemsl.)：见于保护区内加字号、大草堂、大草坪等，生于海拔 3000～3600 m 的亚高山及高山草甸。

[279] 云南金莲花(*T. yunnanensis* Ulbr.)：见于保护区内大草堂、加字号、大草坪等，生于海拔 2800～3600 m 的亚高山草甸。

28. 小檗科(Berberidaceae)

本科全球有 17 属约 650 种，主产北温带和亚热带高山地区。我国有 11 属约 320 种，在保护区内有 5 属 16 种。

[280] 硬齿小檗(*Berberis bergmanniae* Schneid.)：见于保护区内西阳沟、齐头摩天岭、唐家河、蔡家坝、关虎、红岩子等周边山坡，生于海拔 1200～1800 m 的山坡灌丛。

[281] 直穗小檗(*B. dasystachya* Maxim.)：见于保护区内齐头岩、倒梯子、摩天岭、水池坪、长沟、果子树沟、溜马槽等周边山坡，生于海拔 1700～2300 m 的山坡灌丛或林缘。

[282] 鲜黄小檗(*B. diaphana* Maxim.)：在保护区内分布较为普遍，生于海拔 2500～3200 m 的林缘或沟谷灌丛。

[283] 巴东小檗(*B. henryana* Schneid.)：在保护区内分布较为普遍，生于海拔 1600～2500 m 的林下或山坡灌丛。

[284] 甘肃小檗(*B. kansuensis* Schneid.)：据《四川唐家河自然保护区综合科学考察报告》(2003)记载，该物种生于海拔 1400～2800 m 的林缘或山坡灌丛。

[285] 岷江小檗(*B. liechtensteinii* Schneid.)：见于保护区内唐家河、蔡家坝、关虎周边山坡，生于海拔 1200～1500 m 的山坡灌丛或路旁。

[286] 拟蚝猪刺(*B. soulieana* Schneid.)：见于保护区内关虎一带，生于海拔 1100～1400 m 的林缘灌丛或溪沟旁。

[287] 疣枝小檗(*B. verruculosa* Hemsl. et Wils.)：在保护区海拔 2400～3400 m 的针叶林或山谷灌丛中为常见种。

[288] 金花小檗(*B. wilsonae* Hemsl.)：据《四川唐家河自然保护区综合科学考察报告》(2003)记载，该物种生于海拔 1600～2600 m 的河漫滩灌丛或林缘。

[289] 八角莲(*Dysosma versipellis* M. Cheng)：据《四川唐家河自然保护区综合科

学考察报告》(2003)记载，该物种生于海拔 1200~1500 m 的林下或沟谷旁。

［290］淫羊藿(*Epimedium grandiflorum* Morr)：见于保护区内西阳沟、齐头岩一带，生于海拔 1400~1900 m 的山坡乔灌林下或路边草丛。

［291］柔毛淫羊藿(*E. pubescens* Maxim.)：在保护区东部海拔 1200~1500 m 的林下或灌丛中较为常见。

［292］箭叶淫羊藿(*E. sagittartum* Maxim.)：见于保护区内西阳沟一带，数量较少，生于海拔 1200~1600 m 的阔叶林或灌丛。

［293］类叶牡丹(*Leontice robustum* Diels)：据《四川唐家河自然保护区综合科学考察报告》(2003)记载，该物种生于海拔 1800~3400 m 的阔叶林或针叶林下。

［294］阔叶十大功劳(*Mahonia bealei* Carr.)：在保护区中低海拔较为常见，散生于海拔 1200~2200 m 的阔叶林下或山坡灌丛。

［295］十大功劳(*M. foreunei* Mouill.)：见于保护区西部山区，散生于海拔 1200~2000 m 的林下或沟谷灌丛。

29. 大血藤科(Sargentodoxaceae)

本科仅 1 属 1 种，为单型科。在保护区内有 1 属 1 种。

［296］大血藤(*Sargentodoxa cuneata* Rend et Wils.)：据《四川唐家河自然保护区综合科学考察报告》(2003)记载，该物种生于海拔 1200~2000 m 的阔叶林下或阴湿灌丛。

30. 木通科(Lardizabalaceae)

本科全球共有 7 属 40 余种，分布在喜马拉雅区至日本和智利。我国有 5 属 35 种 6 变种，主产秦岭以南各省区，在保护区内有 4 属 7 种，包括 1 变种。

［297］三叶木通(*Akebia trifoliata* Koidz.)：在保护区海拔 1200~2000 m 的林下或灌丛普遍分布。

［298］白木通(*A. trifoliata* var. *australis* Rehd.)：见于保护区齐头岩、沙帽石、西阳沟、关虎等地，生于海拔 1200~1800 m 的灌丛或山坡林缘。

［299］猫儿屎(*Decaisnea fargesii* Franch.)：在保护区内分布较为普遍，生于海拔 1200~2500 m 的落叶阔叶林或灌丛。

［300］紫花牛姆瓜(*Holboellia fargesii* Reaub.)：见于保护区内倒梯子、长沟、清坪地、西阳沟、齐头岩等地，生于海拔 1200~2600 m 的山坡灌丛或林缘。

［301］牛姆瓜(*H. grandiflora* Reaub.)：在保护区内海拔 1200~2000 m 的林缘或沟谷灌丛分布较为普遍。

［302］八月瓜(*H. latifolia* Wall.)：在保护区内海拔 1200~2100 m 的阔叶林中或沟谷灌丛分布较为普遍。

［303］串果藤(*Sinofranchetia chinensis* Hemsl.)：据《四川唐家河自然保护区综合科学考察报告》(2003)记载，该物种生于海拔 1200~2200 m 的阔叶林或林缘灌丛。

31. 防己科(Menispermaceae)

本科全球共有 65 属 350 余种，分布于全世界的热带和亚热带地区。我国有 19 属 78 种 1 亚种 5 变种 1 变型，主产长江流域及其以南各省区，尤以南部和西南部各省区为多，在保护区内分布有 5 属 6 种。

[304] 木防己(*Cocculus trilobus* DC.)：见于保护区内齐头岩、西阳沟、柏树湾等地，散生于海拔 1100～2000 m 的阔叶林或山坡灌丛。

[305] 轮环藤(*Cyclea racemosa* Oliv.)：见于保护区内关虎、唐家河、红岩子、西阳沟等地，生于海拔 1200～1800 m 的林缘或山坡灌丛。

[306] 汉防己(*Sinomenium acutum* Rehd. et Wils.)：偶见于保护区的东部山区，生于海拔 1200～2000 m 的阔叶林或路边灌丛。

[307] 金线吊乌龟(*Stephania cepharantha* Hayata)：主要分布在保护东部较低海拔的山区，生于海拔 1100～1600 m 的阔叶林下阴湿地。

[308] 千金藤(*S. japonica* Miers)：见于保护区内唐家河、关虎等周边山坡，生于海拔 1100～1500 m 的阔叶林或灌丛内。

[309] 青牛胆(*Tinospora sagittata* Gagnep.)：据《四川唐家河自然保护区综合科学考察报告》(2003)，该物种生于海拔 1100～1500 m 的林下或溪沟灌丛石隙中。

32. 三白草科(Saururaceae)

本科全世界有 4 属约 7 种，分布于亚洲东部和北美洲。我国有 3 属 4 种，主产中部以南各省区，在保护区内分布有 2 属 2 种。

[310] 蕺菜(*Houttuynia cordata* Thunb.)：在保护区内海拔 1100～2400 m 的路边或山坡灌草丛分布普遍。

[311] 三白草(*Saururus chinchsis* Baill.)：见于保护区西阳沟、关虎、唐家河等地，生于海拔 1200～1600 m 的水沟边湿地。

33. 胡椒科(Piperaceae)

本科全球有 8 或 9 属近 3100 种，分布于热带和亚热带温暖地区。我国有 4 属 70 余种；在保护区内有 2 属 2 种。

[312] 豆瓣绿(*Peperomia reflexa* A. Dietr.)：在保护区东部较低海拔分布较为普遍，生于海拔 1200～1500 m 的阔叶林下岩石上。

[313] 石南藤 *Piper wallichii* Hand. -Mazz.)：见一西阳沟、沙帽石、红岩子等地，生于海拔 1200～2000 m 的林下或石壁上。

34. 金粟兰科(Chloranthaceae)

本科全球有 5 属约 70 种，分布于热带和亚热带。我国有 3 属 16 种和 5 变种，在保护区内分布有 2 属 4 种。

[314] 宽叶金粟兰(*Chloranthus henryi* Hemal.)：在保护区的分布数量较少，仅见于西阳沟，生于海拔 1200～1800 m 的阔叶林下或沟谷草丛。

[315] 多穗金粟兰(*C. multistachys* Pei)：在保护区的分布数量稀少，见于齐头岩、西阳沟、关虎等地海拔 1200～1500 m 的阔叶林或阴湿草丛内。

[316] 及己(*C. serratus* Roem. et Schult.)：据《四川唐家河自然保护区综合科学考察报告》(2003)记载，该物种生于海拔 1100～1600 m 的阴坡林下或溪沟草丛。

[317] 草珊瑚 [*Sarcandra glabra* (Thunb.) Nakai]：仅见于保护区内关虎，生于海拔 1100～1300 m 的疏林下。

35. 马兜铃科（Aristolochiaceae）

本科全世界有 12 属约 600 种，主要分布于热带和亚热带地区。我国产 4 属 71 种 6 变种 4 变型，除中国华北和西北干旱地区外，中国各地均有分布，在保护区内分布有 2 属 6 种。

[318] 异叶马兜铃（*Aristolochia heterophylla* Hemsl.）：见于保护区内齐头岩、西阳沟、柏树湾、沙石帽、红岩子等地，散生于海拔 1200～1700 m 的林下或林缘灌丛。

[319] 木香马兜铃（*A. moupinensis* Franch.）：在保护区分布较为普遍，生于海拔 1600～2400 m 的林下或灌丛。

[320] 短尾细辛（*Asarum caudigerellum* C. Y. Cheng et C. S. Yang）：见于保护区内摩天岭、齐头岩等地，生于海拔 1400～2100 m 的林下阴湿地。

[321] 双叶细辛（*A. caulescens* Maxim.）：见于保护区内鸡公垭、长沟、观花等周边山区，生于海拔 1200～1800 m 的阴坡林下湿润地。

[322] 西南细辛（*A. himalaicum* Hook. f. et Thoms. ex Klotzsch.）：在保护区分布较为普遍，生于海拔 1400～2800 m 的阔叶林或针阔叶混交林下。

[323] 单叶细辛（*A. himalaicum* Hook. f. et Thoms.）：在保护区分布较为普遍，生于海拔 1400～2500 m 的阔叶林或针阔叶混交林下。

36. 芍药科（Paeoniaceae）

本科仅芍药属 1 属，全球约 35 种，主要分布于欧亚大陆，少数产北美洲西部。我国有 1 属 11 种；在保护区内分布有 1 属 3 种。

[324] 美丽芍药（*Paeonia mairei* Levl.）：见于保护区内齐头岩、红岩子、摩天岭等地，生于海拔 1500～2600 m 的阔叶林或灌草丛。

[325] 草芍药（*P. obovata* Maxim.）：见于保护区内倒梯子、果子树沟、铁矿沟、长沟、齐头岩、洪石坝等地，生于海拔 1600～2500 m 的林下或山坡灌丛。

[326] 川赤药（*P. veitchii* Lynch）：在保护区西部地区分布较为普遍，生于海拔 2400～3200 m 的亚高山草甸或针叶林下。

37. 猕猴桃科（Actinidiaceae）

本科全球有 4 属 370 余种，主产热带和亚洲热带及美洲热带，少数散布于亚洲温带和大洋洲。我国 4 属全产，共计 96 种以上，主产长江流域、珠江流域和西南地区，在保护区内分布有 2 属 11 种。

[327] 称花藤（*Actinidia callosa* var. *henryi* Maxim.）：主要散生于保护区东部海拔 1200～1800 m 的林下或灌丛。

[328] 猕猴桃（*A. chinensis* Planch.）：在保护区中东部分布较为普遍，生于海拔 1200～2200 m 的阔叶林或次生灌丛。

[329] 革叶猕猴桃（*A. coriacea* Dunn）：见于保护区内唐家河、关虎、齐头岩、红岩子等地海拔 1200～1500 m 的阔叶林或灌丛。

[330] 狗枣猕猴桃（*A. kolomikta* Maxim.）：在保护区分布较为普遍，生于海拔 1600～2600 m 的阔叶林或灌丛中。

[331] 黑蕊猕猴桃（*A. melanandra* Franch.）：见于保护区内齐头岩、西阳沟、沙帽

石、红岩子、摩天岭等地,生于海拔 1500～2000 m 的林下或林缘灌丛。

　　[332] 木天蓼(*A. ploygama* Maxim.):据《四川唐家河自然保护区综合科学考察报告》(2003)记载,该物种生于海拔 1300～2500 m 的林下或灌丛。

　　[333] 四萼猕猴桃(*A. tetramera* Maxim.):据《四川唐家河自然保护区综合科学考察报告》(2003)记载,该物种生于海拔 1400～2800 m 的林下或灌丛。

　　[334] 脉叶猕猴桃(*A. venosa* Rehd.):在保护区内分布较为普遍,生于海拔 1500～2400 m 的林下或灌丛。

　　[335] 藤山柳(*Clematoclethra lasioclada* Maxim.):在保护区内分布较为普遍,生于海拔 1200～2600 m 的阔叶林或山地灌丛。

　　[336] 刚毛藤山柳(*C. scandens* Maxim.):在保护区内海拔 1200～2200 m 的山地灌丛或林下分布较为普遍。

　　[337] 少花藤山柳(*C. tiliacea* Kom.):在保护区内偶见,散生于海拔 1600～2500 m 的阔叶林或针阔叶混交林。

　　38. 山茶科(Theaceae)

　　本科全球约有 30 属 750 种,主要分布亚洲亚热带和热带。我国有 15 属 400 余种,在保护区内有 4 属 10 种。

　　[338] 尾叶山茶(*Camellia caudata* Wall.):见于保护区内唐家河、关虎、背林沟、齐头岩,生于海拔 1200～1500 m 的阔叶林下或林缘灌丛。

　　[339] 尖叶山茶(*C. cuspidata* Wight):见于保护区内关虎、齐头岩,散生于海拔 1200～1600 m 的林下或沟谷灌丛。

　　[340] 川鄂连蕊茶(*C. rostpidata* Hand.-Mazz.):见于保护区内蔡家坝—唐家河—关虎沿线低海拔山区,生于海拔 1100～1400 m 的山坡灌丛。

　　[341] 茶(*C. sinensis* O. Ktze.):栽培或逸散中,见于保护区内蔡家坝—唐家河—关虎沿线低海拔山区,生于海拔 1100～1400 m 的林缘或弃耕地。

　　[342] 杨桐(*Cleyera japonica* Thunb.):在保护区内分布较为普遍,生于海拔 1200～1800 m 的阔叶林下或山谷灌丛。

　　[343] 翅柃(*Eurya alata* Kobuski):见于保护区内蔡家坝—唐家河—关虎沿线及齐头岩、红岩子等低海拔山区,生于海拔 1200～1500 m 的林下或林缘灌丛。

　　[344] 短柱柃(*E. brevistyla* Kobuski):见于保护区内西阳沟、齐头岩、摩天岭、红岩子等周边山坡,生于海拔 1400～2000 m 的阴坡林下或林缘灌丛。

　　[345] 细枝柃(*E. loquiana* Dunn):为保护区内常见种,分布于海拔 1200～1700 m 的阔叶林下或沟谷灌丛。

　　[346] 半齿柃(*E. semiserrulata* H. T. Chang):见于保护区内西阳沟、倒梯子、长沟、腰磨石窝、水池坪、鸡公垭等周边山坡,散生于海拔 1400～2500 m 的林下或山坡灌丛。

　　[347] 厚皮香(*Ternstroemia gymnanthera* Sprague):据《四川唐家河自然保护区综合科学考察报告》(2003)记载,该物种生于海拔 1200～1600 m 的阔叶林下或林缘灌丛。

　　39. 藤黄科(Guttiferaceae)

本科全世界约有 40 属 1000 种，隶属于 5 亚科，主要产热带。我国分布有 8 属 87 种，隶属于 3 亚科，在保护区内分布有 1 属 6 种。

[348] 小连翘(*Hypericum erectum* Thunb.)：见于保护区内唐家河、关虎、西阳沟等较低海拔山区，生于海拔 1200～1500 m 的路边或山地草丛。

[349] 地耳草(*H. japonicum* Thunb.)：在保护区内海拔 1600 m 以下山区分布较为普遍，生于山地草丛或路旁。

[350] 金丝梅(*H. patulum* Thunb.)：在保护区内分布较为普遍，生于海拔 1200～2000 m 的山地灌丛或林缘。

[351] 贯叶连翘(*H. perforatum* L.)：在保护区内分布较为普遍，生于海拔 1200～2500 m 的山地灌丛或路边草丛。

[352] 突脉金丝桃(*H. przewalskii* Maxim.)：在保护区内分布较为普遍，生于海拔 1400～2700 m 的林缘或山坡草丛。

[353] 元宝草(*H. sampsonii* Hance)：见于保护区内唐家河、关虎、齐头岩、红石河一带低海拔山区，生于海拔 1100～1500 m 的阔叶林或山坡路旁。

40. 罂粟科(Papaveraceae)

本科全世界有约 38 属 700 多种，主产北温带，尤以地中海区、西亚、中亚至东亚及北美洲西南部为多。我国分布有 18 属 362 种，以西南部最为集中，在保护区内分布有 5 属 9 种。

[354] 紫堇(*Corydalis edulis* Maxim.)：见于保护区内唐家河、关虎、齐头岩、红石河、西阳沟一带低海拔山区，生于海拔 1200～1600 m 的路旁或林缘灌草丛。

[355] 条裂紫堇(*C. linarioides* Maxim.)：主要分布于保护区的西部高山和亚高山地带，见于大火地、大草堂、大草坪、加字号等地，生于海拔 2600～3400 m 的林下或亚高山灌丛。

[356] 蛇果黄堇(*C. ophiocarpa* Hook. f. et Ttoms.)：在保护区内分布较为普遍，生于海拔 1200～2400 m 的林下或沟谷灌丛。

[357] 血水草(*Eomecon chionantha* Hance)：见于保护区内关虎、齐头岩、柏树湾、红岩子、果子树沟等地，生于海拔 1200～1800 m 的林下或沟谷阴湿地。

[358] 荷青花(*Hylomecon japonica* Prantl et Kundig)：据《四川唐家河自然保护区综合科学考察报告》(2003)记载，该物种生于海拔 1200～2200 m 的林下阴湿地或山坡草丛。

[359] 博落回(*Macleaya cordata* R. Br.)：见于保护区内西阳沟、关虎、唐家河、齐头岩等地海拔 1100～1500 m 的公路旁或河岸灌草丛。

[360] 多刺绿绒蒿(*Meconopsis horridula* Hook. f. et Thoms.)：见于保护区内红花草地、大草堂、大草坪、加字号等地海拔 3000～3600 m 的亚高山草甸。

[361] 黄花绿绒蒿(*M. chelidonifolis* Bur. et Franch.)：见于保护区内长沟、大岭子沟、清坪地等地，散生于海拔 2000～2400 m 的林下或溪沟边。

[362] 五脉绿绒蒿(*M. quintuplenervia* Repel)：见于保护区内加字号、大草坪、大草堂、大火地等地，生于海拔 2800～3500 m 的亚高山草甸。

41. 十字花科(Cruciferae)

本科全世界约有 375 属 3200 种，主产北温带，特别是地中海地区。我国分布有 96 属 411 余种，在保护区内分布有 10 属 18 种。

[363] 垂果南芥(*Arabis pendula* L.)：见于保护区内倒梯子、长沟、水池坪、腰磨石窝等地，生于海拔 1600~2500 m 的林下或林缘灌丛。

[364] 硬毛南芥(*A. hirsute* Scop.)：在保护区内中高海拔地带分布较普遍，生于海拔 2000~3200 m 的阴湿林下或山坡灌草丛。

[365] 荠菜(*Capsella bursa-patoris* Medic.)：在保护区东部山区分布普遍，生于海拔 1200~1800 m 的林缘或路旁草丛。

[366] 弯曲碎米荠(*Cardamine flexuosa* With.)：见于保护区内西阳沟、齐头岩、摩天岭、长沟、果子树沟、腰磨石窝等地，生于海拔 1200~2600 m 的山坡草丛或林下沟边。

[367] 碎米荠(*C. hirsuta* L.)：在保护区东部山区分布普遍，生于海 1200~2000 m 的路旁或山坡草地。

[368] 弹裂碎米荠(*C. impatiens* L.)：在保护区内分布较为普遍，生于海拔 1300~2600 m 的阔叶林或阴湿地。

[369] 大叶碎米荠(*C. macrophylla* Willd.)：见于保护区内大火地、大草坪、大草堂、加字号、摩天岭、倒梯子等地，生于海拔 1200~2800 m 的林下或亚高山草甸。

[370] 紫花碎米荠(*C. tangutorum* O. E. Schulz)：在保护区中西部山区分布普遍，生于海拔 1800~3300 m 的阔叶林或针叶林下。

[371] 抱茎葶苈(*Draba amplexicaulis* Franch.)：见于保护区内大草坪、大草堂、加字号等地海拔 3000~3600 m 的亚高山草甸地带。

[372] 毛葶苈(*D. eriopoda* Turcz.)：见于保护区内大火地、大草坪、大草堂、加字号、倒梯子等地海拔 2800~3400 m 的亚高山草甸或灌草丛。

[373] 葶苈(*D. nemorosa* L.)：在保护区内分布较为普遍，生于海拔 1800~3000 m 的山坡草地或灌丛。

[374] 小花糖芥(*Erysimum cheiranthoides* L.)：见于保护区内关虎、唐家河、蔡家坝、西阳沟等地，生于海拔 1200~2000 m 的路旁或山坡草地。

[375] 独行菜(*Lepidium apetalum* Willd.)：在保护区东部山区分布较为普遍，生于海拔 1500~2000 m 的路旁或山坡草地。

[376] 楔叶独行菜(*L. cuneiforme* C. Y. Wu)：偶见于保护区内关虎、齐头岩、西阳沟、红岩子等地海拔 1200~2100 m 的山坡或河滩草地。

[377] 高河菜(*Megacarpaea delavayi* Franch.)：见于保护区内大草坪、大草堂、加字号等地海拔 3000~3500 m 的亚高山草甸。

[378] 豆瓣菜(*Nasturtium officinale* R. Br.)：偶见于保护区内唐家河、关虎、西阳沟、齐头岩、黄土梁等地海拔 1200~2000 m 的湿地或水沟中。

[379] 蔊菜(*Rorippa indica* Hiem)：见于保护区内蔡家坝、唐家河、关虎、水淋沟、长沟、铁矿沟等地海拔 1100~2000 m 的山坡草地或路旁草丛。

[380] 遏蓝菜(*Thlaspi arvense* L.)：见于保护区内大草堂、大火地、加字号、大草坪、摩天岭、西阳沟等地海拔 1500～2800 m 的路边草丛或山坡草地。

42. 金缕梅科(Hamamelidaceae)

本科全世界共有 27 属 140 种，主要分布于亚洲，也见于澳大利亚、北美洲、中美洲、马达加斯加。我国共 17 属 75 种，在保护区内分布有 2 属 2 种。

[381] 四川蜡瓣花(*Corylopsis willmottiae* Rehd. et Wils.)：在保护区内分布较为普遍，生于海拔 1300～2400 m 的林中或林缘灌丛。

[382] 枫香树(*Liquidambar formosana* Hance)：见于保护区内唐家河、蔡家坝、观花、西阳沟、齐头岩等地海拔 1100～1500 m 的林中或公路旁。

43. 景天科(Crassulaceae)

本科全球共有 34 属 1500 余种，以我国西南部、非洲南部及墨西哥种类较多。我国共有 10 属 240 余种，在保护区内分布有 4 属 16 种，包括 1 变种。

[383] 瓦松(*Orostachys fimbriatus* Berger)：见于保护区内关虎、西阳沟、齐头岩等地，生于海拔 1300～1600 m 的山坡石壁或屋顶瓦缝。

[384] 豌豆七(*Rhodiola henryi* S. H. Fu)：在保护区内分布较普遍，生于海拔 1500～2800 m 的林下或阴湿石岩上。

[385] 狭叶红景天(*R. kirillowii* Maxim.)：仅见保护区内大草坪，生于海拔 3500～3600 m 的高山流石滩或石缝中。

[386] 四裂红景天(*R. quadrifida* Fisch et Mey.)：见于保护区内文县河、大草坪、大草堂等地，生于海拔 3000～3800 m 的高山石缝或流石滩。

[387] 云南红景天(*R. yunnanensis* Fu)：主要分布于保护区内西部山区，如大草坪、加字号、文县沟、红花草地等地海拔 2200～3500 m 的针叶林下或岩石上。

[388] 土三七(*Sedum aizoon* L.)：在保护区内海拔 2600 m 以下的山区有分布，生于阴湿岩石上或草丛中。

[389] 大苞景天(*S. amplibracteatum* K. T. Fu)：见于保护区内关虎、西阳沟、齐头岩、摩天岭、倒梯子、八佛岩、铁矿沟、长沟等地海拔 1300～2500 m 的林下阴湿地。

[390] 细叶景天(*S. elatinoides* Franch.)：在保护区内为低海拔常见种，生于海拔 1200～1600 m 的阔叶林下岩石上。

[391] 凹叶景天(*S. emarginatum* Migo.)：在保护区内中为低海拔常见种，生于海拔 1200～1800 m 的阔叶林下岩石上。

[392] 佛甲草(*S. lineare* Thunb.)：见于保护区内唐家河、蔡家坝、关虎、西阳沟、沙帽石等地海拔 1200～2000 m 的阴坡林缘岩石上。

[393] 山飘风(*S. mojor* Migo)：见于保护区内关虎、西阳沟、齐头岩、红岩子、摩天岭等地海拔 1200～1800 m 的阔叶林下岩石上。

[394] 垂盆草(*S. sarmentosum* Bunge)：在保护区内为低海拔常见种，生于海拔 1200～1600 m 的路边湿润岩石上。

[395] 火焰草(*S. stellariaefolium* Franch.)：偶见于保护区内西阳沟、关虎等地，生于海拔 1200～1800 m 的山谷石隙或山坡石堆中。

[396] 轮叶景天(*S. verticillatum* L.)：在保护区内分布较为普遍，生于海拔 1800～3000 m 的山坡草地或亚高山草甸。

[397] 石莲(*Sinocrassula indica* Berger)：见于保护区内西阳沟、红岩子等地，生于海拔 1400～2000 m 的阔叶林下岩石上。

[398] 锯齿石莲(*S. inica* var. *serrata* S. H. Fu)：据《四川唐家河自然保护区综合科学考察报告》(2003)记载，该物种生于海拔 2000～3000 m 的林下或林缘岩石上。

44. 虎耳草科(Saxifragaceae)

本科全球有约 17 亚科 80 属 1200 余种，分主产温带。我国共有 7 亚科 28 属约 500 种，主产西南，在保护区内分布有 13 属 51 种。

[399] 落新妇(*Astilbe chinensis* Franch. et Sav.)：在保护区内分布较为普遍，生于海拔 1200～2800 m 的阔叶林或针阔叶混交林。

[400] 多花落新妇(*A. myriantha* Diels.)：在保护区内分布较为普遍，生于海拔 1200～2500 m 的阔叶林或针阔叶混交林。

[401] 岩白菜(*Bergenia purpurascense* Engl.)：见于保护区内大草坪、加字号、大草堂、红花草地等地海拔 2500～3400 m 的林下阴湿地或林缘岩石上。

[402] 锈毛金腰(*Chrysosplenium davidianum* Decne ex Maxim.)：见于保护区内大草坪、大草堂、加字号、红花草地等地海拔 2000～3500 m 的针叶林或针阔叶混交林。

[403] 肾叶金腰(*C. griffithii* Hook. f. et Thoms.)：在保护区西部山区分布较为普遍，生于海拔 2500～3400 m 的针叶林下。

[404] 大叶金腰(*C. macrophyllum* Oliv.)：见于保护区内倒梯子、长沟、加字号、观音石窝等周边山区，生于海拔 1800～2500 m 的林下或阴湿灌丛。

[405] 单花金腰(*C. uniflorum* Maxim.)：见于保护区内倒梯子、大火地、大草堂、文县河等地，散生于海拔针 2300～2600 m 的阔叶混交林下。

[406] 异色溲疏(*Deutzia discolor* Hemsl.)：据《四川唐家河自然保护区综合科学考察报告》(2003)记载，该物种分布于海拔 1300～2600 m 的林下或灌丛。

[407] 球花溲疏(*D. glomeruliflorla* Franch.)：在保护区内分布较为普遍，生于海拔 1400～3000 m 的林下或沟谷灌丛。

[408] 粉红溲疏(*D. rubens* Rehd.)：见于保护区内关虎、齐头岩、西阳沟、红岩子、摩天岭、水池坪等地，生于海拔 1300～2400 m 的阔叶林或针阔叶混交林。

[409] 川溲疏(*D. sethuenensis* Franch.)：在保护区内海拔 1200～3000 m 的阔叶林或针叶林普遍分布。

[410] 常山(*Dichroa febrifuga* Lour.)：见于保护区内唐家河、蔡家坝、关虎等地海拔 1200～1400 m 的林下或林缘灌丛。

[411] 冠盖绣球(*Hydrangea anomala* D. Don)：见于保护区内西阳沟、齐头岩等地海拔 1300～1800 m 的林下或溪沟灌丛。

[412] 东陵绣球(*H. bretschneideri* Dippel.)：在保护区内海拔 1500～2600 m 的阔叶林或林缘灌丛分布较为普遍。

[413] 绣毛绣球(*H. fulvescens* Rehd.)：据《四川唐家河自然保护区综合科学考察

报告》(2003)记载,该物种生于海拔 1300～2200 m 的林下或灌丛。

　　［414］长柄绣球(*H. longipes* Franch.)：在保护区内海拔 1300～2600 m 的林缘或沟边灌丛分布较为普遍。

　　［415］大枝绣球(*H. rosthornii* Diels.)：在保护区内为低海拔常见种,生于海拔 1400～2500 m 的阔叶林或林缘灌丛。

　　［416］腊莲绣球(*H. strigosa* Rehd.)：在保护区内为中低海拔常见种,生于海拔 1200～2200 m 的路边灌丛或林缘。

　　［417］狭叶腊莲绣球(*H. strigosa* var. *angutifolia* Rehd.)：见于保护区内关虎、唐家河、蔡家坝、西阳沟、齐头岩、红岩子等地海拔 1200～2000 m 的山谷林缘灌丛。

　　［418］挂苦绣球(*H. xanthoneura* Diels.)：在保护区内海拔 1500～3200 m 的阔叶林、针叶林下或林缘灌丛普遍分布。

　　［419］月月青(*Itea ilicifolia* Oliver.)：见于保护区内关虎、西阳沟、齐头岩、红岩子、沙石帽等地海拔 1200～1600 m 的阔叶林或林缘灌丛。

　　［420］短柱梅花草(*Parnassia brevistyla* Hand.-Mazz.)：见于保护区内大草堂、大草坪等地海拔 3000～3600 m 的亚高山草甸。

　　［421］突隔梅花草(*P. delavayi* Franch.)：据《四川唐家河自然保护区综合科学考察报告》(2003)记载,该物种生于海拔 2000～2600 m 的针阔叶混交林。

　　［422］白耳菜(*P. foliosa* Hook. f. et Thoms.)：据《四川唐家河自然保护区综合科学考察报告》(2003)记载,该物种生于海拔 2000～2500 m 的针阔叶混交林。

　　［423］鸡眼梅花草(*P. wightiana* Wall.)：见于保护区内摩天岭、倒梯子、清坪地、长沟等地海拔 2000～2600 m 的林下或沟边灌丛。

　　［424］云南山梅花(*Philadelphus delavayi* L. Henry)：在保护区内海拔 1800～2500 m 的山坡灌丛或林下分布较为普遍。

　　［425］紫萼山梅花(*P. purpurascens* Rehd.)：见于保护区内洪石坝、观音石窝、摩天岭、倒梯子等地海拔 1800～2600 m 的山坡灌丛或疏林下。

　　［426］毛柱山梅花(*P. subcanus* Koehne)：在保护区内分布较为普遍,生于海拔 1800～3200 m 的林缘或山坡灌丛。

　　［427］尖叶茶藨(*Ribes acuminatum* Wall.)：多见于保护区中西部中海拔山区,生于海拔 1600～2300 m 的林下或河谷灌丛。

　　［428］冰川茶藨(*R. glaciale* Wall.)：在保护区内分布较为普遍,生于海拔 1300～2500 m 的阔叶林及林缘灌丛。

　　［429］糖茶藨(*R. himalense* Royle)：在保护区内分布较为普遍,生于海拔 2000～3000 m 的林下或山坡灌丛。

　　［430］长串茶藨(*R. longiracemosum* Franch.)：见于保护区内齐头岩、西阳沟、倒梯子、溜马槽、果子树沟、鸡公垭、长沟等地海拔 1600～2800 m 的林下或林缘。

　　［431］五裂茶藨(*R. meyeri* Maxim.)：见于保护区中西部海拔 1600～2400 m 的灌丛或林缘。

　　［432］甘青茶藨(*R. meyeri* var. *tanguticum* Jancz.)：在保护区内分布较为普遍,生

于海拔 1500~2000 m 的林下或灌丛。

〔433〕宝兴茶藨(*R. moupinense* Franch.)：在保护区内分布较为普遍，生于海拔 1600~2200 m 的林下或灌丛。

〔434〕细枝茶藨(*R. tenue* Jancz.)：在保护区内分布较为普遍，生于海拔 1400~2000 m 的林下或河边灌丛。

〔435〕鬼灯擎(*Rodgersia aesculifolia* Batal.)：在保护区内分布较为普遍，生于海拔 1200~2600 m 的阔叶林或针阔叶混交林。

〔436〕流苏虎耳草(*Saxifraga bmchydoda* var. *fimbriata* Engl. et Irm.)：仅见于保护区内大草坪海拔 3200~3600 m 的亚高山草甸。

〔437〕点头虎耳草(*S. cernua* L.)：见于保护区内加字号、红花草地、大草堂、大草坪等地海拔 2500~3000 m 的林缘岩石上。

〔438〕优越虎耳草(*S. egregia* Engl.)：见于保护区内加字号、文县沟、大草堂、大草坪等地海拔 2600~3400 m 的亚高山草甸。

〔439〕秦岭虎耳草(*S. gimldiana* Engl.)：在保护区内分布较为普遍，生于海拔 2600~3000 m 的林下或亚高山草甸。

〔440〕黑心虎耳草(*S. melanocentra* Franch.)：仅见于保护区内大草坪，生于海拔 3400~3600 m 的亚高山草甸。

〔441〕山地虎耳草(*S. montana* H. Smith)：仅见于保护区内大草坪，生于海拔 3400~3600 m 的亚高山草甸。

〔442〕卵心叶虎耳草(*S. ovatocordata* Hand. -Mazz.)：在保护区内分布较为普遍，生于海拔 1400~1800 m 的阔叶林下。

〔443〕狭瓣虎耳草(*S. pseudohirculus* Engl.)：见于保护区内大草堂、大草坪、红花草地、加字号等地海拔 3000~3600 m 的亚高山灌丛或亚高山草甸。

〔444〕红毛虎耳草(*S. rufescens* Balf. f.)：在保护区内分布较为普遍，生于海拔 2200~3400 m 的林下或阴湿岩壁上

〔445〕繁缕虎耳草(*S. stellariifolia* Franch.)：见于保护区内大草坪、大草堂、加字号等地海拔 3000~3600 m 的亚高山灌丛或草甸。

〔446〕虎耳草(*S. stolonifera* Meerb.)：在保护区内分布较为普遍，生于海拔 1200~2300 m 的林下阴湿岩壁上。

〔447〕甘青虎耳草(*S. tangutica* Engl.)：见于保护区内大草坪、大草堂、加字号、文县沟等地海拔 3000~3600 m 的亚高山草甸。

〔448〕爪瓣虎耳草(*S. unguipetala* Engl. et Irm.)：据《四川唐家河自然保护区综合科学考察报告》(2003)记载，该物种生于海拔 1500~2400 m 的阴湿悬岩上。

〔449〕黄水枝(*Tiarella polyphylla* D. Don)：在保护区内分布较为普遍，生于海拔 1200~2800 m 的阔叶林或针阔叶混交林。

45. 海桐科(Pittosporaceae)

全世界共 9 属约 200 种，广布于东半球的热带和亚热带地区。我国分布有 1 属约 34 种，在保护区内分布有 1 属 2 种。

　　[450] 异叶海桐(*Pittosporum heterophyllum* Franch.)：在保护区内分布较为普遍，生于海拔 1300~2000 m 的阔叶林或灌丛。

　　[451] 崖花子(*P. truncatum* Pritz.)：见于保护区内西阳沟、齐头岩、关虎等地，生于海拔 1200~1500 m 的山谷林下或灌丛。

　　46. 蔷薇科(Rosaceae)

　　本科全世界共有 126 属 3300 余种，广泛分布于北半球温带到亚热带。我国共有 53 属 1000 余种，在保护区内分布有 28 属 120 种。

　　[452] 龙芽草(*Agrimonia pilosa* Ledeb.)：在保护区内分布较为普遍，生于海拔 1200~2600 m 的灌丛或草丛。

　　[453] 假升麻(*Aruncus Sylvester* Kostel.)：在保护区内分布较为普遍，生于海拔 1500~2800 m 的山坡草地或灌丛。

　　[454] 木瓜(*Chaenomeles sinensis* Koehne)：偶见于保护区内唐家河、关虎、蔡家坝等地，生于海拔 1150~1400 m 的公路边或宅旁。

　　[455] 灰栒子(*Cotoneaster acutifolius* Turcz.)：在保护区内分布较为普遍，生于海拔 1400~2500 m 的疏林或山谷灌丛。

　　[456] 匍匐栒子(*C. adpressus* Bois)：在保护区内分布较为普遍，生于海拔 1800~2600 m 的林下或灌丛。

　　[457] 四川栒子(*C. ambiguus* Rehd. et Wils.)：在保护区内分布较为普遍，生于海拔 1800~2200 m 的林缘或山坡灌丛。

　　[458] 细尖栒子(*C. apiculatus* Rehd. et Wils.)：在保护区内分布较为普遍，生于海拔 1500~2800 m 的林下或灌丛。

　　[459] 泡叶栒子(*C. bullatus* var. *macrophyllus* Rehd. et Wils)：在保护区内分布较为普遍，散生于海拔 1800~3000 m 的林缘或山坡灌丛。

　　[460] 散生栒子(*C. divaricatus* Rehd. et Wils.)：在保护区内分布较为普遍，生于海拔 1600~3000 m 的山坡灌丛或林下。

　　[461] 平枝栒子(*C. horizontalis* Decne)：在保护区内分布较为普遍，生于海拔 1200~2800 m 的山坡灌丛或林缘。

　　[462] 小叶栒子(*C. microphyllus* Wall.)：在保护区内分布较为普遍，生于海拔 2400~3800 m 的林下或亚高山灌丛。

　　[463] 宝兴栒子(*C. moupinensis* Franch.)：见于保护区内摩天岭、倒梯子、大火地、加字号、大草坪、大草堂、长沟、铁矿沟等地，散生于海拔 1600~3000 m 的林下或林缘灌丛。

　　[464] 水栒子(*C. multiflorus* Bunge)：见于保护区内关虎、蔡家坝、毛香坝、水池坪、摩天岭、西阳沟、达架岩等地海拔 1200~2600 m 的林缘或山坡灌丛。

　　[465] 柳叶栒子(*C. salicifolius* Franch.)：在保护区内分布较为普遍，生于海拔 1400~2800 m 的山坡灌丛或林下。

　　[466] 华中山楂(*Crataegus wilsonii* Sarg.)：偶见于保护区内关虎、西阳沟等，生于海拔 1200~2000 m 的林缘或路边灌丛。

　　[467] 蛇莓(*Duchesnea indica* Focke)：在保护区内分布较为普遍，生于海拔1200～2000 m的路边或草丛。

　　[468] 枇杷(*Eriobotrya japonica* Lindl.)：栽培逸散种，见于保护区内关虎、唐家河、西阳沟等东部低海拔山坡，生于海拔1100～1400 m的路旁或疏林中。

　　[469] 东方草莓(*Fragaria orientalis* Lozinsk.)：在保护区内分布较为普遍，生于海拔1200～2400 m的路边草丛或山坡草地。

　　[470] 水杨梅(*Geum aleppicum* Jacq.)：在保护区内分布较为普遍，生于海拔1200～2500 m的路边草丛或灌丛。

　　[471] 柔毛水杨梅(*G. japonicum* var. *chinense* F. Bolle)：在保护区内分布较为普遍，生于海拔1200～2200 m的路边或灌丛、草丛。

　　[472] 棣棠(*Kerria japonica* DC.)：在保护区内分布较为普遍，生于海拔1200～2400 m的灌丛或林缘。

　　[473] 假稠李(*Maddenia hypoleuca* Koehne)：见于保护区内西阳沟、沙石帽、摩天岭、倒梯子、达架岩、长沟、腰磨石窝等地，生于海拔2000～3200 m的针阔混交林、冷杉林。

　　[474] 河南海棠(*Malus honanensis* Rehd.)：据《四川唐家河自然保护区综合科学考察报告》(2003)记载，该物种生于海拔1600～2400 m的林中或林缘灌丛。

　　[475] 湖北海棠(*M. hupehensis* Rehd.)：见于保护区内关虎、西阳沟、齐头岩、摩天岭、红岩子、果子树沟等地海拔1200～2200 m的林缘或沟谷灌丛。

　　[476] 川滇海棠(*M. prattii* Schneid.)：见于保护区内关虎、西阳沟等地，生于海拔1200～2000 m的林中或林缘灌丛。

　　[477] 三叶海棠(*M. sieboldii* Rehd.)：据《四川唐家河自然保护区综合科学考察报告》(2003)记载，该物种生于海拔1200～2000 m的林中或沟谷灌丛。

　　[478] 中华绣线梅(*Neillia sinensis* Oliv.)：在保护区内分布较为普遍，生于海拔1200～2400 m的阔叶林下或山坡灌丛。

　　[479] 西康绣线梅(*N. thibetica* Bur. et Franch.)：见于保护区内西阳沟、摩天岭、大火地，腰磨石窝、洪石坝等地海拔1300～2500 m的林下或山坡灌丛。

　　[480] 中华石楠(*Photinia beauverdiana* Schneid.)：偶见于保护区内关虎、唐家河、齐头岩、西阳沟、红岩子等地，散生于海拔1100～1800 m的林中或林缘。

　　[481] 厚叶中华石楠(*P. beauverdiana* var. *notabilis* Rehd. et Wils.)：据《四川唐家河自然保护区综合科学考察报告》(2003)记载，该物种生于海拔1200～1600 m的山谷林中或林缘。

　　[482] 椤木石楠(*P. davidsoniae* Rehd. et Wils.)：偶见于保护区内关虎、唐家河、沙石帽等地，散生于海拔1100～1400 m的山谷或河滩林中。

　　[483] 小叶石楠(*P. paxvifolia* L.)：据《四川唐家河自然保护区综合科学考察报告》(2003)记载，该物种生于海拔1400～2400 m的林下或灌丛。

　　[484] 石楠(*P. serrulata* Lindl.)：见于保护区内唐家河、关虎、西阳沟、齐头岩等地，散生于海拔1100～1600 m沟谷或山坡杂木林。

［485］光叶石楠(*P. villosa* var. *sinica* Rehd. et Wils.)：据《四川唐家河自然保护区综合科学考察报告》(2003)记载，该物种生于海拔 1200~2000 m 的林中或林缘灌丛。

［486］委陵菜(*Potentilla chinensis* Ser.)：在保护区内中西部海拔 2300~3000 m 的林缘或亚高山草甸分布较为普遍。

［487］翻白菜(*P. discolor* Bge.)：在保护区内东部低海拔分布普遍，生于海拔 1100~1400 m 的阳坡灌草丛或路旁。

［488］绵毛果委陵菜(*P. eriocarpa* Wall.)：见于保护区内大草坪、大草堂等地，生于海拔 3200~3600 m 的亚高山草甸。

［489］金露梅(*P. fruticosa* L.)：在保护区内西部海拔 2800~3600 m 的亚高山灌丛有分布。

［490］西南委陵菜(*P. fulgens* Wall. ex Hook.)：在保护区内海拔 1600~3200 m 的亚高山草甸或林缘草丛分布普遍。

［491］银露梅(*P. glabra* Lodd.)：在保护区内西部海拔 2600~3600 m 的山坡灌丛或亚高山灌丛有分布。

［492］蛇含(*P. kleiniana* Wight et Arn)：在保护区内分布普遍，生于海拔 1200~2600 m 的山地草丛或林缘草地。

［493］银叶委陵菜(*P. leuconota* D. Don)：在保护区内分布较为普遍，生于海拔 2400~3600 m 的亚高山草甸。

［494］多茎委陵菜(*P. multicaulis* Bge.)：在保护区内分布普遍，生于海拔 1200~2200 m 的林缘或阴坡草地。

［495］钉柱委陵菜(*P. saundersiana* Royle)：见于保护区内大草堂、加字号、大草坪等地，生于海拔 2800~3600 m 的亚高山草甸。

［496］扁核木(*Prinsepia utilis* Royle)：见于保护区内关虎、西阳沟、摩天岭等地，生于海拔 1200~1500 m 的山坡或溪沟灌丛。

［497］短柄稠李(*Prunus brachypoda* Batal.)：见于保护区内倒梯子、摩天岭、长沟、观音石窝、洪石坝等地，生于海拔 2000~2600 m 的针阔叶混交林或林缘灌丛。

［498］长序稠李(*P. brachypoda* var. *pseudossiori*)：见于保护区内齐头岩、西阳沟等地，生于海拔 1400~1800 m 的阔叶林或林缘。

［499］锥腺樱桃(*P. conadenia* Koehne)：在保护区内分布较为普遍，生于海拔 2000~2800 m 的针阔叶混交林或林缘灌丛。

［500］尾叶樱(*P. dielsiana* Schneid.)：在保护区内分布较为普遍，生于海拔 1600~2500 m 的落叶阔叶林或灌丛。

［501］毛桃(*P. persica* Batsch)：栽培逸散种，见于保护区东部低海拔山区，散生于海拔 1200~1600 m 的疏林下。

［502］西南樱桃(*P. pilosiuscula* Koehne)：在保护区内分布较为普遍，生于海拔 1500~2200 m 的河滩灌丛或路旁。

［503］多毛樱桃(*P. polytricha* Roehne)：见于保护区内关虎、齐头岩、西阳沟、倒梯子、鸡公垭、长沟、腰磨石窝等地海拔 1200~2500 m 的林中或林缘灌丛。

[504] 野李（*P. salicina* Lindl.）：见于保护区内唐家河、关虎、沙帽石等地，散生于海拔 1100～1500 m 的林缘或公路旁灌丛。

[505] 绢毛稠李（*P. sericea* Koehne）：见于保护区内腰磨石窝、洪石坝、加字号、长沟等地，生于海拔 2000～2800 m 的阔叶混交林。

[506] 托叶樱桃（*P. stipulacea* Maxim.）：据《四川唐家河自然保护区综合科学考察报告》（2003）记载，该物种生于海拔 2000～2800 m 的林下或灌丛。

[507] 毛樱桃（*P. tomentosa* Thunb.）：见于保护区内唐家河、蔡家坝、关虎、东阳沟等地，生于海拔 1100～1500 m 的林下或林缘灌丛。

[508] 川西樱桃（*P. trichostoma* Koehne）：在保护区内海拔 1600～2800 m 的的林下或林缘灌丛分布普遍。

[509] 细齿稠李（*P. vaniotii* Levl.）：见于保护区内摩天岭、倒梯子、大火地、长沟、大岭子沟、鸡公垭沟等地，生于海拔 2200～2800 m 的针阔叶混交林中。

[510] 火棘（*Pyracantha fortuneana* Li）：在保护区内较低海拔分布较为普遍，生于海拔 1200～1600 m 的林缘或山坡灌丛。

[511] 麻梨（*Pyrus serrulata* Rehd.）：见于保护区内蔡家坝、唐家河、背林沟、关虎等地，散生于海拔 1100～1500 m 的林缘或或疏林下。

[512] 单瓣木香花（*Rosa banksiae* var. *normalis* Regel）：据《四川唐家河自然保护区综合科学考察报告》（2003）记载，该物种生于海拔 1200～1500 m 的山坡或沟谷灌丛。

[513] 复伞房蔷薇（*R. brunonii* Lindl.）：在保护区内分布普遍，生于海拔 1200～2400 m 的灌丛或林缘。

[514] 卵果蔷薇（*R. helenae* Rehd. et Wils.）：在保护区内分布较为普遍，生于海拔 1400～2800 m 的林下或灌丛。

[515] 红花蔷薇（*R. moyesii* Hemsl. et Wils.）：在保护区内分布较为普遍，生于海拔 1400～2800 m 的路边灌丛或林缘。

[516] 多花蔷薇（*R. multiflora* Thunb.）：在保护区内东部低海拔 1100～1400 m 的山坡或河岸灌丛分布普遍。

[517] 峨眉蔷薇（*R. omeiensis* Rolfe）：见于保护区内大草堂、大草坪、加字号、大火地、红花草地等地，生于海拔 2500～3400 m 的亚高山河滩灌丛或林缘。

[518] 小果蔷薇（*R. rubus* Levl. et Vant.）：在保护区内分布较为普遍，生于海拔 1100～1600 m 的灌丛或林缘。

[519] 绢毛蔷薇（*R. sericea* Lindl.）：见于保护区内摩天岭、大火地、倒梯子、洪石坝、长沟、加字号等地，生于海拔 2000～2800 m 的山坡路旁灌丛中。

[520] 钝叶蔷薇（*R. sertata* Rolfe）：据《四川唐家河自然保护区综合科学考察报告》（2003）记载，该物种生于海拔 1300～2600 m 的林缘灌丛。

[521] 扁刺蔷薇（*R. sweginzowii* Koehne）：在保护区内分布较为普遍，生于海拔 1600～2800 m 的山坡灌丛中。

[522] 秀丽梅（*Rubus amabilis* Focke）：在保护区内分布较为普遍，散生于海拔 1600～2800 m 的针阔叶混交林或灌丛。

［523］粉枝莓(*R. biflorus* Brch. -Ham. ex Smith.)：该物种生态幅宽，在保护区内普遍分布，生于海拔 1500～3400 m 的林下或河谷灌丛。

［524］毛萼梅(*R. chroosepalus* Focke)：见于保护区内大草坪、文县沟、大草堂、红花草地等地海拔 3000～3400 m 的针叶林或亚高山灌丛。

［525］华中悬钩子(*R. cockburnianus* Hemsl.)：在保护区内东部低海拔山区分布较为普遍，生于海拔 1100～1400 m 的山坡灌丛。

［526］插秧泡(*R. coreanus* Miq.)：在区内东部低海拔山区分布较为普遍，生于海拔 1100～1400 m 的疏林或山坡灌丛中。

［527］白绒覆盆子(*R. coreanus* var. *tomentosus* Gard.)：在保护区内分布较为普遍，生于海拔 2000～3100 m 的林下或灌丛。

［528］山挂牌条(*R. flosculosus* Focke)：见于保护区内唐家河、关虎等低海拔山区，生于海拔 1100～1500 m 的山坡灌丛或荒地。

［529］鸡爪茶(*R. henryi* Hemsl. et O. Kuntze)：据《四川唐家河自然保护区综合科学考察报告》(2003)记载，该物种生于海拔 1200～1500 m 的阔叶林下。

［530］黄泡子(*R. ichangensis* Hemsl. et Ktze.)：见于保护区内关虎，生于海拔 1100～1300 m 的山坡灌丛中。

［531］光叶高粱泡(*R. lambertianus* var. *glaber* Hemsl.)：在保护区东部中低海拔山区分布较为普遍，生于海拔 1100～1800 m 的林下或灌丛。

［532］羊尿泡(*R. malifolius* Focke)：见于保护区内蔡家坝、唐家河、关虎、西阳沟、沙帽石、齐头岩、红岩子等低海拔山区，生于海拔 1100～1400 m 的林下或山坡灌丛。

［533］喜阴悬钩子(*R. mesogaeus* Focke)：在保护区内分布较为普遍，生于海拔 1500～2800 m的林下或山地灌丛。

［534］腺毛喜阴悬钩子(*R. mesogaeus* var. *oxycomus* Focke)：在保护区内分布较为普遍，散生于海拔 1800～3000 m 的林下或山坡灌丛。

［535］红泡刺藤(*R. niveus* Thunb.)：在保护区内分布较为普遍，散生于海拔 1200～2500 m 的山坡或河滩灌丛。

［536］乌泡子(*R. parkeri* Hance)：在保护区东部中低海拔山区分布较为普遍，主要生于海拔 1100～1400 m 的河滩灌丛或山地灌丛。

［537］茅莓(*R. parvifolius* L.)：在保护区内分布较为普遍，生于海拔 1200～2800 m的山地灌丛或疏林下。

［538］黄泡(*R. pectinellus* Maxim.)：在保护区东部中低海拔山区分布较为普遍，主要生于海拔 1200～1500 m 的常绿阔叶林。

［539］多腺悬钩子(*R. phoenicolasius* Maxim.)：见于保护区内关虎、西阳沟、摩天岭、水池坪等周边山区，生于海拔 1200～2000 m 的林下或山沟路旁。

［540］菰帽悬钩子(*R. pileatus* Focke)：该物种生态幅宽，在保护区内分布较为普遍，生于海拔 1300～3000 m 的林下或沟谷灌丛。

［541］红毛悬钩子(*R. pinfaensis* Levl. et Vant.)：在保护区内分布较为普遍，生于

海拔 1100~2000 m 的山地灌丛。

[542] 刺悬钩子(*R. pungens* Camb.)：见于保护区内关虎、唐家河、西阳沟、齐头岩、摩天岭、红岩子、沙帽石、果子树沟等地海拔 1100~1800 m 的林缘或山谷灌丛。

[543] 川莓(*R. setchuenensis* Bur. et Franch.)：在保护区内分布较为普遍，生于海拔 1400~2200 m 的山地灌丛或林缘。

[544] 西藏悬钩子(*R. thibetanus* Franch.)：在保护区内分布较为普遍，生于海拔 1400~2000 m 的路边灌丛或林缘。

[545] 黄果悬钩子(*R. xanthocqrpus* Bur. et Franch)：在保护区内分布较为普遍，生于海拔 1400~2400 m 的山沟石砾滩灌丛或山地灌丛。

[546] 矮地榆(*Sanguisorba filiformis* Hand.-Mazz.)：偶见于保护区内西阳沟、大草堂、大火地等地海拔 1400~2000 m 的山沟、河边或潮湿草地。

[547] 地榆(*S. officinalis* L.)：在保护区内分布较为普遍，生于海拔 1500~2800 m的山坡草地。

[548] 隐瓣山莓草(*Sibbaldia procumbens* var. *aphanopetata* Yu et Li)：据《四川唐家河自然保护区综合科学考察报告》(2003)记载，该物种生于海拔 2500~3300 m 的林缘草地或亚高山草甸。

[549] 窄叶鲜卑花(*Sibiraea angustata* Hand.-Mazz.)：见于保护区内大草堂、大草坪、文县沟等地海拔 3200~3600 m 的亚高山灌丛。

[550] 高丛珍珠梅(*Sorbaria arborea* Schneid.)：在保护区内分布较为普遍，生于海拔 1400~3200 m 的山坡灌丛及针叶林。

[551] 毛叶珍珠梅(*S. arborea* var. *subtomentasa* Rehd.)：该物种在保护区的分布地域与高丛珍珠梅相同，生于海拔 1600~3000 m 的林下或林缘灌丛。

[552] 水榆花楸(*Sorbus alnifolia* Sieb. et Zucc.)：据《四川唐家河自然保护区综合科学考察报告》(2003)记载，该物种生于海拔 1500~2300 m 的阔叶林或针叶阔叶混交林。

[553] 石灰花楸(*S. folgneri* Rehd.)：见于保护区内西阳沟、齐头岩、摩天岭、倒梯子、红石河、长沟等周边山区，生于海拔 1400~2600 m 的次生落叶阔叶林中。

[554] 湖北花楸(*S. hupehensis* Schneid.)：在保护区内分布较为普遍，生于海拔 1500~2800 m 的山坡灌丛或林中。

[555] 陕甘花楸(*S. koehneana* Schneid.)：在保护区内分布较为普遍，生于海拔 2200~3200 m 的针叶林或林缘灌丛。

[556] 红毛花楸(*S. rufopilosa* Schneid.)：见于保护区内大草坪、文县沟、洪石坝等地，散生于海拔 2600~3400 m 的针叶林或林缘灌丛。

[557] 华西花楸(*S. wilsoniana* Schneid.)：在保护区内中海拔 2000~2600 m 的针阔叶混交林或林缘灌丛分布较为普遍。

[558] 黄脉花楸(*S. xanthoneura* Rehd.)：据《四川唐家河自然保护区综合科学考察报告》(2003)记载，该物种生于海拔 1600~2800 m 的阔叶林或针阔叶混交林。

[559] 长果花楸(*S. zahlbruchckneri* Schneid.)：据《四川唐家河自然保护区综合科

学考察报告》(2003)记载，该物种生于海拔 1200~2400 m 的阔叶林或沟谷林缘。

[560] 黄总花草(*Spenceria ramalana* Trimen)：见于保护区内红花草地、大草堂、大草坪、延儿岩沟等地，生于海拔 2800~3600 m 的亚高山草甸。

[561] 中华绣线菊(*Spiraea chinensis* Maxim.)：在保护区中东部为常见种，主要生于海拔 1200~1800 m 的山坡灌丛。

[562] 翠蓝绣线菊(*S. henryi* Hemsl.)：据《四川唐家河自然保护区综合科学考察报告》(2003)记载，该物种生于海拔 1500~2500 m 的山坡灌丛或针阔叶混交林。

[563] 疏毛绣线菊(*S. hirsute* Schneid.)：偶见于保护区内关虎、西阳沟等地，生于海拔 1200~2000 m 的阔叶林或灌丛。

[564] 粉花绣线菊(*S. japonica* L. f.)：该物种生态幅较宽，在保护区内海拔 1800~3000 m 的山坡灌丛或林缘较为常见。

[565] 狭叶绣线菊(*S. japonica* var. *acuminata* Franch.)：在保护区内分布较为普遍，生于海拔 1200~2500 m 的山坡荒地或林下。

[566] 毛叶绣线菊(*S. mollifolia* Rehd.)：见于保护区内文县沟、长沟、加字号、观音石窝、大草坪、大草堂、红花草地等地，散生于海拔 2000~3500 m 的山谷灌丛。

[567] 蒙古绣线菊(*S. mongolica* Maxim.)：据《四川唐家河自然保护区综合科学考察报告》(2003)记载，该物种生于海拔 3000~3400 m 的山坡灌丛。

[568] 细枝绣线菊(*S. myrtilloides* Rehd.)：见于保护区内倒梯子、文县沟、加字号、大草坪、红花草地、大草堂等地海拔 2200~3500 m 的针叶林或亚高山灌丛。

[569] 南川绣线菊(*S. rosthornii* Pritz.)：见于保护区内文县沟、加字号、大草坪、红花草地、大草堂等山区海拔 2200~3200 m 山地灌丛或亚高山灌丛。

[570] 绢毛绣线菊(*S. sericea* Turcz.)：据《四川唐家河自然保护区综合科学考察报告》(2003)记载，该物种生于海拔 1200~1800 m 的阔叶林或山坡灌丛。

[571] 红果树(*Stranvaesia davidiana* Dcne.)：见于保护区内西阳沟、齐头岩、倒梯子、长沟等地海拔 1400~2400 m 的阔叶林或针阔叶混交林。

47. 含羞草科(Mimosaceae)

本科全世界分布共有约 50 属 3000 余种，产全世界热带、亚热带及温带地区。我国包括引入栽培种类共有 13 属 30 余种，主产于南部和西南部，在保护区内分布有 1 属 1 种。

[572] 山合欢(*Albizzia kolkora* Prain)：见于保护区内关虎、西阳沟等地海拔 1100~1400 m 的阔叶林或山坡灌丛。

48. 苏木科(云实科)(Caesalpiniaceae)

本科全世界有 150 属 32200 余种，分布于热带亚热带地区。我国连引入的种类共计 20 属 100 余种，主产地为西南地区，在保护区内分布有 3 属 3 种。

[573] 云实(*Caesalpinia decapetata* Alston)：偶见于保护区内关虎、沙帽石、西阳沟，生于海拔 1100~1400 m 的坡灌丛。

[574] 紫荆(*Cercis chinensisi* Bunge)：唐家河保护站至毛香坝长达约 8 km 的区域分布最为集中，生于海拔 1100~1400 m 的山谷、林缘或山坡灌丛。在保护区内分布有野生

紫荆花达 2000 多亩。

[575] 皂荚(*Gleditsia sinensis* Lam.)：偶见于西阳沟、关虎等地，生于海拔 1100~1400 m 的林缘或疏林下。

49. 蝶形花科［Fabaceae(Papilionaceae)］

本科全世界共有 440 属 12000 种。在我国分布有 114 属 1000 余种，在保护区内分布有 25 属 62 种，包括 1 变种。

[576] 肉色土圞儿(*Apios camea* Benth.)：偶见于保护区内唐家河、关虎等地，散生于海拔 1100~1300 m 的林下或林缘草地。

[577] 地八角(*Astragalus bhotanensis* Baker)：在保护区内分布较为普遍，散生于海拔 1800~3000 m 的亚高山草甸或灌草丛。

[578] 多花黄芪(*A. floridus* Bcnth. ex Bge.)：在保护区内普遍分布，生于海拔 2000~3400 m 的亚高山草甸或路边草丛。

[579] 马河山黄芪(*A. mahoschanicus* Hand.-Mazz.)：在保护区内普遍分布，生于海拔 1800~3600 m 的山坡草地或亚高山草甸。

[580] 草木樨黄芪(*A. melilotoides* Pall.)：在保护区的数量较少，偶见于海拔 1500~2800 m 的坡草丛或沟谷草丛。

[581] 糙叶黄芪(*A. scaberrimus* Bunge)：据《四川唐家河自然保护区综合科学考察报告》(2003)记载，该物种生于海拔 1500~2800 m 的山坡或河滩草丛。

[582] 紫云英(*A. sinicus* L.)：见于保护区内唐家河、关虎、西阳沟、齐头岩等地海拔 1100~1450 m 的山坡或路边草丛。

[583] 西南杭枝梢(*Campylotropis delavayi* Schindl.)：在保护区东部低海拔地带为常见种，生于海拔 1100~1400 m 的山地灌丛。

[584] 杭枝梢(*C. macrocarpa* Rehd.)：在保护区内海拔 1400~2200 m 的林缘或山坡灌丛分布较普遍。

[585] 短叶锦鸡儿(*Caragana brevifolia* Kom.)：见于保护区内西阳沟、关虎、齐头岩等地海拔 1200~1600 m 的阳坡灌丛。

[586] 川西锦鸡儿(*C. erinacea* Kom.)：见于保护区内西阳沟、关虎、齐头岩、红岩子、摩天岭、沙帽石等地海拔 1200~2000 m 的阳坡灌丛。

[587] 大金刚藤黄檀(*Dalbergia dyeriana* Prain.)：见于保护区内西阳沟、齐头岩等地海拔 1200~1600 m 的林下或林缘灌丛。

[588] 藤黄檀(*D. hancei* Benth.)：见于保护区内西阳沟、关虎等地，生于海拔 1100~1500 m 的林下或林缘。

[589] 含羞草叶黄檀(*D. mimosoides* Franch.)：据《四川唐家河自然保护区综合科学考察报告》(2003)记载，该物种生于海拔 1200~2000 m 的林下或山坡灌丛。

[590] 狭叶黄檀(*D. stenophylla* Prain.)：见于保护区内关虎、唐家河、蔡家坝、齐头岩等地海拔 1200~1500 m 的山谷灌丛中。

[591] 小槐花(*Desmodium caudatum* De.)：见于保护区内关虎、唐家河、蔡家坝等地海拔 1200~1500 m 的林缘灌丛或山坡草地。

［592］山蚂蝗（*D. racemosum* DC.）：在保护区内分布较普遍，生于海拔1200～2500 m的山地灌丛。

［593］波叶山蚂蝗（*D. sinuatum* Bl.）：见于保护区内蔡家坝、唐家河、关虎、西阳沟等地海拔1200～1500 m的山坡灌丛或草地。

［594］总状花序山蚂蝗（*D. spicatum* Rehd.）：多见于保护区中东部山区，数量较少，散生于海拔1400～1800 m的山地灌草丛。

［595］金钱草（*D. styracifolium* Merr.）：仅见于保护区内关虎一带，生于海拔1100～1300 m的山坡草地或灌丛。

［596］四川山蚂蝗（*D. szechuenense* Schind.）：在保护区东部海拔1200～1600 m的山地灌丛分布普遍。

［597］异叶米口袋（*Gueldenstae dtiadiversifolia* Maxim.）：在保护区中西部分布较为普遍，生于海拔2000～3000 m的山坡草地或亚高山草甸。

［598］米口袋（*G. multiflora* Bunge）：见于西阳沟、沙帽石、齐头岩、摩天岭等地海拔1100～1600 m的山坡草地或路旁。

［599］狭叶米口袋（*G. stenophylla* Bunge）：在保护区内分布区域与米口袋相同，生于海拔1100～2000 m的路旁或山坡草地。

［600］多花木蓝（*Indigofera amblyantha* Craib）：在保护区内分布较普遍，生于海拔1200～2600 m的林下或林缘灌丛。

［601］铁扫帚（*I. bungeana* Steud.）：在保护区中东部海拔1200～1800 m的山地灌丛或河滩地分布普遍。

［602］西南木蓝（*I. monbeigii* Craib）：见于保护区内西阳沟、摩天岭、倒梯子、洪石坝、长沟、果子树沟等地海拔1200～2800 m的林下或河边灌丛。

［603］马棘（*I. pseudotinctoria* Mats.）：据《四川唐家河自然保护区综合科学考察报告》（2003）记载，该物种生于海拔1100～1500 m的林缘或山坡灌丛。

［604］鸡眼草（*Kummerowia striata* Schindl）：多见于保护区内西阳沟、唐家河保护站、蔡家坝、关虎等地海拔1100～1500 m的山地草丛或路旁。

［605］牧地香豌豆（*Lathyrus pratensis* L.）：在保护区内海拔2000～2400 m的山坡草地普遍分布。

［606］截叶铁扫帚（*Lespedeza cuneata* G. Don.）：在保护区内海拔1200～1800 m的路边草丛或山坡草丛普遍分布。

［607］多花胡枝子（*L. floribunda* Bunge）：在保护区内海拔1200～2000 m的林缘或山坡灌丛普遍分布。

［608］美丽胡枝子（*L. formosa* Koehne）：在保护区内海拔1200～1800 m的山坡林下或杂草丛普遍分布。

［609］细梗胡枝子（*L. virgata* DC.）：据《四川唐家河自然保护区综合科学考察报告》（2003）记载，该物种生于海拔1200～1800 m的林缘或山坡灌丛。

［610］百脉根（*Lotus corniculatus* L.）：在保护区内普遍分布，生于海拔1200～2400 m的路边或山地草丛。

[611] 细百脉根（*L. tenuis* Kit.）：见于保护区内西阳沟、齐头岩、关虎等地海拔 1200～1600 m 的山坡草地。

[612] 天蓝苜蓿（*Medicago lupulina* L.）：在保护区内海拔 1200～1800 m 的路边或山地草丛普遍分布。

[613] 小苜蓿（*M. minima* L.）：见于保护区内唐家河保护站、蔡家坝、关虎等地海拔 1100～1400 m 的路旁或荒坡草地。

[614] 紫花苜蓿（*M. sativa* L.）：见于保护区内唐家河保护站、蔡家坝、关虎等地海拔 1200～1400 m 的路边或山坡草丛。

[615] 草木犀（*Melilotus suaveolens* Ledeb.）：在保护区内分布广泛，生于海拔 1100～1800 m 的路边或山地草丛。

[616] 香花崖豆藤（*Millettia dielsiana* Harms ex Diels）：在保护区东部山区广泛分布，生于海拔 1200～1800 m 的林缘或林中。

[617] 光叶崖豆藤（*M. nitida* Benth.）：据《四川唐家河自然保护区综合科学考察报告》（2003）记载，该物种生于海拔 1200～1600 m 的阔叶林或林缘岩壁。

[618] 常春油麻藤（*Mucuna sempervirens* Hemsl.）：偶见于保护区内西阳沟，生于海拔 1100～1500 m 的阔叶林或灌丛。

[619] 二色棘豆（*Oxytropis bicolor* Bunge）：见于保护区内西阳沟、沙帽石、摩天岭、红岩子等地，生于海拔 1500～2000 m 的阳坡草地。

[620] 甘肃棘豆（*O. kansuensis* Bunge）：在保护区内分布较普遍，生于海拔 1600～2400 m 的林下或山坡草丛。

[621] 黑萼棘豆（*O. melanocalyx* Bunge）：据《四川唐家河自然保护区综合科学考察报告》（2003）记载，该物种生于海拔 1200～2600 m 的林缘或山坡草地。

[622] 黄花棘豆（*O. ochrocephala* Bunge）：见于保护区内西阳沟、齐头岩、沙石帽、红岩子等地海拔 1200～1800 m 的阳坡草地或灌丛。

[623] 黄花木（*Piptanthus concolor* Hanow）：据《四川唐家河自然保护区综合科学考察报告》（2003）记载，该物种生于海拔 1400～2600 m 的林缘或山坡灌丛。

[624] 葛根（*Pueraria lobata* Ohwi）：在保护区内分布较普遍，生于海拔 1200～2400 m 的疏林或灌丛。

[625] 粉葛藤（*P. thomsonii* Benth.）：见于保护区内关虎、唐家河保护站、蔡家坝等地，生于海拔 1100～1400 m 的林下或山地灌丛。

[626] 菱叶鹿藿（*Rhynchosia dielsii* Hanns）：见于保护区内关虎、西阳沟等地海拔 1200～1600 m 的林下或路边灌丛。

[627] 鹿藿（*R. volubilia* Lour.）：见于保护区内关虎、唐家河保护站、西阳沟等地海拔 1100～1400 m 的林下或灌丛。

[628] 刺槐（*Robinia pseudoacacia* L.）：为人工栽培，多见于保护区内西阳沟、关虎等地，生于海拔 1200～1500 m 的林缘或荒山。

[629] 国槐（*Sophora japonica* L.）：栽培逸散种，见于保护区内西阳沟、摩天岭等地，零星散生于海拔 1200～2000 m 的落叶阔叶林或路边。

　　[630] 毛叶槐(*S. japonica* var. *pubesscens* Bosse)：据《四川唐家河自然保护区综合科学考察报告》(2003)记载，该物种生于海拔 1300~2400 m 的林下或灌丛。

　　[631] 披针叶黄华(*Thermopsis lanceolata* R. Br.)：据《四川唐家河自然保护区综合科学考察报告》(2003)记载，该物种生于海拔 1200~1800 m 的路旁或河滩灌丛。

　　[632] 广布野豌豆(*Vicia cracca* L.)：在保护区内广泛分布，生于海拔 1200~2200 m 的草丛、灌丛。

　　[633] 小巢菜(*V. hirsuta* S. F. Gray)：据《四川唐家河自然保护区综合科学考察报告》(2003)记载，该物种生于海拔 1100~1400 m 的路旁或唐家河。

　　[634] 救荒野豌豆(*V. satvia* L.)：在保护区内广泛分布，生于海拔 1200~1600 m 的草丛或灌丛。

　　[635] 野豌豆(*V. sepium* L.)：在保护区内广泛分布，生于海拔 1200~2200 m 的山坡草地或沟谷草丛。

　　[636] 歪头菜(*V. unijuga* A. Br.)：见于保护区内西阳沟、关虎、倒梯子、蔡家坝至长坪子一线海拔 1200~2400 m 的林缘或草地。

　　[637] 丁葵草(*Zornia diphylla* Pers.)：见于保护区内唐家河保护站及附近周边海拔 1100~1300 m 的河滩草丛或山坡灌草丛。

　　50.酢浆草科(Oxalidaceae)

　　本科全世界共有 7 属 1000 种，分布于热带至温带，主要产于南美热带。在中国共有 3 属约 13 种，在保护区内分布有 1 属 2 种。

　　[638] 酢浆草(*Oxalis corniculata* L.)：保护区内广泛分布，生于海拔 1200~2200 m 的路边草丛或山坡灌草丛。

　　[639] 山酢浆草(*O. griffithii* Edgew. et Hook. f.)：保护区内广泛分布，生于海拔 1200~2600 m 的阔叶林或针阔叶混交林。

　　51.牻牛儿苗科(Geraniaceae)

　　本科全世界共 11 属约 750 种。我国共 4 属约 67 种，在保护区内分布 1 属 6 种。

　　[640] 毛蕊老鹳草(*Geranium eriostemon* Fisch. ex DC.)：在保护区内分布较为普遍，生于海拔 1600~2800 m 的林缘或山坡灌丛。

　　[641] 尼泊尔老鹳草(*G. nepalense* Sweel)：在保护区内普遍分布，生于海拔 1200~2800 m 的山坡草地或路边草丛。

　　[642] 草原老鹳草(*G. pratense* L.)：见于保护区内大草堂、大草坪、红花草地、文县沟等地海拔 3000~3600 m 的亚高山草甸或灌丛。

　　[643] 甘青老鹳草(*G. pylzowianum* Maxim.)：在保护区内普遍分布，生于海拔 2000~3400 m 的山地草丛或草甸。

　　[644] 纤细老鹳草(*G. robertianum* L.)：见于保护区内西阳沟、齐头岩、沙帽石、红岩子、摩天岭、倒梯子、长沟、鸡公垭、水淋沟等地海拔 1200~2100 m 的路边或山坡草丛。

　　[645] 灰背老鹳草(*G. wlassowianum* Fisch. ex Link)：在保护区内分布较为普遍，生于海拔 1700~3200 m 的路旁或山坡草地。

52. 亚麻科(Linaceae)

本科全世界分布有6属约220种(狭义分科)。在我国分布有4属约12种，在保护区内仅分布有1属1种。

[646] 石海椒(*Reinwardtia trigyna* Planch.)：见于保护区内蔡家坝、唐家河保护站、关虎、齐头岩、西阳沟等地，生于海拔1200~1400 m的山坡石缝中。

53. 大戟科(Euphorbiaceae)

本科全世界分布有约300属8000种以上。我国共66属360余种，主产于长江流域以南各省区，在保护区内分布有12属16种。

[647] 铁苋菜(*Acalypha australis* L.)：见于保护区内蔡家坝、唐家河保护站、关虎、齐头岩、西阳沟等地，生于海拔1100~1400 m的山坡草地或荒坡。

[648] 山麻杆(*Alchomea davidii* Franch.)：偶见于保护区内关虎、蔡家坝、唐家河保护站、齐头岩等地，散生于海拔1200~1600 m的河滩或山坡灌草丛。

[649] 油桐(*Aleurites fordii* Hemsl.)：见于保护区内关虎、蔡家坝、唐家河保护站等地海拔1200~1400 m的林缘或疏林下。

[650] 雀儿舌头(*Andrachne chinensis* Bunge)：见于保护区内蔡家坝、唐家河保护站等地海拔1100~1300 m的阴坡草丛。

[651] 假奓包叶(*Discocleidion rufescens* Pax. et Hoffm.)：据《四川唐家河自然保护区综合科学考察报告》(2003)记载，该物种生于海拔1200~1500 m的山坡或路旁灌丛。

[652] 泽漆(*Euphorbia helioscopia* L.)：见于保护区内唐家河保护站、关虎、蔡家坝等地海拔1100~1300 m的路旁或山坡草地。

[653] 地棉(*E. humifusa* Willd.)：见于保护区内关虎、唐家河保护站、蔡家坝、背林沟等地海拔1100~1400 m的山坡草丛或荒坡。

[654] 大戟(*E. pekinensis* Rupr.)：在保护区内普遍分布，生于海拔1700~2800 m的路旁草丛、亚高山草甸。

[655] 钩腺大戟(*E. sieboldiana* Morr. et Decne)：在保护区内分布较普遍，生于海拔1500~2600 m的路旁草丛或阴坡疏林下。

[656] 草沉香(*Excoecaria acerifolia* E. Didr.)：据《四川唐家河自然保护区综合科学考察报告》(2003)记载，该物种生于海拔1300~2200 m的河滩灌丛或林缘。

[657] 算盘子(*Glochidion puberum* Huten.)：见于保护区内关虎、蔡家坝、唐家河保护站、西阳沟、齐头岩等地海拔1200~1500 m的山坡灌丛中。

[658] 石岩枫(*Mallotus repandus* Muell.-Arg.)：据《四川唐家河自然保护区综合科学考察报告》(2003)记载，该物种生于海拔1200~1500 m的林下或林缘灌丛。

[659] 野桐(*M. tenuifolius* Pax)：见于保护区内关虎、西阳沟、蔡家坝、唐家河保护站等地海拔1100~1400 m阔叶林中或林缘灌丛。

[660] 叶下珠(*Phyllanthus urinaria* L.)：见于保护区内蔡家坝、唐家河保护站、齐头岩、关虎、西阳沟等地海拔1100~1400 m的路旁或山坡草地。

[661] 乌桕(*Sapium sebiferum* Roxb.)：见于保护区内关虎、唐家河保护站、蔡家

坝等地海拔 1100～1300 m 的路旁或林缘。

［662］地构叶（*Speranskia tuberculata* Baill.）：见于保护区内关虎、蔡家坝、唐家河保护站、沙石帽等地海拔 1200～1500 m 的山坡灌草丛。

54. 交让木科（Daphniphyllaceae）

本科全世界仅 1 属 30 余种，分布于亚洲热带和亚热带地区。我国共有 10 种，分布在长江以南地区，在保护区仅分布有 1 种。

［663］交让木（*Daphniphyllum macropodum* Miq.）：偶见于保护区内唐家河保护站、蔡家坝、关虎等地海拔 1100～1400 m 的常绿阔叶林中。

55. 芸香科（Rutaceae）

本科全世界分布有约 150 属 1600 余种，主产热带和亚热带，少数分布至温带。中国包括引进栽培种类共计 28 属约 151 种 28 变种，主产于西南和南部，在保护区内分布有 5 属 18 种，包括 1 变种 1 变型。

［664］臭节草（*Boenninghausenia albiflora* Reichb.）：见于保护区内关虎、蔡家坝、唐家河保护站、沙石帽等地海拔 1200～1500 m 的山地灌草丛或林缘。

［665］臭辣树（*Euodia fargesii* Dode）：偶见于保护区内关虎等地海拔 1300～1400 m 的阔叶林中。

［666］湖北茱萸（*E. henryi* Dode）：据《四川唐家河自然保护区综合科学考察报告》（2003）记载，该物种生于海拔 1500～2100 m 的林下或沟谷灌丛。

［667］吴茱萸（*E. rutaecarpa* Benth.）：见于保护区内唐家河保护站、蔡家坝、关虎等地海拔 1100～1300 m 的疏林空旷地。

［668］黑果茵芋（*Skimmia melanocarpa* Rehd. et Wils.）：据《四川唐家河自然保护区综合科学考察报告》（2003）记载，该物种生于海拔 1300～2000 m 的林下或山谷灌丛。

［669］茵芋（*S. reevesiana* Fortune.）：见于保护区内西阳沟、齐头岩、倒梯子、摩天岭、达架岩、长沟、果子树沟地，生于海拔 1500～2400 m 的林中阴湿地。

［670］飞龙掌血（*Toddaia asiatica* Lam.）：偶见于保护区内关虎、沙石帽、西阳沟等地海拔 1200～1600 m 的林缘或山坡灌丛。

［671］花椒（*Zanthoxylum bungeanum* Maxim.）：栽培或栽培逸散种，见于保护区内唐家河保护站、蔡家坝、关虎、西阳沟等地海拔 1100～1500 m 的路旁或疏林下。

［672］单面针（*Z. dissitum* Hemsl.）：见于保护区内关虎、蔡家坝、唐家河、沙石帽、西阳沟、齐头岩等地海拔 1200～1800 m 的阔叶林下。

［673］刺卵叶花椒（*Z. ovalifolium* var. *spinifolum* Huang）：见于保护区内摩天岭、倒梯子、达架岩、背林沟、落衣沟等地海拔 1200～1800 m 的林缘或山坡灌丛。

［674］卵叶花椒（*Z. ovalifolium* Wight）：见于保护区内唐家河保护站、蔡家坝、关虎等地海拔 1100～1400 m 的山区路旁或山坡灌丛。

［675］川陕花椒（*Z. piasezkii* Maxim.）：见于保护区内关虎、蔡家坝、唐家河保护站、沙石帽、齐头岩、背林沟等地海拔 1200～1600 m 的疏林下或阴坡灌丛。

［676］毛竹叶花椒（*Z. planispinum* f. *ferrugineum* Huang）：据《四川唐家河自然保护区综合科学考察报告》（2003）记载，该物种生于海拔 1200～2000 m 的山坡灌丛。

［677］竹叶椒(*Z. planispinum* Sieb. et Zucc.)：见于保护区内唐家河保护站、蔡家坝、关虎、齐头岩、西阳沟等地海拔 1200～1500 m 的阔叶林或路边灌丛。

［678］狭叶花椒(*Z. stenophyllum* Hemsl.)：见于保护区内海拔 1200～2500 m 的阔叶林或针阔叶混交林下。

［679］野花椒(*Z. simulans* Hance.)：见于保护区内唐家河保护站、蔡家坝、关虎等地 1100～1500 m 的沟谷或灌丛中。

［680］香椒子(*Z. schinifolium* Sieb. et Zucc.)：见于保护区内唐家河保护站、蔡家坝、关虎、齐头岩、西阳沟等地海拔 1200～1500 m 的河谷灌丛中。

［681］藤椒(*Z. armatum* DC.)：偶见于保护区内西阳沟，生于海拔 1300～1500 m 的疏林下。

56. 苦木科(Simaroubaceae)

本科全世界分布有 20 属约 120 种，产热带及亚热带地区，主要分布中心在美洲热带，其次是在西非热带。我国分布有 4 属约 10 种，产长江以南各省，在保护区内分布有 2 属 2 种。

［682］臭椿(*Ailanthus altissima* Swingle)：见于保护区内关虎、蔡家坝、唐家河保护站、沙石帽、西阳沟等周边山区，散生于海拔 1100～1500 m 的疏林中。

［683］苦木(*Picrasma quassioides* Benn.)：见于保护区内西阳沟、摩天岭、长坪子、长沟、齐头岩等地海拔 1400～2000 m 的阔叶林中。

57. 楝科(Meliaceae)

本科全世界分布有 50 属 1400 余种，广布于全热带，少数分布于亚热带，极少分布至温带。我国产 15 属 60 余种，此外尚引入栽培有 3 属 3 种，主产长江以南各省区。在保护区内分布有 1 种。

［684］香椿(*Toona sinensis* Roem.)：见于保护区内关虎、沙石帽、西阳沟等地，散生于海拔 1100～1500 m 的林缘。

58. 远志科(Polygalaceae)

本科全世界共 13 属约 1000 种，广布于全世界，尤以热带和亚热带地区最多。我国分布有 4 属 51 种 9 变种，以西南和华南地区最盛。在保护区内分布有 1 属 3 种。

［685］瓜子金(*Polygala japonica* Houtt.)：在保护区内海拔 1100～2000 m 的山地草丛或灌丛分布较为广泛。

［686］西北利亚远志(*P. sibirica* L.)：在保护区内分布较为广泛，散生于海拔 1100～2600 m 的路旁或山坡草地。

［687］小扁豆(*P. tatarinowii* Regel.)：见于保护区内蔡家坝、关虎、齐头岩等地，生于海拔 1200～1600 m 的山地草丛或路旁灌丛中。

59. 马桑科(Coriariaceae)

本科全球仅 1 属 15 种，零星分布自地中海至日本、新西兰、墨西哥和智利等地。在我国分布有 3 种，在保护区内仅分布有 1 种。

［688］马桑(*Coriaria sinica* Maxim.)：在保护区中东部地区分布较为普遍，生于海拔 1200～1800 m 的路边或山地灌丛。

60. 漆树科（Anacardiaceae）

本科全世界共 60 属 600 余种，分布于热带、亚热带地区。我国共分布有 16 属 54 种，主要分布于长江以南各省。在保护区内分布有 5 属 9 种。

[689] 毛脉南酸枣（*Choerospondias axillaris* var. *pubinervis* Burtt et A. W. Hill）：偶见于保护区内关虎、蔡家坝、唐家河保护站等地，散生于海拔 1100～1300 m 的林中或林缘。

[690] 毛黄栌（*Cotinus coggygria* var. *pubescens* Engl.）：偶见于保护区内关虎、沙石帽、西阳沟等地海拔 1200～1500 m 的林缘或灌丛。

[691] 黄连木（*Pistacia chinensis* Bunge）：偶见于保护区内关虎、蔡家坝、唐家河保护站、沙石帽等地海拔 1100～1500 m 的阔叶林或路旁。

[692] 盐肤木（*Rhus chinensis* Mill.）：在保护区内普遍分布，生于海拔 1200～1800 m 的阔叶林或次生灌丛。

[693] 青麸杨（*R. potaninii* Maxim.）：在保护区内分布较为普遍，生于海拔 1200～2000 m 的次生林或沟谷灌丛。

[694] 红麸杨（*R. punjabensis* var. *sinica* Rehd. et Wils.）：见于保护区内关虎、蔡家坝、唐家河保护站、沙石帽等地，散生于海拔 1200～1600 m 的林中或向阳山坡疏林。

[695] 小漆树（*Toxicodendron delavayi* F. A. Barkl.）：在保护区内中东部分布较普遍，生于海拔 1200～1800 m 的林缘或山坡灌丛。

[696] 野漆树（*T. succedaneum* Knntze）：在保护区内中东部普遍分布，生于海拔 1200～1800 m 的林下或灌丛。

[697] 漆树（*T. vernicifluum* F. A. Barkl.）：在保护区内分布较普遍，生于海拔 1400～2200 m 的常绿、落叶阔叶混交林。

61. 槭树科（Aceraceae）

本科全球仅 2 属，主要产亚、欧、美三洲的北温带地区。在我国两属均产，有 140 余种。在保护区内分布有 2 属 19 种，包括 5 变种 1 亚种。

[698] 太白深灰槭（*Acer caesium* subsp. *giraldii* Murr.）：见于保护区内长沟、文县沟、加字号、石桥河、吴志沟、倒梯子等地，生于海拔 2000～3200 m 的阔叶林或亚高山针叶林。

[699] 小叶青皮槭（*A. cappadocicum* var. *sinicum* Rehd.）：在保护区内分布较为普遍，生于海拔 1400～2800 m 的林中或林缘。

[700] 川滇长尾槭（*A. caudatum* var. *prattii* Rehd.）：在保护区内分布较为普遍，生于海拔 1600～3000 m 的次生落叶林或针阔叶混交林。

[701] 青榨槭（*A. davidii* Franch.）：在保护区中东部山区普遍分布，生于海拔 1200～1800 m 的阔叶林或公路旁。

[702] 扇叶槭（*A. flabellatum* Rehd.）：据《四川唐家河自然保护区综合科学考察报告》（2003）记载，该物种生于海拔 1500～2300 m 的针阔叶混交林。

[703] 房县槭（*A. franchetii* Pax）：在保护区中东部山区普遍分布，生于海拔 1600～2800 m 的山地灌丛或针阔叶混交林。

[704] 建始槭（*A. henryi* Pax）：见于保护区内西阳沟、齐头岩、摩天岭、倒梯子、黄土梁、唐家河保护站、蔡家坝、关虎、长沟等地，生于海拔 1200～1800 m 的阔叶林中。

[705] 疏花槭（*A. laxiflorum* Pax）：在保护区内分布较普遍，生于海拔 1600～2500 m的阔叶林或针阔叶混交林。

[706] 五尖槭（*A. maximowiczii* Pax）：在保护区内分布较普遍，生于海拔 1600～3200 m 的林中或林缘。

[707] 色木槭（*A. mono* Maxim.）：见于保护区内西阳沟、齐头岩、背林沟、水淋沟、鸡公垭沟、铁矿沟、长沟、摩天岭等地，生于海拔 1400～2000 m 的林中或林缘灌丛。

[708] 大翅色木槭（*A. mono* var. *maeropterum* Fang）：见于保护区内倒梯子、摩天岭、水池坪、文县河、加字号、观音石窝等地，生于海拔 2000～2800 m 的针阔叶混交林。

[709] 飞蛾槭（*A. oblongum* Wall. ex DC.）：见于保护区内唐家河保护站、关虎、西阳沟、齐头岩等地，生于海拔 1200～1500 m 的林中或林缘灌丛。

[710] 五裂槭（*A. oliverianum* Pax）：在保护区内分布较普遍，生于海拔 1400～2500 m的阔叶林或针阔叶混交林。

[711] 鸡爪槭（*A. palmatum* Thunb.）：见于保护区内西阳沟、摩天岭、关虎、蔡家坝等地，生于海拔 1200～1800 m 的林下或林缘路旁。

[712] 四蕊槭（*A. tetramerum* Pax）：在保护区中西部分布较为普遍，生于海拔 2000～2800 m 的针阔叶混交林。

[713] 桦叶四蕊槭（*A. tetramerum* var. *betulifolium* Rehd.）：在保护区分布较为普遍，生于海拔 1500～3000 m 的阔叶林或针叶林中。

[714] 川甘槭（*A. yui* Fang）：见于保护区内西阳沟、摩天岭、沙帽石、水池坪、鸡公垭、水淋沟、长沟等地，生于海拔 1400～1800 m 的林中或溪边林缘。

[715] 细果川甘槭（*A. yui* var. *leptocarpum* Fang et Wu.）：据《四川唐家河自然保护区综合科学考察报告》（2003）记载，该物种生于海拔 1100～1500 m 的林中或林缘路旁。

[716] 金钱槭（*Dipteronia ainensis* Oliv.）：据《四川唐家河自然保护区综合科学考察报告》（2003）记载，该物种生于海拔 1400～2000 m 的常绿与落叶阔叶混交林。

62. 无患子科（Sapindaceae）

本科全球分布有约 150 属 2000 余种，广布于热带和亚热带地区。我国有 25 属 56 种，主产地为西南部和南部，在保护区内分布有 2 属 2 种。

[717] 倒地铃（*Cardiospermum halicacabum* L.）：偶见于保护区内唐家河保护站、关虎、沙帽石等地海拔 1100～1400 m 的林缘或山坡灌草丛。

[718] 栾树（*Koelreuteria panicalata* Laxm.）：偶见于保护区内蔡家坝、唐家河、关虎、西阳沟、摩天岭等地，散生于海拔 1200～2000 m 的阔叶林或山坡灌丛。

63. 七叶树科（Hippocastanaceae）

本科全球共 2 属，25 种以上，广布于北温带。在我国只分布有七叶树属（Aesolus）1 属 8 种，在保护区内仅分布 1 种。

［719］天师栗（*Aesculus wilsonii* Rehd.）：偶见于保护区内西阳沟、齐头岩等地，生于海拔 1300～1500 m 的阔叶林或林缘路旁。

64. 清风藤科（Sabiaceae）

本科全世界分布有 3 属 100 余种，分布于亚洲和美洲的热带地区，有些种广布于亚洲东部温带地区。我国共分布有 2 属 45 种 5 亚种 9 变种，主要分布于西南部，在保护区内分布有 2 属 6 种。

［720］珂楠树（*Meliosma beaniana* Rehd. et Wils.）：据《四川唐家河自然保护区综合科学考察报告》（2003）记载，该物种生于海拔 1200～1600 m 的阔叶林中。

［721］泡花树（*M. cuneifolia* Franch.）：在保护区中西部海拔 1200～2200 m 的阔叶林或灌丛中分布较为普遍。

［722］垂枝泡花树（*M. flexuosa* Pamp.）：见于保护区内西阳沟、齐头岩等地，生于海拔 1200～1600 m 的林中或林缘灌丛。

［723］阔叶清风藤（*Sabia latifolia* Rehd. et Wils.）：在保护区中东部分布较为普遍，生于海拔 1200～2000 m 的阔叶林或林缘灌丛。

［724］鄂西清风藤（*S. ritchieae* Rehd. et Wils.）：偶见于保护区内摩天岭、倒梯子长沟等地，生于海拔 2000～2400 m 的林下或林缘灌丛。

［725］四川清风藤（*S. schumanniana* Diel.）：见于保护区内西阳沟、齐头岩等地，生于海拔 1200～1600 m 的阔叶林或山地灌丛。

65. 凤仙花科（Balsaminaceae）

本科全世界仅有 2 属 900 余种，主要分布于亚洲热带和亚热带及非洲，少数种分布在欧洲，亚洲温带地区及北美洲也有分布。我国 2 属均产，已知有 220 余种，在保护区内分布有 1 属 8 种。

［726］凤仙花（*Impatiens balsamina* L.）：见于保护区内唐家河保护站、蔡家坝、关虎、齐头岩、毛香坝等地，生于海拔 1100～1450 m 的林缘唐家河或疏林下。

［727］耳叶凤仙花（*I. delavayi* Franch.）：见于保护区内蔡家坝至水池坪一线周边山区，生于海拔 1300～2000 m 的疏林下或阴湿草地。

［728］齿萼凤仙花（*I. dicentra* Franch.）：在保护区内分布较为普遍，生于海拔 1200～2600 m 的河边草丛或针阔叶混交林。

［729］水金凤（*I. noli tangere* L.）：在保护区内海拔 1200～2600 m 的次生阔叶林或针阔叶混交林分布较为广泛。

［730］黄金凤（*I. siculifer* Hook. f.）：在保护区内海拔 1200～2500 m 的河边灌草丛或林下阴湿地分布较为广泛。

［731］窄萼凤仙花（*I. stenosepala* Pritz ex Diels）：见于保护区内蔡家坝、唐家河、齐头岩、西阳沟等地，生于海拔 1200～1600 m 的林下或溪沟边草丛。

［732］白花凤仙花（*I. wilsonii* Hook. f.）：见于保护区内齐头岩、西阳沟、摩天岭、

关虎、毛香坝、水池坪、唐家河等地海拔 1300~1800 m 的林下或河边草丛。

　　[733] 波缘凤仙花(*I. undulata* Y. L. Chen et Y. Q. Lu)：多见于保护区内蔡家坝至水池坪一线周边山区，生于海拔 1300~2000 m 的疏林下或阴湿草地。

　　66. 冬青科(Aquifoliaceae)

　　本科全球共 4 属 400~500 种，其中绝大部分种为冬青属(*Ilex* L.)，分布中心为热带美洲和热带至暖温带亚洲，仅有 3 种到达欧洲，是一种古老的类型。我国仅产冬青属，200 余种，以西南地区最盛，在保护区内分布有 7 种。

　　[734] 珊瑚冬青(*Ilex corallina* Franch.)：偶见于保护区内蔡家坝、唐家河、关虎、齐头岩等地，生于海拔 1200~1500 m 的常绿阔叶林中。

　　[735] 枸骨冬青(*I. cornuta* Lindl.)：在保护区内分布较为普遍，生于海拔 1200~2400 m 的林缘或沟谷灌丛。

　　[736] 狭叶冬青(*I. fargesii* Franch.)：见于保护区内倒梯子、红岩子、长沟、文县沟、加字号、清坪地等地，散生于海拔 2000~2500 m 的针阔叶混交林。

　　[737] 大果冬青(*I. macrocorpa* Oliv.)：见于保护区内齐头岩、西阳沟、水池坪、蔡家坝等周边山区，散生于海拔 1200~1600 m 的阔叶林中。

　　[738] 猫儿刺(*I. pernyi* Franch.)：在保护区内分布较为普遍，生于海拔 1200~2400 m 的阔叶林或针阔叶混交林。

　　[739] 四川冬青(*I. szechwanensis* Loes.)：见于保护区内摩天岭、齐头岩、沙帽石、背林沟、长沟、清坪地等地，生于海拔 1200~1800 m 的阔叶林下。

　　[740] 云南冬青(*I. yunnanensis* Franch.)：偶见于保护区内长坪子、洪石坝等地，散生于海拔 1400~2300 m 的阔叶林或针阔叶混交林。

　　67. 卫矛科(Celastraceae)

　　本科全世界有约 55 属 850 种以上，分布于温带、亚热带和热带。在我国产 12 属 200 余种，大多分布于长江流域及长江以南各省和台湾。在保护区内分布有 3 属 19 种。

　　[741] 苦皮藤(*Celastrus angulatus* Maxim.)：在保护区内分布较为普遍，生于海拔 1200~2000 m 的林缘或灌丛。

　　[742] 哥兰叶(*C. gemmatus* Loes.)：据《四川唐家河自然保护区综合科学考察报告》(2003)记载，该物种生于海拔 1300~2000 m 的山地灌丛。

　　[743] 灰叶南蛇藤(*C. glaucophyllus* Rehd. et Wils.)：见于保护区内倒梯子、火烧岭、大火地、石桥河、洪石坝、观音石窝、长沟等地，生于海拔 1600~2600 m 的林下或林缘。

　　[744] 粉背南蛇藤(*C. hypoleucus* Warb. ex Loes.)：在保护区内分布较为普遍，生于海拔 1200~2000 m 的林缘或山坡灌丛。

　　[745] 短梗南蛇藤(*C. rosthornianus* Loes.)：见于保护区内齐头岩、蔡家坝、唐家河、西阳沟、长坪子、鸡公垭沟、背林沟等，生于海拔 1200~2000 m 的林下或山坡灌丛。

　　[746] 刺果卫矛(*Euonymus acanthocarpus* Franch.)：见于保护区内西阳沟、摩天岭、齐头岩、清坪地、长沟等周边山区，生于海拔 1200~2000 m 的丛林山谷。

　　[747] 卫矛(*E. alatus* Sieb.)：见于保护区内毛香坝、蔡家坝、关虎、齐头岩、西阳

沟等地，生于海拔 1200～1600 m 的林下或山坡灌丛。

[748] 角翅卫矛（*E. cornutus* Hemsl.）：在保护区内海拔 1300～2800 m 的林下或灌丛分布较为广泛。

[749] 扶芳藤（*E. fortunei* Hand.-Mazz.）：据《四川唐家河自然保护区综合科学考察报告》（2003）记载，该物种生于海拔 1200～1800 m 的林缘崖壁石缝或匍匐于石上。

[750] 大花卫矛（*E. grandiflorus* Wall. ex Roxb.）：见于保护区内达架岩、溜马槽、摩天岭、倒梯子、齐头岩、背林沟、果子树沟、水池坪等地，生于海拔 1200～2000 m 的林下或河谷灌丛。

[751] 西南卫矛（*E. hamiltonianus* Wall.）：在保护区内分布较为普遍，生于海拔 1400～2600 m 的山地灌丛或林中。

[752] 细梗卫矛（*E. monbeigii* W. W. Smith）：见于保护区内清坪地、长沟、吴志沟、洪石坝、观音石窝、西阳沟等地海拔 1600～2400 m 的山坡或林缘灌丛。

[753] 栓翅卫矛（*E. phellomanus* Loes.）：在保护区内分布较为普遍，生于海拔 1600～2800 m 的林缘或沟谷灌丛。

[754] 紫花卫矛（*E. porphyreus* Loes.）：该物种生态幅较宽，在保护区内分布较为普遍，散生于海拔 1200～3000 m 的林下或灌丛。

[755] 石枣子（*E. sanguineus* Loes.）：偶见于保护区内齐头岩、倒梯子、水池坪、长沟等地，生于海拔 1400～2000 m 的林中或山坡灌丛。

[756] 金丝吊蝴蝶（*E. schensianus* Maxim.）：据《四川唐家河自然保护区综合科学考察报告》（2003）记载，该物种生于海拔 1200～2000 m 的林下或山坡灌丛。

[757] 无柄卫矛（*E. subsessilis* Sprague）：见于保护区内齐头岩、西阳沟、红岩子、关虎等地，生于海拔 1200～1600 m 的阳坡灌丛。

[758] 疣点卫矛（*E. verrucosoides* Loes.）：偶见于保护区内蔡家坝、摩天岭、倒梯子、清坪地等地，生于海拔 1200～2400 m 的林缘或山坡灌丛。

[759] 雷公藤（*Tripterygium wilfordii* Hook. f.）：偶见于保护区内蔡家坝、背林沟、唐家河保护站、齐头岩等地，生于海拔 1200～1400 m 的林下或林缘灌丛。

68. 省沽油科（Staphyleaceae）

本科全世界分布有 5 属约 60 种，分布于亚洲热带、美洲热带和北温带。我国分布有 4 属 22 种，主产于西南部，在唐家河国家级自然保护区内分布有 2 属 2 种。

[760] 野鸦椿（*Euscaphis japonica* Kanitz）：偶见于保护区内关虎、齐头岩等地，生于海拔 1200～1800 m 的次生落叶阔叶林。

[761] 膀胱果（*Staphylea holocarpa* Hemsl.）：据《四川唐家河自然保护区综合科学考察报告》（2003）记载，该物种生于海拔 1200～2400 m 的阔叶林或林缘路旁。

69. 黄杨科（Buxaceae）

本科全世界共 4 属（*Buxus*、*Sarcococca*、*Pachysandra*、*Notobuxus*）约 100 种。除 *Notobuxus* 外，其余 3 属我国均产，共约 27 种，分布于西南部、西北部、中部、东南部直至台湾省，在保护区内分布有 3 属 4 种。

[762] 黄杨（*Buxus microphylla* var. *sinica* Rehd. et Wils.）：仅见于保护区内西阳

沟，生于海拔 1200～1800 m 的山坡或河滩灌丛。

　[763] 顶蕊三角咪（*Pachysandra terminalis* Sieb. et Zucc.）：据《四川唐家河自然保护区综合科学考察报告》（2003）记载，该物种生于海拔 1200～1800 m 的林下或阴坡灌丛。

　[764] 羽脉野扇花（*Sarcococca hookeriana* var. *digyna* Franch.）：据《四川唐家河自然保护区综合科学考察报告》（2003）记载，该物种生于海拔 1200～2600 m 的阔叶林或山坡灌丛。

　[765] 野扇花（*S. ruscifolia* Stapf）：据《四川唐家河自然保护区综合科学考察报告》（2003）记载，该物种生于海拔 1200～2600 m 的林下或林缘灌丛。

70. 鼠李科（Rhamnaceae）

　本科全球共 58 属约 900 种，主要分布北温带。我国现有 14 属约 130 种，主要分布于西南和华南，在保护区内分布有 5 属 17 种。

　[766] 黄背勾儿茶（*Berchemia flavescens* Brongn.）：在保护区内分布较为普遍，生于海拔 1500～2600 m 的林下或山坡灌丛。

　[767] 多花勾儿茶（*B. floribunda* Brongn.）：在保护区内分布较为普遍，生于海拔 1200～1900 m 的林下或山坡灌丛。

　[768] 多叶勾儿茶（*B. polyphylla* Wall. ex Laws）：见于保护区内西阳沟、齐头岩、摩天岭、倒梯子、蔡家坝、水池坪、擦汗那个狗、清坪地等地，生于海拔 1200～1900 m 的林下或山地灌丛。

　[769] 勾儿茶（*B. sinica* Schneid.）：在保护区内分布较为普遍，生于海拔 1200～2400 m 的沟谷灌丛或林缘。

　[770] 云南勾儿茶（*B. yunnanensis* Franch.）：在保护区内分布较为普遍，生于海拔 1800～2700 m 的林下或林缘灌丛。

　[771] 枳椇（*Hovenia acerba* Lindl.）：仅见于保护区内西阳沟，散生于海拔 1300～1600 m 的林缘开阔地或路旁。

　[772] 拐枣（*H. dulcis* Thunb.）：见于保护区内西阳沟、红岩子、关虎等地，生于海拔 1300～1500 m 的向阳山坡、沟边、路旁。

　[773] 马甲子（*Paliurus ramosissimus* Poir.）：见于保护区内西阳沟、红岩子、关虎等地，生于海拔 1100～1400 m 的山地灌丛。

　[774] 刺鼠李（*Rhamnus dumetorum* Schneid.）：在保护区内分布较为普遍，生于海拔 1200～2600 m 的林下或山坡灌丛。

　[775] 亮叶鼠李（*R. hemsleyana* Schneid.）：见于保护区内齐头岩、唐家河、蔡家坝等地海拔 1100～1400 m 的林下或林缘灌丛。

　[776] 异叶鼠李（*R. heterophylla* Oliv.）：见于保护区内西阳沟、齐头岩、摩天岭等地，生于海拔 1200～1600 m 的林下或路边灌丛。

　[777] 薄叶鼠李（*R. leptophlla* Schneid.）：在保护区内分布较为普遍，生于海拔 1200～1800 m 的常绿与落叶阔叶混交林。

　[778] 小冻绿树（*R. rosthornii* E. Pritz.）：在保护区内分布较为普遍，生于海拔

1200～2000 m 的阔叶林或河滩灌丛。

[779] 皱叶鼠李(*R. rugulosa* Hemsl.)：见于保护区内蔡家坝、唐家河保护站、关虎、背林沟、水池坪等地，生于海拔 1200～1600 m 的路旁或山坡灌丛。

[780] 冻绿(*R. utilis* Dene.)：在保护区东部海拔 1200～1600 m 的林下或灌丛分布较为普遍。

[781] 梗花雀梅藤(*Sageretia henryi* Drumm. et Sprag.)：见于保护区内溜马槽、清坪地、背林沟、齐头岩等地，生于海拔 1200～1800 m 的山地灌丛或林下。

[782] 少花雀梅藤(*S. panciostata* Maxim.)：在保护区中东部分布较为普遍，生于海拔 1200～1800 m 的阳坡林下或山脊灌丛。

71. 葡萄科(Vitaceae)

本科全世界共 12 属 700 余种，主要分布于热带和亚热带，少数种类分布于温带。我国分布有 8 属 120 余种，野生种类主要集中分布于华中、华南及西南各省区。在保护区内分布有 5 属 14 种，包括 1 变种。

[783] 掌裂蛇葡萄(*Ampelopsis aconitifolia* var. *glabra* Diels)：见于保护区内蔡家坝、关虎、背林沟、西阳沟、齐头岩、摩天岭等地，生于海拔 1200～1600 m 的林缘或山坡灌丛。

[784] 蓝果蛇葡萄(*A. bodinieri* Rehd.)：见于保护区内西阳沟、齐头岩、背林沟、达架岩等地，生于海拔 1200～1800 m 的林下或林缘灌丛。

[785] 三裂叶蛇葡萄(*A. delavayana* Planch ex Franch)：在保护区内分布较为普遍，生于海拔 1200～2000 m 的林下或山坡灌丛。

[786] 乌蔹莓(*Cayratia japonica* Gagnep.)：在保护区内分布较为普遍，生于海拔 1200～2500 m 的山坡灌丛或河滩灌丛。

[787] 大叶乌蔹莓(*C. oligocarpa* Gagnep.)：多见于保护区内唐家河、蔡家坝、关虎、西阳沟等地，生于海拔 1100～1400 m 的常绿阔叶林下。

[788] 三叶爬山虎(*Parthenocissus himalayana* Planch.)：在保护区内分布较为普遍，生于海拔 1200～1800 m 的阔叶林或林缘石壁上。

[789] 粉叶爬山虎(*P. thomsonii* Planch.)：在保护区中东部分布较为普遍，生于海拔 1100～2000 m 的山地灌丛或林缘。

[790] 三叶崖爬藤(*Tetrastigma hemsleyanum* Diels et Gilg)：在保护区内分布较为普遍，生于海拔 1100～2000 m 的阴坡林下崖石上。

[791] 狭叶崖爬藤(*T. hypoglancum* Planch.)：见于保护区内倒梯子、摩天岭、齐头岩、唐家河、蔡家坝、水池坪、长沟等地，生于海拔 1200～2000 m 的山谷林下。

[792] 崖爬藤(*T. obtectum* Planch.)：在保护区内分布较为普遍，生于海拔 1400～2000 m 的阴坡林下崖石上。

[793] 桦叶葡萄(*Vitis betulifolia* Diels et Gilg)：在保护区内分布较为普遍，生于海拔 1200～2200 m 的林下或沟旁灌丛。

[794] 刺葡萄(*V. davidii* Foex)：见于保护区内唐家河、背林沟一带，生于海拔 1100～1400 m 的山坡灌丛或疏林下。

［795］葛藟(*V. flexuosa* Thunb.)：见于保护区内唐家河、蔡家坝、关虎、西阳沟等地，生于海拔 1100~1500 m 的山坡或林缘灌丛。

［796］毛葡萄(*V. quinquangularis* Rehd.)：在保护区内分布较为普遍，生于海拔 1200~2000 m 的山地灌丛或林缘。

72.椴树科(Tiliaceae)

本科全世界共约 52 属 500 种，主要分布于热带及亚热带地区。我国共有 13 属 85 种，在保护区内分布有 2 属 4 种，包括 1 变种。

［797］扁担木(*Grewia biloba* var. *parviflora* Hand.-Mazz.)：在保护区分布于海拔 1200~2000 m 的山坡或沟谷灌丛。

［798］椴树(*Tilia chinensis* Maxim.)：据《四川唐家河自然保护区综合科学考察报告》(2003)记载，该物种生于海拔 1500~2800 m 的阔叶林或针阔叶混交林。

［799］多毛椴(*T. intonsa* Rehd. et Wils.)：在保护区内分布较为普遍，生于海拔 1600~3000 m 的阔叶林或针阔叶混交林。

［800］少脉椴(*T. paucicostata* Maxim.)：多见于保护区中东部海拔 1400~2500 m 的林中或林缘路旁。

73.锦葵科(Malvaceae)

本科全世界有约 75 属 1000~1500 种，分布于热带至温带。我国有 16 属 81 种 36 变种或 变型，以热带和亚热带地区种类较多，在保护区内分布有 5 属 6 种。

［801］苘麻(*Abutilon theophrsti* Medicus)：见于保护区内关虎、唐家河保护站等地海拔 1100~1300 m 的山坡草地或路旁。

［802］野西瓜苗(*Hibiscus trionum* L.)：据《四川唐家河自然保护区综合科学考察报告》(2003)记载，该物种生于海拔 1200~2000 m 的路旁或山坡草丛。

［803］圆叶锦葵(*Malva rotundifolia* L.)：见于保护区内西阳沟、红岩子、沙帽石等地海拔 1200~2400 m 的路边或山坡灌草丛。

［804］白背黄花稔(*Sida rhombifolia* L.)：见于保护区内西阳沟、齐头岩、关虎等地，散生于海拔 1200~1500 m 的路旁或山坡灌丛。

［805］拔毒散(*S. szechuensis* Matsuda.)：偶见于保护区内西阳沟、齐头岩、关虎等地，散生于海拔 1100~1400 m 的路旁或山坡灌丛。

［806］地桃花(*Urena lobata* L.)：见于保护区内西阳沟、齐头岩、蔡家坝、唐家河保护站、关虎周边海拔 1200~1600 m 的林下或林缘灌草丛。

74.瑞香科(Thymelaeaceae)

本科全世界分共有约 48 属 650 余种，多分布于非洲、大洋洲和地中海沿岸。我国共 10 属 100 余种，主产于长江流域及以南地区，在保护区内分布有 3 属 9 种。

［807］芫花(*Daphne genkwa* Sieb. et Zucc.)：偶见于保护区内西阳沟、关虎、齐头岩等地，散生于海拔 1100~1400 m 的山坡或河谷灌丛。

［808］黄瑞香(*D. giraldii* Nitsch.)：见于保护区内蔡家坝、唐家河保护站、西阳沟、齐头岩、关虎等地，散生于海拔 1200~1500 m 的林下或林缘灌丛。

［809］凹叶瑞香(*D. retusa* Hemsl.)：在保护区内分布较为普遍，生于海拔 1500~

3000 m 的山地阴湿灌丛。

[810] 甘肃瑞香（*D. tangutica* Maxim.）：在保护区内分布较为普遍，生于海拔 1200~2800 m 的林下阴湿地。

[811] 狼毒（*Stellera chamaejasme* L.）：见于保护区内大草堂、长坪子、加字号、文县沟等地海拔 1800~3000 m 的阳坡草地。

[812] 河朔荛花（*Wikstroemia chamaedaphne* Meism.）：见于保护区内西阳沟、齐头岩、摩天岭、倒梯子、红岩子、背林沟、鸡公垭、水淋沟等地，散生于海拔 1200~2000 m 的林缘或山地灌丛。

[813] 武都荛花（*W. haoii* Domke）：见于保护区内文县沟、观音石窝、长沟、加字号等地海拔 2200~2600 m 的路旁或山坡灌草丛。

[814] 小黄构（*W. micrantha* Hemsl.）：据《四川唐家河自然保护区综合科学考察报告》（2003）记载，该物种生于海拔 1100~1400 m 的山坡或沟谷灌丛。

[815] 轮叶荛花（*W. stenophylla* E. Pritz.）：偶见于保护区内西阳沟、黄土梁、摩天岭等周边山坡，散生于海拔 1200~2200 m 的林缘或山坡灌丛。

75. 胡颓子科（Elaeagnaceae）

本科共 3 属 80 余种，主要分布于亚洲东南地区。我国共 2 属约 60 种，在保护区内分布有 2 属 8 种，包括 1 变种。

[816] 窄叶木半夏（*Elaeagnus angustata* C. Y. Chang）：据《四川唐家河自然保护区综合科学考察报告》（2003）记载，该物种生于海拔 2200~3000 m 的林下或溪沟灌丛。

[817] 长叶胡颓子（*E. bockii* Diels）：见于保护区内西阳沟、达架岩、摩天岭、关虎、水淋沟、果子树沟等地，生于海拔 1200~1800 m 的林缘或河谷灌丛。

[818] 蔓生胡颓子（*E. glabra* Thunb.）：偶见于保护区内唐家河保护站、关虎、齐头岩等地海拔 1100~1400 m 的山坡或河谷灌丛。

[819] 披针叶胡颓子（*E. lanceolata* Warb. ex Diels）：在保护区内分布较为普遍，散生于海拔 1200~2200 m 的山地灌丛。

[820] 胡颓子（*E. pungens* Thunb.）：在保护区内分布区域与披针叶胡颓子相似，多散生于海拔 1100~2000 m 的沟谷灌丛。

[821] 牛奶子（*E. umbellate* Thunb.）：主要见于保护区的中东部，散生于海拔 1200~2000 m 的路边灌丛或疏林下。

[822] 沙棘（*Hippophae rhamnoides* L.）：见于保护区内西阳沟、石桥河、长沟、清坪地、加字号等地海拔 1500~2800 m 的河漫滩灌丛。

[823] 高沙棘（*H. rhamnoides* var. *procera* Rehd.）：据《四川唐家河自然保护区综合科学考察报告》（2003）记载，该物种生于海拔 1500~3200 m 的河谷两岸或沟谷灌丛。

76. 大风子科（Flacourtiaceae）

全世界共 90 余属 1300 余种，广泛分布于热带和亚热带地区。我国共 13 属 50 余种，主要分布于华南、西南和台湾各省区，少数种分布到秦岭以南各省区。在保护区内分布有 3 属 4 种，含 1 变种。

[824] 山桐子（*Idesia polycarpa* Maxim.）：偶见于保护区的中东部山区，散生于海

拔 1200～2200 m 的阔叶林或林缘灌丛。

[825] 毛叶山桐子(*I. Polycarpa* var. *vestita* Diels.)：据《四川唐家河自然保护区综合科学考察报告》(2003)记载，该物种生于海拔 1200～1800 m 的林下或林缘路旁。

[826] 山拐枣(*Poliothyrsis sinensis* Oliv.)：见于保护区内西阳沟、齐头岩、背林沟、蔡家坝等地，散生于海拔 1200～1600 m 的阔叶林中。

[827] 柞木(*Xylosma racemosum* Miq)：偶见于保护区内关虎、唐家河、沙石帽、西阳沟等地海拔 1100～1300 m 的林中或林缘路旁。

77. 堇菜科(Violaceae)

本科全世界共 22 属 900 余种。我国有 4 属 120 余种，在保护区内仅分布 1 属 10 种。

[828] 长茎堇菜(*Viola brunneostipulosa* Hand.-Mazz.)：在保护区内分布较为普遍，生于海拔 1400～2500 m 的针阔叶混交林。

[829] 毛果堇菜(*V. collina* Bess.)：见于保护区内蔡家坝、毛香坝、唐家河、关虎、齐头岩等地海拔 1200～1500 m 的林下或林缘草丛。

[830] 深圆齿堇菜(*V. davidii* Franch.)：在保护区内分布较为普遍，生于海拔 1200～2500 m 的林下或灌丛。

[831] 蔓茎堇菜(*V. diffusa* Ging.)：见于保护区内齐头岩、西阳沟、蔡家坝、关虎、水淋沟、背林沟、长沟等地海拔 1200～1800 m 的林下或沟谷草丛。

[832] 紫花地丁(*V. philippica* ssp. *munda* W. Beck.)：在保护区中东山区分布较为普遍，生于海拔 1200～2000 m 的林缘草地或溪沟边草丛。

[833] 柔毛堇菜(*V. principis* H. et Boiss)：见于保护区内倒梯子、摩天岭、齐头岩、果子树沟、鸡公垭沟、水池坪、长沟等地海拔 1200～1800 m 的阔叶林或溪沟边灌丛。

[834] 圆叶堇菜(*V. pseudobambusetorum* Chang)：在保护区内分布较为普遍，生于海拔 1600～3000 m 的林下或林缘草丛。

[835] 圆叶小堇菜(*V. rockiana* W. Beck.)：仅见于保护区内大草坪，生于海拔 3300～3600 m 的阴破石崖或流石滩。

[836] 浅圆齿堇菜(*V. schneideri* W. Beck.)：见于保护区内唐家河、蔡家坝、关虎等地海拔 1200～1400 m 的林下或路边草丛。

[837] 萱(*V. vaginata* Maxim.)：据《四川唐家河自然保护区综合科学考察报告》(2003)记载，该物种生于海拔 1600～2800 m 的林下或林缘草丛。

78. 旌节花科(Stachyuraceae)

该科为东亚特有科，仅 1 属 15 种，主要分布中心为中国的西南地区和日本。中国共分布有 11 种，主产于我国西南地区。在保护区内分布有 3 种。

[838] 中国旌节花(*Stachyurus chinensis* Franch.)：在保护区内分布较为普遍，生于海拔 1200～2400 m 的林缘灌丛或林下。

[839] 倒卵叶旌节花(*S. obovatus* Hand.-Mazz)：见于保护区内西阳沟、齐头岩、关虎、沙帽石、背林沟等地海拔 1200～1600 m 的林中或林缘灌丛。

[840] 云南旌节花(*S. yunnanensis* Franch.)：见于保护区内西阳沟、齐头岩、关

虎、背林沟等地海拔 1200~1500 m 的阔叶林或路边灌丛。

79. 柽柳科(Tamaricaceae)

该科全世界共有 3~5 属，约 120 种，为世界分布。我国是柽柳科植物的重要分布区，拥用多数种类，而且特有种也较多，主产于西北和西南，共约 4 属近 40 种，在保护区内分布有 1 属 2 种。

[841] 水柏枝(*Myricaria germanica* Desv.)：偶见于保护区内石桥河、延儿岩沟、文县沟等地海拔 2300~3000 m 的山谷河滩灌丛。

[842] 球花水柏枝(*M. laxa* W. W. Sm.)：据《四川唐家河自然保护区综合科学考察报告》(2003)记载，该物种生于海拔 1200~2400 m 的溪沟或河滩灌丛。

80. 秋海棠科(Begoniaceae)

本科全世界共 5 属 900 余种，大多数分布在热带和暖温带地区。在保护区内分布有 1 属 4 种。

[843] 紫背天葵(*Begonia fimbristipulata* Hance)：见于保护区内蔡家坝、唐家河保护站等地海拔 1100~1300 m 的阴坡林下岩石上。

[844] 裂叶秋海棠(*B. palmata* D. Don)：见于保护区内蔡家坝、唐家河保护站等地海拔 1100~1400 m 的阴坡林下岩石上。

[845] 掌裂叶秋海棠(*B. pedatifida* Levl.)：见于保护区内蔡家坝、唐家河保护站、齐头岩等地海拔 1200~1500 m 的林下阴湿地。

[846] 中华秋海棠(*B. sinensis* A. DC.)：见于保护区内蔡家坝、唐家河保护站、齐头岩、西阳沟、背林沟等地海拔 1200~1600 m 的阔叶林下阴湿地。

81. 葫芦科(Cucurbitaceae)

本科全世界共有约 90 属 700 种，主要分布于热带和亚热带地区。在我国分布约 20 属 130 余种，其中引种栽培 7 属约 30 种，在保护区内分布有 4 属 7 种。

[847] 绞股蓝(*Gynostemma pentaphyllum* Makino)：在保护区内分布较为普遍，生于海拔 1200~2000 m 的林下或灌草丛。

[848] 马㼎儿(*Melothria indica* Lour.)：见于保护区内唐家河保护站、蔡家坝、背林沟、水淋沟等地海拔 1100~1400 m 的山坡或山沟灌丛。

[849] 川赤瓟(*Thladiantha davidii* Franch.)：在保护区中东部分布较为普遍，生于海拔 1200~2000 m 的山地灌丛或沟边。

[850] 光赤瓟(*T. glabra* Cogn. ex Oliv.)：在保护区中东部偶见，生于海拔 1200~1800 m 的路旁或山坡灌丛。

[851] 南赤瓟(*T. nudiflora* Hemsl.)：据《四川唐家河自然保护区综合科学考察报告》(2003)记载，该物种生于海拔 1200~2000 m 的林缘或沟谷灌丛。

[852] 长毛赤瓟(*T. villosula* Cogn.)：据《四川唐家河自然保护区综合科学考察报告》(2003)记载，该物种生于海拔 1800~2500 m 的林缘或山坡灌丛。

[853] 中华栝楼(*Trichosanthes rosthornii* Harms.)：见于保护区内蔡家坝、唐家河保护站周边海拔 1200~1500 m 的林下或山地灌丛。

82. 千屈菜科(Ly thraceae)

本科全世界分布有 25 属约 550 种，主要分布于热带和亚热带地区，尤以热带美洲最盛，少数延伸至温带。我国分布有 11 属约 48 种，广布于各地，在保护区内分布有 3 属 3 种。

[854] 耳叶水苋(*Ammannia arenaria* H. B. K.)：偶见于保护区内蔡家坝、唐家河保护站、背林沟、关虎等地，散生于海拔 1100~1300 m 的水沟或湿地草丛。

[855] 千屈菜(*Lythrum salicaria* L.)：见于保护区内蔡家坝、唐家河保护站、背林沟、齐头岩、关虎等地，生于海拔 1200~1500 m 的水沟旁。

[856] 节节菜(*Rotala indica* Koehne)：见于保护区内唐家河保护站、背林沟、蔡家坝、关虎等地，生于海拔 1100~1400 m 的水沟或湿地草丛。

83. 野牡丹科(Melastomaceae)

本科全世界共有约 240 属 3000 余种，分布于热带和亚热带地区。我国分布有 25 属 150 余种，主产长江以南各省，在保护区内分布有 2 属 3 种。

[857] 展毛野牡丹(*Melastoma normale* D. Don)：偶见于保护区内蔡家坝、唐家河保护站、背林沟等地，生于海拔 1100~1400 m 的林缘或阴坡灌草丛。

[858] 肉穗草(*Sarcopyramis delicata* C. B. Robinson)：见于保护区内蔡家坝、唐家河保护站、背林沟、关虎等地，生于海拔 1200~1400 m 的林下或阴湿地。

[859] 楮头红(*S. nepalensis* Wall.)：偶见于保护区内蔡家坝、唐家河保护站、背林沟等地，生于海拔 1100~1300 m 的林下或溪沟草丛。

84. 小二仙草科(Haloragaceae)

本科全世界共 6 属约 120 种，分布于热带和温带地区，主产大洋洲。我国分布有 2 属 8 种，在保护区内仅分布 1 种。

[860] 小二仙草(*Haloragis micrantha* R. Br.)：偶见于保护区内蔡家坝、唐家河保护站、背林沟等地，生于海拔 1100~1300 m 的河滩或荒坡草地。

85. 柳叶菜科(Onagraceae)

本科全世界共有 15 属约 650 种，广布于全世界温带与热带地区，以温带为多，大多数属分布于北美西部。我国分布有 7 属 68 种 8 亚种，在保护区内分布有 3 属 7 种。

[861] 柳兰(*Chamaenerion angustifolium* Scop.)：见于保护区内文县河、石桥河、加字号、大草坪、大草堂等地，生于海拔 2000~3200 m 的灌丛或亚高山草甸。

[862] 高山露珠草(*Circaea alpina* L.)：在保护区内分布较为普遍，生于海拔 2000~3000 m 的针阔叶混交林或灌丛。

[863] 牛泷草(*C. cordata* Royle)：据《四川唐家河自然保护区综合科学考察报告》(2003)记载，该物种生于海拔 1200~1700 m 的路旁或沟谷草丛。

[864] 露珠草(*C. quadrisulcata* Franch. et Savat.)：在保护区内分布较为普遍，生于海拔 1400~2500 m 的阔叶林或林缘灌丛。

[865] 柳叶菜(*Epilobium hirsutum* L.)：在保护区内分布较为普遍，生于海拔 1200~2200 m 的林下或沟边湿地。

[866] 小花柳叶菜(*E. parviflorum* Schreb.)：见于保护区内长坪子至唐家河保护站

一线及摩天岭等地，生于海拔 1200～2200 m 的河边或溪沟边湿地。

[867] 长籽柳叶菜（*E. pyrrcholophum* Franch. et Savat.）：在保护区内分布较为普遍，生于海拔 1800～2600 m 的山地灌丛或水沟边。

86. 八角枫科（Alangiaceae）

本科全球仅八角枫 1 属 30 余种，分布亚洲、大洋洲和中非洲东部。我国共 9 种，主要分布在华东、中南及陕西、甘肃、台湾、四川、贵州、西藏等地，在保护区内分布有 3 种。

[868] 八角枫（*Alangium chinense* Harms）：见于保护区内西阳沟、齐头岩、沙帽石、红岩子、摩天岭、倒梯子、水淋沟等地，散生于海拔 1200～1800 m 的阔叶林或山坡灌丛。

[869] 小花八角枫（*A. faberi* Oliver）：见于保护区内唐家河保护站、关虎、蔡家坝等地，散生于海拔 1100～1500 m 的沟谷或山坡灌丛。

[870] 瓜木（*A. platanifolium* Harms）：该物种在保护区内的分布区域与八角枫相同，散生于海拔 1200～2000 m 的阔叶林或林缘灌丛。

87. 珙桐科（Davidiaceae）

本科全世界共有 3 属约 12 种，分布于北美和亚洲。我国有 3 属 8 种，在唐家河国家级自然保护区内仅有珙桐 1 属 2 种，均为国家 I 级重点保护野生植物。

[871] 珙桐（*Davidia involucrata* Baill.）：在保护区内阴坝沟有较多分布。据《四川唐家河自然保护区综合科学考察报告》（2003）记载，该物种在长沟、阴志沟、西阳沟、吴尔沟、鸡公垭沟、背林沟、小湾河靠近毛香坝一侧也有较多分布，生于海拔 1400～2000 m 的常绿和落叶阔叶林下或沟谷内。

[872] 光叶珙桐（*D. involucrata* var. *vilmoriniana* Wanger）：在保护区内分布范围与珙桐相同，常与珙桐混生，但数量较少。

88. 山茱萸科（Cornaceae）

本科我国共 9 属 60 余种，其中特有种达 40 余种，除新疆、宁夏外各省区均有分布，主产于西南地区，在保护区内分布有 5 属 12 种，含 3 变种。

[873] 灯台树（*Cornus controversa* Hemsl. ex Prain）：在保护区内分布较为普遍，生于海拔 1200～1800 m 的阔叶林或溪沟边。

[874] 红椋子（*C. hemsleyi* Schneid. et Wanger.）：见于保护区内倒梯子、文县沟、石桥河、加字号、长沟、清坪地等周边山区，散生于海拔 1600～2500 m 的林中或林缘路旁。

[875] 窄叶灯台树（*C. controversa* var. *angustifolia* Wanger.）：据《四川唐家河自然保护区综合科学考察报告》（2003）记载，该物种生于海拔 1200～2400 m 的林下或林缘灌丛。

[876] 梾木（*C. macrophylla* Wall.）：在保护区内分布较为普遍，生于海拔 1200～2000 m 的林中或林缘灌丛。

[877] 小梾木（*C. paucinervis* Hance）：见于保护区内唐家河保护站、蔡家坝、关虎、西阳沟、齐头岩等地，生于海拔 1100～1500 m 的河岸或溪边灌丛。

[878] 毛梾（*C. walteri* Wanger.）：在保护区内分布较为普遍，生于海拔 1200～

2400 m的阔叶林或林缘灌丛。

[879] 四照花(*Dendrobenthamia japonica* var. *chinensis* Fang)：在保护区内分布较为普遍，生于海拔 1200～2100 m 的阔叶林或林缘灌丛。

[880] 白毛四照花(*D. japonica* var. *leucotricha* Fang et Hsieh)：偶见于保护区内西阳沟、齐头岩、摩天岭、背林沟等地，散生于海拔 1400～1700 m 的林中或林缘灌丛

[881] 中华青荚叶(*Helwingia chinensis* Batal.)：在保护区内分布较为普遍，生于海拔 1200～2400 m 的阔叶林或针阔叶混交林。

[882] 青荚叶(*H. japonica* Dietr.)：在保护区内分布较为普遍，生于海拔 1200～2500 m 的次生阔叶林或林缘灌丛。

[883] 川鄂山茱萸(*Macrocarpium chinense* Hutch.)：据《四川唐家河自然保护区综合科学考察报告》(2003)记载，该物种生于海拔 1100～1900 m 的阔叶林或林缘。

[884] 有齿鞘柄木(*Torricellia angulata* Oliv.)：见于保护区内西阳沟、沙帽石、摩天岭、背林沟、水淋沟等地，散生于海拔 1200～1700 m 的林中或林缘灌丛。

89. 五加科(Araliaceae)

本科全世界共有约 80 属 900 余种，广布于温带地和热带地区。我国共有 23 属 170 余种，在保护区内分布有 7 属 16 种，含 3 变种。

[885] 吴茱萸五加(*Acanthopanax evodiaefolius* Franch.)：见于保护区内齐头岩、水池坪、清坪地、长沟等地，散生于海拔 1600～2000 m 的林下或林缘阴湿地。

[886] 红毛五加(*A. giraldii* Harms)：在保护区中西部海拔 2200～2800 m 的针阔叶混交林分布较为普遍。

[887] 五加(*A. gracilistylus* W. W. Smith.)：见于保护区内关虎、西阳沟等地，生于海拔 1200～1500 m 的路旁或灌丛。

[888] 糙叶五加(*A. henryi* Harms)：该物种生态幅较宽，但在保护区内分布的数量较少，零星散生于海拔 1700～3000 m 的阔叶林或针阔叶混交林。

[889] 刺五加(*A. senticosus* Harms)：在保护区东部海拔 1100～1400 m 的山坡林缘或灌丛分布较为普遍。

[890] 白簕(*A. trifoliatua* Merr.)：见于保护区内唐家河保护站、蔡家坝、关虎、西阳沟等地，生于海拔 1200～1700 m 的阔叶林或针叶林。

[891] 圆叶楤木(*Aralia caesia* Hand.-Mazz.)：在保护区内分布较为普遍，生于海拔 1800～3000 m 的阔叶林或针阔叶混交林。

[892] 楤木(*A. chinensis* L.)：在保护区内分布较为普遍，生于海拔 1200～2500 m 的落叶阔叶混交林或灌丛。

[893] 土当归(*A. cordata* Thunb.)：在保护区内分布较为普遍，生于海拔 1800～2800 m 的阔叶林或针阔叶混交林。

[894] 常春藤(*Hedera nepalensis* var. *sinensis* Rehd.)：在保护区内分布较为普遍，生于海拔 1200～2200 m 的岩石、树干上。

[895] 刺楸(*Kalopanax septemlobus* Koidz.)：偶见于关虎、西阳沟等低海拔山区，散生于海拔 1200～1500 m 的阔叶林或林缘灌丛。

[896] 异叶梁王茶(*Nothopanax davidii* Harms ex Diels)：该物种主要分布在保护区西阳沟、关虎等地海拔 1100～1600 m 的林下或林缘路旁。

[897] 羽叶三七(*Panax pseudo-ginseng* var. *bipinnatifidus* Li)：主要零星分布于保护区中西部中高海拔山区，如加字号、文县沟、石桥河、大草坪、大草堂等地，散生于海拔 2200～3400 m 的岷江冷杉林或针阔叶混交林下。

[898] 秀丽三七(*P. pseudo-ginseng* var. *elegntior* Hoo et Tseng)：据《四川唐家河自然保护区综合科学考察报告》(2003)记载，该物种生于海拔 2400～2800 m 的林下阴湿地。

[899] 大叶三七(*P. pseudo-ginseng* var. *japonicus* Hoo et Tseng)：多见于保护区内海拔 1600～3000 m 的常阔混交林、针阔叶混交林下。

[900] 穗序鹅掌柴(*Schefflera delavayi* Harms ex Diels.)：见于保护区内西阳沟、齐头岩、蔡家坝等地，生于海拔 1200～1600 m 的阔叶林或山坡疏林。

90. 伞形科(Umbelliferae)

本科全世界共有约 300 属 3000 种，广布于北温带至热带和亚热带高山地区。我国约有 90 属 500 余种，在保护区内分布有 22 属 47 种，含 3 变种。

[901] 丝瓣芹(*Acronerna chinense* Wolff.)：见于保护区内吴志沟、长沟、石桥河、黄花草地、文县沟、加字号等地海拔 2200～2800 m 的针阔叶混交林下。

[902] 疏叶当归(*Angelica laxifoliata* Diels)：在保护区内分布较为普遍，生于海拔 1600～2800 m 的林缘或山坡草丛。

[903] 茂汶当归(*A. maowenensis* Yuan et Shan)：在保护区中高海拔分布较为普遍，生于海拔 2400～3200 m 的亚高山草甸或灌丛。

[904] 峨参(*Anthriscus sylvestris* Hoffm.)：见于保护区内倒梯子、摩天岭、长坪子、长沟、文县沟、洪石坝等地，生于海拔 1400～2500 m 的山坡草地或林缘草丛。

[905] 空心柴胡(*Bupleurum longicaule* var. *franchetii* Boiss.)：见于保护区内西阳沟、齐头岩、沙帽石、黄土梁、红岩子等地，生于海拔 1500～2200 m 的山地草丛。

[906] 竹叶柴胡(*B. marginatum* Wall. ex DC.)：见于保护区内关虎、西阳沟、齐头岩、沙帽石、黄土梁、红岩子等地，生于海拔 1200～2000 m 的林下或山坡草地。

[907] 马尾柴胡(*B. microcephalum* Diels.)：见于保护区内西阳沟、关虎等地，生于海拔 1200～1600 m 的山坡灌草丛。

[908] 小柴胡(*B. tenue* Buch.-Ham. ex D. Don.)：见于保护区内唐家河保护站、蔡家坝、关虎、齐头岩等地，零星散生于海拔 1100～1400 m 的林缘或山坡草地。

[909] 莳萝(*Carum carvi* L.)：据《四川唐家河自然保护区综合科学考察报告》(2003)记载，该物种生于海拔 1200～2500 m 的林下或路旁草丛。

[910] 积血草(*Centella asiatica* Urban)：在保护区东部海拔 1200～1600 m 的路边或山地草丛分布较为普遍。

[911] 矮泽芹(*Chamaesium paradoxum* Wolff.)：见于保护区内长坪子、腰磨石窝、观音岩、加字号、文县沟、长沟、洪石坝、清坪地等地，生于海拔 1500～2400 m 的山坡草地。

[912] 松潘矮泽芹(*C. thalictrifolium* Wolff.)：仅见于保护区内大草坪，生于海拔3400～3600 m 的路旁或亚高山草甸。

[913] 蛇床(*Cnidium monnieri* Cuss.)：见于保护区内西阳沟、齐头岩、蔡家坝等地，生于海拔 1200～1600 m 的林下或山坡草地。

[914] 鸭儿芹(*Cryptotaenia japonica* Hassk.)：在保护区中东部普遍分布，生于海拔 1200～2100 m 的山地草丛或沟边灌丛。

[915] 野胡萝卜(*Daucus carota* L.)：在保护区内多见于海拔 1100～1600 m 的山地草丛或荒地。

[916] 白亮独活(*Heracleum candicans* Wall. ex DC.)：该物种在保护区零星分布，见于西阳沟、摩天岭、关虎等地，生于海拔 1200～2000 m 的阳坡草地。

[917] 渐尖叶独活(*H. franchetii* M. Hiroe)：在保护区内分布较为普遍，生于海拔 1400～2200 m 的山坡乔灌林下或沟谷草地。

[918] 独活(*H. hemsleyanum* Diels.)：保护区东部低海拔山区分布较为普遍，生于海拔 1200～1500 m 的阴坡湿润灌草丛。

[919] 裂叶独活(*H. millefolium* Diels)：见于保护区内大草堂、大草坪等地，生于海拔 3000～3500 m 的亚高山草甸。

[920] 短毛独活(*H. moellendorffii* Hance)：在保护区内分布较为普遍，生于海拔 1200～3000 m 的林下或山谷。

[921] 糙独活(*H. scabridum* Franch.)：偶见于保护区内石桥河、文县沟、加字号、长沟等地，生于海拔 1700～2400 m 的疏林下或林缘草丛。

[922] 中华天胡荽(*Hydrocotyle javanica* var. *chinensis* Dunn ex Shan et Liou)：在保护区中东部海拔 1200～1700 m 的林缘草地或沟谷草丛普遍分布。

[923] 红马蹄草(*H. napalensis* Hook.)：在保护区内分布较为普遍，生于海拔 1200～2000 m 的阴坡草地活溪边草丛。

[924] 天胡荽(*H. sibthorpioides* Lam.)：多见于保护区内唐家河保护站、蔡家坝、关虎等地海拔 1100～1400 m 的路边或山地草丛。

[925] 肾叶天胡荽(*H. wilfordii* Maxim.)：偶见于保护区内唐家河保护站、蔡家坝、关虎等地海拔 1100～1400 m 的阴湿山谷草丛中。

[926] 短裂藁本(*Ligusticum brachylobum* Franch.)：见于保护区内蔡家坝、毛香坝、水池坪、长坪子、摩天岭、背林沟、西阳沟、齐头岩等地海拔 1200～1800 m 的山坡草丛或沟谷阴湿地。

[927] 葶状藁本(*L. scapiforme* Wolff)：偶见于保护区内唐家河保护站、蔡家坝、关虎等地海拔 1100～1400 m 的阴坡草地或溪沟边。

[928] 藁本(*L. sinense* Oliv.)：在保护区内分布较为普遍，生于海拔 1500～2600 m 的林下及阴湿地。

[929] 羌活(*Notopterygium incisum* Ting ex H. T. Chang)：见于保护区内加字号、石桥河、大草坪、大草堂、黄花草地等地海拔 2600～3400 m 的针叶林及阴湿草地。

[930] 少花水芹(*Oenanthe benghalensis* Kurz)：在保护区内分布较为普遍，生于海

拔 1500~2800 m 的溪沟边湿地。

[931] 西南水芹(*O. dielsii* Boiss.)：在保护区内分布较为普遍，生于海拔 1500~2800 m 的林下或沟边湿地。

[932] 水芹(*O. javanica* DC.)：多见于保护区中东部山区，生于海拔 1200~1800 m 的路边水沟或溪沟旁。

[933] 香根芹(*Osmorhiza aristata* Makino et Yabe)：见于保护区内蔡家坝、毛香坝、水池坪、长坪子、摩天岭、背林沟、西阳沟、齐头岩等地海拔 1100~2000 m 的山坡林下或林缘。

[934] 紫花前胡(*Peucedanum decursivum* Maxim.)：见于保护区内西阳沟、沙帽石、红岩子等地海拔 1200~1600 m 的林缘或山坡草地。

[935] 白花前胡(*P. praeruptorum* Dunn)：见于保护区内蔡家坝、唐家河保护站、背林沟、西阳沟、齐头岩等地海拔 1100~1400 m 的阳坡草地或路边草丛。

[936] 异叶回芹(*Pimpinella diversifolia* DC.)：见于保护区内西阳沟、齐头岩、摩天岭、沙帽石等地海拔 1200~1800 m 的山坡草丛或沟边灌丛。

[937] 粗茎棱子芹(*Pleurospermum crassicaule* Welff)：见于保护区内大草堂、大草坪、红花草地等地海拔 3000~3400 m 的亚高山草甸。

[938] 异伞棱子芹(*P. franchetianum* Hemsl.)：见于保护区内大草堂、大草坪、红花草地、加字号、石桥河等地海拔 2500~3000 m 的山坡草地。

[939] 西藏棱子芹(*P. hookeri* var. *thomsonit* C. B. Clarke.)：仅见于保护区内大草坪，生于海拔 3400~3600 m 的亚高山草甸。

[940] 异叶囊瓣芹(*Pternopetalum heterophyllum* Hand.-Mazz.)：在保护区内海拔 1200~2600 m 的林下或阴坡灌草丛分布较为普遍。

[941] 条叶囊瓣芹(*P. tanakae* Hand.-Mazz.)：该物种分布区域与异叶囊瓣芹相同，生于海拔 1400~2600 m 的林下阴湿地。

[942] 川滇变豆菜(*Sanicula astrantifolia* ex Wolff Kreschmer)：在保护区中东部海拔 1200~1800 m 的阔叶林下或路边草丛分布较为普遍。

[943] 变豆菜(*S. chinensis* Bge.)：在保护区内分布较为普遍，生于海拔 1200~2500 m 的林下或山谷草丛。

[944] 薄片变豆菜(*S. lamelligera* Hance)：多见于保护区内西阳沟、齐头岩、山猫是、背林沟、水淋沟、长沟、蔡家坝、毛香坝等地，生于海拔 1200~1800 m 的林下阴湿地。

[945] 直刺变豆菜(*S. orthacantha* S. Moore.)：偶见于保护区内摩天岭、倒梯子、洪石坝、清坪地、长沟、蔡家坝等地海拔 1200~2600 m 的林下或溪沟草丛。

[946] 破子草(*Torilis japonica* DC.)：在保护区内普遍分布，生于海拔 1200~2600 m 的路边草丛或荒坡。

[947] 窃衣(*T. scabra* DC.)：在保护区中东部普遍分布，生于海拔 1200~1800 m 的山地草丛或荒地。

91. 岩梅科(Diapensiaceae)

本科全世界共有 6 属约 20 种，分布北至北极圈及北温带，南达喜马拉雅山。我国产 3 属约 10 种，主产于云南、四川、西藏东南部，在保护区内仅分布 1 种。

[948] 岩匙(*Berneuxia thibetica* Decne.)：见于保护区内大草坪、大草堂、观音岩、石桥河等地，生于海拔 2000～3400 m 的林下岩石上或沟边阴湿地。

92. 鹿蹄草科(Pyrolaceae)

本科全世界共有 14 属约 60 种，主要分布在北半球，多数集中在温带和寒温带。我国产 7 属约 40 种，分布全国各地，但较集中在西南和东北，在保护区内分布有 4 属 6 种，含 1 变种 1 亚种。

[949] 梅笠草(*Chimaphila japonica* Miq.)：偶见于保护区内倒梯子、摩天岭、加字号、洪石坝、长沟、西阳沟等地，生于海拔 1400～2400 m 的林下或林缘灌草丛。

[950] 毛花松下兰(*Hypopitys monotropa* var. *hirsuta* Roth.)：据《四川唐家河自然保护区综合科学考察报告》(2003)记载，该物种生于海拔 1400～2500 m 的林下阴湿地腐生。

[951] 水晶兰(*Monotropa nuiflora* L.)：据《四川唐家河自然保护区综合科学考察报告》(2003)记载，该物种偶见于海拔 2400～2800 m 的针阔叶混交林下腐生。

[952] 红花鹿蹄草(*Pyrola incarnata* Fisch. ex DC.)：见于保护区内蔡家坝、唐家河保护站、关虎、齐头岩、倒梯子、背林沟、果子树沟、长沟等地海拔 1200～2000 m 的阴坡林下或林缘草地。

[953] 鹿蹄草(*P. rotundifolia* subsp. *chinensis* H. Andres.)：在保护区分布较为普遍，生于海拔 1200～3300 m 的路边草丛或岷江冷杉林。

[954] 皱叶鹿蹄草(*P. rugosa* H. Andres)：偶见于保护区内红花草地、石桥河、文县沟、加字号、清坪地等地，生于海拔 2000～2800 m 的林下或林缘灌草丛。

93. 杜鹃花科(Ericaceae)

本科全世界共有 50 属约 1300 种，主产南非和中国西南及西部。在我国共 14 属 700 余种，在保护区内分布有 8 属 37 种，含 1 变种 1 亚种。

[955] 岩须(*Cassiope selaginoides* Hook. f. et Thoms.)：见于保护区内大草堂、大草坪、倒梯子、石桥河、洪石坝、加字号等地，生于海拔 2400～3400 m 的山谷崖石上。

[956] 灯笼花(*Enkianthus chinensis* Franch.)：在保护区分布较为普遍，生于海拔 1800～2800 m 的林下或林缘灌丛。

[957] 毛叶吊钟花(*E. deflexus* Schneid.)：在保护区分布较为普遍，生于海拔 1200～3400 m 的次生落叶阔叶林或灌丛。

[958] 四川白珠(*Gaultheria cuneata* Beans.)：见于保护区内西阳沟、齐头岩、倒梯子、加字号、洪石坝、长沟、铁矿沟、清坪地、水淋沟、红岩子等地，生于海拔 1500～2600 m 的林下或河谷灌丛。

[959] 尾叶白珠(*G. griffithiana* Wight)：据《四川唐家河自然保护区综合科学考察报告》(2003)记载，该物种生于海拔 1300～2400 m 的林下或林缘灌丛。

[960] 铜钱叶白珠(*G. nummulariodes* D. Don)：据《四川唐家河自然保护区综合科学考察报告》(2003)记载，该物种生于海拔 1500～2400 m 的针阔叶混交林或灌丛。

［961］刺毛叶白珠(*G. trichophylla* Royle)：偶见于保护区内大草坪、大草堂、石桥河等地，生于海拔 2800～3600 m 的林缘或亚高山灌丛。

［962］扁枝越桔(*Hugeria vaccinioides* Hara.)：偶见于齐头岩、摩天岭、水池坪、腰磨石窝等地，生于海拔 1400～1800 m 的林下或林缘灌丛。

［963］南烛(*Lyonia ovalifolia* Drude)：在保护区内分布较为普遍，生于海拔 2000～2800 m 的落叶阔叶林或灌丛。

［964］小果南烛(*L. ovalifolia* var. *elliptica* Hand.-Mazz.)：见于保护区内唐家河保护站、蔡家坝、毛香坝、关虎、齐头岩、倒梯子、长沟、清坪地、文县沟等地，生于海拔 1200～2000 m 的林中或林缘灌丛。

［965］毛叶南烛(*L. villosa* Hand.-Mazz.)：在保护区分布较为普遍，生于海拔 1200～3400 m 的针阔叶混交林或针叶林。

［966］美丽马醉木(*Pieris formosa* D. Don)：见于保护区内蔡家坝、唐家河保护站、关虎、齐头岩等地海拔 1100～1500 m 的阔叶林中。

［967］银叶杜鹃(*Rhododendron argyrophyllum* Franch.)：见于保护区内石桥河、大草坪、大草堂等地海拔 2800～3400 m 的针叶林或山坡灌丛。

［968］星毛杜鹃(*R. asterochnoum* Diels.)：保在护区海拔 2200～3500 m 的针阔叶混交林、针叶林或亚高山灌丛分布较为普遍。

［969］毛肋杜鹃(*R. augustinii* Hemsl.)：在保护区内分布较为普遍，生于海拔 1600～2800 m 的针阔叶混交林或灌丛。

［970］苞叶杜鹃(*R. bractearum* Rehd. et Wils.)：据《四川唐家河自然保护区综合科学考察报告》(2003)记载，该物种生于海拔 2500～3000 m 的林下或林缘灌丛。

［971］巴朗杜鹃(*R. balangense* Frang)：见于保护区内石桥河、加字号、大草堂、倒梯子等地，散生于海拔 2300～2800 m 的林下或沟谷灌丛。

［972］美容杜鹃(*R. calophytum* Franch.)：在保护区内分布较为普遍，生于海拔 1700～2800 m 的山谷林中。

［973］秀雅杜鹃(*R. concinnum* Hemsl.)：在保护区内海拔 2300～3500 m 的林下或沟谷灌丛分布较为普遍。

［974］紫花杜鹃(*R. edgarianum*)：见于保护区内摩天岭、西阳沟、齐头岩、倒梯子、长沟、清坪地、长坪子、腰磨石窝等地，生于海拔 1500～2000 m 的林下或林缘灌丛。

［975］大叶金顶杜鹃(*R. faberi* subsp. *prattii* Chamb.)：在保护区内分布较为普遍，生于海拔 2400～3500 m 的冷杉林或灌丛。

［976］岷江杜鹃(*R. hunnewellianum* Rehd. et Wils.)：在保护区内分布较为普遍，生于海拔 1400～2700 m 的阔叶林或山坡灌丛

［977］长鳞杜鹃(*R. longesquamatum* Schneid.)：见于保护区内大草坪，生于海拔 3000～3500 m 的岷江冷杉林下。

［978］长柱杜鹃(*R. longistylum* Rehd. et Wils.)：据《四川唐家河自然保护区综合科学考察报告》(2003)记载，该物种生于海拔 1200～2300 m 的林下或林缘灌丛。

[979] 黄花杜鹃（*R. lutescens* Franch.）：在保护区分布较为普遍，散生于海拔 1500～2800 m 的阔叶林或针阔叶混交林。

[980] 麻花杜鹃（*R. maculiferum* Franch.）：据《四川唐家河自然保护区综合科学考察报告》（2003）记载，该物种海拔 2000～3200 m 的林下或林缘灌丛。

[981] 照山白（*R. micranthum* Turcz.）：在保护区分布较为普遍，生于海拔 1200～2600 m 的林下或山坡灌丛。

[982] 山光杜鹃（*R. oreodoxa* Franch.）：在保护区内普遍分布，生于海拔 2000～3400 m 的针叶林或山地灌丛。

[983] 绒毛杜鹃（*R. pachytrichum* Franch.）：见于保护区内石桥河、文县沟、大草坪、大草堂、加字号、长沟等地海拔 2600～3200 m 的林下或山坡灌丛。

[984] 多鳞杜鹃（*R. polylepis* Franch.）：在保护区分布较为普遍，生于海拔 1400～3200 m 的阔叶林或针叶林。

[985] 陇蜀杜鹃（*R. przewalskii* Maxim.）：据《四川唐家河自然保护区综合科学考察报告》（2003）记载，该物种生于海拔 2600～3500 m 的针叶林或亚高山灌丛。

[986] 红背杜鹃（*R. rufescens* Franch.）：见于保护区内大草坪，生于海拔 3000～3500 m 的针叶林或亚高山灌丛。

[987] 映山红（*R. simsii* Planch.）：见于保护区内西阳沟、齐头岩、关虎等地海拔 1200～1600 m 的林下或山坡灌丛。

[988] 紫丁杜鹃（*R. violaceum* Rehd. et Wils.）：见于保护区内大草堂、大草坪等地，生于海拔 3000～3500 m 的亚高山灌丛。

[989] 无柄杜鹃（*R. watsonii* Planch.）：在保护区海拔 2000～2800 m 的林下或沟谷灌丛中分布较为普遍。

[990] 乌饭树（*Vaccinium bracteatum* Thunb.）：多见于保护区内西阳沟、沙帽石、齐头岩、关虎、毛香坝、水池坪等地，生于海拔 1300～1600 m 的阔叶林下。

[991] 米饭花（*V. sprengelii* Sleumer）：据《四川唐家河自然保护区综合科学考察报告》（2003）记载，该物种生于海拔 1200～1500 m 的林下或林缘灌丛。

94. 紫金牛科（Myrsinaceae）

本科全世界共有 30 余属约 1000 种，主要分布于南、北半球热带和亚热带地区，在南非及新西兰也有，但分布中心在东南亚及太平洋诸岛。我国共 6 属约 130 种，分布于西藏东南部、秦岭至长江流域以南各省区，在保护区内分布有 3 属 4 种。

[992] 百两金（*Ardisia crispa* A. DC.）：见于保护区内唐家河保护站、蔡家坝、关虎等地海拔 1100～1400 m 的林下或山坡灌丛。

[993] 湖北杜茎山（*Maesa hupephnsis* Rehd.）：偶见于保护区内唐家河保护站、蔡家坝、关虎等地海拔 1100～1300 m 的林下或沟谷灌丛。

[994] 铁仔（*Myrsine africana* L.）：在保护区海拔 1300～2000 m 的山地灌丛或常绿阔叶林普遍分布。

[995] 齿叶铁仔（*M. semiserrata* Wall.）：见于保护区内西阳沟、齐头岩、摩天岭、背林沟、水池坪、清坪地等地，生于海拔 1200～1800 m 的林下或山坡灌丛。

95. 报春花科(Primulaceae)

本科全世界共有约 30 属 1000 余种，广布全球。我国共 11 属 700 余种，在保护区内分布有 3 属 21 种。

[996] 莲叶点地梅(*Androsace henryi* Oliv.)：在保护区内普遍分布，生于海拔 1500~3200 m 的灌丛或林下阴湿地。

[997] 点地梅(*A. umbellata* Merr.)：见于保护区内蔡家坝、唐家河保护站等地海拔 1200~1400 m 的路旁或山坡草地。

[998] 虎尾草(*Lysimachia barystachy* Bunge)：据《四川唐家河自然保护区综合科学考察报告》(2003)记载，该物种生于海拔 1200~2000 m 的河谷灌草丛。

[999] 泽星宿菜(*L. candida* Lindl.)：见于保护区内蔡家坝、唐家河保护站、关虎、西阳沟等地海拔 1200~1500 m 的林下或溪旁湿地。

[1000] 广西过路黄(*L. christinae* Hance)：见于保护区内蔡家坝、唐家河保护站、关虎等地海拔 1100~1500 m 的疏林下或阴湿草地。

[1001] 过路黄(*L. christinae* Hance)：见于保护区内蔡家坝、唐家河保护站、关虎等地海拔 1100~1400 m 的路旁草丛或林缘唐家河。

[1002] 珍珠菜(*L. clethroides* Duby)：见于保护区内西阳沟、齐头岩、摩天岭、背林沟、清坪地、长沟、腰磨石窝等地，生于海拔 1200~2000 m 的山地灌丛或林缘草地。

[1003] 聚花过路黄(*L. congestiflora* Hemsl.)：见于保护区内蔡家坝、关虎、唐家河保护站、西阳沟等地海拔 1200~1600 m 的阔叶林或路边草丛。

[1004] 点腺过路黄(*L. hemsleyana* Maxim.)：见于保护区内蔡家坝、西阳沟、唐家河保护站、关虎、齐头岩等地海拔 1200~1800 m 的林缘或溪沟边草丛。

[1005] 重楼排草(*L. paridiformis* Franch.)：见于保护区内蔡家坝、唐家河保护站、关虎等地海拔 1200~1400 m 的林下阴湿地。

[1006] 狭叶珍珠菜(*L. pentapetala* Bunge)：见于保护区内西阳沟、齐头岩、摩天岭、背林沟、清坪地、长沟、腰磨石窝等地，生于海拔 1200~1900 m 的山坡草地或灌丛。

[1007] 叶头过路黄(*L. phyllocephala* Hand.-Mazz.)：据《四川唐家河自然保护区综合科学考察报告》(2003)记载，该物种生于海拔 1200~2000 m 的林下或路边草丛。

[1008] 腺药珍珠菜(*L. stenosepala* Hemsl.)：据《四川唐家河自然保护区综合科学考察报告》(2003)记载，该物种海拔 1200~2000 m 的林缘或阴坡草地。

[1009] 灰绿报春(*Primula cinerascens* Franch.)：据《四川唐家河自然保护区综合科学考察报告》(2003)记载，该物种生于海拔 1400~2500 m 的林下或山坡草地。

[1010] 小报春(*P. forbesii* Franch.)：根据陶应时等(2013)报道，该物种主要生于海拔 1700~2000 m 的山坡疏林下或草丛。

[1011] 羽叶报春(*P. incisa* Franch.)：在保护区内分布较为普遍，生于海拔 1600~3000 m 的林下或溪沟草丛。

[1012] 掌叶报春(*P. palmata* Hand.-Mazz.)：在保护区内较为常见，生于海拔 2300~3000 m 的林下或山坡灌丛。

[1013] 多脉报春（*P. polyncura* Franch.）：在保护区分布较为普遍，生于海拔 1100～2700 m 的林下或林缘草地。

[1014] 锡金报春（*P. sikkimensis* Hook.）：见于保护区内大草坪、大草堂，生于海拔 3200～3600 m 的林缘草地或亚高山草甸。

[1015] 狭萼粉报春（*P. stenocalyx* Maxim.）：见于保护区内大草坪、红花草地、大草堂、石桥河等地，生于海拔 2700～3600 m 的林下或阳坡草地。

[1016] 云南报春（*P. yunnanensis* Franch.）：在保护区分布较为普遍，生于海拔 1600～2700 m 的山坡灌丛或草甸。

96. 白花丹科（蓝雪科）（Plumbaginaceae）

本科全世界共有 20 余属 500 余种，分布于全球，多在北半球热带以外的半干旱地，以地中海沿岸及中亚地区为主，大都为耐盐碱植物。我国有 7 属约 40 种，分布于南北各省，保护区仅内分布 1 种。

[1017] 岷江蓝雪（*Ceratostigma willmottianum* Stapf）：见于保护区内西阳沟、黄土梁、红岩子、摩天岭等地，生于海拔 1200～2000 m 的阳坡灌丛。

97. 柿树科（Ebenaceae）

本科全世界仅有 5 属约 500 种，主要分布于热带和亚热带地区。在我国只有 1 属约 40 种，在唐家河国家级自然保护区内分布有 1 属 3 种，含 1 变种。

[1018] 柿（*Diospyros kaki* L. f.）：栽培或栽培逸散种，偶见于保护区内西阳沟，生于海拔 1200～1500 m 的路旁或弃耕地。

[1019] 油柿（*D. kaki* var. *sylvestris* Makino.）：偶见于保护区内关虎、西阳沟等地，生于海拔 1200～1400 m 的林缘或山坡灌丛。

[1020] 君迁子（*D. lotus* L.）：见于保护区内蔡家坝、西阳沟、唐家河保护站、关虎、齐头岩等地海拔 1200～1600 m 的林中或林缘灌丛。

98. 安息香科（野茉莉科）（Styracaceae）

本科全世界共约 11 属 180 种，主要分布于亚洲东南部至马来西亚和美洲东南部。我国共有 9 属 50 种 9 变种，分主要于长江以南各地，在保护区内分布有 1 属 2 种。

[1021] 野茉莉（*Styrax japonica* Sieb. et Zucc.）：在保护区东部中低海拔分布较为普遍，生于海拔 1200～1800 m 的林中或林缘溪边。

[1022] 红皮安息香（*S. suberifolia* Hook. et Arn.）：见于保护区内唐家河保护站、关虎、西阳沟、齐头岩等地，生于海拔 1200～1600 m 的地林中或林缘灌丛。

99. 山矾科（Symplocaceae）

本科全球仅山矾属 1 属约 300 种，广布于亚洲、大洋洲和美洲的热带或亚热带。我国产 77 种，分布于西南、华南、东南，以西南的种类较多，在保护区内分布有 4 种。

[1023] 薄叶山矾（*Symplocos anomala* Brand）：偶见于保护区内西阳沟、齐头岩等地，生于海拔 1300～1700 m 的阔叶林中。

[1024] 茶条果（*S. ernestii* Dunn）：见于保护区内蔡家坝、唐家河保护站、关虎、西阳沟等地海拔 1200～1800 m 的阔叶林中。

[1025] 四川山矾 [*S. lucida* (Thunb.) Siebold et Zucc.]：见于保护区内蔡家坝、唐

家河保护站、关虎、西阳沟等地海拔 1200~1500 m 的阔叶林中。

[1026] 白檀（*S. paniculata* Miq.）：在保护区东部海拔 1300~2000 m 的林中或林缘溪边分布较为普遍。

100. 木犀科（Oleaceae）

本科全世界共有 30 属 600 余种，广布于温带和热带各地。我国共 12 属约 200 种，南北各省均有分布。在保护区内分布有 3 属 9 种，含 1 变种。

[1027] 白蜡树（*Fraxinus chinensis* Roxb.）：见于保护区内唐家河保护站、蔡家坝、关虎、背林沟等地，生于海拔 1100~1500 m 的山坡林缘或丛林中。

[1028] 尖叶白蜡树（*F. chinensis* var. *acuminata* Lingelsh）：据《四川唐家河自然保护区综合科学考察报告》（2003）记载，该物种生于海拔 1200~1800 m 的林中或林缘路旁。

[1029] 秦岭白蜡树（*F. paxiana* Lingelsh.）：见于保护区内摩天岭、倒梯子、大草堂等地，生于海拔 1600~2000 m 的阔叶林或山谷路旁。

[1030] 探春花（*Jasminum floridum* Bunge）：偶见于保护区内唐家河保护站、蔡家坝、关虎等周边低海拔山区，生于海拔 1100~1400 m 的山坡或林缘灌丛。

[1031] 北清香藤（*J. lanceolarium* Roxb.）：偶见于保护区内唐家河保护站、蔡家坝、关虎、西阳沟等地海拔 1200~1500 m 的阔叶林或灌草丛。

[1032] 川滇蜡树（*Ligustrum delavayanum* Hariot）：见于保护区内唐家河保护站、蔡家坝、关虎等地，生于海拔 1200~1400 m 的阔叶林或灌草丛。

[1033] 女贞（*L. lucidum* Ait.）：见于保护区内唐家河保护站、蔡家坝、关虎、西阳沟等地，生于海拔 1200~1500 m 的阔叶林或林缘路旁。

[1034] 小蜡树（*L. obtusifolium* Sieb. et Zucc.）：偶见于保护区内唐家河保护站、蔡家坝、关虎等地海拔 1100~1400 m 的林缘或山坡丛林。

[1035] 小叶女贞（*L. quihoui* Carr.）：偶见于保护区内唐家河保护站、蔡家坝、关虎、西阳沟等地海拔 1200~1500 m 的林缘或路边灌丛。

101. 龙胆科（Gentianaceae）

本科全世界共有约 80 属近 800 种，主要分布在北半球温带和寒温带。我国共有 19 属 340 种，主要分布于西南高山地区，在保护区内分布有 6 属 14 种，含 1 变种。

[1036] 蔓龙胆（*Crawfurdia sessiliflora* H. Smith）：在保护区内分布较为普遍，生于海拔 2000~2600 m 的针阔叶混交林或灌丛。

[1037] 秦艽（*Gentiana macrophylla* Pall.）：见于保护区内大草坪、大草堂、红花草地、文县沟等地海拔 3000~3400 m 的林下或阴坡湿地。

[1038] 陕南龙胆（*G. piasezkii* Maxim.）：多见于保护区内 1200~2500 m 的林下或山坡草地。

[1039] 红花龙胆（*G. rhodantha* Franch. ex Hemal.）：在保护区内分布较为普遍，生于海拔 1200~2700 m 的林下或林缘草地。

[1040] 深红龙胆（*G. rubicunda* Franch.）：在保护区内分布较为普遍，生于海拔 1400~2500 m 的山地灌草丛或林下。

[1041] 鳞叶龙胆(*G. squarrosa* Ledeb.)：见于保护区内大草堂、观音岩、洪石坝、长坪子、长沟、清坪地、倒梯子等地，生于海拔 1600~2500 m 的山坡草地或路边草丛。

[1042] 四川龙胆(*G. sutchuenensis* Franch. ex Hemsl.)：见于保护区内西阳沟、齐头岩、摩天岭、毛香坝、水池坪等地，生于海拔 1200~1700 m 的林下或山坡草地。

[1043] 湿生扁蕾(*Gentianopsis paludosa* Ma)：在保护区内分布较为普遍，生于海拔 1600~3200 m 的林下或亚高山草甸。

[1044] 卵叶扁蕾(*G. paludosa* var. *ovato-deltoidea* Ma ex T. N. Ho)：在保护区内分布较为普遍，生于海拔 1400~3500 m 的林下或亚高山草甸。

[1045] 椭圆叶花锚(*Halenia elliptica* D. Don)：在保护区内分布较为普遍，生于海拔 2000~3400 m 的路边草丛或亚高山草甸。

[1046] 獐牙菜(*Swertia bimaculata* Hook. f. et Thoms. ex C. B. Clarke)：在保护区内分布较为普遍，生于海拔 1500~2600 m 的针阔叶混交林或山坡草地。

[1047] 西南獐牙菜(*S. cincta* Burk.)：在保护区内分布较为普遍，生于海拔 1200~3000 m 的林下或阴坡灌草丛。

[1048] 川西獐牙菜(*S. mussotii* Franch.)：见于保护区内大草坪、大草堂、腰磨石窝、洪石坝、加字号、文县沟、石桥河、大岭子沟等地，生于海拔 2200~3100 m 的亚高山灌草丛。

[1049] 双蝴蝶(*Tripterospermum filicaule* H. Smith)：据《四川唐家河自然保护区综合科学考察报告》(2003)记载，该物种生于海拔 1200~1600 m 的常绿阔叶林下。

102. 夹竹桃科(Apocynaceae)

全世界共有约 250 属 2000 多种，分布于热带、亚热带地区，少数在温带地区。中国共有 47 属约 180 种，主要分布于长江以南各省区及台湾等，少数分布于北部及西北部，在保护区分布有 2 属 4 种，包括 1 变种。

[1050] 毛药藤(*Sindechites henryi* Oliv.)：见于保护区内唐家河保护站、蔡家坝、关虎等地，生于海拔 1100~1400 m 的林下或公路旁灌丛。

[1051] 紫花络石(*Trachelospermum axillare* Hook. f.)：见于保护区内唐家河保护站、蔡家坝、关虎、西阳沟、齐头岩等地，生于海拔 1100~1600 m 的林下或河边岩石上。

[1052] 络石(*T. jasminoides* Lem.)：见于保护区内唐家河保护站、蔡家坝、关虎、红岩子、摩天岭、西阳沟、齐头岩等地，生于海拔 1100~1800 m 的阔叶林或灌丛。

[1053] 石血(*T. jasminoides* var. *heterophyllum* Tsiang)：见于保护区内蔡家坝、背林沟、关虎、西阳沟、齐头岩等地，生于海拔 1200~1600 m 的阴坡林缘崖壁上。

103. 萝藦科(Asclepiadaceae)

本科全世界共有约 180 属 2200 种，分布于热带、亚热带，少数温带地区。我国产 44 属 245 种 33 变种，分布于西南及东南部为多，少数在西北与东北各省区。在保护区内分布有 5 属 10 种。

[1054] 青龙藤(*Biondia henryi* Tsiang et P. T. Li)：据《四川唐家河自然保护区综合科学考察报告》(2003)记载，该物种生于海拔 1200~1700 m 的林下或山坡草丛。

[1055] 白薇（*Cynanchum atratum* Bunge）：见于保护区内西阳沟、黄土梁、红岩子、摩天岭、齐头岩等地，散生于海拔 1200～2000 m 的林下或林缘草丛。

[1056] 牛皮消（*C. auriculatum* Royle ex Wight）：在保护区内分布较为普遍，生于海拔 2000～3200 m 的林缘或路边灌丛。

[1057] 竹林消（*C. inamoenum* Loes.）：在保护区内分布较为普遍，生于海拔 1200～3000 m 的林下或沟谷灌草丛。

[1058] 隔山消（*C. willfordii* Hemsl.）：多见于保护区内西阳沟、齐头岩、沙帽石、关虎、蔡家坝等地，生于海拔 1200～1600 m 的路边或山坡灌草丛。

[1059] 喙柱牛奶菜（*Marsdenia oreophila* W. W. Sm.）：据《四川唐家河自然保护区综合科学考察报告》（2003）记载，该物种生于海拔 1200～1600 m 的山谷林下。

[1060] 华萝藦（*Metaplexis hemsleyana* Oliv.）：见于保护区内西阳沟、齐头岩、沙帽石、关虎、蔡家坝等地海拔 1200～1600 m 的山地灌丛或林下。

[1061] 萝藦（*M. japonica* Makino.）：见于保护区内唐家河保护站、蔡家坝、西阳沟、齐头岩、关虎等地海拔 1100～1400 m 林下或山坡灌丛。

[1062] 青蛇藤（*Periploca calophylla* Fale.）：见于保护区内唐家河保护站、蔡家坝、关虎等地海拔 1100～1300 m 的林下或山坡草丛。

[1063] 杠柳（*P. sepium* Bunge）：见于保护区内蔡家坝、关虎、西阳沟、齐头岩、红岩子、黄土梁、沙帽石等地海拔 1200～1800 m 的山地灌丛或阔叶林。

104. 茜草科（Rubiaceae）

本科全世界共有 450 余属 5000 余种，广布于热带和亚热带。我国共有 70 余属 450 余种，主产西南和东南。在保护区内分布有 12 属 21 种，含 5 变种。

[1064] 水冬瓜（*Adina racemosa* Miq.）：偶见于保护区内关虎、齐头岩、沙帽石、蔡家坝、背林沟等地，生于海拔 1200～1500 m 的林下或沟谷灌丛。

[1065] 香果树（*Emmenopterys henryi* Oliv.）：本次调查未见该物种，但据《唐家河自然保护区综合科学考察报告》（2003）记载，该物种在唐家河、长沟沟口等地有少量分布。

[1066] 猪殃殃（*Galium aparine* var. *tenerum* Robb.）：在保护区内分布较为普遍，生于海拔 1200～2200 m 的路边或山坡草地。

[1067] 六叶律（*G. asperuloides* var. *hoffmeisteri* Hand. -Mazz.）：在保护区内分布较为普遍，生于海拔 1200～2600 m 的灌丛或针阔叶混交林。

[1068] 阔叶四叶律（*G. bungei* var. *trachyspermum* Cuf.）：在保护区中东部分布较为普遍，生于海拔 1200～2000 m 的林下或林缘唐家河。

[1069] 四川拉拉藤（*G. elegans* var. *nemorosum* Cuf.）：在保护区内分布较为普遍，生于海拔 1200～2500 m 的林缘或灌丛。

[1070] 毛拉拉藤（*G. elegans* var. *velutinum* Cuf.）：在保护区内分布较为普遍，生于海拔 2000～2600 m 的针阔叶混交林下。

[1071] 西南拉拉藤（*G. elegans* Wall. ex Roxb.）：在保护区内分布较为普遍，生于海拔 1500～2600 m 的山地灌丛或林下。

［1072］白花蛇舌草（*Hedyotis diffusa* Willd.）：见于保护区内唐家河保护站、蔡家坝、关虎等地，生于海拔 1100～1300 m 的山坡阴湿草地或山地岩石上。

［1073］细叶野丁香（*Leptodermis microphylla* H. Winkl.）：多见于保护区的中西部山区，生于海拔 1400～2500 m 的林下或山地灌丛。

［1074］薄皮木（*L. oblonga* Bunge）：见于保护区内蔡家坝、唐家河保、关虎、齐头岩等地生于海拔 1200～1400 m 的林下或林缘灌丛。

［1075］西南野丁香（*L. purdomi* Hutch.）：见于保护区内西阳沟、齐头岩、摩天岭、背林沟、清坪地等周边山区，生于海拔 1500～2000 m 的林下或林缘灌丛。

［1076］玉叶金花（*Mussaenda pubescens* Ait. f.）：偶见于保护区内蔡家坝、唐家河保护站、关虎等周边低海拔山区，生于海拔 1200～1400 m 的林下或灌丛。

［1077］日本蛇根草（*Ophiorrhiza japonica* Bl.）：偶见于保护区内唐家河保护站、关虎、蔡家坝、齐头岩等低海拔山区，生于海拔 1200～1500 m 的阔叶林或溪沟旁草丛。

［1078］鸡矢藤（*Paederia scandens* Merr.）：见于保护区内蔡家坝、唐家河保护站、关虎、齐头岩、西阳沟、背林沟、沙帽石等周边山区，生于海拔 1100～1700 m 的山地灌丛或林下。

［1079］毛鸡矢藤（*P. scandens* var. *tomentosa* Hand.-Mazz.）：见于保护区内蔡家坝、水池坪、毛香坝、关虎、齐头岩、西阳沟、背林沟、沙帽石等地海拔 1200～1800 m 的山地灌丛或林缘。

［1080］茜草（*Rubia cordifolia* L.）：在保护区内分布较为普遍，生于海拔 1200～2000 m 的山地灌丛或林缘。

［1081］大叶茜草（*R. leiocaulis* Diels.）：在保护区内分布较为普遍，生于海拔 1300～2800 m 的林下或林缘灌草丛。

［1082］白马骨（*Serissa serissoides* Druce）：在保护区内分布较为普遍，生于海拔 2000～2600 m 的针阔叶混交林或山地灌丛。

［1083］狗骨柴（*Tricalysia dubia* Ohwi.）：见于保护区内蔡家坝、唐家河保护站、关虎等地，生于海拔 1100～1300 m 的林下或林缘灌丛。

［1084］华钩藤（*Uncaria sinensis* Havil.）：见于保护区内蔡家坝、唐家河保护站、关虎、齐头岩等地，生于海拔 1200～1400 m 的林缘或山坡灌丛。

105. 花荵科（Polemoniaceae）

本科全世界共有 15 属约 300 种，分布于欧洲、亚洲和美洲，但主产地为北美洲。我国共有 3 属 6 种，在保护区内仅分布 1 种。

［1085］中华花荵（*Polemonium coeruleum* var. *chinense* Brand）：保护区中西部中高海拔山区分布较为普遍，生于海拔 2000～3000 m 的林缘草丛中。

106. 旋花科（Convolvulaceae）

旋花科全球共有约 50 属 1500 种，广布全球，主产美洲和亚洲的热带与亚热带。中国共 22 属约 125 种，南北均有分布。在保护区内分布有 6 属 11 种，含 2 变种。

［1086］毛打碗花（*Calystegia dahurica* Choisy）：在保护区内分布较为普遍，生于海拔 1800～2600 m 的山坡草地或路旁。

[1087] 打碗花(*C. hederacea* Wall. ex Roxb.)：在保护区内分布较为普遍，生于海拔 1200～2500 m 的路边或山坡草丛。

[1088] 篱打碗花(*C. sepium* R. Br.)：见于保护区内西阳沟、齐头岩、关虎等地，生于海拔 1200～1600 m 的路旁或山坡草丛。

[1089] 田旋花(*Convolvulus arvensis* L.)：在保护区中东部山区分布较为普遍，生于海拔 1200～2000 m 的河滩或山坡草丛。

[1090] 菟丝子(*Cuscuta chinensis* Lam.)：偶见于保护区内西阳沟、摩天岭等地，寄生于海拔 1200～2000 m 的灌木或草本植物上。

[1091] 大菟丝子(*C. europaea* L.)：偶见于保护区内石桥河、文县沟、大草坪等地，寄生于海拔 2000～3000 m 的菊科、豆科等植物体上。

[1092] 日本菟丝子(*C. japonica* Choisy)：偶见于保护区内关虎、蔡家坝、齐头岩、果汁属狗、长沟等地，寄生于海拔 1200～2200 m 的灌丛或草本植物上。

[1093] 马蹄金(*Dichondra repens* G. Forst.)：在保护区中东部海拔 1200～1800 m 的路边或山坡草丛分布较为普遍。

[1094] 北鱼黄草(*Merremia sibirica* Hall. f.)：偶见于保护区内关虎、西阳沟、摩天岭、黄土梁等地，生于海拔 1200～2200 m 的山坡草地或灌丛。

[1095] 毛籽鱼黄草(*M. sibirica* var. *trichosperma* C. Y. Wu et H. W. Li)：在保护区内与北鱼黄草的分布区域相近，生于海拔 1200～1900 m 的林下或沟边灌草丛。

[1096] 近无毛飞蛾藤(*Porana sinebsis* var. *delavayi* Rehd.)：偶见于保护区内关虎、蔡家坝、毛香坝、西阳沟、齐头岩等地，生于海拔 1200～1800 m 的林缘或山坡灌丛。

107. 紫草科(Boraginaceae)

本科全世界共有约 100 属 2000 种，分布于温带和热带地区，以地中海为其分布中心。我国共有 48 属 269 种，以西南部最为丰富，在保护区内分布有 10 属 15 种。

[1097] 多苞斑种草(*Bothriospermum secundum* Maxim.)：见于保护区内西阳沟、齐头岩、沙帽石、黄土梁、背林沟等地，生于海拔 1300～1700 m 的路边或山坡草丛。

[1098] 柔弱斑种草(*B. tenellum* Fisch. et Mey.)：见于保护区内蔡家坝、唐家河保护站、关虎、西阳沟、齐头岩、背林沟等地，生于海拔 1200～1500 m 的路边或山坡草丛。

[1099] 倒提壶(*Cynoglossum amabile* Stapf et Drumm.)：在保护区内分布较为普遍，生于海拔 1200～2600 m 的路边草丛或灌丛。

[1100] 琉璃草(*C. zeylanicum* Thunb.)：在保护区内分布区域与倒提壶相近，生于海拔 1600～2500 m 的路边草丛或林缘草地。

[1101] 西南粗糠树(*Ehretia corylifolia* C. H. Wright)：见于保护区内西阳沟、齐头岩、关虎、唐家河保护站、蔡家坝等地海拔 1200～1600 m 的林中或林缘灌丛。

[1102] 粗糠树(*E. dicksonii* Hance)：在保护区内分布较为普遍，生于海拔 1200～2000 m 的林中或林缘灌丛。

[1103] 宽叶假鹤虱(*Hackelia brachytuba* Johnst.)：在保护区中西部山区分布较为

普遍，生于海拔 2200~3200 m 的林下或林缘灌草丛。

[1104] 篮刺鹤虱（*Lappula consanguinea* Gurke.）：见于保护区内倒梯子、关虎、蔡家坝、毛香坝、长坪子、清坪地等地海拔 1200~2500 m 的阳坡灌草丛。

[1105] 紫草（*Lithospermum erytrorhlzon* Sieb. et Zucc.）：见于保护区内关虎、唐家河保护站、蔡家坝一带海拔 1200~1400 m 的山坡草地或灌丛中。

[1106] 梓木草（*L. zollingeri* DC.）：据《四川唐家河自然保护区综合科学考察报告》(2003)记载，该物种生于海拔 1200~2000 m 的山坡草地或灌草丛。

[1107] 微孔草（*Microula sikkimensis* Hemsl.）：在保护区中西部海拔 2200~3200 m 的林下或林缘草丛分布较为普遍。

[1108] 勿忘草（*Myosotis alpestris* F. W. Schmidt）：见于保护区内摩天岭、黄土梁、唐家河保护站、水池坪、果子树沟、西阳沟、齐头岩、关虎等地，生于海拔 1200~2200 m 的林下或林缘草丛。

[1109] 盾果草（*Thyrocarpus sampsonii* Hance）：见于保护区内齐头岩、西阳沟、关虎、蔡家坝等地，生于海拔 1200~1600 m 的山坡草地或路旁灌草丛。

[1110] 西南附地菜（*Trigonotis cavaleriei* Hand.-Mazz.）：见于保护区内关虎、蔡家坝、唐家河保护站、背林沟等地，生于海拔 1200~1400 m 的山坡草地或水沟边草丛。

[1111] 附地菜（*T. peduncularis* Benth. ex Baker et Moore.）：偶见于保护区内唐家河保护站、关虎等地，生于海拔 1100~1200 m 的林缘或湿草地。

108. 马鞭草科（Verbenaceae）

本科全世界共有 80 余属 3000 余种，主要分布于热带和亚热带。我国共有 21 属约 200 种，主产长江以南。在保护区内分布有 6 属 11 种，含 1 变种。

[1112] 老鸦糊（*Callicarpa giraldii* Hesse ex Rehd.）：在保护区中东部山区海拔 1200~1800 m 的山地灌丛或河谷灌丛分布较为广泛。

[1113] 紫珠（*C. japonica* Thunb.）：见于保护区内西阳沟、齐头岩、蔡家坝、毛香坝、唐家河保护站、背林沟、关虎等地，生于海拔 1200~1600 m 的山地灌丛或林缘。

[1114] 红紫珠（*C. rubella* Lindl.）：见于保护区内西阳沟、齐头岩、蔡家坝、毛香坝、唐家河保护站、背林沟、关虎等地，生于海拔 1200~1500 m 的林下或山坡灌丛。

[1115] 光果莸（*Caryopteris tangutica* Maxim.）：在保护区中西部山区海拔 1500~2400 m 的向阳山坡灌草丛分布较为普遍。

[1116] 臭牡丹（*Clerodendrum bungei* Steud.）：见于保护区内西阳沟、关虎、齐头岩、红岩子、黄土梁、蔡家坝、唐家河保护站等地海拔 1200~1700 m 的路边灌丛或林缘灌丛。

[1117] 海州常山（*C. trichotomum* Thunb.）：见于保护区内西阳沟、关虎、齐头岩、红岩子、黄土梁、蔡家坝、唐家河保护站等地海拔 1200~1800 m 的林缘或河滩灌丛。

[1118] 臭黄荆（*Premna ligustoides* Hemsl.）：见于保护区内蔡家坝、唐家河保护站、关虎等地海拔 1100~1400 m 的林缘灌丛。

[1119] 长柄臭黄荆（*P. puberula* Pamp.）：偶见于保护区内蔡家坝、唐家河保护站、关虎等地海拔 1100~1500 m 的林下或沟谷灌丛。

[1120] 马鞭草(*Verbena officinalis* L.)：在保护区普遍分布，生于海拔 1100~2000 m 的公路边或荒草丛。

[1121] 黄荆(*Vitex negundo* L.)：见于保护区内关虎、西阳沟、唐家河保护站等地海拔 1200~1400 m 的山坡丛林。

[1122] 小叶黄荆(*V. negundo* var. *microphylla* L.)：见于保护区内关虎、西阳沟、唐家河保护站等地海拔 1100~1300 m 的林缘或山坡灌丛。

109. 唇形科(Labiatae)

本科全世界共有 220 余属 3500 余种，主要分布于地中海和小亚细亚。我国共有 99 属 800 余种，全国各地均有分布，在保护区内分布有 20 属 40 种，含 4 变种。

[1123] 筋骨草(*Ajuga ciliata* Bunge)：偶见于保护区内关虎、西阳沟、齐头岩等地，生于海拔 1200~1600 m 的林下或山坡草丛。

[1124] 微毛筋骨草(*A. ciliata* var. *glabrescens* Hemsl.)：偶见于保护区内西阳沟、齐头岩、关虎、摩天岭等地，生于海拔 1200~2000 m 的林下或路边草丛。

[1125] 白苞筋骨草(*A. lupulina* Maxim.)：见于保护区内长坪子，生于海拔 3000~3500 m 的亚高山草甸。

[1126] 紫背金盘(*A. nipponensis* Makino)：在保护区中东部山区分布较为普遍，生于海拔 1200~2000 m 的林下或阴坡草地。

[1127] 矮生紫背金盘(*A. nipponensis* var. *pallescens* C. Y. Wu et C. Chen)：见于保护区内齐头岩、西阳沟、摩天岭、水池坪、长坪子、毛香坝、蔡家坝、关虎等周边山区，生于海拔 1200~1800 m 的路旁或山坡草地。

[1128] 细风轮草(*Clinopodium gracile* Matsum)：在保护区普遍分布，生于海拔 1200~2400 m 的山坡草地或路边草丛。

[1129] 寸金草(*C. megalanthum* C. Y. Wu. et Hsuan)：在保护区普遍分布，生于海拔 1200~2600 m 的山坡或溪沟草丛。

[1130] 风轮草(*C. polycephalum* C. Y. Wu et Hsuan)：在保护区普遍分布，生于海拔 1300~2500 m 的林缘或灌草丛。

[1131] 香薷(*Elsholtzia ciliata* Hyland.)：在保护区内分布较为普遍，生于海拔 1100~2500 m 的河边路旁或山坡灌丛。

[1132] 野草香 [*E. cypriani*(Pavol.)C. Y. Wu et S. Chow]：见于保护区内倒梯子、摩天岭、清坪地、齐头岩、长沟、洪石坝、加字号、文县沟等周边山坡，生于海拔 1500~2600 m 的林下或路边灌丛。

[1133] 密花香薷(*E. donsa* Benth.)：见于保护区内关虎、西阳沟、沙帽石、齐头岩、摩天岭、蔡家坝、毛香坝、清坪地等周边海拔 1200~2000 m 的林下或林缘灌丛。

[1134] 细穗密花香薷 [*E. donsa* var. *lanthina* C. Y. Wu et S. C. Huang]：在保护区内分布较为普遍，生于海拔 1200~2800 m 的林缘或山坡草地。

[1135] 鸡骨柴(*E. fruticosa* Rehd.)：在保护区中东部分布较为普遍，生于海拔 1200~2000 m 的河滩灌丛或山坡灌草丛。

[1136] 鼬瓣花(*Galeopsis bifida* Boenn.)：见于保护区内大草坪、石桥河、红花草

地等地，生于海拔 2500~3000 m 的亚高山草甸。

[1137] 活血丹(*Glechoma longituba* Kupr.)：在保护区中东部普遍分布，生于海拔 1200~1800 m 的林下或林缘。

[1138] 细锥香茶菜(*Isodon coetsa* Kudo)：见于保护区内齐头岩、西阳沟、唐家河保护站、蔡家坝、倒梯子、长沟、文县沟、果子树沟、背林沟等周边山区，生于海拔 1200~2100 m 的河滩灌丛或林缘灌丛。

[1139] 黄花香茶菜(*I. sculponeatus* Kudo)：在保护区普遍分布，生于海拔 1200~2800 m 的沟谷灌丛或林下。

[1140] 溪黄草(*I. serra* Kudo)：多见于保护区内海拔 1200~1500 m 的林下或溪沟、草丛。

[1141] 线纹香茶菜(*I. lophanthoides* Hara)：见于保护区内摩天岭、倒梯子、大草堂、文县沟、加字号、洪石坝、长沟、大火地、清坪地等地，生于海拔 2000~2500 m 的林下或林缘灌丛。

[1142] 动蕊花(*Kinostemon ornatum* Kudo)：偶见于保护区内关虎、齐头岩等地，散生于海拔 1200~1500 m 的阔叶林或路边草丛。

[1143] 夏至草(*Lagopsis supina* Ik.-Gal. ex Knorr.)：见于保护区内西阳沟、齐头岩、红岩子、摩天岭、鸡公垭沟、背林沟、长沟等地，生于海拔 1200~2000 m 的路旁或旷地草丛。

[1144] 宝盖草(*Lamium amplexicaule* L.)：在保护区普遍分布，生于海拔 1200~3200 m 的山坡草地或亚高山草甸。

[1145] 野芝麻(*L. barbatum* Sieb. et Zucc.)：见于保护区内西阳沟、齐头岩、黄土梁、关虎、蔡家坝、唐家河、毛香坝等地，生于海拔 1200~2000 m 的林下或沟谷草丛。

[1146] 益母草(*Leonurus japonicus* Houtt.)：在保护区分布较为普遍，生于海拔 1200~2500 m 的路旁或山地草丛。

[1147] 蜜蜂花(*Melissa axillaris* Bakh. f.)：见于保护区内西阳沟、蔡家坝、唐家河保护站、关虎、齐头岩等地海拔 1200~1600 m 的山坡或溪沟草丛。

[1148] 野薄荷(*Mentha haplocalyx* Briq.)：见于保护区内蔡家坝、唐家河保护站、关虎、齐头岩、西阳沟等地海拔 1200~1800 m 的沟边或路边湿地。

[1149] 石荠苧(*Mosla scabra* C. Y. Wu et H. W. Li)：见于保护区内西阳沟、齐头岩、黄土梁、关虎、蔡家坝等地海拔 1200~1700 m 的路旁或山坡灌草丛。

[1150] 荆芥(*Nepeta cataria* L.)：在保护区普遍分布，生于海拔 1200~2100 m 的路旁或山坡草地。

[1151] 牛至(*Origanum vulgare* L.)：在保护区普遍分布，生于海拔 1200~2200 m 的山坡草地或路边草丛。

[1152] 紫苏(*Perilla frutescens* Britton)：见于保护区内关虎、落衣沟、西阳沟等地海拔 1300~1500 m 的路旁或宅旁。

[1153] 柴续断(*Phlomis szechuanensis* C. Y. Wu)：见于保护区内西阳沟、齐头岩、摩天岭等地，生于海拔 1200~2000 m 的路旁或山坡草地。

　　[1154] 糙苏（*P. umbrosa* Turcz.）：在保护区普遍分布，生于海拔 1200～2500 m 的林下或山坡草丛。

　　[1155] 夏枯草（*Prunella vulgaris* L.）：在保护区普遍分布，生于海拔 1200～2500 m 的路边草丛或山坡灌丛。

　　[1156] 血盆草（*Salvia cavaleriei* var. *simpicifalia* Stib.）：在保护区中东部海拔 1200～1800 m 的山坡灌丛或草地分布较为普遍。

　　[1157] 鄂西鼠尾草（*S. maximowicziana* Hemsl.）：在保护区分布较为普遍，生于海拔 1600～3400 m 的林下或林缘草地。

　　[1158] 荔枝草（*S. plebeia* R. Br.）：见于保护区内西阳沟、齐头岩、沙帽石、红岩子、摩天岭、关虎、背林沟、落衣沟等地海拔 1200～2000 m 的林下或路旁草丛。

　　[1159] 长冠鼠尾草（*S. plectranthoides* Griff.）：见于保护区内西阳沟、齐头岩、沙帽石、红岩子、摩天岭、关虎、落衣沟等地海拔 1200～1800 m 的林下或山坡灌草丛。

　　[1160] 甘西鼠尾草（*S. przewalskii* Maxim.）：在保护区分布较为普遍，生于海拔 1400～3200 m 的河滩草丛或亚高山草甸。

　　[1161] 方枝黄芩（*Scutellaria delavayi* Levl.）：见于清坪地、长沟、鸡公垭沟、齐头岩、西阳沟、红岩子、摩天岭、关虎、落衣沟等地海拔 1200～1900 m 的阴坡或沟谷草地。

　　[1162] 韩信草（*S. indica* L.）：在保护区中东部海拔 1200～1900 m 的林下或沟谷草地分布较为普遍。

110. 茄科（Solanaceae）

　　本科全世界共有 80 余属 3000 余种，广布温带和热带地区。我国共有 24 属约 115 种，在保护区内分布有 3 属 7 种，含 1 变种。

　　[1163] 枸杞（*Lycium chinense* Mill）：偶见于保护区内西阳沟、沙帽石、关虎等地，生于海拔 1200～1600 m 的山坡草地或路边灌丛。

　　[1164] 红姑娘（*Physalis alkekengi* var. *franchetii* Makino）：在保护区分布较为普遍，生于海拔 1300～2500 m 的灌丛或针阔叶混交林。

　　[1165] 苦蘵（*P. angulata* L.）：见于保护区内西阳沟、齐头岩、沙帽石、红岩子、摩天岭、关虎、落衣沟等周边山区，生于海拔 1200～2000 m 的路旁草丛。

　　[1166] 野海椒（*Solanum japonense* Nakai）：偶见于保护区内西阳沟、红岩子、摩天岭、关虎等周边山区，生于海拔 1200～2000 m 的林下或山坡灌草丛。

　　[1167] 白英（*S. lyratum* Thunb.）：见于保护区内西阳沟、齐头岩、沙帽石、红岩子、摩天岭、关虎、落衣沟等周边山区，生于海拔 1100～1800 m 的山地灌丛或林缘。

　　[1168] 龙葵（*S. nigrum* L.）：见于保护区内蔡家坝、唐家河保护站、关虎、其右眼、西阳沟、摩天岭、毛香坝等地海拔 1200～1600 m 的路边或山地草丛。

　　[1169] 癫茄（*S. virginianum* L.）：见于保护区内唐家河保护站、蔡家坝、关虎等地海拔 1100～1400 m 的山谷灌丛或路旁。

111. 醉鱼草科（Buddlejaceae）

　　本科全世界有约 7 属 150 余种，广泛分布在全世界热带和亚热带等温暖地区。我国仅 1 属 40 余种，分布在南方各地，在保护区内分布有 1 属 2 种。

[1170] 大叶醉鱼草（*Buddleja davidii* Franch.）：保护区普遍分布，生于海拔 1400～2800 m 的河滩灌丛或山地灌丛。

[1171] 醉鱼草（*B. lindleyana* Fort.）：见于保护区内西阳沟、齐头岩、关虎、背林沟、唐家河保护站、蔡家坝、毛香坝等地海拔 1200～1600 m 的林缘或溪沟边草丛。

112. 玄参科（Scrophulariaceae）

本科全世界共有约 200 属 3000 余种，广布于全球各地，多数在温带地区。我国产 56 属约 650 种，主要分布于西南部山地。在保护区内分布有 12 属 25 种。

[1172] 来江藤（*Brandisia hancei* Hook. f.）：在保护区中东部海拔 1100～2000 m 的林缘或山坡灌丛分布较为普遍。

[1173] 短腺小米草（*Euphrasia regelii* Wettst.）：见于保护区内西阳沟、蔡家坝、摩天岭、水池坪、毛香坝、长沟、倒梯子、文县沟、加字号等地海拔 1200～2400 m 的林缘或山坡灌草丛。

[1174] 小米草（*E. tatarica* Fisch.）：见于保护区内西阳沟、蔡家坝、摩天岭、水池坪、长沟、关虎、文县沟等地海拔 1200～2000 m 的路边草丛或河滩草地。

[1175] 鞭打绣球（*Hemiphragma heterophyllum* Wall.）：在保护区中西部山区海拔 2000～2600 m 的灌丛或草甸分布较为普遍。

[1176] 母草（*Lindernia crustacea* F.-Muell.）：见于保护区内毛香坝、蔡家坝、唐家河保护站、关虎、齐头岩、西阳沟等地海拔 1200～1500 m 的林缘或路边草丛。

[1177] 圆叶母草（*L. nummularifolia* Wettst.）：见于保护区内毛香坝、蔡家坝、唐家河保护站、关虎、齐头岩、西阳沟等地海拔 1100～1500 m 的阴坡草地或沟边草丛。

[1178] 通泉草（*Mazus japonicus* O. Kuntze）：在保护区中东部普遍分布，生于海拔 1200～2000 m 的路边或荒地草丛。

[1179] 四川沟酸浆（*Mimulus szechuanensis* Pai）：在保护区普遍分布，生于海拔 1200～2600 m 的路旁草丛或山坡草地。

[1180] 川泡桐（*Paulownia fargesii* Franch.）：偶见于保护区内西阳沟、关虎等地，生于海拔 1200～1500 m 的路旁或疏林下。

[1181] 扭盔马先蒿（*Pedicularis davidii* Franch.）：在保护区中西部普遍分布，生于海拔 2000～3400 m 的亚高山草甸或林缘。

[1182] 美观马先蒿（*P. decora* Franch.）：在保护区中西部普遍分布，生于海拔林 1600～3000 m 的林下或林缘草地。

[1183] 条纹马先蒿（*P. lineata* Franch. ex Maxim.）：在保护区中西部分布较为普遍，生于海拔 2000～3400 m 的林下或山坡草地。

[1184] 小唇马先蒿（*P. microchila* Franch. ex Maxim.）：在保护区中西部分布较为普遍，生于海拔 1800～3000 m 的阴坡草地。

[1185] 宝兴马先蒿（*P. moupinensis* Franch.）：在保护区中西部普遍分布，生于海拔 2000～3100 m 的林缘或亚高山草甸。

[1186] 黄花马先蒿（*P. seeptumcorolinum* L.）：在保护区中东部普遍分布，生于海

拔 1200~2000 m 的林缘或溪边草地。

[1187] 穗花马先蒿(*P. spicata* Pall.)：在保护区普遍分布，生于海拔 1600~2800 m 的山坡草地或溪边草丛。

[1188] 轮叶马先蒿(*P. verticillata* L.)：在保护区普遍分布，生于海拔 1500~3200 m 的亚高山草甸或林缘草丛。

[1189] 阴行草(*Siphonostegia chinensis* Benth.)：见于保护区内毛香坝、蔡家坝、唐家河保护站、关虎、落衣沟、齐头岩、西阳沟等地海拔 1200~1600 m 的山坡草地或路边崖石上。

[1190] 紫色翼萼[*Torenia violacea*(Azaola)Pennell]：见于保护区内齐头岩、西阳沟、背林沟、唐家河保护站、蔡家坝、关虎、毛香坝等地，生于海拔 1100~1700 m 的阴湿草地及疏林下。

[1191] 北水苦荬(*Veronica anagallis-aquatica* L.)：在保护区中东部山区海拔 1200~1800 m 的溪沟旁分布较为普遍。

[1192] 婆婆纳(*V. didyma* Tenore)：在保护区中东部普遍分布，生于海拔 1200~2000 m 的荒地或山坡草丛。

[1193] 疏花婆婆纳(*V. laxa* Benth.)：在保护区的分布区域与婆婆纳相同，生于海拔 1200~2200 m 的林缘或山坡草丛。

[1194] 小婆婆纳(*V. serphyllifolia* L.)：在保护区普遍分布，生于海拔 1500~2800 m 的林下或林缘草丛。

[1195] 四川婆婆纳(*V. szechuania* Batal.)：在保护区普遍分布，生于海拔 1200~2600 m 的林下或山坡草地。

[1196] 细穗腹水草(*Veronicastrum stenostachyum* Yamazaki)：见于保护区内关虎、西阳沟、齐头岩、唐家河保护站、背林沟、蔡家坝、毛香坝等地海拔 1200~1500 m 的林下或阴湿山地灌草丛。

113. 爵床科(Acanthaceae)

本科全世界共有 250 余属 3000 余种，主要分布在热带地区，有 4 个分布的中心：印度—马来西亚、非洲、巴西及中美洲。我国共有约 50 属 400 余种，以云南最多，四川、贵州、广西、广东和台湾等省区也很丰富，在保护区内分布有 3 属 3 种。

[1197] 地皮消(*Pararuellia delavayana* E. Hossain)：见于保护区内齐头岩、西阳沟、摩天岭、倒梯子、文县沟、加字号、清坪地、长沟、石桥河等地，生于海拔 1500~2400 m 的林下或林缘灌丛。

[1198] 爵床(*Rostellularia procumbens* Nees)：偶见于保护区内西阳沟、齐头岩、摩天岭、文县沟、清坪地、长沟等地，生于海拔 1200~2000 m 的路边草丛或灌草丛。

[1199] 云南马蓝(*Strobilanthes yunnanensis* Diels)：据《四川唐家河自然保护区综合科学考察报告》(2003)记载，该物种生于海拔 1500~1800 m 的路边灌草丛。

114. 苦苣苔科(Gesneriaceae)

本科全世界有约 140 属 2000 余种，分布于亚洲东部和南部、非洲、欧洲南部、大洋洲、南美洲及墨西哥的热带至温带地区。我国共有 50 余属(其中 28 属特产中国)400 余种，主产云南、广西和广东等省区，在保护区内分布有 5 属 5 种。

　　[1200] 石花(*Corallodiscus flabellatus* Burtt)：据《四川唐家河自然保护区综合科学考察报告》(2003)记载，该物种生于海拔 1200~2000 m 的山坡崖石上。

　　[1201] 半蒴苣苔(*Hemiboea henryi* Clarke)：见于保护区内西阳沟、齐头岩、黄土梁、摩天岭、红岩子等地海拔 1200~1800 m 的阴坡林下或沟边草丛。

　　[1202] 金盏苣苔(*Isometrum farreii* Graib)：见于保护区内西阳沟、齐头岩、黄土梁、摩天岭、红岩子等地海拔 1200~1800 m 的阳坡崖石上。

　　[1203] 吊石苣苔(*Lysionotus pauciflorrus* Maxim.)：见于保护区内西阳沟、齐头岩、黄土梁、摩天岭、红岩子等地海拔 1200~2200 m 的林中岩石上。

　　[1204] 川滇马铃苣苔(*Oreocharis henryana* Oliv)：见于保护区内关虎、西阳沟等地，生于海拔 1300~1500 m 的阴湿石崖上。

115. 列当科(Orobanchaceae)

　　本科全世界有 25 属 200 余种，主产于北温带欧亚大陆。我国有 10 属约 35 种，在保护区内分布有 3 属 3 种。

　　[1205] 假野菰(*Christisonia sinensis* G. Beck)：据《四川唐家河自然保护区综合科学考察报告》(2003)记载，该物种生于海拔 1200~1600 m 的林下或林缘草丛。

　　[1206] 四川列当(*Orobanche sinensis* H. Smith)：据《四川唐家河自然保护区综合科学考察报告》(2003)记载，该物种生于海拔 2500~3000 m 的针叶林下。

　　[1207] 丁座草(*Xylanche himalaica* G. Beck)：据《四川唐家河自然保护区综合科学考察报告》(2003)记载，该物种生于海拔 2000~3000 m 的林缘灌丛或山坡草地。

116. 透骨草科(Phrymataceae)

　　本科全世界仅 1 属 1 种。我国有 1 属 1 种 2 亚种，间断分布于北美东部及亚洲东部，在保护区内仅分布 1 变种。

　　[1208] 透骨草(*Phryma leptostachya* var. *asiatica* Hara)：在保护区中东部普遍分布，生于海拔 1200~2200 m 的灌丛或林缘草丛。

117. 车前草科(Plantaginaceae)

　　本科全世界共 3 属 270 种。我国共 1 属 13 种，在保护区内分布有 1 属 3 种。

　　[1209] 车前(*Plantago asiatica* L.)：在保护区中东部普遍分布，生于海拔 1200~2000 m 的灌丛或草丛。

　　[1210] 平车前(*P. depressa* Willd.)：在保护区中西部海拔 2500~3000 m 的山坡或路边草丛普遍分布。

　　[1211] 大车前(*P. major* L.)：在保护区普遍分布，生于海拔 1200~2500 m 的溪沟或路边湿润地。

118. 忍冬科(Caprifoliaceae)

　　本科全世界共有 14 属约 400 种，主要分布于北温带和热带高海拔山地，东亚和北美东部种类最多。中国分布有 12 属 200 余种，大多分布于华中和西南各省区，在保护区内分布有 7 属 34 种，含 3 变种 1 变型。

　　[1212] 南方六道木(*Abelia dielsii* Rehd.)：在保护区内分布较为普遍，生于海拔

1200~2400 m 的林下或沟谷灌丛。

[1213] 短枝六道木(*A. engleriana* Rehd.)：偶见于保护区内西阳沟、齐头岩、蔡家坝、摩天岭、倒梯子、长沟、文县沟等地海拔 1200~2200 m 的林下或山坡灌丛。

[1214] 小叶六道木(*A. parvifolia* Hemsl.)：在护区中东分布较为普遍，生于海拔 1200~2200 m 的林下或灌丛。

[1215] 双盾木(*Dipelta floribunda* Maxim.)：在保护区内分布较为普遍，生于海拔 1200~2400 m 的林下或灌丛。

[1216] 云南双盾木(*D. yunnanensis* Franch.)：在保护区内分布较为普遍，生于海拔 1200~2500 m 的林下或林缘灌丛。

[1217] 狭萼鬼吹箫(*Leycesteria formosa* var. *stenosepala* Rehd.)：主要见于保护区中部地区海拔 1600~2200 m 的路边灌丛或林下。

[1218] 淡红忍冬(*Lonicera acuminata* Wall.)：在保护区内分布较为普遍，生于海拔 1200~2500 m 的林下或山坡灌丛。

[1219] 蓝锭果(*L. caerulea* var. *edulis* Turcz. ex Herd.)：见于保护区内石桥河、大草坪、加字号、洪石坝、大草堂、红花草地、倒梯子、文县沟、长沟、清坪地等地海拔 2000~3200 m 的针阔叶混交林或针叶林。

[1220] 黄毛忍冬(*L. giraldii* Rehd.)：见于保护区内关虎、蔡家坝、西阳沟、摩天岭、倒梯子、长坪子、腰磨石窝、观音岩、文县沟、长沟、清坪地等地海拔 1200~2300 m 的沟谷林下或山坡灌丛。

[1221] 蕊被忍冬(*L. gynochlamydea* Hemsl.)：偶见于保护区内关虎、唐家河保护站、西阳沟、齐头岩等地海拔 1200~2000 m 的林下或沟谷灌丛。

[1222] 巴东忍冬(*L. henryi* Hemsl.)：在保护区内普遍分布，生于海拔 1200~2400 m 的灌丛或阔叶林中。

[1223] 刚毛忍冬(*L. hispida* Pall. ex Roem. et Schult)：见于保护区内石桥河、大草坪、加字号、洪石坝、大草堂、红花草地、倒梯子、文县沟、长沟、清坪地等地海拔 2000~3200 m 的灌丛或针叶林。

[1224] 亮叶忍冬(*L. nitida* Maigrun)：在保护区内分布较为普遍，生于海拔 1200~2500 m 的林下或河谷灌丛。

[1225] 云南蕊帽忍冬(*L. pileata* f. *yunnanensis* Rehd.)：见于保护区内石桥河、大草坪、加字号、洪石坝、大草堂、红花草地、倒梯子、文县沟、长沟、清坪地等地海拔 2000~3200 m 的针阔叶混交林或针叶林。

[1226] 蕊帽忍冬(*L. pileata* Oliv.)：在保护区中东部海拔 1200~2000 m 的灌丛或阔叶林分布较为普遍。

[1227] 陇塞忍冬(*L. tangutica* Maxim.)：见于保护区内石桥河、大草坪、加字号、洪石坝、大草堂、红花草地、倒梯子、文县沟、长沟、清坪地等地，生于海拔 2000~3400 m 的针阔叶混交林或针叶林。

[1228] 盘叶忍冬(*L. tragophylla* Hemsl.)：见于保护区内齐头岩、蔡家坝、唐家河保护站、水池坪、长坪子、长沟、文县沟、摩天岭、腰磨石窝、洪石坝等周边山区，

生于海拔 1200～2400 m 的灌丛或针阔叶混交林。

[1229] 华西忍冬(*L. webbiana* Wall. ex DC.)：在保护区内分布较为普遍，生于海拔 1300～2600 m 的林缘或路边灌丛。

[1230] 血满草(*Sambucus adnata* Wall. ex DC.)：在保护区内普遍分布，生于海拔 1200～2600 m 的灌丛或林缘草丛。

[1231] 接骨草(*S. chinensis* Lindl.)：在保护区中东部海拔 1200～1800 m 的路边或灌草丛普遍分布。

[1232] 接骨木(*S. williamsii* Hance)：偶见于保护区内西阳沟、关虎等地，生于海拔 1200～2000 m 的林下或灌丛。

[1233] 穿心莛子藨(*Triosteum himalayanum* Wall.)：见于保护区内齐头岩、西阳沟、大火地、倒梯子、长沟、文县沟、石桥河、腰磨石窝等地，生于海拔 1200～2600 m 的阴坡林下或沟边草丛。

[1234] 莛子藨(*T. pinnatifidum* Maxim.)：偶见于保护区内齐头岩、倒梯子、长沟、文县沟、石桥河、腰磨石窝等地海拔 1400～2500 m 的林下或林缘草丛。

[1235] 桦叶荚蒾(*Viburnum betulifolium* Batal.)：在保护区内普遍分布，生于海拔 1400～3000 m 的林下或山坡灌丛。

[1236] 心叶荚蒾(*V. cordifolium* Wall. ex DC.)：在保护区内普遍分布，生于海拔 2000～3200 m 的林下或林缘灌丛。

[1237] 水红木(*V. cylindricum* Bueh. -Ham. ex D. Don)：见于保护区内蔡家坝、堂姐和保护站、关虎、齐头岩等地海拔 1200～1500 m 的河滩灌丛或阔叶林下。

[1238] 宜昌荚蒾(*V. erosum* Thunb.)：见于保护区内西阳沟、摩天岭、红岩子、黄土梁、水池坪、毛香坝、腰磨石窝等地，生于海拔 1200～2100 m 的林下或山坡灌丛。

[1239] 淡红荚蒾(*V. erubescens* var. *prattii* Rehd.)：在保护区内普遍分布，生于海拔 1200～2600 m 的针阔叶混交林下或灌丛。

[1240] 湖北荚蒾(*V. hupehense* Rehd.)：保护区内普遍分布，生于海拔 1200～3000 m的林下或山坡灌丛。

[1241] 甘肃荚蒾(*V. kansuense* Batal.)：见于保护区内石桥河、大草坪、加字号、洪石坝、大草堂、红花草地、倒梯子、文县沟、长沟、清坪地等地海拔 2000～3000 m 的林下或山坡灌丛。

[1242] 少花荚蒾(*V. oliganthum* Batal.)：见于保护区内西阳沟、沙帽石、齐头岩、关虎、黄土梁、红岩子、蔡家坝、毛香坝、水池坪等地海拔 1200～1800 m 的阔叶林或灌丛。

[1243] 球核荚蒾(*V. propinquum* Hemsl.)：据《四川唐家河自然保护区综合科学考察报告》(2003)记载，该物种生于海拔 1100～1400 m 的林下或路旁灌丛。

[1244] 枇杷叶荚蒾(*V. rhytidophyllum* Hemsl.)：偶见于保护区内西阳沟、齐头岩、关虎、唐家河保护站等地海拔 1200～1500 m 的林缘或沟谷灌丛。

[1245] 合轴荚蒾(*V. sympodiale* Graebn.)：在保护区内普遍分布，生于海拔 1200～2600 m 的林下或山坡灌丛。

119. 败酱科(Valerianaceae)

本科全世界共有 13 属约 400 种,大多数分布于北温带,有些种类分布于亚热带或寒带。我国共有 3 属 30 余种,在保护区内分布有 2 属 6 种。

[1246] 单蕊败酱(*Patrinia monander* C. B. Clarke):在保护区中东部山区普遍分布,生于海拔 1200~2200 m 的路边草丛。

[1247] 败酱(*P. scabiosaefolia* Fisch. ex Trev.):在保护区中东部山区普遍分布,生于海拔 1200~2000 m 的林下或林缘灌草丛。

[1248] 白花败酱(*P. villosa* Juss.):在保护区内普遍分布,生于海拔 1200~2400 m 的林缘或山地草丛。

[1249] 柔垂缬草(*Valeriana flaccidissima* Maxim.):在保护区内分布较普遍,生于海拔 1200~2300 m 的林下或溪沟草丛。

[1250] 蜘蛛香(*V. jatamansi* Jones.):据《四川唐家河自然保护区综合科学考察报告》(2003)记载,该物种生于海拔 1200~1600 m 的阴坡草地或溪沟草丛。

[1251] 缬草(*V. officinalis* L.):在保护区内普遍分布,生于海拔 1200~2800 m 的林缘或林间草地。

120. 川续断科(Dipsacaceae)

本科全世界共有 9~12 属约 300 种,主要分布于东地中海和中东。我国共有 5 属约 28 种,分布于东北、华北、西北、西南和台湾,在保护区内分布有 3 属 5 种。

[1252] 川续断(*Dipsacus asper* Wall.):在保护区内普遍分布,生于海拔 1300~2300 m 的林缘或灌草丛。

[1253] 续断(*D. japonicaus* Miq.):多见于保护区内海拔 1200~2000 m 的林缘或溪边草丛。

[1254] 白花刺参(*Morina alba* Hand-Mazz.):见于保护区内大草堂、大草坪、红花草地等地,生于海拔 2800~3400 m 的亚高山草甸。

[1255] 刺参(*M. bulleyana* L.):在保护区的数量较少,但分布范围较广,生于海拔 1800~3200 m 的林下或林缘草地。

[1256] 双参(*Triplostegia glandulifera* Wall.):据《四川唐家河自然保护区综合科学考察报告》(2003)记载,该物种生于海拔 2000~2800 m 的林下或林缘草地。

121. 桔梗科(Campanulaceae)

本科全世界共有 60 余属约 2000 种,主产地为温带和亚热带。我国产 16 属约 170 种,在保护区内分布有 8 属 16 种,含 1 变种 2 亚种。

[1257] 丝裂沙参(*Adenophora capillaris* Hamsl.):据《四川唐家河自然保护区综合科学考察报告》(2003)记载,该物种生于海拔 1200~2600 m 的林下或山坡草地。

[1258] 高山沙参(*A. himalayana* var. *alpina* Hong):见于保护区内文县河、石桥河、红花草地、大草坪、大火地等地海拔 2400~3600 m 的亚高山草甸。

[1259] 川藏沙参(*A. liliifolioides* Pax et Hoffm.):见于保护区内石桥河、红花草地、大草坪、文县沟、大火地等地海拔 2400~3300 m 的林缘或亚高山草甸。

[1260] 泡沙参(*A. potaninii* Korsh.):见于保护区内西阳沟、齐头岩、达架岩、摩

天岭、倒梯子、清坪地、腰磨石窝、观音岩、长沟等地海拔 1200~2000 m 的地河边灌丛或草丛。

[1261] 无柄沙参(*A. stricta* subsp. *sessilifolia* Hong)：偶见于保护区内齐头岩、蔡家坝、长坪子等地海拔 1200~2200 m 的林缘或山坡草地。

[1262] 轮叶沙参(*A. tetraphylla* Fisch.)：偶见于保护区中东部山区，生于海拔 1200~2000 m 的山坡草地或灌丛。

[1263] 西南风铃草(*Campanula colorata* Wall.)：保护区内保护区内普遍分布，生于海拔 1400~2400 m 的林下或山坡草地。

[1264] 金钱豹(*Campanumoea javanica* subsp. *japonica* Hong)：偶见于保护区内蔡家坝、唐家河保护站、关虎、齐头岩等地海拔 1200~1600 m 的阴坡灌丛或草地。

[1265] 长叶轮钟草(*C. lancifolia* Merr.)：见于保护区内西阳沟、达架岩、背林沟、长沟、蔡家坝、唐家河保护站、关虎、齐头岩等地海拔 1200~1800 m 的林下或山坡草地。

[1266] 脉花党参(*Codonopsis nervosa* Nannf.)：见于保护区内文县沟、石桥河、红花草地、大草坪、大火地等地海拔 2500~3600 m 的林缘灌丛或亚高山草甸。

[1267] 党参(*C. pilosula* Nannf.)：见于保护区内蔡家坝、唐家河保护站、关虎、齐头岩、西阳沟等地海拔 1100~1500 m 的林缘路旁或溪沟灌丛。

[1268] 川党参(*C. tangshen* Oliv.)：在保护区内分布较为普遍，生于海拔 1200~2400 m 的林缘灌丛或草地。

[1269] 江南山梗菜(*Lobelia davidii* Franch.)：据《四川唐家河自然保护区综合科学考察报告》(2003)记载，该物种生于海拔 1200~2000 m 的阴坡林下或溪沟边草丛。

[1270] 桔梗(*Platycodon grandiflorus* A. DC.)：见于保护区内西阳沟、达架岩、背林沟、长沟、蔡家坝、唐家河保护站、关虎、齐头岩等地海拔 1200~1800 m 的山坡灌丛或草地。

[1271] 铜锤玉带草(*Pratia begonifolia* Wall.)：在保护区内分布较为普遍，生于海拔 1100~2500 m 的林缘或山坡草地。

[1272] 蓝花参(*Wahlenbergia marginata* A. DC.)：主要见于保护区中东部地区海拔 1200~2000 m 的林缘草丛或山坡草地。

122. 菊科(Compositae)

本科全世界共 13 族 1000 余属，近 2.5 万种，全球分布。我国分布有 200 余属近 3000 种，在保护区内分布有 41 属 108 种。

[1273] 云南蓍(*Achillea wilsoniana* Heimerl.)：多见于保护区内海拔 1800~2500 m 的林缘或山坡草地。

[1274] 腺梗菜(*Adenocaulon himalaicum* Edgew.)：在保护区内普遍分布，生于海拔 1200~2700 m 的阔叶林或针阔叶混交林。

[1275] 光叶兔儿风(*Ainsliaea glabra* Hemsl.)：多见于保护区内海拔 1200~2000 m 的林下或林缘草丛。

[1276] 长穗兔儿风(*A. henryi* Diels.)：在保护区中西部海拔 2200~3200 m 的针叶

林或针阔叶混交林分布较为普遍。

[1277] 红背兔儿风（*A. rubrifolia* Franch.）：在保护区内普遍分布，生于海拔 1300～2400 m 的林下或山坡草地。

[1278] 亚菊（*Ajania pallasiana* Polijak.）：在保护区内普遍分布，生于海拔 1500～2700 m 的林缘或阴湿草丛。

[1279] 川甘亚菊（*A. potaninii* Poljak.）：见于保护区内西阳沟、齐头岩、沙帽石、关虎、落衣沟、唐家河保护站、蔡家坝、毛香坝、水池坪、背林沟等周边低海拔山区，生于海拔 1200～1600 m 的林下或河谷灌丛。

[1280] 细裂亚菊（*A. przewalskii* Poljak.）：见于保护区内石桥河、红花草地、加字号、大草坪、大草堂、大火地等高海拔山区，生于海拔 2600～3200 m 的亚高山草甸。

[1281] 粘毛香青（*Anaphalis bulleyana* Chang.）：在保护区内普遍分布，生于海拔 1600～3000 m 的路边草丛或山地灌丛。

[1282] 旋叶香青（*A. contorta* Hook. f.）：在保护区内普遍分布，生于海拔 1200～2500 m 的林缘或路边草丛。

[1283] 淡黄香青（*A. flavescens* Hand.-Mazz.）：在保护区内普遍分布，生于海拔 1200～2400 m 的林缘或河谷灌丛。

[1284] 纤枝香青（*A. gracilis* Hand.-Mazz.）：在保护区中东部山区海拔 1200～2200 m 的林缘或山坡草丛分布较为普遍。

[1285] 乳白香青（*A. lactea* Maxim.）：在保护区内普遍分布，生于海拔 2000～2600 m 的林缘或山坡草丛。

[1286] 珠光香青（*A. margaritacea* Benth. et Hook. f.）：在保护区中西部山区海拔 1600～2800 m 的林缘或山坡灌草丛分布较为普遍。

[1287] 清明草（*A. napalensis* Hand.-Mazz.）：在保护区东部海拔 1200～1600 m 的山坡草地或路边草丛普遍分布。

[1288] 牛蒡（*Arctium lappa* L.）：见于保护区内蔡家坝、毛香坝、唐家河保护站、关虎、齐头岩等地周边海拔 1200～1600 m 的山地草丛。

[1289] 黄花蒿（*Artemisia annua* L.）：在保护区内普遍分布，生于海拔 1200～2300 m 的路旁草丛或山坡草地。

[1290] 青蒿（*A. apiacea* Hance.）：在保护区东部海拔 1200～1800 m 的路旁或荒山坡普遍分布。

[1291] 艾蒿（*A. argyi* Levl. et Vant.）：在保护区中东部海拔 1200～2200 m 的林缘草丛或山坡草丛普遍分布。

[1292] 牛尾蒿（*A. dubia* Wall. ex Bess.）：在保护区中东部海拔 1200～2000 m 的林下或山坡草地普遍分布。

[1293] 野艾蒿（*A. lavandulaefolia* DC.）：在保护区中东部普遍分布，生于海拔 1200～1800 m 的山坡草地或路边草丛。

[1294] 灰苞蒿（*A. roxburghiana* Bess.）：在保护区内普遍分布，生于海拔 1600～2800 m 的林缘或山坡草地。

[1295] 茵陈蒿(*A. capillaris* Thunb.)：见于保护区内蔡家坝、唐家河保护站、关虎、落衣沟、西阳沟、齐头岩等地海拔 1200～1500 m 的路边草丛或荒坡草地。

[1296] 牡蒿(*A. japonica* Thunb.)：在保护区内普遍分布，生于海拔 1200～2000 m 的路边草丛或荒坡。

[1297] 白苞蒿(*A. lactiflora* Wall.)：在保护区内普遍分布，生于海拔 1600～2800 m 的针阔叶混交林或路边草丛。

[1298] 三褶脉紫菀(*Aster ageratoides* Turcz.)：在保护区内普遍分布，生于海拔 1200～2800 m 的路边草丛或针阔叶混交林。

[1299] 小舌紫菀(*A. albescens* Hand.-Mazz.)：在保护区中东部普遍分布，生于海拔 1200～2000 m 的路边灌丛或山地灌丛。

[1300] 无毛小舌紫菀(*A. albescens* var. *levissimus* Hand.-Mazz.)：偶见于保护区内关虎、西阳沟一带海拔 1200～1500 m 的山坡或路边灌丛。

[1301] 甘川紫菀(*A. simthianus* Hand.-Mazz.)：在保护区中东部普遍分布，生于海拔 1200～1800 m 的山坡灌草丛。

[1302] 鬼针草(*Bidens bipinnata* L.)：在保护区内蔡家坝、唐家河保护站、关虎、齐头岩、西阳沟、黄土梁、红岩子、背林沟等较低海拔山区普遍分布，生于海拔 1200～1600 m 的路边或山坡草丛。

[1303] 金盏银盘(*B. bitemata* Merr. et Scherff.)：见于保护区内蔡家坝、唐家河保护站、关虎等地海拔 1100～1400 m 的路旁或山坡。

[1304] 小花鬼针草(*B. parviflora* Willd.)：在保护区中东部普遍分布，生于海拔 1200～1800 m 的路旁或山坡草丛。

[1305] 白花鬼针草(*B. pilosa* var. *radiate* Sch.-Bip.)：见于保护区内蔡家坝、唐家河保护站、关虎等地海拔 1100～1400 m 的路旁或旷野草地。

[1306] 狼把草(*B. tripartita* L.)：据《四川唐家河自然保护区综合科学考察报告》(2003)记载，该物种生于海拔 1200～1800 m 的林缘或沟谷灌草丛。

[1307] 耳叶蟹甲草(*Cacalia auriculata* DC.)：在保护区内普遍分布，生于海拔 1300～2400 m 的林下或林缘草丛。

[1308] 双舌蟹甲草(*C. davidii* Hand.-Mazz.)：在保护区内普遍分布，生于海拔 1400～2800 m 的路边灌丛或针阔叶混交林。

[1309] 三角叶蟹甲草(*C. deltophylla* Mattf.)：在保护区内普遍分布，生于海拔 1600～2800 m 的阔叶林或灌丛。

[1310] 阔柄蟹甲草(*C. lapites* Hand.-Mazz.)：据《四川唐家河自然保护区综合科学考察报告》(2003)记载，该物种生于海拔 1200～2000 m 的林下或沟谷灌草丛。

[1311] 掌裂蟹甲草(*C. palmatisecta* Hand.-Mazz.)：在保护区西部海拔 2500～3400 m 的冷杉林或林缘草丛普遍分布。

[1312] 蛛毛蟹甲草(*C. roborowskii* Ling.)：据《四川唐家河自然保护区综合科学考察报告》(2003)记载，该物种生于海拔 2600～3400 m 的针阔叶混交林或针叶林。

[1313] 羽裂蟹甲草(*C. tangutica* Hand.-Mazz.)：在保护区内普遍分布，生于海拔

1500~2800 m 的林下或路边草丛。

[1314] 飞廉（*Carduus crispus* L.）：在保护区内普遍分布，生于海拔 1200~3000 m 的路边草丛或亚高山草甸。

[1315] 天名精（*Carpesium abrotanodies* L.）：在保护区中东部山区普遍分布，生于海拔 1200~2000 m 的路边草丛或山坡草丛。

[1316] 烟管头草（*C. cernuum* L.）：在保护区内普遍分布，生于海拔 1400~2700 m 的林下或沟谷灌丛。

[1317] 高山金挖耳（*C. lipskyi* C. Winkl.）：见于该种大草堂、大草坪、红花草地等地，生于海拔 2800~3400 m 的亚高山草甸。

[1318] 大花金挖耳（*C. macrocephalum* Franch. et Savat.）：在保护区内普遍分布，生于海拔 2000~3200 m 的林缘或亚高山草甸。

[1319] 小金挖耳（*C. minus* Hemsl.）：在保护区中部山区普遍分布，生于海拔 1500~2000 m 的林缘或山坡草丛。

[1320] 大蓟（*Cirsium japonicum* DC.）：在保护区中东部山区普遍分布，生于海拔 1400~1900 m 的路边灌丛或落叶阔叶林。

[1321] 魁蓟（*C. leo* Nakai et Kitag.）：在保护区内普遍分布，生于海拔 1500~3000 m的路边灌丛或落叶阔叶林。

[1322] 烟管蓟（*C. pendulum* Fisch.）：见于该种蔡家坝、唐家河保护站、关虎、齐头岩、西阳沟、背林沟等地海拔 1200~1500 m 的林缘或沟边草丛。

[1323] 刺儿菜（*C. segetum* Bunge.）：偶见于保护区内西阳沟、齐头岩、关虎、唐家河保护站等地海拔 1200~1700 m 的山坡草地或路边草丛。

[1324] 小白酒草（*Conyza canadensis* Cronq.）：在保护区中东部山区海拔 1200~1800 m 的路边草丛或旷野草地分布较为普遍。

[1325] 白酒草（*C. japonica* Lqss.）：在保护区中东部山区海拔 1200~2000 m 的林缘或山坡草丛分布较为普遍。

[1326] 野菊（*Dendranthema indicum* Des Monl.）：在保护区中东部山区海拔 1200~2000 m 的路边草丛或灌丛分布较为普遍。

[1327] 鱼眼草（*Dichrocephala auriculata* Druce.）：见于保护区内蔡家坝、唐家河保护站、关虎、西阳沟等地海拔 1200~1500 m 的路边草丛或山坡草地。

[1328] 小鱼眼草（*Dichrocephala benthamii* C. B. Clarke）：在保护区内蔡家坝、唐家河保护站、关虎、西阳沟等地海拔 1200~1500 m 的路边草丛或山坡草地有分布。

[1329] 一点红 [*Emilia sonchifolia*（L.）DC.]：据《四川唐家河自然保护区综合科学考察报告》（2003）记载，该物种生于海拔 1100~1400 m 的林缘或路旁草丛。

[1330] 飞蓬（*Erigeron acer* L.）：在保护区内普遍分布，生于海拔 1500~2200 m 的路边草地。

[1331] 一年蓬（*E. annus* Pers.）：在保护区中东部山区普遍分布，生于海拔 1200~2000 m 的路旁或山坡草地。

[1332] 多舌飞蓬（*E. multiradiatus* Benth.）：见于该种大草坪、大草堂、红花草地

等地海拔 3000~3500 m 的亚高山草甸或灌丛。

[1333] 佩兰(*Eupatorium fortune* Trucz.)：在保护区东部海拔 1200~1600 m 的草地或灌草丛分布较为普遍。

[1334] 泽兰(*E. japonicum* Thunb.)：在保护区东部海拔 1200~1600 m 的林缘草丛或灌草丛分布较为普遍。

[1335] 辣子草(*Galinsoga parviflora* Cav.)：在保护区中东部山区普遍分布，生于海拔 1600~1900 m 的路边草丛或荒山坡。

[1336] 鼠麹草(*Gnaphalium affine* D. Don.)：见于保护区内毛香坝、蔡家坝、唐家河保护站、关虎、落衣沟、西阳沟、齐头岩等地海拔 1200~1500 m 的路边草丛或山坡草地。

[1337] 泥胡菜(*Hemistepta lyrata* Bunge.)：在保护区中东部山区分布较为普遍，生于海拔 1200~1800 m 的路边草丛或山坡草地。

[1338] 羊耳菊(*Inula cappa* DC.)：见于保护区内毛香坝、蔡家坝、唐家河保护站、关虎、落衣沟、西阳沟、齐头岩等地海拔 1200~1600 m 的林缘或山坡草地。

[1339] 山苦荬(*Ixeris chinensis* Nakai)：见于保护区内毛香坝、蔡家坝、唐家河保护站、关虎、落衣沟、西阳沟、齐头岩等地海拔 1200~1600 m 的路旁或山坡草地。

[1340] 苦荬菜(*I. denticulate* Stebb.)：见于毛香坝、蔡家坝、唐家河保护站、关虎、落衣沟、西阳沟、齐头岩等地海拔 1100~1500 m 的路旁或沟谷草丛。

[1341] 细叶苦荬(*I. gracilis* Stebb.)：见于保护区内毛香坝、蔡家坝、唐家河保护站、关虎、落衣沟等地海拔 1100~1400 m 的路旁或山坡草地。

[1342] 多头苦荬(*I. polycephala* Cass.)：见于保护区内毛香坝、蔡家坝、唐家河保护站、关虎、落衣沟、西阳沟、齐头岩等地海拔 1200~1500 m 的路旁或山坡草地。

[1343] 马蓝(*Kalimeris indica* Scfh.-Bip.)：在保护区东部海拔 1200~1600 m 的路旁草丛或山地灌丛普遍分布。

[1344] 细花莴苣(*Lactuca graciliflora* DC.)：见于保护区内毛香坝、蔡家坝、西阳沟、摩天岭、红岩子、清坪地、长沟、齐头岩等地海拔 1400~2000 m 的林缘或山坡草丛。

[1345] 坚杆火绒草(*Leontopodium franchetii* Beauv.)：见于保护区内毛香坝、蔡家坝、唐家河保护站、关虎、落衣沟、西阳沟、齐头岩等地海拔 1200~1600 m 的林缘或山坡草地。

[1346] 长叶火绒草(*L. longifolium* Ling.)：在保护区内普遍分布，生于海拔 1800~3000 m 的林缘灌丛或山坡草地。

[1347] 华火绒草(*L. sinense* Hemsl.)：在保护区内普遍分布，生于海拔 1600~3200 m 的林缘或山坡草地。

[1348] 川西火绒草(*L. wilsonii* Beauv.)：主要分布于保护区中西部山区，生于海拔 2200~2700 m 的针阔叶混交林。

[1349] 鹿蹄橐吾(*Ligularia hodgsonii* Hook.)：在保护区内普遍分布，生于海拔 1600~3000 m 的林下或林缘草地。

[1350] 掌叶橐吾(*L. przewalskii* Diels.)：在保护区中西部中海拔 2200~3000 m 的林缘或灌草丛分布较为普遍。

[1351] 箭叶橐吾(*L. sagitta* Mattf.)：在保护区中西部海拔 2200~3000 m 的林下或林缘草丛分布较为普遍。

[1352] 离舌橐吾(*L. veitchiana* Creenm.)：在保护区内分布较为普遍，生于海拔 2000~2800 m 的林下或林缘草地。

[1353] 黄帚橐吾(*L. virgaurea* Mattf.)：在保护区中西部山区普遍分布，生于海拔 2200~3000 m 的林缘或沟谷草丛。

[1354] 无喙齿冠草(*Myriactis nepalensis* Less.)：据《四川唐家河自然保护区综合科学考察报告》(2003)记载，该物种生于海拔 1500~2000 m 的灌丛或草地。

[1355] 齿冠草(*M. wigthtii* DC.)：见于保护区内西阳沟、齐头岩等地，生于海拔 1400~1600 m 的山坡或路旁草丛。

[1356] 蜂斗菜(*Petasites japonicus* F. Schmidt.)：在保护区中东部山区分布较普遍，生于海拔 1300~2200 m 的山地草丛或灌丛。

[1357] 毛莲菜(*Picris hieracioides* ssp. *japonica* Krylv.)：在保护区中东部山区分布较普遍，生于海拔 1200~2000 m 的路边草丛或山地灌丛。

[1358] 川滇盘果菊(*Preanthes henryi* Dunn.)：在保护区中东部山区分布较普遍，生于海拔 1200~2200 m 的林下或林缘草地。

[1359] 裂叶盘果菊(*P. tatarinovii* var. *aivisa* Kitage.)：见于保护区内毛香坝、蔡家坝、唐家河保护站、关虎、落衣沟、西阳沟、齐头岩等地海拔 1100~1500 m 的落叶阔叶林或路边草丛。

[1360] 秋分草(*Rhynchospermum verticillatum* Reinw)：见于保护区内西阳沟、齐头岩、红岩子等地，生于海拔 1400~1700 m 的山坡灌草丛。

[1361] 羽裂风毛菊(*Saussurea bodinieri* Levl.)：在保护区内分布较普遍，生于海拔 1500~2700 m 的路边或溪旁草丛。

[1362] 川西风毛菊(*S. dzeurensis* Franch.)：在保护区内分布较为普遍，生于海拔 1200~2500 m 的林缘或路边灌丛。

[1363] 球花风毛菊(*S. globosa* Chen.)：见于保护区内大草坪、红花草地、大草堂等地海拔 3000~3600 m 的亚高山草甸或灌丛。

[1364] 禾叶风毛菊(*S. graminea* Dunn.)：见于保护区内大草坪、红花草地、大草堂等地，生于海拔 2800~3300 m 的亚高山草甸。

[1365] 长叶风毛菊(*S. longifolia* Franch.)：见于保护区中西部海拔 2000~2800 m 的林缘或亚高山草甸。

[1366] 少花风毛菊(*S. oligantha* Franch.)：见于保护区内文县河、石桥河、红花草地、大草坪、大火地等地海拔 2600~3400 m 的岷江冷杉林。

[1367] 褐毛风毛菊(*S. phaeantha* Maxim.)：见于保护区中西部山区，生于海拔 1700~2600 m 的林缘或沟谷草丛。

[1368] 双花千里光(*Senecio dianthus* Franch.)：在保护区内普遍分布，生于海拔

1500～2400 m 的阔叶林或灌丛。

[1369] 蒲儿根（*S. oldhamianus* Maxim）：在保护区内普遍分布，生于海拔 1300～3000 m 的亚高山草甸或路边草丛。

[1370] 千里光（*S. scandens* Buch-Ham.）：在保护区内普遍分布，生于海拔 1200～2000 m 的路边草丛或山地灌丛。

[1371] 齿裂千里光（*S. winklerianus* Hand-Mazz.）：在保护区内普遍分布，生于海拔 1600～3000 m 的冷杉林或山坡草丛。

[1372] 豨莶（*Siegesbeckia orientalis* L.）：见于保护区内毛香坝、蔡家坝、唐家河保护站、关虎、落衣沟、齐头岩等地，生于海拔 1200～1600 m 的路边草丛或山坡灌丛。

[1373] 腺梗豨莶（*S. pubescens* Makino）：见于保护区内毛香坝、蔡家坝、唐家河保护站、关虎、落衣沟、西阳沟、齐头岩等地海拔 1200～1800 m 的路边草丛或林缘灌丛。

[1374] 苣荬菜（*Sonchus brachyotus* DC.）：见于保护区内西阳沟、齐头岩、毛香坝、蔡家坝、唐家河保护站、关虎、落衣沟等地海拔 1200～1800 m 的林缘或山坡草地。

[1375] 川甘蒲公英（*Taraxacum lugubre* Dahlst.）：见于保护区内文县河、石桥河、红花草地、大草坪、大草堂、大火地等地海拔 2800～3600 m 的亚高山草甸或灌丛。

[1376] 蒲公英（*T. mongolicm* Hand-Mazz.）：见于保护区内毛香坝、蔡家坝、唐家河保护站、关虎、落衣沟、西阳沟、齐头岩等地海拔 1200～1600 m 的路边草丛或山坡草地。

[1377] 黄缨菊（*Xanthopappus subacaulis* C. Winkl.）：见于保护区内红花草地、大草坪、大火地、大草堂等地海拔 2900～3600 m 的亚高山草甸。

[1378] 红果黄鹤菜（*Youngia erythroesrpa* Babc. et Stebb.）：见于保护区内蔡家坝、唐家河保护站、关虎等地周边海拔 1100～1300 m 的路边或山坡草地。

[1379] 异叶黄鹤菜（*Y. heterophylla* Babc. et Stebb）：见于保护区内毛香坝、蔡家坝、唐家河保护站、关虎、落衣沟、西阳沟、齐头岩等地海拔 1200～1600 m 的路边草丛或山坡草地。

[1380] 黄鹤菜（*Y. japonica* DC.）：在保护区内普遍分布，生于海拔 1200～2000 m 的路边草丛或山坡草地。

123. 眼子菜科（Potamogetonaceae）

本科全世界共有 10 属约 170 种。我国产 8 属 45 种，在保护区内仅产 1 种。

[1381] 小叶眼子菜（*Potamogeton pusillus* L.）：据《四川唐家河自然保护区综合科学考察报告》（2003）记载，该物种生于海拔 1100～1400 m 的溪沟缓水或沼泽浅水处。

124. 百合科（Liliaceae）

本科全世界共有约 240 属 4000 余种，以温带和亚热带最丰富。我国共 60 属近 600 种，遍布全国，在保护区分布有 23 属 60 种，含 5 变种。

[1382] 无毛粉条儿菜（*Aletris glabra* Bur. et Franch.）：在保护区中西部山区海拔 1600～2800 m 的路边草丛或林下分布较为普遍。

[1383] 少花粉条儿菜（*A. pauciflora* Franch.）：见于保护区内西阳沟、齐头岩、毛香坝、蔡家坝、唐家河保护站、关虎、落衣沟、文县沟、石桥河、加字号、清坪地、腰

磨石窝、观音岩等地海拔 1200~2600 m 的林下或林缘草丛。

[1384] 粉条儿菜(*A. spicata* Franch.)：在保护区中东部山区普遍分布，生于海拔 1200~2000 m 的山地草丛或灌丛。

[1385] 狭瓣粉条儿菜(*A. stenoloba* Franch.)：见于保护区内摩天岭、倒梯子、达架岩、长沟、清坪地、西阳沟、齐头岩、毛香坝、蔡家坝、唐家河保护站、关虎、落衣沟、背林沟等周边山区，生于海拔 1200~2200 m 的山地草丛或灌丛。

[1386] 天蓝韭(*Allium cyaneum* Regel)：见于保护区内石桥河、加字号、大草坪、大草堂、红花草地等地，生于海拔 2500~3400 m 的山地草地、疏林下或亚高山草甸。

[1387] 卵叶韭(*A. ovalifolium* Hand.-Mazz.)：在保护区内普遍分布，生于海拔 1500~3400 m 的阔叶林或冷杉林下的岩壁或山坡。

[1388] 多叶韭(*A. plurifoliatum* Rendle)：在保护区中西部山区分布较为普遍，生于海拔 1400~2800 m 的林缘或山坡草地。

[1389] 太白韭(*A. prattii* C. H. Wright)：在保护区中西部山区分布较为普遍，生于海拔 2000~3000 m 的林缘或山坡草地。

[1390] 野黄韭(*A. rude* J. M. Xu)：据《四川唐家河自然保护区综合科学考察报告》(2003)记载，该物种生于海拔 2500~3400 m 的林缘或亚高山草甸。

[1391] 高山韭(*A. sikkimense* Baker)：见于保护区内大草坪、红花草地、大草堂、石桥河等地，生于海拔 2800~3200 m 的山坡草地或亚高山草甸。

[1392] 高山葱(*A. victorialis* L.)：见于保护区内加字号、洪石坝、倒梯子、清坪地、鸡公垭沟、大草坪、红花草地、大草堂、石桥河等地海拔 2000~2800 m 的林缘或山坡草丛。

[1393] 羊齿天门冬(*Asparagus filicinus* Ham. ex D. Don)：在保护区内分布较普遍，生于海拔 1200~2600 m 的林下或沟谷灌丛。

[1394] 大百合(*Cardiocrinum giganteum* Makino)：在保护区中西部山区分布较普遍，生于海拔 2000~2800 m 的林缘灌草丛或山地草丛。

[1395] 七筋姑(*Clintonia udensis* Trautv. et Mey.)：在保护区内普遍分布，生于海拔 1800~3000 m 的林下或林缘灌丛。

[1396] 万寿竹(*Disporum cantoniense* Merr.)：在保护区中西部山区分布较为普遍，生于海拔 1200~2600 m 的林下或灌丛。

[1397] 大花万寿竹(*D. megalanthum* Wang et Tang)：据《四川唐家河自然保护区综合科学考察报告》(2003)记载，该物种生于海拔 1300~2800 m 的林下或林缘灌丛。

[1398] 宝铎草(*D. sessile* D. Don)：在保护区中东部山区分布较普遍，生于海拔 1200~2200 m 的林下或灌草丛。

[1399] 青川贝母(*Fritillaria glabra* var. *qingchuanensis* S. Y. Tang et S. C. Yueh)：仅见于保护区内长坪子，生于海拔 3400~3600 m 的亚高山草甸。

[1400] 黄花(*Hemerocallis citrina* Baroni)：栽培种或栽培逸散种，见于保护区内关虎、西阳沟等地，生于海拔 1300~1600 m 的山谷林缘或弃耕地。

[1401] 萱草(*H. fulva* L.)：偶见于保护区内关虎、西阳沟等地，生于海拔 1200~

1400 m 的沟谷灌丛或草地。

[1402] 玉簪(*Hosta plantaginea* Aschers.)：栽培逸散种，偶见于保护区内关虎、落衣沟、唐家河保护站、西阳沟等地，生于海拔 1200~1500 m 的林缘或草地。

[1403] 百合(*Lilium brownii* var. *viridulum* Baker)：见于保护区内西阳沟、齐头岩、摩天岭、倒梯子、黄土梁、红岩子、沙帽石、毛香坝、蔡家坝、唐家河保护站、关虎、落衣沟等地，生于海拔 1200~1800 m 的林下或山坡草地。

[1404] 川百合(*L. davidii* Duchartre)：在保护区内普遍分布，生于海拔 1200~2800 m的林下或山坡灌草丛。

[1405] 卷丹(*L. lancifolium* Thunb.)：据《四川唐家河自然保护区综合科学考察报告》(2003)记载，该物种生于海拔 1300~2200 m 的灌丛或悬岩阴湿地。

[1406] 宜昌百合(*L. leucanthum* Baker)：偶见于保护区内关虎、落衣沟、唐家河保护站、西阳沟等地，生于海拔 1200~1500 m 的林下或山坡灌草丛。

[1407] 泸定百合(*L. sargentiae* Wilson)：据《四川唐家河自然保护区综合科学考察报告》(2003)记载，该物种生于海拔 1200~2200 m 的山坡草地或灌丛。

[1408] 禾叶土麦冬(*Liriope graminifolia* Baker)：据《四川唐家河自然保护区综合科学考察报告》(2003)记载，该物种生于海拔 1200~1800 m 的阔叶林或山地草丛。

[1409] 沿阶草(*Ophiopogon bodinieri* Levl.)：在保护区中东部山区分布较为普遍，生于海拔 1200~2000 m 的常绿与落叶阔叶混交林。

[1410] 间型沿阶草(*O. intermedius* D. Don)：在保护区内分布较为普遍，生于海拔 1200~2500 m 的林下阴湿处或阴坡草地。

[1411] 短梗重楼(*Paris delavayi* Franch.)：据《四川唐家河自然保护区综合科学考察报告》(2003)记载，该物种生于海拔 1200~3000 m 的生于海拔林下或林缘灌丛。

[1412] 七叶一枝花(*P. polyphylla* Smith)：在保护区内分布较普遍，生于海拔 1200~3000 m 的阔叶林或竹灌丛。

[1413] 狭叶重楼(*P. polyphylla* var. *stenophyllalla* Franch.)：在保护区内分布较为普遍，生于海拔 1200~2600 m 的落叶阔叶林或竹灌丛。

[1414] 北重楼(*P. verticillata* M. Bieb.)：在保护区内较常见，生于海拔 1200~3400 m 的林下或阴坡灌草丛。

[1415] 卷叶黄精(*Polygonatum cirrhifolium* Royle)：在保护区内普遍分布，生于海拔 1400~2600 m 的林下或林缘灌草丛。

[1416] 多花黄精(*P. cyrtonema* Hua)：在保护区内较常见，生于海拔 1200~2600 m 的林下或林缘灌丛。

[1417] 玉竹(*P. odoratum* Druce)：见于保护区内西阳沟、齐头岩、摩天岭、倒梯子、黄土梁、红岩子、沙帽石、毛香坝、蔡家坝、唐家河保护站、关虎、落衣沟等周边山区，生于海拔 1200~1800 m 的林下或灌草丛。

[1418] 黄精(*P. sibiricum* Delar. ex Redoute)：见于保护区内西阳沟、齐头岩、摩天岭、倒梯子、黄土梁、红岩子、沙帽石、毛香坝、蔡家坝、唐家河保护站、关虎、落衣沟等周边山区，生于海拔 1200~2000 m 的林下或灌丛中。

［1419］轮叶黄精(*P. verticillatum* All.)：在保护区中西部山区普遍分布，生于海拔1600～3000 m的林下或林缘草丛。

［1420］吉祥草(*Reineckia carnea* Kunth)：在保护区中西部山区分布较为普遍，生于海拔1200～2800 m的阔叶林或针阔叶混交林下。

［1421］高大鹿药(*Smilacina atropurpurea* Wang et Tang)：见于保护区内文县河、石桥河、大草坪、大草堂、红花草地、加字号、洪石坝、长沟、清坪地、倒梯子等周边山区，散生于海拔2200～3400 m的林下或林缘灌丛。

［1422］管花鹿药(*S. henryi* Wang et Tang)：在保护区内分布较为普遍，生于海拔1200～3000 m的林下或路旁草丛。

［1423］鹿药(*S. japonica* A. Gray)：在保护区中东部山区较为常见，生于海拔1200～2400 m的林下阴湿处或岩缝中。

［1424］菝葜(*Smilax china* L.)：在保护区中东部山区较为常见，生于海拔1200～2000 m的灌丛或阔叶林下。

［1425］托柄菝葜(*S. discotis* Warb)：在保护区中东部山区较为常见，生于海拔1200～2100 m的林下或山坡灌丛。

［1426］土茯苓(*S. glabra* Roxb.)：偶见于保护区内西阳沟、齐头岩、沙帽石、红岩子、黄土梁等地，生于海拔1200～1600 m的林下或阴坡灌草丛。

［1427］粗糙菝葜(*S. lebrunii* Levl.)：据《四川唐家河自然保护区综合科学考察报告》(2003)记载，该物种生于海拔1200～2600 m的林下或沟谷灌丛。

［1428］防己叶菝葜(*S. menispermoidea* A. DC.)：在保护区内普遍分布，生于海拔1200～3000 m的林下或灌丛。

［1429］小叶菝葜(*S. microphylla* C. H. Wright)：见于保护区内蔡家坝、唐家河保护站、关虎、齐头岩、西阳沟、黄土梁等地，生于海拔1200～1600 m的林下或沟边灌丛。

［1430］牛尾菜(*S. riparia* A. DC.)：在保护区内数量较少，见于保护区中东部的毛香坝、蔡家坝、唐家河保护站、关虎、落衣沟、西阳沟、齐头岩、摩天岭、黄土梁、红岩子、沙帽石等地，生于海拔1100～2000 m的林下或山坡灌丛。

［1431］尖叶牛尾菜(*S. riparia* var. *acuminata* Wang et Tang)：据《四川唐家河自然保护区综合科学考察报告》(2003)记载，该物种生于海拔1200～2200 m的林下或山坡灌草丛。

［1432］短梗菝葜(*S. scobinicaulis* C. H. Wright)：见于保护区内蔡家坝、关虎、落衣沟、西阳沟、齐头岩、摩天岭等地海拔1200～2000 m的林下或沟旁灌丛。

［1433］鞘柄菝葜(*S. stans* Maxim.)：在保护区内普遍分布，生于海拔1400～3200 m的林下或山坡灌丛。

［1434］瘤叶菝葜(*S. stans* var. *verruculosifolia* J. M. Xu)：据《四川唐家河自然保护区综合科学考察报告》(2003)记载，该物种生于海拔1200～2100 m的林缘或溪沟灌丛。

［1435］糙柄菝葜(*S. trachypoda* J. B. S. Norton)：在保护区内分布较为普遍，生于

海拔 1300~3000 m 的林中或林缘灌丛。

[1436] 扭柄花(*Streptopus obtusatus* Fassett)：在保护区内分布较为普遍，生于海拔 1400~2600 m 的林下或林缘草丛。

[1437] 岩菖蒲(*Tofieldia thibetica* Franch.)：见于保护区内清坪地、鸡公垭沟、长坪子、腰磨石窝、长沟、洪石坝等地海拔 1600~2400 m 的阴湿石壁上。

[1438] 黄花油点草(*Tricyrtis maculata* Machride)：在保护区中东部山区分布较为普遍，生于海拔 1200~2200 m 的阔叶林或灌丛。

[1439] 开口箭(*Tupistra chinensis* Baker)：据《四川唐家河自然保护区综合科学考察报告》(2003)记载，该物种生于海拔 1200~2300 m 的阴坡林下或沟谷灌丛。

[1440] 藜芦(*Veratrum nigrum* L.)：在保护区内分布较为普遍，生于海拔 1800~3000 m 的林下或林缘草地。

[1441] 丫蕊花(*Ypsilandra thibetica* Franch.)：据《四川唐家河自然保护区综合科学考察报告》(2003)记载，该物种生于海拔 1200~2600 m 的阔叶林或灌丛。

125.百部科(Stemonaceae)

本科全世界共有 3 属 12 种，分布于亚洲、美洲和大洋洲。我国共 2 属 9 种，产西南部至东南部，在保护区内仅分布 1 种。

[1442] 大百部(*Stemona tuberosa* Lour.)：据《四川唐家河自然保护区综合科学考察报告》(2003)记载，该物种生于海拔 1300~2000 m 的林缘或山坡灌草丛。

126.薯蓣科(Dioscoreaceae)

本科全世界约有 9 属 650 种，广布于全球的热带和温带地区，尤以美洲热带地区种类较多。我国只有薯蓣属(*Dioscorea* L.)约 49 种，在保护区内分布有 7 种。

[1443] 黄独(*Dioscorea bulbifera* L.)：偶见于保护区内西阳沟、齐头岩、背林沟、唐家河保护站、蔡家坝和关虎等地海拔 1200~1600 m 的林下或林缘灌丛。

[1444] 粘山药(*D. hemsleyi* Prain et Burkill)：偶见于保护区内西阳沟、唐家河保护站、蔡家坝、关虎、黄土梁、摩天岭等地海拔 1200~2000 m 的林下山坡灌丛。

[1445] 日本薯蓣(*D. japonica* Thunb.)：见于保护区内西阳沟、齐头岩、背林沟、黄土梁、红岩子、唐家河保护站、蔡家坝和关虎等地海拔 1200~1600 m 的灌丛或阔叶林。

[1446] 高山薯蓣(*D. kamoonensis* var. *henryi* Prain et Burkill)：见于保护区内倒梯子、摩天岭、清坪地、长沟、文县沟、加字号、洪石坝、石桥河等地海拔 1800~2600 m 的林下或山坡灌丛。

[1447] 柴黄姜(*D. nipponica* var. *rosthornii* Prain et Burkill)：据《四川唐家河自然保护区综合科学考察报告》(2003)记载，该物种生于海拔 1200~1700 m 的山坡或沟谷灌丛。

[1448] 毛胶薯蓣(*D. subcalva* Prain et Burkill)：偶见于保护区内唐家河保护站、关虎、落衣沟、蔡家坝等周地，散生于海拔 1200~1300 m 的林缘灌草丛。

[1449] 盾叶薯蓣(*D. zingiberensis* C. H. Wrightin)：见于保护区内唐家河保护站、关虎、落衣沟、蔡家坝等周地，生于海拔 1100~1300 m 的山坡或林缘灌丛。

127. 鸢尾科(Iridaceae)

本科全世界共有约 60 属 800 种，广泛分布于热带、亚热带及温带地区，分布中心在非洲南部及美洲热带。我国产 11 属(其中野生 3 属，引种栽培 8 属)71 种 13 变种及 5 变型，多数分布于西南、西北及东北各地，在保护区内分布有 2 属 5 种。

[1450] 射干(*Belamcanda chinensis* DC.)：见于保护区内唐家河保护站、关虎、落衣沟、蔡家坝、背林沟等地海拔 1100～1400 m 的林缘或路边草丛。

[1451] 马蔺(*Iris iactea* Pall.)：偶见于保护区内大草坪、石桥河、红花草地等地海拔 2400～3500 m 的亚高山草甸或灌丛。

[1452] 蝴蝶花(*I. japonica* Thunb.)：在保护区中东部山区分布较为普遍，生于海拔 1200～2400 m 的林下或阴湿草丛。

[1453] 多斑鸢尾(*I. polysticta* Diels)：见于保护区中西部地区，生于海拔 2000～2800 m 的山坡草地。

[1454] 鸢尾(*I. tectorum* Maxim.)：见于保护区内蔡家坝、唐家河保护站、关虎、落衣沟等地周边海拔 1200～1500 m 的林缘草地或灌草丛。

128. 灯心草科(Juncaceae)

本科全世界共有 9 属 400 余种，大部产温带和寒带。我国分布有 *Juncus* 和 *Luzula* 2 属，约 80 种，在保护区内分布有 2 属 9 种。

[1455] 翅茎灯心草(*Juncus alatus* Franch. et Sav.)：在保护区中东部山区分布较为普遍，生于海拔 1500～2000 m 的山坡草地或沟谷阴湿处。

[1456] 葱状灯心草(*J. concinnus* Don)：在保护区内普遍分布，生于海拔 1800～3400 m 的路边灌丛或山坡草地。

[1457] 喜马灯心草(*J. himalensis* Klotzsch)：见于保护区内大草坪、大草堂、石桥河、红花草地、观音岩等地海拔 2500～3400 m 的山坡草地或亚高山草甸。

[1458] 甘川灯心草(*J. leuconthus* Royle)：常见于保护区中西部山区，生于海拔 1500～2600 m 的林缘草地或溪旁草丛。

[1459] 野灯心草(*J. setchuensis* Buchen.)：在保护区中东部山区分布较为普遍，生于海拔 1200～2400 m 的山坡草地或路边水沟旁。

[1460] 拟灯心草(*J. setchuensis* var. *effusoides* Buchen.)：见于保护区内西阳沟、齐头岩、摩天岭、黄土梁、背林沟、果子树沟、毛香坝、水池坪等地海拔 1200～1800 m 的沟边或道旁浅水处。

[1461] 散穗地杨梅(*Luzula effiusa* Buchen.)：据《四川唐家河自然保护区综合科学考察报告》(2003)记载，该物种生于海拔 2000～3200 m 的林下或山坡灌草丛。

[1462] 多花地杨梅(*L. multiflora* Lej.)：在保护区内分布较为普遍，生于海拔 1500～2800 m 的林缘或山坡草地。

[1463] 羽毛地杨梅(*L. plumosa* E. Mey.)：见于保护区内西阳沟、摩天岭、长沟、文县沟、清坪地等地海拔 1200～2400 m 的路边草丛或针阔叶混交林。

129. 鸭跖草科(Commelinaceae)

本科全世界共有 40 属 600 余种，主要分布于热带，少数种产于亚热带和温带地区。

我国产 13 属 49 种，多分布于长江以南各省，尤以西南地区为盛，在保护区内分布有 2 属 2 种。

　　[1464] 鸭跖草(*Commenlina communis* L.)：在保护区东部海拔 1200～1500 m 的路边草丛或山坡草地广泛分布。

　　[1465] 竹叶子(*Streptolirion volubile* Edgew)：见于保护区内蔡家坝、唐家河保护站、落衣沟、齐头岩、西阳沟等周边，生于海拔 1200～1600 m 的阔叶林或山地灌丛。

　　130. 禾本科(Gramineae)

　　本科全世界有 750 余属 1 万余种。我国分布有 225 余属 1200 余种，在保护区内初步统计分布有 50 属 89 种。

　　[1466] 甘青芨芨草(*Achnatherum chingii* Keng)：在保护区中东部山区分布较为普遍，生于海拔 1200～2000 m 的林缘灌丛或路边草丛。

　　[1467] 异颖芨芨草(*A. inaequiglume* Keng)：见于保护区内蔡家坝、唐家河保护站、落衣沟、齐头岩、西阳沟等周边海拔 1200～1600 m 的山坡或路边草丛。

　　[1468] 小糠草(*Agrostis alba* L.)：在保护区东部山区广泛分布，生于海拔 1600～2100 m 的路边灌丛或草地山坡。

　　[1469] 多枝剪股颖(*A. divaricatissima* Mez.)：见于保护区内蔡家坝、唐家河保护站、落衣沟、齐头岩、西阳沟等周边海拔 1100～1400 m 的林缘或山坡草地。

　　[1470] 剪股颖(*A. matsumura* Hack. ex Honda)：见于保护区内蔡家坝、唐家河保护站、落衣沟等周边海拔 1100～1300 m 的林下或路边草丛。

　　[1471] 多花前股颖(*A. myrianthe* Hook f.)：见于保护区内蔡家坝、唐家河保护站、落衣沟、黄土梁、齐头岩、西阳沟等周边海拔 1200～1500 m 的阳坡或沟边草丛。

　　[1472] 看麦娘(*Alopecurus aequalis* Sobol.)：见于保护区内蔡家坝、唐家河保护站、落衣沟、黄土梁、红岩子、齐头岩、西阳沟等周边山区，生于海拔 1200～1600 m 的沟边或山坡草丛。

　　[1473] 赖草(*Aneurolepidium dasystachys* Nevski.)：在保护区内分布较为普遍，生于海拔 1600～3000 m 的路边或山坡草地。

　　[1474] 黄花茅(*Anthoxanthum odorum* L.)：见于保护区中部山区，生于海拔 1800～2100 m 的林缘或山坡草地。

　　[1475] 三刺草(*Aristida triseta* Keng)：见于保护区内大草坪、红花草地、大草堂等地海拔 3000～3500 m 的亚高山草甸或草坡。

　　[1476] 荩草(*Arthraxon hispidus* Makino)：在保护区东部山区广泛分布，生于海拔 1500～2000 m 的林下或路边草丛。

　　[1477] 小叶荩草(*A. lancifolius* Hochst.)：见于保护区内蔡家坝、唐家河保护站、落衣沟、齐头岩、西阳沟等地海拔 1200～1800 m 的林缘唐家河或沟谷草地。

　　[1478] 茅叶荩草(*A. prionodes* Dandy)：见于保护区内蔡家坝、唐家河保护站、落衣沟、背林沟、齐头岩、西阳沟等周边海拔 1400～1600 m 的路边、草丛或山地灌丛。

　　[1479] 穗序野牯草(*Arundinella chenii* Keng)：见于保护区内齐头岩、西阳沟、沙帽石、红岩子、黄土梁、摩天岭、蔡家坝、唐家河保护站、落衣沟等周边山区海拔

1200~1800 m 的林缘或路边草丛。

[1480] 野牯草(*A. hirta* Tanaka)：见于保护区内蔡家坝、唐家河保护站、落衣沟、关虎等周边海拔 1200~1500 m 的林缘或阴坡草地。

[1481] 刺芒野牯草(*A. setosa* Trin.)：该物种在保护区内分布区域与野牯草相同，生于海拔 1100~1400 m 的林缘或山坡草地。

[1482] 沟稃草(*Aulacolepis treutleri* Hack.)：据《四川唐家河自然保护区综合科学考察报告》(2003)记载，该物种生于海拔 1600~2800 m 的林下或林缘草地。

[1483] 野燕麦(*Avena fatua* L.)：见于保护区内蔡家坝、唐家河保护站、落衣沟、关虎等周边海拔 1200~1400 m 的山坡草地或路边草丛。

[1484] 巴山木竹(*Bashania fargesii* Keng f. et Yi)：见于保护区内蔡家坝、唐家河保护站、落衣沟、齐头岩、摩天岭、西阳沟等周边海拔 1300~1800 m 的阔叶林下或灌丛。

[1485] 白羊草(*Bothriochloa ischaemum* Keng)：在保护区内普遍分布，生于海拔 1200~2400 m 的阳坡或路边草丛。

[1486] 短柄草(*Brachypodium silvaticum* Beauv.)：见于保护区内蔡家坝、唐家河保护站、落衣沟、关虎等地海拔 1100~1300 m 的林缘或沟边草丛。

[1487] 雀麦(*Bromus japonicus* Thunb.)：见于保护区内蔡家坝、唐家河保护站、落衣沟、黄土梁、红岩子、齐头岩、西阳沟等周边海拔 1200~1800 m 的山坡草地或路边草丛。

[1488] 疏花雀麦(*B. remotiflorus* Ohwi)：该物种在保护区内分布区域与雀麦相同，生于海拔 1200~2000 m 的林下或沟谷草丛。

[1489] 华雀麦(*B. sinensis* Keng)：该物种在保护区内分布区域与雀麦相同，生于海拔 1200~2000 m 的路边草丛或山坡草地。

[1490] 野青茅(*Calamagrostis arundinacea* Roth)：在保护区内普遍分布，生于海拔 1200~2600 m 的林下或林缘草地。

[1491] 拂子茅(*C. epigejos* Roth)：见于保护区内蔡家坝、唐家河保护站、落衣沟、关虎、齐头岩、西阳沟等周边海拔 1200~1500 m 的林缘或山坡草地。

[1492] 假苇拂子茅(*C. pseudophraginites* Hoel.)：在保护区中东部山区普遍分布，生于海拔 1200~2000 m 的山坡或沟谷灌草丛。

[1493] 糙野青茅(*C. scabrescens* Griseb.)：保在护区内普遍分布，生于海拔 1500~3000 m 的林下或林缘草地。

[1494] 枝竹细柄草(*Capillepedium assimile* A. Camus)：见于保护区内毛香坝、蔡家坝、清坪地、水池坪、唐家河保护站、落衣沟、齐头岩、西阳沟等周边山区，生于海拔 1200~1800 m 的林缘或灌草丛路旁。

[1495] 薏苡 [*Coix lacryma-jobi* L. var. *meyuan* (Romen.)Stapf]：偶见于保护区内蔡家坝、唐家河保护站、落衣沟、关虎等周边海拔 1100~1400 m 的山坡或路旁草丛。

[1496] 芸香草(*Cymbopogon distans* Wats.)：见于保护区内毛香坝、蔡家坝、清坪地、水池坪、唐家河保护站、落衣沟、齐头岩、西阳沟等周边山区，生于海拔 1200~

1600 m 的山坡草地。

[1497] 狗牙根(*Cynodon dactylon* Pers.)：见于保护区内蔡家坝、唐家河保护站、落衣沟、关虎等周边海拔 1100～1500 m 的路边草丛或草地山坡。

[1498] 鸭茅(*Dactylis glomerata* L.)：在保护区中东部山区分布较为普遍，生于海拔 1300～2400 m 的山坡草丛或灌丛。

[1499] 十字马唐(*Digitaria cruciata* Neas ex Herb)：在保护区中东部山区普遍分布，生于海拔 1200～2400 m 的路边草丛。

[1500] 马唐(*D. sanguinalis* Scop.)：见于保护区中东部山区，如蔡家坝、唐家河保护站、落衣沟、齐头岩、西阳沟等地，生于海拔 1200～1900 m 的路边草丛。

[1501] 无芒稗(*Echinochloa crusgalli* var. *mitis* Peterm)：见于蔡家坝、唐家河保护站、关虎、落衣沟等周边海拔 1100～1300 m 的溪边或路旁草丛。

[1502] 牛筋草(*Eleusine indica* Gaerth.)：在保护区内蔡家坝、唐家河保护站、落衣沟、齐头岩、西阳沟等周边海拔 1200～1600 m 的路边草丛或草地山坡有分布。

[1503] 披碱草(*Elymus dahuricus* Turcz.)：在保护区中东部山区普遍分布，生于海拔 1200～2400 m 的林下或林缘草地。

[1504] 垂穗披碱草(*E. nutans* Griseb.)：见于保护区内石桥河、文县沟、大草坪、大火地、红花草地、倒梯子、大草堂等周边山区，生于海拔 2500～3400 m 的林缘草丛或亚高山草甸。

[1505] 老芒麦(*E. sibiricus* L.)：在保护区中东部山区普遍分布，生于海拔 1200～2000 m 的林缘或路旁草丛。

[1506] 画眉草(*Eragrostis pilosa* Beauv.)：在保护区中东部低海拔山区，如蔡家坝、唐家河保护站、落衣沟、齐头岩、西阳沟等地分布较为普遍，生于海拔 1100～1600 m的路边草丛或山坡草地。

[1507] 野黍(*Eriochloa villosa* Kunth.)：见于保护区内水池坪、毛香坝、蔡家坝、唐家河保护站、关虎、落衣沟等周边海拔 1200～1500 m 的路边草丛或山坡草地。

[1508] 四脉金茅(*Eulalia quadrinervis* Kuntze)：在保护区内分布较为普遍，生于海拔 1200～2500 m 的林下或林缘灌草地。

[1509] 拟金茅(*Eulaliopsis binata* C. E. Hubbard.)：见于保护区内水池坪、毛香坝、蔡家坝、唐家河保护站、关虎、落衣沟、西阳沟、齐头岩、黄土梁等周边海拔 1200～1700 m 的山坡草地。

[1510] 缺苞箭竹(*Fargesia denudata* Yi)：在保护区内分布较为普遍，生于海拔 2000～3400 m 的针阔叶混交林或针叶林。

[1511] 青川箭竹(*F. rufa* Yi)：在保护区内分布较为普遍，生于海拔 1500～2400 m 的林下或灌丛。

[1512] 糙花箭竹(*F. scabridi* Yi.)：在保护区内分布较为普遍，生于海拔 1500～2500 m 的林下或灌丛。

[1513] 紫羊茅(*Festuca fubra* L.)：在保护区内分布较为普遍，生于海拔 1200～2700 m 的林缘或山坡草地。

[1514] 素羊茅(*F. modesta* Steud.)：见于保护区内毛香坝、蔡家坝、唐家河保护站、落衣沟、背林沟、齐头岩、西阳沟等周边海拔 1100～1500 m 的林下或沟谷草丛。

[1515] 羊茅(*F. ovina* L.)：主要分布于保护区中西部中高海拔的山区，生于海拔 2400～3500 m 的山坡草地或亚高山草甸。

[1516] 高山羊茅(*F. subalpina* Chang et Skv.)：主要分布保护区中西部中高海拔的山区，生于海拔 2000～3000 m 的亚高山草甸或林缘草丛。

[1517] 光花异燕麦(*Helictotrichon leianthum* Ohwi)：在保护区内分布较为普遍，生于海拔 1200～3000 m 的林缘或沟谷草地。

[1518] 黄茅(*Heteropogon contortus* Beauv. ex Roem)：在保护区中东部山区分布较为普遍，生于海拔 1300～2400 m 的阳坡草地或灌草丛。

[1519] 白茅(*Imperata cylindrica* var. *major* C. E. Hubb.)：见于保护区内蔡家坝、唐家河保护站、落衣沟、齐头岩、西阳沟等周边海拔 1100～1400 m 的山坡草丛。

[1520] 柳叶箬(*Isachne globosa* Kuntze)：见于保护区内蔡家坝、唐家河保护站、落衣沟、关虎、背林沟、齐头岩、西阳沟等周边海拔 1200～1600 m 的拔阴坡林缘或溪沟旁。

[1521] 臭草(*Melica scabrosa* Trin.)：仅见于保护区内关虎周边海拔 1100～1300 m 的林下或山坡草地。

[1522] 刚莠竹(*Microstegium ciliatum* A. Camus)：见于保护区内蔡家坝、唐家河保护站、落衣沟、关虎、背林沟等周边海拔 1100～1400 m 的林缘或山坡灌草丛。

[1523] 柔枝莠竹(*M. vimineum* A. Camus)：据《四川唐家河自然保护区综合科学考察报告》(2003)记载，该物种生于海拔 1100～1300 m 的山坡灌丛或路边草丛。

[1524] 粟草(*Milium effusum* L.)：在保护区中东部山区分布较为普遍，生于海拔 1200～2200 m 的林下或林缘灌丛。

[1525] 短毛芒(*Miscanthus brevipilus* Hand.-Mazz.)：见于保护区内蔡家坝、唐家河保护站、关虎、落衣沟、齐头岩、西阳沟等周边海拔 1100～1500 m 的林缘或山地灌丛。

[1526] 尼泊尔芒(*M. nepalensis* Hack.)：见于保护区内蔡家坝、唐家河保护站、落衣沟、关虎、黄土梁、齐头岩、西阳沟等周边海拔 1200～1600 m 的灌丛或山坡草地。

[1527] 芒(*M. sinensis* Anderss)：见于保护区内蔡家坝、唐家河保护站、落衣沟、齐头岩、西阳沟等周边海拔 1200～1500 m 的林缘或山地灌丛。

[1528] 乱子草(*M. japonica hugelii* Trin.)：见于保护区内西阳沟、齐头岩、沙帽石、黄土梁、红岩子、摩天岭、关虎、蔡家坝、毛香坝等周边山区，生于海拔 1200～2200 m 的林缘或沟谷草丛。

[1529] 慈竹(*Neosinocalamus affinis* Keng f.)：见于保护区内蔡家坝、唐家河保护站、落衣沟、齐头岩、西阳沟等周边海拔 1100～1300 m 的林缘或路旁。

[1530] 竹叶草(*Oplismenus compostus* Beauv.)：见于保护区内蔡家坝、唐家河保护站、落衣沟等周边海拔 1100～1300 m 的溪沟旁或林缘。

[1531] 求米草(*O. undufatifolius* Roem. et Schult.)：在保护区内分布较为普遍，

生于海拔 1200～2400 m 的林下或林缘草地。

[1532] 雀稗(*Paspalum thunbergii* Kunth ex Steud.)：见于保护区内蔡家坝、唐家河保护站、落衣沟、齐头岩、西阳沟等周边海拔 1200～1600 m 的林缘或路边草丛。

[1533] 狼尾草(*Pennisetum alopecuroides* Spreng.)：在保护区中东部山区分布较为普遍，生于海拔 1200～2000 m 的山坡草地或路边草丛。

[1534] 白草(*P. flaccidum* Griseb.)：在见于保护区中东部山区，如加字号、长沟、清坪地、文县沟、石桥河、腰磨石窝等周边山区，生于海拔 1800～2600 m 的阳坡草地或路边草丛。

[1535] 显子草(*Phaenospema globosa* Munro. ex Benth)：据《四川唐家河自然保护区综合科学考察报告》(2003)记载，该物种生于海拔 1200～1600 m 的林下或山谷草地。

[1536] 毛金竹(*Phyllostochys nigra* var. *henonis* Stapf ex REndl.)：见于保护区内蔡家坝、唐家河保护站、关虎、落衣沟、齐头岩、西阳沟等周边海拔 1200～1500 m 的林缘或河谷灌丛。

[1537] 白顶早熟禾(*Poa acroleuca* Steud.)：在保护区内分布较为普遍，生于海拔 1800～2600 m 的林缘或路边草丛。

[1538] 细叶早熟禾(*P. angustifolia* L.)：在保护区内分布较为普遍，生于海拔 1200～2800 m 的林缘或沟谷草丛。

[1539] 早熟禾(*P. annua* L.)：在保护区内普遍分布，生于海拔 1200～3000 m 的河滩灌丛或山地草丛。

[1540] 疏花早熟禾(*P. chalarantha* L.)：见于保护区内蔡家坝、唐家河保护站、落衣沟、关虎等周边海拔 1100～1400 m 的林缘或溪沟边草丛。

[1541] 林地早熟禾(*P. nemoralis* L.)：在保护区内普遍分布，生于海拔 1500～3300 m 的阔叶林、针叶林下或林缘草地。

[1542] 山地早熟禾(*P. orinosa* L.)：见于保护区内西阳沟、齐头岩、沙帽石、红岩子、黄土梁、毛香坝、蔡家坝、唐家河保护站、落衣沟、关虎等周边海拔 1200～1600 m 的林缘或山坡草地。

[1543] 草地早熟禾(*P. pratensis* L.)：在保护区内普遍分布，生于海拔 1200～2800 m 的山坡草地或路边草丛。

[1544] 中华早熟禾(*P. sinattenuat* L.)：据《四川唐家河自然保护区综合科学考察报告》(2003)记载，该物种生于海拔 1200～1800 m 的河岸或沟谷草地。

[1545] 金发草(*Pogonatherum paniceum* Hack.)：见于保护区内水池坪、毛香坝、蔡家坝、唐家河保护站、落衣沟、齐头岩、西阳沟等周边海拔 1200～1500 m 的山坡或林缘草丛。

[1546] 棒头草(*Polypogon fugax* Nees ex Steud.)：见于保护区内水池坪、毛香坝、蔡家坝、唐家河保护站、关虎、落衣沟、西阳沟齐头岩等周边海拔 1100～1600 m 的河谷草丛或山坡草地。

[1547] 纤毛鹅观草(*Roegneria ciliaris* Nevski)：见于保护区内蔡家坝、唐家河保护站、落衣沟、关虎、黄土梁、齐头岩、西阳沟等周边海拔 1200～1500 m 的林缘或山坡

草地。

[1548] 鹅观草(*R. kamoji* Ohwi)：在保护区中东部山区普遍分布，生于海拔 1200～1800 m 的山坡草丛或灌草丛。

[1549] 垂穗鹅观草(*R. nutans* Keng)：在保护区中东部山区普遍分布，生于海拔 1200～2000 m 林下或林缘草丛。

[1550] 金色狗尾草(*Setaria glauca* Beauv)：在保护区中东部山区分布较为普遍，生于海拔 1200～2000 m 的山坡或路边草丛。

[1551] 棕叶狗尾草(*S. palmaefolia* Stapf)：见于保护区内西阳沟、摩天岭、黄土梁、红岩子、关虎等周边山区，生于海拔 1200～2000 m 的林缘或路边草丛。

[1552] 皱叶狗尾草(*S. plicata* T. Cooke)：在保护区中东部山区分布较为普遍，生于海拔 1200～1800 m 的阔叶林或阴湿草丛。

[1553] 狗尾草(*S. viridis* Beauv.)：见于保护区内毛香坝、蔡家坝、唐家河保护站、关虎、黄土梁、齐头岩、西阳沟等周边海拔 1100～1600 m 的路边草丛或山坡草地。

[1554] 鼠尾粟(*Sporobolus fortilis* W. D. Clayt.)：在保护区中东部分布较为普遍，生于海拔 1100～2000 m 的林缘或路边草丛。

131. 天南星科(Araceae)

本科全世界共 115 属，2000 余种，92％以上产热带。在我国共 35 属 206 种(其中有 4 属 20 种系引种栽培的)，在保护区内分布有 4 属 10 种。

[1555] 石菖蒲(*Acorus tatarinowii* Schott)：见于保护区内蔡家坝、关虎、齐头岩、西阳沟等周边海拔 1200～1500 m 的水沟边或河岸石缝中。

[1556] 魔芋(*Amorphophallus rivieri* Durieu)：栽培逸散种，偶见于保护区内关虎、西阳沟等周边海拔 11200～1400 m 的林缘或路旁。

[1557] 天南星(*Arisaema consanguineum* Schott)：在保护区中东部分布较为普遍，生于海拔 1100～2200 m 的林下或沟边灌丛。

[1558] 象鼻南星(*A. elephas* Buchet.)：在保护区内普遍分布，生于海拔 1400～2600 m 的阔叶林或山坡灌丛。

[1559] 螃蟹七(*A. fargesii* Buchet.)：见于保护区内齐头岩、西阳沟、蔡家坝、唐家河保护站、关虎、落衣沟、背林沟、水淋沟等周边海拔 1100～1600 m 的林下或阴坡灌丛。

[1560] 紫盔天南星(*A. franchetianum* Engl.)：在保护区内分布较为普遍，生于海拔 1200～2400 m 的林下或林缘灌草丛。

[1561] 异叶天南星(*A. heterophyllum* Blume)：在保护区中东部山区普遍分布，生于海拔 1200～2000 m 的沟谷灌草丛或林下阴湿地。

[1562] 一把伞南星[*A. erubescens*(Wall.)Schott]：在保护区内分布较为普遍，生于海拔 1100～3000 m 的唐家河潮湿地、灌草丛中、草甸或林下阴湿地。

[1563] 虎掌(*Pinellia pedatisecta* Schott)：见于保护区内水淋沟、果子树沟、毛香坝、蔡家坝、唐家河保护站、落衣沟、齐头岩、西阳沟等周边海拔 1100～1600 m 的林下或沟谷草丛。

［1564］半夏（*P. ternata* Breit.）：见于保护区内齐头岩、西阳沟、关虎、背林沟、蔡家坝、毛香坝、水池坪、清坪地、长沟、摩天岭等周边山区，生于海拔 1200～2200 m 的山坡草地或路边草丛。

132. 莎草科（Cyperaceae）

本科全世界共有约 96 属 9000 余种，广布于全世界。我国共有 31 属 670 余种，在保护区内分布有 8 属 22 种。

［1565］丝叶苔草（*Carex capilliformis* Franch.）：在保护区内普遍分布，生于海拔 1500～3200 m 的林下或林缘灌丛。

［1566］十字苔草（*C. cruciata* Wahlenb.）：见于保护区内水池坪、毛香坝、水淋沟、背林沟、蔡家坝、唐家河保护站、关虎、落衣沟、齐头岩、西阳沟等周边较海拔 1200～1600 m 的阔叶林或路边草丛。

［1567］长芒苔草（*C. davidii* Franch.）：见于保护区内蔡家坝、唐家河保护站、落衣沟、关虎等周边海拔 1100～1300 m 的林下或林缘草地。

［1568］甘肃苔草（*C. kansuensis* Nelmes）：在保护区内分布较为普遍，生于海拔 1800～3000 m 的林下或山坡草地。

［1569］膨囊苔草（*C. lehmanii* Drejier）：据《四川唐家河自然保护区综合科学考察报告》（2003）记载，该物种生于海拔 1500～2800 m 的林下或沟谷草丛。

［1570］舌叶苔草（*C. ligulata* Nees ex Wight）：见于保护区内蔡家坝、唐家河保护站、落衣沟、齐头岩、西阳沟等周边海拔 1200～1600 m 的林下或河谷草丛。

［1571］云雾苔草（*C. nubigena* D. Don）：据《四川唐家河自然保护区综合科学考察报告》（2003）记载，该物种生于海拔 1500～2800 m 的林缘草地或路边草丛。

［1572］粗根苔草（*C. pachyrrhiza* Franch.）：据《四川唐家河自然保护区综合科学考察报告》（2003）记载，该物种生于海拔 1400～2000 m 的林下或林缘草丛。

［1573］疏穗苔草（*C. remotiuscula* Wahlenb）：在保护区内分布较为普遍，生于海拔 1800～2600 m 的林下或山坡草地。

［1574］川滇苔草（*C. schneideri* Nelmes）：在保护区中东部山区分布较为普遍，生于海拔 1200～1800 m 的林下或山坡草地。

［1575］紫鳞苔草（*C. souliei* Franch.）：见于保护区内大草堂、红花草地、大草坪等，生于海拔 3000～3500 m 的亚高山唐家河或亚高山草甸。

［1576］大理苔草（*C. taliensis* Franch.）：据《四川唐家河自然保护区综合科学考察报告》（2003）记载，该物种生于海拔 1300～2200 m 的林下或溪沟旁。

［1577］球穗莎草（*Cyperus difformis* L.）：偶见于保护区内蔡家坝、唐家河保护站、落衣沟、关虎、背林沟等周边海拔 1100～1400 m 的溪沟旁。

［1578］香附子（*C. rotundus* L.）：偶见于保护区内唐家河保护站、蔡家坝、关虎等地海拔 1100～1400 m 的山坡草地或路边草丛。

［1579］丛毛羊胡子草（*Eriophorum comosum* Nees）：见于保护区内关虎、黄土梁、齐头岩、西阳沟等周边较低海拔山区，生于海拔 1200～1500 m 的林缘或路旁崖壁上。

［1580］两歧飘拂草（*Fimbristylis dischotoma* Vahl.）：见于保护区内蔡家坝、唐家

河保护站、落衣沟、关虎等周边海拔 1100～1400 m 的山坡湿润草地。

[1581] 嵩草(*Kobresia bellardii* Degl.)：主要见于保护区西部中高海拔山区，如大草坪、石桥河、红花草地、大草堂等地，生于海拔 2000～3400 m 的林缘草地或亚高山草甸。

[1582] 矮嵩草(*K. humitis* Serg)：据《四川唐家河自然保护区综合科学考察报告》(2003)记载，该物种生于海拔 1500～2400 m 的林缘或山坡草地。

[1583] 甘肃嵩草(*K. kansuensis* Kukenth.)：主要见于保护区西部中高海拔山区，生于海拔 2000～3000 m 的林缘或溪旁草地。

[1584] 水蜈蚣(*Kyllinga brevifolia* Rottb.)：见于保护区内蔡家坝、唐家河保护站、落衣沟等周边海拔 1100～1300 m 的水沟边或湿润草地。

[1585] 砖子苗(*Mariscus umbellatus* Vahl.)：见于保护区内蔡家坝、唐家河保护站、落衣沟、背林沟、果子树沟等周边海拔 1100～1400 m 的林缘草地或阴坡草地。

[1586] 高秆珍珠草(*Scleria terrestris* Foss.)：见于保护区内毛香坝、蔡家坝、唐家河保护站、落衣沟、背林沟等周边海拔 1100～1400 m 的山坡草地或林缘草丛。

133. 兰科(Orchidaceae)

本科全世界共有 750 余属 20000 余种，主要产热带地区。我国共 150 余属 1000 种，主产长江流域以南各省，西南地区和台湾尤盛，在保护区内分布有 21 属 33 种。

[1587] 无距兰(*Aceratorchis tschillensis* Schltr.)：据《四川唐家河自然保护区综合科学考察报告》(2003)记载，该物种生于海拔 1800～2600 m 的林下或林缘阴湿地。

[1588] 黄花白芨(*Bletilla ochracea* Schltr.)：见于保护区内齐头岩、蔡家坝、清坪地、水池坪、长沟等周边山区，散生于海拔 1200～2000 m 的山坡或沟谷草丛。

[1589] 白芨(*B. striata* Reichb. F.)：见于保护区内唐家河保护站、蔡家坝、落衣沟、水淋沟、背林沟等周边海拔 1200～1500 m 的林下或林缘草丛。

[1590] 剑叶虾脊兰(*Calanthe ensifolia* Rolfe)：见于保护区内西阳沟、齐头岩、清坪地、鸡公垭沟、长沟、腰磨石窝等周边山区，生于海拔 1400～2000 m 的林下或山坡草地。

[1591] 三棱虾脊兰(*C. tricarinata* Lindl.)：据《四川唐家河自然保护区综合科学考察报告》(2003)记载，该物种生于海拔 1700～2400 m 的林下或林缘草地。

[1592] 流苏虾脊兰(*C. fimbriata* Franch.)：在保护区中西部海拔 2000～2700 m 的针阔叶混交林有分布。

[1593] 反瓣虾脊兰(*C. reflexa* Maxim.)：见于保护区中西部山区，散生于海拔 1500～2400 m 的林下或山坡灌草丛。

[1594] 银兰(*Cephalanthera erecta* Lindl.)：据《四川唐家河自然保护区综合科学考察报告》(2003)记载，该物种生于海拔 1400～2000 m 的林下或山坡草地。

[1595] 凹舌兰(*Coeloglossm vinde* Hattm.)：该物种在保护区内分布范围较广，但数量较少，生于海拔 1400～2800 m 的林下或灌草丛。

[1596] 珊瑚兰(*Corallorhiza trifida* Cjat.)：据《四川唐家河自然保护区综合科学考察报告》(2003)记载，该物种生于海拔 2000～2500 m 的林下或灌丛。

[1597] 蕙兰(*Cymbidium faberi* Rolfe)：据《四川唐家河自然保护区综合科学考察报告》(2003)记载，该物种生于海拔 1200～1600 m 的常绿阔叶林下。

[1598] 建兰(*C. ensifolium* Sw.)：偶见于保护区内蔡家坝、落衣沟、齐头岩、西阳沟等周边海拔 1200～1500 m 的阔叶林或林缘灌草丛。

[1599] 春兰(*C. goteringii* Rchb. f.)：见于保护区内蔡家坝、唐家河保护站、落衣沟、齐头岩、西阳沟等周边山区，生于海拔 1200～1700 m 的阔叶林或林缘灌丛。

[1600] 毛杓兰(*Cypripedium franchetii* Wilson)：见于保护区内石桥河、文县沟、红花草地、大草坪等地，生于海拔 2600～3400 m 的亚高山草甸或林缘草地。

[1601] 黄花杓兰(*C. flavum* Hunt et Summerh.)：见于保护区内石桥河、红花草地、加字号、大草坪等地，生于海拔 2400～3000 m 的林缘或亚高山灌草丛。

[1602] 大叶火烧兰(*Epipactis mairei* Schltr.)：在保护区内分布较为普遍，生于海拔 1400～2200 m 的山坡灌草丛。

[1603] 天麻(*Gastrodia elata* Bl.)：该物种在保护区中海拔山区分布较为广泛，但由于常年采挖，现在数量较为稀少，生于海拔 1700～2600 m 的阔叶林或针阔叶领混交林。

[1604] 小斑叶兰(*Goodyera repens* R. Br.)：在保护区中东部山区分布较为普遍，生于海拔 1200～2200 m 的林下或路旁草丛。

[1605] 绒叶斑叶兰(*G. velutina* Maxim.)：据《四川唐家河自然保护区综合科学考察报告》(2003)记载，该物种生于海拔 1200～1800 m 的阔叶林或林缘草丛。

[1606] 西南手参(*Gymnadenia orchidis* Linsl.)：见于保护区内石桥河、大草堂、红花草地、大草坪等地，生于海拔 2600～3500 m 的亚高山草甸或唐家河。

[1607] 宽唇角盘兰(*Herminium josephi* Rchb. F.)：见于保护区内红花草地、大草坪等地海拔 3000～3400 m 的林下或林缘草丛。

[1608] 叉唇角盘兰(*H. lanceum* Vuijk)：偶见于保护区内蔡家坝、长坪子、文县河、石桥河等地，生于海拔 1200～2600 m 的林下岩壁或山坡阴湿灌草丛。

[1609] 羊耳蒜(*Liparis japonica* Maxim.)：据《四川唐家河自然保护区综合科学考察报告》(2003)记载，该物种生于海拔 1200～1800 m 的林下或山坡草地。

[1610] 对叶兰(*Listera major* Nakai.)：据《四川唐家河自然保护区综合科学考察报告》(2003)记载，该物种生于海拔 1200～2000 m 的林下或林缘草地。

[1611] 沼兰(*Malaxis monophyllos* Sw.)：见于保护区内石桥河、文县沟、加字号、红花草地、大草坪等地，生于海拔 2000～3000 m 的林下阴湿地。

[1612] 广布红门兰(*Orchis chusua* D. Don)：见于保护区内石桥河、大草堂、红花草地、大草坪等地，生于海拔 2800～3400 m 的亚高山灌丛或草甸。

[1613] 二叶红门兰(*O. diantha* Schlte.)：在保护区海拔 2200～3000 m 的亚高山草甸或林缘灌草丛较为常见。

[1614] 宽叶红门兰(*O. latifolia* L.)：在保护区中西部山区分布较为普遍，生于海拔 1800～3000 m 的林缘草地或亚高山草坡。

[1615] 长叶山兰(*Oreorchis fargesii* Finet)：据《四川唐家河自然保护区综合科学

考察报告》(2003)记载，该物种生于海拔 1600~2000 m 的林下或路边草丛。

[1616] 山兰(*O. patens* Lindl.)：据《四川唐家河自然保护区综合科学考察报告》(2003)记载，该物种生于海拔 2200~2600 m 的林下或林缘草丛。

[1617] 舌唇兰(*Platanthera japonica* Linsl.)：据《四川唐家河自然保护区综合科学考察报告》(2003)记载，该物种生于海拔 1400~2100 m 的林下或林缘草地。

[1618] 独蒜兰(*Pleione bulbocodioides* Rolfe)：见于保护区内长沟、清坪地、果子树沟、背林沟、腰磨石窝、水池坪、毛香坝、蔡家坝、齐头岩等周边山区，生于海拔 1200~2100 m 的阔叶林或林缘石壁上。

[1619] 绶草(*Spiranthes sinensis* Ames)：该物种生态幅较宽，主要见于保护区内石桥河、红花草地、大草坪等地，生于海拔 2000~3200 m 的路边灌草丛、山坡草地或亚高山草甸。

第7章 植 被

植被是在过去和现在环境因素的共同影响下，出现在某一地区植物长期历史发展的结果，是植物与环境长期相互作用后演化形成的自然复合体。植被是重要的基因库，保存着丰富多样的植物、动物和微生物资源，是生物多样性的重要组成部分，可为人类提供各种重要的、可更新的自然资源，对人类的生存与繁衍有着特殊的重要性（钟章成，1982）。因此，植被研究是生态学研究的重要对象之一。

有关唐家河自然保护区植被方面的研究报道较少。2003年7～8月，四川师范学院（现西华师范大学）珍稀动植物研究所第一次对唐家河自然保护区植被进行了研究，将其分为4个植被型组、9个植被型、23个群系。黄尤优等以ETM+影像数据为基础，利用景观分析软件Fragstats对唐家河自然保护区植被从类型和景观格局两个水平上进行了分析，探讨了植被景观格局变化及其成因，为保护区的综合治理提供了科学依据（黄尤优等，2008，2009）。保护区第一次综合科学考察过去十年后，保护区内植被类型及景观格局是否发生了变化？2008年汶川大地震对保护区植被的影响如何？至今尚无相关研究。

2013年，我们分不同季节对唐家河自然保护区的植被情况进行了较为详细的调查。本书以实地调查资料为基础，结合第一次综合科学科考数据，对该保护区内的植被类型进行综合分析，以期为保护区的保护与管理提供科学依据。

7.1 植 被 概 况

根据植被分区的的基本原则，采用植被区、植被地带、植被地区和植被小区四级植被分区单位来划分唐家河自然保护区植被，其植被区划属于：亚热带常绿阔叶林区、川东盆地及西南山地常绿阔叶林地带、盆地北部中山植被地区的大巴山植被小区，保护区西南面紧靠盆边西部中山植被地区的龙门山植被小区。

7.1.1 植被分类系统

参照《中国植被》（中国植被编辑委员会，1980）的分类原则，结合四川省自然植被的划分，在进行唐家河国家级自然保护区植被基本类型划分时采用的主要分类单位主要包括植被型（高级单位）、群系（中级单位）和群丛（基本单位）三级。在每一级分类单位之上，各设一个辅助单位，即植被型组、群系组和群丛组，由此构成如下的分类系统：

　植被型组
　　植被型
　　　群系组

　　群系

　　　群丛组

　　　　群丛

唐家河国家级自然保护区的植被共划分为 4 个植被型组(即阔叶林、针叶林、灌丛和草甸)12 个植被型 24 个群系组 35 个群系,具体如下所述。

唐家河自然保护区植被分类系统

(一)阔叶林

1. 常绿阔叶林

　(1)青冈林

　　1)细叶青冈、卵叶钓樟林

　　　[1] 细叶青冈+卵叶钓樟—川莓群落

　　　[2] 细叶青冈—刺悬钩子群落

　(2)油樟林

　　2)油樟林

　　　[3] 油樟+卵叶钓樟—刺悬钩子群落

　　　[4] 油樟+绒叶木姜子—川莓群落

2. 常绿、落叶阔叶混交林

　(3)青冈、落叶阔叶混交林

　　3)细叶青冈、油樟、糙皮桦林

　　　[5] 细叶青冈+油樟+糙皮桦—铁仔群落

　　4)细叶青冈、水青冈林

　　　[6] 细叶青冈+水青冈—糙花箭竹群落

　(4)樟、落叶阔叶混交林

　　5)卵叶钓樟、糙皮桦林

　　　[7] 卵叶钓樟+糙皮桦+野核桃—中华青荚叶+少花荚蒾群落

　　　[8] 卵叶钓樟+糙皮桦—腊莲绣球+猫儿刺群落

　　6)卵叶钓樟、槭树林

　　　[9] 卵叶钓樟+五尖槭—红毛悬钩子+茅莓群落

3. 次生落叶阔叶林

　(5)落叶阔叶杂木林

　　7)藏刺榛、领春木、槭林

　　　[10] 藏刺榛、领春木、四蕊槭—糙花箭竹群落

　(6)桦木林

　　8)红桦林

　　　[11] 红桦+山杨—缺苞箭竹群落

　　　[12] 红桦+糙皮桦—缺苞箭竹+川莓群落

　　　[13] 红桦+糙皮桦—糙花箭竹群落

　　9)糙皮桦林

　　　　　［14］糙皮桦—红花蔷薇群落

　　　　　［15］糙皮桦—缺苞箭竹群落

　　　　　［16］糙皮桦—糙花箭竹群落

　　　　　［17］糙皮桦—红毛悬钩子群落

　　（7）椴树林

　　　　10）椴树、山杨、皂柳林

　　　　　［18］椴树＋山杨＋皂柳—缺苞箭竹＋糙花箭竹群落

　　　　11）椴树、山胡椒、领春木林

　　　　　［19］椴树＋山胡椒＋领春木—缺苞箭竹群落

　　（8）灯台树林

　　　　12）灯台树、西南樱桃林

　　　　　［20］灯台树＋西南樱桃—糙花箭竹＋鞘柄菝葜群落

　　　　13）灯台树、山杨、青榨槭林

　　　　　［21］灯台树＋山杨＋青榨槭—糙花箭竹群落

　　　　14）灯台树、皂柳林

　　　　　［22］灯台树＋皂柳—糙花箭竹＋缺苞箭竹群落

　　（9）桤木林

　　　　15）桤木林

　　　　　［23］桤木—马桑＋水麻群落

　　（10）栎林

　　　　16）栓皮栎、麻栎林

　　　　　［24］栓皮栎＋麻栎—铁仔＋小檗群落

　　　　17）锐齿槲栎林

　　　　　［25］锐齿槲栎—铁仔＋三颗针群落

　　（11）野核桃林

　　　　18）野核桃林

　　　　　［26］野核桃—小果蔷薇群落

　　　　　［27］野核桃—蕊帽忍冬＋糙花箭竹群落

4.竹林

　　（12）箭竹林

　　　　19）缺苞箭竹林

　　　　　［28］缺苞箭竹群落

(二)针叶林

5.温性针叶林

　　（13）温性松林

　　　　20）华山松林

　　　　　［29］华山松—缺苞箭竹群落

6.温性针阔叶混交林

　　（14）铁杉针阔叶混交林

　　　21）铁杉、桦木林

　　　　［30］铁杉＋麦吊云杉＋糙皮桦—缺苞箭竹＋毛肋杜鹃群落

　　（15）华山松针阔混交林

　　　22）华山松、皂柳、椴树林

　　　　［31］华山松＋皂柳＋椴树—高丛珍珠梅＋披针叶胡颓子群落

　　（16）云冷杉针阔叶混交林

　　　23）麦吊云杉、红桦林

　　　　［32］麦吊云杉＋红桦—糙花箭竹群落

　　　24）岷江冷杉、红桦林

　　　　［33］岷江冷杉＋红桦—缺苞箭竹群落

7. 寒温性针叶林

　　（17）云杉、冷杉林

　　　25）麦吊云杉林

　　　　［34］麦吊云杉—缺苞箭竹群落

　　　26）峨眉冷杉林

　　　　［35］峨眉冷杉—缺苞箭竹群落

　　　27）岷江冷杉林

　　　　［36］岷江冷杉—缺苞箭竹群落

（三）灌丛

8. 常绿阔叶灌丛

　　（18）典型常绿阔叶灌丛

　　　28）卵叶钓樟灌丛

9. 落叶阔叶灌丛

　　（19）山地中生落叶阔叶灌丛

　　　29）秀丽梅、喜阴悬钩子灌丛

　　（20）高寒落叶阔叶灌丛

　　　30）金露梅灌丛

10. 常绿革叶灌丛

　　　31）紫丁杜鹃灌丛

11. 常绿针叶灌丛

　　（21）高山常绿针叶灌丛

　　　32）香柏灌丛

（四）草甸

12. 高寒草甸

　　（22）丛生禾草高寒草甸

　　　33）高山羊茅草甸

　　（23）苔草高寒草甸

34）紫鳞苔草草甸

（24）杂类草高寒草甸

35）银莲花、委陵菜、珠芽蓼、圆穗蓼草甸

7.1.2　植被特点

与保护区第一次综合科学考察结果相比，经过 10 多年发展演替，自然保护区内植被类型更为丰富多样。其中，植被型由 9 个增加至 12 个，群系由 23 个增加至 35 个，尤其是常绿、落叶阔叶林和针阔混交林群系增加较多（表 7-1）。

表 7-1　唐家河自然保护区植被与第一次科考及相邻自然保护区的比较

自然保护区	植被型组	植被型	群系
唐家河自然保护区（2013）	4	12	35
唐家河自然保护区（2003）①	4	9	23
王朗自然保护区（2005）②	5	10	18
东阳沟自然保护区（2006）③	4	7	18

注：①数据引自《四川唐家河自然保护区综合科学考察报告》（2003）；② 数据引自《王朗自然保护区的大自然景观类型分析与评价》；③ 数据引自《四川东阳沟自然保护区综合科学考察报告》

除高山流石滩植被之外，唐家河自然保护区内分布有较为完整的山地植被垂直带谱，包括常绿阔叶林、常绿落叶阔叶混交林、落叶阔叶林、针阔混交林、亚高山灌丛和草甸等植被类型。与西侧紧邻的王朗国家级自然保护区相比较，唐家河国家级自然保护区内植被型多 2 个（常绿阔叶林和常绿落叶阔叶混交林），群系多 5 个。与东侧紧邻的东阳沟自然保护区相比较，唐家河国家级自然保护区内植被型和群系均多 5 个（表 7-1）。

7.2　植　被　类　型

7.2.1　阔叶林

阔叶林是以阔叶树种为优势种或建群种的森林植被类型。随地理环境和水热条件的差异，阔叶林常分为常绿阔叶林、常绿与落叶阔叶混交林、落叶阔叶林等不同类型。在保护区内海拔 1500 m 以下的地区，曾广泛分布着常绿阔叶林，但由于人为破坏，目前仅在少数地区残存。在海拔 1500（1600）～2000 m 分布有常绿与落叶阔叶混交林，但由于过去常绿树种遭到人为砍伐，同部分区域的针阔叶混交林和针叶林一样（针叶树种遭到人为破坏），退化形成次生落叶阔叶林。

7.2.1.1　常绿阔叶林

保护区内常绿阔叶林为低山偏湿性常绿阔叶林，土壤主要为山地黄壤，主要分布于

海拔 1500 m 以下的局部地区。由于海拔较低，受人为影响较大，特别是 20 世纪 60~70 年代过度砍伐，大部分地段已变成常绿、落叶阔叶混交林。目前，常绿阔叶林在保护区内仅残存在背林沟、白果坪保护站河对岸以及关虎附近少数区域内。根据建群种的差异，常绿阔叶林可以分为青冈林和油樟林两种主要类型。

1. 青冈林

青冈林在保护区内曾是地带性优势森林类型，但由于早期对曼青冈(*Cyclobalanopsis oxyodon*)、青冈(*C. glauca*)、细叶青冈(*C. gracilis*)、全苞石栎(*Lithocarpus cleistocarpus*)等建群树种的过度砍伐，使得该种类型仅在少数局部地区残存，在调查中发现仅细叶青冈、卵叶钓樟(*Lindera limprichtii*)林的分布范围相对较广。

1) 细叶青冈、卵叶钓樟林(Form. *Cyclobalanopsis gracilis* + *Lindera limprichtii*)

细叶青冈、卵叶钓樟林仅见于保护区内海拔 1500 m 以下的局部地区，如背林沟、凉水井、小湾河沟口附近等地。乔木层主要由常绿树种细叶青冈、油樟、四川木姜子(*Litsea moupinensis* var. *szechuanica*)、卵叶钓樟组成，另有少量糙皮桦(*Betula utilis*)、红麸杨(*Rhus punjabensis* var. *sinica*)、华鹅耳枥(*Carpinus cordata* var. *chinensis*)等其他落叶树种伴生。

[1] 细叶青冈 + 卵叶钓樟 - 川莓群落(Gr. ass. *Cyclobalanopsis gracilis* + *Lindera limprichtii-Rubus setchuenensis*)

群落代表样地(32.54766°N，104.82991°E)位于背林沟海拔 1300 m 的山体下部，坡度 30°~35°，坡向为东南坡。群落外貌浓绿色，林冠参差不齐，成层现象较明显。总郁闭度为 0.7 左右。乔木层可分为 2 个亚层：第一层高 10~15 m，以细叶青冈为优势物种，少数油樟伴生其中；第二层高 5~8 m，以卵叶钓樟和四川木姜子为优势种。灌木层总盖度为 40%~60%，高 1~3.5 m，以川莓(*Rubus setchuenensis*)占优势，盖度 30%~45%；其次有猫儿刺(*Ilex pernyi*)、刺悬钩子、蕊帽忍冬(*Lonicera pileata*)、鸡桑(*Morus australis*)、海州常山(*Clerodendrum trichotomum*)、铁仔(*Myrsine africana*)、鞘柄菝葜(*Smilax stans*)等，盖度共为 10%~15%。草本层盖度为 30% 左右，以丝叶苔草(*Carex capilliformis*)为优势种，其他常见的还有细风轮草(*Clinopodium gracile*)、西南冷水花(*Pilea plataniflora*)、箭叶淫羊藿(*Epimedium sagittartum*)、糙苏(*Phlomis umbrosa*)等。蕨类植物发育较好，主要有华北鳞毛蕨(*Dryopteris laeta*)、对马耳蕨(*Polystrichum tsus-subebse*)、狭叶凤尾蕨(*Pteris henryi*)等。

[2] 细叶青冈 - 刺悬钩子群落(Gr. ass. *Cyclobalanopsis gracilis-Rubus setchuenensis*)

群落代表样地(32.57801°N，104.77393°E)位于小湾河沟口海拔 1419 m 的山体下部，坡度 30°~35°，坡向为西坡。群落外貌浓绿色，成层现象明显。总郁闭度 0.65 左右。乔木层高 10~15 m，以细叶青冈为优势种，其他常见的有四川木姜子、卵叶钓樟等乔木。灌木层总盖度为 40%~50%，高 1~3.5 m，以刺悬钩子(*Rubus pungens*)占优势，盖度 30%~40%；其次有川莓、蕊帽忍冬(*Lonicera pileata*)、海州常山(*Clerodendrum trichotomum*)、铁仔(*Myrsine africana*)、鞘柄菝葜(*Smilax stans*)等，盖度共为 10%。草本层盖度为 40% 左右，以禾叶土麦冬(*Liriope graminifolia*)和糙苏(*Phlomis umbrosa*)占优势，盖度共为 30%，其他常见的还有丝叶苔草(*Carex capilliformis*)、细风轮草

(*Clinopodium gracile*)阴地蕨(*Sceptridium ternatum*)、对马耳蕨(*Polystrichum tsussubebse*)、东方荚果蕨(*Matteuccia orientalis*)等。

2.油樟林

油樟林在保护区内曾经在部分地区成片分布,但由于受到人为因素的影响,现仅残存在局部低海拔区域内。油樟属于国家Ⅱ级重点保护植物,在保护上应予以重视和关注。

(2)油樟林(Form. *Cinnamomum longepaniculatum*)

油樟林主要分布在保护区内海拔 1500 m 以下的局部地区,如背林沟、水淋沟等地。

[3] 油樟+卵叶钓樟−刺悬钩子群落(Gr. ass. *Cinnamomum longepaniculatum*＋*Lindera limprichtii-Rubus pungens*)

群落代表样地位于背林沟海拔 1395 m 的山体下部(32.54649°N,104.82457°E),坡度 25°~30°,坡向为西北坡。群落外貌呈浓绿色,林冠参差不齐,成层现象不明显。总郁闭度为 0.65~0.7。乔木层高 10~15 m,以常绿树种油樟和卵叶钓樟为优势种,其他常见的还有稠李、四川木姜子、细叶青冈、野漆树等。灌木层总盖度为 50％左右,高 1.2~3 m,以刺悬钩子为优势种,盖度为 35％~40％;其他常见的还有蕊帽忍冬、紫金牛、猫儿刺以及卵叶钓樟、油樟的更新幼苗等,盖度共为 10％~15％。草本层总盖度为 25％~30％,以丝叶苔草为优势种,另有茅叶荩草(*Arthraxon prionodes*)、黄水枝、千里光、细风轮草、大叶冷水花、山酢浆草等伴生,尚可见凤尾蕨(*Pteris cretica* var. *intermedia*)等蕨类植物。

[4] 油樟+绒叶木姜子−川莓群落(Gr. ass. *Cinnamomum longepaniculatum*＋*Litsea wisonii-Rubus setchuenensis*)

群落代表样地位于水淋沟海拔 1476 m 的山坡下部(32.56339°N,104.79895°E),坡向西坡,坡度 30°~35°。群落外貌深绿色,林冠参差不齐。总郁闭度为 0.55~0.6。乔木层高 10~15 m,以常绿树种油樟和绒毛木姜子为优势种,其他常见的还有细叶青冈、卵叶钓樟。此外,偶有野漆树(*Toxicodendron succedaneum*)、蜀榆(*Ulmus bergmanniana* var. *lasiophylla*)等其他落叶树种间杂其间。灌木层总盖度为 40％左右,高 1.2~3 m,以川莓为优势种,盖度为 35％;其他常见的还有鞘柄菝葜、鸡桑、猫儿刺、臭常山,以及卵叶钓樟、油樟、绒毛木姜子的更新幼苗等,盖度共为 10％~15％。草本层总盖度为 25％,以禾叶土麦冬(*Liriope graminifolia*)和丝叶苔草为优势种,另有细风轮草、犁头草(*Viola japonica*)、西南冷水花(*Pilea plataniflora*)、钩腺大戟等伴生,并可见华北鳞毛蕨、对马耳蕨等部分蕨类植物。

7.2.1.2　常绿落叶阔叶混交林

常绿落叶阔叶混交林是一种介于常绿阔叶林与针阔混交林之间的过渡类型,分布区域属山地温带气候。该种植被类型分布范围较广,在保护区内主要分布于海拔 1500 (1600)~2000 m 的低中山地区,为偏湿性常绿落叶阔叶混交林。群落目前主要以细叶青冈、卵叶钓樟、油樟、猫儿刺等常绿树种以及糙皮桦(*Betula utilis*)、水青树、领春木(*Euptelea pleiospermum*)、疏花槭(*Acer laxiflorum*)、五尖槭(*A. oliverianum*)、水青冈(*Fagus longipetiolata*)等落叶阔叶树种为优势种。林下土壤为黄棕壤。根据建群种的不同，可分为青冈、落叶阔叶林和樟、落叶阔叶林两种主要类型。

3. 青冈、落叶阔叶混交林

青冈、落叶阔叶混交林主要分布在保护区 1500~1700 m 的地区，常沿沟谷两岸分布。由于曾经受到人为因素的影响，目前存在的青冈、落叶阔叶混交林的乔木层仅以细叶青冈和桦木为主，高 10~15 m。

(3)细叶青冈、油樟、糙皮桦林（Form. *Cyclobalanopsis gracilis* + *Cinnamomum longepaniculatum* + *Betula utilis*）

细叶青冈、油樟和糙皮桦林分布区域狭窄，主要分布在 1500~1700 m 的温暖湿润的沟谷两岸。土壤为山地黄壤。

[5] 细叶青冈+油樟+糙皮桦-铁仔群落（Gr. ass. *Cyclobalanopsis gracilis* + *Cinnamomum longepaniculatum* + *Betula utilis-Myrsine africana*）

群落代表样地位于小湾河海拔 1621 m 的山体中下部（32.58411°N，104.78041°E），坡向为西北坡，坡度 30°~35°。群落外貌深绿色，杂以浅绿斑块。林冠较整齐，成层现象明显。乔木层总郁闭度 0.7~0.8，以细叶青冈和油樟等常绿树种和落叶树种糙皮桦为主要优势种，高 12~15 m，其次还可见绒叶木姜子、卵叶钓樟、红麸杨、漆树（*Toxicodendron vernicifluum*）等其他树种。灌木层总盖度为 45%~60%，高 1.5~3 m，主要有川莓、箭叶淫羊藿、两面针、野花椒（*Zanthoxylum simulans*）、鞘柄菝葜、蕊帽忍冬、刺悬钩子、猫儿刺等，以及卵叶钓樟、细叶青冈、油樟及漆树等乔木树种的更新幼苗。草本层盖度 25%~30%，高 0.2~1.0 m，常见的有川滇苔草（*Carex schneideri*）、对马耳蕨、禾叶土麦冬、鬼灯檠（*Rodgersia aesculifolia*）、双舌蟹甲草（*Cacalia davidii*）、山酢浆草（*Oxalis griffithii*）等。

(4)细叶青冈、水青冈林（Form. *Cyclobalanopsis gracilis* + *Fagus longipetiolata*）

细叶青冈、水青冈林主要分布在长沟等海拔 1600~1900 m 的局部地区。

[6] 细叶青冈+水青冈-糙花箭竹群落（Gr. ass. *Cyclobalanopsis gracilis* + *Fagus longipetiolata-Fargesia scabridi*）

群落代表样地位于长沟海拔 1779 m 的山体下部（32.60138°N，104.68469°E），坡向为东北坡，坡度为 30°。群落外貌深绿色，杂以浅绿斑块。林冠较整齐，成层现象明显。乔木层总郁闭度 0.75~0.8，以常绿树种细叶青冈和和落叶树种水青冈为主要优势种，高 7~14 m，平均胸径 25 cm，最大可达 103 cm，其次还可见野核桃等其他树种伴生。灌木层总盖度高达 85%，高 0.4~3 m，主要以糙花箭竹为绝对优势种，其次还有甘肃瑞香、鞘柄菝葜、蕊帽忍冬、刺悬钩子、猫儿刺、冰川茶藨子等常见灌木。草本层盖度为 35%~40%，高 0.2~1.0 m，以丝叶苔草为优势种，常见的还有六叶葎、金毛狗脊蕨等植物伴生。

4. 樟、落叶阔叶混交林

樟、落叶阔叶混交林在保护区内分布范围比较广泛，分布下缘常渗入到常绿阔叶林中，分布上缘有时直接与针阔混交林相接。由于曾经受到人为破坏，在保护区内常可见斑块状的次生落叶阔叶林分布。该种森林类型主要有卵叶钓樟、糙皮桦林和卵叶钓樟、槭树林两种类型。

（5）卵叶钓樟、糙皮桦林（Form. *Lindera limprichtii* ＋*Betula utilis*）

卵叶钓樟、糙皮桦林在保护区内主要分布在铁厂沟、果子树沟、棕山子等区域海拔 1500（1400）～2000 m 的区域。

[7] 卵叶钓樟＋糙皮桦＋野核桃－中华青荚叶＋少花荚蒾群落（Gr. ass. *Lindera limprichtii* ＋*Betula utilis* ＋*Juglans cathayensis-Helwingia chinensis* ＋*Viburnum oliganthum*）

代表样地位于铁厂沟海拔 1685 m 的山体下部（31.21046°N，104.46492°E），坡向为西南坡，坡度 35°～40°。群落外貌呈浅绿色，林冠不整齐，成层不明显。乔木层总郁闭度约 0.6，高 7～12 m，主要以常绿树种卵叶钓樟和落叶树种糙皮桦、野核桃为优势种，其次还常见细叶青冈、红桦、漆树、红麸杨（*Rhus punjabensis* var. *sinica*）、领春木、栓皮栎、天师栗、大叶柳、连香树等其他树种混生。灌木层总盖度约 40%，高 1.0～4.0 m，以中华青荚叶（*Helwingia chinensis*）和少花荚蒾（*Viburnum oliganthum*）为优势种，常见的物种还有蕊帽忍冬、凹叶瑞香（*Daphne retusa*）、狭叶花椒（*Zanthoxylum stenophyllum*）、猫儿刺、海州常山、鞘柄菝葜等。草本层盖度 20%～25%，高 0.15～0.8 m，以大叶冷水花（*Pilea martini*）和荚果蕨（*Matteuccia struthiopteris*）为主，其他常见的还有黄金凤（*Impatiens siculifer*）、沿阶草、革叶耳蕨（*Polystichum neolobatum*）、膜叶冷蕨（*Cystopteris pellucida*）等。

[8] 卵叶钓樟＋糙皮桦－腊莲绣球＋猫儿刺群落（Gr. ass. *Lindera limprichtii* ＋*Betula utilis-Hydrangea strigosa* ＋*Ilex pernyi*）

代表样地位于果子树沟海拔 1518 m 的山体下部（32.33313°N，104.46401°E），坡向为西坡，坡度 35°～40°。群落外貌呈浅绿色，林冠不整齐，成层现象比较明显。乔木层总郁闭度约 0.7，高 8～24 m，可分为两个亚层：第一层高 15～24m，以卵叶钓樟和糙皮桦为主，其他常见的还有天师栗、山杨等落叶乔木；第二层高 8～15m，常见的树种有细叶青冈、岩桑、漆树、领春木、宝兴梾木（*Cornus scabrida*）等，以及卵叶钓樟和糙皮桦等乔木的实生幼苗。灌木层总盖度约 15%，高 1.0～4.0 m，以腊莲绣球和猫儿刺为优势种，其他常见的还有甘肃瑞香、紫珠、鞘柄菝葜等。草本层盖度约 90%，高 0.15～0.8 m，以沿阶草和丝叶苔草为优势种，其他常见的还有小花人字果、山酢浆草、肉穗草、六叶葎、楼梯草等。

（6）卵叶钓樟、槭树林（Form. *Lindera limprichtii* ＋*Acer* spp.）

该植被类型在保护区内主要分布于铁厂沟、棕山子沟等区域海拔 1500～1900 m 的区域内。

[9] 卵叶钓樟＋五尖槭－红毛悬钩子＋茅莓群落（Gr. ass. *Lindera limprichtii* ＋*Acer maximowiczii-Rubus pinfaensis* ＋*R. parvifoliu*）

代表样地位于铁厂沟海拔 1557 m 的山体下部（31.31794°N，104.46599°E），坡向为西南坡，坡度 30°～35°。群落外貌呈浅绿色，林冠不整齐，成层不明显。乔木层总郁闭度约 0.65，高 8～15 m，主要以常绿树种卵叶钓樟和落叶树种五尖槭为优势种，其次还常见短柄枹栎、疏花槭、四川木姜子、野核桃（*Juglans cathayensis*）、漆树、灯台树等其他树种混生。灌木层总盖度约 45%，高 1～3 m，以红毛悬钩子和茅莓为优势种，其他常见的还有粉花绣线菊、蕊帽忍冬、铁仔、猫儿刺、大花醉鱼草、四川蜡瓣花等，其中尚散生少量的红豆杉幼苗。草本层盖度 20%～25%，高 0.15～0.8m，以东方草莓为优势种，其他常见物种还有艾蒿、三角叶蟹甲草、蒲儿根、黄水枝、东方草莓、丝叶苔草、蛇莓、箭叶淫羊藿、黄金凤（*Impatiens siculifer*）、肾叶金腰、假升麻等。

（一）次生落叶阔叶林

次生落叶阔叶林在唐家河自然保护区内主要分布在海拔 1100～2400 m 的低中山和亚高山地区，属山地暖温带和温带气候，土壤为黄壤和黄棕壤。该种植被类型是一种非地带性的森林植被类型，主要是常绿阔叶林、针阔混交林及亚高山针叶林等遭受人为破坏后形成的次生林，在保护区内多呈斑块状分布。该类森林的组成树种冬季落叶，在森林外貌上具有十分明显的季相变化。群落成份上次生性质十分明显，常随着不同海拔及与此相应环境的差异而发生变化，在较低海拔地区以藏刺榛（*Corylus ferox* var. *thibetica*）、领春木和槭树林等为主，随着海拔的升高则逐步过渡到以椴树林和红桦林为主。根据保护区内生境特点和优势树种不同，落叶阔叶林可划分为以下 5 个植被类型。

5. 落叶阔叶杂木林

（7）藏刺榛、领春木、槭林（Form. *Corylus ferox* var. *thibetica*、*Euptelea pleiospermum*、*Acer* spp. ）

［10］藏刺榛、领春木、四蕊槭－糙花箭竹群落（Gr. ass. *Corylus ferox* var. *thibetica* ＋*Euptelea pleiospermum* ＋*Acer tetramerum-Fargesia scabridi*）

该群落在保护区内主要分布在海拔 1800～2200 m 的局部地区。群落外貌夏季呈黄绿色，林冠不整齐，总郁闭度为 0.7 左右。乔木层高 12～16 m，主要以藏刺榛、领春木、椴树（*Tilia chinensis*）、四蕊槭、五尖槭（*Acer maximowiczii*）、川滇长尾槭（*Acer caudatum* var. *prattii*）等为优势种，其次还常见泡花树（*Meliosma cuneifolia*）、西南樱桃（*Prunus pilosiuscula*）、灯台树（*Cornus controversa*）等其他树种。灌木层盖度为 45%～65%，高 1.5～2.5 m，主要以糙花箭竹为优势种，其次还常见多鳞杜鹃、川莓、红花蔷薇（*Rosa moyesii* Hemsl）、毛肋杜鹃（*Rhododendron augustinii*）、薄叶鼠李（*Rhamnus leptophlla*）、中华绣线梅（*Neillia sinensis*）、大枝绣球（*Hydrangea rosthornii*）、高丛珍珠梅（*Sorbaria arborea*）等其他灌木。草本层总盖度为 25%～30%，高 0.2～1.8 m，主要草本植物为沿阶草、革叶耳蕨（*Polystichum neolobatum*）、牛繁缕（*Malachium aquaticum*）、白苞蒿（*Artemisia lactiflora*）、蛇莓（*Duchesnea indica*）、长茎堇菜（*Viola brunneostipulosa*）、卷叶黄精（*Polygonatum cirrhifolium*）、东方草莓（*Fragaria orientalis*）、双花千里光（*Senecio dianthus*）、旋叶香青（*Anaphalis contorta*）等。

6. 桦木林

桦木林在保护区内主要分布在海拔 1200～2400 m 的低中山和亚高山地区，分布上缘往往与针阔混交林交错分布。在该种植被类型中，主要以桦木为优势树种，并伴随其他落叶阔叶树种。

（8）红桦林（Form. *Betula albo-sinensis*）

红桦林在保护区内主要分布于四角湾、铁厂沟等地海拔 2000(1900)～2400m 的中山和亚高山地区。

[11] 红桦+山杨-缺苞箭竹群落（Gr. ass. *Betula albo-sinensis* + *Populus davidiana-Fargesia denudata*）

群落代表样地位于四角湾海拔 2208 m 的山体中部（32.27370°N，104.49511°E），坡向为南坡，坡度 40°~45°。群落外貌夏季呈绿色，林冠较整齐，郁闭度可达 0.6。乔木层高 15~20 m，主要以红桦（*Betula albo-sinensis*）和山杨为优势树种，平均树高 15m，平均胸径 25 cm，平均冠幅 4 m×3 m；其他常见的还有糙皮桦、藏刺榛（*Corylus ferox* var. *thibetica*）、川滇长尾槭（*Acer caudatum* var. *prattii*）、宝兴椴木、山胡椒（*Lindera glauca*）等。灌木层盖度为 75%~80%，高 1.0~2.5 m。主要以缺苞箭竹为优势种，偶有鞘柄菝葜、毛叶绣线菊（*Spiraea mollifolia*）、狭叶冬青（*Ilex fargesii*）、云南蕊帽忍冬（*Lonicera pileata* f. *yunnanensis*）、冰川茶藨（*Ribes glaciale*）、川莓等其他植物。草本层盖度为 15%~20%，高 0.05~0.5 m，以川滇苔草和蛇莓为优势种，其他常见的还有细柄草（*Capillipedium parviflorum*）、山酢浆草、多鳞耳蕨（*Polystichum sguarrosum*）、细风轮草（*Clinopodium gracile*）、川滇盘果菊（*Preanthes henryi*）、紫续断（*Phlomis szechuanensis*）等。

[12] 红桦+糙皮桦-缺苞箭竹+川莓群落（Gr. ass. *Betula albo-sinensis* + *Betula utilis-Fargesia denudate* + *Rubus setchuenensis*）

群落代表样地位于铁厂沟海拔 2003 m 的山体中部（32.27420°N，104.5107°E），坡向为南坡，坡度 40°~45°。群落外貌夏季呈绿色，林冠较整齐，郁闭度可达 0.65。乔木层高 15~20 m，以红桦和糙皮桦为优势树种；另外常见的还有川滇长尾槭（*Acer caudatum* var. *prattii*）、五尖槭、三桠乌药等乔木。灌木层盖度为 70%，高 1~3 m。主要以缺苞箭竹和川莓为优势种，偶有大叶杜鹃、云南蕊帽忍冬（*Lonicera pileata* f. *yunnanensis*）、红毛悬钩子、冰川茶藨（*Ribes glaciale*）等其他植物。草本层盖度为 15%~20%，高 0.05~0.5m，以丝叶苔草为优势种，其他常见的还有山酢浆草、报春花、羊齿天门冬、糙苏、象鼻南星、细风轮草（*Clinopodium gracile*）等。

[13] 红桦+糙皮桦-糙花箭竹群落（Gr. ass. *Betula albo-sinensis* + *Betula utilis-Fargesia scabridi*）

群落代表样地位于长沟海拔 2000 m 的山体下部（32.58729°N，104.68800°E），坡向为东北坡，坡度 0°~15°。群落外貌夏季呈绿色，林冠较整齐，郁闭度可达 0.7。乔木层高 10~18 m，以红桦和糙皮桦为优势树种，平均胸径 18 cm；另外常见的还有青榨槭、领春木、花楸、马尾松等乔木。灌木层盖度高达 80%，高 0.4~2 m，以糙花箭竹为优势种，其他常见的还有蕊帽忍冬、大叶杜鹃、川溲疏、红毛悬钩子、冰川茶藨等其他植物。草本层盖度为 30%，高 0.05~0.5 m，以丝叶苔草和苔藓为优势种，其他常见的还有驴蹄草、糙苏、西南变豆菜、商陆、野棉花、细风轮草等。

(9)糙皮桦林（Form. *Betula utilis*）

糙皮桦林在保护区主要分布于棕山子沟、阴坝沟、后沟里、四角湾、摩天岭、吴尔沟等沟系海拔 1200~2400 m 的中山或亚高山地区。

[14] 糙皮桦-红花蔷薇群落（Gr. ass. *Betula utilis-Rosa moyesii*）

群落代表样地位于后沟里海拔 1512 m 的山体下部(32.3305927°N，104.521303°E)，坡向为北坡，坡度为 10°~15°。群落外貌深绿色；成层现象明显。乔木层总郁闭度高达 0.8，以糙皮桦为绝对优势种，其郁闭度为 0.6，平均高 17 m，平均胸径为 18 cm；其他常见的还有少量的桤木、野核桃、五尖槭、华西枫杨、马尾松等乔木，总郁闭度为 0.3。灌木层总盖度为 20%，平均高度为 1.0~3.0 m，以红花蔷薇为优势种，其盖度为 15% 左右；其他常见的还有棣棠、三桠乌药、蕊帽忍冬、领春木、四川木姜子、鲜黄小檗等灌木，盖度共为 5%。草本层总盖度高达 90%，以艾蒿为优势种，其他常见的还有茅叶荩草、蛇莓、西南委陵菜、山酢浆草、糙苏、蕨类等阴生植物。

[15] 糙皮桦-缺苞箭竹群落(Gr. ass. *Betula utilis-Fargesia denudate*)

群落代表位于铁厂沟海拔 1881 m 的山体中部(32.31054°N，104.46153°E)，坡向为西南坡，坡度为 25°~30°。群落外貌深绿色，成层现象明显。乔木层总郁闭度高达 0.8，以糙皮桦为绝对优势种，其郁闭度为 0.6，平均高 11~12 m，平均胸径为 15 cm；其他常见的还有五尖槭、华西枫杨等乔木，其郁闭度共为 0.3。灌木层总盖度为 70%，平均高度为 1.0~3.0 m，以缺苞箭竹为优势种，其盖度为 55%~60%；其他常见的还有茅莓、蕊帽忍冬、三桠乌药、红花蔷薇、领春木、大叶杜鹃等灌木，盖度共为 10%~15%。草本层总盖度高达 30%，以糙野青茅(*Deyeuxia scabrescens*)和山酢浆草(*Oxalis griffithii*)为优势种，其他常见的还有紫花碎米荠、丝叶苔草、山酢浆草、糙苏、蕨类等阴生植物。

[16] 糙皮桦-糙花箭竹群落(Gr. ass. *Betula utilis-Fargesia scabridi*)

群落代表样地位于摩天岭海拔 2190 m 的山体上部(32.37551°N，104.51580°E)，坡向为西南坡，坡度为 30°~35°。群落外貌深绿色，成层现象明显。乔木层总郁闭度为 0.6，以糙皮桦为绝对优势种，其郁闭度为 0.45，平均高 14 m，平均胸径为 8 cm；其他常见的还有少量的五尖槭、疏花槭、华西枫杨等乔木，其郁闭度共为 0.15。灌木层总盖度为 80%，平均高度为 1.0~3.0 m，以糙花箭竹为优势种，其盖度为 65%~70%；其他常见的还有红花蔷薇、少花荚蒾、大叶杜鹃等灌木，盖度共为 10%~15%。草本层总盖度为 40%，以小叶碎米荠和糙苏为优势种，其他常见物种有西南变豆菜、丝叶苔草、山酢浆草等植物。

[17] 糙皮桦-红毛悬钩子群落(Gr. ass. *Betula utilis-Rubus pinfaensis*)

群落代表样地位于吴尔沟海拔 1540 m 的山体下部(32.56703°N，104.75342°E)，坡向为南坡，坡度为 25°~30°。群落外貌深绿色，成层现象明显。乔木层总郁闭度为 0.7，以糙皮桦为绝对优势种，其郁闭度为 0.55，平均高 18 m，平均胸径为 30 cm；其他常见的还有细叶青冈、野核桃等乔木，其郁闭度共为 0.15。灌木层总盖度为 20%，平均高度为 2.0~3.0 m，以红毛悬钩子为优势种，其盖度为 15% 左右；偶见铁仔、鸡桑、凹叶瑞香等灌木，盖度共为 5%。草本层总盖度高达 85%，以苔藓和茅叶荩草为优势种，其他常见物种有葎草、蛇莓、灯芯草、风铃草、丝叶苔草、黄水枝等植物。

7. 椴树林

椴树林在保护区内主要分布在海拔 1600~2200 m 的局部地区。在该种植被类型中，主要以椴树为优势树种，并伴随其他落叶树种。其分布范围的上缘往往渗入桦木林中，其下缘则与灯台树林相接。主要有两种森林类型。

(10)椴树、山杨、皂柳林(Form. *Tilia chinensis* + *Populus davidiana* + *Salix walli-chiana*)

该森林类型在保护区内主要分布在四角湾、小草坡和倒梯子等地海拔 1900～2200 m 的局部地区。

[18] 椴树+山杨+皂柳-缺苞箭竹+糙花箭竹群落(Gr. ass. *Tilia chinensis* + *Populus davidiana* + *Salix wallichiana-Fargesia denudate* + *Fargesia scabridi*)

群落代表样地位于小草坡附近海拔 2150 m 的山体中部(32.28380°N，104.49632°E)，坡向为西北坡，坡度为 30°～40°。群落外貌呈绿色，夹杂浅绿色斑块。林冠不整齐。总郁闭度为 0.6 左右。乔木层高 15～18 m，主要以椴树、山杨和皂柳为优势树种，并常见领春木、山胡椒、红桦、糙皮桦等其他树种。灌木层总盖度约 45%，高 1.5～2.5 m，主要以缺苞箭竹和糙花箭竹为优势植物，其次还常见毛肋杜鹃、红花五味子(*Schisandra rubriflora*)、中华绣线梅(*Neillia sinensis*)、红花蔷薇、狭叶冬青、陕甘花楸(*Sorbus xanthoneura*)等。草本层总盖度 25%～30%，高 0.15～1.2 m，主要草本植物为华北鳞毛蕨、丝叶苔草(*Carex capilliformis*)、白苞蒿、深圆齿堇菜(*Viola davidii*)、轮叶黄精(*Polygonatum verticillatum*)、紫花碎米荠(*Cardamine tangutorum*)、獐芽菜等。

(11)椴树、山胡椒、领春木林(Form. *Tilia chinensis* + *Lindera glauca* + *Euptelea pleiospermum*)

该植被类型在保护区内主要分布在石桥河、观音岩等地海拔 1600～2200 m 的地区。

[19] 椴树+山胡椒+领春木-缺苞箭竹群落(Gr. ass. *Tilia chinensis* + *Lindera glauca* + *Euptelea pleiospermum*)

群落代表样地位于观音岩海拔 2085 m 的山体下部(32.636438°N，104.69417°E)，坡向为西坡，坡度为 20°～30°。群落外貌呈深绿色，林冠较整齐，成层现象明显，总郁闭度为 0.7～0.8。乔木层高 15～28 m，可分为两个亚层：第一亚层以椴树为优势种，高 22～28 m，郁闭度为 0.55～0.6；第二亚层以山胡椒、领春木为优势树种，其他还常见糙皮桦、野樱、山杨、皂柳等落叶乔木及零星的麦吊云杉，高 15～22 m，郁闭度共为 0.15～0.25。灌木层总盖度约 50%，高 0.6～3 m。以缺苞箭竹为优势种，其次还可见毛肋杜鹃、甘肃瑞香、海州常山、蕊帽忍冬、少花荚蒾等。草本层总盖度约 80%，高 0.1～0.4 m，以丝叶苔草为优势种，常见草本植物还有沿阶草、东方草莓、梅花草、大车前、火绒草、楼梯草等。

8.灯台树林

灯台树林在保护区内主要分布在摩天岭保护站、四角湾、倒梯子等地海拔 1400～1800 m 的局部地区。在该种森林植被类型中，主要优势树种以灯台树为主，其次还可见西南樱桃(*Prunus pilosiuscula*)、皂柳、山杨等阔叶落叶树种。其分布范围的上缘往往与椴树林相接，其分布下缘则常常渗入到常绿落叶阔叶混交林中。主要有 3 种森林类型。

(12)灯台树、西南樱桃(Form. *Cornus controversa* + *Prunus pilosiuscula*)林

灯台树、西南樱林在保护区内主要分布在阴平古道、摩天岭保护站附近等海拔 1600～1800 m 的局部地区。

[20] 灯台树＋西南樱桃－糙花箭竹＋鞘柄菝葜群落（Gr. ass. *Cornus controversa* ＋ *Prunus pilosiuscula-Fargesia scabridi* ＋*Smilax stans*）

群落外貌呈绿色，林冠较整齐，总郁闭度为 0.6 左右。乔木层高 10～17 m，主要以灯台树和西南樱桃为优势树种，其次还常见皂柳、四川腊瓣花（*Corylopsis willmottiae*）、泡花树、红桦、川滇长尾槭、山杨、楤木（*Aralia chinensis*）、红麸杨、糙皮桦等阔叶落叶树种。灌木层高 1.5～3.0 m，盖度为 50％左右，主要以糙花箭竹、鞘柄菝葜为主，其次还常见牛奶子（*Elaeagnus umbellate*）、三叶木通（*Akebia trifoliata*）、棣棠（*Kerria japonica*）以及灯台树、西南樱桃、糙皮桦、川滇长尾槭和红桦等的更新幼苗。草本层高 0.08～0.80 m，总盖度为 25％左右，以丝叶苔草和大叶冷水花（*Pilea notata*）为优势种，常见的还有西南拉拉藤（*Galium elegans*）、三褶脉紫菀（*Aster ageratoides*）、川滇盘果菊、齿头鳞毛蕨、茜草（*Rubia cordifolia*）、六叶葎（*Galium asperuloides* var. *hoffmeisteri*）等。

（13）灯台树、山杨、青榨槭林（Form. *Cornus controversa*、*Populus davidiana*、*Acer davidii*）

灯台树、山杨、青榨槭（*Acer davidii*）林在保护区内主要分布在各水子、摩天岭保护站附近海拔 1400～1800 m 的局部地区。

[21] 灯台树＋山杨＋青榨槭－糙花箭竹群落（Gr. ass. *Cornus controversa* ＋*Populus davidiana* ＋*Acer davidii-Fargesia scabridi*）

群落代表样地位于摩天岭保护站附近海拔 1733 m（的山体中上部 32.371710°N，104.50093°E），坡向为南坡，坡度为 25°～30°。群落外貌呈绿色，林冠不整齐，总郁闭度为 0.65 左右。乔木层高 10～15 m，主要以灯台树、山杨和青榨槭为优势树种，并常见房县槭（*Acer franchetii*）、四照花（*Dendrobenthamia japonica* var. *chinensis*）、皂柳、白桦（*Betula platyphylla*）、糙皮桦、漆树（*Toxicodendron vernicifluum*）等落叶阔叶树种。灌木层高 1.2～2.5 m，主要以糙花箭竹为主，总盖度可达 45％～50％，其次还常见云南蕊帽忍冬、木姜子、毛叶绣线菊及灯台树、山杨和青榨槭的更新幼苗。草本层高 0.2～0.8 m，盖度为 20％～25％，以沿阶草和丝叶苔草为优势种，常见的还有齿头鳞毛蕨（*Dryopteris labordei*）、犁头草、林地早熟禾（*Poa nemoralis*）、石生繁缕（*Stellaria saxatilis*）、牛繁缕等。

（14）灯台树、皂柳（Form. *Cornus controversa* ＋*Salix wallichiana*）林

灯台树、皂柳林在保护区内主要分布在四角湾、小草坡等地海拔 1600～1800 m 的局部地区，常常与灯台树、西南樱桃林混生。

[22] 灯台树＋皂柳－糙花箭竹＋缺苞箭竹群落（Gr. ass. *Cornus controversa* ＋*Salix wallichiana-Fargesia scabridi* ＋*Fargesia denudata*）

群落代表样地位于四角湾到小草坡途中。群落外貌呈绿色，夹杂浅色斑块，林冠不整齐，总郁闭度为 0.6～0.7。乔木层高 10～15 m，主要以灯台树和皂柳为优势树种，其次还常见川杨（*Populus szechuanica*）、川滇长尾槭、青榨槭、房县槭、山胡椒等阔叶落叶树种。灌木层总盖度约 50％，主要以糙花箭竹为主，偶而在少数地区可见缺苞箭竹，其次还可见狭叶冬青、尖叶木姜子（*Litsea pungens*）、红毛五加（*Acanthopanax giral-*

dii)、岩桑（*Morus mongolica*）、川莓、牛奶子等灌木。草本层高 0.3～0.6 m，以大叶冷水花和疏穗苔草（*Carex remotiuscula*）为优势种，常见的还有细穗腹水草（*Veronicastrum stenostachyum*）、深红龙胆（*Crawfurdia rubicunda*）、掌裂蟹甲草（*Cacalia palmatisecta*）、密花香薷（*Elsholtzia donsa*）、川滇盘果菊、六叶葎等。

9. 桤木林

桤木林在保护区内主要分布在海拔 1100～1300 m 的局部地区，特别是在保护区东部的姚家坪、西阳沟、棕山子及关虎附近，多呈零星分布。该种植被类型多为人工栽培形成，常见以下类型。

（15）桤木林（Form. *Alnus cremastogyne*）

在保护区内主要分布在海拔 1100～1400 m 的河沟两岸、河漫滩和缓坡等处。

[23] 桤木－马桑＋水麻群落（Gr. ass. *Alnus cremastogyne-Coriaria sinica＋Debregeasia edulis*）

群落代表样地位于后沟里海拔 1512 m 的山体中部（32.30593°N，104.52130°E），坡向为北坡，坡度为 10°。群落外貌夏季呈深绿色，结构简单，生长茂密，林冠不整齐，主要系次生落叶阔叶林，高 10～15 m，总郁闭度在 0.6 左右。乔木层主要以桤木（*Alnus cremastogyne*）为优势种，在部分地区还常见栓皮栎（*Quercus variabilis*）、青杨（*Populus cathayana*）、漆树、大叶杨（*Populus lasiocarpa*）、领春木（*Euptelea pleiospermum*）、川泡桐（*Paulownia fargesii*）、糙皮桦、野核桃等阔叶落叶树种及香椿（*Toona sinensis*）等栽培树种。灌木层盖度为 25%～30%，高 1～4 m，主要灌木为马桑（*Coriaria sinica*）、水麻（*Debregeasia edulis*）、盐肤木（*Rhus chinensis*）等，其次为三颗针（*Berberis* sp.）、腊莲绣球（*Hydrangea strgosa*）、铁仔（*Myrsine africana*）、岩桑（*Morus mongolica*）等。草本层盖度为 15%～20%，高 0.4～1.5 m，主要为茵陈蒿（*Artemisia capillaris*）、马鞭草（*Verbena officinalis*）、山蚂蝗（*Desmodium racemosum*）、粘山药（*Dioscorea hemsleyi* Prain）、元宝草（*Hypericum* sp.）等。

10. 栎林

栎林在保护区主要分布在海拔 1100～1500 m 的局部地区，尤其是在鸡公垭沟、来宝山、毛香坝河对岸登山环道等区域分布较多。目前主要有麻栎、栓皮栎林和锐齿槲栎林两种植被类型。

（16）栓皮栎、麻栎林（Form. *Quercus variabilis＋Q. acutissima*）

[24] 栓皮栎＋麻栎－铁仔＋小檗群落（Gr. ass. *Quercus variabilis＋Q. acutissima-Myrsine africana＋Berberis* sp.）

群落代表样地位于来宝山海拔 1244 m 的山体中部（32.32565°N，104.49547°E），坡向为北坡，坡度为 60°。群落外貌夏季深绿色，林分结构较为简单，分布均匀整齐。郁闭度高达 85%，群落高 15 m。乔木层可分为 2 个亚层：第一亚层高 10～15 m，以麻栎和栓皮栎为优势种，郁闭度共为 0.65～0.7；第二亚层高 6～10 m，以短柄枹栎为优势种，其他常见的还有白杨、糙皮桦、川黄檗、青榨槭、紫荆等。灌木层盖度为 40%，高 1～3 m，以铁仔（*Myrsine africana*）、小檗（*Berberis* sp.）为优势种，常见的还有红花蔷薇、蕊帽忍冬、牛奶子、竹叶椒、两面针、臭常山等，并伴生有少量栓皮栎、麻栎和短柄枹栎等的实生幼苗。草本层盖度为 15%～20%，高 0.4～1.0 m，以丝叶苔草和糙苏为优势种，常见的还有山蚂蝗、茅叶荩草、虎耳草、四叶葎、蕺菜、斑种草等。

(17) 锐齿槲栎(*Quercus aliena* var. *acutesenate*)林

[25] 锐齿槲栎-铁仔+三颗针群落(Gr. ass. *Quercus aliena* var. *acutesenate-Myrsine africana*＋*Berberis julianae*)

群落代表样地位于毛香坝河对岸登山环道海拔 1450 m 的山体下部(32.58106°N，104.75650°E)，坡向为南坡，坡度为 20°～25°。群落外貌夏季深绿色，林分分布均匀整齐。郁闭度为 60%～70%，群落高 20 m。乔木层可分为 2 个亚层：第一亚层高 12～20 m，以锐齿槲栎为优势种，郁闭度共为 0.5～0.6；第二亚层高 6～12 m，以短柄枹栎为优势种，其他常见的还有白杨、糙皮桦、青榨槭等落叶树种。灌木层盖度为 30%，高 1～3 m，以铁仔(*Myrsine africana*)、三颗针(*Berberis* sp.)、红毛悬钩子、蕊帽忍冬等为主，其他常见的还有牛奶子、两面针、臭常山等，并伴生有少量短柄枹栎和锐齿槲栎等的实生幼苗。草本层盖度为 20%，高 0.5～1.0 m，以丝叶苔草、糙苏、山蚂蝗、茅叶荩草、六叶葎、乌蕨等为主。

11. 野核桃林

(18) 野核桃林(Form. *Juglans cathayensis*)

野核桃林在保护区内主要分布于海拔 1200～2000 m 的局部地区，尤其在棕山子沟、后沟里、果树子沟、长沟、鸡公垭沟、阴坝沟等地河岸两边缓坡地带分布较多，呈块状分布。坡度一般为 5°～30°，土层比较肥厚，土壤较湿润，枯枝落叶层分解较为良好，草本层和活地被物较多，林木更新幼苗较多。

[26] 野核桃-小果蔷薇群落(Gr. ass. *Juglans cathayensis-Rosa rubus*)

群落代表样地位于后沟里海拔 1551 m 的山体下部(32.30545°N，104.52409°E)，坡向为西北坡，坡度为 20°～25°。土壤为山地黄棕壤，土层较厚，林内较为阴湿。群落外貌春夏绿色，林冠较整齐，成层现象不明显，乔木层与灌木层相互交替。乔木层总郁闭度 0.6，可分为两个亚层；第一亚层高 8～13 m，以野核桃为优势种，郁闭度 0.4，平均高 11 m，平均胸径 8 cm；第二亚层高 5～8 m，主要有糙皮桦、五尖槭、四照花等落叶乔木，郁闭度共为 0.2。灌木层高 0.5～4 m，总盖度达 30%；以高 1.5～2.5 m 的小果蔷薇为优势种，盖度达 20%；其次为蕊帽忍冬、楤木、三颗针等，盖度共为 10%。草本层高 3～70 cm，总盖度达 95%；以蕨类和艾蒿为优势种，高 3～70 cm，盖度达 70% 以上；其他常见的还有牛繁缕、冷水花、苔藓、紫花碎米荠、蝎子草、车前(*Plantago asiatica*)、细风轮草、齿果酸模等。

[27] 野核桃-蕊帽忍冬+糙花箭竹群落(Gr. ass. *Juglans cathayensis-Lonicera pileata*＋*Fargesia scabridi*)

群落代表样地位于保护区果子树沟海拔 1284 m 的山体下部(32.34123°N，104.47141°E)，坡向为西坡，坡度 15°。群落外貌春夏绿色，林冠较整齐，成层现象不明显，乔木层与灌木层相互交替。乔木层高 6～12 m，总郁闭度 0.7；以野核桃为绝对优势种，郁闭度 0.55，平均高 11 m，平均胸径 8 cm；其他常见的还有灯台树、尖叶木姜子(*Litsea pungens*)、青肤杨(*Rhus potaninii*)、构树(*Broussonetia papyrifera*)、鸡桑

(*Morum australis*)、华西枫杨等，郁闭度共为 0.25。灌木层高 0.5～4 m，总盖度达
60％；以高 1～3 m 的蕊帽忍冬和糙花箭竹为优势种，盖度达 45％；其次为贴梗海棠、猫
儿刺、接骨木、楤木、三颗针等，盖度共为 15％。草本层高 3～70 cm，总盖度达 95％；
以艾蒿和凤尾蕨为优势种，盖度达 70％以上；其他常见的还有裂叶千里光、三褶脉紫
菀、裂叶蟹甲草、盾叶薯蓣、鸭儿芹、野山姜、蒲儿根、翠雀等，盖度共为 25％。

(二)竹林

竹林是由禾本科竹类植物组成的多年生常绿木本植物群落。竹类植物多喜温暖湿润
气候，热带和亚热带是其主要分布区域。在唐家河国家级自然保护区内，竹子种类组成
比较简单，主要有糙花箭竹、青川箭竹、缺苞箭竹、金竹等，为灌木型的小茎温性竹林。

保护区内海拔 1100 m 以上地带所分布的竹种，常是构成常绿与落叶阔叶混交林、针
阔叶混交林以及亚高山针叶林等植被类型灌木层的优势层片。在这些森林植被破坏后的
局部地段，可形成竹林群落。

保护区内竹林主要有箭竹林一个群系组。

12. 箭竹林

(19)缺苞箭竹(Form. *Fargesia denudata*)林

缺苞箭竹林在保护区内主要分布在小草坡、大草堂等地海拔 2600～3200 m 的区域
内，常见于针叶林的林缘。其上与亚高山草甸相接，往往呈犬牙分布，或渗入亚高山草
甸呈斑块状分布，其下与针叶林紧密相连。

[28] 缺苞箭竹(Gr. ass. *Fargesia denudata*)

群落外貌翠绿色。生长密集，盖度常常可达 80％～95％，主要以缺苞箭竹为绝对优
势种。植株短小密集，高 1.0～2.0 m(植株高度随海拔高度高度增加而变矮，常从 2.0
m 减小到 0.5 m)。除此之外，还常见红毛花楸(*Sorbus rufopilosa*)、鞘柄菝葜、红毛五
加(*Acanthopanax giraldii*)、峨眉蔷薇、菰帽悬钩子(*Rubus pileatus*)、喜阴悬钩子、毛
肋杜鹃等分布。草本层植物稀疏，种类不多，盖度低，仅 10％～15％，高 0.1～0.5 m。
其中，常见种类有轮叶黄精(*Polygonatum verticillatum*)、东方草莓、丝叶苔草、沿阶
草、高山露珠草、宝兴冷蕨、车前、丛枝蓼、银莲花、卵叶韭(*Allium ovalifolium*)、
掌叶报春、猪殃殃(*Galium aparine* var. *tenerum*)、羽叶三七(*Panax pseudo-ginseng*
var. *bipinnatifidus*)、肾叶金腰(*Chrysosplenium griffithii*)等。

7.2.2 针叶林

针叶林主要包括针叶落叶阔叶林和亚高山针叶林，在唐家河自然保护区内分布范围
最广，跨度最大，分布的海拔为 2000～3300 m(部分地区海拔可达 3400 m)。

(三)温性针叶林

温性针叶林系我国温带地区分布最广的森林类型之一，主要由松属植物组成。唐家
河国家级自然保护区内温性针叶林并不典型，常与落叶阔叶林镶嵌生长或在群落中混生

落叶阔叶乔木,主要分布在海拔1800~2700 m地段,仅有温性松林一个群系组。

13.温性松林

在调查中发现,松林在保护区内呈分布分散,主要有人工栽培的油松、日本落叶松、华山松等树种,但油松和落叶松分布区域较小,主要局限于较低海拔河谷两边山坡的局部地区。华山松分布范围较广,在海拔较低地段形成针阔混交林,在海拔超过2500 m的地段往往形成纯针叶林。

(20)华山松林(Form. *Pinus armandi*)

华山松林主要分布在保护区内海拔2500~2600 m的局部地方,常见与峨眉冷杉混生。在部分地区可见以华山松为优势种形成的纯林,如小湾河右侧支流上游等地。

[29]华山松-缺苞箭竹群落(Gr. ass. *Pinus armandi* +*Fargesia denudata*)

群落代表样地位于小湾河右侧支流上游黑湾里海拔2530 m的山坡中上部(32.38964°N,104.47615°E),坡向西坡,坡度为30°~40°。群落外貌翠绿与绿色相间,林冠整齐,成层现象明显。乔木层郁闭度在0.7左右,树高15~20 m,以华山松为优势种,其间伴生少量的峨眉冷杉。灌木层高约2~3.5 m,物种较为稀少,结构简单,以缺苞箭竹为优势种,伴生华山松和冷杉的更新幼苗,盖度高达65%~70%。草本层盖度极低,结构简单,物种稀疏,高0.2~0.4 m,可见水金凤(*Impatiens nolitangere*)、露珠草(*Circaea quadrisulcata*)、长籽柳叶菜、石花(*Corallodiscus flabellatus*)、西南唐松草(*Thalictrum fargesii*)等。

(四)温性针阔叶混交林

以针叶树种麦吊云杉(*Picea brachytyla*)、华山松、铁杉(*Tsuga chinensis*)和阔叶树种红桦、椴树、糙皮桦、皂柳等为优势种所组成的针阔叶混交林,在保护区内主要分布在海拔2000~2500 m的地区,部分地区在阴坡海拔可达2600 m。该植被类型分布区域属寒温带气候,土壤为暗棕壤。

14.铁杉针阔叶混交林

铁杉针阔混交林在保护区内分布面积较小,但范围较广,偶有成片分布,原因主要是曾经广泛分布的铁杉树种曾遭受人为砍伐(保护区成立以前),最初分布地区现已退化为次生落叶阔叶林。保护区内铁杉针阔混交林主要分布在海拔2000~2400 m的局部地区,尤其在小草坡、红石河、红花草地、加字号、大岭子沟等地较为常见。

(21)铁杉、桦木(Form. *Truga chinensis* +*Betula* spp.)林

铁杉、桦木林曾是保护区内重要森林类型,由于人为破坏,现在为残存状态,主要分布于大岭子沟、小草坡等地海拔2200~2400 m的部分区域,其上接寒温性针叶林,下接桦木林。

[30]铁杉+麦吊云杉+糙皮桦-缺苞箭竹+毛肋杜鹃群落(Gr. ass. *Tsuga chinensis* +*Picea brachytyla* +*Betula utilis-Fargesia denudate* +*Rhododendron augustinii*)

群落代表样地位于大岭子沟海拔2371 m的山体上坡(32.58473°N,104.66197°E),坡向东北坡,坡度50°。群落外貌暗绿色,林冠整齐,分层结构明显。乔木层郁闭度0.6,具二亚层:第一亚层以铁杉为优势种,并有少量麦吊云杉伴生,郁闭度0.45左右,

高 20～25 m，平均胸径 36 cm，最大胸径 65 cm；第二亚层主要由落叶阔叶树种组成，郁闭度 0.15，以糙皮桦为主，平均高 10 m，平均胸径 15 cm，其次有藏刺榛、红桦、领春木等零星出现。林下灌木层盖度较大，可达 80％左右，高 2.5～3 m，主要以优势种缺苞箭竹和毛肋杜鹃为主，次为三颗针、凹叶瑞香、蕊帽忍冬、青荚叶（*Helwingia japonica*）、少花荚蒾等。草本层盖度 30％，高 0.2～0.4 m，以丝叶苔草为优势种，细锥香茶菜（*Isodon coetsa*）、蹄盖蕨（*Athyrium filix femina*）、天名精（*Carpesium abrotanodies*）、掌叶报春（*Primula palmata*）、华东膜蕨（*Hymenophyllum barbatum*）、囊乌、火绒草、大金挖耳等伴生其中。

15. 华山松针阔叶混交林

华山松针阔混交林在保护区内主要呈斑块状分布，主要分布在海拔 2300～2400 m 的局部地区，特别是保护区北面。在调查中发现，华山松针阔混交林林下幼苗较多，更新程度较好，部分地区分布上限已经渗入亚高山针叶林中。

(22)华山松、皂柳、椴树林（Form. *Pinus armandi ＋ Salix wallichiana ＋ Tilia chinensis*）

华山松（*Pinus armandi*）、皂柳、椴树林主要分布在保护区北面大、小湾河上游地区，海拔多为 2380 m 左右，在阳坡常呈大片分布。

[31] 华山松＋皂柳＋椴树－高丛珍珠梅＋披针叶胡颓子群落（Gr. ass. *Pinus armandi ＋Salix wallichiana ＋Tilia chinensis-orbaria arborea ＋Elaeagnus lanceolata*）

群落样地位于大湾河海拔 2345 m 的山坡上部阳坡（32.383172°N，104.485315°E），坡向为东南坡，坡度为 30°左右。群落外貌暗绿色，林冠整齐，分层现象明显。乔木层郁闭度为 0.7 左右，高 8～20 m，可分为两个亚层：第一亚层高 15～20 m，以针叶树种华山松为优势种，其间伴生少量的麦吊云杉、铁杉、红桦和糙皮桦；第二亚层高 8～15 m，以阔叶树种皂柳和椴树为优势种。灌木层组成物种较少，结构简单，盖度较小，少于 10％，高 2.5～3 m，以高丛珍珠梅和披针叶胡颓子（*Elaeagnus lanceolata*）为主，并伴生腊莲绣球、刚毛忍冬（*Lonicera hispida*）及华山松、皂柳、椴树的更新幼苗。草本层盖度较大，达 70％，高 0.3～0.5 m，主要优势物种为茅叶荩草（*Arthraxon prionodes*），少为草原老鹳草（*Geranium pratense*）、华东膜蕨、川滇蹄盖蕨等。

16. 云冷杉针阔混交林

云冷杉针阔混交林在保护区内系分布面积最大的针阔混交林，主要分布在海拔 2000～2500 m 的地区，在局部地区成片分布。群落结构相当明显，森林层次非常分明。在沟谷阴湿且靠近亚高山针叶林的地方，特别是文县河、石桥河等河沟上游，常有国家重点保护植物水青树等残存分布，主要包括以下几种类型。

(23)麦吊云杉、红桦（Form. *Picea brachytyla ＋Betula albo-sinensis*）林

麦吊云杉、红桦林主要分布在保护区海拔 2100～2300 m 的局部地区，尤其在加字号沟、四角湾、石桥河等沟系上游较多。

[32] 麦吊云杉＋红桦－糙花箭竹群落（Gr. ass. *Picea brachytyla ＋Betula albo-sinensis-Fargesia scabridi*）

群落代表样地位于加字号海拔 2140 m 的山坡中部（32.60660°N，104.64963°E），坡

向为东北坡,坡度 30°~35°。群落外貌暗绿色,林冠整齐,分层结构明显。乔木层郁闭度 0.7,高 8~17 m,可分为两个亚层:第一亚层高 12~17 m,主要由麦吊云杉和红桦组成,其中麦吊云杉平均胸径 45 cm,平均高 17 m,平均冠幅 6m×4 m;红桦平均胸径 25 cm,高度 16 m,冠幅 6 m×4 m;第二亚层高 8~12 m,以针叶树种铁杉为主,平均胸径 25 cm,平均树高 10 m,平均冠幅为 6 m×4 m;另有少量椴树、糙皮桦、水青树、五尖槭(*Acer oliverianum*)、川滇长尾槭等。灌木层物种组成较少,结构较为简单,但总盖度较大,可达 70%~75%,高 2~3 m,以糙花箭竹为优势种,在局部地区可见缺苞箭竹。草本层盖度高达 80%,以甘肃苔草(*Carex kansuensis*)和掌裂蟹甲草为优势种,常见的还有旋叶香青、长籽柳叶菜(*Epilobium pyrrcholophum*)、红毛虎耳草(*Saxifraga rufescens*),以及川滇蹄盖蕨(*Athyrium mackinoni*)、长柄蕗蕨(*Mecodium osmundoides*)、掌叶凤尾蕨(*Pteris dactylina*)等蕨类植物。

(24)岷江冷杉、红桦(Form. *Abies faxoniana* + *Betula albo-sinensis*)林

岷江冷杉、红桦主要分布在保护区内小草坡、文县河等地海拔 2400~2500 m 的部分地区,其上缘靠近亚高山针叶林。

[33] 岷江冷杉+红桦-缺苞箭竹群落(Gr. ass. *Abies faxoniana* + *Betula albo-sinensis*-*Fargesia denudata*)

群落外貌暗绿色,林冠整齐,分层结构明显。乔木层郁闭度高达 0.8,可分为两个亚层:第一亚层高 25~30 m,以岷江冷杉为优势种,郁闭度为 0.65;第二亚层高 15~20 m,以红桦为优势种,其次还有椴树、糙皮桦、白桦等,郁闭度共约 0.15。灌木层物种组成较少,结构简单,但盖度较大,可达 70%左右,高 2.5~3 m,以缺苞箭竹为优势种,盖度为 60%;其次为挂苦绣球(*Hydrangea xanthoneura*)、甘肃瑞香(*Daphne tangutica*)、陕甘花楸(*Sorbus koehneana*)、山胡椒(*Lindera glauca*)、阔叶清风藤、川溲疏(*Deutzia setchuenensis*)等,盖度共约 10%。草本层盖度较低,约为 10%,高 0.2~0.4 m,多为掌叶报春、细锥香茶菜、天名精及蹄盖蕨、华东膜蕨等蕨类植物。

(五)寒温性针叶林

寒温性针叶林是保护区重要的森林植被类型,广泛分布于海拔 2400~3400 m 的阴坡、半阴坡区域。保护区内寒温性针叶林由松科冷杉属(*Abies*)的岷江冷杉河峨眉冷杉及云杉属(*Picea*)的麦吊云杉等种类组成,既有单优势种的纯林,亦有多优势种的混交林多种类型。在保护区内仅分布有云杉、冷杉林一个群系组。

17.云杉、冷杉林

(25)麦吊云杉林(Form. *Picea brachytyla*)

麦吊云杉林主要分布在保护区内海拔 2400~2600 m 的局部地区,在温暖湿润的平缓半阴坡、阴坡可形成优势群落,如加字号沟和文县河沟的上游地区。

[34] 麦吊云杉-缺苞箭竹群落(Gr. ass. *Picea brachytyla*-*Fargesia denudata*)

群落代表样地位于加字号沟海拔 2422 m(的山体中坡 32.61086°N, 104.64236°E),坡向为东北坡,坡度 40°~45°。群落外貌暗灰绿色与绿色相间,林冠整齐,分层现象不明显。乔木层郁闭度 0.5,高 25~35 m,以麦吊云杉为优势种,其次还有铁杉、华山松、

红桦、糙皮桦等伴生其中。灌木层盖度高达 85%，高 2.0~3 m；以缺苞箭竹为绝对优势种，盖度为 65%左右；另外尚有红花蔷薇、陇塞忍冬、山胡椒、云南冬青(*Ilex yunnanensis*)、桦叶荚蒾(*Viburnum betulifolium*)、毛肋杜鹃等，盖度共为 20%。草本层盖度高达 80%，高 0.1~0.5 m，以丝叶苔草为优势种，平均高 0.35 cm，盖度为 50%；常见的还有有禾叶土麦冬、齿头鳞毛蕨、长茎堇菜(*Viola davidii*)、川滇变豆菜(*Sanicula astrantifolia*)、川赤芍(*Paeonia veitchii*)等，盖度共为 30%。

(26)峨眉冷杉林(Form. *Abies fabri*)

峨眉冷杉林主要分布在保护区内海拔 2600~3000 m 的部分地区，常见于阴坡和半阴坡。土壤主要为山地棕壤和山地飘灰土。

[35] 峨眉冷杉-缺苞箭竹群落(Gr. ass. *Abies fabric-Fargesia denudata*)

群落外貌呈暗绿色，在海拔较低地段混有浅绿色斑点(少数落叶阔叶树种渗入)。地表枯枝落叶覆盖度可达 75%。乔木层中主要以峨眉冷杉为主，高 25~30 m，郁闭度可达 0.7 左右。在低海拔地区乔木层中偶有麦吊云杉、糙皮桦等其他树种。随着海拔升高，特别是接近森林线时，常常混生岷江冷杉，并且针叶树高普遍降低，通常为 15 m 左右。灌木层主要以缺苞箭竹占主要优势，高 1.5~2.0 m，盖度可达 50%~60%。在竹丛稀疏地段，灌木种类增多，主要有薄皮木(*Leptodermis oblonga*)、红花蔷薇、山光杜鹃(*Rhododendron oreodoxa*)、紫花卫矛(*Euonymus porphyreus*)、藤山柳(*Clematoclethra lasioclada*)、泡花树等。在草本层中植物生长不好，主要为耐阴湿种类，总盖度约 15%，高 0.2~0.3 m，并常见分布有丝叶苔草、长籽柳叶菜、东方草莓、山酢浆草、单叶升麻(*Beesia calthaefolia*)、双舌蟹甲草、粘毛香青(*Anaphalis bulleyana*)等。

(27)岷江冷杉(Form. *Abies faxoniana*)林

岷江冷杉林在保护区内主要分布在海拔 2600~3300 m(部分地区海拔可达 3400 m)的区域内。该植被类型在阴坡和半阴坡常连续分布，而在阳向坡面支沟的阴坡及半阴坡则多呈块状分布。在有些地区，岷江冷杉林常常混生有峨眉冷杉、糙皮桦等树种。

[36] 岷江冷杉-缺苞箭竹群落(Gr. ass. *Abies faxoniana-Fargesia denudata*)

群落代表样地位于小草坡海拔 2738 m 的山体中部(32.64581°N，104.79735°E)，坡向为西南坡，坡度 40°。群落外貌暗绿色，林冠整齐。乔木层高约 20~35 m，平均胸径 40 cm，最大可达 60 cm，郁闭度为 0.8 左右，以岷江冷杉为绝对优势种。灌木层盖度高达 85%，结构组成简单；以缺苞箭竹为优势种，高 1.2~2 m，盖度可达 75%。竹丛与竹丛之间，常常可见秀丽梅(*Rubus amabilis*)、冰川茶藨(*Ribes glaciale*)、陇塞忍冬(*Lonicera tangutica*)、山光杜鹃、桦叶荚蒾、鞘柄菝葜等物种。草本层生长稀疏，盖度仅为 20%，高 0.1~0.3 m，以丝叶苔草和高山露珠草(*Circaea alpina*)为优势，其次为掌裂蟹甲草(*Cacalia palmatisecta*)、圆叶堇菜(*Viola pseudobambusetorum*)、糙野青茅(*Calamagrostis scabrescens*)、疏花早熟禾、齿头鳞毛蕨、白苞蒿、长穗兔儿风(*Ainsliaea henryi*)等。林下苔藓植物生长良好，盖度可达 30%。

7.2.3 灌丛

灌丛植被在保护区内分布海拔跨度较大(海拔 1100~3400 m),从低中山次生落叶阔叶林与常绿阔叶林的分布区域到亚高山针叶林上缘均有分布。主要包括常绿阔叶灌丛、落叶阔叶灌丛、常绿革叶灌丛和常绿针叶灌丛等 4 种类型。

(六)常绿阔叶灌丛

常绿阔叶灌丛是分布于常绿阔叶林和常绿落叶阔叶混交林生长范围内的次生不稳定类型,也是保护区低海拔地区常见的一种灌丛类型,一般分布在保护区海拔 2000 m 以下受人为干扰极频繁的地带。

18.典型常绿阔叶灌丛

(28)卵叶钓樟(Form. *Lindera limprichtii*)灌丛

卵叶钓樟灌丛主要由原森林植被的乔木树种卵叶钓樟的萌生枝所组成,零星分布于保护区内棕山子沟、后沟里、落衣沟等沟系海拔 1700 m 以下的阴坡和半阴坡。土壤为山地黄壤。群落外貌呈绿色,丛冠参差不齐,结构较简单。灌木总盖度 65%~70%,主要以卵叶钓樟为优势灌木,其次还常见蕊帽忍冬、四川木姜子(*Litsea moupinensis* var. *szechuanica*)、少花荚蒾、异叶榕(*Ficus heteromorpha*)、中国旌节花(*Stachyurus chinensis*)、披针叶胡颓子(*Elaeagnus lanceolata*)、野核桃等。草本层盖度约 25%,主要草本植物有凤尾蕨、对马耳蕨、梨头草、丝叶苔草、荚果蕨、细叶卷柏(*Lycopodioides labordei*)、金星蕨、荩草(*Arthraxon hispidus*)等。

(七)落叶阔叶灌丛

19.山地中生落叶阔叶灌丛

山地中生落叶阔叶灌丛是由中生灌木组成的植物群落,在亚热带常绿阔叶林区域的西部山地,多为森林遭受严重破坏后形成的相对稳定的次生类型。在唐家河自然保护区内仅有秀丽梅(*Rubus amabilis*)、喜阴悬钩子(*Rubus mesogaeus*)灌丛一种类型。

(29)秀丽梅、喜阴悬钩子(Form. *Rubus amabilis* + *R. mesogaeus*)灌丛

秀丽梅、喜阴悬钩子灌丛主要分布在海拔 2500~3400 m 的局部地区,常常见于针叶林或针阔混交林迹地,尤其在小草坡、石桥河、加字号沟以及大、小湾河等沟系分布较多。群落外貌深绿色,丛冠参差不齐,灌木盖度 60%~80%,秀丽梅、喜阴悬钩子的盖度因环境差异而发生变化。在沟谷以及地下水溢出处,悬钩子生长茂盛,盖度可达 75%~80%,常常与菰帽悬钩子(*Rubus pileatus*)、蕊帽忍冬、毛萼梅(*Rubus chroosepalus*)等伴生。在平缓坡地,由于水热条件适合缺苞箭竹生长,则悬钩子的盖度仅达 30% 左右,但灌木种类增多,常可见冰川茶藨、峨眉蔷薇、平枝栒子(*Cotoneaster horizontalis*)、宝兴栒子(*Cotoneaster moupinensis*)、疣枝小檗(*Berberis verruculosa*)、陕甘花楸(*Sorbus koehneana*)、山光杜鹃等。草本层植物稀疏,盖度小,常见植物有掌裂蟹甲草、粗齿冷水花(*Pilea fasciata*)、爪哇唐松草(*Thalictrum javanicum*)、钩柱唐松草(*Thal-*

ictrum uncatum)、东方草莓、六叶葎、糙野青茅等。

20.高寒落叶阔叶灌丛

高寒落叶阔叶灌丛在保护区内主要分布在海拔 3600～3800 m 的局部地区，其上限常和高寒草甸相夹杂，属山地亚寒带气候，土壤为山地灰棕壤和亚高山草甸土，土层深厚湿润。主要包括金缕梅灌丛一种类型。

(30)金露梅(Form. *Potentilla fruticosa*)灌丛

金露梅灌丛在保护区内分布在洪奔流一带海拔 3600～3800 m 的局部地区，呈零星分布，多出现在溪沟边或溪沟尾缓坡地段。群落外貌呈绿色，植株矮小成丛生长，丛冠不整齐。灌木层盖度为 45%～50%，高 0.5～1.0 m。以金露梅(*Potentilla fruticosa*)为主要优势种，其他常见灌木有冰川茶藨、细枝绣线菊、陇塞忍冬、牛头柳、星毛杜鹃(*Rhododendron asterochnoum*)、细枝绣线菊等。草本层盖度一般为 20%～25%，高 0.3～0.5m，常见种类有高山嵩草(*Kobresis bellardii*)、银叶委陵菜(*Potentilla leuconota*)、禾叶风毛菊(*Saussurea graminea*)、高原毛茛(*Ranunculus brotherusii*)、紫花碎米荠、钝裂银莲花(*Anemone geum*)、珠芽蓼、白苞筋骨草(*Ajuga lupulina*)等。

(八)常绿革叶灌丛

常绿革叶灌丛在保护区内分布在海拔 3600～3800 m 的地区，属亚寒带气候，主要集中在洪奔流一带。常绿革叶灌丛往往与高寒落叶阔叶灌丛及常绿针叶灌丛交错分布，在保护内仅紫丁杜鹃(*Rhododendron violaceum*)灌丛一种类型。

(31)紫丁杜鹃(Form. *Rhododendron violaceum*)灌丛

群落外貌灰绿色，植株低矮，生长密集，结构单一。灌木层盖度 60%～70%，以紫丁杜鹃(*Rhododendron violaceum*)占绝对优势，其次尚金露梅(*Potentilla fruticosa*)、牛头柳(*Salix dissa*)、冰川茶藨、细枝绣线菊(*Spiraea myrtilloides*)、陇塞忍冬等。草本层盖度一般在 15%～20%，高 0.2～0.4 m，种类较多，但优势种不明显，常见种类包括珠芽蓼(*Polygonum vivparum*)、羊茅(*Festuca ovina*)、球花风毛菊(*Saussurea globosa*)、钝裂银莲花(*Anemone geum*)、扭盔马先蒿(*Pedicularis davidii*)、糙野青茅、短柱梅花草(*Parnassia brevistyla*)、银叶委陵菜(*Potentilla leuconota*)、疏花早熟禾等。

(九)常绿针叶灌丛

保护区内仅高山常绿针叶灌丛一种类型。

21.高山常绿针叶灌丛

高山常绿针叶灌丛在保护区内分布在海拔 3600～3800 m 的地区，主要集中在洪奔流一带，并常与常绿革叶灌丛以及高寒落叶阔叶灌丛交错分布。

在保护区内仅香柏(*Sabina squamata* var. *wilsonii*)灌丛一种类型。

(32)香柏灌丛(Form. *Sabina squamata* var. *wilsonii*)

香柏(*Sabina squamata* var. *wilsonii*)灌丛在保护区内主要分布在洪奔流的阳坡、半阳坡地带，土壤为高山灌丛草甸土。群落外貌呈暗绿色，植株低矮，往往成团生长。灌木层盖度 50%～70%，高 0.5～1.0 m，以香柏为主要优势种，其他常见种类包括细枝绣线菊、金露梅、紫丁杜鹃、星毛杜鹃(*Rhododendron asterochnoum*)、匍匐栒子(*Cotone-aster adpressus*)、陇塞忍冬(*Lonicera tangutica*)等。草本层盖度较低，植物种类较少，盖度在15%～20%，常见种类有高原唐松草(*Thalictrum cultratum*)、珠芽蓼、钉柱委陵菜(*Potentilla saundersiana*)、细裂亚菊(*Ajania przewalskii*)、银叶委陵菜、高山嵩草(*Kobresis bellardii*)、卵叶扁蕾(*Gentianopsis paludosa* var. *ovato-deltoidea*)等。

7.2.4　草甸

草甸在保护区内主要存在一种类型——高寒草甸，分布在亚高山地势平缓的局部地区，面积较小，仅在大草堂和大草坪等地成片生长，是保护区扭角羚夏季主要活动场所。

(十)高寒草甸

高寒草甸在保护区主要分布在海拔3400～3600 m的局部地区，下限常和高寒落叶阔叶灌丛相间杂，最高海拔可达3800 m左右，并可常在平缓的山头形成大片。高寒草甸分布区属山地亚寒带气候，土壤为亚高山草甸土。植物种类组成较丰富，草群茂密，花期相异，群落常呈五彩缤纷的华丽外貌，且富季相变化。在保护区内主要有丛生禾草高寒草甸、苔草高寒草甸和杂类草高寒草甸3种类型。

22. 丛生禾草高寒草甸

丛生禾草高寒草甸主要是以禾本科草本植物为优势种，在保护区内主要存在一种类型－高山羊茅(*Festuca subalpina*)草甸。

(33)高山羊茅(Form. *Festuca subalpina*)草甸

高山羊茅草甸主要分布在海拔3500～3600 m的平缓地段，部分地区海拔可达3700 m，如在保护区西北角的洪奔流。群落多呈零星小块，但在向阳的缓坡地段可呈大面积生长。群落总盖度为30%～45%，高0.3～0.45 m，主要以高山羊茅为优势种，处于草本层的第一亚层。其他常见种类还包括羊茅(*Festuca ovina*)、箭叶橐吾(*Ligularia sagitta*)、长籽柳叶菜、草玉梅(*Anemone rivularis*)、扭盔马先蒿、珠芽蓼、马兰(*Iris iactea*)、短毛独活(*Heracleum moellendorffii*)、空茎驴蹄草(*Caltha fistulosa*)、长叶风毛菊(*Saussurea longifolia*)、西北利亚蓼(*Polygonum sibiricum*)、掌叶报春等。

23. 苔草高寒草甸

苔草高寒草甸主要以莎草科草本植物为优势种，在保护区内主要存在一种类型——紫鳞苔草(*Carex souliei*)草甸。

(34)紫鳞苔草草甸

紫鳞苔草草甸主要分布在海拔3400～3500 m的平缓地段，如保护区北部的大草堂等地。该群落在缓坡地段可成片生长。群落总盖度为40%左右，高0.2～0.4 m，主要以紫鳞苔草为优势种。其他常见种类还包括圆穗蓼(*Polygonum sphaerostachyum*)、草原老观草(*Geranium pratense*)、毛茛状金莲花(*Trollius ranunculoides*)、高山羊茅、条纹马先蒿(*Pedicularis lineata*)、葱状灯心草(*Juncus concinnus*)、秦艽(*Crawfurdia macrophylla*)、松潘矮泽芹(*Chamaesium thalictrifolium*)、卵叶扁蕾(*Gentianopsis paludosa* var. *ovato-deltoidea*）、东方草莓（*Fragaria orientalis*）、高山毛茛、细叶景天（*Sedum elatinoides*）等。

24.杂类草高寒草甸

杂类草高寒草甸主要是以各种杂类草植物为优势种而形成的草甸，是保护区内比较常见的一种类型。

（35）银莲花、委陵菜、珠芽蓼、圆穗蓼（Form. *Anemone* spp. ＋*Potentilla* spp. ＋*Polygonum vivparum* ＋*P. sphaerostachyum*）草甸

亚高山杂类草草甸草群茂密但参差不齐，盖度 70％～90％。银莲花（*Anemone* spp.）、钝裂银莲花（*Anemone geum*）、委陵菜（*Potentilla* spp.）、珠芽蓼、圆穗蓼、扭盔马先蒿为主要优势种。其他常见种类还包括紫鳞苔草、重冠紫菀、垂穗披碱草（*Elymus nutans*）、高原唐松草（*Thalictrum cultratum*）、细叶景天、甘青老观草（*Geranium pylzowianum*）、少花风毛菊（*Saussurea oligantha*）、早熟禾（*Poa annua*）、垂穗鹅观草（*Roegneria nutans*）、毛茛状金莲花、扭盔马先蒿（*Pedicularis davidii*）、高原毛茛（*Ranunculus brotherusii*）、林地早熟禾（*Poa nemoralis*）、羽裂风毛菊（*Saussurea bodinieri*）等。

7.3　植被空间分布

在唐家河国家级自然保护区境内，从海拔 3864 m 的最高峰到海拔仅 1100 m 的关虎乡老房子，约 2700 m 的相对高差构成了山地植被较为完整的垂直带谱。

（1）海拔 1100～1500m 为基带植被，代表类型是以山毛榉科的细叶青冈（*Cyclobalanopsis gracilis*）和樟科的油樟（*Cinnamomum longepaniculatum*）、卵叶钓樟（*Lindera limprichtii*）为主的常绿阔叶林。因该海拔范围内曾经受到人为过度砍伐，大部分地区原生植被遭到破坏，并退化成常绿与落叶阔叶混交林和次生落叶阔叶林，仅在少数陡峭区域内还残存部分常绿阔叶林群落片段和散生树种。此外，在该植被带内还发育了卵叶钓樟次生灌丛和人工桤木（*Alnus cremastogyne*）阔叶落叶林。

（2）海拔 1500（1600）～2000 m 的低中山地区，为常绿落叶阔叶混交林。代表类型是以细叶青冈、卵叶钓樟、油樟、猫儿刺（*Ilex pernyi*）等常绿阔叶树种以及糙皮桦（*Betula utilis*）、水青树（*Tetracentron sinense*）、领春木（*Euptelea pleiospermum*）、疏花槭（*Acer laxiflorum*）、五尖槭（*A. oliverianum*）、水青冈（*Fagus longipetiolata*）等多种落叶阔叶树种组成的常绿落叶阔叶混交林。该类型外貌富季节变化，秋季景色艳丽壮观。该种植被类型在保护区内分布较广，植物种类较多，其中属于国家重点保护的植物也多，如珙桐、光叶珙桐（*Davidia involucrata* var. *vilmoriniana*）、水青树、连香树（*Cercidiphyllum japonicum*）等。在该植被带中的一些局部地段还出现次生落叶阔叶林(图 7-1)。

图 7-1 次生落叶阔叶杂木林

(3)海拔 1100～2400 m 为次生落叶阔叶林带，代表类型是以桤木、四蕊槭(*Acer tetramerum*)、青榨槭(*Acer davidii*)、西南樱桃(*Prunus pilosiuscula*)、灯台树(*Cornus controversa*)、山胡椒(*Lindera glauca*)、皂柳(*Salix wallichiana*)、山杨(*Populus davidiana*)、椴树(*Tilia chinensis*)、领春木、藏刺榛(*Corylus ferox* var. *thibetica*)和红桦(*Betula albo-sinensis*)、麻栎和栓皮栎等落叶阔叶树种组成的人工桤木林、灯台树林、椴树林、桦木林和栎类林(图 7-2，图 7-3)。在植被带内，常常可见以华山松(*Pinus armandi*)、铁杉(*Tsuga chinensis*)、桦树、槭树、皂柳等组成的针阔混交林渗入。

图 7-2 麻栎、栓皮栎林

图 7-3　桦木林

(4)海拔2000～2500m为温性针阔叶混交林带，代表类型是以针叶树种麦吊云杉(*Picea brachytyla*)、华山松、铁杉和阔叶树种红桦、椴树、糙皮桦、皂柳等组成的铁杉、华山松、云杉针阔混交林。在该植被带内，部分地区由于人为对针叶树种的砍伐和破坏已经退化成次生落叶阔叶林。

(5)海拔2500～3400 m为寒温性针叶林带，代表类型是以针叶树种华山松、麦吊云杉、峨眉冷杉(*Abies fabri*)、岷江冷杉(*Abies faxoniana*)组成的针叶林。在植被带内，可见以秀丽梅(*Rubus amabilis*)、喜阴悬钩子(*Rubus mesogaeus*)、缺苞箭竹(*Fargesia denudata*)组成的部分高寒落叶阔叶灌丛渗入分布。

(6)海拔3400～3600 m为高寒草甸带，代表类型是以高山羊茅(*Festuca subalpina*)为优势的亚高山禾草草甸；以紫鳞苔草(*Carex souliei*)为优势的亚高山莎草草甸和以银莲花、委陵菜、珠芽蓼(*Polygonum vivparum*)、圆穗蓼(*Polygonum sphaerostachyum*)、扭盔马先蒿(*Pedicularis davidii*)等为优势的亚高山杂类草草甸。

图 7-4　铁杉针阔叶混交林

(7)海拔 3600～3800 m 为高山灌丛带，代表类型是以紫丁杜鹃(*Rhododendron violaceum*)为优势的常绿革叶灌丛；以金露梅(*Potentilla fruticosa*)为优势的高寒落叶阔叶灌丛和以香柏(*Sabina squamata* var. *wilsonii*)为优势的高山常绿针叶灌丛。

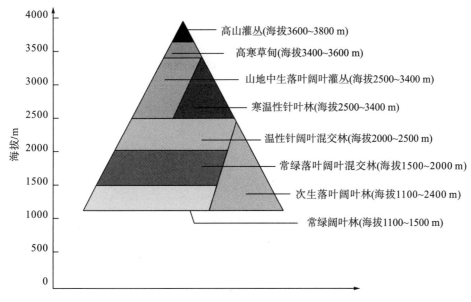

图 7-5　唐家河自然保护区植被垂直地带分布示意图

第8章 昆 虫

昆虫是动物界中最大的一个类群。近年来研究表明，全世界的昆虫可能有1000万种，约占地球所有生物物种的一半。目前已被命名的昆虫种类达100余万种，占动物界已知种类的2/3～3/4。我国昆虫种类约占世界昆虫种类的1/10，资源较为丰富。

昆虫是保护区生物多样性的重要组成部分。2003年7～8月，四川师范学院（现西华师范大学）珍稀动植物研究所对保护区进行了第一次综合科学考察，首次对区内昆虫资源进行了系统摸底，共采集昆虫标本1500余号。经鉴定，保护区分布的昆虫共19目101科306种（亚种）。

2013年5～12月，西华师范大学生命科学学院组织技术队伍再次对保护区进行综合科学考察。在这次调查过程中，共采集标本8000余号。经鉴定并结合相关资料，发现保护区内分布的昆虫共19目118科410属580种（亚种）。保护区内生态环境复杂多样，孕育了非常丰富的昆虫资源。

8.1 昆虫物种组成

保护区内共有昆虫580种（亚种），在各目中，科、属及种的数量分布如表8-1所示。

表8-1 唐家河自然保护区昆虫各目科、属及种的数量统计

目	科	属	种	目	科	属	种
石蛃目（Archaeognatha）	1	1	1	革翅目（Deraptera）	2	2	3
衣鱼目（Zygentoma）	1	2	2	半翅目（Hemiptera）	20	70	83
蜉蝣目（Ephemeroptera）	2	3	3	脉翅目（Neuroptera）	3	3	10
蜻蜓目（Odonata）	4	5	5	鞘翅目（Coleoptera）	23	83	116
襀翅目（Plecoptera）	1	1	1	双翅目（Diptera）	9	38	73
等翅目（Isoptera）	3	5	5	长翅目（Trichoptera）	1	1	1
蜚蠊目（Blattoidea）	3	5	5	蚤目（Siphonaptera）	3	7	8
螳螂目（Mantodea）	1	4	5	鳞翅目（Lepidoptera）	26	138	202
直翅目（Orthoptera）	8	23	29	膜翅目（Hymenoptera）	6	18	27
竹节虫目（Phasmera）	1	1	1				

从科级水平来看，排在前三位的分别是鳞翅目（26科）、鞘翅目（23科）、半翅目（20科），三目共69科，占科总数的58.47%。石蛃目、衣鱼目、襀翅目、螳螂目、竹节虫目和长翅目的科数最少，都只有1科。在属级水平上，鳞翅目最多，有138属，占总数的33.66%；鞘翅目83属，占20.24%，居第二；半翅目70属，占17.07%，位列第三。

从种数上看，最多的是鳞翅目，有 202 种，占 34.83%，其次是鞘翅目(116 种)和半翅目(83 种)，分别占 20.00%和 14.31%。

8.2　保护区内昆虫空间分布格局

随着海拔的变化，水热、辐射、风速、气压、土壤及植被类型等生态因子均会明显发生变化。昆虫是生态系统的重要组成部分，现有的分布状态是昆虫亿万年来对环境长期适应的结果。昆虫的垂直分带现象与自然地理分带情况密切相关，而自然地理分带情况的最好反映就是植被的带状分布。因此，我们根据植被类型的差异来分析山地昆虫的垂直分布。

8.2.1　阔叶林

阔叶林是自然保护区分布海拔最低的植被类型。该区域是保护区昆虫极为丰富的地带，代表性昆虫有日本等蜉(*Isonychia japonica*)、蓝面蜓(*Aeschna melanictera*)、东方蜚蠊(*Blatta orientalis*)、中华大刀螳(*Tenodera sinensis*)、中华雏蝗(*Chorthippus chinensis*)、无斑暗蝗(*Dnopherula svenhedini*)、螽蟖(*Decticus verrucivorus*)、东方蝼蛄(*Gryllotalpa orientalis*)、头堆砂白蚁(*Cryptotermes declivis*)、东方细角花蝽(*Lyctocoris beneficus*)、日本高姬蝽(*Gorpis japonicus*)、显著圆龟蝽(*Coptosoma notabilis*)、华麦蝽(*Aelia nasuta*)、横纹菜蝽(*Eurydema gebleri*)、弯角蝽(*Lelia decempunctata*)、褐真蝽(*Pentatoma armandi*)、点伊缘蝽(*Aeschyntelus notatus*)、黄足猎蝽(*Sirthenea flavipes*)、黑圆角蝉(*Gargara genistae*)、背峰锯角蝉(*Pantaleon dorsalis*)、大青叶蝉(*Cicadella viridis*)、眼纹广翅蜡蝉(*Euricania ocellus*)、豆蚜(*Aphis craccivora*)、大草蛉(*Chrysopa septempunctata*)、中华虎甲(*Cicindela chinensis*)、双带盘瓢虫(*Coelophora biplagiata*)、七星瓢虫(*Coccinella septempunctata*)、马铃薯瓢虫(*Epilachna vigintioctomaculata*)、青翅蚁形隐翅虫(*Paederus fuscipes*)、豌豆象(*Bruchus pisorum*)、李叶甲(*Cleoporus variabilis*)、黄守瓜(*Aulacophora feoralis*)、星天牛(*Anoplophora chinensis*)、云斑天牛(*Batocera horsfiedli*)、栗山天牛(*Mallambyx raddei*)、甘薯梳龟甲(*Aspidomorpha furcata*)、锯齿叉趾铁甲(*Dactylispa angalosa*)、双枝尾龟甲(*Thlaspida biramosa*)、光斑鹿花金龟(*Dicranocephalus dabryi*)、红脚绿丽金龟(*Anomala cupripes*)、爪哇刺蛾寄蝇(*Chaetexorista javana*)、家蚕追寄蝇(*Exorista sorbillans*)、粪种蝇(*Adia cinerlla*)、大头金蝇(*Chrysomya megacephala*)、铜绿蝇(*Lucilia cuprina*)、中华绿蝇(*Lucilia sinensis*)、稻大蚊(*Tipula aino*)、二带喙库蚊［*Culex（Culex）bitaeniorhynchus*］、广斑虻(*Chrysops vanderwulpi*)、小地老虎(*Aerotis ypsilon*)、广卜尺蛾(*Brabira artemidora*)、黄豹大蚕蛾(*Loepa katinka*)、绢粉蝶(*Aporia crataegi*)、宽边黄粉蝶(*Eurema hecabe*)、银豹蛱蝶(*Childrena childreni*)、白眼蝶(*Melanargia halimede*)、长尾蓝灰蝶(*Everes lacturnus*)、螟蛉埃姬蜂(*Itoplectis naranyae*)、小家蚁(*Monomorium pharaonis*)、金环胡蜂(*Vespa mandarinia*)、鞋斑无垫蜂［*Amegilla*

（*Zonamegilla*）*calceifera*］等。

8.2.2　针叶林

　　针叶林主要包括针叶落叶阔叶林和亚高山针叶林，在保护区内的分布范围最广，跨度最大。针叶林带的昆虫数量相对要少得多，除了一些钻蛀种类采于林地的树干中，其余大部分均采于相对较为裸露的林间灌丛。常见昆虫有山稻蝗（*Oxya agavisa*）、欧原花蝽（*Anthocoris nemorum*）、类原姬蝽亚洲亚种（*Nabis punctatus mimoferus*）、蠋蝽（*Arma chinensis*）、褐奇缘蝽（*Derepteryx fuliginosa*）、横带圆角蝉（*Gargara Katoi*）、青叶蝉（*Cicadella viridis*）、金斑虎甲（*Cicindela aurulenta*）、黑胸瘤花天牛（*Gaurotina superba*）、松巨瘤天牛（*Morimospasma paradoxum*）、黄粉鹿花金龟（*Dicranocephalus wallichi*）、蒙古异丽金龟（*Anomala mongolica*）、大云鳃金龟（*Polyphylla laticollis*）、康刺腹寄蝇（*Compsilira concinnata*）、透翅追寄蝇（*Exorista hyalipennis*）、巨尾阿丽蝇（*Aldrichina grahami*）、不显口鼻蝇（*Stomorhina obsoleta*）、桑剑纹夜蛾（*Acronycta major*）、茶白毒蛾（*Arctornis alba*）等。

8.2.3　灌丛

　　灌丛植被在自然保护区内的分布范围跨度较大，从低中山的次生落叶阔叶林与常绿阔叶林的分布区域到亚高山的针叶林上缘均有分布。该地段昆虫也相对较为丰富。常见的昆虫有斑蠊（*Neostylopyga rhombifolia*）、棕静螳（*Statilia maculata*）、东亚飞蝗（*Locusta migratoria manilensis*）、日本黄脊蝗（*Patanga japonica*）、四川突额蝗（*Traulia orientalis*）、青脊竹蝗（*Ceracris nigricornis nigricornis*）、东方雏蝗（*Chorthippus intermedius*）、短额负蝗（*Atractomorpha sinensis*）、突眼蚱（*Ergatettix dorsiferus*）、日本蚱（*Tetrix japonic*）、纺织娘（*Mecopoda elongata*）、北京油葫芦（*Teleogryllus mitratus*）、黑头叉胸花蝽（*Amphiareus obsuriceps*）、山高姬蝽（*Gorpis brevilineatus*）、波姬蝽（*Nabis potanini*）、暗色姬蝽（*Nabis stenoferus*）、斑须蝽（*Dolycoris baccarum*）、珠蝽（*Rubiconia intermedia*）、栗缘蝽（*Liorhyssus hyalinus*）、根四脉绵蚜（*Tetraneura radicicola*）、中华草蛉（*Chrysopa sinica*）、黄斑盘瓢虫（*Coelophora saucia*）、双七星瓢虫（*Coccinula quatuordecimpustulata*）、甘薯叶甲（*Colasposoma dauricum*）、黑角伞花天牛（*Corymbia succedanea*）、四纹花天牛（*Leoyura quadrifasciata*）、单锥背天牛（*Thranius simplex*）、金梳龟甲（*Aspidomorpha sanctaecrucis*）、蒿龟甲（*Cassida fuscorufa*）、豹短椭龟甲（*Glyphocassia spilota*）、小青花金龟（*Oxycetonia jucunda*）、铜绿丽金龟（*Anomala corpulenta*）、暗黑鳃金龟（*Holotrichia parallela*）、大栗鳃角金龟（*Melolontha hipocastanea mongolica*）、毛瓣奥蜉寄蝇（*Austrophorocera hirsuta*）、条纹追寄蝇（*Exorista fasciata*）、迷追寄蝇（*E. mimula*）、红足棵背寄蝇（*Istochaeta rufipes*）、簇缨裸板寄蝇（*Phorocerosoma vicaria*）、横带花蝇（*Anthomyia illocata*）、新月陪丽蝇（*Bellardia menechma*）、反吐丽蝇（*Calliphora vomitori*）、丝光线蝇（*Lucilia sericata*）、叉丽蝇

（*Triceratipyga calliphoroides*）、白纹伊蚊（*Aaedes*（*Stegomyia*）*albopictus*）、褐尾库蚊（*Culex*（*Lutzia*）*fuscanus*）、江苏虻（*Tabanus kiangsuensis*）、烟青虫（*Heliothis assul-ta*）、冥灰夜蛾（*Polia mortua*）、三点并脉草螟（*Neopediasia mixtalis*）、梨豹蠹蛾（*Zeuzera pyrina*）、亚叉脉尺蛾（*Leptostegna asiatica*）、橙黄豆粉蝶（*Colias fieldii*）、、尖钩粉蝶（*Gonepteryx mahaguru*）、荨麻蛱蝶（*Aglais urticae*）、藏眼蝶（*Tatinga thibetana*）、负泥虫沟姬蜂（*Bathythrix kuwanae*）、黑盾胡蜂（*Vespa bicolor*）、斯马蜂（*Polistes snelleni*）等。

8.2.4　草甸

草甸植被在自然保护区内主要存在一种类型——亚高山草甸，主要分布在大草堂和大草坪等地。该地段昆虫相对较少，主要见到一些双翅目、膜翅目和鳞翅目昆虫等。

附表 8-1　唐家河国家级自然保护区昆虫名录

保护区内分布的昆虫名录如下。

（一）石蛃目（Archaeognatha）

1. 石蛃科（Machilidae）

［1］石蛃（*Praemachilis longistylus*）：记载见于《四川唐家河自然保护区综合科学考察报告》（2003）。

（二）衣鱼目（Zygentoma）

2. 衣鱼科（Lepismidae）

［2］多毛栉衣鱼（*Ctenolepisma villosa*）：记载见于《四川唐家河自然保护区综合科学考察报告》（2003）。

［3］台湾衣鱼（*Lepisma saccharina*）：记载见于《四川唐家河自然保护区综合科学考察报告》（2003）。

（三）蜉蝣目（Ephemerioptera）

3. 蜉蝣科（Ephemeridae）

［4］蜉蝣（*Ephemera* sp .）：记载见于《四川唐家河自然保护区综合科学考察报告》（2003）。

4. 短丝蜉科（Siphlonuridae）

［5］日本等蜉（*Isonychia japonica*）：见于保护区内蔡家坝至水池坪等地海拔 1200～1500 m 的河谷。

［6］尾蜉（*Siphlonurus binotatus*）：记载见于《四川唐家河自然保护区综合科学考察报告》（2003）。

（四）蜻蜓目（Odonata）

5. 蜓科（Aeschnidae）

［7］红蜻蜓（*Cracothemis serilia*）：记载见于《四川唐家河自然保护区综合科学考察

报告》(2003)。

6.春蜓科(Gomphidae)

[8] 蓝面蜓(*Aeschna melanictera*)：见于保护区内小湾河、鸡公垭沟和铁矿沟等地，分布海拔为 1300~1900 m。

7.蜻科(Libellulidae)

[9] 赤卒(*Crocothemis servillia*)：记载见于《四川唐家河自然保护区综合科学考察报告》(2003)。

[10] 小黄赤卒(*Sympetrum kunckeli*)：见于保护区内西阳沟、唐家河、小湾河、鸡公垭沟和铁矿沟等地，分布海拔为 1100~2010 m。

8.蟌科

[11] 六纹蟌〔*Caenagrion*(*Agrion*)*sexlineatum*〕：记载见于《四川唐家河自然保护区综合科学考察报告》(2003)。

(五)襀翅目(Plecoptera)

9.石蝇科(Perlidae)

[12] 石蝇(*Kiotina thoracica*)：记载见于《四川唐家河自然保护区综合科学考察报告》(2003)。

(六)等翅目(Isoptera)

10.白蚁科(Termitidae)

[13] 黄翅大白蚁(*Macrotermes barneyi*)：记载见于《四川唐家河自然保护区综合科学考察报告》(2003)。

[14] 黑翅土白蚁(*Odontotermes formosanus*)：见于保护区内西阳沟、石桥河、小湾河、鸡公垭沟和铁矿沟等地，分布海拔为 1400~2010 m。

11.木白蚁科(Kalotermitidae)

[15] 铲头堆砂白蚁(*Cryptotermes declivis*)：见于保护区内西阳沟，分布海拔为 1200~1700 m。

[16] 金平树白蚁(*Glyptotemes chinpingensis*)：记载见于《四川唐家河自然保护区综合科学考察报告》(2003)。

12.鼻白蚁科(Rhinotermitidae)

[17] 台湾乳白蚁(*Coptotermes formosanus*)：记载见于《四川唐家河自然保护区综合科学考察报告》(2003)。

(七)蜚蠊目(Blattodea)

13.蜚蠊科(Blattidae)

[18] 东方蜚蠊(*Blatta orientalis*)：见于保护区内唐家河、蔡家坪、毛香坝等地，分布海拔为 1150~1400 m。

[19] 斑蠊(*Neostylopyga rhombifolia*)：见于保护区内唐家河至蔡家坝一带，分布海拔为 1150~1240 m。

[20] 凹缘大蠊(*Periplaneta emarginata*)：见于保护区内唐家河、蔡家坪、毛香坝、水池坪等地，分布海拔为 1150~1450m。

14. 姬蠊科(Phyllodromiidae)

[21] 德国姬蠊(*Blattella germanica*)：记载见于《四川唐家河自然保护区综合科学考察报告》(2003)。

15. 鳖蠊科(Phyllodromidae)

[22] 中华真地鳖(*Eupolyphaga sinensis*)：记载见于《四川唐家河自然保护区综合科学考察报告》(2003)。

(八)螳螂目(Mantodea)

16. 螳科(Mantidae)

[23] 广斧螳(*Hierodula patellifera*)：见于保护区内马家沟、小湾河、鸡公垭沟等地，分布海拔为1250~1900 m。

[24] 薄翅螳螂(*Mantis religiosa*)：记载见于《四川唐家河自然保护区综合科学考察报告》(2003)。

[25] 棕静螳(*Statilia maculata*)：见于保护区内西阳沟、鸡公垭沟等地，分布海拔为1250~1650m。

[26] 枯叶大刀螳(*Tenodera aridifolia*)：记载见于《四川唐家河自然保护区综合科学考察报告》(2003)。

[27] 中华大刀螳(*Tenodera sinensis*)：见于保护区内西阳沟、蔡家坪、铁矿沟、水池坪等地，分布海拔为1250~1850 m。

(九)直翅目(Orthoptera)

17. 蝗科(Acridiidae)

[28] 东亚飞蝗(*Locusta migratoria manilensis*)：见于保护区内马家沟、小湾河等地，分布海拔为1350~2030 m。

[29] 黄胫小车蝗(*Oedaleus infermalis*)：记载见于《四川唐家河自然保护区综合科学考察报告》(2003)。

[30] 山稻蝗(*Oxya agavisa*)：见于保护区内石桥河沟，分布海拔为1720~2700 m。

[31] 中华稻蝗(*Oxya chinensis*)：见于保护区内清坪地沟，分布海拔为1400~2150 m。

[32] 日本黄脊蝗(*Patanga japonica*)：见于保护区内清坪地沟，分布海拔为1700~2230 m。

[33] 四川突额蝗(*Traulia orientalis*)：见于保护区内石桥河沟，分布海拔为1720~2700 m。

[34] 短角外斑腿蝗(*Xenocatantops brachycerus*)：见于保护区内小湾河，分布海拔为1400~2400 m。

[35] 小无翅蝗(*Zuboskia parvula*)：记载见于《四川唐家河自然保护区综合科学考察报告》(2003)。

18. 网翅蝗科(Arcypteridae)

[36] 青脊竹蝗(*Ceracris nigricornis nigricornis*)：见于保护区内太阳坪至摩天岭，分布海拔为1500~2230 m。

[37] 中华雏蝗（*Chorthippus chinensis*）：见于保护区内鸡公垭沟，分布海拔为1250～1850 m。

[38] 狭翅雏蝗（*Chorthippus dubius*）：见于保护区内太阳坪至摩天岭，分布海拔为1500～2230 m。

[39] 东方雏蝗（*Chorthippus intermedius*）：见于保护区内四角沟，分布海拔为1900～3200 m。

[40] 无斑暗蝗（*Dnopherula svenhedini*）：见于保护区内毛香坝至水池坪，分布海拔为1300～1400 m。

[41] 黄脊雷蓖蝗（*Rammeacris kiangsu*）：见于保护区内西阳沟、鸡公垭沟等地，分布海拔为1250～1650 m。

19. 锥头蝗科（Pyrgomorphidae）

[42] 短额负蝗（*Atractomorpha sinensis*）：见于保护区内西阳沟、鸡公垭沟等地，分布海拔为1250～1650 m。

20. 刺冀蚱科（Scelimenidae）

[43] 刺羊角蚱（*Criotettix bispinosus*）：见于保护区内小湾河，分布海拔为1400～2400 m。

21. 蚱科（Tetrigidae）

[44] 突眼蚱（*Ergatettix dorsiferus*）：见于保护区内太阳坪至摩天岭，分布海拔为1500～2230 m。

[45] 日本蚱（*Tetrix japonic*）：见于保护区内小湾河，分布海拔为1400～2400 m。

22. 螽蟖科（Tettigoniidae）

[46] 螽蟖（*Decticus verrucivorus*）：见于保护区内唐家河至蔡家坝，分布海拔为1150～1240 m。

[47] 日本绿螽斯（*Holochlora japonica*）：记载见于《四川唐家河自然保护区综合科学考察报告》（2003）。

[48] 绿螽蟖（*Holochlora nawae*）：记载见于《四川唐家河自然保护区综合科学考察报告》（2003）。

[49] 小翅螽蟖（*Metrioptera hime*）：记载见于《四川唐家河自然保护区综合科学考察报告》（2003）。

[50] 纺织娘（*Mecopoda elongata*）：见于保护区内太阳坪至摩天岭，分布海拔为1500～2230 m。

23. 蝼蛄科（Gryllotalpidae）

[51] 东方蝼蛄（*Gryllotalpa orientalis*）：见于保护区内唐家河至蔡家坝，分布海拔为1150～1240 m。

[52] 华北蝼蛄（*Gryllotalpa unispina*）：见于保护区内太阳坪至摩天岭，分布海拔为1500～2230 m。

24. 蟋蟀科（Gryllidae）

[53] 大蟋蟀（*Brachytrupes portentosus*）：记载见于《四川唐家河自然保护区综合科

学考察报告》(2003)。

　　[54] 蟋蟀(*Gryllus chinensis*)：记载见于《四川唐家河自然保护区综合科学考察报告》(2003)。

　　[55] 黑色油葫芦(*Gryllus testaceus*)：记载见于《四川唐家河自然保护区综合科学考察报告》(2003)。

　　[56] 北京油葫芦(*Teleogryllus mitratus*)：见于保护区内太阳坪至摩天岭，分布海拔为 1500~2230 m。

　　(十)竹节虫目(Phasmera)

　　25. 棒虫脩科(Phraortidae)

　　[57] 粗皮竹节虫(*Phraotes stomphax*)：记载见于《四川唐家河自然保护区综合科学考察报告》(2003)。

　　(十一)革翅目(Dermaptera)

　　26. 蠼螋科(Labiduridae)

　　[58] 日本蠼螋(*labidura japonica*)：记载见于《四川唐家河自然保护区综合科学考察报告》(2003)。

　　[59] 蠼螋(*labidura riparia*)：记载见于《四川唐家河自然保护区综合科学考察报告》(2003)。

　　27. 铗螋科(Labiidae)

　　[60] 铗螋(*Auchenomus longiforceps*)：记载见于《四川唐家河自然保护区综合科学考察报告》(2003)。

　　(十二)半翅目(Hemiptera)

　　28. 细角花蝽科(Lyctocoriidae)

　　[61] 东方细角花蝽(*Lyctocoris beneficus*)：见于保护区内西阳沟、鸡公垭沟等地，分布海拔为 1250~1650 m。

　　29. 花蝽科(Anthocoridae)

　　[62] 黑头叉胸花蝽(*Amphiareus obsuriceps*)：见于保护区内马家沟，分布海拔为 1150~2040 m。

　　[63] 欧原花蝽(*Anthocoris nemorum*)：见于保护区内太阳坪至摩天岭，分布海拔为 1500~2230 m。

　　[64] 东亚小花蝽(*Orius sauteri*)：见于保护区内鸡公垭沟，分布海拔为 1250~1850 m。

　　30. 姬蝽科(Nabidae)

　　[65] 山高姬蝽(*Gorpis brevilineatus*)：见于保护区内文县河沟，分布海拔为 2100~3200 m。

　　[66] 日本高姬蝽(*Gorpis japonicus*)：见于保护区内唐家河至蔡家坝，分布海拔为 1150~1240 m。

　　[67] 波姬蝽(*Nabis potanini*)：见于保护区内大岭子沟，海拔为 2000~3000 m。

　　[68] 类原姬蝽亚洲亚种(*Nabis punctatus mimoferus*)：见于保护区内四角湾沟，分

布海拔为 2100~3200 m。

[69] 普姬蝽（*Nabis semiferus*）：见于保护区内清坪地沟，分布海拔为 1700~2230 m。

[70] 暗色姬蝽（*Nabis stenoferus*）：见于保护区内清坪地沟，分布海拔为 1700~2230 m。

31. 龟蝽科（Plataspidae）

[71] 显著圆龟蝽（Coptosoma notabilis）：见于保护区内唐家河至蔡家坝，分布海拔为 1150~1240 m。

32. 蝽科（Pentatomidae）

[72] 华麦蝽（*Aelia nasuta*）：见于保护区内唐家河至蔡家坝，分布海拔为 1150~1240 m。

[73] 蠋蝽（*Arma chinensis*）：见于保护区内清坪地沟，分布海拔为 1700~2230 m。

[74] 斑须蝽（*Dolycoris baccarum*）：见于保护区内清坪地沟，分布海拔为 1700~2230 m。

[75] 滴蝽（*Dybowskyia reticulata*）：见于保护区内太阳坪至摩天岭，分布海拔为 1500~2230 m。

[76] 麻皮蝽（*Erthesina fullo*）：见于保护区内西阳沟、鸡公垭沟等地，分布海拔为 1250~1650 m。

[77] 横纹菜蝽（*Eurydema gebleri*）：见于保护区内唐家河至蔡家坝，分布海拔为 1150~1240 m。

[78] 拟二星蝽（*Eysarcoris annamita*）：记载见于《四川唐家河自然保护区综合科学考察报告》（2003）。

[79] 赤条蝽（*Graphosoma rubrolineata*）：见于保护区内马家沟，分布海拔为 1150~2040 m。

[80] 茶翅蝽（*Halyomorpha halys*）：见于保护区内鸡公垭沟，分布海拔为 1250~1850 m。

[81] 弯角蝽（*Lelia decempunctata*）：见于保护区内唐家河至蔡家坝，分布海拔为 1150~1240 m。

[82] 稻绿蝽（*Nezara viridula*）：见于保护区内马家沟，分布海拔为 1150~2040 m。

[83] 褐真蝽（*Pentatoma armandi*）：见于保护区内唐家河至蔡家坝，分布海拔为 1150~1240 m。

[84] 黑益蝽（*Picromerus griseus*）：见于保护区内唐家河至蔡家坝，分布海拔为 1150~1240 m。

[85] 益蝽（*Picromerus lewisi*）：见于保护区内马家沟，分布海拔为 1150~2040 m。

[86] 小黄蝽（*Piezodorus rubrofaciatus*）：见于保护区内鸡公垭沟，分布海拔为 1250~1850 m。

[87] 珠蝽（*Rubiconia intermedia*）：见于保护区内太阳坪至摩天岭，分布海拔为 1500~2230 m。

[88] 蓝蝽（*Zicrona caerula*）：见于保护区内西阳沟、鸡公垭沟等地，分布海拔为 1250～1650 m。

33. 缘蝽科（Coreidae）

[89] 点伊缘蝽（*Aeschyntelus notatus*）：见于保护区内西阳沟、鸡公垭沟等地，分布海拔为 1250～1650 m。

[90] 黑须棘缘蝽（*Cletus puntulatus*）：记载见于《四川唐家河自然保护区综合科学考察报告》（2003）。

[91] 褐奇缘蝽（*Derepteryx fuliginosa*）：见于保护区内太阳坪至摩天岭，分布海拔为 1500～2230 m。

[92] 广腹同缘蝽（*Homooeocerus dilatatus*）：见于保护区内鸡公垭沟，分布海拔为 1250～1850 m。

[93] 纹须同缘蝽（*Homoeocerus striicornis*）：见于保护区内鸡公垭沟，分布海拔为 1250～1850 m。

[94] 栗缘蝽（*Liorhyssus hyalinus*）：见于保护区内太阳坪至摩天岭，分布海拔为 1500～2230 m。

34. 红蝽科（Pyrrhocoridae）

[95] 阔胸光红蝽（*Dindymus lanius*）：记载见于《四川唐家河自然保护区综合科学考察报告》（2003）。

[96] 短翅红蝽（*Pyrrhocoris opterus*）：记载见于《四川唐家河自然保护区综合科学考察报告》（2003）。

35. 水黾科（Gerridae）

[97] 水黾（*Gerris rufomaculata*）：记载见于《四川唐家河自然保护区综合科学考察报告》（2003）。

36. 猎蝽科（Reduviidae）

[98] 圆腹猎蝽（*Agriosphodrus dohrni*）：记载见于《四川唐家河自然保护区综合科学考察报告》（2003）。

[99] 圆斑光猎蝽（*Ectrychotes comottoi*）：见于保护区内西阳沟、鸡公垭沟等地，分布海拔为 1250～1650 m。

[100] 黄足猎蝽（*Sirthenea flavipes*）：见于保护区内唐家河至蔡家坝，分布海拔为 1150～1240 m。

37. 蝉科（Cicadidae）

[101] 日本蚱蝉（*Cryptotympana japonensis*）：记载见于《四川唐家河自然保护区综合科学考察报告》（2003）。

[102] 蚱蝉（*Cryptotympana pustulata*）：记载见于《四川唐家河自然保护区综合科学考察报告》（2003）。

[103] 黑翅红蝉（*Huechys sanguinea*）：记载见于《四川唐家河自然保护区综合科学考察报告》（2003）。

[104] 松寒蝉（*Meimuna opalifera*）：记载见于《四川唐家河自然保护区综合科学考

察报告》(2003)。

[105] 绿草蝉(*Mogannia hebes*)：记载见于《四川唐家河自然保护区综合科学考察报告》(2003)。

[106] 蟪蛄(*Platypleura kaempferi*)：记载见于《四川唐家河自然保护区综合科学考察报告》(2003)。

38. 沫蝉科(Corcopidae)

[107] 柳尖胸沫蝉(*Aphrophora costalis*)：记载见于《四川唐家河自然保护区综合科学考察报告》(2003)。

[108] 松沫蝉(*Aphrophora flavipes*)：记载见于《四川唐家河自然保护区综合科学考察报告》(2003)。

[109] 七斑丽沫蝉(*Cosmoscarta septempuntata*)：记载见于《四川唐家河自然保护区综合科学考察报告》(2003)。

[110] 白纹象沫蝉(*Philagra albinotata*)：记载见于《四川唐家河自然保护区综合科学考察报告》(2003)。

39. 角蝉科(Mernbracidae)

[111] 黑圆角蝉(*Gargara genistae*)：见于保护区内唐家河至蔡家坝，分布海拔为1150~1240 m。

[112] 横带圆角蝉(*Gargara Katoi*)：见于保护区内太阳坪至摩天岭，分布海拔为1500~2230 m。

[113] 中华高冠角蝉(*Hypsauchenia chinensis*)：见于保护区内西阳沟、鸡公垭沟等地，分布海拔为1250~1650 m。

[114] 苹果红脊角蝉(*Machaerotypus mali*)：记载见于《四川唐家河自然保护区综合科学考察报告》(2003)。

[115] 黄胫无齿角蝉(*Nondenticentrus flavipes*)：记载见于《四川唐家河自然保护区综合科学考察报告》(2003)。

[116] 背峰锯角蝉(*Pantaleon dorsalis*)：见于保护区内唐家河至蔡家坝，分布海拔为1150~1240 m。

40. 叶蝉科(Cicadellidae)

[117] 大叶蝉(*Bothrogonia ferruginea*)：记载见于《四川唐家河自然保护区综合科学考察报告》(2003)。

[118] 青叶蝉(*Cicadella viridis*)：见于保护区内马家沟，分布海拔为1150~2040 m。

[119] 小绿叶蝉(*Emposaca flavescens*)：记载见于《四川唐家河自然保护区综合科学考察报告》(2003)。

[120] 桑树桑叶蝉(*Erythroneura mori*)：记载见于《四川唐家河自然保护区综合科学考察报告》(2003)。

[121] 黄绿短头叶蝉(*Iassas indicus*)：记载见于《四川唐家河自然保护区综合科学考察报告》(2003)。

[122] 白边大叶蝉(*Kolla atramentaria*)：记载见于《四川唐家河自然保护区综合科学考察报告》(2003)。

[123] 窗耳叶蝉(*Ledra auditura*)：记载见于《四川唐家河自然保护区综合科学考察报告》(2003)。

[124] 蔷薇小叶蝉(*Typhlocyba rosae*)：见于保护区内西阳沟、鸡公垭沟等地，分布海拔为 1250～1650 m。

41. 蜡蝉科(Fulgoridae)

[125] 红翅梵蜡蝉(*Aphaena rabiala*)：记载见于《四川唐家河自然保护区综合科学考察报告》(2003)。

[126] 斑衣蜡蝉(*Lycorma delicatula*)：记载见于《四川唐家河自然保护区综合科学考察报告》(2003)。

42. 象蜡蝉科(Dictyopharidae)

[127] 丽象蜡蝉(*Orthopagus splendens*)：记载见于《四川唐家河自然保护区综合科学考察报告》(2003)。

43. 广翅蜡蝉科(Ricaniidae)

[128] 眼纹广翅蜡蝉(*Euricania ocellus*)：见于保护区内西阳沟、鸡公垭沟等地，分布海拔为 1250～1650 m。

[129] 八点广翅蜡蝉(*Ricania speculum*)：记载见于《四川唐家河自然保护区综合科学考察报告》(2003)。

[130] 阔带广翅蜡蝉(*Pochazia confusa*)：记载见于《四川唐家河自然保护区综合科学考察报告》(2003)。

44. 瓢蜡蝉科(Issidae)

[131] 恶性席瓢蜡蝉(*Sivaloka damnosus*)：记载见于《四川唐家河自然保护区综合科学考察报告》(2003)。

45. 飞虱科(Delphacidae)

[132] 短头飞虱(*Epeurysa nawaii*)：记载见于《四川唐家河自然保护区综合科学考察报告》(2003)。

[133] 白条飞虱(*Terthron albovattatum*)：记载见于《四川唐家河自然保护区综合科学考察报告》(2003)。

46. 瘿棉蚜科(Pemphigidae)

[134] 女贞卷叶棉蚜(*Prociphilus ligustrifoliae*)：记载见于《四川唐家河自然保护区综合科学考察报告》(2003)。

[135] 梨卷叶棉蚜(*Prociphilus kuwanai*)：记载见于《四川唐家河自然保护区综合科学考察报告》(2003)。

[136] 根四脉绵蚜(*Tetraneura radicicola*)：见于保护区内太阳坪至摩天岭，分布海拔为 1500～2230 m。

47. 蚜科(Aphididae)

[137] 绣线菊蚜(*Aphis citricola*)：记载见于《四川唐家河自然保护区综合科学考察

报告》(2003)。

[138] 豆蚜(*Aphis craccivora*)：见于保护区内唐家河至蔡家坝，分布海拔为 1150～1240 m。

[139] 柳蚜(*Aphis farinosa*)：记载见于《四川唐家河自然保护区综合科学考察报告》(2003)。

[140] 大豆蚜(*Aphis glycines*)：记载见于《四川唐家河自然保护区综合科学考察报告》(2003)。

[141] 洋槐蚜(*Aphis robiniae*)：见于保护区内唐家河至蔡家坝，分布海拔为 1150～1240 m。

[142] 高粱蚜(*longiunguis sacchari*)：记载见于《四川唐家河自然保护区综合科学考察报告》(2003)。

[143] 苹果瘤蚜(*Myzus malisuctus*)：记载见于《四川唐家河自然保护区综合科学考察报告》(2003)。

(十三)脉翅目(Neuroptera)

48. 草蛉科(Chrysopidae)

[144] 白线草蛉(*Chrysopa albolineata*)：记载见于《四川唐家河自然保护区综合科学考察报告》(2003)。

[145] 普通草蛉(*Chrysopa carnea*)：记载见于《四川唐家河自然保护区综合科学考察报告》(2003)。

[146] 丽草蛉(*Chrysopa formosa*)未见标本，记载见于《四川唐家河自然保护区综合科学考察报告，2003》。

[147] 多斑草蛉(*Chrysopa intima*)：记载见于《四川唐家河自然保护区综合科学考察报告》(2003)。

[148] 叶色草蛉(*Chrysopa phyllochroma*)：记载见于《四川唐家河自然保护区综合科学考察报告》(2003)。

[149] 大草蛉(*Chrysopa septempunctata*)：见于保护区内唐家河至蔡家坝，分布海拔为 1150～1240 m。

[150] 中华草蛉(*Chrysopa sinica*)：见于保护区内西阳沟、鸡公垭沟等地，分布海拔为 1250～1650 m。

[151] 黄褐草蛉(*Chrysopa yatsumatsui*)：记载见于《四川唐家河自然保护区综合科学考察报告》(2003)。

49. 蚁蛉科(Myrmeleontidae)

[152] 条斑次蚁蛉(*Deutoleon lineatus*)：记载见于《四川唐家河自然保护区综合科学考察报告》(2003)。

50. 蝶角蛉科(Ascalaphidae)

[153] 黄脊蝶角蛉(*Hybris subjacens*)：记载见于《四川唐家河自然保护区综合科学考察报告》(2003)。

（十四）鞘翅目（Coleoptera）

51. 步甲科（Carabidae）

［154］普通暗步甲（*Amara plebejai*）：记载见于《四川唐家河自然保护区综合科学考察报告》（2003）。

［155］疤步甲（*Carabus pustulifer*）：见于保护区内鸡公垭沟，分布海拔为1250~1850 m。

（156）丽步甲（*Carabus formosus*）：见于保护区内马家沟，分布海拔为 1150~2040 m。

［157］黑行步甲（*Trechus vicarius*）：记载见于《四川唐家河自然保护区综合科学考察报告》（2003）。

52. 虎甲科（Cicindelidae）

［158］金斑虎甲（*Cicindela aurulenta*）：见于保护区内太阳坪至摩天岭，分布海拔为1500~2230 m。

［159］中华虎甲（*Cicindela chinensis*）：见于保护区内鸡公垭沟，分布海拔为1250~1850 m。

［160］曲纹虎甲（*Cicindela elisae*）：记载见于《四川唐家河自然保护区综合科学考察报告》（2003）。

53. 龙虱科（Dytiscidae）

［161］黄缘龙虱（*Cybister japonicus*）：记载见于《四川唐家河自然保护区综合科学考察报告》（2003）。

54. 瓢甲科（Coccinellidae）

［162］瓜茄瓢虫（*Afissa admirabilis*）：记载见于《四川唐家河自然保护区综合科学考察报告》（2003）。

［163］十五星裸瓢虫（*Calvia quindecimguttata*）：见于保护区内西阳沟、鸡公垭沟等地，分布海拔为1250~1650m。

［164］双带盘瓢虫（*Coelophora biplagiata*）：见于保护区内唐家河至蔡家坝，分布海拔为1150~1240 m。

［165］黄斑盘瓢虫（*Coelophora saucia*）：见于保护区内唐家河至蔡家坝，分布海拔为1150~1240 m。

［166］七星瓢虫（*Coccinella septempunctata*）：见于保护区内西阳沟、蔡家坪、铁矿沟、水池坪等地，分布海拔为1250~1850 m。

［167］十一星瓢虫（*Coccinella undecimpunctata*）：记载见于《四川唐家河自然保护区综合科学考察报告》（2003）。

［168］双七星瓢虫（*Coccinula quatuordecimpustulata*）：见于保护区内西阳沟、鸡公垭沟等地，分布海拔为1250~1650 m。

［169］中华食植瓢虫（*Epilachna chinensis*）：记载见于《四川唐家河自然保护区综合科学考察报告》（2003）。

［170］马铃薯瓢虫（*Epilachna vigintioctomaculata*）：见于保护区内唐家河至蔡家坝，分布海拔为1150~1240 m。

[171] 异色瓢虫(*Leis axyridis*)：记载见于《四川唐家河自然保护区综合科学考察报告》(2003)。

[172] 十斑大瓢(*Megalocaria dilatata*)：记载见于《四川唐家河自然保护区综合科学考察报告》(2003)。

[173] 澳洲瓢虫(*Rodolia eardinalis*)：记载见于《四川唐家河自然保护区综合科学考察报告》(2003)。

[174] 小红瓢虫(*Rodolia pumila*)：见于保护区内西阳沟、鸡公垭沟等地，分布海拔为 1250～1650 m。

[175] 大红瓢虫(*Rodolia rufopilosa*)：记载见于《四川唐家河自然保护区综合科学考察报告》(2003)。

55. 叩头虫科(Elateridae)

[176] 细胸叩甲(*Agriotes fuscicollis*)：记载见于《四川唐家河自然保护区综合科学考察报告》(2003)。

[177] 中华叩甲(*Elater sinensis*)：记载见于《四川唐家河自然保护区综合科学考察报告》(2003)。

[178] 褐纹叩甲(*Melanotus cauetex*)：记载见于《四川唐家河自然保护区综合科学考察报告》(2003)。

[179] 沟叩甲(*Pleonomus canaliculatus*)：记载见于《四川唐家河自然保护区综合科学考察报告》(2003)。

56. 吉丁虫科(Buprestidae)

[180] 苹果小吉丁虫(*Agrilus mali*)：记载见于《四川唐家河自然保护区综合科学考察报告》(2003)。

57. 隐翅虫科(Staphilinidae)

[181] 青翅蚁形隐翅虫(*Paederus fuscipes*)：见于保护区内毛香坝至水池坪，分布海拔为 1300～1400 m。

58. 芫菁科(Meloidae)

[182] 红头豆芫菁(*Epicauta erythrocephala*)：记载见于《四川唐家河自然保护区综合科学考察报告》(2003)。

59. 萤科(Lampyridae)

[183] 姬红萤(*Lyponia delicatuta*)：记载见于《四川唐家河自然保护区综合科学考察报告》(2003)。

60. 豆象科(Bruchuidae)

[184] 豌豆象(*Bruchus pisorum*)：见于保护区内唐家河至蔡家坝，分布海拔为 1150～1240 m。

[185] 蚕豆象(*Bruchus rufimanus*)：见于保护区内唐家河至蔡家坝，分布海拔为 1150～1240 m。

[186] 绿豆象(*Callosobruchus chinensis*)：见于保护区内马家沟，分布海拔为 1150～2040 m。

61. 象甲科(Curculionidae)

[187] 苹果卷叶象甲(*Byctiscus princeps*)：记载见于《四川唐家河自然保护区综合科学考察报告》(2003)。

[188] 梨虎象甲(*Rhynchites foreipennis*)：记载见于《四川唐家河自然保护区综合科学考察报告》(2003)。

[189] 大灰象甲(*Sympiezomias velatus*)：记载见于《四川唐家河自然保护区综合科学考察报告》(2003)。

62. 肖叶甲科(Eumolpidae)

[190] 李叶甲(*Cleoporus variabilis*)：见于保护区内西阳沟，分布海拔为 1200～1700 m。

[191] 甘薯叶甲(*Colasposoma dauricum*)：见于保护区内马家沟、分布小湾河等地，分布海拔为 1350～2030 m。

63. 叶甲科(Chrysomelidae)

[192] 黄守瓜(*Aulacophora feoralis*)：见于保护区内唐家河至蔡家坝，分布海拔为 1150～1240 m。

[193] 白杨叶甲(*Chrysomela tremulae*)：见于保护区内石桥河沟，分布海拔为 1720～2700 m

[194] 光背锯角叶甲(*Clytra laeviuscula*)：记载见于《四川唐家河自然保护区综合科学考察报告》(2003)。

[195] 丽隐头叶甲(*Cryptocephalus festivus*)：记载见于《四川唐家河自然保护区综合科学考察报告》(2003)。

[196] 黄棕隐头叶甲(*Cryptocephalus fulvus*)：记载见于《四川唐家河自然保护区综合科学考察报告》(2003)。

[197] 四川隐头叶甲(*Cryptocephalus halyzioides*)：记载见于《四川唐家河自然保护区综合科学考察报告》(2003)。

[198] 斑额隐头叶甲(*Cryptocephalus kuliblni*)：记载见于《四川唐家河自然保护区综合科学考察报告》(2003)。

[199] 槭隐头叶甲(*Cryptocephalus mannerheimi*)：记载见于《四川唐家河自然保护区综合科学考察报告》(2003)。

[200] 黄缘隐头叶甲(*Cryptocephalus ochroloma*)：记载见于《四川唐家河自然保护区综合科学考察报告》(2003)。

[201] 齿腹隐头叶甲(*Cryptocephalus stchukini*)：记载见于《四川唐家河自然保护区综合科学考察报告》(2003)。

[202] 小绿隐头叶甲(*Cyptocephalus virens*)：记载见于《四川唐家河自然保护区综合科学考察报告》(2003)。

64. 天牛科(Cerambycidae)

[203] 无芒锦天牛(*Acalolepta floculata pausisetosus*)：记载见于《四川唐家河自然保护区综合科学考察报告》(2003)。

[204] 星天牛（*Anoplophora chinensis*）：见于保护区内西阳沟、鸡公垭沟等地，分布海拔为 1250~1650 m。

[205] 光肩星天牛（*Anoplophora glabripennis*）：记载见于《四川唐家河自然保护区综合科学考察报告》（2003）。

[206] 楝星天牛（*Anoplophora horsfieldi*）：记载见于《四川唐家河自然保护区综合科学考察报告》（2003）。

[207] 褐幽天牛（*Arhoplus rusticus*）：记载见于《四川唐家河自然保护区综合科学考察报告》（2003）。

[208] 桃红颈天牛（*Aromia bungii*）：记载见于《四川唐家河自然保护区综合科学考察报告》（2003）。

[209] 云斑天牛（*Batocera horsfiedli*）：见于保护区内鸡公垭沟，分布海拔为 1250~1850 m。

[210] 黑角伞花天牛（*Corymbia succedanea*）：见于保护区内鸡公垭沟，分布海拔为 1250~1850 m。

[211] 黑胸瘤花天牛（*Gaurotina superba*）：见于保护区内太阳坪至摩天岭，分布海拔为 1500~2230 m。

[212] 四纹花天牛（*Leoyura quadrifasciata*）：见于保护区内四角湾沟，分布海拔为 2100~3200 m。

[213] 曲纹花天牛（*Leptura arcuata*）：记载见于《四川唐家河自然保护区综合科学考察报告》（2003）。

[214] 陕西细花天牛（*Leptostrangalia shaanxiana*）：记载见于《四川唐家河自然保护区综合科学考察报告》（2003）。

[215] 栗山天牛（*Mallambyx raddei*）：见于唐家河至蔡家坝，海拔为 1150~1240 m。

[216] 二点类华花天牛（*Metastrangalis thibetana*）：见于保护区内马家沟，分布海拔为 1150~2040 m。

[217] 松巨瘤天牛（*Morimospasma paradoxum*）：见于保护区内太阳坪至摩天岭，分布海拔为 1500~2230 m。

[218] 桃褐天牛（*Nadezhdiella aurea*）：记载见于《四川唐家河自然保护区综合科学考察报告》（2003）。

[219] 黑尾筒天牛（*Oberea reductesignata*）：记载见于《四川唐家河自然保护区综合科学考察报告》（2003）。

[220] 禾黄驼花天牛（*Pidonia straminea*）：记载见于《四川唐家河自然保护区综合科学考察报告》（2003）。

[221] 锯天牛（*Prionus insularis*）：记载见于《四川唐家河自然保护区综合科学考察报告》（2003）。

[222] 黄星桑天牛（*Psacothea kilaris*）：记载见于《四川唐家河自然保护区综合科学考察报告》（2003）。

［223］核桃杆天牛（*Pseudocalamobius rufipennis*）：记载见于《四川唐家河自然保护区综合科学考察报告》（2003）。

［224］单锥背天牛（*Thranius simplex*）：见于保护区内鸡公垭沟，分布海拔为1250～1850 m。

［225］核桃虎天牛（*Xylotrechus contortus*）：记载见于《四川唐家河自然保护区综合科学考察报告》（2003）。

65.铁甲科（Hispidae）

［226］山楂肋龟甲（*Alledoya vespertina*）：见于保护区内大岭子沟，分布海拔为2000～3000 m。

［227］甘薯梳龟甲（*Aspidomorpha furcata*）：见于唐家河至蔡家坝，分布海拔为1150～1240 m。

［228］金梳龟甲（*Aspidomorpha sanctaecrucis*）：见于保护区内马家沟，分布海拔为1150～2040 m。

［229］大锯龟甲（*Basiprionota chinensis*）：见于保护区内唐家河、蔡家坪、毛香坝等地，分布海拔为 1150～1400 m

［230］竹丽甲（*Caliispa bowringi*）：见于保护区内马家沟、小湾河、鸡公垭沟等地，分布海拔为 1250～1900m。

［231］蒿龟甲（*Cassida fuscorufa*）：见于保护区内石桥河沟，分布海拔为 1720～2700 m。

［232］虾钳菜日龟甲（*Cassida japana*）：见于保护区内西阳沟、鸡公垭沟等地，分布海拔为 1250～1650 m。

［233］锯齿叉趾铁甲（*Dactylispa angalosa*）：见于保护区内毛香坝至水池坪，分布海拔为 1300～1400 m。

［234］尖齿叉趾铁甲（*Dactylispa crassicuspis*）：见于保护区内清坪地沟，分布海拔为 1400～2150 m。

［235］束腰扁趾铁甲（*Dactylispa excisa*）：见于保护区内石桥河沟，分布海拔为1720～2700 m。

［236］红端趾铁甲（*Dactylispa sauteri*）：见于保护区内西阳沟、鸡公垭沟等地，分布海拔为 1250～1650 m。

［237］水稻铁甲（*Dicladispa armigera*）：见于保护区内唐家河至蔡家坝，分布海拔为 1150～1240 m。

［238］豹短椭龟甲（*Glyphocassia spilota*）：见于保护区内鸡公垭沟，分布海拔为1250～1850 m。

［239］甘薯腊龟甲（*Laccoptera quadrimaculata*）：见于保护区内鸡公垭沟，分布海拔 1250～1850 m。

［240］甘薯台龟甲（*Taiwania circumdata*）：见于保护区内马家沟，分布海拔为1150～2040 m。

［241］苹果台龟甲（*Taiwania versicolor*）：见于保护区内鸡公垭沟，分布海拔为

1250~1850 m。

[242] 双枝尾龟甲(*Thlaspida biramosa*)：见于保护区内唐家河至蔡家坝，分布海拔为 1150~1240 m。

66. 花金龟科(Cetonidea)

[243] 宽带鹿花金龟(*Dicranocephalus adamsi*)：记载见于《四川唐家河自然保护区综合科学考察报告》(2003)。

[244] 光斑鹿花金龟(*Dicranocephalus dabryi*)：见于保护区内西阳沟、鸡公垭沟等地，分布海拔为 1250~1650 m。

[245] 黄粉鹿花金龟(*Dicranocephalus wallichi*)：见于保护区内太阳坪至摩天岭，分布海拔为 1500~2230 m。

[246] 小青花金龟(*Oxycetonia jucunda*)：见于保护区内太阳坪至摩天岭，分布海拔为 1500~2230 m。

[247] 褐锈花金龟(*Poecilophilides rusticola*)：记载见于《四川唐家河自然保护区综合科学考察报告》(2003)。

[248] 白星花金龟(*Potosia brevitarsis*)：记载见于《四川唐家河自然保护区综合科学考察报告》(2003)。

67. 丽金龟科(Rutelidae)

[249] 斑喙丽金龟(*Adoretus tenuimaculatus*)：记载见于《四川唐家河自然保护区综合科学考察报告》(2003)。

[250] 铜绿丽金龟(*Anomala corpulenta*)：见于保护区内石桥河沟，分布海拔为 1720~2700 m。

[251] 红脚绿丽金龟(*Anomala cupripes*)：见于保护区内唐家河、蔡家坪、毛香坝等地，分布海拔为 1150~1400 m。

[252] 蒙古异丽金龟(*Anomala mongolica*)：见于保护区内小湾河，分布海拔为 1400~2400 m。

[253] 亮绿彩丽金龟(*Mimela dehaani*)：记载见于《四川唐家河自然保护区综合科学考察报告》(2003)。

[254] 琉璃弧丽金龟(*Popillia atrocoerulea*)：记载见于《四川唐家河自然保护区综合科学考察报告》(2003)。

[255] 四纹丽金龟(*Popillia quadriguttata*)：记载见于《四川唐家河自然保护区综合科学考察报告》(2003)。

68. 鳃金龟科(Melolonthidae)

[256] 暗黑鳃金龟(*Holotrichia parallela*)：见于保护区内马家沟、小湾河等地，分布海拔为 1350~2030 m。

[257] 四川大黑鳃金龟(*Holotrichia szechuanensis*)：记载见于《四川唐家河自然保护区综合科学考察报告》(2003)。

[258] 棕色鳃金龟(*Holotrichia titanis*)：记载见于《四川唐家河自然保护区综合科学考察报告》(2003)。

[259] 大栗鳃角金龟(*Melolontha hipocastanea mongolica*)：见于清坪地沟，分布海拔为 1400~2150m。

[260] 小云鳃金龟(*Polyphylla gracilicornis*)：记载见于《四川唐家河自然保护区综合科学考察报告》(2003)。

[261] 大云鳃金龟(*Polyphylla laticollis*)：见于保护区内小湾河，分布海拔为 1400~2400 m。

69. 葬甲科(Silphidae)

[262] 镰粪蜣螂(*Copris lunaris*)：见于保护区内清坪地沟，分布海拔为 1400~2150 m。

70. 金龟子科(Scarabaeidae)

[263] 四川蜣螂(*Copris szechouanicus*)：见于保护区内清坪地沟，分布海拔为 1400~2150 m。

71. 锹甲科(Lucanidae)

[264] 光环锹甲(*Cyclommatus albersi*)：记载见于《四川唐家河自然保护区综合科学考察报告》(2003)。

[265] 西光胫锹甲(*Odontolabis siva*)：记载见于《四川唐家河自然保护区综合科学考察报告》(2003)。

[266] 巨锯锹甲(*Serrognathus titanus*)：记载见于《四川唐家河自然保护区综合科学考察报告》(2003)。

72. 小蠹科(Scolytidae)

[267] 光臀八齿小蠹(*Ips nitidus*)：记载见于《四川唐家河自然保护区综合科学考察报告》(2003)。

[268] 白桦小蠹(*Scolytus amurensis*)：记载见于《四川唐家河自然保护区综合科学考察报告》(2003)。

73. 犀金龟科(Dynastidae)

[269] 独角仙(*Xylotrupes dichotomus*)：记载见于《四川唐家河自然保护区综合科学考察报告》(2003)。

(十五)双翅目(Diptera)

74. 寄蝇科(Tadchinidae)

[270] 毛瓣奥蜉寄蝇(*Austrophorocera hirsuta*)：见于保护区内大岭子沟等地，分布海拔为 2000~3100 m。

[271] 爪刺蛾寄蝇(*Chaetexorista javana*)：见于保护区内鸡公垭沟，分布海拔为 1250~1850 m。

[272] 刺腹寄蝇(*Compsilira concinnata*)：见于保护区内石桥河沟，分布海拔为 1720~2700 m。

[273] 条纹追寄蝇(*Exorista fasciata*)：见于保护区内小湾河，分布海拔为 1400~2400 m。

[274] 透翅追寄蝇(*Exorista hyalipennis*)：见于保护区内清坪地沟，分布海拔为

1700～2230 m。

［275］迷追寄蝇(*Exorista mimula*)：见于太阳坪至摩天岭，分布海拔为 1500～2230 m。

［276］四鬃追寄蝇(*Exorista quadriseta*)：见于保护区内马家沟，分布海拔为 1150～2040 m。

［277］家蚕追寄蝇(*Exorista sorbillans*)：见于保护区内唐家河至蔡家坝，分布海拔为 1150～1240 m。

［278］红足棵背寄蝇(*Istochaeta rufipes*)：见于保护区内清坪地沟，分布海拔为 1400～2150 m。

［279］褐瓣麦寄蝇(*Medina fusciquama*)：见于保护区内小湾河、鸡公垭沟和铁矿沟等地，分布海拔为 1300～1900 m。

［280］伪利索寄蝇(*Lixophaga fallax*)：见于保护区内西阳沟，分布海拔为 1200～1700 m。

［281］白瓣麦寄绳(*Medina collaria*)：见于保护区内太阳坪至摩天岭，分布海拔为 1500～2230 m。

［282］三齿美根寄蝇(*Meigenia tridentata*)：见于保护区内西阳沟、鸡公垭沟等地，分布海拔为 1250～1650m。

［283］丝绒美根寄蝇(*Meigenia velutina*)：见于保护区内唐家河、蔡家坪、毛香坝等地，分布海拔为 1150～1400 m。

［284］黄额蚤寄蝇(*Phorinia aurifrons*)：见于保护区内石桥河沟，分布海拔为 1720～2700 m。

［285］毛斑裸板寄蝇(*Phorocerosoma postulans*)：见于保护区内西阳沟、鸡公垭沟等地，分布海拔为 1250～1650m。

［286］簇缨裸板寄蝇(*Phorocerosoma vicaria*)：见于保护区内四角湾沟，分布海拔为 1900～3200 m。

［287］簇毛柄层寄蝇(*Urodexia penicillum*)：见于保护区内清坪地沟，分布海拔为 1400～2150 m。

［288］长角髭旨蝇(*Vibrissina turrita*)：见于保护区内清坪地沟，分布海拔为 1700～2230 m。

75. 花蝇科(Anthomyiidae)

［289］粪种蝇(*Adia cinerlla*)：见于保护区内西阳沟、鸡公垭沟等地，分布海拔为 1250～1650 m。

［290］横带花蝇(*Anthomyia illocata*)：见于马家沟，分布海拔为 1150～2040 m。

76. 丽蝇科(Calliphoridae)

［291］巨尾阿丽蝇(*Aldrichina grahami*)：见于保护区内太阳坪至摩天岭，分布海拔为 1500～2230 m。

［292］新月陪丽蝇(*Bellardia menechma*)：见于保护区内小湾河，分布海拔为 1400～2400 m。

[293] 宽丽绳(*Calliphora nigribarbis*)：记载见于《四川唐家河自然保护区综合科学考察报告》(2003)。

[294] 红头丽蝇(*Calliphora vicina*)：记载见于《四川唐家河自然保护区综合科学考察报告》(2003)。

[295] 反吐丽蝇(*Calliphora vomitori*)：见于保护区内四角湾沟，分布海拔为 1900~3200 m。

[296] 大头金蝇(*Chrysomya megacephala*)：见于保护区内毛香坝至水池坪，分布海拔为 1300~1400 m。

[297] 广额金蝇(*Chrysomya phaonis*)：见于保护区内太阳坪至摩天岭，分布海拔为 1500~2230 m。

[298] 肥躯金蝇(*Chrysomya pinguis*)：见于保护区内西阳沟、鸡公垭沟等地，分布海拔为 1250~1650 m。

[299] 瘦叶带绿蝇(*Hemipyrellia ligurriens*)：见于保护区内鸡公垭沟，分布海拔为 1250~1850 m。

[300] 华依蝇(*Idiella mandarina*)：见于保护区内鸡公垭沟，分布海拔为 1250~1850 m。

[301] 三色依蝇(*Idiella tripartita*)：见于保护区内清坪地沟，分布海拔为 1400~2150 m。

[302] 南岭绿蝇(*Lucilia bazini*)：见于保护区内鸡公垭沟，分布海拔为 1250~1850 m。

[303] 铜绿蝇(*Lucilia cuprina*)：见于保护区内毛香坝至水池坪，分布海拔为 1300~1400 m。

[304] 亮绿蝇(*Lucilia illustris*)：见于保护区内鸡公垭沟，分布海拔为 1250~1850 m。

[305] 巴浦绿蝇(*Lucilia papuensis*)：见于保护区内清坪地沟，分布海拔为 1700~2230 m。

[306] 紫绿蝇(*Lucilia Porphyrina*)：见于保护区内太阳坪至摩天岭，分布海拔为 1500~2230 m。

[307] 丝光线蝇(*Lucilia sericata*)：见于保护区内太阳坪至摩天岭，分布海拔为 1500~2230 m。

[308] 沈阳绿蝇(*Lucilia shenyangensis*)：见于保护区内马家沟，分布海拔为 1150~2040 m。

[309] 中华绿蝇(*Lucilia sinensis*)：见于保护区内西阳沟、鸡公垭沟等地，分布海拔为 1250~1650 m。

[310] 不显口鼻蝇(*Stomorhina obsoleta*)：见于保护区内小湾河，分布海拔为 1400~2400 m。

[311] 叉丽蝇(*Triceratipyga calliphoroides*)：见于保护区内四角沟，分布海拔为 1900~3200 m。

77. 大蚊科(Tipulidae)

[312] 稻大蚊(*Tipula aino*)：见于保护区内唐家河至蔡家坝，分布海拔为 1150~1240 m。

[313] 大蚊(*Tipula* spp)：见于《四川唐家河自然保护区综合科学考察报告》(2003)。

78. 蚊科(Culicidae)

[314] 白纹伊蚊 [*Aaedes*(*Stegomyia*)*albopictus*]：见于保护区内石桥河沟，分布海拔为 1720~2700 m。

[315] 刺扰伊蚊 [*Aedes*(*Aedimorphus*)*vexans*]：见于保护区内马家沟、小湾河、鸡公垭沟等地，分布海拔为 1250~1900 m。

[316] 朝鲜伊蚊 [*Aedes*(*Finlaya*)*koreicus*]：见于保护区内西阳沟、鸡公垭沟等地，分布海拔为 1250~1650 m。

[317] 中华按蚊 [*Anopheles*(*Anopheles*)*sinensis*]：见于保护区内鸡公垭沟，分布海拔为 1250~1850 m。

[318] 林氏按蚊 [*Anopheles*(*Anopheles*)*lindesayi*]：见于保护区内马家沟，分布海拔为 1150~2040 m。

[319] 骚扰阿蚊 [*Armigeres*(*Armigeres*)*subalbatu*]：见于保护区内马家沟、小湾河、鸡公垭沟等地，分布海拔为 1250~1900 m。

[320] 二带喙库蚊 [*Culex*(*Culex*)*bitaeniorhynchus*]：见于保护区内唐家河至蔡家坝，分布海拔为 1150~1240m。

[321] 褐尾库蚊 [*Culex*(*Lutzia*)*fuscanus*]：见于保护区内清坪地沟，分布海拔为 1400~2150 m。

[322] 棕头库蚊 [*Culex*(*Culex*)*fuscocephala*]：见于保护区内西阳沟、蔡家坪、铁矿沟、水池坪等地，分布海拔为 1250~1850 m。

[323] 贪食库蚊 [*Culex*(*Lutzia*)*halifaxia*]：见于保护区内鸡公垭沟，分布海拔为 1250~1850 m。

[324] 林氏库蚊 [*Cufex*(*Eumelanomyia*)*hayashii*]：见于保护区内马家沟，分布海拔为 1150~2040 m。

[325] 棕盾库蚊 [*Culex*(*Culex*)*jacksoni*]：见于保护区内西阳沟、鸡公垭沟等地，分布海拔为 1250~1650 m。

[326] 拟态库蚊 [*Culex*(*Culex*)*mimeticus*]：见于保护区内太阳坪至摩天岭，分布海拔为 1500~2230 m。

[327] 小拟态库蚊 [*Culex*(*Culex*)*mimulus*]：见于保护区内鸡公垭沟，分布海拔为 1250~1850 m。

[328] 白胸库蚊 [*Culex*(*Culiciomyia*)*pallidothorax*]：见于保护区内马家沟，分布海拔为 1150~2040 m。

[329] 致倦库蚊 [*Culex*(*Culex*)*pipiens*]：见于保护区内西阳沟、蔡家坪、铁矿沟、水池坪等地，分布海拔为 1250~1850 m。

[330] 伪杂鳞库蚊［*Culex*（*Culex*）*pseudovishnui*］：见于保护区内唐家河至蔡家坝，分布海拔为 1150～1240 m。

[331] 中华库蚊［*Culex*（*Culex*）*sinensis*］：见于保护区内唐家河至蔡家坝，分布海拔为 1150～1240 m。

[332] 三带喙库蚊［*Culex*（*Culex*）*tritaeniorhynchus*］：见于保护区内西阳沟、鸡公垭沟等地，分布海拔为 1250～1650 m。

[333] 迷定库蚊［*Culex*（*Culex*）*vagana*］：见于保护区内西阳沟、鸡公垭沟等地，分布海拔为 1250～1650 m。

[334] 常型曼蚊［*Mansonia*（*Mansonioides*）*uniformis*］：见于保护区内西阳沟、鸡公垭沟等地，分布海拔为 1250～1650m。

79. 瘿蚊科（Cecidomyiidae）

[335] 花椒波瘿蚊（*Asphondylia zanthoxyli*）：记载见于《四川唐家河自然保护区综合科学考察报告》（2003）。

80. 虻科（Tabanidae）

[336] 双斑黄虻（*Atylotus bivittateinus*）：记载见于《四川唐家河自然保护区综合科学考察报告》（2003）。

[337] 广斑虻（*Chrysops vanderwulpi*）：见于保护区内西阳沟、鸡公垭沟等地，分布海拔为 1250～1650 m。

[338] 江苏虻（*Tabanus kiangsuensis*）：见于保护区内马家沟，分布海拔为 1150～2040 m。

[339] 姚虻（*Tabanus yao*）：见于保护区内西阳沟、鸡公垭沟等地，分布海拔为 1250～1650 m。

81. 食蚜蝇科（Syrphidae）

[340] 棕边食蚜蝇（*Eristalis arbustorum*）：记载见于《四川唐家河自然保护区综合科学考察报告》（2003）。

[341] 大灰食蚜蝇（*Syrphu corollae*）：记载见于《四川唐家河自然保护区综合科学考察报告》（2003）。

82. 毛蚊科（Bibionidae）

[342] 黑斑巨毛蚊（*Bibio nigerrimus*）：记载见于《四川唐家河自然保护区综合科学考察报告》（2003）。

（十六）长翅目（Mecoptera）

83. 蝎蛉科（Panorpidae）

[343] 路氏新蝎蛉（*Neopanorpa lui*）：记载见于《四川唐家河自然保护区综合科学考察报告》（2003）。

（十七）蚤目（Siphonaptera）

84. 蚤科（Pulicidae）

[344] 人蚤（*Pulex irritana*）：见于保护区内唐家河至蔡家坝，分布海拔为 1150～1240 m。

［345］印鼠客蚤（*Xenopsylla cheopis*）：见于保护区内文县河沟，分布海拔为2100～3200 m。

85.多毛蚤科（Hystrichopsyllidae）

［346］无规新蚤（*Neopsylla anoma*）：见于保护区内鸡公垭沟，分布海拔为1250～1850 m。

［347］副规新蚤（*Neopsylla paranoma*）：见于保护区内太阳坪至摩天岭，分布海拔为1500～2230 m。

［348］偏远古蚤（*Palaeopsylla remota*）：见于保护区内太阳坪至摩天岭，分布海拔为1500～2230 m。

［349］低地狭臀蚤（*Stenischia humilis*）：见于保护区内马家沟，分布海拔为1150～2040 m。

86.角叶蚤科（Ceratophyllidae）

［350］不等单蚤（*Monopsyllus anisus*）：见于保护区内太阳坪至摩天岭，分布海拔1500～2230 m。

［351］獾副角蚤扇形亚种（*Paraceras melis flabellm*）：见于保护区内马家沟，分布海拔为1150～2040 m。

（十八）鳞翅目（Lepidoptera）

87.钩蛾科（Drepanidae）

［352］古钩蛾（*Palaeodrepana harpagula*）：见于保护区内唐家河至蔡家坝，分布海拔为1150～1240 m。

88.夜蛾科（Noctuidae）

［353］梨剑纹夜蛾（*Acronicata rumicis*）：记载见于《四川唐家河自然保护区综合科学考察报告》（2003）。

［354］桑剑纹夜蛾（*Acronycta major*）：见于保护区内太阳坪至摩天岭，分布海拔1500～2230 m。

［355］八字地老虎（*Aerotis cnigrum*）：见于保护区内太阳坪至摩天岭，分布海拔1500～2230 m。

［356］大地老虎（*Aerotis tokionis*）：见于保护区内太阳坪至摩天岭，分布海拔1500～2230 m。

［357］小地老虎（*Aerotis ypsilon*）：见于保护区内西阳沟、鸡公垭沟等地，分布海拔为1250～1650 m。

［358］黄地老虎（*Agrotis segetumi*）：见于保护区内马家沟，分布海拔为1150～2040 m。

［359］赭黄歹夜娥（*Diarsia stictica*）：见于保护区内唐家河至蔡家坝，分布海拔为1150～1240 m。

［360］暗翅夜蛾（*Dypterygia canimaculata*）：记载见于《四川唐家河自然保护区综合科学考察报告》（2003）。

［361］棉铃虫（*Helicoverpa armigera*）：见于保护区内唐家河至蔡家坝，分布海拔

为 1150～1240 m。

[362] 烟青虫（*Heliothis assulta*）：见于保护区内西阳沟、鸡公垭沟等地，分布海拔为 1250～1650 m。

[363] 桦灰夜蛾（*Polia contigua*）：记载见于《四川唐家河自然保护区综合科学考察报告》（2003）。

[364] 冥灰夜蛾（*Polia mortua*）：见于保护区内太阳坪至摩天岭，分布海拔为 1500～2230 m。

[365] 镶夜蛾（*Trichosea champa*）：记载见于《四川唐家河自然保护区综合科学考察报告》（2003）。

[366] 淡色后夜蛾（*Tisuloides catocalina*）：记载见于《四川唐家河自然保护区综合科学考察报告》（2003）。

[367] 木叶夜蛾（*Xylophylla punctifascia*）：记载见于《四川唐家河自然保护区综合科学考察报告》（2003）。

89. 螟蛾科（Pyralidae）

[368] 竹织叶野螟（*Algedonia coclesalis*）：记载见于《四川唐家河自然保护区综合科学考察报告》（2003）。

[369] 三点并脉草螟（*Neopediasia mixtalis*）：见于保护区内太阳坪至摩天岭，分布海拔为 1500～2230 m。

[370] 梨云翅斑螟（*Nephopteryx pirivorella*）：见于保护区内唐家河至蔡家坝，分布海拔为 1150～1240 m。

90. 蝙蝠蛾科（Hepialidae）

[371] 虫草蝙蝠蛾（*Hepialus armoricanus*）：见于保护区内文县河沟，分布海拔为 2100～3200 m。

91. 木蠹蛾科（Cossidae）

[372] 柳干木蠹蛾（*Holcocerus vicarius*）：见于保护区内马家沟，分布海拔为 1150～2040 m。

[373] 白背斑蠹蛾（*Xyleutes leuconotus*）：记载见于《四川唐家河自然保护区综合科学考察报告》（2003）。

[374] 梨豹蠹蛾（*Zeuzera pyrina*）：见于保护区内太阳坪至摩天岭，分布海拔为 1500～2230 m。

92. 透翅蛾科（Sesiidae）

[375] 杨干透翅蛾（*Sphecia siningensis*）：记载见于《四川唐家河自然保护区综合科学考察报告》（2003）。

93. 尺蛾科（Geometridae）

[376] 锯齿尺蛾（*Angerona glandinaria*）：记载见于《四川唐家河自然保护区综合科学考察报告》（2003）。

[377] 广卜尺蛾（*Brabira artemidora*）：见于保护区内唐家河至蔡家坝，分布海拔为 1150～1240 m。

　　[378] 兀尺蛾(*Elphos insueta*)：记载见于《四川唐家河自然保护区综合科学考察报告》(2003)。

　　[379] 枯叶尺蛾(*Gandaritis flavata sinicaria*)：记载见于《四川唐家河自然保护区综合科学考察报告》(2003)。

　　[380] 直脉青尺蛾(*Hipparchus valida*)：记载见于《四川唐家河自然保护区综合科学考察报告》(2003)。

　　[381] 亚叉脉尺蛾(*Leptostegna asiatica*)：见于保护区内鸡公垭沟，分布海拔为1250~1850 m。

　　[382] 中国巨青尺蛾(*Limbatochlamys rothorni*)：记载见于《四川唐家河自然保护区综合科学考察报告》(2003)。

　　[383] 洁尺蛾(*Tyloptera bella*)：见于保护区内唐家河至蔡家坝，分布海拔为1150~1240 m。

　　[384] 盈潢尺蛾(*Xanthorhoe saturata*)：见于保护区内唐家河至蔡家坝，分布海拔为1150~1240 m。

　　94. 网蛾科(Thyrididae)

　　[385] 树形拱肩网蛾(*Camptochilus aurea*)：见于保护区内唐家河至蔡家坝，分布海拔为1150~1240 m。

　　95. 蚕蛾科(Bombycidae)

　　[386] 桑蟥(*Rondotia menciana*)：见于保护区内鸡公垭沟，分布海拔为1250~1850 m。

　　[387] 樗蚕蛾(*Samia cynthia*)：见于保护区内马家沟，分布海拔为1150~2040 m。

　　96. 大蚕蛾科(Saturniidae)

　　[388] 绿尾大蚕蛾(*Actias selene*)：见于保护区内马家沟，分布海拔为1150~2040 m。

　　[389] 樟蚕(*Eriogyna pyretorum*)：见于保护区内太阳坪至摩天岭，分布海拔为1500~2230 m。

　　[390] 目豹大蚕蛾(*Loepa damartis*)：记载见于《四川唐家河自然保护区综合科学考察报告》(2003)。

　　[391] 黄豹大蚕蛾(*Loepa katinka*)：见于保护区内唐家河至蔡家坝，分布海拔为1150~1240 m。

　　97. 天蛾科(Sphingidae)

　　[392] 小豆长喙天蛾(*Macroglossum stellatarum*)：见于保护区内马家沟，分布海拔为1150~2040 m。

　　[393] 枇杷六点天蛾(*Marumba spectabilis*)：记载见于《四川唐家河自然保护区综合科学考察报告》(2003)。

　　[394] 栗六点天蛾(*Marumba sperchius*)：记载见于《四川唐家河自然保护区综合科学考察报告》(2003)。

　　[395] 蓝目天蛾(*Smerinthus planus*)：见于保护区内鸡公垭沟，分布海拔为1250~1850 m。

98. 笺纹蛾科(Brahmaeidae)

[396] 枯球笺纹蛾(*Brahmophthalma wallichii*)：记载见于《四川唐家河自然保护区综合科学考察报告》(2003)。

99. 毒蛾科(Lymantriidae)

[397] 茶白毒蛾(*Arctornis alba*)：见于保护区内太阳坪至摩天岭，分布海拔为1500~2230 m。

[398] 折带黄毒蛾(*Euproctis flava*)：见于保护区内马家沟，分布海拔为1150~2040 m。

[399] 栎毒蛾(*Lymantria mathura*)：见于保护区内太阳坪至摩天岭，分布海拔为1500~2230 m。

100. 灯蛾科(Arctiidae)

[400] 乳白斑灯蛾(*Areas galactina formosana*)：记载见于《四川唐家河自然保护区综合科学考察报告》(2003)。

[401] 首丽灯蛾(*Callimorpha principalis*)：记载见于《四川唐家河自然保护区综合科学考察报告》(2003)。

101. 凤蝶科(Papilionidae)

[402] 青蓝翠凤蝶(*Achillides arcturus*)：记载见于《四川唐家河自然保护区综合科学考察报告》(2003)。

[403] 多姿麝凤蝶(*Byasa polyeuctes*)：见于保护区内寺沟。

[404] 麝凤蝶(*Byasa alcinous*)：见于倒梯子—摩天岭、石板沟—白果坪道路沿线、寺沟。

[405] 青凤蝶(*Graphium sarpedon*)：见于保护区内白果坪。

[406] 褐钩凤蝶(*Meandrusa sciron*)：见于保护区内倒梯子—摩天岭、小湾河口—蔡家坝道路沿线、白果坪、寺沟。

[407] 红基美凤蝶(*Papilio alcmenor*)：见于保护区内石板沟—白果坪道路沿线、寺沟。

[408] 窄斑翠凤蝶(*Papilio arcturus*)：见于保护区内石板沟—白果坪道路沿线、寺沟。

[409] 碧凤蝶(*Papilio bianor*)：见于整个保护区。

[410] 牛郎凤蝶(*Papilio bootes*)：见于保护区内倒梯子—摩天岭、石板沟—白果坪、小湾河口—蔡家坝道路沿线、寺沟。

[411] 金凤蝶(*Papilio machaon*)：见于保护区内寺沟。

[412] 美凤蝶(*Papilio memnon*)：见于保护区内寺沟。

[413] 巴黎翠凤蝶(*Papilio paris*)：见于整个保护区。

[414] 蓝凤蝶(*Papilio protenor*)：见于整个保护区。

[415] 柑橘凤蝶(*Papilio xuthus*)：见于保护区内石板沟—白果坪道路沿线、寺沟。

[416] 金斑剑凤蝶(*Pazala alebion*)：见于保护区内倒梯子—摩天岭、白熊坪—水池坪、小湾河口—蔡家坝道路沿线、石板沟。

　[417] 升天剑凤蝶(*Pazala euroa*)：见于石板沟—白果坪道路沿线、寺沟。

　[418] 华夏剑凤蝶(*Pazala mandarina*)：见于石板沟—白果坪、小湾河口—蔡家坝道路沿线、果子树沟、寺沟。

　[419] 乌克兰剑凤蝶(*Pazala tamerlana*)：见于倒梯子—摩天岭、白熊坪—水池坪道路沿线、寺沟。

　[420] 丝带凤蝶(*Sericinus montelus*)：见于清坪地沟，分布海拔为1400~2150 m。

　[421] 金裳凤蝶(*Troides aeacus*)：见于白果坪、太阳坪、寺沟。

102. 粉蝶科(Pieridae)

　[422] 红襟粉蝶(*Anthocharis cardamines*)：见于保护区内石板沟—白果坪、白熊坪—水池坪、小湾河口—蔡家坝道路沿线、吴尔沟、寺沟。

　[423] 黄尖襟粉蝶(*Anthocharis scolymus*)：见于保护区内寺沟。

　[424] 绢粉蝶(*Aporia crataegi*)：见于保护区内鸡公垭沟，分布海拔为1250~1850 m。

　[425] 丫纹绢粉蝶(*Aporia delavayi*)：记载见于《四川唐家河自然保护区综合科学考察报告》(2003)。

　[426] 锯纹绢粉蝶(*Aporia goutellei*)：见于保护区内太阳坪至摩天岭，分布海拔为1500~2230 m。

　[427] 小檗绢粉蝶(*Aporia hippia*)：见于保护区内石板沟—白果坪道路沿线、吴尔沟、寺沟。

　[428] 金氏绢粉蝶(*Aporia kanekoi*)：记载见于《四川唐家河自然保护区综合科学考察报告》(2003)。

　[429] 大翅绢粉蝶(*Aporia largeteaui*)：见于保护区内倒梯子—摩天岭、石板沟—白果坪道路沿线、石板沟、寺沟。

　[430] 奥倍绢粉蝶(*Aporia oberthueri*)：见于保护区内倒梯子—摩天岭、白熊坪—水池坪、阴坝沟—吴尔沟道路沿线。

　[431] 褐脉菜粉蝶(*Artogeia melete*)：记载见于《四川唐家河自然保护区综合科学考察报告》(2003)。

　[432] 斑缘豆粉蝶(*Colias erate*)：记载见于《四川唐家河自然保护区综合科学考察报告》(2003)。

　[433] 橙黄豆粉蝶(*Colias fieldi*) 见于整个保护区。

　[434] 黎明豆粉蝶(*Colias heos*)：见于保护区内白熊坪—水池坪、小湾河口—蔡家坝道路沿线。

　[435] 黑角方粉蝶(*Dercas lycorias*)：见于保护区内小湾河口—蔡家坝道路沿线、寺沟。

　[436] 檗黄粉蝶(*Eurema blanda*)：见于保护区内石板沟—白果坪、小湾河口—蔡家坝道路沿线。

　[437] 宽边黄粉蝶(*Eurema hecabe*)：见于保护区内石板沟—白果坪、白熊坪—水池坪、阴坝沟—吴尔沟、小湾河口—蔡家坝道路沿线、果子树沟、寺沟、唐家河至蔡家坝。

［438］尖角黄粉蝶（*Eurema laeta*）：见于保护区内白熊坪—水池坪道路沿线、唐家河至蔡家坝。

［439］圆翅钩粉蝶（*Gonepteryx amintha*）：见于保护区内石板沟—白果坪道路沿线、寺沟。

［440］尖钩粉蝶（*Gonepteryx mahaguru*）：见于整个保护区。

［441］钩粉蝶（*Gonepteryx rhamni*）：见于保护区内倒梯子—摩天岭、白熊坪—水池坪、小湾河口—蔡家坝道路沿线、寺沟。

［442］突角小粉蝶（*Leotidea amurensis*）：见于保护区内寺沟。

［443］锯纹小粉蝶（*Leptidea serrata*）：见于保护区内倒梯子—摩天岭、石板沟—白果坪道路沿线、寺沟。

［444］东方菜粉蝶（*Pieris canidia*）：见于整个保护区。

［445］云粉蝶（*Pontia daplidice*）：见于保护区内毛香坝至水池坪，分布海拔为1300～1400 m。

［446］大展粉蝶（*Pieris extensa*）：见于保护区内石板沟—白果坪、阴坝沟—吴尔沟道路沿线、阴坝沟、吴尔沟、寺沟。

［447］黑纹粉蝶（*Pieris melete*）：见于整个保护区。

［448］暗脉菜粉蝶（*Pieris napi*）：见于整个保护区。

［449］菜粉蝶（*Pieris rapae*）：见于整个保护区。

103.蛱蝶科（Nymphalidae）

［450］娇蛱蝶（*Abrota ganga*）：见于保护区内石板沟—白果坪、小湾河口—蔡家坝道路沿线、吴尔沟。

［451］荨麻蛱蝶（*Aglais urticae*）：见于保护区内鸡公垭沟、倒梯子—摩天岭道路沿线。

［452］柳紫闪蛱蝶（*Apatura ilia*）：见于保护区内倒梯子—摩天岭、白熊坪—水池坪道路沿线、寺沟。

［453］紫闪蛱蝶（*Apatura iris*）：见于保护区内白熊坪—水池坪道路沿线。

［454］曲带闪蛱蝶（*Apatura laverna*）：见于保护区内白果坪、寺沟。

［455］布网蜘蛱蝶（*Araschnia burejana*）：见于保护区内石板沟—白果坪、小湾河口—蔡家坝道路沿线、果子树沟、寺沟。

［456］曲纹蜘蛱蝶（*Araschnia doris*）：见于保护区内石板沟—白果坪、小湾河口—蔡家坝道路沿线、寺沟。

［457］直纹蜘蛱（蝶 *Araschnia prorsoides*）：见于保护区内石板沟—白果坪、白熊坪—水池坪、阴坝沟—吴尔沟、小湾河口—蔡家坝道路沿线、阴坝沟、吴尔沟、寺沟。

［458］斐豹蛱蝶（*Argynnis hyperbius*）：见于见于保护区内白熊坪—水池坪道路沿线、寺沟、唐家河、蔡家坪、毛香坝等地。

［459］绿豹蛱蝶（*Argynnis paphia*）：见于整个保护区。

［460］老豹蛱蝶（*Argyronome laodice*）：见于整个保护区。

［461］红老豹蛱蝶（*Argyronome ruslana*）：见于保护区内白熊坪—水池坪、小湾河

口—蔡家坝道路沿线。

[462] 幸福带蛱蝶（*Athyma fortuna*）：见于保护区内白果坪。

[463] 六点带蛱蝶（*Athyma punctata*）：见于保护区内白熊坪—水池坪道路沿线。

[464] 大卫绢蛱蝶（*Calinaga davidis*）：见于保护区内石板沟—白果坪、白熊坪—水池坪、阴坝沟—吴尔沟、小湾河口—蔡家坝道路沿线、果子树沟、阴坝沟、吴尔沟、寺沟。

[465] 银豹蛱蝶（*Childrena childreni*）：见于保护区内唐家河至蔡家坝、倒梯子—摩天岭、白熊坪—水池坪道路沿线、寺沟。

[466] 曲纹银豹蛱蝶（*Childrena zenobia*）：见于保护区内小湾河口—蔡家坝道路沿线。

[467] 黄带铠蛱蝶（*Chitoria fasciola*）：见于保护区内石板沟—白果坪道路沿线。

[468] 渡带翠蛱蝶（*Euthalia duda*）：见于保护区内倒梯子—摩天岭、白熊坪—水池坪、阴坝沟—吴尔沟道路沿线、阴坝沟。

[469] 灿福蛱蝶（*Fabriciana adippe*）：见于保护区内倒梯子—摩天岭、小湾河口—蔡家坝道路沿线、寺沟。

[470] 黑脉蛱蝶（*Hestina assimilis*）：见于保护区内石板沟—白果坪道路沿线。

[471] 蒺藜纹脉蛱蝶（*Hestina nama*）：见于保护区内寺沟。

[472] 拟斑脉蛱蝶（*Hestina persimilis*）：见于保护区内石板沟—白果坪、小湾河口—蔡家坝道路沿线、寺沟。

[473] 翠蓝眼蛱蝶（*Junonia orithya*）：见于保护区内石板沟—白果坪道路沿线。

[474] 累积蛱蝶（*Lelecella limenitoides*）：见于保护区内石板沟—白果坪道路沿线、石板沟、寺沟。

[475] 巧克力线蛱蝶（*Limenitis ciocolatina*）：见于保护区内小湾河口—蔡家坝道路沿线、寺沟。

[476] 横眉线蛱蝶（*Limenitis moltrechti*）：见于保护区内寺沟。

[477] 红线蛱蝶（*Limenitis populi*）：见于保护区内马家沟、白熊坪—水池坪道路沿线。

[478] 迷蛱蝶（*Mimathyma chevana*）：见于保护区内寺沟。

[479] 白斑迷蛱蝶（*Mimathyma schrenekii*）：见于保护区内白熊坪—水池坪、阴坝沟—吴尔沟道路沿线、寺沟。

[480] 云豹蛱蝶（*Nephargynnis anadyomene*）：见于保护区内石板沟—白果坪道路沿线、寺沟。

[481] 链环蛱蝶（*Neptis pryeri*）：见于保护区内石板沟—白果坪、阴坝沟—吴尔沟、小湾河口—蔡家坝道路沿线、寺沟。

[482] 单环蛱蝶（*Neptis rivularis*）：见于保护区内太阳坪至摩天岭，分布海拔为1500～2230 m。

[483] 台湾环蛱蝶（*Neptis taiwana*）：记载见于《四川唐家河自然保护区综合科学考察报告》（2003）。

［484］朱蛱蝶（*Nymphalis xanthomelas*）：见于保护区内鸡公垭沟倒梯子—摩天岭道路沿线。

［485］苾蟠蛱蝶（*Pantoporia bieti*）：见于保护区内吴尔沟。

［486］蔼菲蛱蝶（*Phaedyma aspasia*）：见于保护区内吴尔沟。

［487］黄钩蛱蝶（*Polygnia c-aureum*）：见于整个保护区。

［488］白钩蛱蝶（*Polygonia c-album*）：见于保护区内鸡公垭沟，分布海拔为1250～1850 m。

［489］针尾蛱蝶（*Polyura dolon*）：见于保护区内石板沟—白果坪、白熊坪—水池坪道路沿线。

［490］二尾蛱蝶（*Polyura narcaea*）：见于保护区内石板沟—白果坪道路沿线、寺沟。

［491］秀蛱蝶（*Pseudergolis wedah*）：见于保护区内小湾河口—蔡家坝道路沿线、白果坪。

［492］大紫蛱蝶（*Sasakia charonda*）：见于保护区内寺沟。

［493］黄帅蛱蝶（*Sephisa princeps*）：见于保护区内倒梯子—摩天岭、白熊坪—水池坪、小湾河口—蔡家坝道路沿线、白果坪、寺沟。

［494］白裳猫蛱蝶（*Timelaea albescens*）：见于保护区内寺沟。

［495］小红蛱蝶（*Vanessa cardui*）：见于保护区内倒梯子—摩天岭、白熊坪—水池坪道路沿线、石板沟、毛香坝、寺沟、马家沟。

［496］大红蛱蝶（*Vanessa indica*）：见于整个保护区。

104. 眼蝶科（Satyridae）

［497］大斑草眼蝶川西亚种（*Aphantopus arvensis compana*）：记载见于《四川唐家河自然保护区综合科学考察报告》（2003）。

［498］阿芬眼蝶（*Aphantopus hyperantus*）：见于保护区内倒梯子—摩天岭道路沿线。

［499］大艳眼蝶（*Callerebia suroia*）：见于保护区内寺沟。

［500］多眼蝶（*Kirinia epimenidea*）：见于保护区内小湾河口—蔡家坝道路沿线。

［501］圣母黛眼蝶（*Lethe cybele*）：见于保护区内板沟—白果坪道路沿线、寺沟。

［502］苔娜黛眼蝶（*Lethe diana*）：见于保护区内吴尔沟。

［503］罗丹黛眼蝶（*Lethe laodamia*）：见于保护区内熊坪—水池坪道路沿线、吴尔沟。

［504］泰妲黛眼蝶（*Lethe titania*）：见于保护区内白熊坪—水池坪道路沿线、石板沟。

［505］白眼蝶（*Melanargia halimede*）：见于保护区内西阳沟、鸡公垭沟等地，分布海拔为1250～1650 m。

［506］山地白眼蝶（*Melanargia montana*）：记载见于《四川唐家河自然保护区综合科学考察报告》（2003）。

［507］蛇眼蝶（*Minois dryas*）：见于保护区内石板沟、果子树沟。

［508］拟稻眉眼蝶（*Mycalesis francisca*）：见于保护区内石板沟—白果坪道路沿线、果子树沟、寺沟。

［509］稻眉眼蝶（*Mycalesis gotama*）：见于保护区内小湾河口—蔡家坝道路沿线。

［510］密纱眉眼蝶（*Mycalesis misenus*）：见于保护区内石板沟—白果坪道路沿线。

［511］阿芒荫眼蝶（*Neope armandii*）：见于保护区内倒梯子—摩天岭道路沿线。

［512］黄斑荫眼蝶（*Neope pulaha*）：见于保护区内倒梯子—摩天岭、白熊坪—水池坪道路沿线。

［513］黑斑荫眼蝶（*Neope pulahoides*）：见于保护区内白熊坪—水池坪道路沿线。

［514］凤眼蝶（*Neorina patria*）：见于保护区内白熊坪—水池坪道路沿线。

［515］宁眼蝶（*Ninguta schrenkii*）：见于保护区内白熊坪—水池坪、阴坝沟—吴尔沟、小湾河口—蔡家坝道路沿线、果子树沟、阴坝沟、吴尔沟、石板沟。

［516］古眼蝶（*Palaeonympha opalina*）：见于保护区内阴坝沟—吴尔沟、小湾河口—蔡家坝道路沿线、寺沟。

［517］白斑眼蝶（*Penthema adelma*）：见于保护区内石板沟—白果坪、白熊坪—水池坪、阴坝沟—吴尔沟、小湾河口—蔡家坝道路沿线、吴尔沟、寺沟。

［518］网眼蝶（*Rhaphicera dumicola*）：见于保护区内白熊坪—水池坪道路沿线。

［519］藏眼蝶（*Tatinga thibetana*）：见于保护区内小湾河，分布海拔为 1400～2400 m。

［520］矍眼蝶（*Ypthima balda*）：见于保护区内白熊坪—水池坪、阴坝沟—吴尔沟、小湾河口—蔡家坝道路沿线、果子树沟、阴坝沟、吴尔沟、寺沟。

［521］幽矍眼蝶（*Ypthima conjuncta*）：见于保护区内石板沟—白果坪道路沿线、吴尔沟。

［522］卓矍眼蝶（*Ypthima zodia*）：见于保护区内石板沟—白果坪、白熊坪—水池坪、小湾河口—蔡家坝道路沿线、果子树沟、石板沟、寺沟。

105. 斑蝶科（Danaidae）

［523］大绢斑蝶（*Parantica sita*）：见于保护区内白熊坪—水池坪道路沿线、白果坪、吴尔沟、寺沟。

106. 灰蝶科（Lycaenidae）

［524］雾驳灰蝶（*Bothrinia nebulosa*）：见于保护区内石板沟—白果坪、白熊坪—水池坪道路沿线、寺沟。

［525］蓝灰蝶（*Everes argiades*）：见于整个保护区。

［526］长尾蓝灰蝶（*Everes lacturnus*）：见于保护区内唐家河至蔡家坝，分布海拔为1150～1240 m。

［527］古铜黄灰蝶（*Heliophorus brahma*）：记载见于《四川唐家河自然保护区综合科学考察报告》（2003）。

［528］美丽彩灰蝶（*Heliophorus pulcher*）：见于保护区内石板沟。

［529］中华锯灰蝶（*Orthomiella sinensis*）：见于保护区内石板沟—白果坪、白熊坪—水池坪道路沿线、寺沟。

［530］优秀洒灰蝶（*Satyrium eximium*）：见于保护区内石板沟—白果坪、白熊坪—水池坪道路沿线、寺沟。

［531］珞灰蝶（*Scolitantides orion*）：见于保护区内白熊坪—水池坪、小湾河口—蔡

家坝道路沿线、果子树沟。

［532］点玄灰蝶（*Tongeia filicaudi*）：见于保护区内石板沟—白果坪、白熊坪—水池坪、小湾河口—蔡家坝道路沿线、石板沟、果子树沟、阴坝沟、吴尔沟、寺沟。

107. 蚬蝶科（Riodinidae）

［533］银纹尾蚬蝶（*Dodona eugenes*）：见于保护区内白熊坪—水池坪、小湾河口—蔡家坝道路沿线。

［534］豹蚬蝶（*Takashia nana*）：见于保护区内阴坝沟。

108. 绢蝶科（Parnassiidae）

［535］冰清绢蝶（*Parnassius glacialis*）：见于整个保护区。

［536］小红珠绢蝶（*Parnassius nomion*）：记载见于《四川唐家河自然保护区综合科学考察报告》（2003）。

109. 弄蝶科（Hesperiidae）

［537］白弄蝶（*Abraximorpha davidii*）：见于保护区内石板沟—白果坪、小湾河口—蔡家坝道路沿线。

［538］黑锷弄蝶（*Aeromachus piceus*）：见于保护区内小湾河口—蔡家坝道路沿线。

［539］绿弄蝶（*Choaspes benjaminii*）：见于保护区内寺沟。

［540］花窗弄蝶（*Coladenia hoenei*）：见于保护区内寺沟。

［541］黑弄蝶（*Daimio tethys*）：见于保护区内小湾河口—蔡家坝道路沿线、寺沟。

［542］白斑蕉弄蝶（*Erionota grandis*）：见于保护区内白果坪。

［543］中华捷弄蝶（*Gerosis sinica*）：见于保护区内倒梯子—摩天岭、阴坝沟—吴尔沟、小湾河口—蔡家坝道路沿线、寺沟。

［544］双带弄蝶（*Lobocla bifasciata*）：见于保护区内小湾河口—蔡家坝道路沿线、寺沟。

［545］小赭弄蝶（*Ochlodes venata*）：见于保护区内倒梯子—摩天岭、白熊坪—水池坪道路沿线、吴尔沟。

［546］古铜谷弄蝶（*Pelopidas conjunctus*）：见于保护区内小湾河口—蔡家坝道路沿线。

［547］黄襟弄蝶（*Pseudocoladenia dan*）：见于保护区内白熊坪—水池坪、阴坝沟—吴尔沟、小湾河口—蔡家坝道路沿线、果子树沟、吴尔沟。

［548］密纹飒弄蝶（*Satarupa monbeigi*）：见于保护区内寺沟。

［549］蛱型飒弄蝶（*Satarupa nymphalis*）：见于保护区内白熊坪—水池坪道路沿线、寺沟。

［550］豹弄蝶（*Thymelicus leoninus*）：见于保护区内石板沟—白果坪、白熊坪—水池坪、小湾河口—蔡家坝道路沿线、石板沟、阴坝沟、吴尔沟、寺沟。

110. 喙蝶科（Libytheidae）

［551］朴喙蝶（*Libythea celtis*）：见于整个保护区。

111. 环蝶科（Amathusiidae）

［552］箭环蝶（*Stichophthalma howqua*）：见于保护区内阴坝沟—吴尔沟、小湾河

口—蔡家坝道路沿线、太阳坪、白果坪、寺沟。

112. 珍蝶科（Acraeidae）

[553] 苎麻珍蝶（*Acraea issoria*）：见于保护区内小湾河口—蔡家坝道路沿线、果子树沟、寺沟。

（十九）膜翅目 Hymenoptera

113. 姬蜂科（Ichneumonidae）

[554] 负泥虫沟姬蜂（*Bathythrix kuwanae*）：见于保护区内马家沟，分布海拔为 1150～2040 m。

[555] 舞毒蛾黑瘤姬蜂（*Coccygomimus disparis*）：见于保护区内鸡公垭沟，分布海拔为 1250～1850 m。

[556] 食蚜蝇姬（*Diplozon laetatorius*）：记载见于《四川唐家河自然保护区综合科学考察报告》（2003）。

[557] 松毛虫异足姬蜂（*Heteropelma amictum*）：记载见于《四川唐家河自然保护区综合科学考察报告》（2003）。

[558] 松毛虫埃姬蜂（*Itoplectis alternans spectabilis*）：见于保护区内马家沟，分布海拔为 1150～2040 m。

[559] 螟蛉埃姬蜂（*Itoplectis naranyae*）：见于保护区内唐家河至蔡家坝，分布海拔为 1150～1240 m。

114. 蚁科（Formicidae）

[560] 日本黑褐蚁（*Formica japonica*）：记载见于《四川唐家河自然保护区综合科学考察报告》（2003）。

[561] 小家蚁（*Monomorium pharaonis*）：见于保护区内唐家河至蔡家坝，分布海拔为 1150～1240 m。

[562] 山大齿猛蚁（*Odontomachus monticola*）：记载见于《四川唐家河自然保护区综合科学考察报告》（2003）。

115. 胡蜂科（Vespidae）

[563] 黑盾胡蜂（*Vespa bicolor*）：见于保护区内太阳坪至摩天岭，分布海拔为 1500～2230 m。

[564] 黄边胡蜂（*Vespa crabro*）：见于保护区内鸡公垭沟，分布海拔为 1250～1850 m。

[565] 金环胡蜂（*Vespa mandarinia*）：见于保护区内唐家河至蔡家坝，分布海拔为 1150～1240 m。

[566] 大胡蜂（*Vespa magnifica*）：记载见于《四川唐家河自然保护区综合科学考察报告》（2003）。

116. 马蜂科（Polistidae）

[567] 角马蜂（*Polistes antennalis*）：记载见于《四川唐家河自然保护区综合科学考察报告》（2003）。

[568] 柞蚕马蜂（*Polistes gallicus*）：记载见于《四川唐家河自然保护区综合科学考

察报告》(2003)。

[569] 斯马蜂(*Polistes snelleni*)：见于保护区内马家沟，分布海拔为1150～2040 m。

117. 泥蜂科(Sphecidae)

[570] 角成泥蜂(*Hoplammophila aemulans*)：记载见于《四川唐家河自然保护区综合科学考察报告》(2003)。

[571] 黄柄泥蜂(*Sceliphron modraspatanum*)：记载见于《四川唐家河自然保护区综合科学考察报告》(2003)。

118. 蜜蜂科(Apidae)

[572] 鞋斑无垫蜂[*Amegilla*(*Zonamegilla*)*calceifera*]：见于保护区内唐家河至蔡家坝，分布海拔为1150～1240 m。

[573] 东亚无垫蜂[*Amegilla*(*Zonamegilla*)*parhypat*]：见于保护区内西阳沟、鸡公垭沟等地，分布海拔为1250～1650 m。

[574] 盗条蜂[*Anthophora*(*Melea*)*plagiata*]：见于保护区内太阳坪至摩天岭，分布海拔为1500～2230 m。

[575] 中华蜜蜂(*Apis cerana*)：见于保护区内唐家河至蔡家坝，分布海拔为1150～1240 m。

[576] 意大利蜂(*Apis mellifora*)：记载见于《四川唐家河自然保护区综合科学考察报告》(2003)。

[577] 黑足熊蜂(*Bombus atripes*)：记载见于《四川唐家河自然保护区综合科学考察报告》(2003)。

[578] 角拟熊蜂(*Psithyrus cornutus*)：记载见于《四川唐家河自然保护区综合科学考察报告》(2003)。

[579] 黄胸木蜂(*Xylocopa appendiculata*)：见于保护区内太阳坪至摩天岭，分布海拔为1500～2230 m。

[580] 红足木蜂(*Xylocopa nasalis*)：记载见于《四川唐家河自然保护区综合科学考察报告》(2003)。

致谢：

镰粪蜣螂(*Copris lunaris*)由中国科学院动物研究所白明博士帮忙鉴定；疤步甲(*Carabus pustulifer*)和丽步甲(*Carabus formosus*)由中国科学院动物研究所刘华博士帮忙鉴定；暗脉菜粉蝶(*Pieris napi*)、巴黎翠凤蝶(*Papilio paris*)、樗蚕蛾(*Samia cynthia*)、凤眼蝶(*Neorina patria*)、柑橘凤蝶(*Papilio xuthus*)、蓝凤蝶(*Papilio protenor*)、绿豹蛱蝶(*Argynnis paphia*)和圆翅钩粉蝶(*Gonepteryx amintha*)由杨一敏硕士帮忙鉴定。

第9章 鱼　　类

保护区内雨量充沛，年平均降雨量达 1100 mm。区内水系发达，大小支流众多，如吴尔沟、桂花沟、小湾河、红石河、无底沟、石桥河、西阳沟等。河水终年不断，水流湍急，水温较低，河床多为鹅卵石，为冷水性鱼类提供了优良的栖息环境。

目前，对保护区相关生物学研究主要集中在兽类、鸟类、两栖类及被子植物等方面，主要以保护大熊猫研究为主(谌利民等，1999；余志伟等，2000；胡锦矗等，2005b；王艳妮等，2005；刘丽霞等，2008)。有关该保护区鱼类的系统研究，除了《四川江河渔业资源和区划》(1990)和《四川江河鱼类资源与利用保护》(1991)有部分记载以外，仅在20 世纪 90 年代末，西华师范大学生命科学学院(原南充师范学院生物系)进行了一次资源普查，共记录鱼类 2 目 4 科 11 属 12 种(邓其祥和江明道，1999)。2003 年，由西华师范大学组织开展了保护区内第一次综合科学考察，结果表明该地分布有鱼类 2 目 3 科 6属 7 种。本项研究以保护区第二次综合科学考察为基础，在比照馆藏标本和文献史料的基础上，分析保护区内现存鱼类种类及组成。通过分析保护区内鱼类区系的组成变化，可为该地鱼类资源的保护提供理论依据。

9.1　研　究　方　法

9.1.1　标本采集

调查组分别在 2013 年 8 月和 12 月进行了夏季和冬季的野外调查。依据河流不同的水平距离和不同海拔高度分别设置了 3 条样线(图 9-1)。

(1)摩天岭线：包括四角湾、黄羊坪、碧云潭、桂花沟、半边街，其中在四角湾未捕获到鱼类。

(2)水池坪线：包括红石河、腰磨岩、白熊坪、无底沟、长平、石桥河口、水池坪、阴坝、雁头、油库、吴尔沟、毛香坝水电站、小湾河口、白熊关、蔡家坝，其中在油库未能捕获到鱼类。

(3)西阳沟线：沿河流逆行进行随机捕捞。

每天采集时间约 4 h。将采集到的鱼类标本用 10％的甲醛溶液浸泡固定，部分用95％乙醇固定，编号后保存于西华师范大学生命科学学院鱼类标本室。

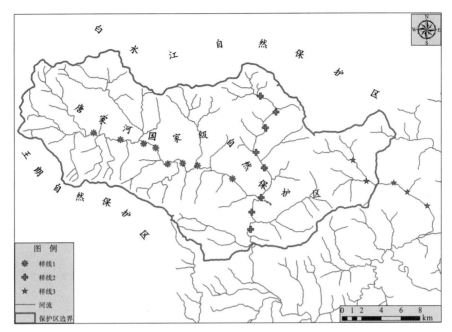

图 9-1 野外考察期间鱼类样品采集地示意图

9.1.2 标本鉴定及生态类群划分

为了明确鱼类区系现状和比较鱼类区系的变化，依据陈宜瑜(1998)的鱼类区系划分标准，将中国鲤科鱼类区系分为 5 大类群：北方冷水类群、古近纪原始类群、东亚类群、南方类群和青藏高原类群。依据相关鱼类生物学研究及查阅相关资料(丁瑞华，1994；陈宜瑜，1998；邓其祥和江明道，1999；乐佩琦，2000)，将采集到的鱼类按照栖息水层分为 3 个类群：中上层鱼类、中下层鱼类、底层鱼类；按照食性可将其分为 3 个类群：草食性、肉食性、杂食性(殷名称，1995)；依据鱼类的适温性将鱼类划分为可适温低于15℃的冷水性鱼类和可适温在 15～25℃的温水性鱼类(李明德，1990)。

9.2 研 究 结 果

9.2.1 鱼类区系

本研究共收集鱼类 622 尾，分别隶属 2 目 3 科 7 属 9 种(表 9-1)。其中鲤形目 8 种，占鱼类种类总数的 88.89%；鲇形目仅 1 种，占鱼类种类总数的 11.11%。在不同科中，鲤科鱼类种类数最多，共 5 种，占鱼类种类总数的 55.56%；鳅科鱼类 3 种，占鱼类种类总数的 33.33%；鲍科仅 1 种，占鱼类种类总数的 11.11%。

表 9-1　唐家河自然保护区捕获鱼类的生态特征和区系组成

物种名	适温性	食性	栖息水层	鱼类区系
鲤形目(Cypriniformes)				
鳅科(Cobitidae)				
横纹南鳅(*Shistura fasciolata*)	温水性	肉食性	底层	古近纪原始类群
红尾副鳅(*Paracobitis variegatus*)	温水性	肉食性	底层	古近纪原始类群
拟硬刺高原鳅(*Triplophysa pseudoseleroptera*)	冷水性	草食性	底层	青藏高原类群
鲤科(Cyprinidae)				
白甲鱼(*Onychostoma sima*)	温水性	草食性	中下层	古近纪原始类群
棒花鱼(*Abbottina rivularis*)	冷水性	肉食性	底层	东亚类群
洛氏鱥(*Phoxinus lagowskii*)	冷水性	杂食性	中上层	北方冷水性类群
齐口裂腹鱼(*Schizothorax prenanti*)	冷水性	杂食性	中下层	青藏高原类群
重口裂腹鱼(*S. davidi*)	冷水性	杂食性	中下层	青藏高原类群
鲇形目(Siluriformes)				
鮡科(Sisoridae)				
青石爬鮡(*Euchiloglanis davidi*)	温水性	肉食性	底层	古近纪原始类群

　　根据鱼类区系划分标准，保护区内的鱼类包括古近纪原始类群、东亚类群、北方冷水性类群、青藏高原类群等 4 个类群(表 9-1)。其中，属于古近纪原始类群的鱼类有 4 种，占鱼类种类总数的 44.44%；属于青藏高原的鱼类有 3 种，占鱼类种类总数的 33.33%；属于东亚类群和北方冷水性类群的鱼类均有 1 种，各占鱼类种类总数的 11.11%。因此，保护区鱼类以鲤形目鲤科鱼类为主，且由古近纪原始类群和青藏高原类群组成，兼有少量东亚类群及北方冷水性鱼类的分布。

9.2.2　渔获物组成

　　从鱼类资源量来看(表 9-2)，洛氏鱥和齐口裂腹鱼种群数量多、分布广，为保护区的优势种。其中，共采集洛氏鱥 374 尾，占种类总数的 60.13%；共采集齐口裂腹鱼 227 尾，占种类总数的 36.50%。从鱼类均重来看，均重小于 100 g 的鱼类 6 种，占种类总数的 66.67%；均重大于 100g 的鱼类仅 3 种，占种类总数的 33.33%。

表 9-2　唐家河自然保护区渔获物组成

物种名	体长/mm	体重/g	平均体重/g	尾数/尾
洛氏鱥(*P. Lagowskii*)	37~140	0.9~36.7	8.79	374
齐口裂腹鱼(*S. Prenanti*)	55~358	2.9~728.4	100.70	227
白甲鱼(*O. Sima*)	116~201	26.8~133.3	102.92	5
红尾副鳅(*P. Variegatus*)	45~74	1.4~5.6	3.84	5
横纹南鳅(*S. fasciolata*)	53~67	2.1~4.3	3.18	4

物种名	体长/mm	体重/g	平均体重/g	尾数/尾
青石爬鳅(*E. Davidi*)	120~144	21~35.6	27.20	3
重口裂腹鱼(*S. davidi*)	124~325	26~560.5	293.25	2
棒花鱼(*A. Rivularis*)	124	26	—	1
拟硬刺高原鳅(*T. pseudoseleroptera*)	75	4.7	—	1

9.2.3 主要代表鱼类

在保护区9种捕获鱼类中,属四川省级重点保护水生动物1种,属长江上游特有种类共3种。

1. 齐口裂腹鱼 [*Schizothorax（Schizothorax）prenanti*（Tchang）]

齐口裂腹鱼隶属于鲤形目(Cypriniformes)、鲤科(Cyprinidae)、裂腹鱼属(*Schizothorax*)。主要形态特征包括:口宽,下位,横裂。下颌具角质边缘;须2对,须与眼径等长;鳞细小;背鳍刺弱,后缘光滑或具少数锯齿。下层鱼类,栖息于保护区蔡家坝、阴坝、雁头、吴尔沟、毛香坝电站、小湾河、百雄关、红石河、腰磨岩窝、无底沟、石桥河、长坪、水池坪等水域,常在砾石河滩上刮食着生藻类。当地称为"白鱼"、"雅鱼",是长江上游特有名贵鱼类,在保护区种群数量较大,为优势种。

齐口裂腹鱼
Schizothorax(Racoma) prenanti

图 9-2 齐口裂腹鱼[*Schizothorax prenanti*（Tchang）]

2. 重口裂腹鱼 [*Schizothorax（Racoma）davidi*（Sauvage）]

重口裂腹鱼隶属于鲤形目(Cypriniformes)鲤科(Cyprinidae)裂腹鱼属(*Schizothorax*)。主要形态特征包括:头锥形,口下位;唇肉质,肥厚;须2对;鳞小;背鳍硬刺细弱,后缘具锯齿。属冷水性的下层鱼类,栖息于保护区蔡家坝段,常在底质为砂滩、砾石的急流中生活。当地称为"白鱼",在雅安称为"雅鱼",是四川省级重点保护鱼类,数量较少。

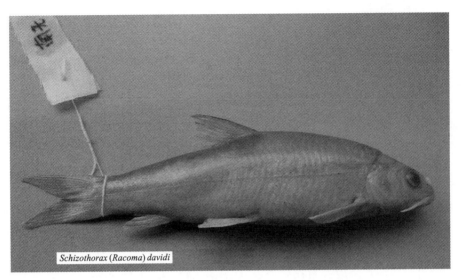

图 9-3　重口裂腹鱼 [*Schizothorax*（*Racoma*）*davidi*（Sauvage）]

3. 青石爬鮡（*Euchiloglanis davidi*）

青石爬鮡隶属于鲇形目（Siluriformes）鮡科（Sisoridae）石爬鮡属（*Euchiloglanis*）。主要形态特征：体长，平扁，背部隆起，腹部平，后部侧扁。头极宽扁；眼甚小，口下位，横宽；须 4 对；臀鳍小。尾鳍近截形。为中小型底栖鱼类，分布于保护区阴坝、吴尔沟等河段。常匍匐在河流砾石滩上生活，食水生昆虫及其幼虫。当地称为"石爬子"。为长江上游特有鱼类，数量十分稀少，市场价值高，处于极危的生存状况。

图 9-4　青石爬鮡（*Euchiloglanis davidi*）

4. 横纹南鳅（*Shistura fasciolata*）

横纹南鳅隶属于鲤形目（Cypriniformes）鳅科（Cobitidae）南鳅属（*Schistura*）。主要形态特征包括：身体延长，稍侧扁，前躯较宽，尾柄较长；外吻须后伸至鼻孔和眼中心之间的下方，颌须伸达眼后缘之下；前后鼻孔紧邻，前鼻孔瓣状；下颌前缘中部无"V"字形缺刻；无鳞，侧线完全。分布于保护区的西阳沟河段，常栖息于急流石砾底河段，停留在石砾缝隙之中或岸边被水冲刷形成的洞穴之中，以小型昆虫幼虫为食。为长江上游特有鱼类，数量稀少。

9.2.4　生态类型

从鱼类对温度的适应性来看，在渔获物中，温水性鱼类有 4 种，占鱼类种类总数的
44.44%；冷水性鱼类有 5 种，占鱼类种类总数的 55.56%。从鱼类食性角度来看，肉食
性鱼类有 4 种，占鱼类种数的 44.44%；杂食性鱼类由 3 种，占鱼类种数的 33.33%；草
食性鱼类有 2 种，占鱼类种数的 22.22%。从成鱼栖息水层分布来看，水体底层类群所占
比例较大，占总种数的 55.56%；次之是水体中下层鱼类，占总种数的 33.33%。

9.3　资源动态与综合评价

9.3.1　保护区鱼类区系组成

鱼类区系是在不同鱼类种群的相互联系及其环境条件综合因子的长期影响和适应过
程中形成的。调查表明，保护区鱼类以鲤形目鲤科鱼类(占鱼类种类总数的 55.56%)为
主，且由古近纪原始类群和青藏高原类群(各占鱼类种类总数 44.44% 和 33.33%)为主组
成，兼有少量东亚类群及北方冷水性鱼类的分布。保护区地处横断山脉北端向青藏高原
过渡地带，位于全球生物多样性保护核心地区，保护区鱼类的区系特征可能是对上新世
青藏高原急剧隆起形成的高寒环境适应的结果(武云飞和谭齐佳，1991；陈宜瑜，1998；
曾燏等，2012)。

从生态类型来看，保护区主要以冷水性、肉食性及栖息水体底层的鱼类为主，这与
保护区典型的山区冷水性溪流生境相关。保护区内水系发达，谷深山高，水流湍急，水
温较低，动物饵料丰富，即使夏季水温也不超过 25℃，为冷水性鱼类栖息提供了良好的
生态条件。

与邓其祥和江明道(1999)所记录的 2 目 4 科 11 属 12 种比较，除了洛氏鲹、红尾副
鳅外，中华裂腹鱼($S.\ sinensis$)、山鳅($Oreias\ dabryi$)、前臀鮡($Pareuchiloglanis\ ante$-
$analis$)等 10 种鱼类在本次野外调查中均未出现。在本次调查中发现新分布的鱼类有齐口
裂腹鱼、横纹南鳅、棒花鱼等 7 种，这可能是对保护区水生生态环境变化和人为干扰(如
放生)适应的结果。然而，依据陈宜瑜(1998)的鱼类区系划分方法，该地鱼类区系的组成
并无明显差异。

9.3.2　资源现状及保护

保护区内鱼类种质资源虽不丰富，但其中有长江上游嘉陵江支流的一些特有种类(邓
其祥和江明道，1999)。随着保护区水生生态环境的变化，鱼类种类和种群数量均发生了
较大变化。鱼类的小型化现象严重(如洛氏鲹体重范围从 10~50 g 下降至 0.9~36.7 g)

（邓其祥和江明道，1999），一些鱼类数量急剧下降甚至处于濒危状态（如青石爬鮡）。其原因可归为以下几点：①由于历史原因，保护区鱼类资源利用较早，且没有完善的鱼类资源保护措施，滥捕滥捞现象存在；②保护区小型水电站（蔡家坝电站、毛香坝电站及白果坪电站等）的建立，可能改变了原有的水文条件，使适宜原有鱼类生存的场所不断减小，破坏鱼类的洄游规律，从而影响鱼类生长、繁殖等正常活动，甚至使其发生局部灭绝；③近年来，捕鱼工具的多样化及人们对优质水产品需求的提高，导致非法捕捞（炸鱼、电鱼、毒鱼等）现象严重。

鱼类是水生生态系统重要的组成部分，也是人类生存和社会发展的重要基础。为了更好地保护保护区的鱼类资源，建议：①加强及完善保护区管理制度，提高监管力度，控制捕捞强度，制订合理捕捞规格，建立禁捕机制；②在综合考虑经济效益及水生生态系统发展的基础上，合理有序地建立小型水电站，制订河流生态基流标准，定期监测分析水电站对该保护区鱼类生态环境的影响，强制实施生态补偿机制；③杜绝非法捕捞工具的生产及加大适合该河流的水生生物繁殖规模，减少野生鱼类的捕捞。同时，可开展鱼类生态学、基础生物学、驯化实验、鱼类栖息地等研究，为冷水鱼类的开发养殖奠定基础。

附表 9-1　唐家河国家级自然保护区鱼类名录

序号	动物名称	特有种	级别	备注
	硬骨鱼纲（Osteichthyes）			
（一）	鲤形目（Cypriniformes）			
1.	鲤科（Cyprinidae）			
[1]	齐口裂腹鱼（*Schizothorax prenanti*）	是		标本
[2]	重口裂腹鱼（*S. davidi*）		省级	标本
[3]	中华裂腹鱼（*S. sinensis*）	是		历史记载
[4]	似鮈（*Belligobio nummifer*）			历史记载
[5]	宽鳍鱲（*Zacco platypus*）			历史记载
[6]	洛氏鱥（*Phoxinus lagowskii*）			标本
[7]	白甲鱼（*Onychostoma sima*）			标本
[8]	棒花鱼（*Abbottina rivularis*）			标本
2.	鳅科（Cobitidae）			
[9]	横纹南鳅（*S. fasciolata*）	是		标本
[10]	拟硬刺高原鳅（*Trilophysa pseudoseleroptera*）			标本
[11]	红尾副鳅（*Paracobitis variegates*）			标本

序号	动物名称	特有种	级别	备注
[12]	短体副鳅(*P. potanini*)	是		历史记载
3.	平鳍鳅科(Balitorinae)			
[13]	四川华吸鳅(*Sinogastromyzon szechuanensis*)	是	省级	历史记载
(二)	鲑形目(Salmoniformes)			
4.	鮡科(Sisoridae)			
[14]	福建纹胸鮡(*Glyptothorax fukiensis fukiensis*)			历史记载
[15]	黄石爬鮡(*Euchiloglanis kishinouyei*)	是		历史记载
[16]	青石爬鮡(*E. davidi*)	是	省级	标本
[17]	前臀鮡(*Pareuchiloglanis anteanalis*)	是		历史记载

第10章 两 栖 类

两栖动物是最原始的陆生脊椎动物，既有适应陆地生活的新性状，又有从鱼类祖先继承下来的适应水生生活的性状。两栖动物最初出现于古生代的泥盆纪晚期，最早的两栖动物牙齿有迷路，被称为迷齿类。在石炭纪还出现了牙齿没有迷路的壳椎类，这两类两栖动物在石炭纪和二叠纪非常繁盛，这个时代也被称为两栖动物时代。两栖动物包括3个目，其体形不同，它们的防御、扩散、迁移的能力弱，对环境的依赖性大，平原、丘陵、高山和高原等各种生境中都有它们的踪迹，最高分布海拔可达5000 m左右。它们大多昼伏夜出，白天多隐蔽，黄昏至黎明时活动频繁，酷热或严寒时以夏蛰或冬眠方式度过。中国由于生态环境的多样性，现有两栖类动物共302种，在四川分布有111种（费梁等，2009）。

1980年以前，国内外对两栖动物的分类研究开展很多。在这个阶段，研究者通过形态、肤色和蝌蚪牙齿来研究物种分类地位。1980～2000年，国内外科研工作者主要对两栖动物不同物种的生活史特征进行研究，其中最为热点的问题就是后代数量和质量的权衡研究。近年来，随着分子生物学的发展，研究者开始利用分子生物学手段研究物种分类和种群的分子地理进化，例如，对中国林蛙的研究显示青藏高原抬升及造成的气候环境变化导致的生态位差异，是促进物种分化的重要因素。此外，两栖动物的性选择和配偶选择一直也是科学界的热点问题。通过对两栖动物的性选择研究，对两栖动物生物多样性的保护和物种的繁育起到促进作用。

自1978年建立以来，先后有多位专家学者对唐家河国家级自然保护区内两栖动物进行过调查。谌利民等于1984～1996年多次对保护区的两栖动物进行过调查，共采获标本150号，经鉴定为18种，隶属10属7科2目。其中，有尾目有小鲵科1种、隐鳃鲵科1种及蝾螈科1种（谌利民等，1999）。在此次调查基础上，西华师范大学于2003年7～8月对保护区内的两栖动物进行了第二次系统调查，发现保护区内分布有两栖动物2目7科22种，占全省总种数的19.82%。为摸清近10余年来保护区内两栖动物的资源现状，我们于2013年多次在保护区内对两栖动物的资源现状开展了系统调查。

10.1 两栖类区系组成

本次调查在保护区内共采集两栖动物标本9种，分别是山溪鲵（*Batrachuperus pinchonii*）、中华蟾蜍指名亚种（*Bufo gargarizans gargarizans*）、中华蟾蜍华西亚种（*Bufo gargarizans andrewsi*）、峨眉角蟾（*Megophrys omeimontis*）、理县湍蛙（*Amolops lifanensis*）、四川湍蛙（*Amolops mantzorum*）、中国林蛙（*Rana chensinensis*）、沼水蛙（*Hylarana guentheri*）、泽陆蛙（*Fejervarya limnocharis*）和黑斑侧褶蛙（*Pelophylax ni-*

gromaculatta）。

　　结合以前调查资料，在保护区内共分布有两栖动物 20 种，隶于 2 目 8 科 16 属。这些两栖动物分别为：山溪鲵、西藏山溪鲵（*Batrachuperus tibetanus*）、大鲵（*Andrias davidianus*）、文县疣螈（*Tylototriton wenxianensis*）、川北齿蟾（*Oreolalax chuanbeiensis*）、南江齿蟾（*Oreolalax nanjiangensis*）、平武齿突蟾（*Scutiger pingwuensis*）、峨眉角蟾（*Megophrys omeimontis*）、中华蟾蜍指名亚种、中华蟾蜍华西亚种、中华蟾蜍岷山亚种（*Bufo gargarizans minshancus*）、棘腹蛙（*Paa boulengeri*）、隆肛蛙（*Feirana quadrana*）、饰纹姬蛙（*Microhyla ornata*）、四川狭口蛙（*Kalonla rugifera*）、理县湍蛙、四川湍蛙、峨眉林蛙（*Rana ometmontis*）、中国林蛙、沼水蛙（*Hylarana guentheri*）、泽陆蛙（*Fejervarya limnocharis*）、黑斑侧褶蛙（*Pelophylax nigromaculata*）。本次调查发现，保护区是四川湍蛙和峨眉角蟾的新分布区域。

　　就分布型（张荣祖，2011）而言，保护区内两栖类动物属东洋界物种 17 种，占保护区两栖动物总种数的 85.00%；古北界仅 1 种，占保护区两栖动物总种数的 5.00%；其余 2 种为广布物种，占保护区爬行动物总数的 10.00%（图 10-1）。在调查的 20 种物种中，9 种属喜马拉雅—横断山区型，主要分布在横断山区；南中国型 5 种；东洋型 2 种，古北型 1 种，季风型 3 种（图 10-2，附表 10-1）。因此，本地区的两栖动物区系受到来自高海拔的喜马拉雅—横断山区型和来自低海拔、热带和亚热带的南中国型物种的较大影响。

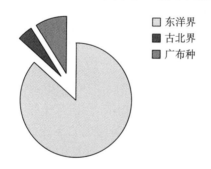

图 10-1　唐家河自然保护区两栖类区系组成

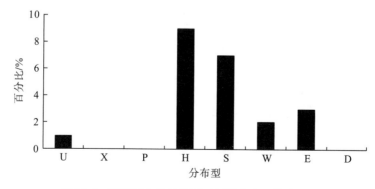

图 10-2　唐家河自然保护区两栖类分布型构成状况

　　分布型：U. 古北型；X. 东北—华北型；D. 中亚型；P. 高地型；E. 季风型；H. 喜马拉雅—横断山区型；S. 南中国型，W. 东洋型

10.2 保护区内濒危或特有两栖类

在保护区分布的 20 种两栖动物中，仅大鲵与文县疣螈 2 种为国家重点保护动物，占保护区两栖动物的 10.00%。中国林蛙属于四川省重点保护动物。除平武齿突蟾外，其余 17 种均为国家保护的有益的或者有重要经济、科学研究价值的陆生野生动物，占保护区两栖动物的 85.00%。保护区内中国特有两栖动物共计 16 种，占总数的 80.00%。

在保护区分布的 20 个物种中，山溪鲵和中华蟾蜍华西亚种为优势物种；大鲵、西藏山溪鲵和文县疣螈为稀有物种，其余物种为常见物种。对物种数量在不同目、科、属之间的比较发现，在有尾两栖动物中，小鲵科物种数 2 种，大鲵科和螈科的物种数稀少，各仅为 1 种。在有尾两栖动物中，蛙科物种数丰富，为 9 种；蟾蜍科次之，为 3 种；角蟾科仅 1 种，而且数量稀少。

保护区内分布的濒危或特有两栖动物分述如下：

[1] 山溪鲵(*Batrachuperus pinchonii*)：小鲵科，中国特有种。分布于四川、贵州、云南等地，常见于高山山溪、湖泊石块树根下及苔藓中或溶雪泉水碎石下。其生存的海拔为 1700～4000 m。属"三有"动物，在保护区内数量较丰富。野外调查期间，在红石河燕儿岩右支沟海拔 2060 m 处及大领子沟(104°39′E，32°35′N；海拔 2170 m)处采集到该物种样本，相对密度为 0.03 只/m²。

[2] 西藏山溪鲵(*Batrachuperus tibetanus*)：小鲵科，中国特有种。分布于四川东南部、西藏东部、甘肃南部。其分布的海拔为 1500～4300 m，成鲵以水栖生活为主，白天多隐于溪内石块下或倒木下。野外调查期间，没有采集到样本，数量相对稀少。

[3] 大鲵(*Andrias davidianus*)：俗称娃娃鱼，中国特有种，为国家Ⅱ级重点保护水生野生动物。除新疆、西藏、内蒙、吉林、台湾未见报道外，其余省区均有分布，主要生活于山区水流较为平缓的河流、大型流溪的岩洞或深潭中。由于人为捕杀、水质污染等，目前野生大鲵的种群数量已急剧减少。据资料记载在唐家河自然保护区内 20 世纪 70 年代有分布，数量十分稀少。

[4] 文县疣螈(*Tylototriton wenxianensis*)：螈科，中国特有种，曾被订为细痣疣螈，现已分出为一独立种，为国家Ⅱ级重点保护动物。栖息于海拔 1400 m 左右林木繁茂的地方。成螈陆栖为主，5～6 月到静水附近活动。本次调查未发现该物种，但第一次综合科学考察发现有分布，数量稀少。

[5] 川北齿蟾(*Oreolalax chuanbeiensis*)：锄足蟾科，中国特有种。栖息于海拔 2000～2200 m 的溪流及附近林内。以昆虫为食，对林业有益。易危 VUD2。"三有"动物。本次调查未采集到标本，访问调查表明区内有一定数量，主要分布在常绿阔叶林带的海拔 1600 m 左右。

[6] 南江齿蟾(*Oreolalax nanjiangensis*)：锄足蟾科，中国特有种。栖息于海拔 2000 m 左右着生有茂密灌丛的小溪附近。"三有"动物。主要分布在我国西南地区。主要分布在海拔 1800 m 左右的常绿落叶阔叶林带。

[7] 平武齿突蟾(*Scutiger pingwuensis*)：锄足蟾科，中国特有种。栖息于海拔

2200 m 左右着生有茂密灌丛的小溪附近。"三有"动物。据资料记载在保护区内有分布，主要分布在海拔 2100～2400 m 的针阔混交林，数量较少。

　　[8] 峨眉角蟾(*Megophrys omeimontis*)：角蟾科，中国特有种。生活在滇中及海拔 1650～2400 m 的亚热带绿阔叶林中小山溪旁，环境郁闭而潮湿。"三有"动物。本次在摩天岭海拔 2200 m 处采集到 1 只个体，数量稀少。

　　[9] 中华蟾蜍指名亚种(*Bufo gargarizans gargarizans*)：蟾蜍科，广泛分布于中国。栖居草丛、石下或土洞中，黄昏爬出捕食。在保护区主要分布在海拔 1000 m 左右的农田附近，数量较丰富，其相对密度为 0.01 只/m²。

　　[10] 中华蟾蜍华西亚种(*Bufo gargarizans andrewsi*)：蟾蜍科，中国特有种。主要分布于四川、云南等横断山区。居草丛、石下或土洞中，黄昏爬出捕食。"三有"动物，数量丰富。野外调查期间，在保护区鸡公垭沟(104°45′E，32°33′N；海拔 1550 m)、石桥河(104°43′E，32°36′N；海拔 1590 m)、文县河(104°40′E，32°36′N；海拔 1863 m)及大领子(104°39′E，32°35′N；海拔 1973 m)处采集到大量样本，其相对密度为 0.02 只/m²。

　　[11] 中华蟾蜍岷山亚种(*Bufo gargarizans minshanicus*)：蟾蜍科，中国的特有种。一般生活在海拔 1700～3700 m 阴湿的草丛中、土洞里及砖石下等。"三有"动物。据资料记载有分布，本次调查未采集到个体，数量相对较少。

　　[12] 泽陆蛙(*Fejervarya limnocharis*)：蛙科，生活于平原、丘陵和海拔 2000 m 以下山区的稻田、沼泽、水塘、水沟等静水域或其附近的旱地草丛。"三有"动物。在保护区鸡公垭沟(101°22′E，28°39′N；海拔 1000 m)附近采集到一定数量样本。

　　[13] 沼水蛙(*Hylarana guentheri*)：蛙科。广泛分布于中国大陆及台湾。常栖息于静水池或稻田及溪流，其生存的海拔为 452～1200 m。"三有"动物。本次调查在保护区公垭沟(101°22′E，28°40′N；海拔 1550 m)处采集到 2 只样本。

　　[14] 棘腹蛙(*Paa boulengeri*)：蛙科，中国特有种。主要生活于海拔为 700～1900 m 的多石块的山溪及水塘内。"三有"动物。本次调查在保护区未采集到样本，但资料显示该物种主要分布于常绿阔叶林海拔 1250～1800 m 处，数量较少，特别是人为破坏较严重。

　　[15] 隆肛蛙(*Feirana quadrana*)：蛙科，中国特有种。栖息于海拔 1830 m 以下的山区大小溪流或沼泽地水坑中或其附近灌木、草丛地带。"三有"动物。本次调查未采集到样本，资料表明有分布，数量稀少。

　　[16] 峨眉林蛙(*Rana omeimontis*)：蛙科，中国特有种。栖息于海拔 2100 m 以下的山区森林和草丛中。"三有"动物。本次调查未采集到样本，资料表明有分布，区内有一定数量。

　　[17] 中国林蛙(*Rana chensinensis*)：蛙科，中国特有种，四川省重点保护动物。栖息于海拔 2500 m 以下的山区森林和草丛中。在保护区分布于鸡公垭沟(101°22′E，28°40′N；海拔 1300 m)的阔叶林中，区内有一定数量。

　　[18] 黑斑侧褶蛙(*Pelophylax nigromaculata*)：蛙科，广泛分布于中国，在日本和朝鲜也有分布。常栖息于稻田、池塘、湖泽、河滨、水沟内或水域附近的草丛中。"三有"动物。保护区数量较多，本次在保护区边沿带附近鸡公垭沟(101°22′E，28°40′N；海拔 1300 m)采集到一定数量的样本，其相对密度为 0.02 只/m²。

[19] 理县湍蛙(*Amolops lifanensis*)：蛙科，中国特有物种。分布于四川等地，生活于海拔 1000~3400 m 植被较为丰茂的湍流中。"三有"动物。数量较多，本次在保护区文县河(104°40′E，32°36′N；海拔 2050 m)处采集到一定数量的蝌蚪，其相对密度为 0.15 只/m²。

[20] 四川湍蛙(*Amolops mantzorum*)：蛙科，中国特有种。生活于海拔 1000~3800 m 植被较为丰茂的湍流中。"三有"动物。野外调查期间，在红石河燕儿岩右支沟(104°42′E，32°37′N；海拔 2060 m)采集到一定数量样品，其相对密度为 0.002 只/m²。

[21] 饰蚊姬蛙(*Microhyla ornata*)：姬蛙科，广泛部分在中国大陆。常在草丛中，和田边和水塘附近活动捕食，有时在路边草丛也常见。"三有"动物。本次调查在保护区边缘(101°22′E，28°40′N；海拔 1550 m)采集到大量样本，密度为 0.06 只/m²。

[22] 四川狭口蛙(*Kalonla rugifera*)：姬蛙科，生活于海拔 500~1200 m 的房屋附近。"三有"动物。本次调查在鸡公垭沟(101°22′E，28°39′N；海拔 1200 m)的阔叶林采集到 2 只样本。

10.3　两栖类在保护区内空间分布格局

物种地理分布与生态环境之间具有密切的关系。保护区内具有丰富的、类型多样的自然生态环境，不同环境中栖息的两栖动物种类不同。如栖居于流溪内的山溪鲵，只分布于海拔 2200 m 以上的山溪内的大石块下。河沟内生活的四川湍蛙和理县湍蛙，主要分布在保护区海拔 1250 m 以上的各小河沟内的大石块下，并在夜间露出水面。属静水繁殖、陆栖性较强的有华西蟾蜍、沼水蛙和黑斑蛙。特别是华西蟾蜍，在保护区内广泛分布，而沼水蛙和黑斑蛙主要分布在保护区低海拔的地区(表 10-1)。

表 10-1　唐家河自然保护区调查察见两栖动物的空间分布

种名	生活环境					垂直分布/m
	常绿阔叶林	常绿落叶阔叶混交林	针阔混交林	亚高山针叶林	高山灌丛草甸	
山溪鲵(*Batrachuperus pinchonii*)			◆	◆	◆	2200~3650
峨眉角蟾(*Megophrys omeimontis*)		◆	◆	◆		800~2800
中华蟾蜍指名亚种(*Bufo gargarizans gargarizans*)	◆	◆				760~1600
中华蟾蜍华西亚种(*Bufo gargarizans andrewsi*)	◆	◆	◆			1250~2100
理县湍蛙(*Amolops lifanensis*)	◆	◆				1200~2100
四川湍蛙(*Amolops mantzorum*)	◆	◆	◆			1250~2200
中国林蛙(*Rana chensinensis*)	◆	◆	◆			1300~2200
黑斑侧褶蛙(*Pelophylax nigromaculatta*)	◆					800~1500
沼水蛙(*Hylarana guentheri*)	◆					800~1300
泽陆蛙(*Fejervarya limnocharis*)	◆					800~1500

10.3.1　常绿阔叶林

栖息于常绿阔叶林的两栖类计有 18 种，占保护区两栖类总种数的 90.00%，为 5 个植被垂直带中两栖类多样性最高的一个带。在采集到的 10 个物种中，有 8 个物种采集到该生境带(表 10-1)。该带的优势物种是中华蟾蜍华西亚种。本次调查在该带首次采集到四川湍蛙。对常绿阔叶林带两栖类的区系组成分析发现，东洋界物种占 15 种，占该带总种数的 83.33%；古北界 1 种，5.56 占%；广布物种 2 种，占 11.11%。

10.3.2　常绿落叶阔叶混交林

栖息于常绿落叶阔叶混交林带的两栖类共计有 12 种，占保护区两栖类总种数的 60.00%，为 5 个垂直带中两栖类多样性第二的一个带。在采集到的 10 个物种中，有 6 个物种采集到该生境带(表 10-1)。该带的优势物种是中华蟾蜍华西亚种和黑斑侧褶。本次调查在该带首次采集到四川湍蛙和峨眉角蟾。对常绿落叶阔叶混交林带两栖类的区系组成分析发现，东洋界物种占 8 种，占该带总种数的 66.67%；古北界 1 种，占 8.33%；广布物种 1 种，占 8.33%。

10.3.3　温性针阔混交林

栖息于针阔混交林带的两栖类共计有 8 种，占保护区两栖类种总数的 36.37%。在采集到的 10 个物种中，有 5 个物种采集到该生境带(表 10-1)。该带的优势物种是山溪鲵和中华蟾蜍华西亚种，本次调查在该带首次采集到四川湍蛙和峨眉角蟾。对针阔混交林带两栖类的区系组成分析发现，东洋界物种占 7 种，占该带的 87.50%；古北界 1 种，占 12.50%。

10.3.4　寒温性针叶林

栖息于亚高山针叶林带的两栖类共计有 5 种，占保护区两栖类种总数的 25.00%。在采集到的 10 个物种中，有 2 个物种采集到该生境带(表 10-1)。本次调查在该带首次采集到峨眉角蟾，该带的优势物种是山溪鲵。对亚高山针叶林带两栖类的区系组成分析发现，所有物种均为东洋界物种。

10.3.5　高山灌丛草甸

栖息于高山灌丛草甸带的两栖类主要计有 2 种，占保护区两栖类种总数的 10.00%。在采集到的 10 个物种中，有 1 个物种采集到该生境带(表 10-1)。该带的优势物种是山溪鲵。对高山灌丛草甸带两栖类的区系组成分析发现，2 物种均为东洋界物种。

　　虽然保护区分布的两栖动物资源比较丰富，但在周边地区偷捕乱猎现象屡禁不止。一条大鲵能卖到上千元，导致大鲵、山溪鲵种群数量逐年锐减。特别是国家Ⅱ级保护动物大鲵，在20世纪70年代广布于青川县所辖的流域中，现很难见其踪迹，已到极危边缘。保护区周边开采锌铜矿，大量的有毒物排入下游河中，造成大鲵及鱼虾更无生存之地。因此，为了使两栖动物自然资源得到有效的保护，必须加大打击和宣传教育力度，彻底根治污染源的排放和人为捕获，为两栖动物的生存提供更多的空间。

附表 10-1　唐家河国家级自然保护区两栖动物名录

序号	动物名称	特有种	保护级别	IUCN	CITES	分布型	调查情况
	两栖纲(Amphibia)						
(一)	有尾目(Caudata)						
1.	小鲵科(Hynobiidae)						
[1]	西藏山溪鲵(*Batrachuperus tibetanus*)	R				H	△
[2]	山溪鲵(*Batrachuperus pinchonii*)	R	Ⅲ			H	▲
2.	隐鳃鲵科(Cryptobranchidae)						
[3]	大鲵(*Andrias davidianus*)	R	Ⅱ	EN	Ⅰ	E	△
3.	蝾螈科(Salamandridae)						
[4]	文县疣螈(*Tylototriton wenxianensis*)	R	Ⅱ	VU	Ⅰ	S	▲
(二)	无尾目(Anura)						
4.	锄足蟾科(Pelobatidae)						
[5]	川北齿蟾(*Oreolalax chuanbeiensis*)	R	Ⅲ			H	△
[6]	南江齿蟾(*Oreolalax nanjiangensis*)	R	Ⅲ			S	△
[7]	平武齿突蟾(*Scutiger pingwuensis*)	R	Ⅲ			H	△
5.	角蟾科(Megophryidae)						
[8]	峨眉角蟾(*Megophrys omeimontis*)	R	Ⅲ			H	▲
6.	蟾蜍科(Bufonidae)						
[9]	中华大蟾蜍华西亚种(*Bufo gargarizans andrewsi*)	R	Ⅲ			S	▲
[10]	中华蟾蜍指名亚种(*Bufo gargarizans gargarizans*)		Ⅲ			S	▲
[11]	中华蟾蜍岷山亚种(*Bufo gargarizans minshancus*)	R	Ⅲ			S	△
7.	蛙科(Ranidae)						
[12]	沼水蛙(*Hylarana guentheri*)		Ⅲ			S	●
[13]	黑斑侧褶蛙(*Pelophylax nigromaculatta*)		Ⅲ			E	▲
[14]	泽陆蛙(*Fejervarya limnocharis*)		Ⅲ			W	▲
[15]	棘腹蛙(*Paa boulengeri*)	R	Ⅲ			H	●
[16]	隆肛蛙(*Feirana quadrana*)	R	Ⅲ			S	●

续表

序号	动物名称	特有种	保护级别	IUCN	CITES	分布型	调查情况
[17]	峨眉林蛙（*Rana ometmontis*）	R	Ⅲ			S	●
[18]	中国林蛙（*Rana chensinensis*）	R	Ⅲ			U	▲
[19]	理县湍蛙（*Amolops lifanensis*）	R	Ⅲ			H	▲
[20]	四川湍蛙（*Amolops mantzorum*）	R	Ⅲ			H	▲
8.	姬蛙科（Microhylidae）						
[21]	饰纹姬蛙（*Microhyla ornata*）		Ⅲ			W	●
[22]	四川狭口蛙（*Kalonla rugifera*）	R	Ⅲ			H	●

注：R 为特有种。保护级别：Ⅱ. 国家Ⅱ级重点保护动物；Ⅲ. 《国家保护的有益的或者有重要经济、科学研究价值的野生动物名录》。分布型：U. 古北型；H. 喜马拉雅－横断山区型；S. 南中国型；W. 东洋型；E. 季风型。调查情况：△为资料记录；●为访问记录；▲为野外察见实体。CITES 中："Ⅰ"代表附录 1。IUCN 中：EN. 濒危；VU. 易危

第 11 章 爬 行 类

不同于两栖动物，爬行动物的皮肤干燥，表面覆盖着保护性的鳞片或坚硬的外壳，这使它们能离水登陆，在干燥的陆地上生活。在恐龙时代，爬行动物曾主宰着地球，对整个生物界的进化产生了重大影响。目前，世界上已知爬行动物共有 6000 多种，主要分为龟鳖目、鳄目和有鳞目。中国已知分布有爬行动物 4 目 25 科 120 属 384 种（赵尔宓，1998）。大多数爬行动物生活在温暖的的地方，因为它们需要太阳和地热来取暖。大多数爬行动物栖居在陆地上，海龟、海蛇、水蛇和鳄鱼等生活在水里。

在 1980 年以前，国内外对爬行动物的分类研究开展很多，在这个阶段，研究者通过形态和肤色来研究物种分类地位，其中主要集中在蜥蜴类、蛇类和龟鳖类。近 20 年来，国内外的科研工作者主要对不同爬行动物物种的生活史特征进行研究，其中最为热点的问题就是身体大小的海拔变异与贝格曼定律的关系研究。近年来，随着分子生物学的发展，研究者开始利用分子生物学手段研究物种分类和物种种群的分子地理进化，这些研究成果探讨了爬行动物不同物种种群分化与地质构造的关系，从而揭示了爬行动物新物种或亚种形成的机制，其为物种保护和繁育提供理论支撑。

唐家河自然保护区自建立以来，国内外不同专业的专家学者对保护区的爬行动物进行了一些列的资源考察。1984～1996 年，保护区工作人员谌利民等多次对保护区的爬行动物进行了调查和样本采集，共获得标本 150 号，经鉴定为 19 种，隶属 1 目 5 科 12 属，其中鬣蜥科 1 属 1 种，壁虎科 1 属 1 种，石龙子科 1 属 1 种，蜥蜴科 1 属 1 种，游蛇科 6 属 13 种，蝰科 2 属 2 种（谌利民等，1999）。2003 年 7～8 月，西华师范大学对保护区的爬行动物进行了第二次系统调查，调查结果表明保护区共计爬行类 27 种，隶属 2 目 8 科 18 属 2，占全省总数 95 种的 28.42%。从 2003 年本底调查至今已 10 年有余，保护区未曾再组织过系统的本底资源调查。为了进一步提高保护区爬行类资源的科学保护管理水平，我们于 2013 年在保护区内分季节多次开展了爬行类资源调查。

11.1 爬行类区系组成

本次调查在保护区内共采集爬行动物 7 种，分别是铜蜓蜥（*Sphenomorphus indicus*）、虎斑颈槽蛇（*Rhobdophis tigrina*）、颈槽游蛇（*Rhabdophis nuchalis*）、大眼斜鳞蛇（*Pseudoxenodon macrops*）、乌华游蛇（*Sinonatraix percarinata*）、王锦蛇（*Elaphe carinata*）和菜花原矛头蝮（*Trimeresurus jerdonii*）。结合第一次综合科学考察的结果，保护区内共分布有爬行动物 27 种，隶属 2 目 8 科 19 属。这些爬行动物分别为：中华鳖（*Pelochelys siensis*）、蹼趾壁虎（*Gekko subpalmatus*）、四川攀蜥（*Japatura szechwznensis*）、草绿攀蜥（*Japatura flaviceps*）、丽纹攀蜥（*Japatura splendida*）、北草蜥（*Takydromus*

septentrionalis)、秦岭滑蜥(*Scincella tsinlingensis*)、山滑蜥(*Scincella monticola*)、铜
蜓蜥(*Sphenomorphus indicum*)、锈链腹链蛇(*Amphiesma craspedogaster*)、翠青蛇
(*Cyclophios major*)、赤链蛇(*Dinodon rufozonatum*)、王锦蛇(*Elaphe carinata*)、白条
锦蛇(*Elaphe dione*)、紫灰锦蛇(*Elaphe porphyracea*)、黑眉锦蛇(*Elaphe taeniura*)、
黑背白环蛇(*Lycodon ruhstrati*)、斜鳞蛇(*Pseudoxenodon macrops*)、颈槽游蛇(*Rhabdo-
phis nuchalis*)、虎斑颈槽蛇(*Rhabdophis tigrinus*)、乌华游蛇(*Sinonatraix percarina-
ta*)、乌梢蛇(*Zaocys dhumnades*)、丽纹蛇(*Calliophis macclellandi*)、短尾蝮(*Gloydius
brevicaudus*)、原矛头蝮(*Protobothrops mucrosquamatus*)、菜花原矛蝮(*Protobothrops
jerdonii*)和山烙铁头蛇(*Ovophis monticola*)。与第一次综合科学考察报告相比,唐家河
自然保护区没有新物种分布发现。

　　按分布型(张荣祖,2011)分析,保护区内爬行类属东洋界物种 20 种,占保护区爬行动
物总种数的 74.07%;古北界物种 2 种,占总种数的 7.41%,广布种 5 种,占总种数的
18.52%(图 11-1)。其中,11 种为我国南方型,占东洋界物种的 55.00%;6 种为东洋型,
占东洋界物种的 30.00%;2 种属喜马拉雅—横断山区型,主要分布在横断山区;分布于我
国北方的 2 种,1 种为古北型,1 种为中亚型;季风型和不易归类的有 6 种(图 11-2)。

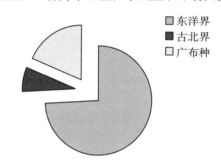

图 11-1　唐家河自然保护区爬行类区系组成

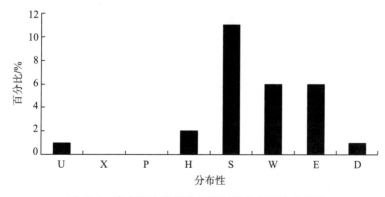

图 11-2　唐家河自然保护区爬行类分布型构成状况

　　分布型:U. 古北型;X. 东北—华北型;D. 中亚型;P. 高地型;E. 季风型;H. 喜马拉雅—横断山区型;S. 南中
国型;W. 东洋型

11.2　保护区内濒危或特有爬行类

保护内无国家级重点保护爬行类动物分布。然而，有26种爬行动物为《国家保护的有益的或者有重要经济、科学研究价值的陆生野生动物名录》中所列的"三有"动物，占总种数的96.29%。同时，属于我国特有的爬行动物包括中华鳖、蹼趾壁虎、草绿攀蜥、丽纹攀蜥、四川攀蜥、北草蜥、秦岭滑蜥、山滑蜥和锈链腹链蛇，共9种，占保护区内爬行动物总种数的33.33%。在27种爬行动物中，相对数量较多的物种为铜蜓蜥、菜花原矛蝮、斜鳞蛇和王锦蛇，为保护区的优势物种；四川攀蜥、丽纹攀蜥和山滑蜥为稀有物种，而其余物种在保护区为常见物种。保护区内以游蛇科爬行动物最多，共13种，在保护区内的数量亦较多；其次是蝰科，共4种，其中菜花原矛头蝮的数量丰富；鬣蜥科共3种；鳖科、壁虎科和眼镜蛇科均仅为1种。

保护区内分布的爬行动物分述如下：

[1] 中华鳖(*Pelochelys sinensis*)：别名王八、团鱼，鳖科，中国特有种。体躯扁平，呈椭圆形，背腹具甲。"三有"动物。广泛分布在中国的江河内。访问调查表明保护区内有分布，数量稀少。

[2] 蹼趾壁虎(*Gekko subpalmatus*)：壁虎科，中国特有种。栖息于海拔1600 m以下的低山墙壁缝隙内、山野草堆里或石缝中，晚间常活动，黎明前进入洞隙中，捕食蚊、蝇、蛾等小昆虫。"三有"动物。野外调查发现在保护区处的阔叶林有分布(104°40′E，32°36′N；海拔1450 m)，数量较少。

[3] 四川攀蜥(*Japalura szechwanensis*)：鬣蜥科，中国特有种。栖息于海拔2200 m以下的乔木枝条或灌丛或的草坡、草丛中。"三有"动物。资料记载其分布于保护区，数量稀少。

[4] 草绿攀蜥(*Japalura flaviceps*)：鬣蜥科，中国特有种。栖息于海拔1800 m以下的河谷地带的稀疏灌丛及岩石上，以小型节肢动物为食。"三有"动物。访问调查表明保护区内有分布，有一定数量。

[5] 丽纹攀蜥(*Japalura splendida*)：鬣蜥科，中国特有种。栖息于山区灌木丛杂草间或岩石上。"三有"动物。资料记载区内有分布，数量稀少。

[6] 北草蜥(*Takydromus septentrionalius*)：蜥蜴科，中国特有种。栖息于海拔1700 m以下的山区杂草灌丛中，以小型节肢动物为食。"三有"动物。访问调查表明区内有分布，有一定数量。

[7] 秦岭滑蜥(*Scincella tsinlingensis*)：蜥蜴科，中国特有种。栖息于海拔3100 m以下的树林较多的山地，白天在晒干的草皮下和乱石堆处，受惊躲入草皮和杂草中。"三有"动物。资料记载区内有分布，数量较少。

[8] 山滑蜥(*Scincella monticola*)：石龙子科，中国特有种。栖息于山区灌木丛杂草间或岩石上。"三有"动物。据访问调查表明在保护区有分布，数量稀少。

[9] 铜蜓蜥(*Sphenomorphus indicus*)：石龙子科。主要生活于海拔2000 m以下的低海拔地区平坝、山地阴湿草丛及荒石堆或有裂缝的石壁处。"三有"动物。野外调查期

间，在保护区内各条支沟均有分布（104°39′E，32°36′N；海拔 2060 m），数量丰富，其密度为 0.01 只/m²。

[10] 锈链腹链蛇（*Amphiesma craspedogaster*）：游蛇科，中国特有种。栖息于海拔 1900 m 以下的落叶阔叶林或常绿阔叶林下，常见于水域附近或路边草丛。"三有"动物。访问调查表明在保护区内有分布，有一定数量。

[11] 翠青蛇（*Entechinus major*）：游蛇科。栖息于中低海拔的山区、丘陵和平地，常于草木茂盛或荫蔽潮湿的环境中活动。"三有"动物。据访问调查表明在保护区有分布，数量较多。

[12] 赤链蛇（*Dinodon rufozonatum*）：游蛇科。栖息于平原、丘陵和山区，常见于田野、山坡、路旁、竹林、村舍和水域附近，有时进入住宅内。常卷曲成团，伏于草堆下。多在傍晚活动。"三有"动物。据访问调查表明在保护区内有分布，数量较多。

[13] 王锦蛇（*Elaphe carinata*）：游蛇科。广泛分布于中国大陆，国外分布于越南。生活于平原、丘陵和山地。"三有"动物。野外调查期间，在文县河（标本采集点：104°40′E，32°36′N；海拔 1600 m）观察到 1 条王锦蛇。

[14] 白条锦蛇（*Elaphe dione*）：游蛇科。广泛分布在我国。栖于海拔 1250～1850 m 处的常绿阔叶林。本次调查未见到，据唐家河自然保护区第一次综合报告资料记载有分布。

[15] 紫灰锦蛇（*Elaphe porphyracea*）：游蛇科。广泛分布于中国大陆，国外也有分布。生活于山区海拔 1250～1850 m 处的常绿阔叶林。"三有"动物。本次调查未见到，据第一次综合科学考察报告记载有分布。

[16] 黑眉锦蛇（*Elaphe taeniura*）：游蛇科。广泛分布我国大陆地区。生于海拔 1250～1850 m 的高山、平原、丘陵、草地、田园及村舍附近。"三有"动物。本次调查在鸡公垭沟（104°45′E，32°33′N；海拔 1600 m）观察到 1 条样本。

[17] 黑背白环蛇（*Lycodon ruhstrati*）：游蛇科。分布于中国大陆及台湾。主要栖息于海拔 400～1000 m 的山区和丘陵地带，常从林中灌丛、草丛、田间、溪边及路旁活动。"三有"动物。本次调查未采集到样本，据第一次综合科学考察报告记载有分布。

[18] 斜鳞蛇（*Pseudoxenodon macrops*）：游蛇科。分布于印度、尼泊尔、缅甸、泰国、越南，以及中国大陆和中国台湾等地。常栖息于海拔 700～2700 m 的高原山区及山溪边、路边、菜园地、石堆上。"三有"动物。本次调查在保护区鸡公垭沟（标本采集点：104°45′E，32°33′N；海拔 1600 m）发现 3 只个体。

[19] 颈槽游蛇（*Rhabdophis nuchalis*）：游蛇科。多栖息于海拔 2000 m 左右山区的灌丛或草丛间。"三有"动物。本次调查在大领子沟（104°39′E，32°35′N；海拔 2110 m）采集到样本 1 条，该物种带数量较多。

[20] 虎斑颈槽蛇（*Rhabdophis tigrinus*）：游蛇科。广泛分布于全国各地，是一种分布较广的微毒后毒牙的达氏腺毒蛇。主要生于海拔 1200～1800 m 的阔叶林，以蛙、蟾蜍、蝌蚪和小鱼为食。"三有"动物。野外调查期间，在文县河（104°40′E，32°36′N；海拔 1880 m）观察到 1 条，数量较少。

[21] 乌华游蛇（*Sinonatraix percarinata*）：游蛇科。分布于缅甸、泰国、越南，以

及中国大陆和中国台湾，常栖息于海拔 100~1800 m 的山区溪流或水田内。"三有"动物。野外调查期间，在鸡公垭沟（104°45′E，32°33′N；海拔 1550 m）处发现 1 条，数量较少。

[22] 乌梢蛇（*Zaocys dhumnades*）：游蛇科。广泛分布于中国。生活在丘陵地带，狭食性蛇类，以蛙类（主食）、蜥蜴、鱼类、鼠类等为食。"三有"动物。由于栖息地破坏及人类大量捕杀，目前野外生存数量大减，应予保护。本次调查未见到，访问调查表明有分布。

[23] 丽纹蛇（*Calliophis macclellandi*）：眼镜蛇科。广泛分布中国大陆。一般生活于海拔 215~2483 m 山区的森林或平地丘陵。"三有"动物。本次调查为观察到该物种，但资料记载保护区内有分布，数量较少。

[24] 短尾蝮（*Gloydius brevicaudus*）：蝰科。分布于朝鲜半岛，以及中国大陆和中国台湾。多栖息于长江中下游平原丘陵地区及主要栖息于坟堆草丛及其附近。"三有"动物。本次调查未采集到样本，资料记载保护区有分布，数量较少。

[25] 原矛头蝮（*Protobothrops mucrosquamatus*）：蝰科。栖息于海拔 80~2200 m 山区的灌木林，竹林溪边，住宅区附近阴湿的环境中。"三有"动物。本次调查未采集到样本，资料记载保护区有分布，数量较少。

[26] 菜花原矛蝮（*Protobothrops jerdonii*）：蝰科。生活于海拔 1200~2800 m 的荒草坡、农耕地、路边草丛乱石堆或灌木丛下，也见于溪沟附近草丛或枯树枝上。"三有"动物。野外调查期间在保护区内每条沟海拔 1400~2700 m 均发现大量个体，数量丰富，为保护区的优势物种。

[27] 山烙铁头蛇（*Ovophis monticola*）：蝰科。主要分布在尼泊尔和锡金，国内主要分布在中国南部、台湾、香港和东北部，北至甘肃。生活在海拔 1200~2200 m 的荒白河、农耕地、路边草丛乱石堆或灌木丛下，也见于溪沟附近草丛或枯树枝上。本次调查未见到，据唐家河国家级自然保护区第一次综合科学考察报告记载有分布。

11.3 爬行类在保护区内空间分布格局

保护区内爬行动物资源物种多样性相对较为丰富，但资源量不大，开发潜力有限（谌利民等，1999）。爬行动物的时空分布格局在该保护区不太明显，但不同物种的海拔分布也有差异。如虎斑颈槽蛇主要分布在海拔 1200 m 的低海拔地区，而本次调查在海拔 1800 m 处也发现有该物种的分布（表 11-1）。王锦蛇主要分布在海拔 300~2300 m 的各种环境，本次调查发现在保护区海拔 1800 m 处有该物种的分布。

保护区内绝大多数爬行动物属农林有益动物，对防治农林害虫、保持自然界生态平衡具有重要作用。在保护区内，爬行动物在不同生境带分布物种和数量显著不同，在常绿阔叶林带和常绿落叶阔叶混交林带的物种和相对数量分布最多，具体分布情况如下。

表 11-1　唐家河自然保护区察见爬行动物的空间分布

种名	生活环境					垂直分布/m
	常绿阔叶林	常绿落叶阔叶混交林	针阔混交林	亚高山针叶林	高山灌丛草甸	
铜蜓蜥（*Sphenomorphus indicus*）	◆	◆				1250～2100
虎斑颈槽蛇（*Rhobdophis tigrina*）	◆	◆				1250～1800
颈槽游蛇（*Rhabdophis nuchalis*）	◆	◆	◆			1300～2200
大眼斜鳞蛇（*Pseudoxenodon macrops*）	◆	◆	◆	◆		1250～2800
菜花原矛头蝮（*Trimeresurus jerdonii*）	◆	◆	◆	◆		1200～2800
乌华游蛇（*Sinonatraix percarinata*）	◆	◆				1250～1800
王锦蛇（*Elaphe carinata*）	◆	◆				1250～1800

11.3.1　常绿阔叶林

栖息于常绿阔叶林的爬行类主要有 26 种，占保护区爬行类种总数的 96.29%，为 5 个垂直带中爬行类多样性最高的一个带。在采集到的 7 个物种中，所有物种均在该生境带采集到（表 11-1），该带的优势物种是菜花原矛头蝮、大眼斜鳞蛇和虎斑颈槽蛇。对常绿阔叶林带爬行类的区系组成分析发现，东洋界物种占 19 种，占该带总种数的 73.08%；古北界物种 2 种，占该带总种数的 7.69%；广布种 5 种，占该带总种数的 19.23%。

11.3.2　常绿落叶阔叶混交林

栖息于常绿落阔混交林带的两栖类主要有 22 种，占保护区爬行类总种数的 81.48%，为 5 个垂直带中爬行类多样性第二的一个带。在采集到的 7 个物种中，该生境带共获取 7 个物种的样本（表 11-1），该带的优势物种是菜花原矛头蝮和大眼斜鳞蛇，常见种为王锦蛇，稀有种为乌华游蛇。对常绿落阔混交林带爬行类的区系组成分析发现，东洋界物种占 17 种，占该带总种数的 77.27%；古北界 1 种，占该带总种数的 4.55%；广布物种 4 种，占该带总种数的 18.18%。

11.3.3　温性针阔混交林

栖息于针阔混交林带的爬行类主要有 10 种，占保护区爬行类种总数的 37.04%，为 5 个垂直带中两栖类多样性第三个带。在采集到的 7 个物种中，有 3 个物种采集到该生境带（表 11-1），该带的优势物种是菜花原矛头蝮。对针阔混交林带爬行类的区系组成分析发现，东洋界物种 6 种，占该带总种数的 60.00%；古北界 1 种，占该带总种数的 10.00%，广布种 3 种，占该带总种数的 30.00%。

11.3.4　寒温性针叶林

栖息于亚高山针叶林带的爬行类主要有3种，占保护区爬行类种总数的11.11%，分别是秦岭滑蜥、大眼斜鳞蛇和菜花原矛头蝮。在采集到的7个物种中，有2个物种采集到该生境带（表11-1），该带有少量的大眼斜鳞蛇和菜花原矛头蝮分布。对亚高山针叶林带爬行类的区系组成分析发现，所有物种均为东洋界物种。

11.3.5　高山灌丛草甸

无爬行类栖息于高山灌丛草甸带。在采集到的7个物种中，也未见物种采集到该生境带（表11-1）。

爬行动物在保护区内受到人为影响较大，部分爬行动物，如王锦蛇等具有较大的经济价值，但由于受适宜生存环境较少，人类过度利用等因素影响，野外数量已经很少，应加强野外保护。应加大打击和宣传教育力度，有法必依，执法必严，切底保护好保护区内的爬行动物。

附表 11-1　唐家河国家自然保护区爬行动物名录

序号	动物名称	特有种	保护级别	IUCN	CITES	地理分布型	调查情况
（一）	龟鳖目（Testudinata）						
1.	鳖科（Trionychidae）						
[1]	中华鳖（*Pelochelys siensis*）	R	Ⅲ			E	●
（二）	有鳞目（Squamata）						
2.	壁虎科（Gekkonidae）						
[2]	蹼趾壁虎（*Gekko subpalmatus*）	R	Ⅲ			S	●
3.	鬣蜥科（Agamidae）						
[3]	草绿攀蜥（*Japalura flaviceps*）	R	Ⅲ			H	●
[4]	四川攀蜥（*Japalura szechwanensis*）	R	Ⅲ			S	△
[5]	丽纹攀蜥（*Japalura splendida*）	R	Ⅲ			S	△
4.	蜥蜴科（Lacertidae）						
[6]	北草蜥（*Takydromus septentrionalis*）	R	Ⅲ			E	●
[7]	秦岭滑蜥（*Scincella tsinlingensis*）	R	Ⅲ			D	△
[8]	山滑蜥（*Scincella monticola*）	R	Ⅲ			H	△
5.	石龙子科（Scincidae）						
[9]	铜蜓蜥（*Sphenomorphus indicus*）					E	▲

续表

序号	动物名称	特有种	保护级别	IUCN	CITES	地理分布型	调查情况
6.	游蛇科(Colubriae)						
[10]	王锦蛇(*Elaphe carinata*)		Ⅲ	VU		S	▲
[11]	黑眉锦蛇(*Elaphe taeniura*)		Ⅲ			W	●
[12]	白条锦蛇(*Elaphe dione*)		Ⅲ			U	△
[13]	紫灰锦蛇(*Elaphe porphyracea*)		Ⅲ			W	△
[14]	锈链腹链蛇(*Amphiesma craspedogaster*)	R	Ⅲ			S	●
[15]	黑背白环蛇(*Lycodon ruhstrati*)		Ⅲ			S	△
[16]	大眼斜鳞蛇(*Pseudoxenodon macrops*)		Ⅲ			W	▲
[17]	颈槽游蛇(*Rhabdophis nuchalis*)		Ⅲ			S	▲
[18]	虎斑颈槽蛇(*Rhabdophis tigrinus*)		Ⅲ			E	▲
[19]	乌华游蛇(*Sinonatraix percarinata*)		Ⅲ			S	▲
[20]	乌梢蛇(*Zaocys dhumnades*)		Ⅲ			W	●
[21]	翠青蛇(*Cyclophiops major*)		Ⅲ			S	●
[22]	赤链蛇(*Dinodon rufozonatum*)		Ⅲ			E	●
7.	眼镜蛇科(Elapidae)						
[23]	丽纹蛇(*Calliophis macclellandi*)					W	△
8.	蝰科(Viperidae)						
[24]	短尾蝮(*Gloydius brevicaudus*)		Ⅲ			E	△
[25]	山烙铁头(*Ovophis monticola*)		Ⅲ			W	△
[26]	原矛头蝮(*Protobothrops mucrosquamatus*)		Ⅲ			S	△
[27]	菜花原矛头蝮(*Protobothrops jerdonii*)		Ⅲ			S	▲

注：R 为特有种。保护级别：Ⅲ.《国家保护的有益的或者有重要经济、科学研究价值的野生动物名录》。分布型：U. 古北型；H. 喜马拉雅—横断山区型；S. 南中国型；W. 东洋型；E. 季风型；D. 中亚型。调查情况：△为资料记录；●为访问记录；▲为野外察见实体。CITES 中：无。IUCN 中：VU. 易危

第 12 章 鸟 类

鸟类是生态系统的一个重要组成部分，其多样性不仅反映了鸟类群落本身的状况，也反映了鸟类栖息生境质量的优良，对生态平衡和环境质量能起到较好的指示作用。保护区地处岷山山系东段摩天岭南麓，位于全球 34 个生物多样性热点地区之一。自 1978 年保护区建立以来，先后有不同专业的学者对保护区内的鸟类进行过调查。其中，系统的调查研究工作始于 1980~1989 年，南充师范大学院（现西华师范大学）的余志伟教授等多次对保护内区的鸟类种类与区系组成进行了调查，共采获标本 120 号，经鉴定为 30 种，加上野外见到或访问确认无误的 128 种，总计 158 种，隶属 13 目 43 科，其中 1986 年 12 月采获的鹰雕（*Spizaetus nipalensis* Hodgson，1836）为四川省鸟类新纪录（余志伟等，2001）。

在前人工作的基础上，谌利民等于 1986~1998 年对保护区鸟类资源进行了系统调查，发现保护区内分布有 204 种鸟类，隶属于 14 目 47 科（谌利民等，2001，2002）。其中，谌利民等（2002）于 1998 年 10 月采获的东方草鸮（*Tyto longimembris* Jerdon，1839）标本是该物种在川西北的新分布记录。在保护区第一次综合科学考察报告中，记录保护区内分布的鸟类共 14 目 52 科 265 种。

自第一次综合科学考察至今已 10 余年，在保护区内未再组织过系统的鸟类调查工作，尽管在此期间成都观鸟会、香港观鸟会及野性中国等民间鸟类组织多次来保护区进行鸟类考察。值得一提的是，2007 年 7 月 28 日，奚志农和董磊在保护区内偶然拍摄到了灰冠鸦雀（*Paradoxornis przewalskii* Berezowski & Bianchi，1891），为这种罕见鸟类留下了发现百余年来的首次影像记录（董磊等，2007）。2011 年 7 月 18 日，胡杰等在保护区内毛香坝小环线一带拍摄到雀形目鸟类白喉矶鸫（*Monticola gularis* Swinhoe，1863），为四川省鸟类分布新纪录（胡杰等，2013）。以上报道说明，要全面了解和掌握保护区内的鸟类物种与区系组成，还需要更多持续、全面的调查和监测。为此，在保护区第二次综合科学考察中，我们对保护区鸟类资源状况再次进行了调查。

12.1 鸟类区系组成

12.1.1 物种组成

结合本次调查和已有资料，采用郑光美（2011）的分类系统，统计出保护区有鸟类 16 目 57 科 158 属 310 种（表 12-1，附录 12-1），分别占四川省鸟类目（21）、科（80）、种（683）的 76.19%、71.25% 和 45.39%。其中，非雀形目鸟类有 23 科 100 种，占保护区鸟类科、种总数的 40.35％和 32.26％；雀形目鸟类有 34 科 210 种，占保护区鸟类科、种总数的 59.65％和 67.74％，说明保护区鸟类以雀形目鸟类为主。

表 12-1 唐家河国家级自然保护区鸟类目、科、种数及其百分比

编号	目 别	科数	属数	种数	占总种数百分比/％
1	鹈形目(PELECANIFORMES)	1	1	1	0.32
2	鹳形目(CICONIIFORMES)	1	4	4	1.29
3	雁形目(ANSERIFORMES)	1	3	4	1.29
4	隼形目(FALCONIFORMES)	3	15	26	8.39
5	鸡形目(GALLIFORMES)	2	10	10	3.23
6	鹤形目(GRUIFORMES)	3	3	3	0.97
7	鸻形目(CHARADRIIFORMES)	2	6	10	3.23
8	鸽形目(COLUMBIFORMES)	1	2	6	1.94
9	鹃形目(CUCULIFOMES)	1	2	6	1.94
10	鸮形目(STRIGIFORMES)	2	9	12	3.87
11	夜鹰目(CAPRIMULGIFORMES)	1	1	1	0.32
12	雨燕目(APODIFORMES)	1	3	3	0.97
13	佛法僧目(CORACIIFORMES)	1	3	3	0.97
14	戴胜目(UPUPIFORMES)	1	1	1	0.32
15	䴕形目(PICIFORMES)	2	6	10	3.23
16	雀形目(PASSERIFORMES)	34	89	210	67.74
	合 计	57	158	310	100

12.1.2 留居型和区系成分

从居留型上看，保护区分布的留鸟有 180 种，占总种数的 58.06％；夏候鸟 90 种，占总种数的 29.03％；冬候鸟 19 种，占总种数的 6.13％；旅鸟 21 种，占总种数的 6.77％(图 12-1)。留鸟和夏候鸟总占比为 87.10％，说明保护区的鸟类构成以本地繁殖鸟类为主体。

对保护区鸟类进行区系分析发现，在所有鸟类中，属东洋界鸟类共 168 种，占总种数的 54.19％；属古北界鸟类共 107 种，占总种数的 34.52％；另有广布种 35 种，占总种数的 11.29％(图 12-2)。因此，保护区鸟类区系特点是古北界和东洋界鸟类相互渗透，但以东洋界为主，更具南方鸟类特色。

从鸟类区系的分布型构成看，保护区鸟类共有 13 类分布型(图 12-3)，以东洋型、喜马拉雅—横断山区型及古北型为主，分别占保护区鸟类总数的 23.87％、21.94％及 15.16％。

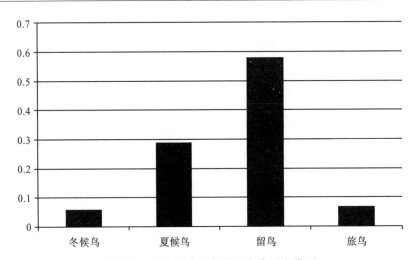

图 12-1　唐家河自然保护区鸟类居留类型

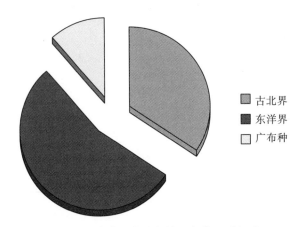

图 12-2　唐家河自然保护区鸟类区系组成

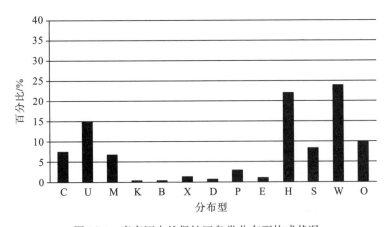

图 12-3　唐家河自然保护区鸟类分布型构成状况

分布型：C. 全北型；U. 古北型；M. 东北型；K. 东北型；B. 华北型；X. 东北—华北型；D. 中亚型；P. 高地型；E. 季风型；H. 喜马拉雅—横断山区型；S. 南中国型；W. 东洋型；O. 不易归类的分布

12.1.3 多样性分析

为了评估保护区鸟类多样性状况,我们选择了反映一个地区科属多样性的 *G-F* 指进行不同地区的比较(蒋志刚等,1999),分类系统参考《中国鸟类分类与分布名录》(郑光美,2011)。同时,我们还计算了白水江国家级自然保护区(杨友桃和张涛,1997)、九寨沟国家级自然保护区(冉江洪等,2004)、海子山省级自然保护区(符建荣等,2006)、雪宝顶国家级自然保护区(符建荣等,2007)及米亚罗省级自然保护区(符建荣等,2008)等5个已公开发表鸟类调查数据的保护区进行比较。如表 12-2 所示,在 6 个保护区中,以唐家河国家级自然保护区鸟类的科、属数量都较其余 5 个保护区高,类似的反映其科、属多样性的 DF 指数、DG 指数、DG-F 指数的值也较高,这说明该保护区鸟类在科属水平上拥有更高的多样性。

表 12-2   6 个自然保护区鸟类多样性比较分析

自然保护区	数量				DF	DG	DG-F
	目	科	属	种			
四川唐家河国家级自然保护区	16	57	158	310	32.3151	4.7628	0.8526
甘肃白水江国家级自然保护区	18	56	153	273	29.8560	4.7436	0.8411
四川九寨沟国家级自然保护区	14	43	118	222	24.0658	4.3967	0.8173
四川雪宝顶国家级自然保护区	15	47	122	210	24.7308	4.5460	0.8162
四川米亚罗省级自然保护区	15	45	118	209	25.6949	4.4268	0.8277
四川海子山省级自然保护区	16	48	121	210	25.5004	4.5269	0.8225

注:DF.科的多样性指数;DG.属的多样性指数;DG-F.科属多样性指数

12.1.4 鸟类动态变化

在本次调查之前,保护区在 1980~1989 年(余志伟等,2000)、1986~1998 年(谌利民等,2002)、2001 年(胡锦矗,2005)先后进行了 3 次较为系统的鸟类调查。与本次调查结果相比,每个调查阶段鸟类目、科、属、物种数量较前一次调查多有所增加(表 12-3)。从 *G-F* 指数来看,本次调查获得的反映其科、属多样性的 DF 指数、DG 指数、DG-F 指数也较高,这说明该保护区鸟类在科属水平上较过去拥有更高的多样性。

表 12-3   唐家河国家级自然保护区鸟类多样性动态变化

鸟类调查时间	数量				DF	DG	DG-F
	目	科	属	种			
2013 年(本次综合科学考察)	16	57	158	310	32.3151	4.7628	0.8526
2003 年(第一次综合科学考察)	14	52	146	265	30.7618	4.7044	0.8471
1986~1998 年(谌利民等,2002)	14	47	116	204	24.9959	4.5006	0.8199
1980~1989 年(余志伟等,2000)	13	43	98	158	22.0005	4.3891	0.8005

对保护区鸟类组成变化的进一步分析表明，保护区留鸟、夏候鸟、冬候鸟、旅鸟 4 种留居类型物种数量较以前都有所增加（表 12-4）。与第一次综合科学考察结果相比，本次调查增加的留鸟和夏候鸟共 37 种，占新增鸟类的 80.43%；新增旅鸟 8 种，占新增鸟类的 17.39%；新增冬候鸟 1 种，占新增鸟类的 2.17%，这说明调查增加的鸟类主要以繁殖鸟类为主。其中，本次调查新增留鸟包括凤头鹰（*Accipiter trivirgatus* Temminck，1824）、灰斑鸠（*Streptopelia decaocto* Frivaldszky，1838）、黄腿渔鸮（*Ketupa flavipes* Hodgson，1836）、大拟啄木鸟（*Megalaima virens* Boddaert，1783）、褐胸鹟（*Muscicapa muttui* Layard，1854）、山噪鹛（*Garrulax davidi* Swinhoe，1868）、红翅鵙鹛（*Pteruthius flaviscapis* Temminck，1835）、褐顶雀鹛（*Alcippe brunnea* Gould，1863）、灰眶雀鹛（*Alcippe morrisonia* Swinhoe，1863）、纹喉凤鹛（*Yuhina gularis* Hodgson，1836）、黑颏凤鹛（*Yuhina nigrimenta* Blyth，1845）、灰冠鸦雀（*Paradoxornis przewalskii* Berezowski & Bianchi，1891）、黄额鸦雀（*Paradoxornis fulvifrons* Hodgson，1845）、山鹪莺（*Prinia criniger* Hodgson，1836）、栗头地莺（*Tesia castaneocoronata* Burton，1836）、大树莺（*Cettia major* Horsfield & Moore，1854）、黄腹树莺（*Cettia acanthizoides* Verreaux，1871）、棕脸鹟莺（*Abroscopus albogularis* Hodgson，1854）、火冠雀（*Cephalopyrus flammiceps* Burton，1836）、沼泽山雀（*Parus palustris* Linnaeus，1758）、煤山雀（*Parus ater* Linnaeus，1758）、黄眉林雀（*Sylviparus modestus* Burton，1836）等 22 种，新增夏候鸟有普通夜鹰（*Caprimulgus indicus* Latham，1790）、黄鹡鸰（*Motacilla flava* Linnaeus，1758）、黄腹鹨（*Anthus rubescens* Tunstall，1771）、黑短脚鹎（*Hypsipetes leucocephalus* Gmelin，1789）、灰背伯劳（*Lanius tephronotus* Vigors，1831）、蓝喉歌鸲（*Luscinia svecica* Linnaeus，1758）、红腹红尾鸲（*Phoenicurus erythrogastrus* Güldenstädt，1775）、白喉矶鸫（*Monticola gularis* Swinhoe，1863）、栗腹矶鸫（*Monticola rufiventris* Jardine & Selby，1833）、橙头地鸫（*Zoothera citrine* Latham，1790）、灰翅鸫（*Turdus boulboul* Latham，1790）、乌鸫（*Turdus merula* Linnaeus，1758）、白腹蓝姬鹟（*Cyanoptila cyanomelana* Temminck，1829）、棕腹大仙鹟（*Niltava davidi* La Touche，1907）、中华短翅莺（*Bradypterus tacsanowskius* Swinhoe，1871）等 15 种，新增旅鸟有灰头麦鸡（*Vanellus cinereus* Blyth，1842）、金眶鸻（*Charadrius dubius* Scopoli，1786）、蒙古沙鸻（*Charadrius mongolus* Pallas，1776）、针尾沙锥（*Gallinago stenura* Gallinago stenura）、白腰草鹬（*Tringa ochropus* Linnaeus，1758）、林鹬（*Tringa glareola* Linnaeus，1758）、小太平鸟（*Bombycilla japonica* Siebold，1824）、家麻雀（*Passer domesticus* Linnaeus，1758）等 8 种。保护区内冬候鸟仅新增普通鸬鹚（*Phalacrocorax carbo* Linnaeus，1758）1 种。此外，对区系组成比较也发现类似趋势，属于古北界、东洋界、广布种 3 种类型物种数量较以前也有增加（表 12-4）。

由此可见，近 30 年来保护区的鸟类组成发生了很大的变化。究其原因，一方面，因为以前调查不够深入，估计与过去调查布设的样线太少造成部分区域未被实际调查有关。因此，保护区物种多样性调查需要长期的监测积累。另一方面，物种多样性增加也反映出保护区经过多年来的有效保护管理，鸟类栖息地得到迅速恢复和改善，这为更多的物种提供了适宜的觅食、繁殖和越冬场所。保护区自 1978 年建立以来，已有 30 多年的历程，由于区内形成了相对封闭的无居民自然保护区域，人为对自然资源干扰和破坏较小，鸟类资源增多明显。有趣的是，近年来保护区内旅鸟种类迅速增加，究其原因可能与附近白龙湖等大型水库水面增加有关。除了栖息地改善外，保护区内鸟类组成变化是否受全球气候变暖的影响尚需进一步深入研究。多年来的观察发现，在保护区部分低海拔地区，喜暖物种如白头鹎、黑鹎等数量较以前明显增加。

表 12-4　唐家河自然保护区鸟类区系及留居类型

鸟类调查时间	留居型				区系		
	留鸟	夏候鸟	冬候鸟	旅鸟	古北界	东洋界	广布种
2013 年(本次综合科学考察)	180	90	19	21	107	168	35
2003 年(第一次综合科学考察)	158	75	18	13	92	143	30
1986~1998 年(谌利民等，2002)	129	55	14	6	67	112	25
1980~1989 年(余志伟等，2000)	107	39	9	3	46	92	20

12.2　保护区内濒危或特有鸟类

12.2.1　国家重点保护鸟类

保区内分布的属国家Ⅰ级重点保护鸟类有白尾海雕(*Haliaeetus albicilla* Linnaeus，1758)、胡兀鹫(*Gypaetus barbatus* Linnaeus，1758)、金雕(*Aquila chrysaetos* Linnaeus，1758)、斑尾榛鸡(*Bonasa sewerzowi* Przewalski，1876)、红喉雉鹑(*Tetraophasis obscurus* Verreaux，1869)及绿尾虹雉(*Lophophorus lhuysii* Geoffroy Saint-Hilaire，1866)，共计 6 种(表 12-5)，占保护区鸟类总种数的 1.79%，占四川省国家Ⅰ级重点保护鸟类总种数的 29.41%。

在保护区内分布的属于国家Ⅱ级重点保护的鸟类有鸳鸯(*Aix galericulata* Linnaeus，1758)、鹗(*Pandion haliaetus* Linnaeus，1758)、黑冠鹃隼(*Aviceda leuphotes* Dumont，1820)、凤头蜂鹰(*Pernis ptilorhyncus* Temminck，1821)、黑鸢(*Milvus migrans* Boddaert)、高山兀鹫(*Gyps himalayensis* Hume，1869)、秃鹫(*Aegypius monachus* Linnaeus，1766)、短趾雕(*Circaetus gallicus* Gmelin，1788)、白尾鹞(*Circus cyaneus* Linnaeus，1766)、鹊鹞(*Circus melanoleucos* Pennant，1769)、凤头鹰(*Accipiter trivirgatus* Temminck，1824)、松雀鹰(*Accipiter virgatus* Temminck，1822)、雀鹰(*Accipiter nisus* Linnaeus，1758)、苍鹰(*Accipiter gentilis* Linnaeus，1758)、普通鵟(*Buteo buteo* Linnaeus，1758)、大鵟(*Buteo hemilasius* Temminck & Schlegel，1844)、毛脚鵟(*Buteo lagopus* Pontoppidan，1763)、鹰雕(*Spizaetus nipalensis* Hodgson，1836)、红隼(*Falco tinnunculus* Linnaeus，1758)、红脚隼(*Falco amurensis* Radde，1863)、灰背隼(*Falco columbarius* Linnaeus，1758)、燕隼(*Falco subbuteo* Linnaeus，1758)、猎隼(*Falco cherrug* Gray，1834)、游隼(*Falco peregrinus* Tunstall，1771)、血雉(*Ithaginis cruen-*

tus Hardwicke，1821)、红腹角雉(*Tragopan temminckii* Gray，1831)、勺鸡(*Pucrasia macrolopha* Lesson，1829)、蓝马鸡(*Crossoptilon auritum* Pallas，1811)、红腹锦鸡 (*Chrysolophus pictus* Linnaeus，1758)、灰鹤(*Grus grus* Linnaeus，1758)、东方草鸮 (*Tyto longimembris* Jerdon，1839)、领角鸮(*Otus lettia* Pennant，1769)、红角鸮(*Otus sunia* Hodgson，1836)、鵰鸮(*Bubo bubo* Linnaeus，1758)、黄腿渔鸮(*Ketupa flavipes* Hodgson，1836)、灰林鸮(*Strix aluco* Linnaeus，1758)、领鸺鹠(*Glaucidium brodiei* Burton，1836)、斑头鸺鹠(*Glaucidium cuculoides* Vigors，1831)、纵纹腹小鸮(*Athene noctua* Scopoli，1769)、鹰鸮(*Ninox scutulata* Raffles，1822)、长耳鸮(*Asio otus* Linnaeus，1758)、短耳鸮(*Asio flammeus* Pontoppidan，1763)等，共计 42 种(表 12-5)，占保护区鸟类总种数的 14.84%，占四川省国家Ⅱ级重点保护鸟类总种数的 57.50%。

表 12-5 唐家河自然保护区国家重点保护的鸟类名录

编号	鸟类名称	保护级别	中国红皮书	IUCN	CITES
1	白尾海鵰(*Haliaeetus albicilla*)	Ⅰ	Ⅰ	LR/lc	Ⅰ
2	胡兀鹫(*Gypaetus barbatus*)	Ⅰ	V	LR/lc	Ⅱ
3	金鵰(*Aquila chrysaetos*)	Ⅰ	V	LR/lc	Ⅱ
4	斑尾榛鸡(*Bonasa sewerzowi*)	Ⅰ	E	LR/nt	
5	红喉雉鹑(*Tetraophasis obscurus*)	Ⅰ	R	LR/lc	
6	绿尾虹雉(*Lophophorus lhuysii*)	Ⅰ	E	VU	Ⅰ
7	鸳鸯(*Aix galericulata*)	Ⅱ	V	LR/lc	
8	鹗(*Pandion haliaetus*)	Ⅱ	R	LR/lc	Ⅱ
9	黑冠鹃隼(*Aviceda leuphotes*)	Ⅱ		LR/lc	Ⅱ
10	凤头蜂鹰(*Pernis ptilorhyncus*)	Ⅱ	V	LR/lc	Ⅱ
11	黑鸢(*Milvus migrans*)	Ⅱ		LR/lc	Ⅱ
12	高山兀鹫(*Gyps himalayensis*)	Ⅱ	R	LR/lc	Ⅱ
13	秃鹫(*Aegypius monachus*)	Ⅱ	V	LR/nt	Ⅱ
14	短趾鵰(*Circaetus gallicus*)	Ⅱ	Ⅰ	LR/lc	Ⅱ
15	白尾鹞(*Circus cyaneus*)	Ⅱ		LR/lc	Ⅱ
16	鹊鹞(*Circus melanoleucos*)	Ⅱ		LR/lc	Ⅱ
17	凤头鹰(*Accipiter trivirgatus*)	Ⅱ	R	LR/lc	Ⅱ
18	松雀鹰(*Accipiter virgatus*)	Ⅱ		LR/lc	Ⅱ
19	雀鹰(*Accipiter nisus*)	Ⅱ		LR/lc	Ⅱ
20	苍鹰(*Accipiter gentilis*)	Ⅱ		LR/lc	Ⅱ
21	普通鵟(*Buteo buteo*)	Ⅱ		LR/lc	Ⅱ
22	大鵟(*Buteo hemilasius*)	Ⅱ		LR/lc	Ⅱ
23	毛脚鵟(*Buteo lagopus*)	Ⅱ		LR/lc	Ⅱ
24	鹰鵰(*Spizaetus nipalensis*)	Ⅱ		LR/lc	Ⅱ
25	红隼(*Falco tinnunculus*)	Ⅱ		LR/lc	Ⅱ

续表

编号	鸟类名称	保护级别	中国红皮书	IUCN	CITES
26	红脚隼(*Falco amurensis*)	II		LR/lc	II
27	灰背隼(*Falco columbarius*)	II		LR/lc	II
28	燕隼(*Falco subbuteo*)	II		LR/lc	II
29	猎隼(*Falco cherrug*)	II	V	EN	II
30	游隼(*Falco peregrinus*)	II		LR/lc	I
31	血雉(*Ithaginis cruentus*)	II	V	LR/lc	II
32	红腹角雉(*Tragopan temminckii*)	II	V	LR/lc	
33	勺鸡(*Pucrasia macrolopha*)	II		LR/lc	
34	蓝马鸡(*Crossoptilon auritum*)	II	V	LR/lc	
35	红腹锦鸡(*Chrysolophus pictus*)	II	V	LR/lc	
36	灰鹤(*Grus grus*)	II		LR/lc	II
37	东方草鸮(*Tyto longimembris*)	II		LR/lc	II
38	领角鸮(*Otus lettia*)	II		LR/lc	II
39	红角鸮(*Otus sunia*)	II		LR/lc	II
40	鵰鸮(*Bubo bub*)o	II	R	LR/lc	II
41	黄腿渔鸮(*Ketupa flavipes*)	II	R	LR/lc	II
42	灰林鸮(*Strix aluco*)	II		LR/lc	II
43	领鸺鹠(*Glaucidium brodiei*)	II		LR/lc	II
44	斑头鸺鹠(*Glaucidium cuculoides*)	II		LR/lc	II
45	纵纹腹小鸮(*Athene noctua*)	II		LR/lc	II
46	鹰鸮(*Ninox scutulata*)	II		LR/lc	II
47	长耳鸮(*Asio otus*)	II		LR/lc	II
48	短耳鸮(*Asio flammeus*)	II		LR/lc	II

注：保护级别：I.国家 I 级重点保护动物；II.国家 II 级重点保护动物。中国红皮书：V.易危；E.濒危；R.稀有。IUCN 中：LR/lc.低危/需要关注；LR/nt.低危/接近受危；VU.易危；EN.濒危。CITES 中：I.附录 I 收录物种；II.附录 II 收录物种

12.2.1.1　国家 I 级重点保护鸟类简介

［1］白尾海雕(*Haliaeetus albicilla*)：隶属隼形目鹰科，为体型较大(体长 85 cm)的褐色海雕(约翰·马敬能等，2000)。冬候鸟。栖息于海拔 3200 m 以上的高山，主要捕食啮齿类动物和鸟类。数量稀少，区内仅冬季偶见于大草堂、红花草地等地。国家 I 级重点保护动物，IUCN 列为低危/需要关注(LR/lc)，CITES 列入附录 I。

［2］胡兀鹫(*Gypaetus barbatus*)：隶属隼形目鹰科，为体型较大(体长 110 cm)的皮黄色鹫(约翰·马敬能等，2000)。冬候鸟。栖息于海拔 2500 m 以上的高山，食动物尸体，亦食中小型兽类。当食物缺乏时也捕捉山羊、雉鸡、家畜等为食。数量稀少，仅冬季偶见于麻山、大草坪、骆驼岭、大草堂、大尖包、黑包等地。国家 I 级重点保护动物，

中国红皮书列为易危(V)，IUCN列为低危/需要关注(LR/lc)，CITES列入附录Ⅱ。

[3] 金雕(*Aquila chrysaetos*)：隶属隼形目鹰科，为体型较大(体长85 cm)的浓褐色雕(约翰·马敬能等，2000)。留鸟。栖息于海拔2500 m以上的高山，以大中型鸟类和兽类为食。数量稀少，区内针阔混交林、针叶林及高山灌丛草甸等地都有分布。国家Ⅰ级重点保护动物，中国红皮书列为易危(V)，IUCN列为低危/需要关注(LR/lc)，CITES列入附录Ⅱ。

[4] 斑尾榛鸡(*Bonasa sewerzowi*)：隶属鸡形目松鸡科，为体型较小(体长33 cm)而满布褐色横斑的松鸡，称羊角鸡，为中国特有种(约翰·马敬能等，2000)。留鸟。栖息于海拔2700~3600 m的山地针叶林、林缘及高山灌丛，但到冬季也下移到海拔2600 m的针叶林或灌丛中，以芽、叶、种子、籽实为食。数量稀少，在保护区内常3~5只结成小群，总数40只左右。区内主要分布于大草坪、骆驼岭及大草堂等地。国家Ⅰ级重点保护动物，中国红皮书列为濒危(E)，IUCN列为低危/接近受危(LR/nt)。

[5] 红喉雉鹑(*Tetraophasis obscurus*)：隶属鸡形目雉科，为体型较大(体长48 cm)的灰褐色鹑类，又称木坪雉雷鸟，为中国特有种(约翰·马敬能等，2000)。留鸟。栖息于海拔2800~3600 m的高山杜鹃灌丛中，偶见于针叶林及针阔混交林，常出没于杜鹃林中的空地，但冬季也会下移到海拔2500 m以上的针叶林或灌丛地带，主食植物的根块、贝母、浆果、果实、种子等。数量较多，在高山灌丛每平方公里2~3对，在保护区内有15~20对。区内主要分布于麻山、大草坪、骆驼岭、大草堂、大尖包、小尖包、黑包等地，常出没于针叶林林缘及高山杜鹃灌丛地带。国家Ⅰ级重点保护动物，中国红皮书列为稀有(R)，IUCN列为低危/需要关注(LR/lc)。

[6] 绿尾虹雉(*Lophophorus lhuysii*)：隶属鸡形目雉科，为体型较大(体长76 cm)具紫色金属样光泽的雉类，又称贝母鸡，中国特有种(约翰·马敬能等，2000)。留鸟。栖息于海拔2800~3600 m的亚高山林缘灌丛和草甸，春夏季见于阴坡和阳坡，冬季则见于阳坡的岩石上或山坳中，严冬下迁到针叶林中。食物主要以植物根、茎、叶、花为食，也掏食贝母，故称贝母鸡，还兼食昆虫。数量稀少，它们3~5只成一小群，在大草堂最多见过8只一群，夏季在高山草甸每平方公里1~1.5只，在保护区有40只左右。区内主要分布于大草堂、大草坪、骆驼岭、红花草地、大尖包、小尖包等地的灌丛、草甸。国家Ⅰ级重点保护动物，中国红皮书列为濒危(E)，IUCN列为易危(VU)，CITES列入附录Ⅰ。

12.2.1.2 国家Ⅱ级重点保护鸟类简介

[1] 鸳鸯(*Aix galericulata*)：隶属雁形目鸭科，体型较小(体长40 cm)而色彩艳丽的鸭类(约翰·马敬能等，2000)。冬候鸟。栖息于海拔1300 m以下的山地森林河流、善游泳和潜水，除在水上活动外，也常到陆地上活动和觅食。性机警，遇人或其他惊扰立即起飞。数量稀少，仅冬季偶见。区内偶见于蒋家湾、白熊关、蔡家坝、果子树沟、贾佳坝等地山溪。国家Ⅱ级重点保护动物，中国红皮书列为易危(V)，IUCN列为低危/需要关注(LR/lc)。

[2] 鹗(*Pandion haliaetus*)：隶属隼形目鹗科，体型中等(体长55 cm)的褐、黑及白

色鹰(约翰·马敬能等,2000)。旅鸟。栖息于海拔1500 m以下的河谷或有林的水域地带,主要以鱼类为食,也捕食小型陆栖动物。据资料记载境内有分布,但数量稀有,据访问调查偶见于石桥河。国家Ⅱ级重点保护动物,中国红皮书列为稀有(R),IUCN列为低危/需要关注(LR/lc),CITES列入附录Ⅱ。

[3] 黑冠鹃隼(*Aviceda leuphotes*):隶属隼形目鹰科,体型略小(体长32 cm)的黑白色鹃隼(约翰·马敬能等,2000)。夏候鸟。栖息于海拔1400 m以下的森林或稀疏林草坡、林缘地带,常单独活动。以昆虫为食,也食鼠类等小型脊椎动物。据资料记载境内有分布,但数量稀有,据访问调查近5年来野外很少见到。国家Ⅱ级重点保护动物,IUCN列为低危/需要关注(LR/lc),CITES列入附录Ⅱ。

[4] 凤头蜂鹰(*Pernis ptilorhynchus*):隶属隼形目鹰科,体型略大(体长58 cm)的深色鹰(约翰·马敬能等,2000)。留鸟。栖息于海拔2000 m以下的森林,尤以林缘和疏林较常见。主要以蜂类等昆虫和幼虫为食,偶食鼠类等小型脊椎动物。数量稀少,区内主要见于水池坪、阴坝沟、蔡家坝、太阳坪。国家Ⅱ级重点保护动物,中国红皮书列为易危(V),IUCN列为低危/需要关注(LR/lc),CITES列入附录Ⅱ。

[5] 黑鸢(*Milvus migrans*):隶属隼形目鹰科,体型中等(体长55 cm)的深褐色猛禽(约翰·马敬能等,2000)。留鸟。栖息于海拔2300 m以下的低山河谷地带,主要以小鸟、鼠类、蛇、蛙、鱼、野兔、蜥蜴和昆虫为食,也食动物尸体。白天活动,常单独高空飞翔。过去境内分布广泛,近年大量施农药、毒鼠强对有害昆虫和鼠类进行毒杀,使其食后第二次中毒,数量急剧减少。区内主要分布于石桥河、毛香坝、小湾河、大湾河、白果坪、检查站、桂花沟、果子树沟、白果坪等地。国家Ⅱ级重点保护动物,IUCN列为低危/需要关注(LR/lc),CITES列入附录Ⅱ。

[6] 高山兀鹫(*Gyps himalayensis*):隶属隼形目鹰科,体型硕大(体长120 cm)的浅土黄色鹫(约翰·马敬能等,2000)。留鸟。栖息于海拔2500 m以上的高山森林、草甸及河谷地区,多单个活动,有时停息在较高的山岩或山坡上。主要以尸体、病弱的大型动物、野兔、啮齿类或家畜等为食。据资料记载境内有分布,但数量稀少,由于食用中毒鼠而二次中毒,近年种群数量已急剧下降。国家Ⅱ级重点保护动物,中国红皮书列为稀有(R),IUCN列为低危/需要关注(LR/lc),CITES列入附录Ⅱ。

[7] 秃鹫(*Aegypius monachus*):隶属隼形目鹰科,体型硕大(体长100 cm)的深褐色鹫(约翰·马敬能等,2000)。冬候鸟。主要栖息于海拔2500 m以上的高山森林、草甸和河谷地带,主要以大型的动物尸体为食,食物缺乏时攻击一些病弱的小型兽类和家畜,冬季偶尔会飞到低海拔的四角湾、桂花沟、白熊关及蔡家坝等河谷地带觅食。数量稀少,境内过去在冬季均能发现,但现在冬季也难见到。国家Ⅱ级重点保护动物,中国红皮书列为易危(V),IUCN列为低危/接近受危(LR/nt),CITES列入附录Ⅱ。

[8] 短趾雕(*Circaetus gallicus*):隶属隼形目鹰科,体型略大(体长65 cm)的浅色雕(约翰·马敬能等,2000)。旅鸟。栖息于海拔2500 m以上的高山开阔地带或有稀疏树木的草甸,食物主要为蛇类,其次为蜥蜴类、蛙类及小型鸟类,偶亦捕食小型啮齿动物等,也食腐肉。据资料记载境内有分布,但数量稀少。国家Ⅱ级重点保护动物,IUCN列为低危/需要关注(LR/lc),CITES列入附录Ⅱ。

[9] 白尾鹞(*Circus cyaneus*)：隶属隼形目鹰科，体型略大(体长 50 cm)的灰色或褐色鹞(约翰·马敬能等，2000)。冬候鸟。栖息于海拔 2000 m 以下的低山荒野、草地、河谷及林间，主要以鼠类、鸟类和大型昆虫为食，以晨昏最为活跃。数量较少，区内分布于吴尔沟、阴坝沟、平坡沟、长沟、大岭子、加之豪、龙池子、石桥河、大湾河、小湾河、桂花沟、黑松沟、摩天岭等地。国家Ⅱ级重点保护动物，IUCN 列为低危/需要关注(LR/lc)，CITES 列入附录Ⅱ。

[10] 鹊鹞(*Circus melanoleucos*)：隶属隼形目鹰科，体型略小(体长 50 cm)而两翼细长的鹞(约翰·马敬能等，2000)。旅鸟。栖息于海拔 2000 m 以下的开阔河谷、林缘、林中、路边、灌丛的上空低空飞行，以昆虫、小鸟和鼠类等为食。据资料记载境内有分布，但数量稀少，迁徙季节偶见于水池坪、摩天岭。国家Ⅱ级重点保护动物，IUCN 列为低危/需要关注(LR/lc)，CITES 列入附录Ⅱ。

[11] 凤头鹰(*Accipiter trivirgatus*)：隶属隼形目鹰科，体型略大(体长 42 cm)的强健鹰类(约翰·马敬能等，2000)。留鸟。栖息于海拔 2000 m 以下的山地阔叶林或开阔的林缘疏林地带。以昆虫、鸟类和鼠类等小型动物为食。数量稀少，区内见于蒋家湾、蔡家坝、格早岩沟等地。国家Ⅱ级重点保护动物，中国红皮书列为稀有(R)，IUCN 列为低危/需要关注(LR/lc)，CITES 列入附录Ⅱ。

[12] 松雀鹰(*Accipiter virgatus*)：隶属隼形目鹰科，体型中等(体长 33cm)的深色鹰。夏候鸟。栖息于海拔 1800 m 以下的森林或开阔的林缘疏林地带。以昆虫、鸟类和鼠类等小型动物为食。数量稀少，区内见于蒋家湾、蔡家坝、太阳坪等地。国家Ⅱ级重点保护动物，IUCN 列为低危/需要关注(LR/lc)，CITES 列入附录Ⅱ。

[13] 雀鹰(*Accipiter nisus*)：隶属隼形目鹰科，中等体型，雄鸟体长 32 cm，雌鸟体长 38 cm 而翼短的鹰(约翰·马敬能等，2000)。留鸟。栖息于海拔 3400 m 以下的针叶林、混交林和阔叶林等山地森林和林缘地带，冬季主要栖息于低山，尤喜欢在林缘、河谷、采伐迹地和耕地附近的小块丛林地带活动。日出性，常单独活动。以雀形目小鸟、鼠类、昆虫为食。数量稀少，冬季喜欢活动于区内唐家河、文县河流域的低山河谷地带。国家Ⅱ级重点保护动物，IUCN 列为低危/需要关注(LR/lc)，CITES 列入附录Ⅱ。

[14] 苍鹰(*Accipiter gentilis*)：隶属隼形目鹰科，体型略大(体长 56 cm)而强健的鹰(约翰·马敬能等，2000)。旅鸟。栖息于境内不同海拔的针叶林、混交林和阔叶林等林带，是森林中的猛禽。多隐蔽在森林中树枝间窥视猎物，有时也在林缘开阔地上空飞行或沿直线滑翔，窥视地面动物活动，一旦发现，迅速俯冲追击，抓获后带回栖息地啄食。主食森林鼠类、兔类、雉类、鸠鸽类和其他中小型鸟类。现数量十分稀少，区内分布于蔡家坝、毛香坝、水池坪、白熊关、洪石河等地。国家Ⅱ级重点保护动物，IUCN 列为低危/需要关注(LR/lc)，CITES 列入附录Ⅱ。

[15] 普通鵟(*Buteo buteo*)：隶属隼形目鹰科，体型略大(体长 55 cm)的红褐色鵟(约翰·马敬能等，2000)。留鸟。栖息于山地森林及林缘地带，从低山阔叶林到高山海拔 3000 m 的针叶林均有分布。以鼠类为食，也食蛙、蛇、兔、小鸟和大型昆虫等动物性食物。过去在境内常见，现在已不常见，境内林区均有分布。国家Ⅱ级重点保护动物，IUCN 列为低危/需要关注(LR/lc)，CITES 列入附录Ⅱ。

[16] 大鵟(*Buteo hemilasius*)：隶属隼形目鹰科，体型略大(体长 70 cm)的棕色鵟(约翰·马敬能等，2000)。留鸟。栖息于山地草原，也出现在高山林缘和开阔的山地草原与荒漠地带，垂直分布可到海拔 3600 m 以上的山区，冬季可以出现在低山、丘陵。主要以蛙、蛇、雉鸡、野兔、鼠兔、鼠类等啮齿动物为食。数量稀少，境内全区分布。国家Ⅱ级重点保护动物，IUCN 列为低危/需要关注(LR/lc)，CITES 列入附录Ⅱ。

[17] 毛脚鵟(*Buteo lagopus*)：隶属隼形目鹰科，体型中等(体长 54 cm)的褐色鵟(约翰·马敬能等，2000)。冬候鸟。栖息于海拔 2400 m 以上的针阔混交林至针叶林带。营巢于森林河流两岸悬崖峭壁上，有时也在树上。主食鼠类和小型鸟类，也食雉类、兔等较大型的动物。据资料记载境内曾发现有分布，现数量极为稀少。国家Ⅱ级重点保护动物，IUCN 列为低危/需要关注(LR/lc)，CITES 列入附录Ⅱ。

[18] 鹰雕(*Spizaetus nipalensis*)：隶属隼形目鹰科，体型略大(体长 74 cm)的深色猛禽(约翰·马敬能等，2000)。旅鸟。栖息于海拔 3400 m 以下的森林地带。以鸡类、野兔、鼠类为食，也食昆虫。数量稀少。国家Ⅱ级重点保护动物，IUCN 列为低危/需要关注(LR/lc)，CITES 列入附录Ⅱ。

[19] 红隼(*Falco tinnunculus*)：隶属隼形目隼科，体型略小(体长 33 cm)的赤褐色隼(约翰·马敬能等，2000)。留鸟。栖息于海拔 2600~3200 m 的山地森林，尤以林缘、林间空地、疏林和有疏林生长的旷野、河岩、山崖。白天活动，低空飞行寻找食物。主要以昆虫为食，也食鼠类、鸟类、蛙、蛇等小型脊椎动物为食。数量稀少，区内分布于小草坡、骆驼岭、红花草地、大草堂、双石人、黑包等地。国家Ⅱ级重点保护动物，IUCN 列为低危/需要关注(LR/lc)，CITES 列入附录Ⅱ。

[20] 红脚隼(*Falco amurensis*)：隶属隼形目隼科，体型略小(体长 30 cm)的灰色隼(约翰·马敬能等，2000)。夏候鸟。栖息于海拔 1500 m 以下的林缘、草地、荒野、河流、山谷等开阔地区，尤以稀疏树木常见。常单独活动，多飞翔于空中，主要以蝗虫、金龟子等昆虫为食，也食蛙、小鸟和鼠类。数量稀少。国家Ⅱ级重点保护动物，IUCN 列为低危/需要关注(LR/lc)，CITES 列入附录Ⅱ。

[21] 灰背隼(*Falco columbarius*)：隼形目隼科，体型略小(体长 30 cm)而结构紧凑的隼(约翰·马敬能等，2000)。冬候鸟。栖息于海拔 3200 m 以下的开阔的森林，尤以林缘、林中空地、山岩和稀疏树木的地方最喜欢。常单独活动，多作低空飞翔。以小型鸟类、鼠类和昆虫为食，数量已很稀少，偶见。国家Ⅱ级重点保护动物，IUCN 列为低危/需要关注(LR/lc)，CITES 列入附录Ⅱ。

[22] 燕隼(*Falco subbuteo*)：隶属隼形目隼科，体型略小(体长 30 cm)而黑白色的隼(约翰·马敬能等，2000)。夏候鸟。栖息于海拔 1500 m 以下的阔叶林、林缘和开阔地。飞行迅速，空中捕食昆虫及鸟类。数量稀少，分布于境内的低山地带。国家Ⅱ级重点保护动物，IUCN 列为低危/接近受危(LR/lc)，CITES 列入附录Ⅱ。

[23] 猎隼(*Falco cherrug*)：隶属隼形目隼科，体型略大(体长 50 cm)且胸部厚实的浅色隼(约翰·马敬能等，2000)。留鸟。夏季栖息于海拔 3000 m 以上的高山无林或疏林的旷野和多岩石的地方，冬季栖于低山、河谷及灌丛地带。主要以中小型鸟类、鼠类、灰尾兔和鼠兔为食。数量少见，由于猎隼活动范围大，区内各地都有分布，冬季白熊关、

蔡家坝常见。国家Ⅱ级重点保护动物，中国红皮书列为易危(V)，IUCN 列为濒危(EN)，CITES 列入附录Ⅱ。

[24] 游隼(*Falco peregrinus*)：隶属隼形目隼科，体型略大(体长 45 cm)而强壮的深色隼(约翰·马敬能等，2000)。留鸟。繁殖后游荡，栖息于海拔 1500 m 以下的林间空地、河谷悬岩。常成对活动，飞行甚快，并在高空呈螺旋形下降猛扑捕杀鸟类，也食昆虫。有时还作特技飞行，数量稀少。国家Ⅱ级重点保护动物，IUCN 列为低危/需要关注(LR/lc)，CITES 列入附录Ⅰ。

[25] 血雉(*Ithaginis cruentus*)：隶属鸡形目雉科，体型略大(体长 46 cm)，似鹑类(约翰·马敬能等，2000)，具矛状长羽，冠羽蓬松，脸与腿猩红，翼及尾沾红的雉种。留鸟。夏季栖息于海拔 2400~3200 m 的针阔混交林、针叶林和杜鹃灌木间，冬季可以下移到海拔 2200 m 的针阔混交林活动。它们不善于飞行，靠逃窜逃避。食物为绿色植物及其种子，也食一些如甲虫及虫卵、软体动物等的动物性食物。常见物种，并且有一定的种群数量，区内主要分布于小草坡山脊、大草坡、麻山、大岭子梁、加字豪、双岩窝、龙池子、文县河深垭口至石板岩窝、大草坪、观音岩窝、箭坪、骆驼岭、红花草地、延儿崖、白石浪、火烧岭、大湾河、三仙槽、院场坪、大草堂、大尖包、小尖包等地。国家Ⅱ级重点保护动物，中国红皮书列为易危(V)，IUCN 列为低危/需要关注(LR/lc)，CITES 列入附录Ⅱ。

[26] 红腹角雉(*Tragopan temminckii*)：隶属鸡形目雉科，体型略大(体长 68cm)而尾短，雄鸟绯红，上体多有带黑色外缘的白色小圆点，下体带灰白色椭圆形点斑，别名娃娃鸡、寿鸡(约翰·马敬能等，2000)。留鸟。夏季栖息于海拔 2200~2800 m 的针阔混交林及针叶林带，冬季下移到海拔 1700 m 的常绿与落叶阔叶混交林活动。在林下行走觅食，以蕨、草本及木本植物的叶芽、花、果实及种子为主食，兼食昆虫及小型动物。数量较多，种群密度基本稳定，受威胁程度相对较低，但在分布区的边缘，以及人为干扰较大的低山，则数量明显在减少，区内海拔 1700~2800 m 的林下都有分布。IUCN 列为濒危。国家Ⅱ级重点保护动物，中国红皮书列为易危(V)，IUCN 列为低危/需要关注(LR/lc)，CITES 将其列入附录Ⅰ。

[27] 勺鸡(*Pucrasia macrolopha*)：隶属鸡形目雉科，体型略大(体长 61 cm)而尾相对短的雉类(约翰·马敬能等，2000)。留鸟。栖息于海拔 1400~2500 m 的阔叶林及针阔混交林中，尤喜欢湿润、林下植被发达、地势起伏不平又多岩石的混交林地带，有时也出现于林缘灌丛和山脚灌丛地带。常成对或成群活动。主要以植物嫩芽、嫩叶、花、果实、种子等植物性食物为食，也食少量昆虫、蜘蛛、蜗牛等动物性食物。境内数量较少，常见于水池坪、毛香坝碓窝坪、大湾河及小湾河等地，其他区域分布较少。国家Ⅱ级重点保护动物，IUCN 列为低危/需要关注(LR/lc)。

[28] 蓝马鸡(*Crossoptilon auritum*)：隶属鸡形目雉科，体型较大(体长 95 cm)的蓝灰色马鸡，为中国特有种(约翰·马敬能等，2000)。留鸟。栖息于海拔 2600 m 以上的针叶林与桦木、山杨混交的阳坡，或杜鹃灌丛、山柳与高山绣线菊，或蒿草草甸的阳坡。秋季开始结群，漫游觅食。食性杂，以多种植物的叶、芽、果实和种子为食，兼食少量昆虫。据资料记载境内有分布，但数量稀少，境内野外也难见到。国家Ⅱ级重点保护动

物，中国红皮书列为易危(V)，IUCN 列为低危/需要关注(LR/lc)。

[29] 红腹锦鸡(*Chrysolophus pictus*)：隶属鸡形目雉科，体型显小(体长 98 cm)但修长的雉类，又被称为金鸡、锦鸡，为中国特有种(约翰·马敬能等，2000)。留鸟。栖息于海拔 1100~2500 m 的阔叶林、针阔混交林和林缘疏林灌丛地带，也出现于岩石陡坡的矮树丛和竹丛地带，冬季也常到林缘草坡、荒地活动和觅食。单独或成对活动，冬季常成群。白天多在地上活动，中午多在隐蔽处休息，晚上常栖息于靠沟谷和悬岩的树上。主要以野豌豆等植物的叶、芽、花、果实和种子为食，也食一些农作物、甲虫等昆虫。优势种，数量较多，区内阔叶林带至针阔混交林带都有分布。然而，该种由于它的羽毛艳丽，具有很高的观赏价值，常被人捕捉或猎杀作成标本，或作为山珍食品，在保护区边缘低山数量已急剧减少。国家Ⅱ级重点保护动物，中国红皮书列为易危(V)，IUCN 列为低危/需要关注(LR/lc)。

[30] 灰鹤(*Grus grus*)：隶属鹤形目鹤科，体型中等(体长 125 cm)的灰色鹤(约翰·马敬能等，2000)。栖息于高原、草地、沼泽、河滩、旷野、湖泊地带，尤喜欢在有水边植物的开阔湖泊和沼泽地带。主要以植物叶、茎、嫩芽、块茎、草籽、谷粒、软体动物、昆虫、鱼、蛙等为食。据资料记载有分布，但是数量稀少，仅迁徙时候偶尔在海拔 1500 m 以下的低山河谷地带能见到。国家Ⅱ级重点保护动物，IUCN 列为低危/需要关注(LR/lc)，CITES 列入附录Ⅱ。

[31] 东方草鸮(*Tyto longimembris*)：隶属鸮形目草鸮科，中等体型(体长 35 cm)的鸮类(约翰·马敬能等，2000)。冬候鸟。栖息于海拔 2000 m 以下的森林中，有时也到山下林缘地带，夜行性。主要以鼠类、蜥蜴、大的昆虫和幼虫为食。据资料记载有分布，但数量稀少，野外很难见到。国家Ⅱ级重点保护动物，IUCN 列为低危/需要关注(LR/lc)，CITES 列入附录Ⅱ。

[32] 领角鸮(*Otus lettia*)：隶属鸮形目鸱鸮科，体型略大(体长 24 cm)的偏灰或偏褐色角鸮。留鸟(约翰·马敬能等，2000)。栖息于海拔 2400 m 以下的山地阔叶林、针阔混交林中，也出现于山麓林缘和住宅附近树林内。夜行性，通常单独活动。主要以鼠类、甲虫、蝗虫和昆虫为食。数量较少，境内见于摩天岭、蔡家坝、太阳坪、水池坪、白熊关及洪石河等地。国家Ⅱ级重点保护动物，IUCN 列为低危/需要关注(LR/lc)，CITES 列入附录Ⅱ。

[33] 红角鸮(*Otus sunia*)：隶属鸮形目鸱鸮科，体型略小(体长 20 cm)的"有耳"型角鸮(约翰·马敬能等，2000)。留鸟。栖息于海拔 2000 m 以下的山地阔叶林和混交林中，也出现于林缘次生林和低山住宅附近的树林内。夜行性，白天多潜伏于林内。主要以昆虫、小型无脊椎动物和啮齿类为食，也食蛙、爬行类和小鸟。据资料记载有分布，但数量稀少，境内低山偶有所见。国家Ⅱ级重点保护动物，IUCN 列为低危/需要关注(LR/lc)，CITES 列入附录Ⅱ。

[34] 雕鸮(*Bubo bubo*)：隶属鸮形目鸱鸮科，体型硕大(体长 69 cm)的鸮类(约翰·马敬能等，2000)。留鸟。栖息于海拔 1600 m 以下的山地森林、荒野、林缘灌丛、疏林及裸露的高山和峭壁等各种生境中。夜行性，常单独活动。主要以各种鼠类为食，也食兔、蛙、昆虫、雉鸡和其他鸟类。据资料记载境内有分布，但数量比较稀少。国家Ⅱ级

重点保护动物，中国红皮书列为稀有(R)，IUCN 列为低危/需要关注(LR/lc)，CITES
列入附录Ⅱ。

[35] 黄腿渔鸮(*Ketupa flavipes*)：隶属鸮形目鸱鸮科，体型硕大(体长 61 cm)的棕
色渔鸮(约翰·马敬能等，2000)。留鸟。栖息于海拔 1700 m 以下的山林，常到溪流边捕
食，嗜食鱼类，也食蟹、蛙、蜥蜴和雉类。数量稀少，本保护区内见于石桥河、水池坪、
蔡家坝、白果坪等地低海拔的溪流边林中，为罕见留鸟。国家Ⅱ级重点保护动物，中国
红皮书列为稀有(R)，IUCN 列为低危/需要关注(LR/lc)，CITES 列入附录Ⅱ。

[36] 灰林鸮(*Strix aluco*)：隶属鸮形目鸱鸮科，中等体型(体长 43 cm)的偏褐色鸮
鸟(约翰·马敬能等，2000)。留鸟。栖息于海拔 2500 m 以下的山地阔叶林和混交林中，
尤喜欢河岸和沟谷的森林地带，也出现于林缘疏林和灌丛等地。常单独或成对活动。夜
行性，白天躲在茂密的森林中。主要以啮齿类为食，也食昆虫、蛙、小鸟和小型兽类。
数量稀少，境内见于洪石河、石桥河及太阳坪等低山地带。国家Ⅱ级重点保护动物，IU-
CN 列为低危/需要关注(LR/lc)，CITES 列入附录Ⅱ。

[37] 领鸺鹠(*Glaucidium brodiei*)：隶属鸮形目鸱鸮科，体型较小(体长 16 cm)而多
横斑的夜行性猛禽(约翰·马敬能等，2000)。留鸟。栖息于海拔 2600 m 以下的森林和林
缘地带。主要以昆虫和鼠类为食。境内有分布，但数量稀少，常见于洪石河、石桥河及
小湾河等地。国家Ⅱ级重点保护动物，IUCN 列为低危/需要关注(LR/lc)，CITES 列入
附录Ⅱ。

[38] 斑头鸺鹠(*Glaucidium cuculoides*)：隶属鸮形目鸱鸮科，体型略小(体长
24 cm)而遍具棕褐色横斑的鸮(约翰·马敬能等，2000)。留鸟。栖息于海拔 2000 m 以下
的阔叶林、混交林、次生林和林缘灌丛，也出现于住宅和耕地附近的疏林和树上。食物
以鼠、小鸟和昆虫为主，也食鱼、蛙、蛇等。数量较少，境内见于洪石河、石桥河及小
湾河等低山林中。国家Ⅱ级重点保护动物，IUCN 列为低危/需要关注(LR/lc)，CITES
列入附录Ⅱ。

[39] 纵纹腹小鸮(*Athene noctua*)：隶属鸮形目鸱鸮科，体型略小(体长 23 cm)而无
耳羽簇的鸮(约翰·马敬能等，2000)。留鸟。栖息于海拔 3000~3500 m 的高山灌丛草
甸、石崖、土坡，冬季下迁到海拔 1100~1600 m 的低海拔阔叶林林地，常出现于树上或
电杆上。主要以鼠类和鞘翅目的昆虫为食，也捕食小鸟、蛙等其他小型动物。猎食主要
在黄昏和白天。境内全区分布，但现数量已十分稀少。国家Ⅱ级重点保护动物，IUCN
列为低危/需要关注(LR/lc)，CITES 列入附录Ⅱ。

[40] 鹰鸮(*Ninox scutulata*)：隶属鸮形目鸱鸮科，中等体型(体长 30 cm)、面庞上
无明显特征，大眼睛的深色似鹰样鸮(约翰·马敬能等，2000)。夏候鸟。栖息于海拔
2000 m 以下的森林，尤以林中河谷地带，黄昏和夜间活动，有时白天也活动。主要以
鼠、小鸟和昆虫为食。数量稀少，全区分布。国家Ⅱ级重点保护动物，IUCN 列为低危/
需要关注(LR/lc)，CITES 列入附录Ⅱ。

[41] 长耳鸮(*Asio otus*)：隶属鸮形目鸱鸮科，中等体型(体长 36 cm)的鸮(约翰·马
敬能等，2000)。留鸟。栖息于海拔 2500m 以下的混交林和阔叶林，也出现于林缘疏林，
冬季下到河谷、河漫滩。主食鼠类，也食昆虫和小鸟。除食毒鼠中毒，还流传其脑可治

头晕病在社区常被捕杀，数量稀少，境内见于毛香坝、蔡家坝、白果坪等低山林地。国家Ⅱ级重点保护动物，IUCN 列为低危/需要关注（LR/lc），CITES 列入附录Ⅱ。

［42］短耳鸮（*Asio flammeus*）：隶属鸮形目鸱鸮科，中等体型（体长 38 cm）的黄褐色鸮（约翰·马敬能等，2000）。留鸟。栖息于海拔 2000 m 以下的低山、荒漠、湖沼和草地各种生境，尤以开阔的草地、湖沼岸边、河漫滩。黄昏和晚上活动和猎食，白天也活动，平时多栖息于地上或潜伏于草丛中，很少栖于树上。主要以鼠类为食，也食小鸟、蜥蜴和昆虫，偶尔还食一些植物果实和种子。数量十分稀少，境内见于毛香坝、白果坪等低山林地。国家Ⅱ级重点保护动物，IUCN 列为低危/需要关注（LR/lc），CITES 列入附录Ⅱ。

12.2.2　特有鸟类

保护区内分布有特有鸟类共 21 种，分属于 2 目 9 科 14 属。其中，鸡形目 6 种，雀形目 15 种，分别为斑尾榛鸡（*Bonasa sewerzowi*）、红喉雉鹑（*Tetraophasis obscurus*）、灰胸竹鸡（*Bambusicola thoracica* Temminck，1815）、绿尾虹雉（*L. lhuysii*）、蓝马鸡（*C. auritum*）、红腹锦鸡（*C. pictus*）、宝兴歌鸫（*Turdus mupinensis* Laubmann，1920）、山噪鹛（*Garrulax davidi* Swinhoe，1868）、黑额山噪鹛（*Garrulax sukatschewi* Berezowski & Bianchi，1891）、斑背噪鹛（*Garrulax lunulatus* Verreaux，1870）、大噪鹛（*Garrulax maximus* Verreaux，1870）、橙翅噪鹛（*Garrulax elliotii* Verreaux，1870）、宝兴鹛雀（*Moupinia poecilotis* Verreaux，1870）、三趾鸦雀（*Paradoxornis paradoxus* Verreaux，1870）、白眶鸦雀（*Paradoxornis conspicillatus* David，1871）、灰冠鸦雀（*Paradoxornis przewalskii* Berezowski & Bianchi，1891）、凤头雀莺（*Leptopoecile elegans* Przewalski，1887）、银脸长尾山雀（*Aegithalos fuliginosus* Verreaux，1870）、红腹山雀（*Parus davidi* Berezowski & Bianchi，1891）、黄腹山雀（*Parus venustulus* Swinhoe，1870）和蓝鹀（*Latoucheornis siemsseni* Martens，1906），占中国特有鸟类总种数的 27.63%、四川特有鸟类总种数的 55.26%。

保护区内各特有物种分述如下：

［1］斑尾榛鸡（*Bonasa sewerzowi*）：前已述及，为国家Ⅰ级重点保护物种。

［2］红喉雉鹑（*Tetraophasis obscurus*）：前已述及，为国家Ⅰ级重点保护物种。

［3］灰胸竹鸡（*Bambusicola thoracicus*）：隶属鸡形目雉科，中等体型（体长 33cm）的红棕色鹑类（约翰·马敬能等，2000），为中国特有物种（约翰·马敬能等，2000；郑光美，2011）。留鸟。栖息于海拔 1600 m 以下的阔叶林、灌丛和草丛，常成群活动。取食和栖息地固定。杂食性，主要以植物性食物为主，也食昆虫等无脊椎动物。数量较少，为少见物种，常见于关虎、白果坪、蔡家坝、毛香坝、水池坪、木竹坪等境内低山阔叶林带或更低地带。国家"三有"保护动物，IUCN 列为低危/需要关注（LR/lc）。

［4］绿尾虹雉（*Lophophorus lhuysii*）：前已述及，为国家Ⅰ级重点保护物种。

［5］蓝马鸡（*Crossoptilon auritum*）：前已述及，为国家Ⅱ级重点保护物种。

［6］红腹锦鸡（*Chrysolophus pictus*）：前已述及，为国家Ⅱ级重点保护物种。

[7] 宝兴歌鸫(*Turdus mupinensis*)：隶属雀形目鸫科，中等体型(体长 23 cm)的鸫(约翰·马敬能等，2000)，为中国中部特有种(约翰·马敬能等，2000；郑光美，2011)。留鸟。栖息于海拔 2200 m 以下的阔叶林、杂木林、灌丛或竹林中，冬季降至更低处。数量较少，为少见物种。IUCN 列为低危/需要关注(LR/lc)。

[8] 山噪鹛(*Garrulax davidi*)：隶属雀形目画眉科，中等体型(体长 29 cm)的偏灰色噪鹛(约翰·马敬能等，2000)，为中国北方及华中的特有种(约翰·马敬能等，2000；郑光美，2011)。留鸟。栖息于海拔 1800～2500 m 的阔叶林和针阔混交林下灌丛或竹林中，冬季降至海拔更低处。经常成对活动，善于地面刨食。夏季食昆虫，辅以少量植物种子、果实；冬季则以植物种子为主。种群数量较少，区内分布于石桥河、大岭子等地。国家"三有"保护动物，IUCN 列为低危/需要关注(LR/lc)。

[9] 黑额山噪鹛(*Garrulax sukatschewi*)：隶属雀形目画眉科，中等体型(体长 28 cm)的酒灰褐色噪鹛(约翰·马敬能等，2000)，为中国中北部特有种(约翰·马敬能等，2000；郑光美，2011)。留鸟。栖息于海拔 2400～2700 m 的针阔叶混交林，结成小群活动，通常在针叶林及灌木丛的地面取食。数量较少，为少见物种。国家"三有"保护动物，中国红皮书列为稀有(R)，IUCN 列为易危(VU)。

[10] 斑背噪鹛(*Garrulax lunulatus*)：隶属雀形目画眉科，体型略小(体长 23 cm)的暖褐色噪鹛(约翰·马敬能等，2000)，为中国中部特有种(约翰·马敬能等，2000；郑光美，2011)。留鸟。栖息于海拔 1500～3000 m 的阔叶林至针叶林下竹丛，夏季上升至针阔混交林至暗针叶林底层。结成小群活动，通常在针叶林及灌木丛的地面取食。数量较多，为常见物种。国家"三有"保护动物，IUCN 列为低危/需要关注(LR/lc)。

[11] 大噪鹛(*Garrulax maximus*)：隶属雀形目画眉科，体型略大(体长 34 cm)而具明显点斑的噪鹛(约翰·马敬能等，2000)，为中国中部至西藏东南部特有种(约翰·马敬能等，2000；郑光美，2011)。留鸟。栖息于海拔 2500 m 以上的针叶林林下竹丛及亚高山灌丛地带，冬季降至更低处。数量较少。国家"三有"保护动物，IUCN 列为低危/需要关注(LR/lc)。

[12] 橙翅噪鹛(*Garrulax elliotii*)：隶属雀形目画眉科，中等体型(体长 26 cm)的噪鹛(约翰·马敬能等，2000)，为中国中部至西藏东南部特有种(约翰·马敬能等，2000；郑光美，2011)。留鸟。栖息于海拔 3800 m 以下，终年在阔叶林带至暗针叶林带，夏季可升至高山灌丛。数量很多，为优势种，境内全区分布。国家"三有"保护动物，IUCN 列为低危/需要关注(LR/lc)。

[13] 宝兴鹛雀(*Moupinia poecilotis*)：隶属雀形目画眉科，中等体型(体长 15 cm)的棕褐色鹛(约翰·马敬能等，2000)，为中国四川及云南山地的特有种(约翰·马敬能等，2000；郑光美，2011)。留鸟。栖息于海拔 1100～3600 m，终年在阔叶林带，夏季可升至暗针叶林带或略高处。数量较少，境内全区分布。国家"三有"保护动物。

[14] 三趾鸦雀(*Paradoxornis paradoxus*)：隶属雀形目鸦雀科，体型略大(体长 23 cm)的橄榄灰色鸦雀(约翰·马敬能等，2000)，为中国中部特有种(约翰·马敬能等，2000；郑光美，2011)。留鸟。栖息于海拔 1500～2800 m，常结成小群活动于森林或灌丛间。据资料记载境内有分布，但数量较少。国家"三有"保护动物，IUCN 列为低危/需

要关注(LR/lc)。

[15] 白眶鸦雀(*Paradoxornis conspicillatus*)：隶属雀形目鸦雀科，体型略小(体长 14 cm)的鸦雀(约翰·马敬能等，2000)，中国中部的特有种(约翰·马敬能等，2000；郑光美，2011)。留鸟。栖息于海拔 1700~3000 m，夏季在暗针叶林灌丛，冬季下降至阔叶林带顶部。数量较多，为常见物种，境内全区分布。国家"三有"保护动物，IUCN 列为低危/需要关注(LR/lc)。

[16] 灰冠鸦雀(*Paradoxornis przewalskii*)：隶属雀形目鸦雀科，体型略小(体长 13 cm)的鸦雀(约翰·马敬能等，2000)，中国中北部的特有种(约翰·马敬能等，2000；郑光美，2011)。留鸟。栖息于海拔 2400~2900 m 的针阔混交林顶层及针叶林下灌丛竹林及草丛中，性情活跃，喜结小群活动。境内有分布，但数量较少，为少见物种，常见于大岭子、石桥河及科考站等地。2007 年 7 月 28 日在唐家河自然保护区大草堂保护区偶然拍摄到灰冠鸦雀(董磊等，2007)，为这种罕见鸟类留下了发现百余年来的首次影像记录。国家"三有"保护动物，中国红皮书列为稀有(R)，IUCN 列为易危(VU)。

[17] 凤头雀莺(*Leptopoecile elegans*)：隶属雀形目莺科，体型略小(体长 10 cm)的毛茸茸紫色和绛紫色莺(约翰·马敬能等，2000)，为中国中部及西藏特有种(约翰·马敬能等，2000；郑光美，2011)。留鸟。栖息于海拔 2800~3500 m 的针叶林及林线以上的灌丛，冬季下移，结成小群与其他种类混群。据资料记载有分布，但数量很少，为少见物种。国家"三有"保护动物，IUCN 列为低危/需要关注(LR/lc)。

[18] 银脸长尾山雀(*Aegithalos fuliginosus*)：隶属雀形目长尾山雀科，体型略小(体长 12 cm)的山雀(约翰·马敬能等，2000)，为中国中西部特有种(约翰·马敬能等，2000；郑光美，2011)。留鸟。栖息于海拔 2400 m 以下的阔叶林，夏季至针阔混交林，冬季下迁到海拔 2000 m 以下的阔叶林带。境内有分布，数量很多，为优势物种。国家"三有"保护动物，IUCN 列为低危/需要关注(LR/lc)。

[19] 红腹山雀(*Parus davidi*)：隶属雀形目山雀科，体型小(体长 13 cm)而有特色的山雀(约翰·马敬能等，2000)，为中国中部特有种(约翰·马敬能等，2000；郑光美，2011)。栖息于海拔 1600~3300 m，夏季至针阔叶混交林至暗针叶林，冬季降至阔叶林带顶部。留鸟。数量较少，为少见物种。国家"三有"保护动物，IUCN 列为低危/需要关注(LR/lc)。

[20] 黄腹山雀(*Parus venustulus*)：隶属雀形目山雀科，体型小(体长 10 cm)而尾短的山雀(约翰·马敬能等，2000)，中国东南部的特有种(约翰·马敬能等，2000；郑光美，2011)。留鸟。栖息于海拔 2000~3000 m 的针阔混交林及暗针叶林，结群地活动于林区，冬季活动较低。数量较少，为少见物种。国家"三有"保护动物，IUCN 列为低危/需要关注(LR/lc)。

[21] 蓝鹀(*Latoucheornis siemsseni*)：隶属雀形目鹀科，体型小(体长 13cm)而矮胖的蓝灰色鹀(约翰·马敬能等，2000)，为中国中部及东南部特有种(约翰·马敬能等，2000；郑光美，2011)。夏候鸟。栖息于海拔 2000 m 以下的次生林及灌丛，繁殖期在阔叶林顶部。境内有分布，数量较多，为常见物种。国家"三有"保护动物，IUCN 列为低危/需要关注(LR/lc)。

12.2.3 国家保护的有益或者有重要经济、科学研究价值的鸟类

保护区内属国家保护的有益的或者有重要经济、科学研究价值的鸟类共有 171 种，占唐家河保护区鸟类总数的 55.16%。现分类叙述如下：

[1] 普通鸬鹚（*Phalacrocorax carbo* Linnaeus, 1758）：隶属鹈形目鸬鹚科。冬候鸟。栖息于海拔 1200 m 以下水域，生活在河流、湖泊。数量稀少，为罕见物种，偶见于关虎。省级重点保护鸟类，IUCN 列为低危/需要关注(LR/lc)。

[2] 苍鹭（*Ardea cinerea* Linnaeus, 1758）：隶属鹳形目鹭科。夏候鸟。栖息于海拔 1200 m 以下的阔叶林，生活在水边和树林。据资料记载境内有分布，但数量稀少，为罕见物种，偶见于关虎。IUCN 列为低危/需要关注(LR/lc)。

[3] 白鹭（*Egretta garzetta* Linnaeus, 1766）：隶属鹳形目鹭科。夏候鸟。栖息于海拔 1500 m 以下的阔叶林带，生活在水边、树林和竹林。数量较少，为少见物种，仅分布于白果坪、关虎河流。IUCN 列为低危/需要关注受危(LR/lc)。

[4] 池鹭（*Ardeola bacchus* Bonaparte, 1855）：隶属鹳形目鹭科。夏候鸟。栖息于海拔 1600 m 以下的阔叶林，生活在水边、树林和竹林。数量较少，为少见物种，仅分布于毛香坝、白果坪及关虎河流。IUCN 列为低危/需要关注受危(LR/lc)。

[5] 大麻鳽（*Botaurus stellaris* Linnaeus, 1758）：隶属鹳形目鹭科。冬候鸟。栖息于海拔 1200 m 以下的阔叶林，生活在近水域的草丛。据资料记载境内有分布，但数量稀少，为罕见物种，见于关虎。省级重点保护的鸟类，IUCN 列为低危/需要关注(LR/lc)。

[6] 赤麻鸭（*Tadorna ferruginea* Pallas, 1764）：隶属雁形目鸭科。冬候鸟。栖息于海拔 1500 m 以下温暖的水域。数量稀少，为罕见物种，偶见于水池坪、毛香坝、蔡家坝、白果坪、关虎河流。IUCN 列为低危/需要关注(LR/lc)。

[7] 绿翅鸭（*Anas crecca* Linnaeus, 1758）：隶属雁形目鸭科。冬候鸟。栖息于海拔 1500 m 以下温暖的水域。数量较少，为少见物种，分布于水池坪、毛香坝、蔡家坝、白果坪、关虎。IUCN 列为低危/需要关注(LR/lc)。

[8] 绿头鸭（*Anas platyrhynchos* Linnaeus, 1758）：隶属雁形目鸭科。冬候鸟。栖息于海拔 1500 m 以下温暖的水域。数量较少，为少见物种，分布于水池坪、毛香坝、蔡家坝、白果坪、关虎。IUCN 列为低危/需要关注(LR/lc)。

[9] 灰胸竹鸡（*Bambusicola thoracicus*）：隶属鸡形目雉科。前已述及为特有鸟。

[10] 环颈雉（*Phasianus colchicus* Linnaeus, 1758）：鸡形目雉科。留鸟。栖息于海拔 1800 m 以下的林间草丛，以植物性食物为食。数量较少，为少见物种，常见于水池坪、蔡家坝、白果坪、关虎。IUCN 列为低危/需要关注(LR/lc)。

[11] 白胸苦恶鸟（*Amaurornis phoenicurus* Pennant, 1769）：隶属鹳形目秧鸡科。夏候鸟。栖息于海拔 1600 m 以下的阔叶林带水域，通常活动于湿润的树林、灌丛、湖边、河滩及旷野走动找食，以昆虫和植物种子为食。数量稀少，为罕见物种，偶见于水池坪、蔡家坝、关虎。IUCN 列为低危/需要关注(LR/lc)。

[12] 凤头麦鸡（*Vanellus vanellus* Linnaeus, 1758）：隶属鸻形目鸻科。旅鸟。栖息

于海拔 1500 m 以下的林缘有水处，喜欢在有水的矮草地。数量稀少，为罕见物种，偶见于水池坪、毛香坝、蔡家坝、关虎。IUCN 列为低危/需要关注(LR/lc)。

[13] 灰头麦鸡(*Vanellus cinereus* Blyth, 1842)：隶属鸻形目鸻科。旅鸟。栖息于海拔 1200 m 以下的沼泽湿地、河滩、农田及草地，以昆虫、蠕虫为食。数量稀少，为罕见物种，偶见于关虎。IUCN 列为低危/需要关注(LR/lc)。

[14] 金眶鸻(*Charadrius dubius* Scopoli, 1786)：隶属鸻形目鸻科。旅鸟。栖息于海拔 1500 m 以下的溪流、河流的沙洲及沼泽地带，以昆虫、蠕虫、甲壳类及蜘蛛等为食。数量稀少，为罕见物种，偶见于关虎。IUCN 列为低危/需要关注(LR/lc)。

[15] 蒙古沙鸻(*Charadrius mongolus* Pallas, 1776)：隶属鸻形目鸻科。旅鸟。栖息于海拔 1500 m 以下的河湖岸边，以软体动物、昆虫、蠕虫和禾本科植物为食。数量稀少，为罕见物种，偶见于毛香坝、关虎。IUCN 列为低危/需要关注(LR/lc)。

[16] 丘鹬(*Scolopax rusticola* Linnaeus, 1758)：隶属鸻形目鹬科。旅鸟。栖息于海拔 1600 m 以下的林下水域沼泽，以蠕虫、昆虫等为食，也食植物性食物。数量较少，为少见物种，分布于水池坪、毛香坝、白果坪、关虎。IUCN 列为低危/需要关注(LR/lc)。

[17] 孤沙锥(*Gallinago solitaria* Hodgson, 1831)：隶属鸻形目鹬科。旅鸟。栖息于海拔 1800 m 以下的近水处，以蠕虫、昆虫、甲壳类、植物为食。数量较少，为少见物种，见于洪石河、水池坪、蔡家坝、关虎。IUCN 列为低危/需要关注(LR/lc)。

[18] 针尾沙锥(*Gallinago stenura* Bonaparte, 1830)：隶属鸻形目鹬科。旅鸟。栖息于海拔 1200 m 以下的林中沼泽、洼地及稻田，以昆虫、甲壳类、软体动物、蠕虫及植物种子为食。数量稀少，为罕见物种，偶见于关虎。IUCN 列为低危/需要关注(LR/lc)。

[19] 白腰草鹬(*Tringa ochropus* Linnaeus, 1758)：隶属鸻形目鹬科。旅鸟。栖息于海拔 1600m 以下的阔叶林，常单独活动，喜小水塘及池塘、沼泽地及沟壑，以昆虫、蜘蛛、蠕虫、软体动物、甲壳类及植物为食。数量较少，为少见物种，仅分布于水池坪、蔡家坝、关虎。IUCN 列为低危/需要关注(LR/lc)。

[20] 林鹬(*Tringa glareola* Linnaeus, 1758)：隶属鸻形目鹬科。旅鸟。栖息于海拔 1500 m 以下的阔叶林下，生活于河漫滩、池塘、沼泽及稻田，以植物种子、昆虫、软体动物为食。数量稀少，为罕见物种，偶见于毛香坝、蔡家坝、关虎。IUCN 列为低危/需要关注(LR/lc)。

[21] 矶鹬(*Actitis hypoleucos* Linnaeus, 1758)：隶属鸻形目鹬科。旅鸟。栖息于海拔 1300 m 以下的林缘有水处，生活在溪流、河流沿岸及稻田。数量较少，为少见物种，仅见于蔡家坝、白果坪、关虎。IUCN 列为低危/需要关注(LR/lc)。

[22] 岩鸽(*Columba rupestris* Pallas, 1811)：隶属鸽形目鸠鸽科。留鸟。栖息于海拔 2800 m 以下的阔叶林、混交林及针叶林，夏季主要栖息于暗针叶林，冬季可下迁白果坪等低山地带，多结群活动山区岩石峭壁上，以杂草种子为食。数量较多，为常见物种，全区分布。IUCN 列为低危/需要关注(LR/lc)。

[23] 斑林鸽(*Columba hodgsonii* Vigors, 1832)：隶属鸽形目鸠鸽科。留鸟。栖息于 3000 m 以下的阔叶林带的顶部至针阔叶混交林带，夏季多栖息于亚高山多岩崖峭壁的森林，以植物性和昆虫为食，而冬季可下迁更低山地林区。数量较少，为少见物种，全

区分布，常见于箭坪、摩天岭小草坪，文县河口等地。IUCN 列为低危/需要关注(LR/lc)。

[24] 山斑鸠(*Streptopelia orientalis* Latham，1790)：隶属鸽形目鸠鸽科。留鸟。栖息于海拔 2600 m 以下的针阔混交林，阔叶林，以植物种子为食。数量较少，为少见物种，全区分布。IUCN 列为低危/需要关注(LR/lc)。

[25] 灰斑鸠(*Streptopelia decaocto* Frivaldszky，1838)：隶属鸽形目鸠鸽科。留鸟。栖息于海拔 1500 m 以下的阔叶林下，常活动于灌木林、草地、农田及村庄。以植物种子为食，偶食昆虫。数量较少，为少见物种，常见于水池坪、毛香坝、蔡家坝、白果坪、关虎。IUCN 列为低危/需要关注(LR/lc)。

[26] 火斑鸠(*Streptopelia tranquebarica* Hermann，1804)：隶属鸽形目鸠鸽科。夏候鸟。栖息于海拔 3400 m 以下的针叶林，在针阔混交林带或阔叶林带繁殖。数量较少，为少见物种，全区分布，常见于大草堂、洪石河、毛香坝、关虎等地。国家"三有"保护动物，IUCN 列为低危/需要关注(LR/lc)。

[27] 珠颈斑鸠(*Streptopelia chinensis* Scopoli，1786)：隶属鸽形目鸠鸽科。留鸟。栖息于海拔 2400 m 以下的阔叶林、针阔混交林，冬季很低常能见到。数量较少，为少见物种，主要分布于区内阔叶林。IUCN 列为低危/需要关注(LR/lc)。

[28] 鹰鹃(*Cuculus sparverioides* Vigors，1832)：隶属鹃形目杜鹃科。夏候鸟。栖息于海拔 2200 m 以下的树林里，大都在阔叶林带。数量较少，为少见物种，全区分布。四川省重点保护动物，IUCN 列为低危/需要关注(LR/lc)。

[29] 四声杜鹃(*Cuculus micropterus* Gould，1837)：隶属鹃形目杜鹃科。夏候鸟。栖息于海拔 2500 m 以下树林，但大多在阔叶林带。数量较少，为少见物种，全区分布。IUCN 列为低危/需要关注(LR/lc)。

[30] 大杜鹃(*Cuculus canorus* Linnaeus，1758)：隶属鹃形目杜鹃科。夏候鸟。栖息于海拔 3400 m 以下的林区及亚高山灌丛、林缘草甸，常见于阔叶林、针阔叶混交林。数量较少，为少见物种，全区分布。IUCN 列为低危/需要关注(LR/lc)。

[31] 中杜鹃(*Cuculus saturates* Blyth，1843)：隶属鹃形目杜鹃科。夏候鸟。栖息于海拔 2400 m 以下的阔叶林带。数量较少，全区分布。IUCN 列为低危/需要关注(LR/lc)。

[32] 小杜鹃(*Cuculus poliocephalus* Latham，1790)：隶属鹃形目杜鹃科。夏候鸟。栖息于海拔 3100 m 以下的阔叶林带顶部至暗针叶林带繁殖。数量较少，为少见物种，全区分布。IUCN 列为低危/需要关注(LR/lc)。

[33] 噪鹃(*Eudynamys scolopacea* Linnaeus，1758)：隶属鹃形目杜鹃科。夏候鸟。栖息于海拔 2000 m 以下的阔叶林带。数量较少，为少见物种，全区分布。IUCN 列为低危/需要关注(LR/lc)。

[34] 普通夜鹰(*Caprimulgus indicus* Latham，1790)：隶属夜鹰目夜鹰科。夏候鸟。栖息于海拔 2500 m 以下的阔叶林，喜甚开阔的山区森林及灌丛，白天多栖于地面或横枝。数量较少，为少见物种，常见于蔡家坝、白果坪、关虎。四川省重点保护动物，IUCN 列为低危/需要关注(LR/lc)。

[35] 短嘴金丝燕(*Aerodramus brevirostri* Horsfield, 1840)：隶属雨燕目雨燕科。夏候鸟。栖息于海拔 2500 m 以下的阔叶林顶带及针阔混交林带岩洞繁殖。数量较少，为少见物种，全区分布。IUCN 列为低危/需要关注(LR/lc)。

[36] 白喉针尾雨燕(*Hirundapus caudacutus* Latham, 1802)：隶属雨燕目雨燕科。夏候鸟。栖息于海拔 2200 m 以下的森林带岩石悬崖繁殖。数量较少，为少见物种，全区分布。四川省重点保护动物，IUCN 列为低危/需要关注(LR/lc)。

[37] 白腰雨燕(*Apus pacificus* Latham, 1802)：隶属雨燕目雨燕科。夏候鸟。栖息于海拔 2800 m 以下的森林，在悬崖岩石上繁殖。数量较多，为常见物种，全区分布，区内四角湾、阴坝沟等地常见。IUCN 列为低危/需要关注(LR/lc)。

[38] 普通翠鸟(*Alcedo atthis* Linnaeus, 1758)：隶属佛法僧目翠鸟科。留鸟。栖息于海拔 1700 m 以下阔叶林带的水边。数量较少，为少见物种，见于平坡沟、水池坪、毛香坝、蔡家坝、白果坪、蒋家湾等地河流。IUCN 列为低危/需要关注(LR/lc)。

[39] 蓝翡翠(*Halcyon pileata* Boddaert, 1783)：隶属佛法僧目翠鸟科。夏候鸟。栖息于海拔 1800 m 以下的山地阔叶林带及针阔叶混交林的水边。数量较少，为少见物种，见于水池坪、蔡家坝、白果坪、关虎等地。IUCN 列为低危/需要关注(LR/lc)。

[40] 戴胜(*Upupa epops* Linnaeus, 1758)：隶属戴胜目戴胜科。夏候鸟。栖息于海拔 2400 m 以下地带的森林中繁殖。数量较少，为少见物种，全区分布。IUCN 列为低危/需要关注(LR/lc)。

[41] 大拟啄木鸟(*Megalaima virens* Boddaert, 1783)：隶属雀形目拟鴷科。留鸟。栖息于海拔 1500 m 以下的阔叶林。数量稀有，为罕见物种，偶见于毛香坝、白果坪。四川省重点保护动物，IUCN 列为低危/需要关注(LR/lc)。

[42] 蚁鴷(*Jynx torquilla* Linnaeus, 1758)：隶属鴷形目啄木鸟科。冬候鸟。栖息于海拔 3000 m 以下，而常在低山森林中越冬。数量稀少，为罕见物种。IUCN 列为低危/需要关注(LR/lc)。

[43] 斑姬啄木鸟(*Picumnus innominatus* Burton, 1836)：隶属鴷形目啄木鸟科。留鸟。栖息于海拔 2000 m 以下的阔叶林带。数量很多，为优势物种，区内主要分布于落叶阔叶林混交林。IUCN 列为低危/需要关注(LR/lc)。

[44] 星头啄木鸟(*Dendrocopos canicapillus* Blyth, 1845)：隶属鴷形目啄木鸟科。留鸟。栖息于海拔 3400 m 以下，夏季多栖于阔叶林带顶部及暗针叶林带。数量较少，为少见物种，全区分布。IUCN 列为低危/需要关注(LR/lc)。

[45] 赤胸啄木鸟(*Dendrocopos cathpharius* Blyth, 1843)：隶属鴷形目啄木鸟科。留鸟。栖息于海拔 1500~2500 m 的阔叶林及针阔混交林。数量较多，为优势物种，全区分布。IUCN 列为低危/需要关注(LR/lc)。

[46] 白背啄木鸟(*Dendrocopos leucotos* Bechstein, 1803)：隶属鴷形目啄木鸟科。留鸟。栖息于海拔 2000 m 以下的阔叶林及混交林中。数量较少，为少见物种。IUCN 列为低危/需要关注(LR/lc)。

[47] 大斑啄木鸟(*Dendrocopos major* Linnaeus, 1758)：隶属鴷形目啄木鸟科。留鸟。栖息于海拔 3400 m 以下的阔叶林顶部及针阔叶混交林带，夏季上升至暗针叶林带的

顶部。数量较多,为优势物种,全区分布。IUCN列为低危/需要关注(LR/lc)。

[48] 三趾啄木鸟(*Picoides tridactylus* Linnaeus,1758):隶属鴷形目啄木鸟科。留鸟。栖息于海拔2000～2900 m的针阔混交林及针叶林中。数量稀少,为罕见物种。IUCN列为低危/需要关注(LR/lc)。

[49] 大黄冠啄木鸟(*Picus flavinucha* Gould,1834):隶属鴷形目啄木鸟科。留鸟。栖息于海拔2000 m以下的阔叶林中。数量较少,为少见物种,常见于常绿落叶阔叶混交林。四川省重点保护动物,IUCN列为低危/需要关注(LR/lc)。

[50] 灰头绿啄木鸟(*Picus canus* Gmelin,1788):隶属鴷形目啄木鸟科。留鸟。栖息于海拔2500 m以下的针阔混交林,冬季下迁至更低海拔阔叶林中。数量较少,为少见物种,全区分布。IUCN列为低危/需要关注(LR/lc)。

[51] 小云雀(*Alauda gulgula* Franklin,1831):隶属雀形目百灵科。留鸟。栖息于海拔3800 m以下,冬季下迁至低海拔的开阔地带。数量较少,为少见物种,全区分布,常见于亚高山草甸。IUCN列为低危/需要关注(LR/lc)。

[52] 家燕(*Hirundo rustica* Linnaeus,1758):隶属雀形目燕科。夏候鸟。在海拔2000 m以下的村落。数量较少,为少见物种,常见于毛香坝、蔡家坝、白果坪、关虎。IUCN列为低危/需要关注(LR/lc)。

[53] 金腰燕(*Hirundo daurica* Linnaeus,1771):隶属雀形目燕科。夏候鸟。栖息于海拔1200 m以下的村落繁殖。数量较少,为少见物种,常见于关虎社区。IUCN列为低危/需要关注(LR/lc)。

[54] 烟腹毛脚燕(*Delichon dasypus* Bonaparte,1850):隶属雀形目燕科。夏候鸟。栖息于海拔3000 m以下的岩崖洞穴中繁殖。数量较少,为少见物种,全区分布。IUCN列为低危/需要关注(LR/lc)。

[55] 山鹡鸰(*Dendronanthus indicus* Gmelin,1789):隶属雀形目鹡鸰科。夏候鸟。栖息于海拔1500 m以下的山区水边灌丛。数量较少,为少见物种,见于水池坪、毛香坝、蔡家坝、白果坪、关虎。IUCN列为低危/需要关注(LR/lc)。

[56] 白鹡鸰(*Motacilla alba* Linnaeus,1758):隶属雀形目鹡鸰科。留鸟。栖息于海拔2000 m以下,在地面、屋隙繁殖,常见于水边。数量较多,为少见常见物种,主要分见于区内各河溪附近,尤以村落附近为多。IUCN列为低危/需要关注(LR/lc)。

[57] 黄头鹡鸰(*Motacilla citreola* Pallas,1776):隶属雀形目鹡鸰科。夏候鸟。栖息于海拔1800 m以下的各个溪流水域附近。数量较少,为少见物种。IUCN列为低危/需要关注(LR/lc)。

[58] 黄鹡鸰(*Motacilla flava* Linnaeus,1758):隶属雀形目鹡鸰科。夏候鸟。栖息于海拔1800 m以下的各个溪流水域附近。数量较少,为少见物种。IUCN列为低危/需要关注(LR/lc)。

[59] 灰鹡鸰(*Motacilla cinerea* Tunstall,1771):隶属雀形目鹡鸰科。留鸟。栖息于海拔3100 m以下,冬季下徙低山,常见于水边。数量较多,为常见物种,多见于区内各个溪流附近。IUCN列为低危/需要关注(LR/lc)。

[60] 树鹨(*Anthus hodgsoni* Richmond,1907):隶属雀形目鹡鸰科。留鸟。栖息于

海拔 1500~2500 m 的阔叶林及针阔混交林下。数量较多，为常见物种，全区分布。IU-CN 列为低危/需要关注(LR/lc)。

[61] 粉红胸鹨(*Anthus roseatus* Blyth, 1847)：隶属雀形目鹡鸰科。留鸟。栖息于海拔 3800 m 以下，夏季在针阔混交林至高山灌丛草甸，冬季在阔叶林带的农耕地。数量较多，为常见物种，全区分布。IUCN 列为低危/需要关注(LR/lc)。

[62] 水鹨(*Anthus spinoletta* Linnaeus, 1758)：隶属雀形目鹡鸰科。冬候鸟。分布于 2000 m 以下的林缘近水处或开阔地。数量较少，为少见物种，见于水池坪、毛香坝、蔡家坝、白果坪、关虎。IUCN 列为低危/需要关注(LR/lc)。

[63] 暗灰鹃鵙(*Coracina melaschistos* Hodgson, 1836)：隶属雀形目山椒鸟科。夏候鸟。栖息于海拔 1800 m 以下的阔叶林带。数量较少，为少见物种，见于区内甚开阔的林地及竹林。IUCN 列为低危/需要关注(LR/lc)。

[64] 粉红山椒鸟(*Pericrocotus roseus* Vieillot, 1818)：隶属雀形目山椒鸟科。夏候鸟。栖息于海拔 2000 m 以下的阔叶林。数量较少，为少见物种，全区分布。IUCN 列为低危/需要关注(LR/lc)。

[65] 长尾山椒鸟(*Pericrocotus ethologus* Bangs & Phillips, 1914)：隶属雀形目山椒鸟科。留鸟。栖息于海拔 3000 m 以下的阔叶林顶部，偶到暗针叶林。数量很多，为优势物种，全区分布。IUCN 列为低危/需要关注(LR/lc)。

[66] 领雀嘴鹎(*Spizixos semitorques* Swinhoe, 1961)：隶属雀形目鹎科。留鸟。栖息于 2400 m 以下的阔叶林带。数量较多，为常见物种，见于摩天岭、四角湾、洪石河等地。IUCN 列为低危/需要关注(LR/lc)。

[67] 黄臀鹎(*Pycnonotus xanthorrhous* Anderson, 1869)：隶属雀形目鹎科。留鸟。栖息于海拔 2200 m 以下的阔叶林带林缘、灌丛。数量较多，为常见物种，见于水池坪、蔡家坝、白果坪、关虎。IUCN 列为低危/需要关注(LR/lc)。

[68] 白头鹎(*Pycnonotus sinensis* Gmelin, 1789)：隶属雀形目鹎科。留鸟。栖息于海拔 1200 m 以下的低山灌丛、竹林及疏林地带。数量较多，为常见物种，见于白果坪、关虎。IUCN 列为低危/需要关注(LR/lc)。

[69] 黑短脚鹎(*Hypsipetes leucocephalus* Gmelin, 1789)隶属雀形目鹎科。夏候鸟。栖息于海拔 1400 m 以下的低山灌丛及疏林地带。数量较少，为少见物种，仅见于蔡家坝、白果坪、关虎。IUCN 列为低危/需要关注(LR/lc)。

[70] 小太平鸟(*Bombycilla japonica* Siebold, 1824)：隶属雀形目太平鸟科。旅鸟。栖息于海拔 1200 m 左右的低山阔叶林及灌丛。数量稀少，为罕见物种，偶见于白果坪。IUCN 列为低危/接近受危(LR/nt)。

[71] 虎纹伯劳(*Lanius tigrinus* Drapiez, 1828)：隶属雀形目伯劳科。夏候鸟。栖息于海拔 2700 m 以下的阔叶林、针阔混交林及针叶林带。数量较少，为少见物种，常见于洪石河、水池坪、蔡家坝、白果坪、科考站、摩天岭、关虎等地。IUCN 列为低危/需要关注(LR/lc)。

[72] 牛头伯劳(*Lanius bucephalus* Temminck & Schlegel, 1847)：隶属雀形目伯劳科。夏候鸟。栖息于海拔 2200 m 以下的阔叶林带。数量较少，为少见物种，见于水池

坪、毛香坝、白果坪、关虎等地的次生植被。IUCN 列为低危/需要关注(LR/lc)。

[73] 红尾伯劳(*Lanius cristatus* Linnaeus，1758)：隶属雀形目伯劳科。夏候鸟。栖息于海拔 1900 m 以下的阔叶林带。数量较少，为少见物种，见于洪石河、水池坪、蔡家坝、白果坪、关虎。IUCN 列为低危/需要关注(LR/lc)。

[74] 棕背伯劳(*Lanius schach* Linnaeus，1758)：隶属雀形目伯劳科。留鸟。栖息于海拔 3000 m 以下的疏林地带，常见于针阔混交林及阔叶林。数量较少，为少见物种，全区分布。IUCN 列为低危/需要关注(LR/lc)。

[75] 灰背伯劳(*Lanius tephronotus* Vigors，1831)：隶属雀形目伯劳科。夏候鸟。栖息于海拔 2700 m 以下各个植被类型的疏林地带。数量较少，为少见物种，全区分布。IUCN 列为低危/需要关注(LR/lc)。

[76] 黑枕黄鹂(*Oriolus chinensis* Linnaeus，1766)：隶属雀形目黄鹂科。夏候鸟。栖息于海拔 1600 m 以下的阔叶林带。数量较少，为少见物种，见于蔡家坝、白果坪、关虎。IUCN 列为低危/需要关注(LR/lc)。

[77] 黑卷尾(*Dicrurus macrocercus* Vieillot，1817)：隶属雀形目卷尾科。夏候鸟，栖息于海拔 2500 m 以下的阔叶林带，尤以村落附近为多。数量较多，为常见物种，见于蔡家坝、白果坪、关虎。IUCN 列为低危/需要关注(LR/lc)。

[78] 灰卷尾(*Dicrurus leucophaeus* Vieillot，1817)：隶属雀形目卷尾科。夏候鸟。栖息于海拔 2500 m 以下的阔叶林带。数量较少，见于蔡家坝、白果坪、关虎。IUCN 列为低危/需要关注(LR/lc)。

[79] 发冠卷尾(*Dicrurus hottentottus* Linnaeus，1766)：隶属雀形目卷尾科。夏候鸟。栖息于海拔 1500 m 以下的阔叶林带。数量较少，为少见物种，见于毛香坝、蔡家坝、白果坪。IUCN 列为低危/需要关注(LR/lc)。

[80] 八哥(*Acridotheres cristatellus* Linnaeus，1766)：隶属雀形目椋鸟科。留鸟。栖息于海拔 1500 m 以下的阔叶林。数量较少，为少见物种，见于水池坪、毛香坝、蔡家坝、白果坪、关虎。IUCN 列为低危/需要关注(LR/lc)。

[81] 灰椋鸟(*Sturnus cineraceus* Temminck，1835)：隶属雀形目椋鸟科。冬候鸟。栖息于海拔 1500 m 以下的阔叶林，活动于树冠或耕地。数量较多，为常见物种，见于水池坪、毛香坝、白果坪、关虎。IUCN 列为低危/需要关注(LR/lc)。

[82] 红嘴蓝鹊(*Urocissa erythrorhyncha* Boddaert，1783)：隶属雀形目鸦科。留鸟。栖息于海拔 2400 m 以下的阔叶林带。数量较多，为优势物种，全区分布。IUCN 列为低危/需要关注(LR/lc)。

[83] 喜鹊(*Pica pica* Linnaeus，1758)：隶属雀形目鸦科。留鸟。栖息于海拔 1600 m 以下的阔叶林。数量较少，为少见物种，见于水池坪、毛香坝、蔡家坝、白果坪、关虎。IUCN 列为低危/需要关注(LR/lc)。

[84] 达乌里寒鸦(*Corvus dauuricus* Pallas，1776)：隶属雀形目鸦科。留鸟。栖息于海拔 3800 m 以下的高山灌丛及暗针叶林。据资料记载有分布，但数量较少，为少见物种。IUCN 列为低危/需要关注(LR/lc)。

[85] 红喉歌鸲(*Luscinia calliope* Pallas，1776)：隶属雀形目鸫科。旅鸟。栖息于

海拔3000 m以下的林下灌丛，一般在近溪流处。据在资料记载有分布，数量稀少，为罕见物种。IUCN列为低危/需要关注(LR/lc)。

[86] 蓝喉歌鸲(*Luscinia svecica* Linnaeus，1758)：隶属雀形目鸫科。夏候鸟。栖息于海拔2600 m以下的林灌，常留于近水的覆盖茂密处。数量较少，为少见物种，见于水池坪、毛香坝、蔡家坝、白果坪、关虎。IUCN列为低危/需要关注(LR/lc)。

[87] 棕头歌鸲(*Luscinia ruficeps* Hartert，1907)：隶属雀形目鸫科。留鸟。栖息于海拔3400 m以下的针阔叶混交林。据资料记载境内有分布，但数量稀少，为罕见物种。IUCN列为濒危(EN)。

[88] 蓝歌鸲(*Luscinia cyane* Pallas，1776)：隶属雀形目鸫科。旅鸟。栖息于海拔2200 m以下密林的地面或近地面处。据资料记载境内有分布，但数量稀少，为罕见物种。IUCN列为低危/需要关注(LR/lc)。

[89] 红胁蓝尾鸲(*Tarsiger cyanurus* Pallas，1773)：隶属雀形目鸫科。夏候鸟。栖息于海拔1800 m以下的湿润山地森林及次生林的林下低处。数量较少，为少见物种，常见于阔叶林。IUCN列为低危/需要关注(LR/lc)。

[90] 鹊鸲(*Copsychus saularis* Linnaeus，1758)：隶属雀形目鸫科。留鸟。栖息于海拔2000 m以下的阔叶林，常见于住房附近活动，以蝇蛆为食。数量较少，为少见物种，见于毛香坝、蔡家坝、白果坪、关虎。IUCN列为低危/需要关注(LR/lc)。

[91] 北红尾鸲(*Phoenicurus auroreus* Pallas，1776)：隶属雀形目鸫科。留鸟。栖息于海拔3000 m以下的阔叶林，夏季上升至暗针叶林，冬季栖于低地落叶矮树丛及耕地。常立于突出的栖处，尾颤动不停。数量很多，为优势物种，全区分布。IUCN列为低危/需要关注(LR/lc)。

[92] 黑喉石鵖(*Saxicola torquata* Linnaeus，1766)：隶属雀形目鸫科。夏候鸟。栖息于海拔2600 m以下的阔叶林带。数量较多，为常见种，全区分布。IUCN列为低危/需要关注(LR/lc)。

[93] 虎斑地鸫(*Zoothera dauma* Latham，1790)：隶属雀形目鸫科。夏候鸟。栖息于海拔1600~2700 m的阔叶林至暗针叶林，栖居茂密森林，于森林地面取食。数量较多，为常见物种，全区分布。IUCN列为低危/需要关注(LR/lc)。

[94] 斑鸫(*Turdus eunomus* Temminck，1820)：隶属雀形目鸫科。冬候鸟。栖息于海拔3000 m以下的阔叶林带越冬。数量较少，为少见物种，常见于阔叶林及针阔混交林。

[95] 宝兴歌鸫(*Turdus mupinensis*)：前已述及，为中国特有种。

[96] 乌鹟(*Muscicapa sibirica* Gmelin，1789)：隶属雀形目鹟科。夏候鸟。栖息于海拔3000 m以下的阔叶林带顶层至暗针叶林带。数量较少，为少见物种。IUCN列为低危/需要关注(LR/lc)。

[97] 褐胸鹟(*Muscicapa muttui* Layard，1854)：隶属雀形目鹟科。留鸟。栖息于海拔1500 m以下的阔叶林中。数量较少，为少见物种。IUCN列为低危/需要关注(LR/lc)。

[98] 白眉姬鹟(*Ficedula zanthopygia* Hay，1845)：隶属雀形目鹟科。夏候鸟。栖息于海拔1600 m以下的阔叶林带，喜灌丛及近水林地。数量稀少，为罕见物种。IUCN

列为低危/需要关注(LR/lc)。

[99] 红喉姬鹟(*Ficedula albicilla* Pallas，1811)：隶属雀形目鹟科。夏候鸟。栖息于海拔 3400 m 以下的阔叶林带顶部至针叶林带，栖于林缘及河流两岸的较小树上。数量较多，为常见物种。IUCN 列为低危/需要关注(LR/lc)。

[100] 棕腹大仙鹟(*Niltava davidi* La Touche，1907)：隶属雀形目鹟科。夏候鸟。栖息于海拔 2600 m 以下的阔叶林至针阔混交林带。数量较少，为少见物种。IUCN 列为低危/需要关注(LR/lc)。

[101] 白喉噪鹛(*Garrulax albogularis* Gould，1836)：隶属雀形目画眉科。留鸟。栖息于海拔 2500 m 以下落叶阔叶混交林及针阔混交林，夏季上升到针阔叶混交林带，冬季下迁到海拔 1200 m 左右的白果坪保护站。数量较多，为常见物种。IUCN 列为低危/需要关注(LR/lc)。

[102] 山噪鹛(*Garrulax davidi*)：前已述及，为中国特有种。

[103] 黑额山噪鹛(*Garrulax sukatschewi* Berezowski & Bianchi，1891)：前已述及，为中国特有种。

[104] 灰翅噪鹛(*Garrulax cineraceus* Godwin-Austen，1874)：隶属雀形目画眉科。留鸟。栖息于海拔 2600 m 以下的针阔叶混交林至暗针叶林底层。数量较少，为少见物种。IUCN 列为低危/需要关注(LR/lc)。

[105] 眼纹噪鹛(*Garrulax ocellatus* Vigors，1831)：隶属雀形目画眉科。留鸟。栖息于海拔 3000 m 以下的阔叶林带，夏季上升至暗针叶林。数量较少，为少见物种。IUCN 列为低危/需要关注(LR/lc)。

[106] 斑背噪鹛(*Garrulax lunulatus*)：前已述及，为中国特有种。

[107] 大噪鹛(*Garrulax maximus*)：前已述及，为中国特有种。

[108] 画眉(*Garrulax canorus* Linnaeus，1758)：隶属雀形目画眉科。留鸟。栖息于海拔 1800 m 以下的阔叶林带灌丛、田野、村落。数量较多，为常见物种。IUCN 列为低危/需要关注(LR/lc)，CITES 列入附录Ⅱ。

[109] 白颊噪鹛(*Garrulax sannio* Swinhoe，1867)：隶属雀形目画眉科。留鸟。栖息于海拔 1500 m 以下的阔叶林带矮树、灌丛和竹林，常成对或结小群活动。数量较多，为常见物种。IUCN 列为低危/需要关注(LR/lc)。

[110] 橙翅噪鹛(*Garrulax elliotii*)：前已述及，为中国特有种。

[111] 黑顶噪鹛(*Garrulax affinis* Blyth，1843)：隶属雀形目画眉科。留鸟。栖息于海拔 3500 m 以下的阔叶林顶部，夏季升至暗针叶林。数量较多，为常见物种。IUCN 列为低危/需要关注(LR/lc)。

[112] 红翅噪鹛(*Garrulax formosus* Verreaux，1869)：隶属雀形目画眉科。留鸟。栖息于海拔 3400 m 以下的阔叶林，夏季升至暗针叶林，结群栖于茂密森林及竹林的地面或近地面处。数量较少，为少见物种。IUCN 列为低危/需要关注(LR/lc)。

[113] 宝兴鹛雀(*Moupinia poecilotis*)：前已述及，为中国特有种。

[114] 矛纹草鹛(*Babax lanceolatus* Verreaux，1870)：隶属雀形目画眉科。留鸟。栖息于 3000 m 以下的阔叶林顶部至针阔混交林。数量较少，为少见物种。IUCN 列为低

危/需要关注(LR/lc)。

[115] 红嘴相思鸟(*Leiothrix lutea* Scopoli，1786)：隶属雀形目画眉科。留鸟。栖息于海拔 2400 m 以下的阔叶林，夏季升至针阔混交林。IUCN 列为低危/需要关注(LR/lc)，CITES 列入附录Ⅱ。

[116] 棕头雀鹛(*Alcippe ruficapilla* Verreaux，1870)：隶属雀形目画眉科。留鸟。栖息于海拔 2600 m 以下的阔叶林至针阔叶混交林。数量较少，为少见物种。IUCN 列为低危/需要关注(LR/lc)。

[117] 褐顶雀鹛(*Alcippe brunnea* Gould，1863)：隶属雀形目画眉科。留鸟。栖息于海拔 1800 m 以下的常绿林及落叶阔叶林的灌丛层。数量较多，为优势物种。IUCN 列为低危/需要关注(LR/lc)。

[118] 红嘴鸦雀(*Conostoma oemodium* Hodgson，1842)：隶属雀形目鸦雀科。留鸟。栖息于海拔 1500～3500 m 的阔叶林至针叶林带，夏季单个或结小群栖息于针阔混交林、针叶林，冬季在阔叶林顶部。数量较少，为少见物种。IUCN 列为低危/需要关注(LR/lc)。

[119] 三趾鸦雀(*Paradoxornis paradoxus*)：前已述及，为中国特有种。

[120] 白眶鸦雀(*Paradoxornis conspicillatus*)：前已述及，为中国特有种。

[121] 灰冠鸦雀(*Paradoxornis przewalskii*)：前已述及，为中国特有种。

[122] 黄额鸦雀(*Paradoxornis fulvifrons* Hodgson，1845)：隶属雀形目鸦雀科。留鸟。栖息于海拔 2000～2700 m 的针阔混交林至暗针叶林带，常集小群或与其他鸟混群栖于针阔混交林下灌丛和箭竹林。数量较多，为优势物种。IUCN 列为低危/需要关注(LR/lc)。

[123] 凤头雀莺(*Leptopoecile elegans*)：前已述及，为中国特有种。

[124] 褐柳莺(*Phylloscopus fuscatus* Blyth，1842)：隶属雀形目莺科。夏候鸟。栖息于海拔 2600 m 以下的阔叶林，常隐匿于沿溪流、沼泽周围及森林中潮湿灌丛的浓密低植被下。数量较少，为少见物种。IUCN 列为低危/需要关注(LR/lc)。

[125] 黄腹柳莺(*Phylloscopus affinis* Tickell，1833)：隶属雀形目莺科。夏候鸟。栖息于海拔 2500～3400 m 的暗针叶林至林缘灌丛地带，活动于多岩山地。数量较多，为常见物种。IUCN 列为低危/需要关注(LR/lc)。

[126] 棕腹柳莺(*Phylloscopus subaffinis* Ogilvie-Grant，1900)：隶属雀形目莺科。夏候鸟。栖息于海拔 1600～3000 m 落叶阔叶林至暗针叶林带森林、灌丛。数量较少，为少见物种。IUCN 列为低危/需要关注(LR/lc)。

[127] 棕眉柳莺(*Phylloscopus armandii* Milne-Edwards，1865)：隶属雀形目莺科。夏候鸟。栖息于海拔 2500 m 的针阔叶混交林带，常于低灌丛下的地面取食。数量较少，为少见物种。IUCN 列为低危/需要关注(LR/lc)。

[128] 橙斑翅柳莺(*Phylloscopus pulcher* Blyth，1845)：隶属雀形目莺科。夏候鸟。栖息于海拔 3400 m 以下的阔叶林顶层至暗针叶林中，性活泼的林栖型柳莺，有时加入混合鸟群。数量较少，为少见物种。IUCN 列为低危/需要关注(LR/lc)。

[129] 黄腰柳莺(*Phylloscopus proregulus* Pallas，1811)：隶属雀形目莺科。夏候

鸟。栖息于海拔 3400 m 以下的阔叶林顶部至暗针叶林带。数量较少，为少见物种。IU-CN 列为低危/需要关注(LR/lc)。

[130] 黄眉柳莺(*Phylloscopus inornatus* Blyth，1842)：隶属雀形目莺科。夏候鸟。栖息于海拔 3000 m 以下的针阔叶混交林带至暗针叶林及林下灌丛。数量较多，为常见物种。IUCN 列为低危/需要关注(LR/lc)。

[131] 暗绿柳莺(*Phylloscopus trochiloides* Sundevall，1837)：隶属雀形目莺科。夏候鸟。栖息于海拔 3600 m 以下的暗针叶林带及针阔叶混交林。数量较多，为常见物种。IUCN 列为低危/需要关注(LR/lc)。

[132] 乌嘴柳莺(*Phylloscopus magnirostris* Blyth，1843)：隶属雀形目莺科。夏候鸟。栖息于海拔 2700 m 以下的阔叶林带开阔的多草林间空地及林隙。数量较少，为少见物种。IUCN 列为低危/需要关注(LR/lc)。

[133] 冠纹柳莺(*Phylloscopus reguloides* Blyth，1842)：隶属雀形目莺科。夏候鸟。栖息于海拔 1200~3000 m，繁殖于阔叶林顶部至暗针叶林带。数量较多，为常见物种。IUCN 列为低危/需要关注(LR/lc)。

[134] 黑眉柳莺(*Phylloscopus ricketti* Slater，1897)：隶属雀形目莺科。夏候鸟。栖息于海拔 2000 m 以下的阔叶林中。数量较少，为少见物种。IUCN 列为低危/需要关注(LR/lc)。

[135] 戴菊(*Regulus regulus* Linnaeus，1758)：雀形目戴菊科。留鸟。栖息于海拔 1400~3100 m 以下的林中，常独栖于针叶林的林冠下层。数量较少，为少见物种。IU-CN 列为低危/需要关注(LR/lc)。

[136] 红胁绣眼鸟(*Zosterops erythropleurus* Swinhoe，1863)：隶属雀形目绣眼鸟科。夏候鸟。栖息于海拔 2300 m 以下的阔叶林带。数量较少，为少见物种。IUCN 列为低危/需要关注(LR/lc)。

[137] 暗绿绣眼鸟(*Zosterops japonicas* Temminck & Schlegel，1847)：隶属雀形目绣眼鸟科。夏候鸟。栖息于海拔 2400 m 以下的阔叶林带。数量较少，为少见物种。IU-CN 列为低危/需要关注(LR/lc)。

[138] 银喉长尾山雀(*Aegithalos caudatus* Linnaeus，1758)：隶属雀形目长尾山雀科。留鸟。栖息于海拔 1800~2600 m 的阔叶林和针阔混交林，性活泼，结小群在树冠层及低矮树丛中找食昆虫及种子。数量较少，为少见物种。IUCN 列为低危/需要关注(LR/lc)。

[139] 红头长尾山雀(*Aegithalos concinnus* Gould，1855)：隶属雀形目长尾山雀科。留鸟。栖息于海拔 1700 m 以下的阔叶林带灌丛。数量较多，为常见物种。IUCN 列为低危/需要关注(LR/lc)。

[140] 银脸长尾山雀(*Aegithalos fuliginosus*)：前已列入特有鸟。

[141] 沼泽山雀(*Parus palustris* Linnaeus，1758)：隶属雀形目山雀科。留鸟。栖息于海拔 1600 m 以下的阔叶林带，一般单独或成对活动，有时加入混合群。数量较少，为少见物种。IUCN 列为低危/需要关注(LR/lc)。

[142] 褐头山雀(*Parus songarus* Conrad von Baldenstein，1827)：隶属雀形目山雀

科。留鸟。栖息于海拔 3300 m 以下的森林中，夏季上升至针阔混交林及暗针叶林，冬季下迁到阔叶林。数量较少，为少见物种。IUCN 列为低危/需要关注(LR/lc)。

[143] 红腹山雀(*Parus davidi*)：前已述及，为中国特有种。

[144] 煤山雀(*Parus ater* Linnaeus，1758)：隶属雀形目山雀科。留鸟。栖息于海拔 2000~3200 m 的森林中，属于针叶林中的耐寒山雀，常于冰雪覆盖的树枝下取食。数量较少，为少见物种。IUCN 列为低危/需要关注(LR/lc)。

[145] 黑冠山雀(*Parus rubidiventris* Blyth，1847)：隶属雀形目山雀科。留鸟。栖息于海拔 2100~3400 m 的针阔混交林，夏季升至暗针叶林，以昆虫和植物嫩叶为食。数量较少，为少见物种。IUCN 列为低危/需要关注(LR/lc)。

[146] 黄腹山雀(*Parus venustulus*)：前已述及，为中国特有种。

[147] 褐冠山雀(*Parus dichrous* Blyth，1844)：隶属雀形目山雀科。留鸟。栖息于海拔 2300~3200 m 的森林中，常见于针叶林和针阔混交林。数量较少，为少见物种。IUCN 列为低危/需要关注(LR/lc)。

[148] 大山雀(*Parus major* Linnaeus，1758)：隶属雀形目山雀科。留鸟。栖息于海拔 3000 m 以下的阔叶林至针阔混交林。数量较多，为优势物种，全区分布。IUCN 列为低危/需要关注(LR/lc)。

[149] 绿背山雀(*Parus monticolus* Vigors，1831)：隶属雀形目山雀科。留鸟。终年栖息于海拔 3000 m 以下的阔叶林，夏季升至针阔混交林。数量较多，为优势物种，全区分布。IUCN 列为低危/需要关注(LR/lc)。

[150] 黄眉林雀(*Sylviparus modestus* Burton，1836)：隶属雀形目山雀科。留鸟。栖息于海拔 2400 m 以下的常绿阔叶林及针阔混交林。数量较少，为少见物种。IUCN 列为低危/需要关注(LR/lc)。

[151] 蓝喉太阳鸟(*Aethopyga gouldiae* Vigors，1831)：隶属雀形目花蜜鸟科。夏候鸟。栖息于海拔 2500 m 以下的阔叶林及针阔混交林，常成对或结小群活动，食物为昆虫和花蜜。数量较多，为常见物种，全区分布。IUCN 列为低危/需要关注(LR/lc)。

[152] 山麻雀(*Passer rutilans* Temminck，1835)：隶属雀形目雀科。留鸟。栖息于海拔 2500 m 以下的阔叶林灌丛、村落附近的农田。数量较少，为少见物种。IUCN 列为低危/需要关注(LR/lc)。

[153] 麻雀(*Passer montanus* Linnaeus，1758)：隶属雀形目雀科。留鸟。栖息于海拔 1500 m 以下的常绿阔叶林稀疏树木地区、村庄及农田。数量较多，为常见物种。IUCN 列为低危/需要关注(LR/lc)。

[154] 燕雀(*Fringilla montifringilla* Linnaeus，1758)：隶属雀形目燕雀科。冬候鸟。栖息于海拔 3000 m 以下的阔叶林及针阔混交林带。数量较多，为常见物种。IUCN 列为低危/需要关注(LR/lc)。

[155] 赤朱雀(*Carpodacus rubescens* Blanford，1872)：隶属雀形目燕雀科。留鸟。栖息于海拔 2200~3600 m 的针阔混交林、暗针叶林及高山灌丛。数量很少，为稀有物种。IUCN 列为低危/需要关注(LR/lc)。

[156] 普通朱雀(*Carpodacus erythrinus* Pallas，1770)：隶属雀形目燕雀科。留鸟。

栖息于海拔1500～2700 m的阔叶林至暗针叶林，单独或成对活动，繁殖于高山多岩山谷灌丛。数量较多，为常见物种。IUCN列为低危/需要关注(LR/lc)。

[157] 红眉朱雀(*Carpodacus pulcherrimus* Moore，1856)：隶属雀形目燕雀科。留鸟。栖息于海拔2200～3800 m，夏季升至暗针叶林及山灌丛，冬季下迁至较低处。数量较少，为少见物种。IUCN列为低危/需要关注(LR/lc)。

[158] 酒红朱雀(*Carpodacus vinaceus* Verreaux，1871)：隶属雀形目燕雀科。留鸟。栖息于海拔1500～3000 m落叶阔叶林至暗针叶林，夏季上升至暗针叶林。数量较多，为常见物种。IUCN列为低危/需要关注(LR/lc)。

[159] 棕朱雀(*Carpodacus edwardsii* Verreaux，1871)：隶属雀形目燕雀科。留鸟。栖息于海拔3400 m以下的针阔混交林至暗针叶林，夏季上升至暗针叶林。数量较少，为少见物种。IUCN列为低危/需要关注(LR/lc)。

[160] 斑翅朱雀(*Carpodacus trifasciatus* Verreaux，1871)：隶属雀形目燕雀科。留鸟。栖息于海拔3000 m以下的各个植被，夏季主要栖息于海拔1800～3000 m的稀疏针叶林、针阔混交林及阔叶林，冬季下至农田耕地。数量很少，为稀有物种。IUCN列为低危/需要关注(LR/lc)。

[161] 白眉朱雀(*Carpodacus thura* Bonaparte & Schlegel，1850)：隶属雀形目燕雀科。留鸟。栖息于海拔1800～3800 m，夏季于高山暗针叶林及林线灌丛，冬季于丘陵山坡灌丛。数量较少，为少见物种。IUCN列为低危/需要关注(LR/lc)。

[162] 红胸朱雀(*Carpodacus puniceus* Blyth，1845)：隶属雀形目燕雀科。留鸟。栖息于海拔3000～3800 m的暗针叶林至高山灌丛，夏季主要栖居高山草甸及高海拔的多岩流石、甚至冰川雪线。据资料记载境内有分布，但数量很少，为稀有物种。IUCN列为低危/需要关注(LR/lc)。

[163] 金翅雀(*Carduelis sinica* Linnaeus，1766)：隶属雀形目燕雀科。留鸟。栖息于海拔2500 m以下的阔叶林，冬季常与燕雀混群在低海拔活动。数量较多，为常见物种。IUCN列为低危/需要关注(LR/lc)。

[164] 灰头灰雀(*Pyrrhula erythaca* Blyth，1862)：隶属雀形目燕雀科。留鸟。栖息于海拔1600～3200 m的针阔叶混交林及针叶林。数量较多，为常见物种。IUCN列为低危/需要关注(LR/lc)。

[165] 蓝鹀(*Latoucheornis siemsseni*)：前已述及，为中国特有种。

[166] 灰眉岩鹀(*Emberiza godlewskii* Taczanowski，1874)：隶属雀形目燕雀科。雀形目鹀科。留鸟。栖息于海拔3000 m以下阔叶林至暗针叶林，冬季下移至开阔多矮丛的栖息生境。据资料记载有分布，但数量稀少，为少见物种。IUCN列为低危/需要关注(LR/lc)。

[167] 三道眉草鹀(*Emberiza cioides* Brandt，1843)：隶属雀形目鹀科。留鸟。栖息于海拔2500 m以下的阔叶林开阔灌丛及林缘地带。数量较少，为少见物种。IUCN列为低危/需要关注(LR/lc)。

[168] 小鹀(*Emberiza pusilla* Pallas，1776)：隶属雀形目鹀科。冬候鸟。栖息于海拔1800 m以下的阔叶林。数量较少，为少见物种。IUCN列为低危/需要关注(LR/lc)。

[169] 黄喉鹀(*Emberiza elegans* Temminck，1835)：隶属雀形目鹀科。留鸟。栖息于海拔 2500 m 以下的阔叶林，活动于丘陵及山脊的干燥落叶林及混交林。数量较多，为常见物种。IUCN 列为低危/需要关注(LR/lc)。

[170] 黄胸鹀(*Emberiza aureola* Pallas，1773)：隶属雀形目鹀科。旅鸟。栖息于海拔 1400 m 以下的杂灌、草丛中，冬季结成大群并常与其他种类混群。数量很少，为稀有物种。IUCN 列为濒危(EN)。

[171] 灰头鹀(*Emberiza spodocephala* Pallas，1776)：隶属雀形目鹀科。夏候鸟。栖息于海拔 2000 m 以下的阔叶林。数量较少，为少见物种。IUCN 列为低危/需要关注(LR/lc)。

12.3 鸟类在保护区内空间分布格局

鸟类分布受多种因素的影响，其中植被垂直分布对其影响甚大。保护区位于岷山山系摩天岭南坡缘、地处青藏高原东南缘的高山峡谷地带，区内相对海拔高差较大，自然景观及植被垂直带谱较为明显。

12.3.1 常绿阔叶林带

栖息于常绿阔叶林的主要鸟类计有 16 目 56 科 139 属 231 种(表 12-6)，占保护区鸟类目、科、属及种总数的 100%、98.25%、87.97% 及 74.52%，为 5 个垂直带中鸟类多样性最高的一个带(表 12-7)。本带鸟类主要包括繁殖鸟类、季节性垂直上下迁移的留鸟、季节性迁徙的过境旅鸟及冬候鸟，主要分布于各类常绿阔叶林、林缘及灌丛。其中，属国家重点保护的鸟类有猎隼、鸳鸯、鹗、黑冠鹃隼、凤头蜂鹰、黑鸢、白尾鹞、鹊鹞、凤头鹰、雀鹰、苍鹰、普通鵟、大鵟、红脚隼、灰背隼、燕隼、游隼、勺鸡、红腹锦鸡、灰鹤、东方草鸮、领角鸮、红角鸮、鵰鸮、黄腿渔鸮、灰林鸮、领鸺鹠、斑头鸺鹠、鹰鸮、长耳鸮、短耳鸮等，共 31 种，均为国家 Ⅱ 级重点保护物种。属中国特有鸟类的有灰胸竹鸡、红腹锦鸡、宝兴歌鸫、大噪鹛、橙翅噪鹛、宝兴鹛雀、银脸长尾山雀和蓝鹀，共 8 种。

表 12-6 唐家河自然保护区常绿阔叶林带鸟类目、科、种数及其百分比

编号	目 别	科数	属数	种数	占总种数百分比/%
1	鹈形目 Pelecaniformes	1	1	1	0.43
2	鹳形目 Ciconiiformes	1	4	4	1.73
3	雁形目 Anseriformes	1	3	4	1.72
4	隼形目 Falconiformes	3	8	16	6.93
5	鸡形目 Galliformes	1	4	4	1.73
6	鹤形目 Gruiformes	3	3	3	1.30
7	鸻形目 Charadriiformes	2	6	10	4.33

编号	目　别	科数	属数	种数	占总种数百分比/%
8	鸽形目 Columbiformes	1	2	6	2.60
9	鹃形目 Cuculiformes	1	2	6	2.60
10	鸮形目 Strigiformes	2	8	11	4.76
11	夜鹰目 Caprimulgiformes	1	1	1	0.43
12	雨燕目 Apodiformes	1	3	3	1.30
13	佛法僧目 Coraciiformes	1	3	3	1.30
14	戴胜目 Upupiformes	1	1	1	0.43
15	䴕形目 Piciformes	2	5	8	3.46
16	雀形目 Passeriformes	34	85	150	64.94
	合　计	56	139	231	100.00

表 12-7　唐家河自然保护区不同海拔带鸟类多样性分析

植被垂直带	数量				DF	DG	DG-F
	目	科	属	种			
低山常绿阔叶林带(海拔 1100～1500 m)	16	56	139	231	30.8581	4.7328	0.8466
中山常绿落叶阔叶林带(海拔 1500～2000 m)	14	30	77	152	25.8241	4.5357	0.8244
中山针阔混交林带(海拔 2000～2500 m)	10	38	96	185	19.5327	4.248	0.7825
亚高山针叶林带(海拔 2500～3400 m)	8	21	48	105	14.7163	4.0131	0.7273
高山灌丛草甸带(海拔 3400～3800 m)	5	7	11	18	4.8591	3.1028	0.3614

注：DF.科的多样性指数；DG.属的多样性指数；DG-F.科属多样性指数

　　该植被带下分布的优势鸟类种类包括红腹锦鸡、白腰雨燕、斑姬啄木鸟、大斑啄木鸟、白鹇鸽、灰鹇鸽、粉红胸鹨、长尾山椒鸟、领雀嘴鹎、黄臀鹎、白头鹎、绿翅短脚鹎、红嘴蓝鹊、大嘴乌鸦、褐河乌、鹪鹩、北红尾鸲、红尾水鸲、红喉姬鹟、方尾鹟、白颊噪鹛、橙翅噪鹛、棕颈钩嘴鹛、棕头鸦雀、冠纹柳莺、栗头鹟莺、棕脸鹟莺、红头长尾山雀、银脸长尾山雀、大山雀、绿背山雀、金翅雀、蓝鹀等 33 种繁殖鸟类及黑顶噪鹛、棕颈钩嘴鹛、红嘴相思鸟、白领凤鹛等 4 种季节性垂直迁移的鸟类。该植被带下雉科、画鹛亚科种类繁多且资源十分丰富，尤其红腹锦鸡是此生境类群的典型代表种。该带偶见鸟类种类尚包括苍鹭、黑冠鹃隼、凤头蜂鹰、凤头鹰、黄脚三趾鹑、白胸苦恶鸟、普通夜鹰、蓝翡翠、大拟啄木鸟、蚁䴕、白喉矶鸫、白眉姬鹟、戴菊、宝兴鹛雀、白腰文鸟等繁殖鸟类，以及普通鸬鹚、大麻鳽、赤麻鸭、鸳鸯等 4 种冬候鸟。

　　对常绿阔叶林带鸟类的居留型组成分析发现，该植被类型下分布有留鸟 127 种、夏候鸟 70 种、冬候鸟 15 种、旅鸟 19 种，分别占种占常绿阔叶林带鸟类总种数的 54.98%、30.30%、6.49%、8.23%。因此，低山常绿阔叶林带鸟类主要以繁殖鸟类为主。从本带鸟类区系组成看，东洋界 123 种，占总数的 53.25%；古北界 80 种，占总数的 34.63%；广布种 28 种，占总数的 12.12%。因此，本带鸟类区系组成以东洋界为主。从鸟类区系的分布型构成看，共有 12 类分布型，以东洋型为主(70 种)为主，占总数的 30.30%(图 12-4)。

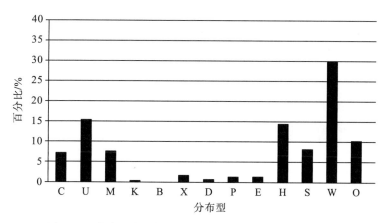

图 12-4 唐家河自然保护区常绿阔叶林带鸟类分布型构成

分布型：C. 全北型；U. 古北型；M. 东北型；K. 东北型；B. 华北型；X. 东北－华北型；D. 中亚型；P. 高地型；E. 季风型；H. 喜马拉雅－横断山区型；S. 南中国型；W. 东洋型；O. 不易归类的分布

12.3.2 常绿落叶阔叶混交林带

栖息于常绿落叶阔叶混交林的鸟类主要计有 14 目 45 科 118 属 213 种（表 12-8），占保护区鸟类目、科、属及种总数的 87.50%、78.94%、74.68% 及 68.71%。鸟类多样性在 5 个植被带中位居第二（表 12-7）。本带鸟类仍然包括繁殖鸟类、季节性垂直上下栖息的留鸟、季节性迁徙过境的旅鸟及冬候鸟组成，主要分布于各类常绿落叶阔叶混交林、林缘及灌丛。其中，属于国家 II 级重点保护的鸟类有凤头蜂鹰、黑鸢、白尾鹞、鹊鹞、凤头鹰、松雀鹰、雀鹰、苍鹰、普通鵟、大鵟、鹰鵰、灰背隼、猎隼、红腹角雉、勺鸡、红腹锦鸡、东方草鸮、领角鸮、红角鸮、鵰鸮、黄腿渔鸮、灰林鸮、领鸺鹠、斑头鸺鹠、鹰鸮、长耳鸮和短耳鸮，共 27 种；属于中国特有的鸟类有灰胸竹鸡、红腹锦鸡、宝兴歌鸫、山噪鹛、斑背噪鹛、大噪鹛、橙翅噪鹛、宝兴鹛雀、三趾鸦雀、白眶鸦雀、银脸长尾山雀、红腹山雀、蓝鹀等，共 13 种。

表 12-8 唐家河自然保护区常绿落阔混交林鸟类鸟类目、科、种数及其百分比

编号	目 别	科数	属数	种数	占总种数百分比/%
1	鹳形目 Ciconiiformes	1	1	1	0.47
2	隼形目 Falconiformes	2	7	13	6.10
3	鸡形目 Galliformes	1	5	5	2.35
4	鹤形目 Gruiformes	1	1	1	0.47
5	鸻形目 Charadriiformes	1	3	3	1.41
6	鸽形目 Columbiformes	1	2	5	2.38
7	鹃形目 Cuculiformes	1	2	6	2.82
8	鸮形目 Strigiformes	2	8	11	5.16
9	夜鹰目 Caprimulgiformes	1	1	1	0.47
10	雨燕目 Apodiformes	1	3	3	1.41

编号	目　　别	科数	属数	种数	占总种数百分比/%
11	佛法僧目 Coraciiformes	1	3	3	1.41
12	戴胜目 Upupiformes	1	1	1	0.47
13	䴕形目 Piciformes	1	4	8	3.76
14	雀形目 Passeriformes	30	77	152	71.36
	合　计	45	118	213	100.00

　　该植被带下优势鸟类种类包括勺鸡、红腹锦鸡、白腰雨燕、斑姬啄木鸟、赤胸啄木鸟、大斑啄木鸟、白鹡鸰、灰鹡鸰、粉红胸鹨、长尾山椒鸟、领雀嘴鹎、黄臀鹎、绿翅短脚鹎、红嘴蓝鹊、大嘴乌鸦、褐河乌、鹪鹩、北红尾鸲、红尾水鸲、白顶溪鸲、灰头鸫、红喉姬鹟、方尾鹟、橙翅噪鹛、黑顶噪鹛、棕颈钩嘴鹛、红头穗鹛、红嘴相思鸟、白领凤鹛、冠纹柳莺、金眶鹟莺、银脸长尾山雀、大山雀、绿背山雀等34种。此外，偶见种类有凤头蜂鹰、鹊鹞、灰胸竹鸡、白胸苦恶鸟、丘鹬、白腰草鹬、东方草鸮、普通夜鹰、蓝翡翠、蚁䴕、白喉矶鸫、白眉姬鹟、宝兴鹛雀、戴菊和斑翅朱雀，共15种。

　　对常绿落阔混交林带下鸟类的居留型分析发现，留鸟有131种，占总种数的61.50%；夏候鸟66种，占总种数的30.99%；冬候鸟8种，占总种数的3.76%,；旅鸟8种，占总种数的3.76%。因此，保护区内常绿落叶阔叶林带鸟类的区系主要以繁殖鸟类为主。从本带鸟类区系组成看，属东洋界鸟类共123种，占总种数的57.75%；属古北界鸟类共68种，占总种数的31.92%；属广布种鸟类共22种，占总种数的10.33%。因此，保护区内常绿落叶阔叶林带繁殖鸟类的区系特点是以东洋界为主。从鸟类区系的分布型构成看，该植被中分布的鸟类共有13类分布型，以东洋型(58种)、喜马拉雅—横断山区型(45种)为主，分别占总数的27.23%及21.13%(图12-5)。

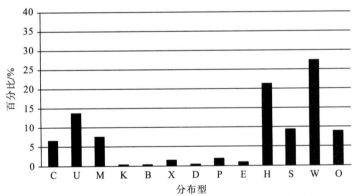

图12-5　唐家河自然保护区常绿落阔混交林鸟类分布型构成

分布型：C.全北型；U.古北型；M.东北型；K.东北型；B.华北型；X.东北—华北型；D.中亚型；P.高地型；E.季风型；H.喜马拉雅—横断山区型；S.南中国型；W.东洋型；O.不易归类的分布

12.3.3　针阔混交林带

　　保护区内栖息于针阔混交林带的鸟类主要计有10目38科96属185种(表12-9)，占保护区鸟类目、科、属及种总数的62.50%、66.67%、60.76%及59.68%，其鸟类多样性在5个植被带中位居第三(表12-7)。本带鸟类由繁殖鸟类、季节性垂直上下栖息的留鸟、季节性迁徙的过境旅鸟及冬候鸟组成，主要分布于各类针阔混交林、林缘及灌丛。其中，属于国家Ⅱ级重点保护的鸟类有黑鸢、雀鹰、苍鹰、普通鵟、大鵟、毛脚鵟、鹰鵰、灰背隼、猎隼、血雉、红腹角雉、勺鸡、红腹锦鸡、领角鸮、灰林鸮、领鸺鹠、纵纹腹小鸮和长耳鸮，共18种；属于中国特有种的鸟类有红腹锦鸡、宝兴歌鸫、山噪鹛、黑额山噪鹛、斑背噪鹛、大噪鹛、橙翅噪鹛、宝兴鹛雀、三趾鸦雀、白眶鸦雀、灰冠鸦雀、银脸长尾山雀、红腹山雀和黄腹山雀，共14种。

表 12-9 唐家河自然保护区针阔混交林鸟类鸟类目、科、种数及其百分比

编号	目 别	科数	属数	种数	占总种数百分比(%)
1	隼形目 Falconiformes	2	5	9	4.86
2	鸡形目 Galliformes	1	4	4	2.16
3	鸽形目 Columbiformes	1	2	5	2.70
4	鹃形目 Cuculifomes	1	1	5	2.70
5	鸮形目 Strigiformes	1	5	5	2.70
6	夜鹰目 Caprimulgiformes	1	1	1	0.54
7	雨燕目 Apodiformes	1	3	3	1.62
8	戴胜目 Upupiformes	1	1	1	0.54
9	䴕形目 Piciformes	1	4	6	3.24
10	雀形目 Passeriformes	28	70	146	78.92
	合 计	38	96	185	100.00

该植被带优势鸟类种类包括勺鸡、红腹角雉、岩鸽、白腰雨燕、赤胸啄木鸟、大斑啄木鸟、长尾山椒鸟、红嘴蓝鹊、大嘴乌鸦、北红尾鸲、红尾水鸲、白顶溪鸲、黑喉石鵖、红喉姬鹟、方尾鹟、橙翅噪鹛、黑顶噪鹛、红嘴相思鸟、白领凤鹛、白眶鸦雀、斑胸短翅莺、冠纹柳莺、银脸长尾山雀、大山雀、绿背山雀、燕雀、金翅雀及灰头灰雀，共28种。在本植被带中偶见的鸟类种类有普通夜鹰、蚁䴕、宝兴鹛雀、灰冠鸦雀、戴菊、赤朱雀、斑翅朱雀等7种。

对保护区内针阔混交林带鸟类的居留型分析表明，留鸟共126种，占总种数的68.11%；夏候鸟50种，占总种数的27.03%；冬候鸟5种，占总种数2.70%；旅鸟4种，占总种数的2.16%。因此，本植被带鸟类仍主要以繁殖鸟类为主。从鸟类区系组成看，本植被中属于东洋界的鸟类共115种，占总种数的62.16%；属于古北界的鸟类共55种，占总种数的29.73%；属于广布种的鸟类共15种，占总种数的8.11%。因此，保护区内针阔混交林中的鸟类区系特点是古北界和东洋界鸟类相互渗透，但以东洋界为主。从鸟类区系的分布型构成看，在本植被中的鸟类共有12类分布型，以喜马拉雅—横断山区型(59种)及东洋型(38种)为主，分别占本植被带中鸟类总种数的31.89%和20.54%(图12-6)。

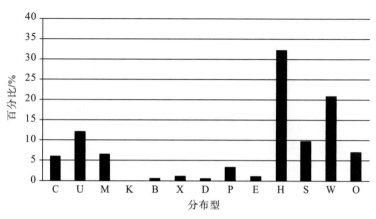

图 12-6　唐家河自然保护区中山针阔混交林鸟类分布型构成

分布型：C. 全北型；U. 古北型；M. 东北型；K. 东北型；B. 华北型；X. 东北—华北型；D. 中亚型；P. 高地型；E. 季风型；H. 喜马拉雅—横断山区型；S. 南中国型；W. 东洋型；O. 不易归类的分布

12.3.4　亚高山针叶林带

保护区内栖息于亚高山针叶林带的鸟类主要计有 8 目 30 科 73 属 140 种（表 12-10），分别占保护区鸟类目、科、属及种总数的 50.00%、52.63%、46.20% 及 45.16%，其鸟类多样性在 5 个植被带中位居第四（表 12-7），这说明随着海拔的上升，该带鸟类在科属水平上的多样性开始趋于减少。本带鸟类仍然包括繁殖鸟类、季节性垂直上下栖息的留鸟、季节性迁徙的过境旅鸟及冬候鸟，主要分布于各类针阔混交林、林缘及灌丛。其中，属于国国家重点保护的鸟类有 23 种，包括国家 I 级重点保护鸟类白尾海雕、胡兀鹫、金雕、斑尾榛鸡、红喉雉鹑及绿尾虹雉 6 种，国家 II 级保护鸟类高山兀鹫、秃鹫、短趾雕、雀鹰、苍鹰、普通鵟、大鵟、毛脚鵟、鹰鵰、红隼、灰背隼、猎隼、血雉、红腹角雉、蓝马鸡、领鸺鹠、纵纹腹小鸮等 17 种。此外，该植被带中属于中国特有的鸟类有斑尾榛鸡、红喉雉鹑、绿尾虹雉、蓝马鸡、黑额山噪鹛、斑背噪鹛、大噪鹛、橙翅噪鹛、宝兴鹛雀、三趾鸦雀、白眶鸦雀、灰冠鸦雀、凤头雀莺、红腹山雀及黄腹山雀，共 15 种。

表 12-10　唐家河自然保护区亚高山针叶林鸟类鸟类目、科、种数及其百分比

编号	目　别	科数	属数	种数	占总种数百分比/%
1	隼形目 Falconiformes	2	10	15	10.71
2	鸡形目 Galliformes	2	6	6	4.29
3	鸽形目 Columbiformes	1	2	4	2.86
4	鹃形目 Cuculiformes	1	1	2	1.43
5	鸮形目 Strigiformes	1	2	2	1.43
6	雨燕目 Apodiformes	1	1	1	0.71
7	鴷形目 Piciformes	1	3	5	3.57
8	雀形目 Passeriformes	21	48	105	75.00
	合　计	30	73	140	100.00

该植被带中优势的鸟类包括血雉、红腹角雉、岩鸽、白腰雨燕、赤胸啄木鸟、大斑啄木鸟、长尾山椒鸟、大嘴乌鸦、棕胸岩鹨、金色林鸲、红喉姬鹟、橙翅噪鹛、黑顶噪鹛、白领凤鹛、白眶鸦雀、暗绿柳莺、绿背山雀、灰头灰雀等18种。在该植被带中，偶见的鸟类种有白尾海雕、胡兀鹫、高山兀鹫、短趾雕、斑尾榛鸡、蓝马鸡、蚁䴕、宝兴鹛雀、灰冠鸦雀、戴菊、赤朱雀、斑翅朱雀等12种。

对保护区亚高山针叶林带鸟类的居留型分析发现，留鸟有97种，占总数的69.29%；夏候鸟32种，占总数的22.86%；冬候鸟7种，占总数的5.00%；旅鸟4种，占总数的2.86%。因此，本带鸟类还是主要以繁殖鸟类为主。从鸟类区系组成看，该植被带中属于东洋界的鸟类共78种，占总种数的55.71%；属于古北界的鸟类共47种，占总种数的33.57%；属于广布种的鸟类共15种，占总种数的10.71%。因此，保护区内针叶林中的鸟类区系特点是古北界和东洋界鸟类相互渗透，仍以东洋界为主。从鸟类区系的分布型构成看，该植被带中的鸟类共有11类分布型，以喜马拉雅—横断山区型(55种)及古北型(22种)为主，分别占总数的39.29%和15.71%(图12-7)。因此，随着海拔的上升，适应山地喜马拉雅—横断山区型及北方分布的古北界鸟类明显增加。

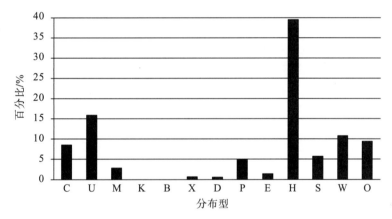

图12-7 唐家河自然保护区亚高山针叶林鸟类分布型构成

分布型：C. 全北型；U. 古北型；M. 东北型；K. 东北型；B. 华北型；X. 东北—华北型；D. 中亚型；P. 高地型；E. 季风型；H. 喜马拉雅—横断山区型；S. 南中国型；W. 东洋型；O. 不易归类的分布

12.3.5 高山灌丛草甸带

保护区内栖息于高山灌丛草甸带的鸟类主要计有5目13科24属31种(表12-11)，占保护区鸟类目、科、属及种的31.25%、22.81%、15.19%及10.00%，其鸟类多样性在5个垂直带中最低(表12-7)，这说明随着海拔的上升，鸟类的多样性趋于减少。本带鸟类区系组成包括繁殖鸟和冬候鸟组成，主要分布于各类草甸、灌丛。其中，国家重点保护的鸟类有12种，国家Ⅰ级保护鸟类有白尾海雕、胡兀鹫、金雕、斑尾榛鸡、红喉雉鹑及绿尾虹雉等6种，国家Ⅱ级重点保护鸟类有高山兀鹫、秃鹫、大鵟、猎隼、蓝马鸡及纵纹腹小鸮等6种。在该植被带中分布的属于中国特有种类的有斑尾榛鸡、红喉雉鹑、绿尾虹雉、蓝马鸡、大噪鹛、橙翅噪鹛、宝兴鹛雀及凤头雀莺等8种。

表 12-11　唐家河自然保护区高山灌丛草甸鸟类目、科、种数及其百分比

编号	目　别	科数	属数	种数	占总种数百分比/%
1	隼形目 Falconiformes	2	7	7	22.58
2	鸡形目 Galliformes	2	4	4	12.90
3	鸮形目 Strigiformes	1	1	1	3.23
4	雨燕目 Apodiformes	1	1	1	2.23
5	雀形目 Passeriformes	7	11	18	58.06
	合　计	13	24	31	100.00

　　该植被带中优势的鸟类种类包括小云雀、粉红胸鹨及大嘴乌鸦等 3 种，偶见种有白尾海雕、胡兀鹫、高山兀鹫、秃鹫、金雕及蓝马鸡等 6 种。然而，本植被带中的常见种会随着季节的变化而发生变动，在冬季，大部分常见种如斑尾榛鸡、绿尾虹雉及部分朱雀等会下迁到针叶林觅食或越冬。因此，本植被带的鸟类种类组成与针叶林带重叠分布的现象较明显。

　　对保护区高山灌丛草甸鸟类的居留型分析发现，留鸟有 25 种，占总种数的 80.65%；夏候鸟 3 种，占总种数的 9.68%；冬候鸟 3 种，占总种数的 9.68%。因此，本带鸟类仍是以繁殖鸟类为主。从鸟类区系组成看，属于东洋界的鸟类共 13 种，占总种数的 41.94%；属于古北界的鸟类共 13 种，占总种数的 41.94%；属于广布种的鸟类共 5 种，占总种数的 16.13%。因此，保护区内高山灌丛草甸带鸟类区系特点是古北界和东洋界鸟类相互渗透，古北界成分在五个垂直带中达到了最高。从鸟类区系的分布型构成看，该植被带中分布的鸟类共 9 类分布型，主要以喜马拉雅—横断山区型（12 种）为主，占总数的 38.71%（图 12-8）。

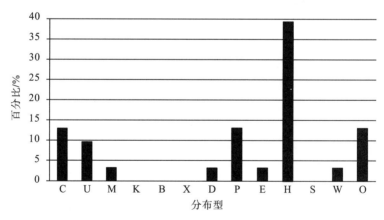

图 12-8　唐家河自然保护区高山灌丛草甸鸟类分布型构成

分布型：C. 全北型；U. 古北型；M. 东北型；K. 东北型；B. 华北型；X. 东北—华北型；D. 中亚型；P. 高地型；E. 季风型；H. 喜马拉雅—横断山区型；S. 南中国型；W. 东洋型；O. 不易归类的分布

附表 12-1　唐家河国家级自然保护区鸟类名录

序号	动物名称	特有种	保护级别	IUCN	CITES	分布型	居留型	数据来源
	鸟纲(Aves)							
(一)	鹈形目((Pelecaniformes)							
1.	鸬鹚科(Phalacrocoracidae)							
[1]	普通鸬鹚(*Phalacrocorax carbo*)		Ⅲ，Ⅳ	LR/lc		O	W	▲
(二)	鹳形目((Ciconiiformes)							
2.	鹭科(Ardeidae)							
[2]	苍鹭(*Ardea cinerea*)		Ⅲ	LR/lc		U	S	△
[3]	白鹭(*Egretta garzetta*)		Ⅲ	LR/lc		W	S	▲
[4]	池鹭(*Ardeola bacchus*)		Ⅲ	LR/lc		W	S	▲
[5]	大麻鸦(*Botaurus stellaris*)		Ⅲ，Ⅳ	LR/lc		U	W	△
(三)	雁形目(Anseriformes)							
3.	鸭科(Anatidae)							
[6]	赤麻鸭(*Tadorna ferruginea*)		Ⅲ	LR/lc		U	W	▲
[7]	鸳鸯(*Aix galericulata*)		Ⅱ	LR/lc		e	W	▲
[8]	绿翅鸭(*Anas crecca*)		Ⅲ	LR/lc		C	W	▲
[9]	绿头鸭(*Anas platyrhynchos*)		Ⅲ	LR/lc		C	W	▲
(四)	隼形目(Falconiformes)							
4.	鹗科(Pandionidae)							
[10]	鹗(*Pandion haliaetus*)		Ⅱ	LR/lc	Ⅱ	C	P	△
5.	鹰科(Accipitridae)							
[11]	黑冠鹃隼(*Aviceda leuphotes*)		Ⅱ	LR/lc	Ⅱ	W	S	△
[12]	凤头蜂鹰(*Pernis ptilorhyncus*)		Ⅱ	LR/lc	Ⅱ	W	R	▲
[13]	黑鸢(*Milvus migrans*)		Ⅱ	LR/lc	Ⅱ	U	R	▲
[14]	白尾海雕(*Haliaeetus albicilla*)		Ⅰ	LR/lc	Ⅰ	U	W	▲
[15]	胡兀鹫(*Gypaetus barbatus*)		Ⅰ	LR/lc	Ⅱ	O	W	△
[16]	高山兀鹫(*Gyps himalayensis*)		Ⅱ	LR/lc	Ⅱ	O	R	△
[17]	秃鹫(*Aegypius monachus*)		Ⅱ	LR/nt		O	W	▲
[18]	短趾雕(*Circaetus gallicus*)		Ⅱ	LR/lc	Ⅱ	O	P	△
[19]	白尾鹞(*Circus cyaneus*)		Ⅱ	LR/lc	Ⅱ	C	W	△
[20]	鹊鹞(*Circus melanoleucos*)		Ⅱ	LR/lc	Ⅱ	M	P	△
[21]	凤头鹰(*Accipiter trivirgatus*)		Ⅱ	LR/lc	Ⅱ	W	R	▲
[22]	松雀鹰(*Accipiter virgatus*)		Ⅱ	LR/lc	Ⅱ	W	S	▲
[23]	雀鹰(*Accipiter nisus*)		Ⅱ	LR/lc	Ⅱ	U	R	▲
[24]	苍鹰(*Accipiter gentilis*)		Ⅱ	LR/lc	Ⅱ	C	P	△

续表

序号	动物名称	特有种	保护级别	IUCN	CITES	分布型	居留型	数据来源
[25]	普通鵟(*Buteo buteo*)		II	LR/lc	II	U	R	▲
[26]	大鵟(*Buteo hemilasius*)		II	LR/lc	II	D	R	▲
[27]	毛脚鵟(*Buteo lagopus*)		II	LR/lc	II	C	W	△
[28]	金鵰(*Aquila chrysaetos*)		I	LR/lc	II	C	R	▲
[29]	鹰鵰(*Spizaetus nipalensis*)		II	LR/lc	II	W	P	▲
6.	隼科(Falconidae)							
[30]	红隼(*Falco tinnunculus*)		II	LR/lc	II	O	R	▲
[31]	红脚隼(*Falco amurensis*)		II	LR/lc	II	U	S	▲
[32]	灰背隼(*Falco columbarius*)		II	LR/lc	II	C	W	▲
[33]	燕隼(*Falco subbuteo*)		II	LR/lc	II	U	S	△
[34]	猎隼(*Falco cherrug*)		II	EN	II	C	R	▲
[35]	游隼(*Falco peregrinus*)		II	LR/lc	I	C	R	▲
(五)	鸡形目(Galliformes)							
7.	松鸡科(Tetraonidae)							
[36]	斑尾榛鸡(*Bonasa sewerzowi*)	R	I	LR/nt		H	R	▲
8.	雉科(Phasianidae)							
[37]	红喉雉鹑(*Tetraophasis obscurus*)	R	I	LR/lc		H	R	▲
[38]	灰胸竹鸡(*Bambusicola thoracicus*)	R	III	LR/lc		S	R	▲
[39]	血雉(*Ithaginis cruentus*)		II	LR/lc	II	H	R	▲
[40]	红腹角雉(*Tragopan temminckii*)		II	LR/lc		H	R	▲
[41]	勺鸡(*Pucrasia macrolopha*)		II	LR/lc		S	R	▲
[42]	绿尾虹雉(*Lophophorus lhuysii*)	R	I	VU	I	H	R	▲
[43]	蓝马鸡(*Crossoptilon auritum*)	R	II	LR/lc		P	R	△
[44]	环颈雉(*Phasianus colchicus*)		III	LR/lc		O	R	▲
[45]	红腹锦鸡(*Chrysolophus pictus*)	R	II	LR/lc		S	R	▲
(六)	鹤形目(Gruiformes)							
9.	三趾鹑科(Turnicidae)							
[46]	黄脚三趾鹑(*Turnix tanki*)			LR/lc		W	R	△
10.	鹤科(Gruidae)							
[47]	灰鹤(*Grus grus*)		II	LR/lc	II	U	P	△
11.	秧鸡科(Rallidae)							
[48]	白胸苦恶鸟(*Amaurornis phoenicurus*)		III	LR/lc		W	S	▲
(七)	鸻形目(Charadriiformes)							
12.	鸻科(Charadriidae)							
[49]	凤头麦鸡(*Vanellus vanellus*)		III	LR/lc		U	P	▲

续表

序号	动物名称	特有种	保护级别	IUCN	CITES	分布型	居留型	数据来源
[50]	灰头麦鸡(*Vanellus cinereus*)		Ⅲ	LR/lc		M	P	▲
[51]	金眶鸻(*Charadrius dubius*)		Ⅲ	LR/lc		O	P	●
[52]	蒙古沙鸻(*Charadrius mongolus*)		Ⅲ	LR/lc		D	P	▲
13.	鹬科(Scolopacidae)							
[53]	丘鹬(*Scolopax rusticola*)		Ⅲ	LR/lc		U	P	▲
[54]	孤沙锥(*Gallinago solitaria*)		Ⅲ	LR/lc		U	P	▲
[55]	针尾沙锥(*Gallinago stenura*)		Ⅲ	LR/lc		U	P	●
[56]	白腰草鹬(*Tringa ochropus*)		Ⅲ	LR/lc		U	P	▲
[57]	林鹬(*Tringa glareola*)		Ⅲ	LR/lc		U	P	▲
[58]	矶鹬(*Actitis hypoleucos*)		Ⅲ	LR/lc		C	P	▲
(八)	鸽形目(Columbiformes)							
14.	鸠鸽科(Columbidae)							
[59]	岩鸽(*Columba rupestris*)		Ⅲ	LR/lc		O	R	▲
[60]	斑林鸽(*Columba hodgsonii*)		Ⅲ	LR/lc		H	R	▲
[61]	山斑鸠(*Streptopelia orientalis*)		Ⅲ	LR/lc		e	R	▲
[62]	灰斑鸠(*Streptopelia decaocto*)		Ⅲ	LR/lc		W	R	▲
[63]	火斑鸠(*Streptopelia tranquebarica*)		Ⅲ	LR/lc		W	S	▲
[64]	珠颈斑鸠(*Streptopelia chinensis*)		Ⅲ	LR/lc		W	R	▲
(九)	鹃形目(Cuculiformes)							
15.	杜鹃科(Cuculidae)							
[65]	大鹰鹃(*Cuculus sparverioides*)		Ⅲ,Ⅳ	LR/lc		W	S	▲
[66]	四声杜鹃(*Cuculus micropterus*)		Ⅲ	LR/lc		W	S	▲
[67]	大杜鹃(*Cuculus canorus*)		Ⅲ	LR/lc		O	S	▲
[68]	中杜鹃(*Cuculus saturatus*)		Ⅲ	LR/lc		M	S	▲
[69]	小杜鹃(*Cuculus poliocephalus*)		Ⅲ	LR/lc		W	S	▲
[70]	噪鹃(*Eudynamys scolopacea*)		Ⅲ	LR/lc		W	S	▲
(十)	鸮形目(Strigiformes)							
16.	草鸮科(Tytonidae)							
[71]	东方草鸮(*Tyto longimembris*)		Ⅱ	LR/lc	Ⅱ	O	W	△
17.	鸱鸮科(Strigidae)							
[72]	领角鸮(*Otus lettia*)		Ⅱ	LR/lc	Ⅱ	W	R	▲
[73]	红角鸮(*Otus sunia*)		Ⅱ	LR/lc	Ⅱ	O	R	△
[74]	雕鸮(*Bubo bubo*)		Ⅱ	LR/lc	Ⅱ	U	R	△
[75]	黄腿渔鸮(*Ketupa flavipes*)		Ⅱ	LR/lc	Ⅱ	W	R	▲
[76]	灰林鸮(*Strix aluco*)		Ⅱ	LR/lc	Ⅱ	O	R	▲

序号	动物名称	特有种	保护级别	IUCN	CITES	分布型	居留型	数据来源
[77]	领鸺鹠(*Glaucidium brodiei*)		II	LR/lc	II	W	R	▲
[78]	斑头鸺鹠(*Glaucidium cuculoides*)		II	LR/lc	II	W	R	▲
[79]	纵纹腹小鸮(*Athene noctua*)		II	LR/lc	II	U	R	▲
[80]	鹰鸮(*Ninox scutulata*)		II	LR/lc	II	W	S	▲
[81]	长耳鸮(*Asio otus*)		II	LR/lc	II	C	R	▲
[82]	短耳鸮(*Asio flammeus*)		II	LR/lc	II	C	R	△
（十一）	夜鹰目(Caprimulgiformes)							
18.	夜鹰科(Caprimulgidae)							
[83]	普通夜鹰(*Caprimulgus indicus*)		III，IV	LR/lc		W	S	▲
（十二）	雨燕目(Apodiformes)							
19.	雨燕科(Apodidae)							
[84]	短嘴金丝燕(*Aerodramus brevirostris*)		III	DD		W	S	▲
[85]	白喉针尾雨燕(*Hirundapus caudacutus*)		III，IV	LR/lc		W	S	△
[86]	白腰雨燕(*Apus pacificus*)		III	LR/lc		M	S	▲
（十三）	佛法僧目(Coraciiformes)							
20.	翠鸟科(Alcedinidae)							
[87]	普通翠鸟(*Alcedo atthis*)		III	LR/lc		O	R	▲
[88]	蓝翡翠(*Halcyon pileata*)		III	LR/lc		W	S	▲
[89]	冠鱼狗(*Megaceryle lugubris*)			LR/lc		O	R	▲
（十四）	戴胜目(Upupiformes)							
21.	戴胜科(Upupidae)							
[90]	戴胜(*Upupa epops*)		III	LR/lc		O	S	▲
（十五）	䴕形目(Piciformes)							
22.	拟䴕科(Capitonidae)							
[91]	大拟啄木鸟(*Megalaima virens*)		III，IV	LR/lc		W	R	●
23.	啄木鸟科(Picidae)							
[92]	蚁䴕(*Jynx torquilla*)		III	LR/lc		U	S	▲
[93]	斑姬啄木鸟(*Picumnus innominatus*)		III	LR/lc		W	R	▲
[94]	星头啄木鸟(*Dendrocopos canicapillus*)		III	LR/lc		W	R	▲
[95]	赤胸啄木鸟(*Dendrocopos cathpharius*)		III	LR/lc		H	R	▲
[96]	白背啄木鸟(*Dendrocopos leucotos*)		III	LR/lc		U	R	▲
[97]	大斑啄木鸟(*Dendrocopos major*)		III	LR/lc		U	R	▲

序号	动物名称	特有种	保护级别	IUCN	CITES	分布型	居留型	数据来源
[98]	三趾啄木鸟（*Picoides tridactylus*）		Ⅲ	LR/lc		C	R	▲
[99]	大黄冠啄木鸟（*Picus flavinucha*）		Ⅲ，Ⅳ	LR/lc		W	R	▲
[100]	灰头绿啄木鸟（*Picus canus*）		Ⅲ	LR/lc		U	R	▲
（十六）	雀形目（Passeriformes）							
24.	百灵科（Alaudidae）							
[101]	小云雀（*Alauda gulgula*）		Ⅲ	LR/lc		W	R	▲
25.	燕科（Hirundinidae）							
[102]	家燕（*Hirundo rustica*）		Ⅲ	LR/lc		C	S	▲
[103]	金腰燕（*Cecropis daurica*）		Ⅲ	DD		O	S	▲
[104]	烟腹毛脚燕（*Delichon dasypus*）		Ⅲ	LR/lc		U	S	▲
26.	鹡鸰科（Motacillidae）							
[105]	山鹡鸰（*Dendronanthus indicus*）		Ⅲ	LR/lc		M	S	▲
[106]	白鹡鸰（*Motacilla alba*）		Ⅲ	LR/lc		U	R	▲
[107]	黄头鹡鸰（*Motacilla citreola*）		Ⅲ	LR/lc		U	S	▲
[108]	黄鹡鸰（*Motacilla flava*）		Ⅲ	LR/lc		U	S	▲
[109]	灰鹡鸰（*Motacilla cinerea*）		Ⅲ	LR/lc		O	R	▲
[110]	树鹨（*Anthus hodgsoni*）		Ⅲ	LR/lc		M	R	▲
[111]	粉红胸鹨（*Anthus roseatus*）		Ⅲ	LR/lc		P	R	▲
[112]	黄腹鹨（*Anthus rubescens*）			LR/lc		C	S	●
[113]	水鹨（*Anthus spinoletta*）		Ⅲ	LR/lc		C	W	▲
27.	山椒鸟科（Campephagidae）							
[114]	暗灰鹃鵙（*Coracina melaschistos*）		Ⅲ	LR/lc		W	S	▲
[115]	粉红山椒鸟（*Pericrocotus roseus*）		Ⅲ	LR/lc		W	S	▲
[116]	长尾山椒鸟（*Pericrocotus ethologus*）		Ⅲ	LR/lc		H	R	▲
28.	鹎科（Pycnonotidae）							
[117]	领雀嘴鹎（*Spizixos semitorques*）		Ⅲ	LR/lc		W	R	▲
[118]	黄臀鹎（*Pycnonotus xanthorrhous*）		Ⅲ	LR/lc		W	R	▲
[119]	白头鹎（*Pycnonotus sinensis*）		Ⅲ	LR/lc		S	R	▲
[120]	绿翅短脚鹎（*Hypsipetes mcclellandii*）			LR/lc		W	R	▲
[121]	黑短脚鹎（*Hypsipetes leucocephalus*）		Ⅲ	LR/lc		W	S	▲
29.	太平鸟科（Bombycillidae）							
[122]	小太平鸟（*Bombycilla japonica*）		Ⅲ	LR/nt		M	P	▲
30.	伯劳科（Laniidae）							

序号	动物名称	特有种	保护级别	IUCN	CITES	分布型	居留型	数据来源
[123]	虎纹伯劳(*Lanius tigrinus*)		Ⅲ	LR/lc		X	S	▲
[124]	牛头伯劳(*Lanius bucephalus*)		Ⅲ	LR/lc		X	S	▲
[125]	红尾伯劳(*Lanius cristatus*)		Ⅲ	LR/lc		X	S	▲
[126]	棕背伯劳(*Lanius schach*)		Ⅲ	LR/lc		W	R	▲
[127]	灰背伯劳(*Lanius tephronotus*)		Ⅲ	LR/lc		H	S	▲
31.	黄鹂科(Oriolidae)							
[128]	黑枕黄鹂(*Oriolus chinensis*)		Ⅲ	LR/lc		W	S	▲
32.	卷尾科(Dicruridae)							
[129]	黑卷尾(*Dicrurus macrocercus*)		Ⅲ	LR/lc		W	S	▲
[130]	灰卷尾(*Dicrurus leucophaeus*)		Ⅲ	LR/lc		W	S	▲
[131]	发冠卷尾(*Dicrurus hottentottus*)		Ⅲ	LR/lc		W	S	▲
33.	椋鸟科(Sturnidae)							
[132]	八哥(*Acridotheres cristatellus*)		Ⅲ	LR/lc		W	R	▲
[133]	灰椋鸟(*Sturnus cineraceus*)		Ⅲ	LR/lc		X	W	▲
34.	鸦科(Corvidae)							
[134]	松鸦(*Garrulus glandarius*)			LR/lc		U	R	▲
[135]	红嘴蓝鹊(*Urocissa erythrorhyncha*)		Ⅲ	LR/lc		W	R	▲
[136]	喜鹊(*Pica pica*)		Ⅲ	LR/lc		C	R	▲
[137]	星鸦(*Nucifraga caryocatactes*)			LR/lc		U	R	▲
[138]	达乌里寒鸦(*Corvus dauuricus*)		Ⅲ	LR/lc		U	R	△
[139]	小嘴乌鸦(*Corvus corone*)			LR/lc		C	R	△
[140]	大嘴乌鸦(*Corvus macrorhynchos*)			LR/lc		e	R	▲
[141]	白颈鸦(*Corvus pectoralis*)			DD		S	R	▲
35.	河乌科(Cinclidae)							
[142]	河乌(*Cinclus cinclus*)			LR/lc		O	R	▲
[143]	褐河乌(*Cinclus pallasii*)			LR/lc		W	R	▲
36.	鹪鹩科(Troglodytidae)							
[144]	鹪鹩(*Troglodytes troglodytes*)			LR/lc		C	R	▲
37.	岩鹨科(Prunellidae)							
[145]	领岩鹨(*Prunella collaris*)			LR/lc		U	R	▲
[146]	棕胸岩鹨(*Prunella strophiata*)			LR/lc		H	R	▲
[147]	栗背岩鹨(*Prunella immaculata*)			LR/lc		H	R	▲
38.	鸫科(Turdidae)							
[148]	红喉歌鸲(*Luscinia calliope*)		Ⅲ	LR/lc		U	P	△
[149]	蓝喉歌鸲(*Luscinia svecica*)		Ⅲ	LR/lc		U	S	▲

续表

序号	动物名称	特有种	保护级别	IUCN	CITES	分布型	居留型	数据来源
[150]	棕头歌鸲(*Luscinia ruficeps*)		Ⅲ	EN		S	R	△
[151]	栗腹歌鸲(*Luscinia brunnea*)			LR/lc		H	S	▲
[152]	蓝歌鸲(*Luscinia cyane*)		Ⅲ	LR/lc		M	P	△
[153]	红胁蓝尾鸲(*Tarsiger cyanurus*)		Ⅲ	LR/lc		M	S	▲
[154]	金色林鸲(*Tarsiger chrysaeus*)			LR/lc		H	S	▲
[155]	白眉林鸲(*Tarsiger indicus*)			LR/lc		H	R	▲
[156]	鹊鸲(*Copsychus saularis*)		Ⅲ	LR/lc		W	R	▲
[157]	赭红尾鸲(*Phoenicurus ochruros*)			LR/lc		O	R	▲
[158]	黑喉红尾鸲(*Phoenicurus hodgsoni*)			LR/lc		H	R	▲
[159]	白喉红尾鸲(*Phoenicurus schisticeps*)			LR/lc		H	R	▲
[160]	北红尾鸲(*Phoenicurus auroreus*)		Ⅲ	LR/lc		M	R	▲
[161]	红腹红尾鸲(*Phoenicurus erythrogastrus*)			LR/lc		P	S	●
[162]	蓝额红尾鸲(*Phoenicurus frontalis*)			LR/lc		H	R	▲
[163]	红尾水鸲(*Rhyacornis fuliginosa*)			LR/lc		W	R	▲
[164]	白顶溪鸲(*Chaimarrornis leucocephalus*)			LR/lc		H	R	▲
[165]	白腹短翅鸲(*Hodgsonius phaenicuroides*)			LR/lc		H	R	▲
[166]	蓝大翅鸲(*Grandala coelicolor*)			LR/lc		H	R	△
[167]	小燕尾(*Enicurus scouleri*)			LR/lc		S	R	▲
[168]	白额燕尾(*Enicurus leschenaulti*)			LR/lc		W	R	▲
[169]	黑喉石鸭(*Saxicola torquata*)		Ⅲ	LR/lc		O	S	▲
[170]	灰林鸭(*Saxicola ferreus*)			LR/lc		W	R	▲
[171]	白喉矶鸫(*Monticola gularis*)			LR/lc		M	S	△
[172]	栗腹矶鸫(*Monticola rufiventris*)			LR/lc		S	S	▲
[173]	蓝矶鸫(*Monticola solitarius*)			LR/lc		U	S	▲
[174]	紫啸鸫(*Myophonus caeruleus*)			LR/lc		W	S	▲
[175]	橙头地鸫(*Zoothera citrina*)			LR/lc		W	S	▲
[176]	长尾地鸫(*Zoothera dixoni*)			LR/lc		H	S	▲
[177]	虎斑地鸫(*Zoothera dauma*)		Ⅲ	LR/lc		U	S	▲
[178]	灰翅鸫(*Turdus boulboul*)			LR/lc		H	S	●
[179]	乌鸫(*Turdus merula*)			LR/lc		O	S	▲
[180]	灰头鸫(*Turdus rubrocanus*)			LR/lc		H	R	▲
[181]	赤颈鸫(*Turdus ruficollis*)			LR/lc		O	W	▲

续表

序号	动物名称	特有种	保护级别	IUCN	CITES	分布型	居留型	数据来源
[182]	斑鸫(*Turdus eunomus*)		Ⅲ	DD		M	W	▲
[183]	宝兴歌鸫(*Turdus mupinensis*)	R	Ⅲ	LR/lc		H	R	▲
39.	鹟科(Muscicapidae)							
[184]	乌鹟(*Muscicapa sibirica*)		Ⅲ	LR/lc		M	S	▲
[185]	褐胸鹟(*Muscicapa muttui*)		Ⅲ	LR/lc		H	R	▲
[186]	棕尾褐鹟(*Muscicapa ferruginea*)			LR/lc		H	S	▲
[187]	白眉姬鹟(*Ficedula zanthopygia*)		Ⅲ	LR/lc		M	S	▲
[188]	锈胸蓝姬鹟(*Ficedula hodgsonii*)			LR/lc		H	S	▲
[189]	橙胸姬鹟(*Ficedula strophiata*)			LR/lc		W	S	▲
[190]	红喉姬鹟(*Ficedula albicilla*)		Ⅲ	LR/lc		U	S	▲
[191]	灰蓝姬鹟(*Ficedula tricolor*)			LR/lc		H	S	▲
[192]	白腹蓝姬鹟(*Cyanoptila cyanomelana*)			LR/lc		K	S	▲
[193]	铜蓝鹟(*Eumyias thalassinus*)			LR/lc		W	S	▲
[194]	棕腹大仙鹟(*Niltava davidi*)		Ⅲ	LR/lc		W	S	▲
[195]	方尾鹟(*Culicicapa ceylonensis*)			LR/lc		W	S	▲
40.	画眉科(Timaliidae)							
[196]	白喉噪鹛(*Garrulax albogularis*)		Ⅲ	LR/lc		H	R	▲
[197]	山噪鹛(*Garrulax davidi*)	R	Ⅲ	LR/lc		B	R	▲
[198]	黑额山噪鹛(*Garrulax sukatschewi*)	R	Ⅲ	VU		P	R	▲
[199]	灰翅噪鹛(*Garrulax cineraceus*)		Ⅲ	LR/lc		S	R	▲
[200]	眼纹噪鹛(*Garrulax ocellatus*)		Ⅲ	LR/lc		H	R	▲
[201]	斑背噪鹛(*Garrulax lunulatus*)	R	Ⅲ	LR/lc		H	R	▲
[202]	大噪鹛(*Garrulax maximus*)	R	Ⅲ	LR/lc		H	R	▲
[203]	画眉(*Garrulax canorus*)		Ⅲ	LR/lc	Ⅱ	S	R	▲
[204]	白颊噪鹛(*Garrulax sannio*)		Ⅲ	LR/lc		S	R	▲
[205]	橙翅噪鹛(*Garrulax elliotii*)	R	Ⅲ	LR/lc		H	R	▲
[206]	黑顶噪鹛(*Garrulax affinis*)		Ⅲ	LR/lc		H	R	▲
[207]	红翅噪鹛(*Garrulax formosus*)		Ⅲ	LR/lc		H	R	▲
[208]	斑胸钩嘴鹛(*Pomatorhinus erythrocnemis*)			LR/lc		S	R	▲
[209]	棕颈钩嘴鹛(*Pomatorhinus ruficollis*)			LR/lc		W	R	▲
[210]	小鳞胸鹪鹛(*Pnoepyga pusilla*)			LR/lc		W	R	▲
[211]	红头穗鹛(*Stachyris ruficeps*)			LR/lc		S	R	▲
[212]	宝兴鹛雀(*Moupinia poecilotis*)	R	Ⅲ	DD		H	R	▲
[213]	矛纹草鹛(*Babax lanceolatus*)		Ⅲ	LR/lc		S	R	▲

序号	动物名称	特有种	保护级别	IUCN	CITES	分布型	居留型	数据来源
[214]	红嘴相思鸟(*Leiothrix lutea*)		Ⅲ	LR/lc	Ⅱ	W	R	▲
[215]	红翅鵙鹛(*Pteruthius flaviscapis*)			LR/lc		W	R	▲
[216]	淡绿鵙鹛(*Pteruthius xanthochlorus*)			LR/lc		H	R	▲
[217]	金胸雀鹛(*Alcippe chrysotis*)			LR/lc		H	R	▲
[218]	白眉雀鹛(*Alcippe vinipectus*)			LR/lc		H	R	▲
[219]	棕头雀鹛(*Alcippe ruficapilla*)		Ⅲ	LR/lc		H	R	▲
[220]	褐头雀鹛(*Alcippe cinereiceps*)			LR/lc		S	R	▲
[221]	褐顶雀鹛(*Alcippe brunnea*)		Ⅲ	LR/lc		W	R	▲
[222]	灰眶雀鹛(*Alcippe morrisonia*)			LR/lc		W	R	▲
[223]	栗耳凤鹛(*Yuhina castaniceps*)			LR/lc		W	R	△
[224]	纹喉凤鹛(*Yuhina gularis*)			LR/lc		H	R	▲
[225]	白领凤鹛(*Yuhina diademata*)			LR/lc		H	R	▲
[226]	黑颏凤鹛(*Yuhina nigrimenta*)			LR/lc		W	R	▲
41.	鸦雀科(Paradoxornithidae)							
[227]	红嘴鸦雀(*Conostoma oemodium*)		Ⅲ	LR/lc		H	R	▲
[228]	三趾鸦雀(*Paradoxornis paradoxus*)	R	Ⅲ	LR/lc		H	R	△
[229]	白眶鸦雀(*Paradoxornis conspicillatus*)	R	Ⅲ	LR/lc		S	R	▲
[230]	棕头鸦雀(*Paradoxornis webbianus*)			LR/lc		S	R	▲
[231]	灰冠鸦雀(*Paradoxornis przewalskii*)	R	Ⅲ	VU		S	R	▲
[232]	黄额鸦雀(*Paradoxornis fulvifrons*)		Ⅲ	LR/lc		H	R	▲
42.	扇尾莺科(Cisticolidae)							
[233]	棕扇尾莺(*Cisticola juncidis*)			LR/lc		O	R	▲
[234]	山鹪莺(*Prinia criniger*)			LR/lc		W	R	△
[235]	纯色山鹪莺(*Prinia inornata*)			LR/lc		W	R	▲
43.	莺科(Sylviidae)							
[236]	栗头地莺(*Tesia castaneocoronata*)			LR/lc		H	R	▲
[237]	短翅树莺(*Cettia diphone*)			LR/lc		M	S	△
[238]	强脚树莺(*Cettia fortipes*)			LR/lc		W	R	▲
[239]	大树莺(*Cettia major*)			LR/lc		H	R	●
[240]	黄腹树莺(*Cettia acanthizoides*)			LR/lc		S	R	▲
[241]	斑胸短翅莺(*Bradypterus thoracicus*)			LR/lc		O	S	▲
[242]	中华短翅莺(*Bradypterus tacsanowskius*)			LR/lc		O	S	●

序号	动物名称	特有种	保护级别	IUCN	CITES	分布型	居留型	数据来源
[243]	东方大苇莺(*Acrocephalus orientalis*)			DD		O	S	▲
[244]	凤头雀莺(*Leptopoecile elegans*)	R	Ⅲ	LR/lc		H	R	△
[245]	褐柳莺(*Phylloscopus fuscatus*)		Ⅲ	LR/lc		M	S	▲
[246]	黄腹柳莺(*Phylloscopus affinis*)		Ⅲ	LR/lc		H	S	▲
[247]	棕腹柳莺(*Phylloscopus subaffinis*)		Ⅲ	LR/lc		S	S	▲
[248]	棕眉柳莺(*Phylloscopus armandii*)		Ⅲ	LR/lc		H	S	▲
[249]	橙斑翅柳莺(*Phylloscopus pulcher*)		Ⅲ	LR/lc		H	S	△
[250]	黄腰柳莺(*Phylloscopus proregulus*)		Ⅲ	LR/lc		U	S	▲
[251]	黄眉柳莺(*Phylloscopus inornatus*)		Ⅲ	LR/lc		U	S	▲
[252]	暗绿柳莺(*Phylloscopus trochiloides*)		Ⅲ	LR/lc		U	S	▲
[253]	乌嘴柳莺(*Phylloscopus magnirostris*)		Ⅲ	LR/lc		H	S	▲
[254]	冠纹柳莺(*Phylloscopus reguloides*)		Ⅲ	LR/lc		W	S	▲
[255]	黑眉柳莺(*Phylloscopus ricketti*)		Ⅲ	LR/lc		W	S	△
[256]	金眶鹟莺(*Seicercus burkii*)			LR/lc		S	S	▲
[257]	栗头鹟莺(*Seicercus castaniceps*)			LR/lc		W	S	▲
[258]	棕脸鹟莺(*Abroscopus albogularis*)			LR/lc		S	R	▲
44.	戴菊科(Regulidae)							
[259]	戴菊(*Regulus regulus*)		Ⅲ	LR/lc		C	R	▲
45.	绣眼鸟科(Zosteropidae)							
[260]	红胁绣眼鸟(*Zosterops erythropleurus*)		Ⅲ	LR/lc		M	S	▲
[261]	暗绿绣眼鸟(*Zosterops japonicus*)		Ⅲ	LR/lc		S	S	▲
46.	攀雀科(Remizidae)							
[262]	火冠雀(*Cephalopyrus flammiceps*)			LR/lc		H	R	▲
47.	长尾山雀科(Aegithalidae)							
[263]	银喉长尾山雀(*Aegithalos caudatus*)		Ⅲ	LR/lc		U	R	▲
[264]	红头长尾山雀(*Aegithalos concinnus*)		Ⅲ	LR/lc		W	R	▲
[265]	银脸长尾山雀(*Aegithalos fuliginosus*)	R	Ⅲ	LR/lc		P	R	▲

序号	动物名称	特有种	保护级别	IUCN	CITES	分布型	居留型	数据来源
48.	山雀科（Paridae）							
[266]	沼泽山雀（*Parus palustris*）		Ⅲ	LR/lc		U	R	●
[267]	褐头山雀（*Parus songarus*）		Ⅲ	LR/lc		C	R	▲
[268]	红腹山雀（*Parus davidi*）	R	Ⅲ	LR/lc		P	R	▲
[269]	煤山雀（*Parus ater*）		Ⅲ	LR/lc		U	R	▲
[270]	黑冠山雀（*Parus rubidiventris*）		Ⅲ	LR/lc		H	R	▲
[271]	黄腹山雀（*Parus venustulus*）	R	Ⅲ	LR/lc		S	R	▲
[272]	褐冠山雀（*Parus dichrous*）		Ⅲ	LR/lc		H	R	▲
[273]	大山雀（*Parus major*）		Ⅲ	LR/lc		O	R	▲
[274]	绿背山雀（*Parus monticolus*）		Ⅲ	LR/lc		W	R	▲
[275]	黄眉林雀（*Sylviparus modestus*）		Ⅲ	LR/lc		W	R	▲
49.	䴓科（Sittidae）							
[276]	普通䴓（*Sitta europaea*）			LR/lc		U	R	▲
50.	旋壁雀科（Tichidromidae）							
[277]	红翅旋壁雀（*Tichodroma muraria*）			LR/lc		O	R	▲
51.	旋木雀科（Certhiidae）							
[278]	欧亚旋木雀（*Certhia familiaris*）			LR/lc		C	R	▲
[279]	高山旋木雀（*Certhia himalayana*）			LR/lc		H	R	▲
52.	啄花鸟科（Dicaeidae）							
[280]	黄腹啄花鸟（*Dicaeum melanoxanthum*）			LR/lc		H	S	▲
[281]	纯色啄花鸟（*Dicaeum concolor*）			LR/lc		W	R	▲
[282]	红胸啄花鸟（*Dicaeum ignipectus*）			LR/lc		W	R	▲
53.	花蜜鸟科（Nectariniidae）							
[283]	蓝喉太阳鸟（*Aethopyga gouldiae*）		Ⅲ	LR/lc		S	S	▲
54.	雀科（Passeridae）							
[284]	家麻雀（*Passer domesticus*）			LR/lc		O	P	▲
[285]	山麻雀（*Passer rutilans*）		Ⅲ	LR/lc		S	R	▲
[286]	麻雀（*Passer montanus*）		Ⅲ	LR/lc		U	R	▲
55.	梅花雀科（Estrildidae）							
[287]	白腰文鸟（*Lonchura striata*）			LR/lc		W	R	▲
56.	燕雀科（Fringillidae）							
[288]	燕雀（*Fringilla montifringilla*）		Ⅲ	LR/lc		U	W	▲
[289]	林岭雀（*Leucosticte nemoricola*）			LR/lc		P	R	▲
[290]	赤朱雀（*Carpodacus rubescens*）		Ⅲ	LR/lc		H	R	▲

序号	动物名称	特有种	保护级别	IUCN	CITES	分布型	居留型	数据来源
[291]	普通朱雀(*Carpodacus erythrinus*)		Ⅲ	LR/lc		U	R	▲
[292]	红眉朱雀(*Carpodacus pulcherrimus*)		Ⅲ	LR/lc		H	R	△
[293]	酒红朱雀(*Carpodacus vinaceus*)		Ⅲ	LR/lc		H	R	▲
[294]	棕朱雀(*Carpodacus edwardsii*)		Ⅲ	LR/lc		H	R	▲
[295]	斑翅朱雀(*Carpodacus trifasciatus*)		Ⅲ	LR/lc		H	R	▲
[296]	白眉朱雀(*Carpodacus thura*)		Ⅲ	LR/lc		H	R	▲
[297]	红胸朱雀(*Carpodacus puniceus*)		Ⅲ	LR/lc		P	R	△
[298]	藏黄雀(*Carduelis thibetana*)			DD		H	R	▲
[299]	金翅雀(*Carduelis sinica*)		Ⅲ	LR/lc		M	R	▲
[300]	灰头灰雀(*Pyrrhula erythaca*)		Ⅲ	LR/lc		H	R	▲
[301]	黄颈拟蜡嘴雀(*Mycerobas affinis*)			LR/lc		H	R	▲
[302]	白点翅拟蜡嘴雀(*Mycerobas melanozanthos*)			LR/lc		H	R	▲
[303]	白斑翅拟蜡嘴雀(*Mycerobas carnipes*)			LR/lc		P	R	▲
57.	鹀科(Emberizidae)							
[304]	蓝鹀(*Latoucheornis siemsseni*)	R	Ⅲ	LR/lc		H	S	▲
[305]	灰眉岩鹀(*Emberiza godlewskii*)		Ⅲ	LR/lc		O	R	△
[306]	三道眉草鹀(*Emberiza cioides*)		Ⅲ	LR/lc		M	R	▲
[307]	小鹀(*Emberiza pusilla*)		Ⅲ	LR/lc		U	W	▲
[308]	黄喉鹀(*Emberiza elegans*)		Ⅲ	LR/lc		M	R	▲
[309]	黄胸鹀(*Emberiza aureola*)		Ⅲ	EN		U	P	▲
[310]	灰头鹀(*Emberiza spodocephala*)		Ⅲ	LR/lc		M	S	▲

注：①分类依据《中国鸟类分类与分布名录》(郑光美，2011)。②特有种：R 为中国特有种。③保护级别：Ⅰ.国家Ⅰ级重点保护野生动物；Ⅱ.国家Ⅱ级重点保护野生动物；Ⅲ.国家保护有益的、有重要经济价值的、有科学研究价值的动物；Ⅳ.四川省重点保护动物。④IUCN 中：EN.濒危；VU.易危；LR/lc.低危/需予关注；LR/nt.低危/接近受危；DD.数据不足。⑤CITES 中：Ⅰ.附录Ⅰ收录物种；Ⅱ.附录Ⅱ收录物种；Ⅲ.附录Ⅲ收录物种。⑥分布型：C.全北型；U.古北型；M.东北型；K.东北型；B.华北型；X.东北—华北型；D.中亚型；P.高地型；E.季风型；H.喜马拉雅—横断山区型；S.南中国型；W.东洋型；O.不易归类的分布。⑦居留类型：P.旅鸟；W.冬候鸟；R.留鸟。⑧调查情况："▲"为察见动物；"△"为资料记载；"●"为访问调查

第13章 兽 类

　　保护区自1978年建立以来，在科学研究、自然保护等方面取得了卓著的成效。在兽类研究方面，有关大熊猫（*Ailuropoda melanoleuca*）、川金丝猴（*Rhinopithecus roxellana*）、扭角羚（*Budorcas taxicolor*）等珍稀濒危动物及啮齿类动物等小型兽类研究方面取得了许多重要的研究结果。本书第14章对大熊猫、川金丝猴等重点保护兽类进行了详细的介绍，在本章中不再赘述。

　　长期以来，保护区小型兽类的研究受到了国内学者的广泛关注。王淯等（1994）对唐家河的社鼠（*Rattus niviventer*）种群空间格局的研究发现，社鼠的空间分布为典型的聚集分布，集群的分布为均匀分布。王淯等（2003，2005）对唐家河的小型哺乳动物空间生态位、种群空间关系、群落结构、小型兽类生物量等进行了长期系统的研究，发现随着群落内物种数的增加，群落的多样性和均匀性指数也都增加，但是随着群落内优势种所占比例增加，群落的多样性则显著降低，均匀度也降低。王艳妮等（2005）在野外调查的基础上，运用现代生态学的生态位理论和方法，研究保护区夏季啮齿类的空间生态位，发现保护区的12种啮齿类动物中，高山姬鼠（*Apodemus chevrieri*）、龙姬鼠（*A. draco*）和大林姬鼠（*A. peninsulae*）在4个垂直植被带上的分布范围最宽。廖文波等（2005）对唐家河小型兽类密度做了调查。黎运喜等（2009）采用样线法和样方取样法，揭示了影响黑腹绒鼠（*Eothenomys melanogastor*）夏季空间分布的生态因素，在21个生境变量中，海拔、坡度、坡向等16个变量在生境样方和对照样方间存在显著差异，表明该地黑腹绒鼠对夏季生境的利用具有明显的选择性。该地黑腹绒鼠夏季频繁出现的生境为：坡向朝南，偏好选择处于较早植被演替阶段，海拔较低，乔木和竹子较矮，离水源较近，乔木层郁闭度、乔木胸径、竹子盖度、竹子密度和落叶层盖度较小，而草本层较高，草本盖度、密度及灌木密度均较大。

　　保护区其他一些兽类的研究也取得了一定的研究成果。例如，对鬣羚（*Capricornis sumatraensis*）春冬季的生境利用进行了研究。结果表明：影响鬣羚春季生境选择的主要生态因子为人为干扰、植被型、乔木距离、乔木密度、坡度、岩石距离、乔木大小和坡位；影响其冬季生境选择的主要生态因子为人为干扰、植被型、坡位、郁闭度、水源、乔木距离、乔木密度、乔木大小、灌木大小、岩石距离、坡向、动物干扰度；鬣羚春冬季对生境的选择分离主要表现为坡度、海拔、乔木大小、乔木距离、灌木距离、岩石距离、坡位、植被型、郁闭度、水源等生态因子的分离。鬣羚系典型的林栖动物，栖息于海拔1000~4000 m的阔叶林、针阔混交林、针叶林。从以上的分析可以看出，春季鬣羚主要栖息于阔叶林和针阔混交林；冬季主要栖息于阔叶林。这些植被型分别在春季和冬季同时满足了鬣羚对食物和隐蔽条件的要求，而成为唐家河自然保护区鬣羚春冬季的首选林型。作为阔叶林、针阔混交林建成种的乔木，其大小、密度、距离，综合反映了动物的食物组成、小气候、地形、地貌等因子的特征，而成为鬣羚春冬季生境选择的主要生态因子(吴华等，2000，2001)。

侯万儒等(2003)借助漩涡软件，对保护区内黑熊(*Ursus thibetanus*)的种群动态进行模拟分析。结果表明，在没有近亲繁殖、食物歉收和人为诱捕等灾害影响下，保护区内黑熊种群数量在100年内稳步增长；而加入近亲繁殖、人为诱捕和食物歉收等因素时，种群数量增长相对受到影响；其中，人为诱捕是种群数量下降的主要因素。

吴华等(2002)应用主成分分析和判别分析的方法，对四川唐家河自然保护区斑羚(*Naemorhedus goral*)春冬季生境的利用进行了研究。研究结果表明：影响斑羚春季生境选择的主要生态因子为人为干扰、植被型、坡位、郁闭度、水源、乔木距离、乔木大小、灌木距离、坡度、灌木大小；影响其冬季生境选择的主要生态因子为人为干扰、植被型、坡位、郁闭度、坡向、海拔、灌木大小、坡度、食物丰富度、乔木密度；斑羚春冬季生境选择的分离主要表现为植被型、郁闭度、水源、坡位、坡度、乔木大小、乔木距离、灌木密度等生态因子的分离。

13.1　调　查　方　法

13.1.1　小型兽类调查——样线夹子法

在保护区内，根据调查区域的生境类型，设计兽类调查样线20条，以样线夹子法进行小型兽类数量和种类的调查。依在设置的调查样线内放置一定数量的鼠夹(夹距5 m左右，行距50 m左右)，放上花生米，作为食饵，下午放置鼠夹，次日上午检查，收集捕获的小型兽类。采集的标本放入塑料袋中，先用杀虫剂喷洒密闭杀死标本体表寄生虫，然后测量、记录。并将标本保存于7%甲醛溶液或80%乙醇溶液中固定，然后用70%的乙醇溶液保存。对捕获的小型兽类样本进行种类鉴定，根据外形不能判定其种类的小型兽类标本在实验室进行鉴定。结合捕获的各种小型兽类的数量，开展项目实施区域小型兽类的数量评估。

13.1.2　大中型兽类调查

13.1.2.1　样线法

大中型兽类的调查主要采用样线法。首先查阅调查区域兽类分布、种类、数量等有关历史文献资料，结合调查区域访谈的结果，设计相对合理的调查样线，本次调查共设计兽类调查样线20条。每次以一种或者一类动物为调查对象，同时调查多条样带时，各样带之间的距离保持足够大，避免因野生动物躲避而造成重复计数。由于许多大中型兽类偏好在早晨或傍晚活动最频繁，每天的调查选择在清晨开始。为了保证调查数量的准确，调查样带的面积确保达到调查区域总面积的5%以上。最终，根据调查过程中动物的实体和活动痕迹，确定兽类的种类和数量。调查过程中，记录发现动物的 GPS 位点、栖息地类型等主要生态因子，以便有效的开展项目实施区域生物多样性的评估。

13.1.2.2 红外线相机调查法

在对保护区内的植被、动物分布情况做前期了解的情况下，在保护区内选择足够多的区域安装红外线相机，以监测保护区内的大中型兽类的种类和数量。监测相机采用红外线触发式数码相机，相机安装在距地面 40～100 cm 高的树上，要求相机牢固、取景合理，测试相机的工作状态，记录相机放置的时间、经纬度、海拔、生境类型、相机编号等信息。结合保护区动物监测安放的红外相机，和西华师范大学等高校或其他研究机构安放的红外相机。根据拍摄到的动物图片，协助鉴定保护区内动物的种类。

13.2 物 种 组 成

根据 2013 年 5～12 月约 50 天的野外调查，结合相关文献资料，唐家河国家级自然保护区内分布有兽类 103 种，隶属 7 目 29 科 65 属（表 13-1），占四川省兽类总种数的50%（表 13-2）。在兽类各类群中，以鼠科（Muridae）最多，达 16 种，约占种总数的16%；其次为鼩鼱科（Soricidae）、鼬科（Mustelidae）、猫科（Felidae）、菊头蝠科（Rhinolophidae）。保护区内兽类各目所有种数大体上与四川省兽类的组成相似，但缺少鳞甲目、奇蹄目的物种，且翼手目种类明显较少（表 13-2）。

表 13-1　唐家河国家级自然保护区兽类目别组成

地区	目别\种数	啮齿目	食肉目	食虫目	偶蹄目	翼手目	灵长目	兔形目	合计
唐家河自然保护区	种数	31	25	19	10	11	3	4	103
	%	30	24	18	10	11	3	4	100
四川省	种数	66	38	32	20	44	3	11	214
	%	30.84	17.76	14.95	9.35	20.56	1.40	5.14	100

表 13-2　唐家河国家级自然保护区兽类各科种组成与四川相应科种数组成

科	唐家河自然保护区			四川省（相应科）	
	种数	占该区总种数的百分比/%	区特有种数量	种数	占总种数百分比/%
猬科	2	1.9	2	3	1.38
鼩鼱科	12	11.7	6	21	9.68
鼹科	5	4.9	4	8	3.69
假吸血蝠科	1.0	1.0	0	2	0.92
蹄蝠科	2	1.9	0	3	1.38
菊头蝠科	5	4.9	0	10	4.61
蝙蝠科	3	2.9	2	25	11.52

续表

科	唐家河自然保护区			四川省（相应科）	
	种数	占该区总种数的百分比/%	区特有种数量	种数	占总种数百分比/%
猴科	3	2.9	2	3	1.38
犬科	4	3.9	1	5	2.30
熊科	1	1.0	0	2	0.92
大熊猫科	1	1.0	1	1	0.46
小熊猫科	1	1.0	1	1	0.46
鼬科	8	7.8	1	13	5.99
灵猫科	4	3.9	0	5	2.30
猫科	6	5.8	0	10	4.61
猪科	1	1.0	0	1	0.46
麝科	2	1.9	0	2	0.92
鹿科	3	2.9	1	8	3.69
牛科	4	3.9	0	9	4.15
松鼠科	4	3.9	1	8	3.69
鼯鼠科	4	3.9	3	9	4.15
鼠科	16	15.5	5	21	9.68
田鼠科	2	1.9	2	15	6.91
林跳鼠科	1	1.0	1	2	0.92
竹鼠科	1	1.0	1	2	0.92
田鼠科	2	1.9	2	15	6.91
豪猪科	1	1.0	0	2	0.92
兔科	1	1.0	0	2	0.92
鼠兔科	3	2.9	3	9	4.15
合计	103	100	32	217	100.00

保护区内属于重点保护的兽类有 23 种（表 13-3）。其中，属于国家I级重点保护的兽类有 7 种，占全省I级重点保护兽类的 70%；属于国家II级重点保护的兽类有 16 种，占全省国家II级重点保护的兽类 64%。由此可见，保护区内分布的珍稀濒危兽类较多（表 13-3）。

表 13-3　唐家河国家级保护区内属国际、国家保护的兽类统计表

物种名称	国家保护级别	中国哺乳类红色名录	国际保护联盟 IUCN	国际贸易公约 CITES
川金丝猴（*Rhinopifhecus roxellana*）	I	濒危(EN)	易危(VU)	I
大熊猫（*Ailuropoda melanoleuca*）	I	濒危(EN)	濒危(EN)	I
豹（*Panthera pardus*）	I	濒危(EN)	濒危(EN)	I
云豹（*Neofelis nebulosa*）	I	濒危(EN)	易危(VU)	I
扭角羚（*Budorcas taxicolor*）	I	濒危(EN)	易危(VU)	II

续表

物种名称	国家保护级别	中国哺乳类红色名录	国际保护联盟 IUCN	国际贸易公约 CITES
林麝(*Moschus berezovskii*)	I	极危(CR)	濒危(EN)	II
马麝(*M. chrysogaster*)	I	濒危(EN)	无危(LC)	II
猕猴(*Macaca mulatta*)	II	易危(VU)	无危(LC)	II
藏酋猴(*M. thibetana*)	II	易危(VU)	无危(LC)	II
豺(*Cuon alpinus*)	II	易危(VU)	易危(VU)	II
黑熊(*Ursus thibetanus*)	II	易危(VU)	易危(VU)	I
小熊猫(*Ailurus fulgens*)	II	易危(VU)	濒危(EN)	I
黄喉貂(*Martes flavigula*)	II	近危(NT)	无危(LC)	III
斑林狸(*Priondon pardicolor*)	II	易危(VU)	无危(LC)	I
水獭(*Lutra lutra*)	II	濒危(EN)	近危(NT)	I
大灵猫(*Viverra zibetha*)	II	易危(VU)	近危(NT)	III
小灵猫(*Viverricula indica*)	II	易危(VU)	无危(LC)	III
金猫(*Felis femmincki*)	II	易危(VU)	无危(LC)	I
兔狲(*Felis manul*)	II	易危(VU)	无危(LC)	II
猞猁(*Lynx lynx*)	II	濒危(EN)	近危(NT)	II
鬣羚(*Naemorhedus sumatraensis*)	II	易危(VU)	易危(VU)	I
斑羚(*Naemarhedus goral*)	II	易危(VU)	易危(VU)	I
岩羊(*Pseudois nayaur*)	II	近危(NT)	无危(LC)	III

13.3　保护区兽类物种多样性

为了评估唐家河国家级自然保护区兽类多样性状况，我们比较了四川多个保护区兽类多样性调查结果，包括唐家河国家级自然保护区(本书)、勿角省级自然保护区(西华师范大学珍稀动植物研究所，2012)、白河自然保护区(西华师范大学生命科学学院，2013)、东阳沟自然保护区(西华师范大学珍稀动植物研究所，2006)、栗子坪自然保护区(西华师范大学珍稀动植物研究所，2008)、冶勒自然保护区(西华师范大学珍稀动植物研究所，2003)等。在上述自然保护区中，唐家河国家级自然保护区内分布的兽类的科、属、种数量都较其余5个保护区为高，香农−威纳指数达3.028，高于勿角省级自然保护区(2.833)等其他自然保护区。这说明唐家河国家级自然保护区分布的兽类在科、属、种的水平上都拥有更高的多样性(表13-4)。

表 13-4　四川 6 个自然保护区兽类数量比较分析

自然保护区	数　量			
	目	科	属	种
四川省唐家河国家级自然保护区	7	29	65	103

自然保护区	数　量			
	目	科	属	种
四川省勿角省级自然保护区	7	22	—	72
四川省白河自然保护区	7	25	—	66
四川省栗子坪自然保护区	7	27	—	76
四川省冶勒自然保护区	7	25	62	92
四川省东阳沟自然保护区	7	28	—	85

13.4　区系组成与空间分布

13.4.1　区系组成

对保护区兽类的区系分析发现：属于东洋界的物种共 71 种，占总种数的 68.93%；属于古北界的物种共 17 种，占总种数的 16.51%；属于广布种的种类共 15 种，占总种数的 14.56%(图 12-1)。因此，保护区兽类区系组成特点是东洋界和古北界兽类相互渗透，但以东洋界为主。这一特征也符合张祖荣(1999)在中国的动物地理区划中的划分。

古北界
东洋界
广布种

图 13-1　唐家河国家级自然保护区兽类区系组成

13.4.2　分布型

保护区处于岷山山系龙门山西北段、摩天岭南麓，属四川盆地向青藏高原过渡的高山狭谷地带，介于亚热带低地和西部及北部的温带高原之间。区内地层古老，曾为古地中海的东岸。在第四纪冰川活动期间，仅有山岳被冰川侵袭，而广大河谷地带未受影响，因此成为了古老生物群落的避难所。区内生物区系古老，生物多样性资源丰富。

就分布型而言，保护区内属喜马拉雅—横断山区型特有的兽类有大熊猫(*Ailuropoda melanoleuca*)、小熊猫(*Ailurus fulgens*)、扭角羚(*Budorcas taxicolor*)、川金丝猴(*Rhinopithecus roxellana*)、长吻鼩鼹(*Uropsilus gracilis*)、少齿鼩鼹(*U. soricipes*)、峨眉鼩鼹(*Nasillus andersoni*)、甘肃鼹(*Scapanulus oweni*)、纹背鼩鼱(*Sorex cylindrcauda*)等 23 种，占保护区兽类总种数的 22%。保护区内属中亚型的有秦岭刺猬(*Mesechinus hughi*)、兔狲(*Felis manul*)2 种，占保护区兽类总种数的 2%。属于南中国型的有中国鼩猬(*Neotetracus sinensis*)、长吻鼹(*E. longirostris*)、灰麝鼩(*Crocidura attenuata*)、

微（短）尾鼩（*Anourosorex squamipes*）、林麝（*Moschus berezovskii*）等 17 种，占保护区兽类总种数的 17%。属于东北—华北型的有姬鼩鼱（*Sorex minutissimus*）、山东小麝鼩（*Grocidura shantungensis*）、大林姬鼠（*Apodemus peninsulae*）3 种，占保护区兽类总种数的 3%。属于全北型的有赤狐（*Vulpes vuplpes*）、猞猁（*Lynx lynx*）2 种，占保护区兽类总种数的 2%。属于高地型的种有藏沙狐（*Vulpes ferrilata*）、岩羊（*Pseudois nayaur*）、黄河鼠兔（*Ochotona huangensis*）、间颅鼠兔（*Ochotona cansus*）和马麝（*M. chrysogaster*）5 种，占保护区兽类总种数的 5%。属于热带亚热带型的有豺（*Cuon alpinus*）、黄喉貂（*Martes flavigula*）、猪獾（*Arctonyx collaris*）、斑林狸（*Prionodon pardicolor*）等 31 种，占保护区兽类总种数的 30%。属于季风型的有北京鼠耳蝠（*Myotis pequinius*）、黑熊（*Ursus thibetanus*）、貉（*Nyctereutes procyonoides*）、斑羚（*Naemarhedus goral*）4 种，占保护区兽类总种数的 4%。属于华北型的中有缺齿伶鼬（*Mustela aistoodonnivalis*）1 种，占保护区兽类总种数的 1%。属于古北型的有狍（*Capreolus caperolus*）、黑线姬鼠（*Apodemus agrarius*）、（中华）蹶鼠（*Sicista concolor*）等 4 种，占该保护区兽类总种数的 4%。此外，另有属于"不易归类"的种类，包括草兔（*Lepus capensis*）等 11 种，占保护区兽类总种数的 11%（图 12-2）。

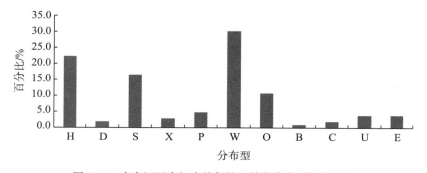

图 13-2　唐家河国家级自然保护区兽类分布型构成状况

分布型：C. 全北型；U. 古北型；B. 华北型；X. 东北—华北型；D. 中亚型；P. 高地型；E. 季风型；H. 喜马拉雅—横断山区型；S. 南中国型；W. 东洋型；O. 不易归类的分布

由上可见，保护区的兽类区系成分主要是东洋型成分，占该区总种数的 30%。此外，喜马拉雅—横断山区型及南中国型的成分所占比例也较高。总体而言，保护区兽类区系组成以东洋型种类多，是该地区兽类区系成分的显著特征。

13.4.3　垂直空间分布

保护区山体高大，相对高度达 2600 m 左右，气候、土壤垂直分布明显，具有典型的山地植被垂直带谱特征，由此而引起兽类的垂直分布差异也较为明显。

海拔 1100~1500 m 为基带植被，代表类型是以山毛榉科的细叶青冈（*Cyclobalanopsis gracilis*）和樟科的油樟（*Cinnamomum longepaniculatum*）、卵叶钓樟（*Lindera limprichtii*）为主的常绿阔叶林。因该海拔范围内曾经受到人为的过度砍伐，大部分地区原生植被遭到破坏，并退化成常绿与落叶阔叶混交林和次生落叶阔叶林，仅在少数陡峭区域内还残存部分常绿阔叶林群落片段和散生树种。此外，在该植被带内还发育了卵叶钓樟次生灌丛和人工桤木（*Alnus cremastogyne*）阔叶落叶林。在该植被带中分布的兽类共73种，占保护区总种数的72%。其中，属于东洋界的兽类有58种，占该植被带中兽类总种数的79%；属于古北界的兽类共7种，占该植被带中兽类总种数的10%；属于广布种的兽类共8种，占该植被带中兽类总种数的11%。常见的兽类包括秦岭刺猬（*Mesechinus hughi*）、少齿鼩鼱（*U. soricipes*）、黑齿鼩（*Blarinella quadraticauda*）、山东小麝鼩（*Grocidura shantungensis*）、灰腹水鼩（*Chimarrogale styani*）、喜马拉雅水鼩（*Chimarrogale himalayica*）、鲁氏菊头蝠（*Rhinolophus rouxii*）、皮氏菊头蝠（*Rhinolophus pearsonii*）、绒山蝠（*Nyctalus noctula*）、东亚伏翼（*Pipistrellus abramus*）、貉（*Nyctereutes procyonoides*）、毛冠鹿（*Elaphodus cephalophus*）、大足鼠（*Rattus nitidus*）、针毛鼠（*Niviventer fulvescens*）、社鼠（*N. confucianus*）、珀氏长吻松鼠（*Dremomys pernyi*）、云豹（*Neofelis nebulosa*）、猪獾（*Arctonyx collari*）、豪猪（*Hystrix hodgsoni*）等。

海拔1500~2000 m的低、中山地区，为常绿落叶阔叶混交林。代表类型是以细叶青冈、卵叶钓樟、油樟、猫儿刺（*Ilex pernyi*）等常绿阔叶树种及糙皮桦（*Betula utilis*）、水青树（*Tetracentron sinense*）、领春木（*Euptelea pleiospermum*）、疏花槭（*Acer laxiflorum*）、五尖槭（*A. oliverianum*）、水青冈（*Fagus longipetiolata*）等多种落叶阔叶树种组成的常绿落叶阔叶混交林。该类型外貌富季节变化，秋季景色艳丽壮观。该种植被类型在保护区内分布较广，植物种类较多，其中属于国家重点保护的植物也多，如珙桐、光叶珙桐（*Davidia involucrata* var. *vilmoriniana*）、水青树、连香树（*Cercidiphyllum japonicum*）等。在该植被带中的一些局部地段还出现次生落叶阔叶林。保护区内在常绿与落叶阔叶混交林下分布的兽类较多，有64种，占保护区兽类总种数的62%。其中，属于东洋界的兽类共52种，占该植被带中兽类总种数的81%；属于古北种的兽类共5种，占该植被带中兽类总种数的8%；属于广布种的兽类共7种，占该植被带中兽类总种数的11%。常见的兽类有中国鼩猬（*Neotetracus sinensis*）、少齿鼩鼱（*U. soricipes*）、峨眉鼩鼹（*Nasillus andersoni*）、长吻鼹（*E. longirostris*）、甘肃鼹（*S. oweni*）、纹背鼩鼱（*Sorex cylindrcauda*）、川西长尾鼩（*Soriculus hysibius*）、黑齿鼩（*Blarinella quadraticauda*）、山东小麝鼩（*Grocidura shantungensis*）、微（短）尾鼩（*Anourosorex squamipes*）、喜马拉雅水鼩（*Chimarrogale himalayica*）、蹼足鼩（*Nectogale elegans*）、皮氏菊头蝠（*Rhinolophus pearsonii*）、藏酋猴（*M. thibetana*）、川金丝猴（*Rhinopithecus roxellana*）、豺（*Cuon alpinus*）、黑熊（*Ursus thibetanus*）等。

海拔2000~2500 m为针阔混交林带，代表类型是以针叶树种麦吊云杉（*Picea brachytyla*）、华山松（*Pinus parviflora*）、铁杉（*Tsuga chinensis*）和阔叶树种红桦（*Betula albosinensis*）、华椴（*Tilia chinensis*）、糙皮桦（*Betula utilis*）、皂柳（*Salix wallichiana*）等组成的铁杉、华山松、云杉针阔混交林。在该植被带内，部分地区由于人为对针叶树种的砍伐和破坏已经退化成次生落叶阔叶林。保护区在该植被带中分布的兽类有56种，占保护区兽类总种数的54%。其中，属于东洋界的兽类共44种，占该植被带兽类总种数的78%；属于古北界的兽类共6种，占该植被带兽类总种数的11%；属于广布种和季风区特产种的兽类共6种，占该植被带兽类总种数的11%。该植被带下主要分布的是亚热带森林动物群，常见的兽类种类有藏鼠兔（*O. thibetana*）、草兔（*Lepus capensis*）、（中华）蹶鼠（*Sicista concolor*）、罗氏鼢鼠（*Eospalax rothschildi*）、洮州绒鼠（*E. eva*）、黑腹绒鼠（*E. melanogastor*）、高山姬鼠（*Apodemus draco*）、斑羚（*Naemarhedus goral*）、鬣羚（*N. sumatraensis*）、扭角羚（*Budorcas taxicolor*）、狍（*Capreolus caperolus*）、小鹿（*Muntiacus reevesi*）、毛冠鹿（*Elaphodus cephalophus*）、林麝（*Moschus berezovskii*）、野猪（*Sus ccrofa*）、云豹（*Neofelis nebulosa*）、豹（*Panthera pardus*）、豹猫（*Prionailurus bengalensis*）、金猫（*Felis temmincki*）、花面狸（*Paguma larvata*）、鼬獾（*Melogale moschata*）、猪獾（*Arctonyx collaris*）、黄喉貂（*Martes flavigula*）等。

海拔2500～3400 m为寒温性针叶林带，代表类型是以针叶树种华山松、麦吊云杉、峨眉冷杉（*Abies fabri*）、岷江冷杉（*Abies faxoniana*）组成的针叶林。在植被带内，可见以秀丽梅（*Rubus amabilis*）、喜阴悬钩子（*Rubus mesogaeus*）、缺苞箭竹（*Fargesia denudata*）组成的部分高寒落叶阔叶灌丛渗入分布。共分布有兽类56种，占保护区兽类总种数的54%。该植被带下主要分布的是北亚热带的喜湿动物群，常见种有山地纹背鼩鼱（*S. bedfordiae*）、灰麝鼩（*Crocidura attenuata*）、皮氏菊头蝠（*Rhinolophus pearsonii*）、猕猴（*Macaca mulatta*）、藏酋猴（*M. thibetana*）、川金丝猴（*Rhinopithecus roxellana*）、豺（*Cuon alpinus*）、藏沙狐（*Vulpes ferrilata*）、黑熊（*Ursus thibetanus*）、小熊猫（*Ailurus fulgens*）、大熊猫（*Ailuropoda melanoleuca*）、黄喉貂（*Martes flavigula*）、缺齿伶鼬（*Mustela aistoodonnivalisi*）、金猫（*F. temmincki*）、扭角羚（*Budorcas taxicolor*）、鬣羚（*Naemorhedus sumatraensis*）、岩羊（*Pseudois nayaur*）等。

海拔3400 m以上为高山灌丛与高山草甸，在保护区内主要分布在西北缘大草坪一带，以高山羊茅（*Festuca subalpina*）、紫鳞苔草（*Carex souliei*）、珠芽蓼（*Polygonum vivparum*）、圆穗蓼（*Polygonum sphaerostachyum*）、扭盔马先蒿（*Pedicularis davidii*）、紫丁杜鹃（*Rhododendron violaceum*）、金露梅（*Potentilla fruticosa*）、香柏（*Sabina squamata* var. *wilsonii*）等植被为代表。该区域兽类种类较为贫乏，共10种，占保护区兽类总种数的10%，多为分布于寒温带、寒带的北方型种类，包括豺（*Cuon alpinus*）、兔狲（*Felis manu*）、马麝（*M. chrysogasterl*）、鬣羚（*Naemorhedus sumatraensis*）、斑羚（*Naemarhedus goral*）、岩羊（*Pseudois nayaur*）、大耳姬鼠（*Apodemus latronum*）、高原鼢鼠（*Myosplax rufescens baileyi*）、（中华）蹶鼠（*Sicista concolor*）、间颅鼠兔（*Ochotona cansus*）。

从保护区兽类垂直分布情况可见，随着海拔的上升，保护区内兽类种数逐渐减少；反之，随着海拔的降低，环境条件逐渐复杂，兽类种数逐渐增多（图13-3）。

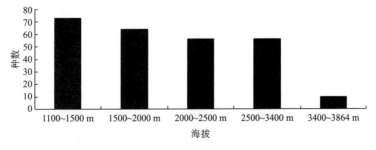

图13-3 唐家河国家级自然保护区兽类垂直空间分布

13.5 兽类描述

[1] 秦岭刺猬(*Mesechinus hughi*)：猬科。栖息于海拔 1500 m 以下的阔叶林下、竹丛或草丛中，常在树洞或大石下的凹处栖居，以昆虫、蚯蚓为食，极少食植物性食物。保护区内白果坪、大树坪等区域有分布。

[2] 中国鼩猬(*Neotetracus sinensis*)：猬科。栖息于海拔 1500~2700 m 的亚热带常绿林，以森林地表的无脊椎动物(蚂蚁、蠕虫和蚯蚓)和植物性食物为食。保护区内摩天岭、毛香坝、水池坪、倒梯子、小草坡等区域有分布。

[3] 长吻鼩鼹(*Uropsilus gracilis*)：鼹科。栖息于落叶针叶混交林，通常在杜鹃花带以上，高达林线(依地形条件在海拔 3000~4000 m 处)。保护区内石板沟、石桥河、红石河、小湾河区域分布较多，大草地附近也有发现。

[4] 少齿鼩鼹(*U. soricipes*)：鼹科。栖息于海拔 1000~2000 m 的林缘灌丛，营地面及地下生活，以蠕虫、昆虫为食，为稀有种。保护区内白果坪、大树坪等区域有分布。

[5] 峨眉鼩鼹(*Nasillus andersoni*)：鼹科。栖息于海拔 2800 m 以下的阔叶林、针阔混交林下。营地表洞穴生活，以昆虫和蠕虫为食。保护区内各沟均有分布。

[6] 长吻鼹(*E. longirostris*)：鼹科。栖息于海拔 2600 m 以下的山地林缘草地和山地灌丛；营地下生活，以昆虫和蠕虫为食。数量稀少。

[7] 甘肃鼹(*S. oweni*)：鼹科。栖息于海拔 2500 m 以下的灌丛、农耕地旁的草丛、草灌。是古老原始类群之一。稀有种。保护区内摩天岭区域曾有发现。

[8] 纹背鼩鼱(*Sorex cylindrcauda*)：鼩鼱科。栖息于海拔 1500~3000 m 的次生林和灌丛，以昆虫为食，属稀有种。保护区内小草坡区域(104.80938°E，32.63924°N)曾有发现。

[9] 山地纹背鼩鼱(*S. bedfordiae*)：鼩鼱科。栖息于海拔 2000~3000 m 的山地灌丛及次生林，以昆虫、蠕虫、蚂蚁为食，为原始古老物种。稀有种。

[10] 姬鼩鼱(*Sorex minutissimus*)：鼩鼱科。占有广大的地理分布区，认为它的栖息的多样，回避开阔的冻土带，更喜欢泰加林。因其体型小，所以对食物的要求不如其他大型鼩鼱。

[11] 陕西鼩鼱(*S. Sinalis*)：鼩鼱科。栖息于海拔 2000~3000 m 的林缘灌丛，为稀有种。保护区内养蜂坪、耍坪、果子树沟等区域有分布。

[12] 川西长尾鼩(*Soriculus hysibius*)：鼩鼱科。栖息于海拔 2100 m 以下的灌丛，以昆虫和蠕虫为食。

[13] 黑齿鼩(*Blarinella quadraticauda*)：鼩鼱科。栖息于海拔 1000~2400 m 的高山峡谷的灌丛。有一定数量。

[14] 山东小麝鼩(*Grocidura shantungensis*)：鼩鼱科。分布范围广，可见于半荒漠草地、干草原生境、针叶林和针阔混交林的边缘、山地森林河谷农业区，有一定数量。

[15] 灰麝鼩(*Crocidura attenuata*)：鼩鼱科。栖息于海拔 3000 m 左右的一种常见的麝鼩，发现各种栖息地，如低地雨林、竹林、草本植被、灌丛和山地森林。

[16] 微(短)尾鼩(四川短尾鼩)(*Anourosorex squamipes*)：鼩鼱科。善于掘土，见于中海拔(海拔1200~3000 m)的各种类型的山地森林中，在松土中挖隧道，可能在地表的枯枝落叶层下觅食。

[17] 灰腹水鼩(*Chimarrogale styani*)：鼩鼱科。栖息于海拔1600 m以下的山间溪流。以水生昆虫、小鱼虾等为食，为稀有种。保护区内白果坪、大树坪等区域有少量分布。

[18] 喜马拉雅水鼩(*Chimarrogale himalayica*)：鼩鼱科。栖息于海拔250~2000 m流经常绿林的清澈溪河中，据报道食鱼和水生昆虫。

[19] 蹼足鼩(*Nectogale elegans*)：鼩鼱科。唯一完全水栖的鼩鼱，白天活动可见觅食水生无脊椎动物和山区急流溪河中的小鱼。保护区内蔡家坝区域河流内曾有发现。

[20] 印度假吸血蝠(*Megaderma lyra*)：假吸血蝠科。趋向占据更干旱的地方，但也见于多种栖息地。经常在树林中离地面不及1 m和在栖息地的热带树林的下层觅食。

[21] 大蹄蝠(*Hipposideros armiger*)：蹄蝠科。分布较广，喜集群，见于多种栖息地。他们觅食靠近地面，有时在树冠上面。春季繁殖，每胎产2仔。

[22] 普氏蹄蝠(*Hipposideros pratti*)：蹄蝠科。洞栖者，曾见同大蹄蝠同栖一个洞，除此之外，其自然史所知甚少。

[23] 鲁氏菊头蝠(*Rhinolophus rouxii*)：菊头蝠科。该种局限在海拔1500 m以下的雨量充沛的森林地区。有报道称它们觅食蚱蜢、蛾、甲虫、白蚁、蚊和其他双翅目的昆虫。

[24] 马铁菊头蝠(*Rhinolophus ferrumequinum*)：菊头蝠科。该种占据广泛的栖息地，食甲虫和各种其他昆虫。

[25] 角菊头蝠(Rhinolophus cornutus)：菊头蝠科。体型较小，常居于岩洞或家舍，以昆虫为食。有一定数量。

[26] 皮氏菊头蝠(*Rhinolophus pearsonii*)：菊头蝠科。分布海拔范围很宽，从600~3000 m及以上都有分布。有一定数量。

[27] 大耳菊头蝠(*Rhinolophus macrotis*)：菊头蝠科。栖息于海拔1500 m以上，有一定数量。

[28] 北京鼠耳蝠(*Myotis pequinius*)：蝙蝠科。栖息于海拔2000 m以下的石洞中，呈小群栖息，以昆虫为食。

[29] 绒山蝠(*Nyctalus noctula*)：蝙蝠科。栖息于海拔1500 m以下的树洞或建筑物的隔层间，夜间活动，以昆虫为食。

[30] 东亚伏翼(*Pipistrellus abramus*)：蝙蝠科。分布区常见，在建筑物和人类居住区附近常形成小群。在空中食虫。数量较多。

[31] 猕猴(*Macaca mulatta*)：猴科。海拔2000~3600 m僻静有食的各种环境都有栖息。喜欢生活在石山的林灌地带，特别是那些岩石嶙峋、悬崖峭壁又夹着溪河沟谷，攀藤绿树的广阔地段，往往是它们理想的场所。近来由于加强了保护，种群有所回升。IUCN列为低危/接近受危(LR/nt)，CITES列入附录Ⅱ。保护区内仅分布于蔡家坝区域。

[32] 藏酋猴(*M. thibetana*)：猴科。栖息于海拔 1400～3600 m 的高山峡谷的阔叶林、针阔叶林混交林或稀树多岩的地方。群栖，一般为 40～50 只。杂食性，但以植物为主，也食昆虫、蛙类、小鸟和鸟蛋，比猕猴动物性食性所占比例大些。种群正逐渐增长。IUCN 列为低危/依赖保护，CITES 列入附录Ⅱ。保护区内主要分布于毛香坝、蔡家坝、石桥河、红石河、耍坪等区域。

[33] 川金丝猴(*Rhinopithecus roxellana*)：猴科。与大熊猫同域分布，栖息于海拔 1500～3500 m 一带的针阔混交林和针叶林。树栖，有时也下地。白天成群活动，夜间 3～5 只结成小群蹲在高大树上睡眠。随季节作垂直迁移，夏季在海拔 3000 m 左右的林中，冬季下移到海拔 1500 m 左右的林中。它们在树上或地面采食幼芽、嫩枝、叶、花序、树皮、果实、种子、竹笋、竹叶等。休息、嬉戏和逃遁均在树上。群居性，一般多在 100～200 只，境内约有 7 群，每群平均以 150 只计，总数约 1000 只。随着天保林的发展和退耕还林的开展，种群有发展趋势。IUCN 列为渐危种，CITES 列入附录Ⅰ。在保护区内活动范围很大，各条大沟均能发现其活动痕迹。其中，铁矿沟、长沟、石桥河、小湾河、石板沟、剪刀沟等区域密度较大。

[34] 豺(*Cuon alpinus*)：犬科。分布广泛，从海拔 1400 m 的河谷到海拔 3600 m 的高山均有分布，既能耐热，也能抗寒。捕食活动常结成 3～5 只小群，集体猎食，几乎在同域分布的大小兽类均能对付。保护区内，由于有蹄类大幅度增长，豺的数量很少，种群正趋增长，在样线调查中，随处都能见到有排毛的粪便。IUCN 列为易危，CITES 列入附录Ⅱ。保护区内大草堂(104.79173°E，32.64509°N)附近有一定数量的分布。

[35] 貉(*Nyctereutes procyonoides*)：犬科。栖息于海拔 1300～1700 m 河谷的茂密高草丛中。夜行性。主食鼠类和鱼类，也食鸟、蛇、蛙等，秋季还食果实、根茎、谷物。能适应人工饲养。

[36] 赤狐(*Vulpes vulpes*)：犬科。栖息于海拔 2000 m 以下的中低山有植被的地方，利用废洞而居；傍晚和夜间活动，有时白天也活动。杂食性，鼠、鸟、蛇、蛙、鱼、昆虫都食，也食浆果、玉米、草等。由于它们是重要的毛皮兽，现数量已十分稀少，并被列为省重点保护动物。

[37] 藏沙狐(*Vulpes ferrilata*)：犬科。栖息于海拔 2600 m 以上的灌丛、草甸，以小鼠类为食，境内数量稀少。保护区工作人员巡护过程中，在大草堂(104.79173°E，32.64509°N)曾发现其活动痕迹。

[38] 黑熊(*Ursus thibetanus*)：熊科。林栖动物，栖息于海拔 1400 m 的阔叶林到海拔 3600 m 的高山灌丛草甸。杂食性。由于境内自村民迁出后，留下的柿、苹果、梨等水果和大量的榉实，可供它们采食，加上巡护，基本杜绝了人为猎杀，使熊类种群有所发展，估计在 40 只以上，其密度之大，超过全省平均密度的 3 倍。IUCN 列为易危，CITES 列入附录Ⅰ。

[39] 小熊猫(*Ailurus fulgens*)：小熊猫科。栖息于海拔 1500～3600 m，尤喜在竹类丛生、向阳、多倒树的森林，以竹叶为食，也食竹笋。小熊猫的繁殖力较大熊猫强，故在自然种群中幼兽多于成兽，年轻的多于老年的个体，它们与大熊猫同域分布，数量在 50 只以上，其种群结构为增长型。IUCN 列为濒危，CITES 列入附录Ⅰ。保护区数量

十分稀少，小草坡区域(104.80938°E，32.63924°N)发现过活动痕迹。

[40] 大熊猫(*Ailuropoda melanoleuca*)：大熊猫科。栖息于海拔 1600～3600 m 的阔叶林、混交林和针叶林下的竹丛中，主要以巴山木竹(*Bashania fargesii*)、糙花箭竹(*Fargesia scabrida*)、华西箭竹(*F. nitida*)、青川箭竹(*F. rufa*)和缺苞箭竹(*F. denudata*)等为食。栖息面积约 300 km²，占保护区总面积的 75%。保护区的大熊猫在 1974 年第一次调查有 95 只，1984 年第二次调查时有 47 只，到 1999 年第三次调查有 46 只。该保护区缺苞产箭竹大面积开花枯死是 1974～1975 年，经过近 30 年已基本恢复，可供大熊猫采食，同时境内的居民已于 1985 年全部迁出保护区外，已无人为干扰，加上该保护区巡护和管理水平均处于省内各保护区的领先地位。但大熊猫的数量与相邻的王朗保护区比，则有下降趋势。究其原因，主要是同域分布的有蹄类，尤其是扭角羚的增长自 1986 年来增长了 60%以上，超过了环境的容纳量，它们不仅与大熊猫竞食竹类加强，还对大熊猫形成了严重社会压力，产生应急反应行为，影响了它们的繁殖力。应值得进一步监测和研究。IUCN 列为濒危物种，CITES 列入附录 I。保护区主要见于红石河、石桥河、倒梯子、摩天岭、四角湾等区域。

[41] 黄喉貂(*Martes flavigula*)：鼬科。栖息于海拔 1400～3100 m 的各种林型。巢筑于树洞或石洞中。晨昏活动。但白天也经常出现。食鼠类，也食小型动物，甚或几只共同猎杀毛冠鹿、小鹿和林麝等中型有蹄类。保护区内有一定数量，经常能在巡护道路上发现其身影。

[42] 缺齿伶鼬(*Mustela aistoodonnivalis*)：鼬科。栖息于海拔 2500 m 以上的亚高山针叶林及草甸带，穴居于箭竹丛根下或附近的石洞、石缝中。以小型啮齿类为食，稀有种。

[43] 黄鼬(*M. sibirica*)：鼬科。栖息于海拔 2000 m 以下的低山、河谷、林缘、乱石堆和村落附近的堆积物中。多夜间活动，以小型兽类为主食，也食鸟、蛙，还偶取食家畜，为控制鼠害的有益兽类。

[44] 香鼬(*M. altaica*)：鼬科。栖息于海拔 2000～3000 m 的山地森林、草原，还可上升至高山灌丛草甸。通常利用其他动物的洞穴、岩穴或石堆。白天或晨昏活动。主要以鼠类为食，也食小鸟、蛙、鱼等动物。CITES 将其列入附录 III，并列为省重点保护动物。保护区内观音岩窝、锅底岩窝曾发现其实体。

[45] 狗獾(*Meles meles*)：鼬科。栖息于海拔 3000 m 以下的山地灌丛，喜在田边沟谷挖洞穴居。黄昏或夜间活动。杂食，以植物根茎、昆虫、蛙、鼠及动物尸体为食，也食作物。为毛皮兽。

[46] 猪獾(*Arctonyx collaris*)：鼬科。栖息于海拔 3000 m 以下的中低山荒野的溪边、草灌丛。穴居或洞居。吼叫似猪。嗅闻觅食，或似猪以鼻翻掘。杂食，以根茎、果实、鼠、蛙、鳝、鳅等为食，也食作物。毛皮兽。

[47] 鼬獾(*Melogale moschata*)：鼬科。栖息于海拔 3000 m 以下的中低山河谷、沟渠、田塘附近的草灌，自掘洞或利用旧洞。夜间觅食。杂食性，以小兽、蛙、鱼、昆虫、蚯蚓为食，亦食果实。毛皮兽。

[48] 水獭(*Lutra lutra*)：鼬科。在境内栖息于河流和山区溪水中。在堤岸筑洞，有

通道通向水中，昼伏夜出。善于游泳和潜水。以鱼为主食，也食蟹、蛙、鼠类等。由于水流湍急，河内鱼类资源贫乏，数量十分稀少。CITES将其列入附录Ⅰ。

[49] 斑林狸(*Prionodon pardicolor*)：灵猫科。栖息于海拔2000 m以下的常绿阔叶林或林缘灌丛、高草丛。喜用树枝或树叶筑巢，也有穴居者。晨昏单独活动，不仅能在地面上快速行走和奔跑，也能攀缘树木，行动非常敏捷，俗称"彪鼠"。以各种鼠类、小型爬行类、蛙类、小鸟或某些大型动物的内脏为食。春末产仔，每胎2仔。此种是灵猫科中最小者，体大如松鼠，但尾长有黑白相间的环纹，保护区巡逻时见到过。数量稀少，CITES列入附录Ⅰ。保护区仅在燕儿岩区域(104.69360°E，32.64991°N)发现过一次。

[50] 大灵猫(*Viverra zibetha*)：灵猫科。栖息于海拔2400 m以下的林缘茂密的灌木丛或草丛中的土穴、岩洞或树洞内。独栖，昼伏夜出。食性广，主要以动物为食，包括鼠类、鸟类、蛇、蛙、鱼及昆虫，也食植物带甜味的果实，如猕猴桃、野柿等。捕食不是用爪抓捕，而是用嘴咬住猎物，故不能捕食较大的猎物，主要分布于中低山。数量十分稀少。保护区内蔡家坝、毛香坝区域曾有发现。

[51] 小灵猫(*Viverricula indica*)：灵猫科。栖息于海拔2100 m以下的山丘灌丛。在地面活动，很少上树。夜间活动，黄昏更为活跃。白天伏在洞穴、灌丛或草丛中。独栖，有沿林间小道行走的习惯。活动范围在一定时间内较为稳定。食物多样，但以鼠类为主。境内数量稀少。保护区白果坪区域曾发现其实体。

[52] 花面狸(*Paguma larvata*)：灵猫科。栖息于海拔2500 m以下的阔叶林、稀疏树丛或林灌。树洞或岩石洞居住。昼伏夜出，善攀援。以野果、野菜、树叶和小动物为食，也取食瓜果、棉桃。毛皮兽。CITES列入附录Ⅲ。种群数量大，保护区内随处可见。

[53] 金猫(*Felis temmincki*)：猫科。栖息于海拔3000 m以下的山地针叶林、针阔混交林和阔叶林，林缘较开阔的灌丛。常独居生活，夜行性，善于爬树，但多在地面活动，有领域性，活动范围2~4km²。主要以啮齿类和食虫类为食，也捕食地栖的鸟类和野兔、小麂、蜥蜴。数量十分稀少，CITES将其附录Ⅰ。保护区偶见于吴尔沟、鸡公垭沟、耍坪等区域。

[54] 兔狲(*Felis manul*)：猫科。栖息于海拔3000~3600m的草甸、高原岩石、无树的岩石山坡或荒山上。常独居。夜行性，晨昏活动频繁，但在寒冬白天也出来活动。主食鼠兔和鼠类，也捕食其他小型哺乳类和鸟类。筑巢于岩缝中或石块下，有时利用废洞。已十分稀少。CITES列入附录Ⅱ。保护区内偶见于大草堂、黄草坡等区域。

[55] 豹猫(*Prionailurus bengalensis*)：猫科。栖息于海拔3500 m以下的中低山森林、灌丛、住宅郊野。夜行性。性凶猛。以鼠、鸟等各种小型动物为食。对控制鼠害作用很大。为省重点保护动物，CITES列入附录Ⅰ。种群数量较大，保护区内随处可见其粪便。

[56] 猞猁(*Lynx lynx*)：猫科。栖息于海拔3100 m以上林下林木密集的地方或相当开阔的森林，也栖息于无林的裸岩地带。巢穴粗糙，多筑于岩石底下、倒树或灌丛中，偶居山洞中。营独栖。夜行性。善爬树和攀登悬崖，常作短距离跳跃活动。通常有固定的活动范围。以鼠兔和有蹄类为食。20世纪70年代，伐木场的人在柏林沟曾发现过，这次调查未发现踪迹。CITES列入附录Ⅱ。

[57] 豹(*Panthera pardus*)：猫科。目前主要分布于海拔1800~3100 m，隐栖于山

地阔叶林、针阔混交林和杂灌竹草丛。觅食于山脊、兽径，静伏袭击，以有蹄类为食，野生动物较少时，也偶尔袭击大熊猫亚成体和衰老个体。种群数量稀少，仅 2~3 只。领域很大，通过山脊与毗邻县彼此尚未完全隔离。该种 IUCN 列为濒危种，CITES 列入附录 I。保护区龙池坪区域曾发现其活动痕迹。

[58] 云豹（*Neofelis nebulosa*）：猫科。主要栖息于海拔 1400~2000 m 的山地野生动物较多的阔叶林。喜攀援，活动和睡眠主要在树上。独居，夜间沿山脊有蹄类活动的兽径活动，以野禽、小型兽为食，有时也攻击中到大型的有蹄类。由于阔叶林在境内受到严重破坏，野生动物失去隐蔽场所和食物基地，肉食性的云豹已十分稀少，仅偶发现其踪迹，但随着退耕还林的开展，可望种群能缓慢地有所恢复。该种 IUCN 列为易危，CITES 列入附录 I。保护区两岔河、南天门区域曾发现过其活动痕迹。

[59] 野猪（*Sus ccrofa*）：猪科。栖息于海拔 3000 m 以下的中低山灌木丛、高草丛、阔叶林或混交林。多于夜间活动，结群。杂食性，以幼嫩树枝、果实、草根、块根、动物尸体等为食，也取食玉米、马铃薯等农作物。为家猪的近缘种。

[60] 林麝（*Moschus berezovskii*）：麝科。栖息于海拔 1400~3600 m 的阔叶林、混交林和针叶林。有季节性垂直迁移的习性，入秋后迁移至河谷地区。有较稳定的家域，活动路线也相对稳定，排粪也有固定地点。性孤独。跳跃能力强，也能登上悬崖陡壁，或爬上有枝叉的乔木，或稍倾斜的高树。主食灌木嫩叶，喜食松萝，很少食禾本科植物。过去境内广泛有分布，由于盗猎者捕猎，数量已大幅度下降，现已很少见其踪迹。CITES 列入附录 II。但我国已将其列为国家 I 级重点保护的野生动物。保护区内发现于小草坡、马鞍岭、取水岩等区域。

[61] 马麝（*M. chrysogaster*）：麝科。栖息于海拔 3600~3800 m 的高山草甸、裸岩山地、冷杉林缘灌丛或草丛地区。适宜于崎岖的地形和有雪的环境。它们不快跑，不是慢步就是跳跃，在雪地上则两趾向外撑开。晨昏活动。冬季，特别是雪面坚硬时夜间活动。主食灌木叶及青草，冬季也食地衣、蕨类和苔藓植物。在高山灌丛有零星分布，但数量十分稀少。我国已列为国家 I 级重点保护的动物，IUCN 列为低危/接近受危，CITES 列入附录 II。保护区大草坪（104.66274°E，32.65254°N）区域有少量分布。

[62] 毛冠鹿（*Elaphodus cephalophus*）：鹿科。栖息于海拔 1000~3000 m 的高中山灌丛、竹丛和草丛较多的河谷林灌及森林中。善隐蔽，成对黄昏活动最频繁。以各种草类为食，亦食山村豆类作物。四川省重点保护动物。该种主要分布于我国。

[63] 小麂（*Muntiacus reevesi*）：鹿科。栖息于海拔 2300 m 以下的林缘、草丛等环境。数量较多，分布较广，野外较常见。

[64] 狍（*Capreolus caperolus*）：鹿科。栖息于海拔 2000 m 以上的高中山灌丛草甸。白天隐居，晨昏活动，3~5 只成群摄食。一般以山柳或灌木嫩枝、叶、芽、树皮、草类为食。毛皮兽。保护区内数量较少，红花草地发现少量活动痕迹。

[65] 扭角羚（*Budorcas taxicolor*）：牛科。为喜马拉雅—横断山脉的特有物种，四川亚种为我国特有亚种。栖息于高山、亚高山森林、灌丛或草甸，在保护区内全境均有分布。有季节性迁移现象，但其主要栖息地是海拔 2000~3400 m 的针阔混交林。多营群栖，集群数量变化很大，少则 3~5 只，一般为 10~45 只，在冬季常聚合成 60~130 头的

大的聚合群。活动范围可达 100 余平方千米。在保护区内，1987 年调查，平均每平方公里 1.1～1.3 只。近年已增至每平方公里 2～2.4 只，据此推测约有 800 只，其种群较1987 年调查增加了 60% 以上，已到了超饱和程度，抑制了大熊猫的种群发展。此种在IUCN 列为易危，CITES 列入附录 Ⅱ。

[66] 鬣羚(*Naemorhedus sumatraensis*)：牛科。栖息于海拔 1400～3800 m 的森林茂密而多裸岩的山地。能在陡峭的山坡快速奔跑、跳跃，仅依岩石的棱角登上悬岩。晨昏活动频繁，白天藏在高山悬岩下或山洞中休息。常单独活动。以杂草及木本植物的枝叶为食，也食少量果实。有定点排便的习性。过去有一定数量，由于感染螨类寄生虫病传染，使皮肤溃烂，俗称"害螺"，死亡严重，种群数量有所下降。IUCN 列为易危，CITES 列入附录Ⅰ。保护区内马尿水、观音岩窝、石板沟、董家岩窝区域有一定数量的分布。

[67] 斑羚(*Naemarhedus goral*)：牛科。栖息于海拔 1400～3800 m 的高山和中山的山区森林中，尤其是有稀树的峭壁裸岩处。独栖或成对，栖息地相对固定，一般在向阳的山坡。冬季进入林中，夏季多在山顶活动。晨昏活动，以乔木和灌木的嫩枝叶及青草等为食。有一定数量，但近年由于感染皮螨寄生虫病，死亡严重，数量下降。IUCN 列为易危，CITES 列入附录Ⅰ。保护区常见于黄土梁、遛马槽、老鸦岩、毛香坝、果子沟、大岭子沟、家字号等区域。

[68] 岩羊(*Pseudois nayaur*)：牛科。栖息于海拔 2500～3800 m 的高山、高山裸岩或山谷间草地，是高山草甸、草原动物。无固定栖息场所。攀爬悬岩只要有一脚之棱，便能攀登上去。常一跃可达 2～3 m，从高往下一跃 10 m 也不致摔伤。喜群居，有一定数量。以青草和各种灌丛枝叶为食，冬季啃食枯草。常到固定点饮水，也可舔食冰雪。IUCN 列为低危/接近受危(LR/nt)。保护区内仅见于黄草坡、大草坪等区域。

[69] 隐纹花鼠(*Tamipos swinheoi*)：松鼠科。栖息于海拔 2100～2500 m 的亚高山针叶林或灌丛，树栖。以嫩叶、果实等为食。晨昏活动，亦食作物。有一定数量。

[70] 赤腹丽松鼠(*Callosciurus erythraeus*)：松鼠科。栖息于海拔 1600 m 以下的低山森林、次生林、灌丛及农田附近。以嫩叶及果实为食，亦食成熟的作物。白天活动，以晨昏为甚，树栖。

[71] 岩松鼠(*Sciurotamias davidanus*)：松鼠科。栖息于海拔 2600 m 以下的林下灌丛、竹林的石隙，以浆果、坚果和种子为食。有一定数量。

[72] 珀氏长吻松鼠(*Dremomys pernyi*)：松鼠科。栖息于海拔 1500 m 以下的森林灌丛，尤以谷地灌丛为多。以果实，嫩叶为食，亦食作物。

[73] 复齿鼯鼠(*Trogopterus xanthipes*)：鼯鼠科。栖息于海拔 1000～3100 m 的亚高山针叶林、针阔叶混交林及常绿阔叶林。数量稀少。

[74] 灰鼯鼠(*Petaurista xanthotis*)：鼯鼠科。栖息于海拔 2000～3500 m 的高山针叶林带，筑窝于树穴或枝桠间。稀有种。

[75] 红白鼯鼠(*Petaurista alborufus*)：鼯鼠科。栖息于海拔 3000 m 以下的针阔叶混交林、阔叶林，以枯树顶部或树洞内筑巢。以嫩枝树叶、果实为食。数量稀少。

[76] 灰头小鼯鼠(*Petaurista caniceps*)：鼯鼠科。栖息于海拔 2100～3600 m 的温带栎树林、杜鹃灌木林和海拔 3000～3600m 的高山针叶林生境，它们是严格的树栖型，夜

间活动。以杜鹃叶、芽和冷杉的球果为食。

[77] 巢鼠(*Micromys minutus*):鼠科。栖息于高秆禾本植物田、稻田、竹林和其他杂草的地方。食种子、绿色植物和一些昆虫。白天或夜间行动。

[78] 黑线姬鼠(*Apodemus agrarius*):鼠科。栖息于农业地区、草地原野和开阔的林地,通常低于海拔 1000 m。食种子和某些昆虫。昼行性。

[79] 高山姬鼠(*Apodemus draco*):鼠科。栖息于海拔 1000~2800 m 的山地,特别是盆缘山地林缘、灌丛,以种子为食。数量较多。

[80] 中华姬鼠(*A. draco*):鼠科。栖息于海拔 3500 m 以下的林下灌丛、草丛的洞穴。以植物种子为食。有一定数量。

[81] 长尾姬鼠(*A. orestes*):鼠科。栖息于海拔 1400~3100 m 的山地林缘、灌丛。数量较多。

[82] 大林姬鼠(*Apodemus peninsulae*):鼯科。喜欢灌木丛生的地方和林地。

[83] 大耳姬鼠(*Apodemus latronum*):鼯科。生活在海拔 2700~4000 m 的高山森林和毗邻的草地。

[84] 褐家鼠(*Rattus norvegicus*):鼯科。分布广泛,尤其在纬度高、气候较冷的地方更常见。陆栖,善游泳。

[85] 黄胸鼠(*R. tanezumi*):鼯科。常见于村庄农田周围,居住在房屋内,在地上或爬上椽条活动。

[86] 大足鼠(*R. nitidus*):鼯科。这个种的自然栖息地看来是沿河溪受干扰的地方,然而在那些屋顶鼠(*R. rattus*)数量不过多的农业地和村庄,该种也很容易占据。这个种在中国主要是农业危害,危害各种农田,包括稻、麦、谷和马铃薯田地。陆栖,昼夜均活动。

[87] 川西白腹鼠(*Niviventer excelsior*):鼠科。栖息于海拔 1500~2800 m 的林缘、灌丛及耕作区。数量较多。

[88] 安氏白腹鼠(*N. andersoni*):鼠科。栖息于海拔 1000~2500 m 的山地林缘、灌丛、草坡和耕地。以种子、作物为食。数量稀少。

[89] 针毛鼠(*N. fulvescens*):鼯科。常见的鼠类,喜欢各种森林栖息地,也栖息在灌丛、竹林和接近森林的耕地。主要陆栖,但它们攀爬藤本植物并不少见。杂食性,食种子、浆果、昆虫,也可能食些绿色植物。

[90] (北)社鼠(*N. confucianus*):鼯科。栖息于海拔 2500 m 以下的中低山灌丛、林缘耕地、荒坡。夜间活动,以种子为食的野鼠。

[91] 小泡巨鼠(*Leopoldamys edwardsi*):鼯科。栖息于低地和山区森林。食性杂。主要在夜间活动,陆栖,但为了食物也作短距离攀爬。

[92] 小家鼠(*Mus musculus*):鼯科。引入的外来兽类,驯化或散养的家养动物。

[93] 黑腹绒鼠(*E. melanogaster*):田鼠科。栖息于海拔 3000 m 以下的灌丛、草地。以种子、草类为食。有一定数量。

[94] 洮州绒鼠(*E. eva*):田鼠科。栖息于海拔 2000~2800 m 的灌丛、阳坡草地。以植物为食,冬季则主要以树皮为食。稀有种。

[95] 高原鼢鼠(*Myosplax baileyi*):鼢鼠科。栖息于海拔 2800~4200 m 的农田、山

地、草甸草原等生境。青藏高原特有种之一。

　　［96］罗氏鼢鼠（*Eospalax rothschildi*）：鼢鼠科。栖息于海拔 1000～3000 m 处，偏爱松软的土壤。食性很广，包括青菜、根，偶尔也食农作物。

　　［97］普通（中华）竹鼠（*Rhizomys sinensis*）：竹鼠科。栖息于海拔 3300 m 以下的竹林。洞栖。以竹鞭、竹茎为食。数量较多。

　　［98］（中华）蹶鼠（*Sicista concolor*）：林跳鼠科。栖息于海拔 3800 m 以下的灌丛。穴居。以植物为食。

　　［99］豪猪（*Hystrix hodgsoni*）：豪猪科。栖息于海拔 2000 m 以下的山坡。穴居，夜间活动。以枝叶或农作物为食。

　　［100］草兔（*Lepus capensis*）：兔科。栖息于海拔 2500 m 以下的坡地、草坡、作物附近。以草及作物为食。为毛皮猎用兽。

　　［101］藏鼠兔（*Ochotona thibetana*）：鼠兔科。栖息于海拔 1500～3000 m 的亚高山林缘草地及灌丛。以草为食。有一定数量。

　　［102］黄河鼠兔（*O. huangensis*）：鼠兔科。栖息于海拔 2500～3500 m 的林缘灌丛和林间草坡。有一定数量。

　　［103］间颅鼠兔（*O. cansus*）：鼠兔科。主要栖息于海拔 2700～3800 m 的金露梅（*Potentilla fruticosa*）和鬼箭锦鸡儿（*Caragana jubata*）地带。通常食草。以家庭群居住。

附表 13-1　唐家河国家级自然保护区兽类名录

序号	动物名称	特有种	级别	IUCN	CITES	地理分布	数据来源
	哺乳纲（Mammalia）						
（一）	食虫目（Insectivora）						
1.	猬科（Erinaceidae）						
［1］	秦岭刺猬（*Mesechinus hughi*）	R				D	△
［2］	中国鼩猬（*Neotetracus sinensis*）	R				S	△
2.	鼹科（Talpidae）						
［3］	长吻鼩鼹（*Uropsilus gracilis*）	R				H	△
［4］	少齿鼩鼹（*U. soricipes*）	R				H	△
［5］	峨眉鼩鼹（*Nasillus andersoni*）	R				H	△
［6］	长吻鼹（*E. longirostris*）					S	△
［7］	甘肃鼹（*S. oweni*）	R		LC		H	△
3.	鼩鼱科（Soricidae）						
［8］	纹背鼩鼱（*Sorex cylindrcauda*）	R				H	▲
［9］	山地纹背鼩鼱（*S. bedfordiae*）	R				H	△
［10］	姬鼩鼱（*Sorex minutissimus*）					X	△
［11］	陕西鼩鼱（*S. sinalis*）	R				H	△

序号	动物名称	特有种	级别	IUCN	CITES	地理分布	数据来源
[12]	川西长尾鼩(*Soriculus hysibius*)	R				H	▲
[13]	黑齿鼩(*Blarinella quadraticauda*)	R				W	△
[14]	山东小麝鼩(*Grocidura shantungensis*)					X	△
[15]	灰麝鼩(*Crocidura attenuata*)					S	△
[16]	微(短)尾鼩(*Anourosorex squamipes*)					S	▲
[17]	灰腹水鼩(*Chimarrogale styani*)	R				H	△
[18]	喜马拉雅水鼩(*Chimarrogale himalayica*)				S	△	
[19]	蹼足鼩(*Nectogale elegans*)					H	△
(二)	翼手目(Chiroptera)						
4.	假吸血蝠科(Megadermatidae)						
[20]	印度假吸血蝠(*Megaderma lyra*)					W	△
5.	蹄蝠科(Hipposideridae)						
[21]	大蹄蝠(*Hipposideros armiger*)					W	△
[22]	普氏蹄蝠(*Hipposideros pratti*)					W	△
6.	菊头蝠科(Rhinolophidae)						
[23]	鲁氏菊头蝠(*Rhinolophus rouxii*)					W	△
[24]	马铁菊头蝠(*Rhinolophus ferrumequinum*)				O	△	
[25]	角菊头蝠(*Rhinolophus cornutus*)					W	△
[26]	皮氏菊头蝠(*Rhinolophus pearsonii*)					W	△
[27]	大耳菊头蝠(*Rhinolophus macrotis*)					W	△
7.	蝙蝠科(Vespertilionidae)						
[28]	北京鼠耳蝠(*Myotis pequinius*)	R				E	△
[29]	绒山蝠(*Nyctalus noctula*)	R				S	△
[30]	东亚伏翼(*Pipistrellus abramus*)					S	△
(三)	灵长目(Primates)						
8.	猴科(Cercopithecidae)						
[31]	猕猴(*Macaca mulatta*)		II	LC	II	W	●
[32]	藏酋猴(*M. thibetana*)	R	II	NT	II	S	●
[33]	川金丝猴(*Rhinopithecus roxellana*)	R	I	EN	I	H	▲
(四)	食肉目(Carnivora)						
9.	犬科(Canidae)						

续表

序号	动物名称	特有种	级别	IUCN	CITES	地理分布	数据来源
[34]	豺(*Cuon alpinus*)		II	VU	II	W	△
[35]	貉(*Nyctereutes procyonoides*)					E	△
[36]	赤狐(*Vulpes vulpes*)					C	▲
[37]	藏沙狐(*Vulpes ferrilata*)	R				P	△
10.	熊科(Ursidae)						
[38]	黑熊(*Ursus thibetanus*)		II	VU	I	E	▲
11.	小熊猫科(Ailuridae)						
[39]	小熊猫(*Ailurus fulgens*)		II	EN	I	H	▲
12.	大熊猫科(Ailuropodidae)						
[40]	大熊猫(*Ailuropoda melanoleuca*)	R	I	EN	I	H	▲
13.	鼬科(Mustelidae)						
[41]	黄喉貂(*Martes flavigula*)		II			W	▲
[42]	缺齿伶鼬(*Mustela aistoodonnivalis*)	R				B	△
[43]	黄鼬(*M. sibirica*)					O	▲
[44]	香鼬(*M. altaica*)					O	▲
[45]	狗獾(*Meles meles*)					O	▲
[46]	猪獾(*Arctonyx collaris*)					W	▲
[47]	鼬獾(*Melogale moschata*)					S	△
[48]	水獭(*Lutra lutra*)		II		I	O	▲
14.	灵猫科(Viverridae)						
[49]	斑林狸 P(*rionodon pardicolor*)		II		I	W	▲
[50]	大灵猫 V(*iverra zibetha*)		II			W	△
[51]	小灵猫(*Viverricula indica*)		II			W	△
[52]	花面狸(*Paguma larvata*)					W	△
15.	猫科(Felidae)						
[53]	金猫(*Felis temmincki*)		II	NT	I	W	▲
[54]	兔狲(*Felis manul*)		II	NT	II	D	△
[55]	豹猫(*Prionailurus bengalensis*)			NT	II	W	▲
[56]	猞猁(*Lynx lynx*)		II	LC	II	C	△
[57]	豹(*Panthera pardus*)		I	EN	I	O	△
[58]	云豹(*Neofelis nebulosa*)		I	VU	I	W	△
(五)	偶蹄目(Artiodactyla)						
16.	猪科(Suidae)						
[59]	野猪(*Sus ccrofa*)					O	▲
17.	麝科(Moschidae)						

序号	动物名称	特有种	级别	IUCN	CITES	地理分布	数据来源
[60]	林麝(*Moschus berezovskii*)		I	EN	II	S	▲
[61]	马麝(*M. chrysogaster*)		I			P	▲
18.	鹿科(Cervidae)						
[62]	毛冠鹿(*Elaphodus cephalophus*)			NT		S	●
[63]	小麂(*Muntiacus reevesi*)	R		LC		S	▲
[64]	狍(*Capreolus caperolus*)			LC		U	▲
19.	牛科(Bovidae)						
[65]	扭角羚(*Budorcas taxicolor*)		I			H	▲
[66]	鬣羚(*Naemorhedus sumatraensis*)		II	NT	I	W	●
[67]	斑羚(*Naemarhedus goral*)			VU	I	E	▲
[68]	岩羊(*Pseudois nayaur*)		II	LC		P	▲
(六)	啮齿目(Rodentia)						
20.	松鼠科(Sciuridae)						
[69]	隐纹花鼠(*Tamipos swinheoi*)					W	▲
[70]	赤腹丽松鼠(*Callosciurus erythraeus*)					W	△
[71]	岩松鼠(*Sciurotamias davidanus*)	R				O	▲
[72]	珀氏长吻松鼠(*Dremomys pernyi*)					S	▲
21.	鼯鼠科(Petauristidae)						
[73]	复齿鼯鼠(*Trogopterus xanthipes*)	R		EN		H	●
[74]	灰鼯鼠(*Petaurista xanthotis*)	R				H	△
[75]	红白鼯鼠(*Petaurista alborufus*)	R				W	△
[76]	灰头小鼯鼠(*Petaurista caniceps*)					S	△
22.	鼠科(Muridae)						
[77]	巢鼠(*Micromys minutus*)					O	△
[78]	黑线姬鼠(*Apodemus agrarius*)					U	△
[79]	高山姬鼠(*Apodemus draco*)	R				S	▲
[80]	中华姬鼠(*A. draco*)	R				S	△
[81]	长尾姬鼠(*A. orestes*)	R				H	△
[82]	大林姬鼠(*Apodemus peninsulae*)					X	△
[83]	大耳姬鼠(*Apodemus latronum*)					H	
[84]	褐家鼠(*Rattus norvegicus*)					U	●
[85]	黄胸鼠(*Rattus tanezumi*)					W	●
[86]	大足鼠(*Rattus nitidus*)					W	●
[87]	川西白腹鼠(*Niviventer excelsior*)	R				W	△
[88]	安氏白腹鼠(*N. andersoni*)	R				H	▲

序号	动物名称	特有种	级别	IUCN	CITES	地理分布	数据来源
[89]	针毛鼠(*Niviventer fulvescens*)					W	▲
[90]	(北)社鼠(*Niviventer confucianus*)					W	▲
[91]	小泡巨鼠(*Leopoldamys edwardsi*)					W	●
[92]	小家鼠(*Mus musculus*)					O	▲
23.	田鼠科(Microtidae)						
[93]	黑腹绒鼠(*E. melanogastor*)	R				S	△
[94]	洮州绒鼠(*E. eva*)	R				H	△
24.	鼢鼠科(Myospalacidae)						
[95]	高原鼢鼠(*Myosplax rufescens baileyi*)	R				H	△
[96]	罗氏鼢鼠(*Eospalax rothschildi*)	R		LC		H	△
25.	竹鼠科(Rhizomyidae)						
[97]	普通(中华)竹鼠(*Rhizomys sinensis*)	R				W	▲
26.	林跳鼠科(Zapodidae)						
[98]	(中华)蹶鼠(*Sicista concolor*)	R				U	△
27.	豪猪科(Hystricidae)						
[99]	豪猪(*Hystrix hodgsoni*)					W	●
(七)	兔形目(Lagomorpha)						
28.	兔科(Leporidae)						
[100]	草兔(*Lepus capensis*)					O	△
29.	鼠兔科(Ochotonaidae)						
[101]	藏鼠兔(*O. thibetana*)	R				H	△
[102]	黄河鼠兔(*Ochotona huangensis*)	R				P	△
[103]	间颅鼠兔(*Ochotona cansus*)	R				P	△

注：分布型：S. 南中国型；D. 中亚型；H. 喜马拉雅—横段山区型；W. 热带亚热带型；O. 广布型；E. 季风型；C. 全北型；P. 高地型；X. 东北—华北型；B. 华北型；U. 古北型

保护级别：Ⅰ. 国家Ⅰ级重点保护动物；Ⅱ. 国家Ⅱ级重点保护动物

IUCN 濒危等级：濒危 Endangered(EN)；易危 Vulnerable(VU)；近危 Near Threatened(NT)；无危 Least Concern(LC)

CITES 等级：Ⅰ. CITES 附录Ⅰ；Ⅱ. CITES 附录Ⅱ

数据来源："●"访问；"▲"察见实体；"△"资料记载

第14章 主要保护对象
——大熊猫、扭角羚和川金丝猴

14.1 大　熊　猫

大熊猫(*Ailuropoda melanoleuca*)隶属于食肉目大熊猫科，是我国特有的古老珍稀动物，国际自然与自然保护同盟(IUCN)将其列为濒危级，在 CITES 中列入附录Ⅰ，是我国Ⅰ级重点保护动物。保护区以大熊猫等珍稀野生动物及其森林生态类型为主要保护对象，在 20 世纪 80 年代初期迁出了区内 300 多农户，是我国唯一没有居民的封闭式大熊猫自然保护区(欧维富等，1999)。

14.1.1　前言

自 1974 年四川省珍贵野生动物资源调查队首次对区内大熊猫数量调查以来，国内外学者多次对保护区内大熊猫开展了研究(表 14-1)。

表 14-1　唐家河自然保护区大熊猫研究概况

年度	文章、书籍或主要研究内容	发表刊物	作者
1974~1975	对大熊猫数量进行了首次调查，共计大熊猫 86 只		四川省珍贵野生动物资源调查队
1981	唐家河的大熊猫	四川省大熊猫研究学术讨论会	邓启涛
1982	在唐家河解剖 1 只雌性大熊猫尸体时发现，胃肠内有熊猫蛔虫 2304 条	《大熊猫生物学研究与进展》，1990：286-291	胡锦矗
1984	The Tangjiahe, Wanglang, and Fengtongzhai Giant Panda Reserves and Biological Conservation in The People's Republic of China	Biological conservation, 1984, 28：217-251	Seidensticker 等
1984	大熊猫的食性	四川动物，1984，(3)	邓启涛等
1985	调查区内至少有 44 只大熊猫，区外的调查结果为 16 只。同时对竹类资源、数量分布等作了考察研究	全国第二次大熊猫调查	南充师范学院大熊猫调查队
1986	唐家河自然保护区大熊猫的夏季栖息地和种群数量的调查研究	四川动物，1986，3	南充师范学院大熊猫调查队
1986	青川县唐家河自然保护区大熊猫食物基地竹类分布、结构及动态	南充师院学报 1986，(2)：1-9	南充师范学院大熊猫考察队

续表

年度	文章、书籍或主要研究内容	发表刊物	作者
1987	Culm dynamics and dry matter production of bamboos in the Wolong and Tangjiahe Giant panda reserves，Sichuan，China	Journal of Applied Ecology，1987，24：419-433	Alan 等
1987	大熊猫的未来	唐家河自然保护 1987	邓·瑞德
1987	大熊猫主食竹类研究的要求	唐家河自然保护 1987	秦自生
1987	青川的大熊猫	西北大学学报，1987	南充师范学院大熊猫考察队
1988	大熊猫数量统计区内有大熊猫 47 只		中国和 WWF 相关专家、科技人员
1989	The feeding ecology of giant pandas and asiatic black bears in the tangjiahe reserve，China	Carnivore Behavior，Ecology，and Evolution，1989：212-241	Schaller 等
1990	唐家河自然保护区大熊猫的觅食生态研究	四川师范学院学报，1990，11(1)：1-13	胡锦矗等
1998	《最后的大熊猫》	光明日报出版社，北京，1998	Schaller 张定绮(译)
1999	唐家河自然保护区大熊猫种群数量及栖息地的移动	四川动物，1999，2(18)：89-91	欧维富等
2002	唐家河大熊猫种群生存力分析	生态学报，2002	张泽钧等
2002	四川青川县大熊猫栖息地主要伴生哺乳动物调查	四川动物，2002，21(1)：50-52	冉江洪等
2003	四川青川县(唐家河)大熊猫种群分析	四川动物，2003，22(1)	胡杰等
2005	唐家河自然保护区大熊猫的家庭网络：当代基因流评估	科学通报，2005，50（16）：1738-1745	万秋红等
2005	不等矩 Leslie 矩阵及其对唐家河地区大熊猫种群动态的应用	阿坝师范高等专科学校学报，2005，22(3)：122-125	李伟等
2006	全国第三次大熊猫调查区内有大熊猫 38 只	第三次全国大熊猫调查报告，科学出版社，2006	国家林业局
2009	四川唐家河自然保护区大熊猫种群分布及保护对策研究	《两岸三地大熊猫保护教育学术研讨会论文集》，北京，2009.9	谌利民等
2009	四川唐家河自然保护区大熊猫保护与管理综述	《2009 大熊猫繁育技术委员会年会论文集》，成都，2009.11	郑维超等
2011	Microsatellite variability reveals significant genetic differentiation of giant pandas（*Ailuropoda melanoleuca*）in the Minshan A habitat	African Journal of Biotechnology，2011，10(60)：12804-12811	Yang 等
2011	Microsatellite variability reveals high genetic diversity and low genetic differentiation in a critical giant panda population	Current Zoology，2011，57（6）：1-11	Yang 等
2012	汶川地震对四川龙溪—虹口和唐家河自然保护区大熊猫栖息地利用格局的影响	兽类学报，2012，32（2）：118-123	郑雯等
2012	唐家河与蜂桶寨自然保护区大熊猫生境选择初步比较	西华师范大学学报(自然科学版)，33(3)	赵秀娟等

续表

年度	文章、书籍或主要研究内容	发表刊物	作者
2012	Determination of Baylisascaris schroederi infection in wild giant pandas by an accurate and sensitive PCR/CESSCP method	PLoS ONE, 2012, 7(7)：1-7	Zhang 等
2013	克隆整合在糙花箭竹补偿更新中的作用	重庆师范大学学报(自然科学版)，2013, 30(4)：150-156	魏宇航等
2013	Endophytic fungi and silica content of different bamboo species in giant panda diet	Symbiosis, (2013), 61：13-22	Helander 等

　　保护区内有关大熊猫的研究历程大致可以划分为两个阶段：

　　第一阶段是从全国第一次大熊猫调查起至 1999 年第三次全国大熊猫调查之前，主要是保护区科技人员与世界自然基金会(WWF)(原世界野生生物基金会)、中国科学院动物研究所、四川师范学院(现西华师范大学)等的专家、教授、研究员合作，对大熊猫的生态生物学、大熊猫主食竹类亦做了专题研究。其间，尤以保护区与 WWF 在白熊坪观察站建起的大熊猫生态观察站为代表(表 14-1)。

　　第二阶段是包括 1999 年全国第三次大熊猫调查起至今，此阶段的研究涉及大熊猫的多个领域，包括种群数量、变动、迁移及其分布(欧维富等，1999；张泽钧等，2002；胡杰等，2003；万秋红等，2005a，2005b；谌利民等，2009)，伴生物种(冉江洪等，2002)，生境利用格局(郑雯等，2012；赵秀娟等，2012)，遗传分化(Yang et al.，2011a，2011b)。此外，科研人员尚对大熊猫寄生虫(Zang et al.，2012)、主食竹及其内生真菌和二氧化硅(魏宇航等，2013；Helander et al.，2013)含量等进行了研究。2013年，西华师范大学科研人员对保护区摩天岭、红石河、落衣沟等区域的大熊猫觅食对策、主食竹更新及大熊猫产仔育幼洞穴做了进一步研究。

　　截至 2013 年年底，先后在国内外学术情况发表有关保护区大熊猫论文 50 余篇(部)，为保护区大熊猫的持续有效保护提供了决策依据。

14.1.2　主食竹

　　大熊猫特化为以竹子为生，在年食谱组成中 99％以上均由竹类组成(胡锦矗等，1985；胡锦矗，1995)。竹子是一种低营养和低能量的食物资源(何礼等，2000)。唐家河大熊猫主要分布于针阔叶混交林和针叶林中，独栖于林下竹丛，以缺苞箭竹(*Fargesia denudata*)、糙花箭竹(*Fargesia scabrida*)和青川箭竹(*Fargesia rufa*)为食，在冬春季部分大熊猫下到河谷以巴山木竹(*Bashania fargesii*)为食(胡锦矗，1990)。自 20 世纪 80年代以来，科研工作者在保护区内开展了多次大熊猫主食竹调查，发现保护区内分布有缺苞箭竹、糙花箭竹、青川箭竹、巴山木竹、冷箭竹(*Bashania fangiana*)、油竹子(*Fargesia angustissima*)、华西箭竹(*Fargesia nitida*)、石绿竹(*Phyllostachys arcana*)、慈竹(*Bambusa emeiensis*)、刺竹(*Acanthophyllum pungens*)、白夹竹(*Phyllostachys*

bissetii)和金竹(*Phyllostachys sulphurea*)等 12 种竹类。前 4 种竹子分布总面积达
8346.68hm²，其中以缺苞箭竹和糙花箭竹占绝大部分(南充师范学院调查队，1986)。

14.1.2.1　主食竹种概况

缺苞箭竹(*F. denudata*)：箭竹属，别名：五枝秆、空林子。主要分布于海拔 1800～
3400 m(图 14-1)的针阔混交林带和亚高山暗针叶林下，为林下优势竹种，其在保护区内
的亚高山生态系统中的水源涵养、水土保持、养分平衡等生态功能方面发挥着重要的作
用(刘庆等，2000)。缺苞箭竹为大熊猫的主食竹，约占岷山山系大熊猫主食竹资源的1/
4(王金锡等，1993)。此竹为典型的多年生一次性开花结实的克隆植物，其秆高 2～5 m，
直径 0.6～1.3 cm，地下茎为合轴型，特化伸长形成竹笋，从而扩展成无性系(克隆分株)
(王金锡等，1993)。每个竹丛为一个基株，其竹笋通过地下茎直接与上一级母株相连(董
鸣等，2007)。

糙花箭竹(*F. scabrida*)：箭竹属，主要分布于海拔 1600～2400 m 范围内(图 14-1)
(易同培，1985；秦自生，1992)，是岷山山系大熊猫夏季下迁到较低海拔的主要主食竹
(魏宇航等，2013)。地下茎合轴散生型，秆柄长 4.5～26 cm，直径 6～16 mm，其秆丛生
或近散生，高 1.8～3.5 m，每年 7 月中旬至 9 月发笋(易同培，1985；秦自生，1992)。
其竹叶粗蛋白含量在一年中波动较小，但竹笋随着生长时间的延长，其蛋白质含量逐渐
降低，而纤维素则递增(胡锦矗，1990b)。

青川箭竹(*F. rufa*)：箭竹属，产于甘肃南部和四川北部。分布于海拔 1580～
2300 m(图 14-1)的山地常绿阔叶林和常绿落叶阔叶混交林范围，唐家河自然保护区内主
要分布于石桥河和唐家河流域。青川箭竹竿柄长 10～18 cm，粗 4～15 mm；竿丛生，高
2.5～3.5 m，粗 8～10 mm；节间长 15～17 cm，竿基部数节间长 2～6 cm，圆筒形，光
滑；箨环宽而粗厚；竿环微隆起或在分枝节处隆起。枝条在竿每节为 6～16 枝，斜展，
直径 1～2 mm，均可再分小枝。竿箨迟落，箨鞘远较其节间为长；箨耳及鞘口繸毛俱缺；
箨舌截形或下凹；箨片线状披针形，外翻。叶柄长 1～1.5 mm；叶片线状披针形，长 6～
10 cm，宽 6～8 mm，先端长渐尖，基部楔形，下表面淡绿色，基部有微毛或因毛脱落而
变为无毛，次脉(2)3 对，小横脉略明显，叶缘具小锯齿。约每年 6 月发笋。生于黄壤、
黄棕壤上。唐家河自然保护区为此竹的模式标本采集地。

巴山木竹(*B. fargesii*)：巴山木竹属，为地下茎复轴混生的中大型竹种，分布区于
大巴山脉和秦岭等地，布及陕、甘、豫、鄂、川、渝等 6 省市，跨暖温带、北亚热带、
中亚热带 3 个气候带(刘志学等，1981)。唐家河自然保护区内主要分布于石桥河和小湾
河流域，海拔为 1100～2500 m(图 14-1)，尤以海拔 1700～2000 m 常绿阔叶林处最为常见
(耿伯介等，1998)。

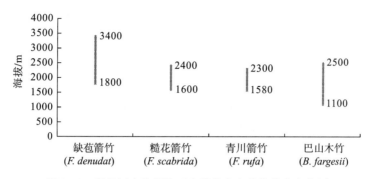

图 14-1　唐家河自然保护区大熊猫主食竹海拔分布范围

14.1.2.2　生长环境及其特征

1. 缺苞箭竹

主要生长于胸径在 21～30 cm、高度在 10～19 m 和 20～29 m 的乔木之下；这些地方往往郁闭度为 0.5～0.74，灌木盖度不大，且其高度基本在 2～3 m。如表 14-2 所示，90.91％的缺苞箭竹样方生长状况为好；竹子盖度较大，59.09％的样方盖度在 50～74％；40.91％的样方其生长高度为 2～3 m(表 14-2)。

表 14-2　缺苞箭竹在不同等级环境因子中所占的比例

因子	等级	比例/%	因子	等级	比例/%
乔木高度/m	5～10	0	灌木高/m	0～1	9.09
	10～19	45.45		1～2	22.73
	20～29	54.55		2～3	50
	≥30	0		3～5	18.18
乔木郁闭度/%	0～0.24	18.18	竹高/cm	0～1	13.64
	0.25～0.49	27.27		1～2	27.27
	0.5～0.74	54.55		2～3	40.91
	0.75～1.00	0		3～5	18.18
乔木胸径/cm	11～20	22.73	竹子盖度/%	0～25	0
	21～30	63.64		25～49	31.82
	31～50	13.64		50～74	59.09
	≥50	0		75～100	9.09
灌木盖度/%	0～0.24	18.18	生长状况	好	90.91
	0.25～0.49	36.36		中	0
	0.5～0.74	36.36		差	9.09
	0.75～1.00	18.18			

2. 糙花箭竹

主要生长于胸径在 21～30 cm、高度在 10～19 m 的乔木之下。这些地方 98％的样方

郁闭度在 0.25~0.74；有 62% 的调查样方灌木盖度在 0.25~0.49，且其高度基本在 2~3
m。从调查结果看，糙花箭竹生长状况一般，好、中、差的样方分别占总数的 34%、
40% 和 26%；竹子盖度不大，46% 的竹子样方盖度在 25%~49%；62% 的样方其生长高
度为 1~2 m(表 14-3)。

表 14-3　糙花箭竹在不同等级环境因子中所占的比例(%)

因子	等级	比例/%	因子	等级	比例/%
乔木高度/m	5~9	2	灌木高/m	0~1	6
	10~19	72		1~2	18
	20~29	26		2~3	48
	≥30	0		3~5	28
乔木高度/m	0~0.24	2	竹高/cm	0~1	10
	0.25~0.49	48		1~2	62
	0.5~0.74	50		2~3	22
	0.75~1.00	0		3~5	6
乔木胸径/cm	11~20	34	生长状况	0~24	32
	21~30	60		25~49	46
	31~50	6		50~74	22
	≥50	0		75~100	0
乔木胸径/cm	0~0.24	12	生长状况	好	34
	0.25~0.49	62		中	40
	0.5~0.74	26		差	26
	0.75~1.00	0			

14.1.3　食性与觅食行为

保护区大熊猫全年主要以缺苞箭竹为主食，其次是糙花箭竹和青川箭竹，冬春季还有
部分下到河谷以巴山木竹和刚竹为食。大熊猫在不同季节有采食不同竹子及其不同器官和
部位的现象，如胡锦矗(1990b)采用无线电遥测技术和粪便分析研究发现，唐家河大熊猫每
年 10 月至次年 3 月，主要采食糙花箭竹的竹叶，少量采食其竹竿，竹叶和竹竿比例约为
2∶1；而从 4 月中旬至 6 月之间，大熊猫采食的竹叶量下降，主要以竹秆为食；而 7~9 月
它们又开始以竹笋为主要食物。然而在 7 月，一些大熊猫上移至缺苞箭竹林中觅食，而到
了 8~9 月它们又下降到糙花箭竹林中取食竹笋。之后又重复下一个年周期的食物选择。

保护区内部分个体在食物选择上也有一些例外。如大熊猫"唐唐"全年却以巴山木
竹为主食，且从 9 月到次年 4 月几乎全以巴山木竹竹叶为食(胡锦矗，1990b)。在 5~6
月，"唐唐"开始以巴山木竹的笋为食，至竹笋长高并变得坚硬以后才离去。从粪便分析
发现，"唐唐"在 7 月主要以缺苞箭竹为食，粪便中竹叶占 23%，竹竿占 77%，9 月初它

又开始返回到巴山木竹林中，重复着下一个年周期的食物选择(胡锦矗，1990b)。

与卧龙自然保护区的大熊猫吃枴棍竹竹笋时常剥去箨壳(箨壳表面密生许多刚毛的缘故)不同的是，唐家河自然保护区大熊猫食笋多连箨壳一起食掉(胡锦矗，1990b)。大熊猫在对笋粗细的选择上亦表现出差异，如唐家河大熊猫所采食的糙花箭竹的竹笋直径多为 0.7~0.8 cm；而在卧龙自然保护区大熊猫很少选择这样粗细的竹笋，它们经常选择直径不小于 1 cm 的竹笋。例如，"唐唐"在选择巴山木竹竹笋时，其直径一般不小于 0.9 cm；当粗笋较多时，也会弃食不小于 0.8 cm 的竹笋，在竹笋较少的情况下，她也会选择直径小到 0.6 cm 的竹笋(胡锦矗，1990)。

虽然大熊猫以竹类为食物资源较稳定，但竹子 40~80 年总会发生一次周期性的开花枯死(胡锦矗，1990)。一般在一个山系仅有一种竹子大面积开花，但岷山山系在 20 世纪 70 年代中期至少有 3 种竹子同时开花，唐家河自然保护区当时就有糙花箭竹和缺苞箭竹同时开花，开花对本区域大熊猫造成了重大影响(胡锦矗，1990)。

大熊猫的生活节律及其家域也有一定的规律性，例如，胡锦矗(1990)研究发现，大熊猫每天的作息主要是采食和休息两项，其余的活动，诸如移动等仅占总时间的 4%。唐家河自然保护区的"雪雪"冬季活动概率平均为 0.52，与卧龙自然保护区(0.58)比较接近，而低于这两个自然保护区内的其他大熊猫(胡锦矗，1990)。唐家河自然保护区的大熊猫在巢域的利用方面与卧龙自然保护区内的大熊猫也有一定差别，如区内"唐唐"的巢域很大，至少有 23.1 km²，主要是 9 月至次年 6 月家域面积较大，而实际活动的中心区域仅约 1.1 km²(胡锦矗，1990)。"雪雪"从 11 月至次年 3 月，其平均活动范围仅 1.3 km²，并常在其中很小的区域内移动，但到夏季至少要向东南方向的较高山脊转移 3 km² 左右(胡锦矗，1990)。

14.1.4　生境需求

野生大熊猫在对生境的利用上表现出了明显的选择性，平缓的坡度通常被认为是大熊猫利用生境的普遍特征(胡锦矗等，1985；魏辅文等，1996a；Wei et al.，1999，2000；Zhang et al.，2006，2009)。除此之外，大熊猫尚可能偏好倒木或树桩密度较小、老笋密度较大的微生境(Wei et al.，2000；Zhang et al.，2006，2009)。人为活动可能导致了大熊猫在微生境利用上的漂移。在冶勒自然保护区，冉江红等(2003)发现放牧对竹类的生长和盖度会造成影响，并进而影响了大熊猫对生境的利用。在王朗自然保护区，大熊猫明显回避有森林采伐和牲畜放牧的生境(曾宗永等，2002)。在景观尺度上，大熊猫对原始林的需求与对竹子的需求同等重要(Zhang et al.，2011)。洪明生等(2012)发现大熊猫对原始林乔木的选择是源于对有一定郁闭度的原始林中综合因素的选择，由于砍伐等原因，次生林的植被结构发生了变化，显著影响了竹子的生长。运用生态位因子分析和最小支出模型发现小相邻山系大熊猫种群间的联系受到公路、土著居民和大的采伐区域所阻隔(Qi et al.，2012)。

唐家河自然保护区大熊猫生境选择也有其特点。坡度通常被认为是研究大熊猫生境选择过程中必须考虑的变量，平缓坡度是大熊猫在活动过程中为了节省能量而做出的选择(Hu et al.，1985)。唐家河自然保护区大熊猫在春季多选择在斜坡(20°~30°)的阳坡或较干燥的阴坡林缘一带活动，而夏秋季节偏好于在沟尾平塘或缓坡地带活动，但在冬季多选择在陡坡(30°以上)的阳坡上采食等，这样的选择结果可能出自于大熊猫便于在山脊、草地和岩石上晒太阳或穴居于干燥的洞穴之中(胡杰等，2003)。亦或是因为这些地方没有雪覆盖或雪被较薄，而沟尾平塘这时雪被和冰层都较厚。冬春季的栖息地植被为针阔混交林，针叶林以铁杉、云杉和华山松为主，阔叶林以红桦、山桦、槭等为主，上层乔木的郁闭度一般在 0.6 以下(胡杰等，2003；赵秀娟等，2012)，且林下竹类覆盖度适中。竹林过密，不利于大熊猫在其中穿行觅食(胡杰等，2003)。

唐家河自然保护区大熊猫在东坡或南坡活动居多，这和其他山系大熊猫的研究结果基本一致(胡锦矗，1990b；魏辅文等，1996，1999)。同时，在不同的季节大熊猫对坡度的选择有差异，且有季节性迁移现象，如此区域的大熊猫夏秋季呈聚集型分布于缺苞箭竹林中，而冬季常下移呈分散型分布于糙花箭竹或巴山木竹竹林中(胡锦矗，1999；胡杰等，(2003)。这可能与季节、食物和地形等综合因素相关。例如，在冬春季节，由于天气寒冷，大熊猫下移至海拔 2200~2800 m 一带活动，夏季则主要分布于海拔 2700~3000 m 的地段，大熊猫在夏季分布于高海拔地区与其历史发展过程中形成的生物节律性有关(胡杰等，2003)。一方面可能是为了采食缺苞箭竹新发的笋子；另一方面则是大熊猫怕热、怕湿，故选择温度较低而且通风好的高海拔地区(欧维富等，1999)。

唐家河自然保护区与蜂桶寨自然保护区两地大熊猫所选择的生境在灌木密度和距离灌木距离上存在极显著的差异，这可能是由于不同地理环境中竹类和灌木的种类不同，如唐家河自然保护区内大熊猫主食的竹种是糙花箭竹、缺苞箭竹和青川箭竹，而蜂桶寨自然保护区内大熊猫主食的竹子种类是峨眉玉山竹和冷箭竹等(赵秀娟等，2012)。凉山和小相岭两地大熊猫选择的生境中也有竹子密度存在显著差异的现象(张泽钧等 2000)。竹子种类不一，其生物学特性和生长状况也就不同，从而可能导致了竹子在大小、密度等方面出现差异(赵秀娟等，2012)。

自然灾害等因素随时可能会影响野生动物的生境选择，如 1991 年夏秋季唐家河自然保护区内连降暴雨，并引发了山洪暴发，由于河道狭窄，大量的洪水漫上了河谷两边的台地、平坝及缓坡，而这些地方正是大熊猫偏好选择的区域(胡锦矗，1990b)，而如今在许多以前大熊猫活动频繁的这些区域，随着如红石河、加字号等地日益生长良好的竹林，大熊猫已逐步重新在这些再生性的竹林中活动(赵秀娟等，2012)。

14.1.5 种群动态与遗传多样性

岷山 A 种群是现存最大的野生大熊猫种群，其栖息地北到九寨沟县塔藏乡，南至茂县东兴乡，东临甘肃文县碧口乡，西抵茂县沟口乡，总面积 6500 km^2，涵盖四川省青川、平武、北川、九寨沟、松潘、若尔盖、茂县和甘肃文县等 8 个行政县，以及王朗、唐家河、白河、勿角、黄龙、宝顶沟、小寨子沟、片口、白水江等 20 个大熊猫自然保护区(李怡，2009)。唐家河自然保护区大熊猫种群位于岷山 A 种群的东缘，北与甘肃文县大熊猫群体相连，西南面与平武县大熊猫群体相通。

14.1.5.1　数量

野生动物种群数量调查是开展野生动物保护及研究的基础。野生大熊猫数量一直是世人所关注的焦点，截至目前已进行了 4 次全国范围内大熊猫普查，不同单位和人员对唐家河的大熊猫种群数量调查已有 6 次之多(表 14-4)。20 世纪 70 年代首次的调查结果表明唐家河保护区内共有 86 只大熊猫，其中青幼年个体 15 只，成年个体 60 只，老年个体 11 只(胡杰等，2003)。1985 年 7～9 月，南充师范学院大熊猫考查队(胡锦矗，1986，1990)采用路线调查法对保护区内进行全面的实地考查，根据大熊猫的踪迹粪便、巢穴等痕迹进行间接判断，通过大熊猫的粪便的团数和大小、咬节长度、食物残渣组成及消化状态进行分析，估计保护区内至少有大熊猫 44 只。1985～1988 年，由中国和世界自然基金会(WWF)派出相关专家和科技人员组成联合调查队，使用 WWF 提供的外业作业《生物种群横向密度估计法》，以及内业计算用《内业综合统计法》与《密度参数计算法》，对大熊猫的数量进行统计，结果表明区内有大熊猫 47 只(中华人民共和国林业部和世界野生生物基金会，1989)。1998 年，欧维富等使用海拔路线法及 DNA 指纹法调查得唐家河保护区内有大熊猫 37 只，平均每 1082 hm² 范围内有一只大熊猫，主要集中于洪石河、加字号沟和摩天岭一带，并发现西阳沟、和平沟、落衣沟等缓冲地带还分布有一定数量的大熊猫(欧维富等，1999)。全国第三次大熊猫普查表明在该地有大熊猫 38 只。Yang 等(2011)和 Zhang 等(2012)通过微卫星标记等分子方法分别发现保护区内至少有大熊猫 42 只和 31 只。

40 年来保护区内大熊猫种群数量整体经历了急剧下降再到逐渐平稳的阶段(表 14-4)。1974～1985 年，大熊猫的急剧下降可能是受疾病与自然灾害等的影响，如 1974 年在伐木场石桥河、唐家河摩天岭，以及 1975 年在唐家河林区均发现病体大熊猫(胡杰等，2003)。1974 年秋季，东风乡至唐家河林区一带摩天岭山麓缺苞箭竹和糙花箭竹开花，至 1975 年结实并开始枯衰死亡，影响了大熊猫下移到青川箭竹、巴山木竹和金竹的分布区域取食(胡杰等，2003)。

表 14-4　唐家河自然保护区内大熊猫数量调查简况

时间	数量	分布	参考资料
1974	86	—	胡杰等，2003
1985	44	集中于洪石河、加字号沟和小湾河，其次分布于文县河、长沟里、吴底沟、石桥河等	胡杰等，2003
1985～1988	47	—	胡杰等，2003
1998	37	集中于洪石河、加字号沟和摩天岭一带，次分布于西阳沟、坑沟及金花沟、和平沟、落衣沟等	欧维富等，1999
1999～2003	38	—	《全国第三次大熊猫调查报告》，2006
2011	42	—	Yang et al.，2011
2012	31	洪石河亚种群 16 只，摩天岭亚种群 15 只	Zhang et al.，2012
2011～2014	39	—	《全国第三次大熊猫调查四川省分报告》，2014

注："—"无确切资料

　　然而，1985 年至 20 世纪末区内的大熊猫数量仍下降了，这可能与扭角羚种群的增长有关（Wan et al.，2005）。扭角羚作为国家 I 级重点保护物种，1987 年在保护区内发现有 500 只左右（葛桃安等，1989），而随着区内生境的明显改善，到 20 世纪 90 年代达到了 1000 余只（吴诗宝等，1998），这是大熊猫数量的 25 倍之多，这也可能是制约大熊猫种群的因素之一。因为扭角羚与大熊猫共同利用竹林等生境，而且其身体大小和体重远大于大熊猫。今后保护区有必要对区内大熊猫、扭角羚、川金丝猴等国家 I 级重点保护兽类的种群分布格局深入研究。

　　20 世纪 90 年代区内的大熊猫数量又稍微下降，这可能与 1992 年特大洪水等自然灾害，以及森林砍伐、滥捕乱猎等人为因素有关，当然大熊猫的繁殖能力低下这个因素也不容忽视。同时我们也必须看到，唐家河自然保护区有较大的潜在生境面积，且大熊猫的环境容纳量可达 175 只（张泽钧等，2002），只要我们继续加强保护，科学规划，采取适当的措施避免竹种单一、近交衰退等因素的影响，大熊猫种群的发展前景仍较为乐观。

　　值得一提的是，虽然分子生物学技术在鉴别个体时，比传统的距离＋咬节方法更为精确（Zhan et al.，2006），然而对样品的要求比较苛刻。如所取粪便样品一般需在 15 天之内，否则不能鉴别出在保护区边际和不同季节等迁移的个体（Zhan et al.，2006；Yang et al.，2011）。另外，还受实验室技术操作方面的影响，如 Zhang 等（2012）用分子生物学方法没有鉴别出唐家河落衣沟亚种群所取的 2 个粪便样品，这两个样品是否与其他两个种群的大熊猫相关就不得而知了。

　　一个区域的大熊猫数量变动还受周边毗连种群的影响，如唐家河的摩天岭亚种群和红石河亚种群与甘肃省白水江自然保护区种群之间的迁移扩散，红石河亚种群和落衣沟种群亚种群与西阳沟、平武大熊猫种群之间的迁移扩散（张泽钧等，2002）。除此之外，自然灾害、人为干扰等也是不可忽视的影响因素。必须注意的是，唐家河大熊猫大致可分为的 3 个亚种群的数量均比较少，特别是落衣沟大熊猫群不仅数量少，还与摩天岭大熊猫群失去了联系，而且与红石河及与平武大熊猫的联系也因人为活动的影响而被削弱（张泽钧等，2002）。为了增加此区域的大熊猫数量，有关部门应该日常加强巡护检测的同时，需要在各亚种群之间建立切实可行走廊带，促进亚种群之间交流。此外，在关键时候还可以人为捕捉特别小的群体交换以减弱近交衰退的影响，在极端的情况下可考虑迁出该孤立的小群体而融入其他较大的群体中（张泽钧等，2002）。

14.1.5.2　迁移扩散与生存力分析

　　影响唐家河大熊猫种群变动的因素除食物资源、天敌等害外，还包括近亲繁殖、迁移扩散等多方面的原因。李伟等（2005）采用不等矩 Leslie 矩阵模型对唐家河地区的大熊猫种群动态进行了研究，其结果表明大熊猫出生率是决定大熊猫种群动态的重要因子，结果表明决定大熊猫种群增长与否的出生率门坎值在 0.189～0.21，且当成年大熊猫的出生率下降 10％时对大熊猫种群数量的影响与各年龄段的大熊猫死亡率都提高 10％的影响相当。

　　张泽钧等（2002）借助于漩涡模型（Vortex 8.21），通过分析不同因子对唐家河自然保护区大熊猫种群命运的影响，模拟了唐家河自然保护区大熊猫未来 100 年内的种群动态

（图 14-2）。

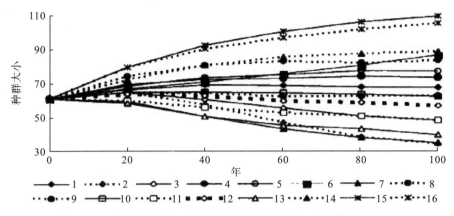

图 14-2　不同因子影响下唐家河大熊猫种群动态（张泽钧等，2002）

曲线 1 代表种群在没有近亲繁殖、没有灾害影响及迁移成功率为 80％情况下的动态变化，其余曲线均相对于曲线 1 在某些参数上作了不同的调整；曲线 2、3 分别表示致死当量为 3.14 和 1.57 时的种群变化；曲线 4、5 分别表示在 80％迁移成功率下无迁移扩散和 100％ 迁移成功率下正常迁移扩散时的种群动态；曲线 6、7 分别表示环境容纳量增倍和减半情况下的种群动态；曲线 8、9 分别代表环境方差增倍和减半情况下的种群动态；曲线 10、11、12、13 分别代表竹子开花、火灾、水灾及上述因子综合作用下的种群动态；曲线 14、15 和 16 分别代表每 20 年向各亚种群补充 1 雄 1 雌、2 雄 2 雌和 2 雌情况下的种群动态

　　近亲繁殖往往是影响生境斑块化的小种群未来命运的一个重要因素。唐家河自然保护区大熊猫种群也可能会面临同样的问题，通过模型发现近亲繁殖明显影响了该地大熊猫种群，如图 14-2 曲线 2 和曲线 3，当近亲繁殖致死等价系数为 3.14 和 1.57 时随近亲繁殖程度的加深，种群的衰落速度就会加快（张泽钧等，2002）。

　　迁移扩散也是一个影响种群动态变化的有趣因素。一般情况下，亚种群之间的迁移扩散能够增加异质种群的稳定性，因其能延长种群的生存时间（Howe et al.，1991）。在各亚种群 80％迁移成功率的情况下，从图 14-2 曲线 4 和曲线 1 分别模拟了在没有迁移扩散和正常迁移扩散下的种群发展结果，表明迁移扩散反而加速了异质种群的衰落步伐；然而，在 100％迁移成功率的情况下，随着亚种群间个体的交换的愈频繁，异质种群的稳定性愈高，衰落的速度也从而减慢（图 14-2 曲线 5）（张泽钧等，2002）。

　　另一个影响种群动态变化的重要因素是环境容纳量的大小（Howe et al.，1991）。虽然当时唐家河大熊猫数量尚未达到环境容纳量，但在作者模拟唐家河大熊猫的环境容纳量在增加 1 倍（即 350 只）和减少一半（即 88 只）两种情况下的种群动态变化（图 14-2 曲线 6 和曲线 7）情况后发现，此保护区大熊猫种群在未来发展过程中仍对环境容纳量有高度敏感性，如在增加一倍容纳量的情况下，该种群在 100 年后为 85.27 只；而减少一半时，种群数量在 100 年后减少为 34.67 只（张泽钧等，2002）。

　　大熊猫是比较典型的 K－选择物种，当前虽然生活环境比较稳定，但由于其食性单一，繁殖率低，在身体结构、生理功能及生态习性等方面高度特化，该物种对环境的随机波动较为敏感，外界环境的起伏变化直接影响着大熊猫种群出生率、死亡率等，并进而对大熊猫种群未来产生影响（图 14-2 曲线 8 和曲线 9）（张泽钧等，2002）。

虽然竹子开花是影响大熊猫的灾害因子中研究较多的因子，但森林火灾、水灾等也可能危及到大熊猫个体的安全(表14-5)。如1992年唐家河遭受特大洪水袭击后发现被洪水冲出1只大熊猫尸体，且另外还急救了3只大熊猫(张泽钧等，2002)。作者首先对开花、火灾和水灾对大熊猫的影响做了估计，虽然各种单一的灾害因子对唐家河大熊猫种群只产生一定程度的影响(图14-2曲线10～12)，然而当上述各种灾害因子综合发生(图14-2曲线13)时，大熊猫种群衰落速度会急剧加快，且到100年后的平均种群大小仅为39.63只(SD=17.16)(张泽钧等，2002)。

表14-5　竹子开花、火灾和水灾对唐家河大熊猫的影响(张泽钧等，2002)

灾害	发生频率/%	繁殖失败率/%	死亡率/%
竹子开花	1.67	15	10
火灾	3.33	12	12
水灾	2.00	10	6

随着大熊猫圈养种群的增多，圈养大熊猫经逐步野化可放归野外，以复壮各濒危野生种群。图14-2曲线，曲线14、曲线15和曲线16分别是模拟的从现在起100年内每隔20年分别向各亚种群补充性成熟前雌雄个体各1只，在相同条件下补充雌雄个体各2只，补充2只雌性个体，结果表明：补充雌性个体比补充相同数量的雌雄个体的效果好，补充的个体多比补充的个体少效果好，进一步说明了外来补充对该地大熊猫种群未来发展有显著影响(张泽钧等，2002)。

简言之，在不考虑近亲繁殖、灾害等因素的情况下，唐家河自然保护区内大熊猫种群100年内在总体上是保持稳定，并略有增长，但不可忽视的是种群基因杂合率下降，累计绝灭率增加，特别是落衣沟亚种群(张泽钧等，2002)。提高环境容纳量、补充外来个体等措施能在不同程度上有利于该种群的长期存活，而近亲繁殖、灾害等因素则大大加速了种群的灭绝步伐(张泽钧等，2002)。另外，成功的迁移扩散有利于异质种群的稳定与发展，否则对数量稀少的大熊猫种群有害无益(张泽钧等，2002)。

14.1.5.3　遗传多样性

保护区内的大熊猫种群是岷山A种群中最关键保护区种群之一，然而在四川省范围内被平武至九寨沟的省道与周边如王朗自然保护区大熊猫种群相分割(Schaller et al.，1985；国家林业局，2006)，仍然受到生境丧失和板块化的威胁。近年来大量研究表明能从粪便样品中提取微卫星标记并成功扩增，并能精准的鉴别个体、普查种群数量、评价种群遗传状态(Bellemain et al.，2005；Zhan et al.，2006；Zhang et al.，2007；Cronin et al.，2009)。

万秋红等(2005)利用甲醛溶液固定的粪便材料、寡核苷酸指纹技术及SRY基因的性别判定技术，构建了唐家河自然保护区大熊猫的家庭网络图，同时对当代基因流(个体迁移)进行了评估。发现唐家河自然保护区的大熊猫整体具有很高的遗传多样性，但当前近亲繁殖现象较为严重。研究结果表明保护区内的栖息地是整体相连的，有4对全胞兄妹(均为雌雄对)的扩散距离很近，且彼此交配繁殖了高度近交的子代，反映了长距离迁移对于避免近亲繁殖是非常重要的。另外共有 17 只成年大熊猫为短或中等距离扩散，并在景观上被分为 3 个群组。对于这一现象，作者推测可能原因之一是唐家河自然保护区另一重点保护对象扭角羚（*Budorcas taxicolor*），因为扭角羚的种群在 1987 年是当时大熊猫种群的近 11 倍（葛桃安等，1989），而随着栖息地的显著改善，这一比例已增至 25 倍（万秋红等，2005）。扭角羚有明显的体型和体重差别，且他们两者存在着竹源利用和栖息地分布重叠的原因，这不禁让我们想到"扭角羚种群的膨胀是否阻碍了大熊猫种群之间的迁移呢？"提示有必要进一步开展两种物种栖息地质量调查，查明保护区内是否存在着某种因素，阻碍了大熊猫的远距离迁移扩散，从而导致近亲繁殖，威胁大熊猫的生存（万秋红等，2005）。

表 14-6　王朗自然保护区和唐家河自然保护区两个大熊猫种群 10 个
微卫星位点等位基因多样性（Yang et al.，2011）

Locus	Total			唐家河				王朗			
	N	A	AR	N	A	AR	Pr	N	A	AR	Pr
Ame14	54	7	5.528	40	7	5.614	2	14	5	4.680	—
Ame15	58	2	1.999	40	2	2.000	—	18	2	1.988	—
Ame19	54	8	4.351	41	6	4.154	3	13	5	4.308	2
Ame21	49	12	7.877	39	8	6.286	4	10	8	8.000	4
Ame25	50	11	6.799	34	8	5.530	2	16	9	7.322	3
Panda-05	49	7	5.486	36	6	5.305	3	13	4	3.768	1
Panda-22	54	5	3.990	42	4	3.237	1	12	4	3.976	1
Panda-44	46	6	4.066	31	5	4.118	2	15	4	3.333	1
gp001	59	5	4.759	40	5	4.521	—	19	5	4.557	—
gp901	52	8	5.735	41	6	4.535	4	11	4	3.909	2
Total	53	71	5.059	38	57	4.520	21	14	50	4.584	14

　　Yang 等（2011）以大熊猫 DNA 的 10 个微卫星位点（表 14-6）评估了唐家河自然保护区和王朗自然保护区两个岷山大熊猫 A 种群的基因结构，结果揭示了这两个种群出现了高水平的基因分化（$0.05 < F_{ST} = 0.134 < 0.15$），贝叶斯聚类方法和等位基因多样性都证明了这一点，说明岷山 A 种群出现了明显的种群分化。推测可能是由于两个保护区大熊猫种群近年来被完全隔离的缘故（Yang et al.，2011a）。研究结果进一步证明唐家河自然保护区所有大熊猫个体被分配到同一集群，表明区内所有大熊猫种群间具有高的基因流，各种群是一个整体的随机交配群体，并且具有高水平的遗传多样性，只要合理保护其种群能够恢复（Yang et al.，2011b）。唐家河自然保护区的大熊猫种群并没有种群板块化的危险，这与以前的研究不一致（张泽钧等，2002；王秋红等，2005），可能是前人应用距离-咬节法鉴别大熊猫个体能力差的缘故（Zhan et al.，2006）。

14.1.6　栖息地质量

科学全面地评价大熊猫栖息地对掌握大熊猫栖息地质量状况，提出切实有效的保护措施具有重要意义。通过以上研究及相关文献结果，我们对全国第三次大熊猫调查唐家河自然保护区的数据进行赋值，并通过 Arc GIS 软件评价保护区内所有大熊猫栖息地（图 14-3）。

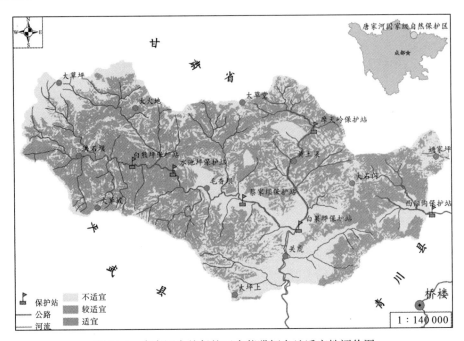

图 14-3　唐家河自然保护区大熊猫栖息地适宜性评价图

唐家河自然保护区大熊猫适宜栖息地占保护区总面积的 32.96％、较适宜占 24.06％、不适宜栖息地占 42.98％（图 14-4）。适宜栖息地主要分布于海拔（海拔 1400～2600 m）、植被（针阔混交林和落叶阔叶林）、坡度（0°～20°）、主食竹（缺苞箭竹、糙花箭竹、青川箭竹和巴山木竹）对大熊猫都适宜的范围内；而不适宜栖息地主要包括坡度大于 40°、灌丛和裸岩、河流及没有竹子分布的区域。

唐家河自然保护区山峦叠嶂、地形复杂、奇峰异石、地势险峻，特别是沿着从毛香坝至保护区外的河流段，更是悬崖峭壁，是区内大熊猫的不适宜栖息地。而整个保护区地势西北高，东南低，西北部与甘肃省文县交界处的洪奔流，为保护区最高峰，海拔达 3864 m，再到与平武县交界的深垭口一线平均海拔在 3500 m 以上，这一带高山灌丛、裸岩居多（胡锦矗等，1990a），并且地势险峻，不利于大熊猫活动。西北部险峻的地势是阻碍大熊猫与平武大熊猫之间迁移的重要原因之一，暗示今后加强景观水平上夸区域栖息地质量评价的重要性。

唐家河自然保护区属于亚热带季风气候区，年降雨量达 1100～1200 mm，河流常年流水；区内共 4 条大沟、46 条支沟、123 条小支沟于白果坪保护站形成青竹江（青水河）

由北向南注入下寺河(欧阳维富,1997)。湿润的气候环境孕育了唐家河自然保护区茂密的植被,以及广泛分布的大熊猫主食竹,如缺苞箭竹和糙花箭竹,是大熊猫的天堂。然而关虎以南的大部分区域为较适宜或不适宜栖息地,可能与其险峻的地形及主食竹分布较少有关。另外这些地方位于保护区的最南端,除个别山峰外,海拔一般在 1500 m 以下,河流宽阔,是影响栖息地质量的重要原因。

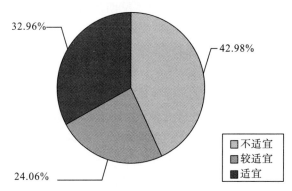

图 14-4 唐家河自然保护区不同类型大熊猫栖息地所占保护区总面积百分比

14.2 扭 角 羚

14.2.1 前言

14.2.1.1 物种背景

扭角羚(*Budorcas taxicolor*),又称牛羚、羚牛,在分类上隶属于偶蹄目(Artiodactyla)牛科(洞角科,Bovidae)羊亚科(Caprinae)羚牛属(*Budorcas*)。全球共有指名亚种(*B. t. taxicolor*)、不丹亚种(*B. t. whitei*)、四川亚种(*B. t. tibetana*)和秦岭亚种(*B. t. bedfordi*)4 个亚种,是喜马拉雅-横断山脉特产动物。扭角羚指名亚种是由 Hodgson 于 1850 年在印度阿萨姆的米什米丘陵最先发现并命名 *Budorcas taxicolor*(Neas,1987)。4 个亚种在中国境内均有分布,其中秦岭扭角羚和四川扭角羚为中国特有(曾志高等,1998;汪松等,2009)。指名亚种的模式产地是印度阿萨姆米什米丘陵,在我国仅分布于雅鲁藏布江大拐弯江岸东及西藏墨脱以南的米什米山地,往东延伸至云南的高黎贡山;国外见于缅甸东北部和印度阿萨姆。不丹亚种主要分布在中国西藏东南喜马拉雅山脉的东段、雅鲁藏布江流域大拐弯的西南部山脉及不丹境内。秦岭亚种分布在陕西南部秦岭山脉。四川亚种分布在四川西部及甘肃东南部,分布区跨越 6 个山系,四川与甘肃交界的岷山山系和四川邛崃山系是扭角羚的主要分布区,四川的相岭山系、凉山山系、大雪山和沙鲁山系也有少量扭角羚分布。

依据《全国第一次陆生脊椎动物调查报告》的结论,四川亚种有文献记载的分布县数量从 35 个减少至 12 个有确切证据的分布县,可见四川亚种的分布区在快速缩小(国家林业局，2009）。

从扭角羚的中文命名可以看出，该物种兼备羊和牛的特征。事实上，外形和解剖特征也显示了羚牛兼备这两类的一些特征，如体型大、无眶下腺等与牛相近，而短小的尾巴、肩高大于臀高等特点又与羊类相似。因此，可以认为羚牛是牛羊类群分化过程中的一个链接环节。由于缺乏足够的化石资料，仍无法确定现生羚牛的祖先。Groves 和Shields 对北美麝牛和羚牛的遗传学研究否定了早期认为羚牛和北美麝牛具有相同祖先的假说、且不支持将两物种单独列为麝牛亚科（Ovibovinae）（Groves et al., 1997）。高德贵等对羚牛、水牛、黄牛、山羊和绵羊间的线粒体 DNA 的分析，支持将羚牛列入到羊亚科中（高德贵等，2003）。李明等利用来自于三个地理单元的羚牛线粒体 DNA 基因片段的研究认为羚牛存在显著的地理单元分化，然而该研究将甘肃南部的羚牛样本与四川唐家河羚牛的样本分成两个地理单元仍然值得商榷（李明等，1997，2002）。四川唐家河与甘肃南部白水江自然保护区位于四川平武县、青川县及九寨沟县与文县交错区。白水江自然保护区与青川唐家河自然保护区及平武王朗自然保护区、九寨沟的勿角自然保护区是相连的，尤其与唐家河是无缝连接。因此，从空间和植被的连续性上看，甘肃南部的羚牛种群与唐家河的羚牛种群是完全可以交流的，不具备形成两个亚种的条件。

羚牛的种群数量及动态的资料相当匮乏，由于栖息地丧失、偷猎和人为干扰的加剧，种群数量整体呈下降趋势，被 IUCN 列为易危级（VU）（IUCN，2011）。目前对各亚种的大尺度分布已有较清晰的了解，但对羚牛局域种群分布现状了解仍基于 20 世纪的调查结果，尚缺乏对羚牛分布现状调查。据估计，指明亚种现存约 3500 只，分布在两个相对隔离的区域，国内主要分布在高黎贡山、西藏的东南部，国外分布也仅限于缅甸的北部区域和印度的东北端。不丹亚种主要分布在不丹的北部，种群数量也无清楚了解。指明亚种与不丹亚种的分布边界目前仍无清楚的认识。秦岭亚种是羚牛分布的最北的种群，目前主要分布在陕西南部的秦岭山脉，在 18 个县中有分布记录，其中太白县、佛坪县、周至县、洋县、宁陕县是主要分布区。据陕西省林业厅估计，秦岭亚种种群数量在 5000 只以上，高于宋延龄和曾治高估计的 3500 只。四川亚种分布于川西、川西北部及甘肃南部，岷山山系、邛崃山系是主要分布区，也分布在相岭山系、凉山山系及大雪山，现存数量 7000 只以上（国家林业局，2009）。

然而，现有关于羚牛分布和数量的数据多数是在 19 世纪 90 年代获取的，一方面，随着经济、人口和当地景观的变化，这些信息的时效性和参考作用正随着时间逐渐流逝；另一方面，随着国家对自然资源保护力度的加强和人民对自然现状的担忧，评估关键物种的生存现状是最基本的工作。如果对羚牛的栖息地现状和需求缺乏景观尺度的了解，是难以评估该物种的生存现状，并进行有效管理和保护的。因此，景观尺度的栖息地评估是进行科学和及时的保护策略制定的前提。

14.2.1.2 唐家河羚牛研究史

唐家河羚牛的正式研究始于 20 世纪 70 年代，动物学家胡锦矗先生及其研究生陆陆续续在唐家河开展了相关研究。自 21 世纪起，国内外研究院所也逐步参与到羚牛的研究行列中，使我们对羚牛习性和科研价值有深入的了解。

1.20 世纪 80 年代

唐家河国家级自然保护区以大熊猫及栖息地为主要保护对象。自大熊猫专家胡锦矗教授和美国 WCS 学会资深科学家乔治夏勒博士在白熊坪建立观察站开始，唐家河的扭角羚生态学研究也从此起步。1984 年 3 月至 1985 年 2 月，乔治夏勒博士对扭角羚的取食行为和食性进行了观察和分析，并于 1986 年首次将唐家河的扭角羚研究发表在国际知名学术刊物 *Mammalia*，后期许多调查均参考了该报道（Schaller et al.，1986）。同期，南充师范学院（现为西华师范大学）的王小明（现就职于华东师范大学）在与 WCS 共同参与研究的同时，对扭角羚的取食行为、移动、嬉戏等方面进行了描述，并将论文发表在《野生动物》1987 年第 6 期。这也是唐家河扭角羚研究发表的第一篇中文论文。

1984～1987 年，唐家河开启了布设人工盐场的管理模式，南充师范学院的葛桃安等对扭角羚的舔盐行为进行了长期的观察，发现了扭角羚利用人工盐场的时间节律和社群等级特点，并将这一结果发表在 1988 年《南充师范学院学报》第 1 期。此外，他们还对扭角羚的御敌护幼行为进行了描述，并将观察结果发表在 1988 年的《野生动物》杂志上。通过 1985～1987 年的长期跟踪观察，葛桃安等估算出唐家河扭角羚的种群数量和密度，并发现扭角羚是以家群、族群和聚集群的形式进行季节性的空间分布变换的，该结果发表在 1989 年《兽类学报》的第 4 期。1987～1988 年，袁重桂等对独栖扭角羚的分布、数量和活动规律进行了观察和报道，结果在 1990 年《动物学研究》第 3 期发表。

2.20 世纪 90 年代

四川师范学院的吴诗宝等对扭角羚的牙齿标本进行了切片和染色的探索，首次报道了扭角羚切齿的换齿时序和年龄鉴定方法，为深入研究扭角羚的生活史提供了不同的视角和手段，该研究发表在 1992 年《四川师范学院学报（自然科学版）》的第 1 期（吴诗宝等，1992）。此后一直到 1997 年，吴诗宝等利用该切片和年龄鉴定技术，对 41 个头骨标本进行了年龄鉴定并首次编制了扭角羚的生命表，该结果发表在 1997 年的《安徽师范学报（自然科学版）》第 2 期（吴诗宝等，1997）。同年，吴诗宝对扭角羚繁殖集群行为进行了行为定义，对扭角羚的繁殖季节、繁殖年龄、繁殖兽群结构等方面做了详细的介绍，并将结果发表在 1997 年《重庆师范学院学报（自然科学版）》第 1 期（吴诗宝等，1997）。1998 年，吴诗宝等再次将唐家河扭角羚的种群动态和稳定性的研究结果发表在《华中师范大学学报（自然科学版）》的第 4 期。他们的研究认为，唐家河的扭角羚种群数量在 2004 年将会达到 715～3584 只，而且适宜的种群数量应当在 1358 只左右（吴诗宝等，1998）。

3.21 世纪至今

2001～2010 年是唐家河羚牛研究成果发表相对停滞的时期，该期间虽然持续开展了羚牛的生态学和遗传学研究。2004～2007 年，西华师范大学的硕士研究生——刘亚斌和官天培先后在唐家河开展了羚牛的栖息地选择、种群数量、繁殖集群及大熊猫与羚牛的伴生关系等方面的研究。2006～2009 年，美国史密森学会 William Mcshea 教授与中国科学院动物研究所宋延龄研究员联合指导的博士生葛宝明和官天培先后对扭角羚的行为谱、行为节律、家域的季节变化、种群结构的季节变化、繁殖策略，以及季节性垂直海拔迁移进行了较为深入的研究。但是论文的发表则发生在 2010 年以后。该期间对羚牛的研究主要集中于行为学和生态学，较有代表的论文是 2010 年葛宝明等在 *Ecological research* 上发表的羚牛对汶川地震的行为响应(Ge et al.，2001)；2012 年官天培等在 *Behavioral Processes* 上发表关于羚牛时间节律与繁殖能力投入的研究(Guan et al.，2012)；2013 年官天培等在 *European Journal of wildlife research* 上首次报道了四川羚牛的季节性垂直海拔迁移模式(Guan et al.，2013)。2012~2013 年盐城师范学院的葛宝明博士进行了羚牛的集群季节动态的栖息地评估与保护管理研究；2012~2014 年，中国科学院动物研究所的宋延龄研究员及绵阳师范学院的官天培博士共同进行了唐家河羚牛环境容纳量的研究；2013~2014 年，唐家河与四川农业大学共同开展了羚牛疫源疫病的本底调查；2014 年年初，绵阳师范学院的官天培博士启动了国家自然科学基金项目"影响羚牛季节性海拔移动的生态因子研究"。

加强唐家河羚牛的生态学和保护生物学研究，惠泽的不仅仅是羚牛，也包括与羚牛同域分布的其他野生动物。2012 年，唐家河四川扭角羚研究中心正式挂牌成立。中心的建立将加快扭角羚的研究、保护和管理水平的前进步伐，将推动野生动物保护与研究公共平台的发展。

14.2.2 生态学研究与保护管理

本部分内容主要是对保护区近年监测数据和部分发表科研结果进一步分析和总结。其中，行为学描述部分参考了葛宝明博士的学位论文。目前，唐家河羚牛的种群数量自 2007 年获得的 1200 只以后，再无更新，然而，2007 年进行的种群数量调查和估计的方法尚不明确，使用该数据应斟酌。由于 2012 年前后保护区出现羚牛在冬春季节异常死亡，一项针对唐家河环境容纳量的研究正在进行之中，预计该研究的结果将在 2014 年年底至 2015 年初公布。

14.2.2.1 种群

1.羚牛的性别及年龄鉴别特征

成体(4 龄以上)：个体大；雌性个体毛色白色或灰白，大部分个体在后肢上部、臀部以及背部夹杂黑褐色毛发；雄性个体毛色黄黑色，特别是颈部毛色有金黄色，大部分个体身体后部有黑褐色毛发，一般较健壮。羚牛角明显扭曲(内弯或直角)，雌性角偏细，而雄性角粗壮。

亚成体(2~4 龄)：个体明显小于成体；雌性个体毛色灰白，黑色背脊线明显，整体毛色清亮，黑色毛发斑驳；雄性个体身体毛发淡黄色，颈部毛发金黄色不明显，身体清秀。羚牛角从笔直(2 龄)到弯曲(4 龄)。

幼仔(1 龄)：上一产仔季节出生的小牛。个体小，一般 6 月龄前未长角，6 月龄后开始长角，体毛全身黑褐色或棕红色。

依据葛宝明和官天培的野外观察，各季节遇见羚牛群体(含独牛)的雄、雌成体比均值：春季 0.8667($n=31$)，夏季 0.4374($n=93$)，秋季 1.2300($n=54$)和冬季 0.5833($n=9$)。不同季节记录得到的羚牛总体性比变动较大。

2. 羚牛集群及季节变化

单雌性成体基础群个体数量范围为 2~10 只，平均值为 3.22 只± 0.21 只，多雌性成体混合群个体数量范围为 2~95 只，平均值为 9.86 只± 0.67 只，亚成体幼仔混合群在研究中出现为：2 只、4 只和 7 只，雄性成体群个体数量为：2 只(14 次)或 3 只(8 次)。羚牛集群类型的个体数量季节变化见图 14-5。集群类型群体平均大小的季节变化见表 14-5，不考虑季节变化的因素的情况下，单雌群和多雌群的大小差异显著($z = -8.359$，$P <$ 0.001)。春夏秋季发现的羚牛个体大部分属于多雌群中的个体，特别是夏季，发现个体数量达到总数的 95.52%，而冬季记录的羚牛个体主要是独牛和单雌群中个体(表 14-7)。

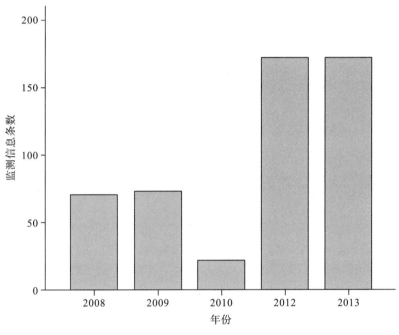

图 14-5　近年保护区内生态监测羚牛信息量变化

表 14-7　羚牛集群类型群体大小的季节变化(Mean ± SE)

项目	春	夏	秋	冬	均值
单雌群	2.88± 0.35	3.07± 0.23	3.70± 0.44	2.50± 0.50	3.22± 0.21
多雌群	7.21± 1.42	18.50± 2.25	9.30± 1.43	2.67± 0.33	15.05± 1.61
亚幼群	4.33± 1.45	—	—	—	4.33± 1.45
雄牛群	2.00± 0.00	2.00±0.00	2.57± 0.14	—	2.36± 0.10
均值	4.81± 0.77	15.66± 1.94	5.48± 0.68	2.56± 0.34	10.29± 1.07

14.2.2.2　栖息地特征

从 2000 年起，唐家河每年进行至少 4 次生物多样性的监测活动。从 2009 年起，由于全省启用新的调查规程，唐家河的野外调查强度从每年 4 次减为每年 2 次。因此，我们首先初步分析自 2009~2013 年的生物多样性监测信息的数据量及稳定性，具体见图

4-5。由于各类因素的影响，仅 2012 年与 2013 年的信息量相对稳定。我们通过这两年的监测数据分析羚牛在唐家河的分布及栖息地利用现状(图 14-6)。两年内，唐家河共开展 4 次监测，获得有效活动位点 343 个(其中 2012 年收集 172 条，2013 年收集 171 条)。从活动位点及所有监测线路的空间分布观察，唐家河的每一条沟系均有羚牛活动的确切证据，说明羚牛在唐家河是广泛分布的。

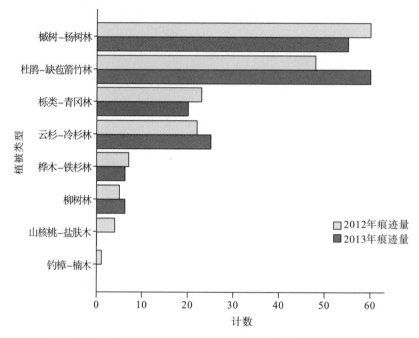

图 14-6　基于生态监测的羚牛位点植被特征分析(2012~2013)

1. 植被特征

首先，唐家河范围内各植被类型中所占比例最大的是栎类—青冈林，最少的是钓樟—楠木林(表 14-8)。然而，监测数据显示羚牛痕迹在各个类型植被分布的比例总体上符合各种植被的自然比例，即植被选择的显著性不高(图 14-7)。可能存在偏好的植被型是云杉—冷杉林和桦木—铁杉林，因为两年的数据均显示羚牛在桦木—铁杉林中被发现的机会更多，高于这种植被在保护区的自然比例；而两年数据均显示在云杉—冷杉林中发现羚牛的机会更小，低于这种植被在保护区的比例。

表 14-8　唐家河自然保护区羚牛监测线路痕迹点植被特征

植被类型	2012 年	2013 年	保护区植被
高山草甸	0%	1%	3%
杜鹃—缺苞箭竹林	0%	2%	3%
云杉—冷杉林	12%	14%	17%
桦木—铁杉林	32%	35%	23%
柳树林	3%	4%	3%
山核桃—盐肤木	15%	13%	15%

续表

植被类型	2012 年	2013 年	保护区植被
栎类—青冈林	35%	28%	34%
槭树—杨树林	3%	2%	3%
钓樟—楠木林	0%	1%	1%

生态监测扭角羚分布示意图

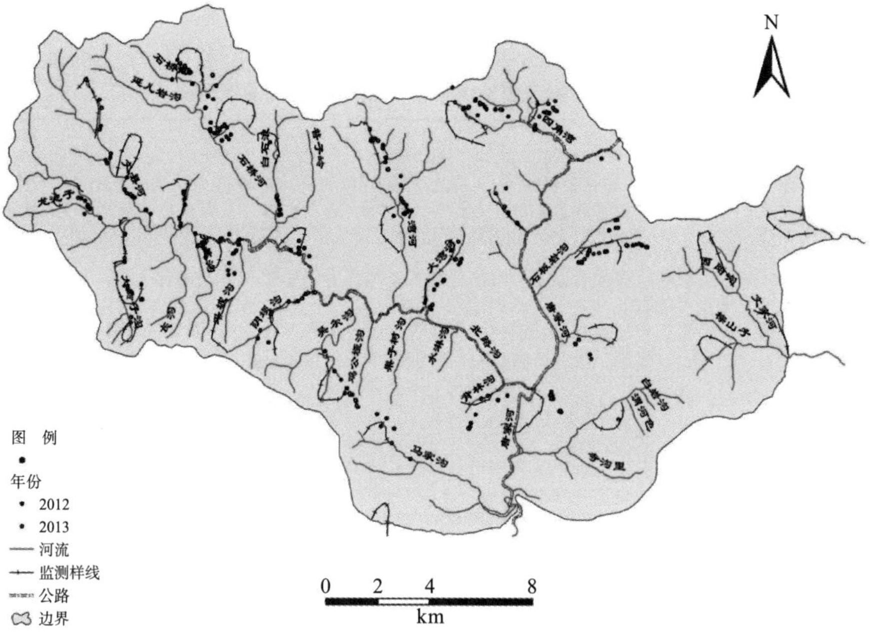

图 14-7　唐家河自然保护区生态监测扭角羚记录点示意(2012~2013)

2. 地形特征

唐家河羚牛栖息的地形参数包括坡度和坡向,关于海拔的变化特征我们将在迁移习性中介绍。其中,从整体的地形坡度(35.84°±0.22°)判断,羚牛在连续两年的调查并没有体现出明显的差异(34.99°±0.89° vs. 33.69°±0.86°),但低于可利用地形的坡度,意味着羚牛可能偏好坡度较缓和的地形。唐家河总体地形的坡向顺序是半阳坡(42.6%)>半阴坡(29.7%)>阳坡(17.8%)>阴坡(10.0%)。两次调查显示,羚牛对坡向年度差异明显,且存在明显的选择。具体见表 14-9。

表 14-9　羚牛对坡向的利用特征

	阴坡	阳坡	半阴坡	半阳坡
2012 年	16.3%	19.2%	34.3%	30.2%
2013 年	12.4%	12.9%	37.4%	37.4%
整体地形	10.0%	17.8%	29.7%	42.6%

14.2.2.3　行为习性

1.行为谱与行为节律

羚牛的行为可区分为日常行为(表 14-10)和社会行为(表 14-11)两大类。日常行为主要包括移动、休息、警戒、取食、觅食、反刍、修饰、发声、排尿和排粪等。社会行为主要包括爬胯、嗅阴、卷唇、嗅尿和追随等性行为;威胁、警告、压迫、争斗、对峙和驱赶等攻击行为,相互修饰、玩耍等交往行为,以及舔角、嗅脸等其他行为。不排除羚牛有其他暂未发现和记录的行为。

表 14-10　唐家河自然保护区内扭角羚的日常行为谱

行为	描述
移动	羚牛身体是运动的(至少移动一个身位),不考虑其意图和动机。这种行为状态包括行走(四脚动物缓慢移动的方式,头位于水平以下并且不停左右摇晃)、涉水(通过水域,头保持在水平以上)、奔跑(向前或者向边上快速移动,头在水平以上,可能是刺激因素引起的)、跳跃(四条腿全部离开地面)
休息	动物是静止的,头处于水平或者以下;眼部分或者全部合上,耳常向边上或者下垂,也可能周期性弹动以驱赶虫子。休息可能有几种方式:站立休息(动物站立头下低)、趴下休息(动物以腹部着地头、接近或者放在地上,后腿折叠放在身下,前腿伸展或者折叠放在身下)、侧卧休息(动物以一侧躺在地上,头也在地上)、坐下休息(后腿折叠放在臀部,前腿伸展承受重量)。改变休息姿势并不能说明休息结束
警戒	羚牛眼睛睁开专注的观望,头处于水平或者以上位置。耳朵常闪动或者面对视线的方向。这种行为出现的方式有:站立,坐下,趴下。羚牛的警戒时精神集中,身体处于紧绷的一种状态。警戒与休息不同
取食	取食指不考虑食物是什么,将食物弄到嘴里、咀嚼的行为。在吃地面上的草的时候头在水平以下,在取食木本时抬头。典型的取食出现在站立(站立在一个地方,取食身边的植物)或者行走(缓慢的行走,头低下常停顿下来取食。在行走和观望的时候嘴里的食物不停的被咀嚼)。但是动物也有在趴下的时候也可以取食(趴下时头和颈伸展去够食物)。饮水和舔盐也是取食状态
觅食	觅食包括在将食物获取到嘴巴之前寻找、取得食物。行为包括用头或者身体去弄断枝桠或者树木、用蹄子挖掘矿石或者盐、爬上树以获取食物(前肢放在树干上头伸展去够高处的植物)
反刍	节奏性的咀嚼反刍食物(已经咽下部分消化的食物)。常在取食活动结束后出现,经常伴随出现于动物休息时、处于趴下休息或者站立状态
修饰	清理身体的行为。包括:用蹄子刮搔身体、舔毛,在其他物体上摩擦身体、摩擦角、摩擦脸、振(抖)动头部或身体、泥浴
发声	咯咯声(嘴张开,发音速度慢,头保持水平或者以上),喷鼻声(鼻孔喷出气体发出的声音)
排尿	站立排尿
排粪	站立排泄

表 14-11　唐家河自然保护区内扭角羚社会行为谱

行为	描述
性行为	
爬胯	动物后肢站立,身体搭在行为对象的背上或者臀部,前肢在搭在行为对象的身体两侧且离开地面
嗅阴	从后面或者侧面接近行为对象,鼻子靠近行为对象的阴部嗅闻
卷唇	上唇上卷,下唇下卷,头和颈伸展,头常左右摇晃,典型的出现在嗅尿和嗅阴之后
嗅尿	鼻子或者嘴靠近行为对象的尿迹,随后常出现卷唇
追随	追随行为对象(距离少于一个身位),头靠近行为对象的身体,常以头和颈接触行为对象,一般是雄性成体追随雌性成体

续表

行为	描述
	攻击行为
威胁	颈拱下，背拱上，耳收回，常以腿僵直艰难的步伐经过另一个体眼前、或在另一个体眼前快速走过、拱背行走时磕磕绊绊。与其他个体距离一般超过一个身位。其主要特征是拱背
压迫	在离行为对象超过一个身位的位置趋近，导致行为对象在没有受到明显攻击的情况下移动一个身位以远的行为。领域可能是或者不是被行为者所占据，以低速接近和没有明显的进攻有区于警告行为
警告	快速接近行为对象、导致行为对象快速逃离或者闪躲。接近时头在水平以下位置，可能会以头接触行为对象，可能会以头将其他个体顶出一个固定位置。与压迫的区别在于快速趋近对方和明显攻击性
争斗	互相用角顶，包括在小冲击，长时间，接触之前两个体距离近；也包括大冲击，短时间，接触前两个体距离较远
对峙	头朝向行为对象站立，头部保持水平或者以下，两方均静止，保持对峙，而行为对象可能会东张西望或者取食。当对峙局面被打破超过 10 s，近距离对峙就结束了
驱赶	在行走时近距离的跟随行为对象(小于一个身位)，常产生对峙行为，在驱赶行为前常有喷鼻行为。以攻击性特征的喷鼻和随后常出现对峙行为与性行为中的追随行为相区别
	交往行为
相互修饰	两个羚牛同时修饰对方，常顺着身体和颈方向舔毛
玩耍	两个动物采用积极的社会交往。玩耍行为看起来象攻击行为，但是在强度、力量、速度上较低，且常表现的没有明显的意图和目的。玩耍包括追赶。动物也会自己或者和其他物体玩耍
	其他
舔角	舔对象的角
嗅脸	将鼻子靠近另一个羚牛的脸部区域，被嗅对象的脸和头会保持一个固定姿势接受这种行为

羚牛雄性成体繁殖期与非繁殖期的获取食物的时间(取食、觅食)、社会行为与反刍的时间比例相比较，发现繁殖期白天羚牛雄性花费在食物上的平均时间比例较非繁殖期要少。繁殖期羚牛雌性成体花费在食物上的时间较雄性多，但并不显著。从总体的活动时间比例来看，雌性比雄性用在活动上的时间比例更高。雄性羚牛的社会行为发生高峰期是上午 8：00 到 10：00 及下午 15：00 以后(图 14-8，图 14-9，图 14-10)，相应地在相同时间段中，雌性个体的社会行为也有发生(图 14-11，图 14-12)。

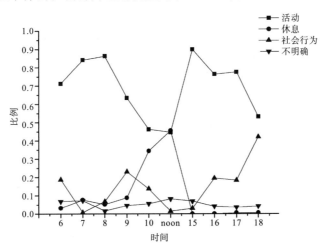

图 14-8 唐家河自然保护区内扭角羚雄性成体繁殖期的白天活动时间分配

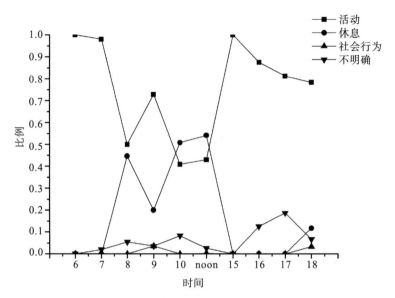

图 14-9   唐家河自然保护区内扭角羚雌性成体繁殖期的白天活动时间分配

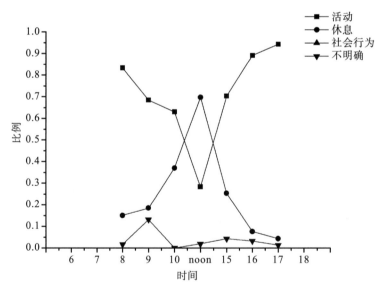

图 14-10   唐家河自然保护区内扭角羚雄性成体非繁殖期的白天活动时间分配

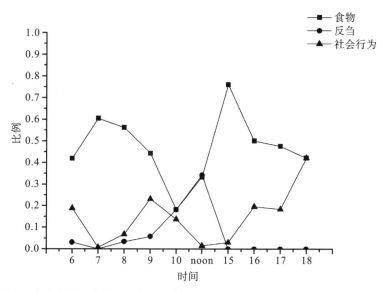

图 14-11　唐家河自然保护区内扭角羚雄性成体繁殖期花费在食物、反刍和社会行为上的时间比例

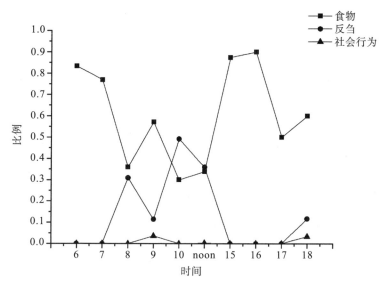

图 14-12　唐家河自然保护区内扭角羚雌性成体繁殖期花费在食物、反刍和社会行为上的时间比例

2.家域

利用 GPS 无线电颈圈，我们分析了扭角羚的家域的个体及季节变化。四川扭角羚年均家域面积为 15.01 km^2±2.92 km^2，但个体间差异较大（3.7~30.47km^2），且同一个体年际波动明显；季节间家域面积差异显著，个体家域的季节变化体现出较一致的变化，最大季节家域主要集中于春季和夏季。分析显示季节间质心距离总体差异不显著，仅春夏家域质心距离显著大于秋冬家域质心距离（表 14-12）。我们认为，迁移习性的个体间差异是导致家域变化未体现出与季节变化一致的趋势的主要原因（官天培未发表数据）。扭角羚各季节间的家域面积存在差异显著。扭角羚春季的家域（7.02 km^2±1.49 km^2）显著大于秋季（3.97 km^2±0.63 km^2）和冬季的家域（3.64 km^2±0.62 km^2，夏季家域（6.79

km^2±1.63 km^2，$n=9$），虽然大于秋季和冬季的家域，但仅显著地大于冬季的家域，与秋季家域的差异不显著。春季家域与夏季家域也没有显著的差异。对扭角羚个体而言，家域的季节变化呈现较为一致的趋势，春季和夏季的家域最大。

表 14-12　唐家河自然保护区内扭角羚年家域（基于最小凸多边形面积-MCP）

羚牛 ID	性别	年份 *	面积/km^2	均值±标准误
1532	雌性	1	30.47	
1532	雌性	2	14.05	19.18±5.65
1532	雌性	3	13.02	
1533	雄性	1	20.29	20.29
1534	雌性	1	3.71	
1534	雌性	2	5.28	4.79±0.54
1534	雌性	3	5.40	
682	雌性	1	19.45	25.53+6.08
682	雌性	2	31.61	
808	雌性	1	15.53	10.93±2.61
808	雌性	2	8.32	

注：此处年份指从扭角羚捕捉佩戴项圈起往后推算的 12 个月

14.2.2.4　季节性迁移

1.迁移模式

从 2006～2009 年，我们共为 10 只扭角羚佩戴了无线电 GPS 项圈（3 个成年雌性，6 个成年雄性，1 个雌性亚成体）。我们获得了 9 只扭角羚共 144 个月的定位数据（平均每个扭角羚的项圈工作时间超过 16 个月，其中 1 只羚牛的 GPS 定位功能未成功开启）。5 只扭角羚的项圈连续工作时间超过 1 年，其中的 4 只连续工作时间超过两年。数据显示，扭角羚主要分布在海拔 1250～3000 m 的范围内，且具有明显的季节性海拔变化。7 月分布海拔最高，10 月和 4 月分布的海拔最低。归纳海拔变化特征，可见扭角羚进行了两次显著的垂直迁移：第一次迁移启动于每年的 11 月，扭角羚由河谷等低海拔区域向中海拔段（1850～2150 m）移动，并在该海拔段停留 3 个月左右，结束于翌年 3 月从中海拔向低海拔的移动；第二次迁移启动于每年的 5 月底，由河谷低海拔区域（<1550 m）向高海拔移动，并于 6 月底达到最高海拔－高山草甸和灌丛，结束于当年 9 月从高海拔向低海拔的移动（图 14-13）。从设置在每种植被型内的计数器获得日均计数到的扭角羚数量，可以说明扭角羚活动强度的月度差异和波动。计数器收集的数据支持扭角羚进行季节性海拔移动的结论（图 14-14）。扭角羚在冬季主要活动在混交林竹林带，夏季在高山草甸和低海拔的阔叶林均有较高的活动强度。

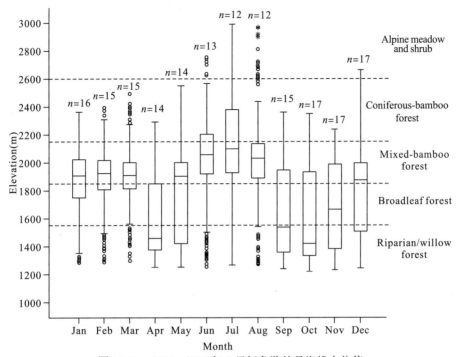

图 14-13 2006~2009 年 9 只扭角羚的月海拔中位值

箱图中的加粗黑线表示中位值;箱体表示的是四分位(25% 与 75%)。"O"表示观察值大于 1.5 倍四分位值,"∗"表示观察值大于 3 倍四分位值。虚线表示的是各个植被带的分界

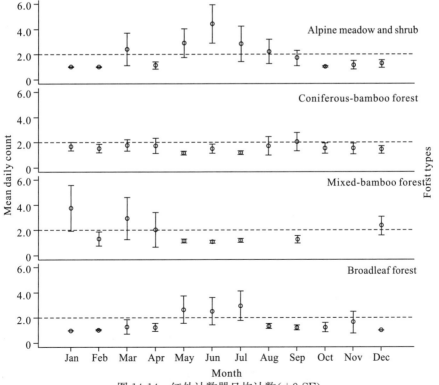

图 14-14 红外计数器日均计数(+2 SE)

由于设备损坏,缺失部分植被带的 8 月、10 月和 11 月的数据

2. 季节性植被选择

从 12 月至次年 3 月(冬季),佩戴项圈扭角羚全部集中于混交箭竹林带,在春季和秋季也有部分时间段在该海拔段活动。一年中扭角羚有近 8 个月的时间集中于混交林箭竹林带内(图 14-13,图 14-14)。春季(4 月和 5 月),植物在低海拔的萌发及 9 月高海拔霜冻来临时,扭角羚主要选择在低海拔的河谷柳树林和低山灌丛及农业弃耕地构成的生境中活动。扭角羚仅在夏季选择最高海拔区域的针叶林、高山草甸和灌丛植被类型活动。虽然已有的观察和记录都确认扭角羚在高山草甸集群繁殖,但本研究中仅一只佩戴项圈的雄性夏季主要在高山草甸及林线边缘的针叶林带一带活动。

冬季,红外计数器在有箭竹林分布的针阔混交林和针叶林带中,记录了高频次的扭角羚活动(图 14-15),而在海拔 2600 m 以上的森林(即针叶林和高山草甸)仅在夏季体现出较高的出现频率(6~8 月)。这种频率在不同海拔带的季节性变化,反映了扭角羚群体海拔垂直分布的特点。冬季,针叶竹林中相对较高的记录次数说明了扭角羚对该海拔段的利用强度较高。4~5 月,高山灌丛和草甸的记录量显著增加,针叶竹林记录量显著减少,以及 6 月和 7 月间,混交林竹林的极低出现频率和高山草甸灌丛的高出现频率,不难推断扭角羚向高海拔的迁移发生在 5 月。除此以外,夏季低海拔阔叶林的高出现频率与可能意味着扭角羚存在垂直迁移但并非所有个体都迁移至最高海拔区域的森林和草甸内。

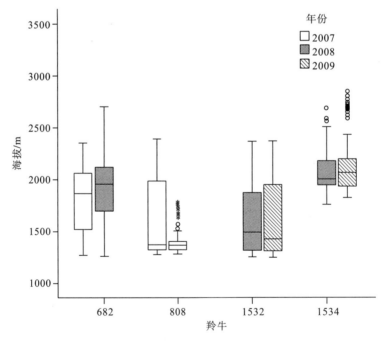

图 14-15　唐家河自然保护区内雌性扭角羚度分布海拔变化

3. 迁移策略的个体与年度差异

事实上,并非所有的个体都是按照统一的模式进行迁移(图 14-15)。4 只连续监测超过两年的扭角羚活动数据显示,3 只扭角羚在连续两个年度的相同月份的海拔分布存在显著差异的月份均超过 6 个月。其中，雌性扭角羚（编号 808）在 2007 年从最低海拔 1200 m 迁移到 2400 m，然而第二年，它活动的海拔则仅局限于 1200~1800 m 的区域。与之相比，雌性羚牛（编号 1534）两年内活动海拔从未低于 1700 m（图 14-18）。这说明并非所有扭角羚都利用低海拔区域的森林。夏季在阔叶林和混交林竹林得到的红外计数器的高探测率，也意味并非所有个体都利用高山草甸和灌丛。

14.2.2.5　疫源疫病监测

根据唐家河自然保护区内近年来频发的冬春季节扭角羚等偶蹄目动物死亡的状况，为了确定引起扭角羚等偶蹄目动物非正常死亡的主要病原体和致病因素，分析现有疾病对保护区内关键物种和生态环境的影响，以期为将来采取相应的防控措施提供基础信息，从 2013 年 10 月开始，唐家河保护区开展了扭角羚等重点野生动物疫病本底专项调查。此次调查在保护区之前开展的死亡动物个体信息收集工作的基础上，结合了野外样线调查、患病动物观察、死亡动物剖检以及样本实验室检查等多种手段，并积极与四川农业大学疫源疫病检测实验室、四川大学动物疾病防控实验室等研究检测机构合作，获得了部分结果和结论。整个调查持续一年，调查范围包含了 22 条沟，基本覆盖保护区的所有沟系（图 14-16）。

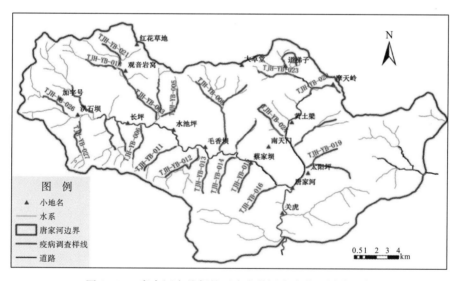

图 14-16　唐家河自然保护区内大范围疾病普查样线示意

1.动物死亡数量

依据 2010 年 3 月至 2014 年 4 月唐家河保护区野外巡护监测和疾病专项调查，5 年内共发死亡扭角羚 74 只。死亡高发年度是 2012 年，此前后两年发现的死亡个体数量波动相对较小（表 14-13，图 14-17）。除极端气候和突发传染性疾病导致的死亡并排除由于调查强度和时间差异而引入的误差，从目前的结果看，扭角羚未继续出现大规模的死亡。

表 14-13　扭角羚及斑羚死亡与检测处理情况

死亡动物	发现日期	发现地点	死亡时间/d	个体信息	症状病变	处理情况
扭角羚	2013-11-8	深洞子	>30	青壮年	尸体已腐烂	深埋
	2014-2-9	小阴坝	2	老年雌性	肺上有数个红枣大小白色肿块，心、肾肿大，小肠局部出血水肿	采集心、肝、肺、肾、小肠液送检
	2014-3-3	虎公沟	1	怀孕雌性	头部有蜱感染痕迹，肺部密集分布有黄豆大小白色病灶，小肠局部出血水肿，胎牛剖检无病变	采集心、肝、脾、肺、肾、小肠、胎牛黏液送检
	2014-3-11	董家岩窝	1	幼体（约1岁）	整体消瘦，头面部及两前肢等处被毛脱落，皮肤增厚龟裂，剖检观察肺部密布白色病灶	采集病变皮肤、心、肝、脾、肺、肾送检
	2004-3-24	水池坪	1	幼体	整体消瘦，外观及剖检内脏无肉眼可见异常，胃内空虚	采集心、肝、肺、肾送检
	2014-3-28	倒梯子	1	怀孕雌性	肺部有白色病灶，胎牛剖检无异常	采集心、肝、脾、肺、肾送检
	2014-3-29	倒梯子	2	老年雌性	肺部有花生米大小白色病灶	采集心、肝、脾、肺、肾送检
	2014-4-21	三麻坪	3	幼体（约2月龄）	整体消瘦，肺脏密布白色病灶，肺叶边缘呈黑色病变，肝脏分布白色病灶	采集肺、心、肝、肾送检
	2014-4-23	吴尔沟	20	幼体（约2月龄）	幼体雌性个体，尸体已开始腐烂，头部、心肺等被食，残存肝、肾偏黑	采集肝、肾送检
	2014-4-24	四角湾	>30	幼体（约2月龄）	当年生幼体，尸体已腐烂	深埋
斑羚	2013-12-9	桂花沟	>30	青壮年	尸体已腐烂	深埋
	2013-12-26	金场坝	1	青壮年雄性	头部、背部，前肢等多处脱毛严重，皮肤增厚龟裂	整只送检
	2014-1-8	红军桥	5-7	青壮年雌性	全身多处被毛严重脱落，腹部大部份内脏被啃食，残存脏器无异常	采集皮肤、心、肺、肝送检
	2014-3-23	无底沟	7	老年雄性	脖子至左肩胛等处被毛粗乱，皮肤增厚龟裂出血，睾丸处发现硬蜱约10只，内脏剖检无可见异常	采集心、肝、脾、肺、皮肤送检
	2014-4-24	阴平古道	>30	青壮年雄性	尸体已腐烂，外表未发现皮肤病症状	深埋

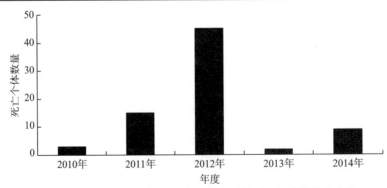

图 14-17　唐家河自然保护区内近年发现的死亡扭角羚数量变化

2.扭角羚及其他偶蹄动物死亡地点

下图为扭角羚等偶蹄目动物死亡位点示意图(图 14-18),如图 14-18 所示,死亡的偶蹄目动物大多靠近河流或主干道路。扭角羚死亡地点范围较广,中低海拔区域多处零星分布,部分区域如摩天岭、倒梯子、石桥河、水池坪等处发现死亡扭角羚数量较多;斑羚死亡地点较为分散,和扭角羚死亡地相比总体海拔较低;死亡毛冠鹿数量较少,仅在倒梯子区域发现有个别死亡现象。

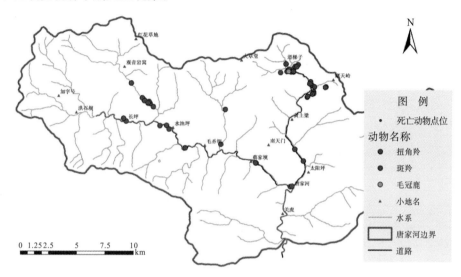

图 14-18 扭角羚及其他偶蹄动物死亡点位示意图

3.动物死亡季节特征

疾病、饥饿、天敌、偷盗猎及极端严寒的气候,都可能导致健壮的个体及衰老体弱的个体在某些季节出现集中死亡。唐家河扭角羚的死亡是内因和外因共同作用的结果,外界环境条件特别是天气的变化对动物死亡数量有一定影响。从发现的死亡个体的时间及尸体腐烂的程度推算,扭角羚死亡集中出现在冬末春初(即 2~4 月),在 6~10 月未发现 1 例死亡。

4.调查初步结论

此次调查项目开展至今,由于调查发现的患病动物及死亡动物样本量较小,尚不能确定引起扭角羚等偶蹄目动物死亡的主要病原体和致病因素,对疫病性质、疫病危害程度、发展形式等方面的判断确定还有待进一步调查研究,通过现有数据分析,可形成以下初步结论:

1)扭角羚死亡多发生于抵抗力弱个体

自 2010 年来保护区内扭角羚等偶蹄目动物死亡多发生于冬春季节,此时外界环境天气寒冷,野外食物短缺,偶蹄目动物抵抗力减弱;死亡扭角羚数量最多的 2011 年和 2012 年冬季 1~3 月平均气温和其他年度相比较低。数据显示死亡的扭角羚主要为雌性个体,占死亡个体总数的 56%;年龄结构方面死亡多为老年个体、青壮年和幼体,分别占总数的 45%、24% 和 22%。调查中多次发现死亡的青壮年扭角羚个体为怀孕雌性的情况,死亡多在临近生产的 1~4 月。雌性个体特别是怀孕个体及老年个体、幼体在冬春季节抵抗力较其他个体更弱，死亡概率更大。

死亡个体雌性占多数是近年来扭角羚死亡情况和此前不同之处，根据之前保护区收集的零星死亡扭角羚数据显示，死亡个体中雌雄比例相当或雄性多于雌性，以 1993～1996 年为例，共记录死亡扭角羚 17 只，其中 11 只为雄性，雌性仅为 6 只；此外 2006～2007 年共记录死亡扭角羚 14 只，其中雌性和雄性各 7 只。2011～2012 年多发扭角羚集中死亡现象，集中死亡的扭角羚也以雌性为主，以 2012 年 4 月 1 日在摩天岭干沟区域发现扭角羚集中死亡现象为例，在干沟中共计发现死亡扭角羚 15 只，其中雌性个体 13 只（包括 10 只成体和 3 只亚成体），幼体 1 只，雄性个体仅有 1 只；成年个体中怀孕雌性 3 只，腹中各有胎牛 1 只。

综上所述，扭角羚等偶蹄目动物死亡主要发生于抵抗力弱的个体，死亡个体中雌性占多数，导致其死亡的主要外界因素是天气变冷和食物短缺，因此初步判断急性病毒性感染的可能性不大（表 14-14）。

表 14-14　唐家河自然保护区内死亡扭角羚样本实验室检查结果汇总表

细菌学检查					寄生虫学检查		
分离部位	检出病原	检出次数	细菌类型	致病力	分离部位	检出病原	检出次数
肺	肺炎克雷伯氏菌	1	条件性致病菌	弱	肺	鹿网尾线虫	1
小肠液	肠杆菌属	1	条件性致病菌	弱	皮肤	疥螨	1
脾、肺	弗氏志贺菌	1	条件性致病菌	中等	皮肤	蜱	1
肺	铜绿假单胞菌	1	条件性致病菌	弱	头部	脑包虫	1
肺、肾、心	肠杆菌属	3	条件性致病菌	强			
小肠液	肠杆菌	1	条件性致病菌	强			
心	葛氏沙雷菌	1	条件性致病菌	弱			
心、肝	葡萄球菌	3	条件性致病菌	弱			

2）死亡多发生于中低海拔、近水源的平缓地带

根据调查结果，发现扭角羚死亡多发生于海拔 2100 m 以下的落叶阔叶林及落阔混交林，死亡动物多在坡度 20°以下的平缓地带如谷底、下部或平地，其中以河谷地带死亡居多；尸体距离水源普遍较近，多在 100 m 以下，调查中多次发现扭角羚尸体位于河边或靠近河边的岩洞中。扭角羚死亡地点坡向多为向阳的南、东南或西南方向；乔木高度多在 10～30 m，乔木郁闭度多为 26%～75%，灌木盖度多在 11%～50%；草本盖度多在75% 以下，其中以草本盖度 25% 以下死亡扭角羚数量最多。死亡斑羚生境特点和扭角羚基本一致。上述死亡生境情况表明扭角羚和斑羚在死亡之前由于体况较差，为维持正常的生活，尽量减少体力消耗，选择了较低海拔、近水源且坡度较小的平缓地区活动，但同时也受到冬季寒冷天气和食物（草本和木本）来源减少的压力。

3）死亡扭角羚主要呈现肺脏病变

调查过程中发现的死亡扭角羚病变特征比较一致，扭角羚死亡个体共 10 只，其中 3只因为尸体腐烂无法剖检，剩余的 7 只扭角羚其中有 6 只剖检后发现主要病变部位为肺，特征为肺部组织分布有大小不一的白色肿块结节；此前的资料显示，2012 年死亡的部分

扭角羚个体也表现出肺的白色结节病变，综合所有死亡动物解剖资料，判断死亡扭角羚主要呈现肺病变，因此肺感染可能是引起扭角羚死亡的一个重要因素。

14.2.3　保护与管理建议

14.2.3.1　栖息地

1.栖息地特征与更新

扭角羚属于泛食性食草动物，据乔治夏勒博士与胡锦矗先生在20世纪70年代的跟踪观察，已发现扭角羚采食的植物种类达270余种。其中，经常观察到扭角羚采食的植物有25种，具体名录见表14-15。据与保护区工作时间较久的员工交流，在建区初期森林停止砍伐后，扭角羚较多选择在弃耕地和采伐迹地活动。然而，这些区域经过30多年的恢复已经形成了高大的次生林，扭角羚活动痕迹也越来越少。据推测，由于扭角羚主食林下低矮灌木与草本，而次生林下可以供扭角羚采食的灌木和草本的生物量较弃耕地和采伐迹地大幅减少，因此扭角羚对这些栖息地的选择也相应降低。据此，建议在将来的研究中，将扭角羚的栖息地选择与栖息地植被人为更新和改造联系起来，作为栖息地管理和种群管理的主要依据。

食性是了解扭角羚栖息地选择和指导栖息地管理的另一个重要基础。首先，以往对扭角羚的食性观察时间较短，针对性研究较少，可直接应用于保护管理和深入研究的成果非常有限。其次，由于植被的不断更新和演替，扭角羚的食性是否发生了适应和改变，已有的知识在多大程度上能够反映扭角羚现有生活史特征等都是我们亟需回答的问题。因此，我们建议在将来的研究中将扭角羚的食性做为保护管理的重要基础研究，优先立项。

表 14-15　唐家河自然保护区内扭角羚主要采食植物名录

中文学名	拉丁学名	科	属
银叶杜鹃	*Rhododendron argyrophyllum*	杜鹃花科	杜鹃属
汶川星毛杜鹃	*Rhododendron asterochnoum*	杜鹃花科	杜鹃属
黄花杜鹃	*Rhododendron lutescens*	杜鹃花科	杜鹃属
巴山木竹	*Arundinaria fargesii*	禾本科	巴山木竹属
冷箭竹	*Sinarundinaria fangiana*	禾本科	巴山木竹属
糙花箭竹	*Fargesia scabrida*	禾本科	箭竹属
缺苞箭竹	*Fargesia denudata*	禾本科	箭竹属
青川箭竹	*Fargesia rufa*	禾本科	箭竹属
早熟禾	*Poa annua*	禾本科	早熟禾属
糙野青茅	*Deyeuxia scabrescens*	禾本科	野青茅属
野核桃	*juglans cathayensis*	胡桃科	野核桃属
披针叶胡颓子	*Elaeagnus lanceolata*	胡颓子科	胡颓子属
牛尾蒿	*Artemisia subdigitata*	菊科	蒿属

续表

中文学名	拉丁学名	科	属
大叶醉鱼草	*Buddleja davidii*	马钱科	醉鱼草属
金钱槭	*Dipteronia sinensis*	槭树科	金钱槭属
短梗稠李	*Prunus brachypoda*	蔷薇科	稠李属
倒卵叶石楠	*Photinia lasiogyna*	蔷薇科	石楠属
淡红忍冬	*Lonicera acuminata*	忍冬科	忍冬属
桦叶荚蒾	*Viburnum betulifolium*	忍冬科	荚蒾属
唐古特瑞香	*Daphne tangutica*	瑞香科	瑞香属
白颖苔草	*Carex rigescens*	莎草科	苔草属
高节苔草	*Carex thomsonii*	莎草科	苔草属
岷江冷杉	*Abies faxoniana*	松科	冷杉属
南方铁杉	*Tsuga chinensis*	松科	铁杉属
山柳	*Salix pseudotangii*	杨柳科	柳属

2. 人为干扰管理

唐家河自 2010 年起, 在 "5·12" 汶川地震重建的基础上进行了生态旅游的规划和开发。目前, 保护区在生态旅游管理上逐渐走上了可持续发展的道路, 但依然存在一些问题。保护区目前开放的旅游线路都集中于实验区及部分缓冲区, 客流较集中的是蔡家坝区域和摩天岭阴平古道线路。虽然是旅游活动限制在实验区和缓冲区, 但这些区域的野生动物种类较多, 基本上涵盖了全部国家 I 级重点保护的哺乳动物和多种国家 II 级重点保护的雉类。对这些旅游线路进行生物多样性监测的研究发现, 摩天岭区域在 1800~2300 m 的范围内均发现了大熊猫、羚牛、林麝等 I 级重点保护和, 以及腹锦鸡、红腹角雉等珍贵雉类。因此, 对这些区域的人为干扰管理不能因其属于缓冲区和实验区而减弱, 反而应当强化。在人力和物力许可的条件下, 我们强烈建议通过人流监测和物种监测对各个旅游线路的环境容纳量或动物对人流量的容忍程度进行评估和研究, 进而为设置客流量的安全控制线提供依据。

蔡家坝区域是羚牛研究中心所在地, 视野开阔, 被认为是观赏羚牛活动的最佳区域, 也因此受到了最强烈的人为干扰。蔡家坝羚牛观赏区位于公路沿线, 在保护区实施强制自驾车辆不得入区的管理措施之前, 沿路的机动车辆带来的噪音和游客的喧闹声严重影响羚牛对这些栖息地的利用。据我们多年的观察和保护区员工的交流, 羚牛对蔡家坝至鸡公垭沿线两侧开阔林地和灌丛的利用强度较 2006 年以前显著下降。因此, 我们建议一方面启动持续的旅游线路羚牛活动监测, 另一方面进行与摩天岭一样的游客流量监测, 持续关注人为干扰条件下羚牛对栖息地的利用策略, 为物种保护管理和生态旅游管理提供基础。

大草堂是羚牛夏季集群繁殖的重点区域之一, 该区域海拔较高(2900~3200 m), 植被以针叶林、箭竹林及亚高山草甸为主。我们自 2007 年起, 每年夏季都会到大草堂进行羚牛的集群繁殖的观察, 关注羚牛的集群的时间和种群大小。虽然物候与天气可能对羚牛的集群造成影响，但我们明显感受到人为活动对羚牛集群的强烈干扰。因此，我们认为大草堂区域不适宜对大众开放，尤其是羚牛的繁殖季节应当尽可能禁止各种类型的旅游活动在这个区域开展。

14.2.3.2　种群

1. 种群动态

种群管理是野生动物保护和管理的较高层次，是在栖息地保护良好、对环境容纳量、种间关系和种群动态清楚掌握的基础上为维持物种健康发展和维护生态系统功能完整而实施的人为介入。羚牛是唐家河重点保护物种和重点研究对象，因此种群动态是保护区必须掌握的信息。目前，由于关于羚牛的种群监测规程和行业标准尚未公布，针对羚牛种群动态的研究也没有实施。因此，我们建议保护区在羚牛的基础理论研究和应用型管理研究项目的选择上，优先考虑羚牛的种群监测规程的设计和具体实施。种群动态监测除了需要掌握种群数量、密度、性别结构、年龄结构、死亡率和出生率等基本信息以外，还要结合相关环境信息如温湿度、降水、物候和灾害性气候等对羚牛的种群波动和变化进行分析，发现影响种群动态的关键因素，并依此进行相应的管理。

2. 繁殖

繁殖是物种延续的关键过程，是其生活史的重要组成部分，对羚牛的保护离不开对这种习性的系统了解。目前，我们对羚牛繁殖习性已有基本的认识，但是缺乏确切和完整的掌握。目前的研究涉及羚牛繁殖期的行为谱和时间分配，以及部分社会结构的描述，然而对于羚牛繁殖期的确切起始时间及影响因素、繁殖对策和繁殖群的形成机制都处于未知的状态。据报道，羚牛的产仔期跨度较大，每年的 12 月至次年 4 月均有新生个体在野外偶然观察到，但大部分羚牛产仔的时间集中在什么时候及影响产仔时间的因素尚不可知。羚牛的产仔期包含的两个季节，为什么羚牛在这样的季节产仔也是羚牛较引人关注的因素之一。因此，在未来的研究中应将羚牛的繁殖期及产仔期的相关生活史特征和策略做为重点关注的问题。

3. 疾病监测

1) 继续开展调查

在唐家河实施的羚牛疫源疫病本底调查的基础上，唐家河还应将继续实施羚牛等重点野生动物疫病本底调查工作，开展固定样线调查、重点区域定期巡查等野外工作，发现有患病或死亡动物及时采样送检进行实验室检查。根据现有的调查结果，在计划实施过程中会将重点放到寄生虫方向，除采集死亡个体各组织样本进行检查外，同时还应收集新鲜羚牛粪便样本，进行实验室寄生虫学分析。此外继续开展周边区域保护区野生动物患病死亡情况及周边社区饲养动物疫情调查，通过定期电话联系和走访调查等手段，密切关注保护区周边区域疫病流行情况。

2) 开展试验性防控

据现有的调查结果和实验室检测结果，推动相应的试验性防控措施的开展。根据寄生虫的生活史及流行病学特点，考虑从杀死虫卵、消灭中间宿主、带虫动物驱虫等方面采取相应的防控措施，在发现有患病动物活动的区域或死亡动物尸体附近喷洒消毒剂进行环境消毒，以杀死寄生虫及其虫卵；同时考虑在羚牛等偶蹄目动物主要活动区域、饮水地点及舔盐盐场等地点投喂含有伊维菌素等驱虫药物的食物及食盐。在开展驱虫及消毒工作时，要全面考虑到各种因素，试探性摸索驱虫剂和消毒剂的用量及用法，并及时监测评估防控效果，形成规范的防控办法。

　　3)冬季食物补充

　　调查结果显示，动物死亡主要发生在冬春季节，分析其原因是由于冬季气温低，野生动物消耗热量大；同时冬季野外树叶凋落，草地枯黄，偶蹄目动物食物来源少；在食物短缺和外界严寒的双重作用大，羚牛等偶蹄目动物抵抗力下降，很容易感染疾病甚至引起死亡。根据这种情况，保护区可以在科学评估的基础上尝试开展冬季草食动物食物补充计划，通过人工种植紫花苜蓿、人为更新林地形成草场等手段扩大冬季草食动物的食物来源，缓解羚牛等偶蹄目动物冬季食物短缺现象。

　　红外触发相机、GPS项圈、视频监测系统等先进的野外监测和研究设备广泛的在许多常规和传统研究手段难以获取数据的物种上获得应用，因此在保护区经费有保障的情况下可以尽可能多的将经费投入到提高监测和研究水准的先进技术上。唐家河的羚牛在多年的栖息地保护下能够正常的繁衍生息，保存着较大的种群数量，这在四川羚牛的整个分布区内都是较少见的。为了这一珍稀物种能够在唐家河及周边保护区内持续健康的生存，我们应加大对羚牛的生态学研究，为四川亚种的保护和管理提供可借鉴的模式。

14.3　川　金　丝　猴

14.3.1　前言

　　川金丝猴(*Rhinopithecus roxellana*)隶属于灵长目(Primates)猴科(Cercopithecidae)疣猴亚科(Colobinae)金丝猴属(*Rhinopithecus*)，是我国特有的濒危珍稀灵长类动物(全国强和谢家骅，2002)。川金丝猴仅分布于我国的川西高原山地、秦岭山脉、湖北神农架，其中四川的川金丝猴数量最多为 10 000 只(Li et al.，2002)。近年来，川金丝猴的种群数量在陕西和湖北有所增加，而在四川则呈下降趋势(国家林业局，2009)。因此，开展四川地区川金丝猴的食物选择和栖息地利用的研究，分析影响其主要影响因子，有利于我们认识和了解该物种的生存现状，从而制订针对该物种更为合理的保护管理措施。

　　唐家河自然保护区处于岷山山系摩天岭保护区群中心，是川金丝猴在岷山山系的主要分布区。现有的资料表明，唐家河保护区内川金丝猴的种群数量约为 1000 只，约占四川群体的 1/10(胡锦矗，2005)。长期以来，受诸多因素的影响，该区域从未开展过川金丝猴行为生态学方面的研究。这在很大程度上，制约了该保护区川金丝猴的保护与管理。此外，由于唐家河国家级自然保护区内个别川金丝猴群对人类活动较为习惯化，我们能在野外巡护人员的帮助下顺利跟踪猴群。我们在川金丝猴的主要分布区唐家河国家级自然保护区开展了如下研究：①调查 2008 年"5·12 汶川大地震"后唐家河川金丝猴的种群分布现状；②对一群数量约为 50 只的川金丝猴开在了食物选择和栖息地利用方面的研究。本研究旨在为唐家河自然保护区川金丝猴的保护与管理提供科学依据。

14.3.2　研究方法和结果

14.3.2.1　"5·12汶川大地震"前后保护区川金丝猴的分布与数量

1.研究方法

2008年5月12日14时28分，四川汶川发生里氏8.0级地震，强烈的震感波及唐家河自然保护区境内。至5月27日止，加上连续发生的4.0~6.4级余震，造成保护区内山体滑坡60多处，受损林地12万余亩，损毁林地20余万立方米，其中川金丝猴的主要栖息地约3000亩。

基于汶川地震对唐家河自然保护区川金丝猴栖息地的巨大破坏力。我们于2011年6月和2011年12月，对唐家河自然保护区境内川金丝猴的数量及其分布情况进行了调查。本次调查通过地震前后唐家河自然保护区境内川金丝猴分布情况的比较，分析地震对川金丝猴的影响，拟制订川金丝猴有效的保护对策和进一步开展保护区川金丝猴的管理工作。

"5·12"地震之前保护区境内川金丝猴数量和分布情况，通过查阅保护区资料和相关文献，以及同保护区工作人员交流获取相关信息。结合震前保护区川金丝猴的分布情况，根据调查地点的面积大小和实际情况，在兼顾川金丝猴活动规律的基础上，设计了如下调查方法。由于川金丝猴猴群密度很低，随机样线可能碰不到猴群；猴群生境地形复杂，以及通常是比较大的猴群，在突出的大树，山脊和悬崖上比较容易发现猴群，因此灵长类调查中常用的随机样线(random transect method)对于川金丝猴调查不太合适。猴群调查采用龙勇诚等(1994)在滇金丝猴调查中使用的方法。通过猴群活动痕迹(如粪便、食物残留、折断的大树枝)来判断猴群有无。如果发现活动实体，设法对猴群直接计数。如果不能够直接计数，则通过猴群的活动情况(粪便密度、断枝多少、猴群声音多少等)判断猴群的大致数量。

川金丝猴野外调查应尽量在天气晴朗、风力不大时进行，最大限度地减小天气条件对调查工作的影响。野外调查时，排除因为调查时间的不一致，导致的川金丝猴种群和数量的误差。调查过程中，用GPS记录位点信息，结合直接和间接的调查数据来判断川金丝猴的种群分布和数量。考虑到金丝猴可能存在的季节性分群与合群现象，为了准确地弄清调查地区的川金丝猴种群状况，我们集中开展了2次川金丝猴的野外调查。一次安排在川金丝猴食物相对丰富的2011年6月，一次安排在食物匮乏的2011年12月，每次调查时间为10~15天。

2.研究结果

"5·12"地震前，唐家河自然保护区分布有12群川金丝猴。各个猴群的个体数量从30只到100只不等，总数约为680只(表14-14，图14-22)。"5·12"地震后，唐家河自然保护区川金丝猴约分布有14群，种群数量约640只(表14-16，图14-19)。

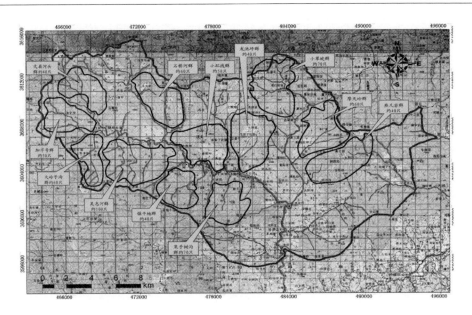

图 14-19　汶川 "5·12" 地震前保护区川金丝猴的种群分布

表 14-16　汶川 "5·12" 地震前保护区川金丝猴的种群分布和数量

序号	种群名称	经纬度	海拔/m	数量
1	摩天岭群	104.84436°E，32.62124°N	1700	60
2	燕儿岩群	104.69360°E，32.64991°N	2230	40
3	小草坡群	104.80938°E，32.63924°N	2340	70
4	龙池坪群	104.77576°E，32.61352°N	1810	40
5	小环线群	104.77353°E，32.58118°N	1640	50
6	石桥河群	104.69982°E，32.63272°N	1950	60
7	文县河头群	104.66443°E，32.61832°N	2240	40
8	加字号群	104.64637°E，32.81283°N	2160	50
9	大岭子沟群	104.66945°E，32.58182°N	2200	60
10	吴志河群	104.74236°E，32.55900°N	1770	100
11	镇平地群	104.72964°E，32.57565°N	1710	40
12	果子树沟群	104.77394°E，32.56878°N	1740	70
总计				680

　　虽然地震后增加了燕儿岩群(30 只)和养蜂坪群(20 只)两个小的种群;但是摩天岭群、小草坡群、石桥河群、加字号群、大岭子沟群、镇平地群、果子沟树群这七群的猴群数量较地震之前都有减少(表 14-17)。地震前后,唐家河自然保护区川金丝猴种群的变化,可能是由于地震对区域内栖息地破坏所导致的结果。

　　调查发现,地震后小草坡群、燕儿岩群、小环线群活动范围略有改变,但是主要活动区域并未发生大的改变(图 14-20)。调查过程中,我们也发现燕儿岩和小环线区域,遭受地震的影响最为严重。这表明,地震这一定程度上影响了唐家河保护区内川金丝猴的活动规律。

表 14-17　汶川 "5.12" 地震后保护区川金丝猴的种群分布和数量

序号	种群名称	经纬度	海拔/m	数量
1	摩天岭群	104.84436°E，32.62124°N	1700	50
2	燕儿岩群	104.69360°E，32.64991°N	2230	40
3	小草坡群	104.80938°E，32.63924°N	2340	50
4	龙池坪群	104.77576°E，32.61352°N	1810	40
5	小环线群	104.77353°E，32.58118°N	1640	50
6	石桥河群	104.69982°E，32.63272°N	1950	50
7	文县河头群	104.66443°E，32.61832°N	2240	40
8	加字号群	104.64637°E，32.81283°N	2160	30
9	大岭子沟群	104.66945°E，32.58182°N	2200	50
10	吴志河群	104.74236°E，32.55900°N	1770	100
11	镇平地群	104.72964°E，32.57565°N	1710	30
12	果子树沟群	104.77394°E，32.56878°N	1740	60
13	延儿岩群	104.71213°E，32.80534°N	2290	30
14	养蜂坪群	104.84957°E，32.56465°N	1970	20
总计				640

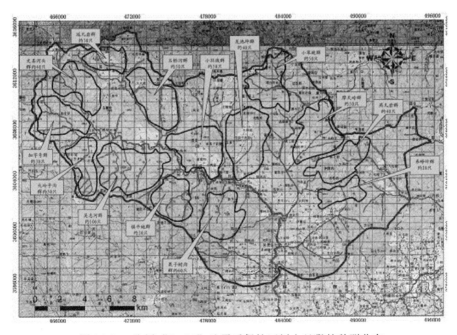

图 14-20　汶川 "5·12" 地震后保护区川金丝猴的种群分布

14.3.2.2　栖息地选择

1.研究方法

2011 年 6 月至 2013 年 5 月我们对人类活动较为习惯化的一群数量约为 50 只的川金丝猴开展了栖息地选择的研究。依据猴群活动发出的声音、活动留下的痕迹寻找猴群，开展跟踪观察。我们依据猴群的活动位点设置了 75 个 20 m×20 m 的植物固定样方，对样方的植被类型、乔木的胸径、郁闭度、乔木的高度、海拔、坡度、坡向、坡位、坡形、距水源的距离、乔木密度、灌木盖度进行了测定。

对同一变量，由于衡量标准的不同可能产生不一样的结果；因此，本研究对各生态因子作出具体划分：

(1)坡度：不同坡面按照所测量角度的大小分为 5 个等级，即 0°~5°、6°~20°、21°~30°、31°~40°、≥41°。

(2)坡向：将坡向划分为 5 级，即阳坡、半阳坡、阴坡、半阴坡、无坡向。

(3)海拔：即发现川金丝猴或其痕迹点的海拔，分为<2000 m、2000~2500 m、>2500 m 3 个等级。

(4)郁闭度：划分为 4 个等级，即 0~0.24、0.25~0.49、0.50~0.74、0.74~1.00。

(5)生境类型：划分为 5 个等级，常绿阔叶林、常绿与落叶阔叶混交林、落叶阔叶林、针阔混交林、针叶林。

(6)水源距离：即发现川金丝猴或其痕迹点离水源的距离，分为 0~100 m、100~300 m、>300 m。

(7)坡位：根据痕迹点样方所处的位置，划分为脊部、上部、中部、下部、谷地、平地。

(8)乔木平均胸径：痕迹点样方内所有乔木的平均胸径，分为 5 个等级，即 0~10 cm、11~20 cm、21~30 cm、31~50 cm、>50 cm。

(9)坡形：分为均匀坡、凸坡、凹坡、复合坡和无坡形 5 个等级。

(10)灌木盖度：划分为 4 各等级，即 0~0.24、0.25~0.49、0.50~0.74、0.75~1.00。

(11)乔木平均树高：痕迹点样方内所有乔木的平均树高，分为 4 个等级，即 5~9 m、10~19 m、20~29 m、>30m。

(12)乔木密度：痕迹点样方内所有乔木的数量(棵)，分为<20 棵、20~40 棵、>40棵。

采用 Vanderloeg 选择系数 W_i 和 Scavia 选择指数 E_i 衡量川金丝猴对栖息地的喜好程度(即生境选择特征)，计算方法(黎大勇等，2006)如下：

$$W_i = (r_i/p_i/\sum(r_i/p_i)$$
$$E_i = (W_i - 1/n)/(W_i + 1/n)$$

式中，W_i 为选择系数；E_i 为选择指数；i 为特征值；n 为特征值总数；P_i 为环境中具 i 特征的样方数；r_i 为川金丝猴选择的具有 i 特征的样方数。

E_i 值介于-1 与 1 之间。-1<E_i<0 表示不喜欢(用 NP 表示)，E_i=-1 表示不选择

(用 N 表示)，$0<E_i<1$ 表示喜欢(用 P 表示)，$E_i=1$(用 SP 表示)表示特别喜欢，$E_i=0$ 表示随机选择(用 R 表示)。

2.研究结果

唐家河的川金丝猴主要在海拔 2000～2500 m、位于阳坡和半阳坡、郁闭度为 25%～49%、坡度为 6°～20°的落叶阔叶林和针阔混交林中活动；主要选择坡形为凸坡和复合坡；灌木盖度为 25%～49%；偏好选择水源距离为 0～100 m 及 100～300 m；坡位选择多为脊部、中部和下部，不选择平地；多选择乔木平均胸径为 11～20 cm、21～30 cm 的树林，不选择 11 cm 以下和 30 cm 以上胸径的树林；选择乔木平均高度为 10～19 m、20～29 m，不选择 10 m 以下和 29 m 以上；乔木密度更喜欢 20～40 棵的树林，回避密度在 20 棵以下和 40 棵以上的树林(表 14-18)。

表 14-18 唐家河自然保护区川金丝猴栖息地选择

生态因子	特征值	特征的样方数	选择系数	选择指数	栖息地选择
坡向	阳坡	40	0.53	0.45	P
	半阳坡	14	0.19	−0.03	NP
	阴坡	2	0.03	−0.74	NP
	半阴坡	10	0.13	−0.21	NP
	无坡向	9	0.12	−0.25	NP
坡度	0°～5°	6	0.08	−0.43	NP
	6°～20°	45	0.60	0.5	P
	21°～30°	16	0.21	0.02	P
	31°～40°	1	0.01	−0.9	NP
	≥41°	7	0.10	−0.33	NP
生境类型	常绿阔叶林	2	0.03	−0.74	NP
	常绿与落叶阔叶混交林	12	0.16	−0.11	NP
	落叶阔林	13	0.17	−0.08	NP
	针阔混交林	46	0.61	0.51	P
	针叶林	2	0.03	−0.74	NP
坡形	均匀坡	6	0.08	−0.43	NP
	凹坡	5	0.07	−0.48	NP
	凸坡	25	0.33	0.25	P
	复合坡	26	0.35	0.27	P
	无坡形	13	0.17	−0.08	NP

生态因子	特征值	特征的样方数	选择系数	选择指数	栖息地选择
郁闭度	0~0.24	12	0.16	−0.22	NP
	0.25~0.49	58	0.77	0.51	P
	0.5~0.74	4	0.05	−0.67	NP
	0.75~1.0	1	0.02	−0.85	NP
灌木盖度	0~0.24	18	0.24	−0.02	NP
	0.25~0.49	45	0.60	0.41	P
	0.5~0.74	8	0.11	−0.39	NP
	0.75~1.0	4	0.05	−0.67	NP
海拔/m	<2000	16	0.21	−0.22	NP
	2000~2500	57	0.76	0.39	P
	>2500	2	0.03	−0.83	NP
水源距离/m	0~100	36	0.48	0.19	P
	100~300	27	0.36	0.04	P
	>300	12	0.16	−0.35	NP
坡位	脊部	16	0.21	0.11	P
	上部	5	0.07	−0.42	NP
	中部	30	0.40	0.4	P
	下部	15	0.20	0.08	P
	谷地	9	0.12	−0.17	NP
	平地	0	0.00	−1	N
乔木平均胸径/cm	0~10	0	0.00	−1	N
	11~20	47	0.63	0.52	P
	21~30	28	0.37	0.3	P
	31~50	0	0.00	−1	N
	>50	0	0.00	−1	N
乔木平均树高/m	5~9	0	0.00	−1	N
	10~19	50	0.67	0.46	P
	20~29	25	0.33	0.14	P
	>30	0	0.00	−1	N
乔木密度/棵	<20	19	0.25	−0.14	NP
	20~40	48	0.64	0.32	P
	>40	8	0.11	−0.5	NP

注：i 为特征值；P_i 为环境中具有 i 特征的样方数；W_i 为选择系数；E_i 为选择指数；P 为喜欢；N 为不选择；NP 为回避

野生动物对生境的选择往往受到生态系统中多种生态因子的综合影响，而其基本生存条件为食物、水源和隐蔽物三大要素。研究表明，栖息地的海拔与坡向对唐家河川金丝猴生境选择影响显著，而坡度与森林郁闭度对猴群栖息地的选择影响不明显。在生境坡度与郁闭度基本不变的情况下，随着海拔和坡向的变化，野生动物三大基本生存条件中变化最大的当属食物。这就解释了为什么猴群依然喜欢在海拔 2000～2500 m 的落叶阔叶林和针阔混交林中活动，因为这里有它们的主要食物资源。此外，气候条件也可能是影响其生境选择的重要生态因子。据《金丝猴研究》一书描述，冬季川金丝猴主要栖息在海拔 2500 m 以上的落叶阔叶林中；夏季则迁移至海拔 2800～3300 m 的亚高山针叶林中。夏季炎热，猴群为了避暑，活动于较高海拔的亚高山针叶林；冬季寒冷，猴群则在海拔相对较低的落叶阔叶林中觅食。随着气候条件的变化，川金丝猴的栖息环境也随之而改变。综上所述，气候条件、食物资源的分布，以及猴群的取食偏好可能是影响其栖息地选择的因子。其中，食物资源的分布成为最为重要的因子。更详细的信息还有待于我们进一步地研究，以便做出正确的分析、制订出合理的保护和管理措施，更好地对其进行保护。

14.3.2.3 食物选择

1. 研究方法

2011 年 6 月至 2013 年 2 月，我们在唐家河自然保护区，采用扫描取样法，对保护区内的 1 群数量约为 50 只的野生川金丝猴群进行了食物组成研究（Altmann，1974）。扫描记录内容包括：不同年龄/性别组的取食的植物种类、部位。猴群个体采摘或往嘴里喂食，这类行为确定为取食。食物种类分为：①芽（主要是叶芽）；②嫩叶、成熟叶；③花（包括花苞、花序）；④果实（包括坚果、种子）；⑤树皮、叶柄、块茎、茎等。食物种类采用如下判断规则：①近距离观察看到动物取食植物的某一部位，尽量拍照，并采摘不同生长时期植物的叶、花、果制成标本；②在猴群离开后，进入猴群采食场，结合取食留下的痕迹，判断和标记取食的物种。根据收集的直接观察数据和猴群取食植物的标本，结合西华师范大学植物分类学老师的鉴定结果，归纳了唐家河川金丝猴的食物组成。

2. 研究结果

研究期间，记录到川金丝猴取食 31 个科，共计 97 种植物的 176 个不同部位。这些食物种类包括乔木、灌木、藤本、草本、寄生植物。不同季节川金丝猴的食物组成各不相同。春季的食谱中包括 44 种植物；夏季的食谱包括 44 种植物；秋季唐家川金丝猴取食的植物种类达到 59 种；冬季，川金丝猴的食物仅由 26 种植物组成（表 14-19）。

表 14-19 唐家河自然保护区川金丝猴的食谱

植物名称	拉丁文	取食部位	春	夏	秋	冬
松科（Pinaceae）						
华山松	*Pinus armandi*	果实			+++	
红豆杉科（Taxaceae）						

植物名称	拉丁文	取食部位	春	夏	秋	冬
红豆杉	*Taxus chinensis*	果实			+++	
胡桃科（Juglandaceae）						
华西枫杨	*Pterocarya insignis*	嫩叶、叶柄	++	++		
甘肃枫杨	*P. macroptera*	嫩叶、叶柄	++	++		
杨柳科（Salicaceae）						
青杨	*Populus adenopoda*	嫩叶、花	++			
山杨	*P. davidiana*	嫩叶、花	++			
桦木科（Betulaceae）						
红桦	*Betula albosinensis*	嫩叶、芽	++			+++
糙皮桦	*B. utilis*	嫩叶、芽	++			+++
西南糙皮桦	*B. utilis* var. *prattii*	嫩叶、芽	++			+++
虎榛子	*Ostryopsis davidiana*	果实			+++	
壳斗科（Fagaceae）						
水青冈	*Fagus longipetiolata*	坚果			+++	+++
锐齿槲栎	*Quercus aliena* var. *acutesenate*	坚果			+++	+++
川滇高山栎	*Q. aquifoliodes*	皮、坚果			+++	+++
桑科（Moraceae）						
桑	*Morus alba*	嫩叶、叶	++	++		
荨麻科（Urticaceae）						
楼梯草	*Elatostema involucratum*	茎、叶、花		+++	+++	
钝叶楼梯草	*E. obtusum*	茎、叶、花		+++	+++	
石生楼梯草	*E. rupestre*	茎、叶、花		+++	+++	
粗齿冷水花	*Pilea fasciata*	茎、叶、花		+++	+++	
大叶冷水花	*P. martini*	茎、叶、花		+++	+++	
透茎冷水花	*P. mongolica*	茎、叶、花		+++	+++	
冷水花	*P. notata*	茎、叶、花		+++	+++	
西南冷水花	*P. plataniflora*	茎、叶、花		+++	+++	
桑寄生科（Loranthaceae）						
槲寄生	*Viscum coloratum*	果实			+++	
五味子科（Schisandraceae）						
南五味子	*Kadsura longipedunculata*	叶、果实		++	+++	
翼梗五味子	*Schisandra henryi*	叶、果实		++	+++	
红花五味子	*S. rubriflora*	叶、果实		++	+++	
华中五味子	*S. sphenanthera*	叶、果实		++	+++	

植物名称	拉丁文	取食部位	春	夏	秋	冬
毛茛科（Ranunculaceae）						
小木通	Clematis armandii	花		++		
绣球藤	C. montana	花		+++		
猕猴桃科（Actinidiaceae）						
猕猴桃	Actinidia chinensis	果实			+++	
狗枣猕猴桃	A. kolomikta	果实			+++	
四萼猕猴桃	A. tetramera	果实			+++	
山茶科（Theaceae）						
细枝柃	Eurya loquiana	果实			++	
半齿柃	E. semiserrulata	果实			++	
虎耳草科（Saxifragaceae）						
球花溲疏	Deutzia discolor	树皮、叶、芽、花	+++	+++	+++	+++
粉红溲疏	D. rubens	树皮、叶、芽、花	+++	+++	+++	+++
川溲疏	D. sethuenensis	树皮、叶、芽、花	+++	+++	+++	+++
绣毛绣球	Hydrangea fulvescens	叶、花	+++	+++		
长柄绣球	H. longipes	叶、花	+++	+++		
大枝绣球	H. rosthornii	叶、花	+++	+++		
云南山梅花	Philadelphus delavayi	叶、花	+++	+++		
紫鄂山梅花	P. purpurascens	叶、花	+++	+++		
蔷薇科（Rosaceae）						
四川栒子	Cotoneaster ambiguus	果实			+++	
华中山楂	Crataegus wilsonii	果实			+++	
蛇莓	Duchesnea indica	果实		+++		
东方草莓	Fragaria orientalis	果实		+++		
假稠李	Maddenia hypoleuca	嫩叶、果实	+++		+++	
石楠	Photinia serrulata	果实			+++	
短柄稠李	Prunus brachypoda	嫩叶、果实	+++		+++	
锥腺樱桃	P. conadenia	果实			+++	
毛桃	P. persica	嫩叶、果实	+++	+++		
多毛樱桃	P. polytricha	嫩叶、果实	+++	+++		
西南樱桃	P. pilosiuscula	嫩叶、果实	+++	+++		
川西樱桃	P. trichostoma	嫩叶、果实	+++	+++		
华中悬钩子	Rosa cockburnianus	果实			+++	
多腺悬钩子	R. phoenicolasius	果实			+++	

植物名称	拉丁文	取食部位	春	夏	秋	冬
刺悬钩子	R. pungens	果实			+++	
黄果悬钩子	R. xanthocqrpus	果实			+++	
水榆花楸	Sorbus alnifolia	芽、嫩叶、果实	+++		+++	+++
湖北花楸	S. hupehensis	芽、嫩叶、果实	+++		+++	+++
红毛花楸	S. rufopilosa	芽、嫩叶、果实	+++		+++	+++
华西花楸	S. wilsoniana	芽、嫩叶、果实	+++		+++	+++
黄脉花楸	S. xanthoneura	芽、嫩叶、果实	+++		+++	+++
长果花楸	S. zahlbruchckneri	芽、嫩叶、果实	+++		+++	+++
漆树科（Anacardiaceae）						
漆树	Toxicodendron wernicifluum	果实				++
槭树科（Aceraceae）						
小叶青皮槭	Acer cappadocicum	嫩叶、花、树皮	+++			+++
川滇长尾槭	A. caudatum	嫩叶、花、树皮	+++			+++
疏花槭	A. laxiflorum	嫩叶、花、树皮	+++			+++
凤仙花科（Balsaminaceae）						
凤仙花	Impatiens balsamina	全株		+++	+++	
黄凤仙	I. siculifer	全株		+++	+++	
冬青科（Aquifoliaceae）						
狭叶冬青	Ilex fargesii	叶、果实	++	++	++	+++
卫矛科（Celastraceae）		果实			+++	
西南卫矛	Euonymus hamiltonianus	果实			+++	
紫花卫矛	E. Porphyreus	果实			+++	
鼠李科（Rhamnaceae）						
勾儿茶	Berchemia sinica	嫩叶	++			
葡萄科（Vitaceae）						
桦叶葡萄	Vitis betulifolia	叶、果实	+++	+++	+++	
椴树科（Tiliaceae）						
华椴	Tilia chinensis	树皮、叶、芽、果实	+++	+++	+++	+++
胡颓子科（Elaeagnaceae）						
牛奶子	Elaeagnus angustata	果实			+++	
山茱萸科（Cornaceae）						
灯台树	Cornus controversa	果实			+++	

续表

植物名称	拉丁文	取食部位	春	夏	秋	冬
四照花	*Dendrobenthamia japonica*	果实			++	
中华青荚叶	*Helwingia chinensis*	叶、花、果实	+++	+++	+++	
五加科（Araliaceae）						
吴茱萸五加	*Acanthopanax evodiaefolius*	芽、叶、花、果实	+++	+++	+++	+++
楤木	*A. chinensis*	芽苞	++			++
常春藤	*Hedera nepalensis* var. *sinensis*	果实		++		
伞形科（Umbelliferae）						
野胡萝卜	*Daucus carota*	嫩叶		++		
杜鹃花科（Ericaceae）						
乌饭	*Vaccinium bracteatum*	果实			+++	
木犀科（Oleaceae）						
川滇蜡树	*Ligustrum delavayanum*	嫩叶、果实	++		++	++
列当科（Orobanchaceae）						
丁座草	*Xylanche himalaica*	块茎	+			++
忍冬科（Caprifoliaceae）						
淡红忍冬	*Lonicera acuminata*	叶、花	+++	+++		
刚毛忍冬	*L. hispida*	叶	++			
桦叶荚蒾	*Viburnum betulifolium*	果实			+++	
菊科（Compositae）						
大蓟	*Cirsium japonicum*	茎				+
千里光	*Saussurea scandens*	全株		+++		
百合科（Liliaceae）						
韭	*Allium* sp.	全株		+		
卷叶黄精	*Palygonatum cirrhifolium*	果实		+		
菝葜	*Smilax china*	果实		+		

注："+++"代表川金丝猴喜好的食物；"++"代表川金丝猴一般情况下采食的食物，对食物并未表现出特别的偏好；"+"代表川金丝猴偶尔采食的食物

14.3.3 总结

本次调查研究发现：

（1）唐家河保护区内分布着 14 群川金丝猴，其数量约为 640 只。"5·12 汶川大地震"并未对唐家河川金丝猴的分布造成太大的影响。

（2）唐家河自然保护区内的川金丝猴对栖息地的利用具有明显的选择性；栖息地质量

的时空变化，直接影响了它们的生境选择方式。

(3)唐家河自然保护区内川金丝猴取食的植物种类虽然达到了97种，但是该地区川金丝猴冬季的食物资源却十分匮乏。猴群取食的食物主要是槭树科、桦树科、蔷薇科乔木的树皮和叶芽。由于，这些食物资源的能量较低；同时猴群利用起来也会消耗不小的能量，因此可能会导致该保护区冬季川金丝猴由于饥饿而导致死亡。

为了更好地保护唐家河保护区内的川金丝猴种群：

(1)需要我们加强栖息地的保护，促进20世纪90年代砍伐后森林的培育和成长。

(2)进一步加强科学研究与保护区的监测，对该保护区内川金丝猴的分布和生活现状开展详细调查。

(3)根据实际情况进行一定量的川金丝猴冬季食物补充，以满足猴群抵御冬季低温的能量需求。

(4)加强川金丝猴保护的宣传力度，提高与大熊猫同域分布地区川金丝猴的保护管理力度。

第15章 生态系统与景观格局

15.1 生 态 系 统

生态系统的概念由英国生态学家 Tansley 于 1935 年首次提出，指在一定的空间内生物成分和非生物成分通过物质循环和能量流动相互作用、相互依存而构成的一个生态学功能单位(彭少麟和廖文波，2011)。生态系统把生物及其非生物环境看成是互相影响、彼此依存的统一整体。简言之，就是生物群落和环境组成的复合体。大多数现代生态学家认为，生态系统的主要研究对象是生态系统的两大功能或过程，即系统中和系统之间的能量流动和物质循环(孙儒泳，2003)。目前，生态系统的概念和原理已经被许多别的科学所接受，并且，由于它与很多应用问题密切相关，生态系统生态学已经成了现代生态学的主流之一。

15.1.1 生态系统的划分

要深入研究生态系统，首先要对生态系统进行划分归类，地球表面上的生态系统的类型极其多样，由于不同的学者采用的分类原则和标准不同，国内外至今尚无统一的生态分类系统(丁圣彦，2004)。例如，孙鸿烈(2005)提出了关于中国生态系统的分类方法标准，他以《中国植被》提出的植物群落分类系统为基础，划分出 5 级分类单元：生态系统型、生态系统纲、生态系统目、生态系统属、生态系统丛。这种分类标准的特点是在高级分类单元上增加了生态系统型和生态系统纲；在中级分类单元以下，通常在自然生态系统纲内，综合考虑植被的生态与外貌特征、地表水文特征及植被分类的习惯进行生态系统目的划分如森林生态系统可以划分为针叶林生态系统目、针阔混交林生态系统目、阔叶林生态系统目等；考虑到人工森林的特殊性，单列一目，即人工森林生态系统目。草地生态系统纲则划分为草原生态系统目、草丛生态系统目、草甸生态系统目、高寒生态系统目等。荒漠生态系统纲则根据植被有无划分为有植被荒漠生态系统目和无植被荒漠生态系统目。湿地生态系统纲则主要根据水文特点，划分为沼泽生态系统目、河流生态系统目、湖泊生态系统目和永久性冰川雪地生态系统目。农田生态系统纲则根据耕作方式和作物的不同划分为耕地生态系统目和园地生态系统目[①]。更多情况下，研究者根据研究目的基于生态系统之间的相似性程度，以及空间尺度的大小及相应的功能过程

---

① 中国生态系统评估与生态安全数据库 http://www.ecosystem.csdb.cn/ecosys/ecosystem＿list.jsp？pid＝08CFF6310FF2FB4574E44F67113D954F

规模逐级地划分生态系统。例如，根据人类的影响程度，可分为自然生态系统和人工生态系统；根据生态系统所处环境或基质条件可分为陆地生态系统、海洋生态系统及淡水生态系统等(彭少麟和廖文波，2011)；根据系统与环境之间的关系又可分为开放系统，封闭系统及孤立系统(彭少麟和廖文波，2011)。

15.1.2　生态系统的类型

唐家河境内地势自西北向东南倾斜，被巍峨的岷山余脉所环绕，高差悬殊，山势陡峭，河谷深切，危岩断壁，异峰突兀，山峦叠翠，复杂的地质地貌和结构，形成了多种特殊的小环境，孕育出唐家河丰富的生态系统类型。另外，唐家河溪流众多，地形多样，形成多样的水生环境。根据植被类型及起源，结合保护区的地理位置、气候、水体及生物多样性特征，将保护区内生态系统归纳为以下类别：

15.1.2.1　自然生态系统

自然生态系统是在一定时间和空间范围内，依靠自然调节能力维持的相对稳定的生态系统。如原始森林、湖泊和海洋等未受人类干扰影响的生态系统。在唐家河自然保护区主要包括水体生态系统与陆地生态系统。

1.水体生态系统

水体生态系统只由水体内的生物群落及环境相互作用形成的自然生态系统，主要包括海洋生态系统和淡水生态系统，在唐家河自然保护区主要指淡水生态系统。

淡水生态系统通常是指由淡水中的生物群落及其环境相互作用所构成的自然系统。包括流水生态系统和静水生态系统两种类型。

1)流水生态系统

自然保护区内的河流、小溪及山泉流动的水体形成的自然生态系统。

2)静水生态系统

自然保护区内的小型湖泊、水库等静止的水体形成的自然生态系统。

2.陆地生态系统

通常指由陆地表面由陆生生物与其所处环境相互作用构成的自然生态系统，在唐家河自然保护区主要指野生动植物赖以生存的森林生态系统。

森林生态系统是陆地生态系统中面积最多、最重要的自然生态系统，是由森林群落与其环境在功能流的作用下形成一定结构、功能和自调控的自然综合体，通常根据具体的植被类型进行详细的分类。

(1)常绿阔叶林生态系统：指以常绿阔叶林为主的森林生态系统。

(2)针阔叶混交林生态系统：指以针阔混交林为主的森林生态系统。

(3)针叶林生态系统：指以针叶林为主的森林生态系统。

(4)竹林生态系统：指以竹林为主的森林生态系统。

(5)灌丛生态系统：指以灌木丛为主的森林生态系统。

15.1.2.2　人工生态系统

人工生态系统指受人类社会干预、影响与自然环境相结合而形成的独特的生态系统类型，比如城市生态系统、农田生态系统，在唐家河自然保护区主要包括人工水体生态系统与人工陆地生态系统。

1.人工水体生态系统

人工干预的水体环境与其中的生物群落相互作用所构成的自然系统。包括人工淡水生态系统和人工湿地生态系统两种类型。

1）人工淡水生态系统

人工淡水生态系统是人工干预下形成的淡水生态系统。

（1）人工流水（河、溪）生态系统：指在保护区内通过人工挖掘形成的长久或暂时性的河流和溪谷生态系统。

（2）人工静水（湖、泊、水库）生态系统：指在保护区内通过人工挖掘形成的长久或暂时性的湖泊或水库生态系统。

2）人工湿地生态系统

人工湿地生态系统指人工干预下形成的湿地生态系统。

水库湿地生态系统：指人工形成的水库及动物、植物、微生物相互作用形成的生态系统。

2.人工陆地生态系统

人工陆地生态系统指人工干预下而形成的陆地生态系统，在唐家河自然保护区主要指人工林生态系统。

人工林生态系统是指人工林群落与其环境在功能流的作用下形成一定结构、功能和自调控的自然综合体的生态系统，包括以下 4 种类型。

（1）人工阔叶林生态系统：指以人工针叶林为主的生态系统。

（2）人工针叶林生态系统：指以人工针叶林为主的生态系统。

（3）人工针阔混交林生态系统：指以人工针阔叶混交林为主的生态系统。

（4）人工竹林生态系统：指以人工竹林为主的生态系统。

15.1.3　生态系统的特殊性与复合性

保护区内地质古老，第四纪冰川活动期间仅山岳被冰川侵袭，河谷地带成为众多古老生物群落的避难所，包括大熊猫（*Ailuropoda melanoleuca*）、川金丝猴（*Rhinopithecus roxellana*）、扭角羚（*Budorcas taxicolor*）、珙桐（*Davidia involucrata*）、光叶珙桐（*Davidia involucrata* var. *vilmoriniana*）、水青树（*Tetracentron sinense*）、连香树（*Cercidiphyllum japonicum*）等珍稀濒危物种。同时，保护区地处全球生物多样性保护热点地区范围内，生态系统保存较为完整，在全球范围内具有突出的代表性和典型性。

15.1.3.1　得天独厚的自然地理气候条件

保护区位于川西北高原与四川盆地边缘接壤的高山峡谷地带，整个保护区地势西北高而东南低，最高与最低海拔相对高差近 3000 m。境内内地形起伏较大，高差悬殊，山势陡峭，河谷深切，危岩断壁，属侵蚀构造中的高山地貌。独特的地理条件不但构成了特殊的景观格局，也为一些珍稀动植物的繁衍、分化生存提供了天然的栖息地和避难所。

独特而又复杂的地理位置与地形特征，也使唐家河自然保护区内形成了丰富多变的气候特。保护区内属北亚热带湿润季风气候类型，如第三章所述，保护区内气温年变化不明显，而气温月变化显著，最热为 7 月，最冷月为 1 月，最冷与最热月份相差 20℃。由于境内皆山，气温随海拔升高而降低，形成 5 个垂直气候带，海拔 1100~1500 m 的低中山，为山地暖温带；海拔 1500~2300 m 的低中山，为山地温带；海拔 2300~3200 m的低中山、中山，为山地寒温带；海拔 3200~4000 m 的山岭地带，为山地亚寒带；海拔 4000 m 以上的高山上部，已属寒带。

保护区内年平均日照时数为 1300 多小时，年平均最多 8 月，而 9 月、10 月最少。日照百分率平均为 30%，其中 1 月最多，10 月、11 月最少。一年中最高的太阳总辐射能为 6 月，次之是 7 月，最少是 12 月。

保护区内降水量在月、季上分布极不均匀，夏季常形成大量降雨，且多为暴雨。降水量与气温变化大体同步，夏季最高，秋季与春季次之，冬季降雪量较低，形成冬春偏旱，夏秋偏涝的气候规律。总体上，一年中 6~8 月降水量大，蒸发量小，为湿季；其余各月蒸发量大于降水量，是为干季。降水量主要为降雨，其次还有降雪，因为区内最低海拔为 1200 m（降雪下限在海拔 900 m 以下），因而冬季降雪时有发生。随着海拔的升高积雪时间逐渐加长。在海拔 3500 m 以上的山岭，每年积雪长达 3~4 个月。

综上所述，唐家河自然保护区景观格局丰富，地理位置与地貌特征独特，而且区内具有多个垂直气候带，雨量充沛，日照较少，太阳辐射值低，无霜期较长，湿度大，干、湿、冷、热分明。正是由于保护区境内独特的地理与气候资源，造就了奇异的自然景观并养育了丰富多彩的生物类群，形成复杂多样的生态系统。

15.1.3.2　独特的地质构造

保护区位于岷山山系龙门山地震断裂带的西北段，为乔庄大断裂的北部，属杨子准地台之摩天岭台隆。褶皱为摩天岭构造带，其为一系列紧密残状褶皱，挤压强烈，结构面向北西倾斜，来自北西向挤压力强，为鸭包咀复背斜和平武、青川复向斜组成，其翼部次级褶皱发育，伴有高角度冲断裂，使褶皱更加复杂，组成地层下古代线一中度变质的塑性千枚岩、片岩为主。唐家河自然保护区所位于的青川断裂带是龙门山地震断裂带的一部分，是地震的高发地带之一，自有地震记载历史以来，在龙门山地震断裂带共发生 8 次 7 级以上地震（中国地震台网中心，2008），而 2008 年 5 月 12 日发生的汶川大地震也给唐家河自然保护区生物多样性造成严重的影响，例如，地震导致 199 hm² 的大熊猫栖息受损（欧阳志云等，2008）。而另外，作为一种大型的自然干扰，一定程度上的地震干扰对维持群落结构、生态系统稳定和丰富生物多样性有益（孙儒泳，2001）。

15.1.3.3　珍稀濒危物种丰富

保护区内地质古老，曾为地中海的东岸。几十万年前，第四纪冰川活动期间，仅山岳被冰川侵袭，广大河谷地带未受影响，因此河谷地带成为古老生物群落的避难所，成为大熊猫（*Ailuropoda melanoleuca*）、川金丝猴（*Rhinopithecus roxellana*）、扭角羚（*Budorcas taxicolor*）、珙桐（*Davidia involucrata*）、光叶珙桐（*Davidia involucrata* var. *vilmoriniana*）、水青树（*Tetracentron sinense*）、连香树（*Cercidiphyllum japonicum*）等珍稀濒危动植物的最佳的生息地。保护区内森林资源丰富，自然景观保存完好，多样的地形地貌及生态环境孕育了丰富的生态系统类型。加上溪流、小沼泽、洞穴等生境，构成了保护区的生境多样性。丰富的生境多样性孕育了丰富的植物群落多样性，反过来，植物群落的多样性又为动物群落提供了食物基地和栖息环境。

以川金丝猴为例，冬季川金丝猴主要栖息在海拔 2500 m 以上的落叶阔叶林中，夏季则迁移至海拔 2800~3300 m 的亚高山针叶林中。夏季炎热，金丝猴猴群为了避暑，活动于较高海拔的亚高山针叶林，冬季寒冷，猴群则在海拔相对较低的落叶阔叶林中觅食（全国强和谢家骅，2002）。

15.1.4　生态系统服务功能

生态系统服务是指生态系统与生态过程所形成及所维持的人类赖以生存的自然环境条件与效用，它不仅给人类提供生存必需的食物、医药及工农业生产的原料，而且维持了人类赖以生存和发展的生命支持系统（Daily，1997；欧阳志云等，1999）。生态系统服务功能的维持与提供三大要素是：生态系统结构、生态系统过程与生境（欧阳志云和郑华，2009）。根据千年生态系统评估提出的生态系统服务功能分类系统，生态服务功能分类系统将主要服务功能类型归纳为提供产品、调节、文化和支持四个大的功能组（Meaeh，2003）。产品提供功能是指生态系统生产或提供的产品；调节功能是指调节人类生态环境的生态系统服务功能；文化功能是指人们通过精神感受、知识获取、主观印象、消遣娱乐和美学体验从生态系统中获得的非物质利益；支持功能是指保证其他所有生态系统服务功能提供所必需的基础功能（Meaeh，2003）。区别于产品提供功能、调节功能和文化服务功能，与其他类型的服务则是相对直接的和短期影响于人类的功能相比，支持功能对人类的影响是间接的或者通过较长时间才能发生，如生物多样性维持功能，生物多样性维持功能是生态系统服务功能最重要的内容之一，生态系统服务功能所涉及的6 个问题，与生物多样性密切相关的问题就有 4 个（Sutherland et al.，2006；欧阳志云和郑华，2009）。本节在分析唐家河自然保护区生态系统服务功能的基础上，根据其提供服务的机制、类型和效用，将唐家河自然保护区的服务功能划分为产品提供、调节功能、文化功能和生物多样性维持功能。

15.1.4.1　产品提供

林木产品：保护区具有丰富的林木资源，主要有冷杉、岷江冷杉、麦吊云杉、华山松、铁杉、红桦、糙皮桦等用材林木资源。1983 年的森林资源调查表明，区内有活立木蓄积 3 000 000 m³，优势树种蓄积 2 690 000 m³，从 20 世纪 50 年代开始到唐家河国家级自然保护区成立（1978 年）期间，唐家河森林经营所专门从事林木砍伐生产工作，为四川省及国内的建筑生产提供了大量的木材原料（四川省唐家河国家级自然保护区，2010）。

林副产品：通常森林生态系统能为人类提供重要的食物来源。保护区生态环境优越，自然资源丰富，自然生态系统及其生物种群作为生物资源而被利用已经有很长的历史。它提供给人类食物和药材等有使用价值的物质。保护区地处岷山地区，同时比邻秦巴地区，特殊的气候和生态环境孕育了一些品质优良的林木衍生产品，例如，品质优良的野生食用菌类主要有黑木耳、银耳、羊肚菌、香菇、鸡油菌等；新鲜的食用蕨类植物主要有蕨、密毛蕨、鳞毛蕨等；大量的食用被子植物主要有高山韭、苋菜、荠菜、沙棘等。同时，保护区内还拥有丰富的中草药资源，如有灵芝、天麻、杜仲、何首乌、益母草、党参和青川贝母等。

由于保护区内具有丰富的植物资源，蜜蜂养殖逐渐成为当地主要的经济来源之一。保护区内职工和当地居民养殖中国蜜蜂获得极高的经济效益，而且收入逐渐递增。1989 年，保护区蜂蜜产值近 6000 元，到 2008 年，蜂蜜产量达 45 t，产值约 100 万元（四川省唐家河国家级自然保护区，2010）。此外，当地居民独特的生活习惯也生产具有民族特色的产品，如腊肉、豇豆等。这些既是该地区的传统土特产，又是声誉极好的旅游产品或礼品，具有广阔的市场。

15.1.4.2　调节功能

保护区生态系统调节功能主要保护水供应、土壤肥力形成、水土保持和气候调节等方面。水是生命的最重要条件之一，淡水的供应是当前人类社会最具挑战性的问题（Liu and Yang，2013）。水循环是生态系统生物地化循环中最重要的一环，水的源源不断的供应，如向河流、湖泊。天然和人工集水区和含水岩层供水，全都通过这种循环。保护区内沟谷发育，水网密布，大小溪沟甚多，均属长江流域嘉陵江水系。区内主要干流有：北路沟、唐家河。支流主要有洪石河、文县河、石桥河、小湾河等 170 多条。土壤的形成和维持更新，除了母岩的自然风化，就依赖与自然生态系统长期不断的生态过程，而水土保持，几乎与一切天然和人工生态系统的生态工程密切相关。保护区森林覆盖率 90% 以上，在区内的大草堂和大草坪周围地带完整地保留着原生性森林植被，形成了一个巨型"蓄水库"，它不但为生物的滋生繁育提供了广阔的生态空间，而且对于调节青川西北部地区气候、水土保持、水源涵养、环境保护以及稳定农业生态体系起着不可替代的作用。保护区森林茂密，净化能力强，自然环境受人为活动影响极少，环境优美而清净。根据四川省环境监测中心的监测结果保护区内大气质量、水质的各项指标远优于国家规定的一级标准，环境质量达到优良，负氧离子极高。

15.1.4.3　文化功能

保护区内具有丰富的自然景观，区内海拔高差大，在不同的海拔、季节、时段出现日出、云海、彩虹、佛光、雾凇、冰雪、蓝天、白云、漫天繁星、日月同辉等气象、天象景观。保护区内还具有观赏价值极高的植物资源，如无距兰、银兰、蕙兰、建兰、毛杓兰等。丰富的生物多样性也增添了唐家河自然保护区的文化功能，如保护区内野生动物(如扭角羚)遇见率远高于国内其他自然保护区等自然保护地。独特的自然景观与丰富的生物多样性，产生了旅游文化服务功能，促进了唐家河自然保护区的生态旅游发展，游客任何季节到保护区，都可以观赏到珍稀野生动物，享受人与野生动物和睦相处的融融情调。

另外，保护区内也具有丰富的历史文化景观资源，如三国名将邓艾伐蜀所行的四道古道之一的阴平古道，至今尚有裹毡岩、古栈道、古关口、磨刀河、写字岩、落衣沟等地名及故事传说。还有摩天岭关、北雄关等天险奇关，土司署、驿馆等遗迹，邓艾庙和孔明碑旧址。此外，红四方面军曾经走过的红军桥等历史文化景观，都具有一定欣赏和怀古价值。唐家河自然保护区建立了宣传教育中心、博物馆、野外观测站、野外巡护线路等科研教育站点，可开展各类环境教育和历史文化教育活动，提供文化功能服务。

15.1.4.4　生物多样性维持功能

保护区内生物多样性组成复杂、古老，濒危物种丰富，具有重要的生物多样性维持功能。保护区涵盖古北界与东洋界，如前面章节所描述，保护区内具有丰富的动植物资源，尤其具有丰富的被子植物、苔藓植物和大型真菌等植物资源；和丰富的兽类、鸟类、鱼类、两栖爬行动物资源。更为关键的是，唐家河自然保护区为大熊猫、川金丝猴和扭角羚等野生动物保护的旗舰物种提供了良好的栖息地。研究表明生物多样性总体上对生态系统服务功能有积极影响，自然保护区内具有较高的生物多样性能使生态系统具有更强的能力抵抗环境的变化及人类或自然的干扰(Balvanera et al.，2006)。另外旗舰物种的保护管理效果能够间接地反映生物多样性维持功能的健康状态。

保护区有大熊猫约 40 只，保护区内分布有大熊猫竹子 12 种，其中缺苞箭竹、糙花箭竹、青川箭竹和巴山木竹是大熊猫的主食竹种，糙花箭竹总面积达 8000 多公顷，为唐家河自然保护区大熊猫提供了丰富的食物资源。川金丝猴是我国特产的珍稀动物之一，在全国分布狭窄，数量稀少，被列为国家Ⅰ级重点保护动物，在唐家河自然保护区内约有 7 群，每群平均有 150 只左右，共有 1000 余只。随着保护管理水平的提高，川金丝猴种群呈现出稳中有升的趋势。扭角羚是大型珍稀动物，喜马拉雅－横断山脉的特产动物，在 IUCN 红皮书中被列为"易危种"。唐家河自然保护区内有 4 个扭角羚聚集群，有个体 800~1000 只。由于扭角羚肉质鲜美，在其分布区均是主要的偷猎对象，严重影响其种群数量，自唐家河保护区成立以来，实施了重点监测保护措施，目前区内数量较多，遇见率很高。

除了以上几种珍稀野生动物得到保护与维持之外，其他珍稀动植物，如黑熊、林麝，珙桐、水青树、红豆杉等及其自然生态环境也得到有效的保护。生物多样性维持功能的提高，也直接地或间接地促进了其他生态系统服务功能的发展，如调节功能、生态旅游服务功能等。

15.1.5　生态系统管理

20世纪90年代以来，人们开始采用"生态系统管理"这种基于生态系统原理的综合方法管理自然资源和生态环境，促进人类与自然的和谐发展。生态系统管理是指基于对生态系统组成、结构和功能过程的最佳理解，在一定的时空尺度范围内将人类价值和社会经济条件整合到生态系统经营中，以恢复或维持生态系统整体性和可持续性（田慧颖，2006）。生态系统管理要求收集被管理系统核心层次的生态学数据并监测生态系统的变化过程。通常根据管理对象确定生态系统管理的定义，该定义必须把人类及其价值取向作为生态系统的一个成分，确定明确的、可操作的目标，确定生态系统管理边界和单位，尤其是确定等级系统结构，以核心层次为主，适当考虑相邻层次内容；收集适量的数据，理解生态系统的复杂性和相互作用，提出合理的生态模式及生态学理解；监测并识别生态系统内部的动态特征，确定生态学限制因子，注意幅度和尺度，熟悉可忽略性和不确定性，并进行适应性管理；确定影响管理活动的政策、法律和法规；仔细选择和利用生态系统管理的工具和技术；选择、分析和整合生态、经济和社会信息，并强调部门与个人间的合作；实现生态系统的可持续性。此外，在生态系统管理时必须考虑时间、基础设施、样方大小和经费等问题。

生态系统管理的多级目标体系确定生态系统的管理目标是建立管理体系的关键。首先，管理就是为了实现目标，在制订管理方案和实施管理措施之前，要确定管理的目标，没有目标，不可能很好地实施管理，也无法了解应该做什么和衡量做得怎么样，而且建立和细化一个生态系统的管理目标体系也是一个逐步把"生态系统管理"从纯哲学概念转化为方法体系的必然途径，是一个管理方案的实现过程。

15.1.5.1　坚持科学理论指导

全面贯彻落实科学发展观，按照国家关于生态文明建设和自然保护区建设管理的总体要求，认真落实《全国林业自然保护区发展规划》，明确建设目标和发展思路，坚持以人为本、依靠科技、尊重自然、因地制宜、突出重点，遵循依法保护、科学管理、合理利用的方针，注重保护区的内涵发展，正确处理保护与发展的关系，提升保护区有效管理和工作效率，促进保护区全面协调可持续发展。

15.1.5.2　科学合理的景观生态规划

在对保护区的自然条件和社会经济条件等方面科学考察的基础上，把景观生态学的原理引入到保护区建设中，从而对具体的开发建设进行景观生态规划。其规划的前提条件是必须保护好当地生态环境，具体到森林方面即维持原有林分结构，维持动植物运动和穿越廊道的自然状况，维持林区生物多样性及整个森林群落的可栖息性，维持林区水土资源不受干扰。因此，唐家河自然保护区在以后的开发和建设前必须考察现实的景观生态条件，还要预测将来整个景观生态变化，做出一个与一定景观及其时空结构一致的生态规划。

15.1.5.3　完善生态功能区划

核心区应严格禁止除监测以外的人为干预和破坏，同时，要应用现代科学技术，GIS 技术和卫星遥感等对其进行有效的监控，并建立健全资料档案，以了解其自然演替的进程。倘若开展森林生态旅游，旅游线路经核心区部分要尽量缩短，限制游人数，设置隔离网和标志牌，防止游人进入非旅游区域，将游人对核心区的影响降到最低。

缓冲区亦应避免进行大规模的旅游开发，主要安排科研项目，进行生态定位观测，但可视情况划定一定的范围建立专门的游览区，如建立野生动植物园，古树异木参观点，区内应明确划定人行道，有固定的旅游线路并设点观赏，禁止自辟蹊径自由活动，杜绝任何形式的商业服务设施，对区内的植物资源应禁止新的人为干预，让其自然更新恢复，为野生动植物的栖息繁衍提供更大的空间。

实验区主要安排科学实验、生态旅游、参观考察等，以及发展无污染绿色生态产业。如养蜂。

在保护区不同的斑块之间，应建立生态廊道来调节景观结构，促进不同斑块内种源间的生物交流。实验区若为游人修建廊道，应沿着山势修建石头或水泥质地的廊道，宽度在 1.5～2 m 较为适宜，廊道的格局以网状或辐射状较好，可提高自然保护区中的通达度，有利于保护物种之间，保护物种与野外物种之间的交换，从而增强整个群体的生存能力，有利于物质和能量的流动，从而维持保护区的整个生态系统功能得到最优发挥（刘亚萍，2005）。

15.1.5.4　生态系统保护与可持续发展

生态系统保护是全球环境保护最重要的部分，健康的生态系统能减少风险，提升人与环境对自然灾害的抵抗能力与恢复能力，降低灾害对人类与自然系统的影响。可持续发展，是指在保护环境的条件下既满足当代人的需求，又不损害后代人的需求的发展模式，是生态学与社会学交叉学科的研究成果，代表人与自然未来和谐相处的发展方向。保护区是地球上人类活动与自然保护相互作用强烈的地区，如何调节自然保护区内人类经济发展与生态系统保护是当前生态学与保护生物学的研究热点，而可持续发展是解决发展与保护两者之间矛盾的根本途径（Liu et al.，2003）。与诸多西部地区的大熊猫自然保护区相似，唐家河自然保护区分布在经济相对落后的地区，人口过载与依赖于自然的生产方式成为保护区资源管理的障碍，当地政府的政策、社区居民的经济行为、环境意识等直接影响到自然保护区管理的成败（Liu et al.，2001；苏扬，2004）。为解决保护区的管护与当地社区经济发展的矛盾，唐家河自然保护区在尝试建立社区参与、利益共享的社区共管体系，发展养蜂等替代经济，生态补偿等项目措施。近年来，唐家河对发展生态旅游业，给予了充分重视。为了更好地发挥唐家河自然保护区的资源优势，实现保护区景观生态的可持续发展，应充分利用其丰富的旅游资源条件，将原生态环境和绿色的旅游开发理念相结合，推出包含观光、考察、度假、探险等类型的旅游项目。尽管生态旅游可给自然保护区带来一定的经济效益，并通过对生态旅游者进行自然保护教育而发挥社会效益，然而生态旅游的不合理发展也会给自然保护区的关键物种保护带来负面影响，关于生态旅游利益分配，发展规模及对人类社区与自然生态系统的影响有待于开展进一步的研究工作(徐建国，2011；He et al.，2008；Liu et al.，2013)。

15.2 景观格局

景观格局，即景观结构，包括景观组成单元的类型、数目以及空间分布与配置，是自然因子和人为因子共同作用下景观异质性在空间上的综合表现(Han and Chen，2005)。景观格局是由自然或人为形成的一系列大小不同、形状各异、排列不同的景观要素共同作用的结果，是各种复杂的物理、生物和社会因子相互作用的结果。同时，景观格局也深深地影响并决定着各种生态过程，如斑块的大小、形状和连接度会影响到景观内物种的丰度、分布及种群的生存能力及抗干扰能力。而景观格局分析是探讨景观格局和生态过程相互关系的基础，大量定量格局指标的建立，促进了景观格局分析方法的广泛应用(章家恩和徐琪，1997)。在景观生态研究过程中，格局既决定生态过程又影响和控制景观功能的循环与发展，一定的景观格局有着相应的景观功能。因此，景观格局及其动态变化研究是目前景观生态学研究中的一个热点，对于揭示景观变化过程与机制具有重要意义(邬建国，2001)。

15.2.1 景观空间格局分布特征

15.2.1.1 调查方法和分析指标

采用群落调查的方法对保护区内的植被进行实地调查(森林样方为 20 m×20 m，灌丛样方为 5 m×5 m，草本样方为 2 m×2 m)。野外调查具有两方面的目的：一方面获得卫片解译的植被参照点；另一方面揭示植被垂直分布规律，利用 ERDAS 软件对遥感数据拼接、镶嵌和整饰后，形成唐家河植被信息全幅遥感图片。根据植被实地调查数据，植被景观的划分沿用《中国植被图集》的划分标准并结合本区域特点，建立分类模板，运用监督分类解译，将整个保护区内的植被景观划分为常绿阔叶林、常绿落叶阔叶混交林、落叶阔叶林、针阔混交林、针叶林、灌丛、草甸七大类。解译结果经验证和精度评价后，形成植被类型图。最后用景观指数分析软件 Fragstas4.0，根据研究区域特点，选择平均斑块面积、斑块数量、平均斑块形状指数、边界密度、邻近度、形状指数、散布与并列指数、多样性指数、均匀度指数等指标，进行统计分析，得到所需要的各种景观格局指数(McGarigal and Marks，1994)。

15.2.1.2 植被景观总体概况

实地调查结果表明，保护区内植被具有典型的山地植被垂直带谱特征，随着海拔的升高，植被类型依次为常绿阔叶林、常绿落叶阔叶混交林、次生落叶阔叶林、针阔混交林、亚高山针叶林、灌丛和草甸(图 15-1)。

图 15-1 唐家河自然保护区植被类型垂直分布图

15.2.1.3 保护区植被景观结构特征

如表 15-1~表 15-3 所示,保护区内林地(指阔叶林、针叶林及针阔混交林)分布面积最大,占总面积的 90% 以上,说明该区域内森林植被状况良好,森林分布广阔。其中,常绿落叶阔叶混交林分布面积最大,约 12313 hm²;其次为针阔混交林,面积约 8397 hm²,常绿落叶阔叶林为 7570 hm²,然后为针叶林和常绿阔叶林,面积分别约为 6607 hm² 和 397.5 hm²,灌丛和草甸在整个区域内虽占一定比例,但分布面积较小。从平均斑块面积来看,落叶阔叶混交林的斑块面积最大,平均为 15.7859 hm²;其次是针叶林和针阔混交林,面积分别为 11.5507 hm² 和 9.1468 hm²,平均斑块面积最小的为常绿阔叶林,仅为 2.2207 hm²。从形状指数来看,针叶林形状指数最大(1.3695 hm²),斑块形状最不规则,斑块边缘复杂,而高山灌丛最小(1.2776 hm²),斑块形状最规则,斑块边缘简单,其他植被类型介于二者之间。结合斑块数量和周长可以看出,常绿落叶阔叶混交林、针阔混交林、落叶阔叶林和针叶林在研究区域内的总分布面积和平均斑块面积较大,斑块数量相对较多,说明这几种植被类型在唐家河自然保护区内的分布范围广泛,是研究区域内的景观主体,而其他植被景观类型则以零星分布的形式散布其间。

表 15-1 唐家河自然保护区植被景观特征表(Ⅰ)

植被类型	CA	PLAND	NP	PD	LPI	TE
高山草甸	1060.25	2.8273	120	0.32	0.9973	149150
高山灌丛	1155.75	3.082	431	1.1493	0.4447	342700
针叶林	6607	17.6187	572	1.5253	8.3227	1015650
针阔混交林	8396.75	22.3913	918	2.448	5.2667	1615200

植被类型	CA	PLAND	NP	PD	LPI	TE
落叶阔叶林	7569.75	20.186	2197	5.8587	3.234	2370350
常绿落叶阔叶混交林	12313	32.8347	780	2.08	26.188	2317350
常绿阔叶林	397.5	1.06	179	0.4773	0.1413	140700

注：CA. 斑块类型面积；PLAND. 斑块所占景观面积比例；NP. 斑块数量；PD. 斑块密度；LPI. 最大斑块所占面积；TE. 总边缘长度

表 15-2 唐家河自然保护区植被景观特征表（Ⅱ）

植被类型	ED	LSI	AREA_MN	AREA_AM	SHAPE_MN	SHAPE_AM
高山草甸	3.9773	15.9771	8.8354	259.821	1.363	5.3698
高山灌丛	9.1387	26.1691	2.6816	36.8162	1.2776	2.4012
针叶林	27.084	32.9018	11.5507	1674.842	1.3695	9.3534
针阔混交林	43.072	44.7411	9.1468	1050.917	1.294	11.192
落叶阔叶林	63.2093	68.6476	3.4455	413.1235	1.302	8.5598
常绿落叶阔叶混交林	61.796	52.9505	15.7859	7853.319	1.334	32.4197
常绿阔叶林	3.752	17.8375	2.2207	12.8044	1.3026	1.9924

注：ED. 边缘密度；LSI. 景观形状指标；AREA_MN. 平均面积；SHAPE_MN. 平均形状指数；SHAPE_AM. 面积加权形状指数

表 15-3 唐家河自然保护区植被景观特征表（Ⅲ）

植被类型	FRAC_MN	FRAC_AM	PARA_AM	PROX_MN	ENN_MN	IJI
高山草甸	1.0456	1.2121	197.4063	36.2733	405.1992	84.6321
高山灌丛	1.0443	1.1335	307.9386	7.6216	203.2118	65.4839
针叶林	1.0489	1.2572	162.343	360.7778	147.7664	56.5416
针阔混交林	1.0383	1.2795	195.5519	441.7984	133.632	67.4581
落叶阔叶林	1.0446	1.2336	316.4966	140.1546	128.2895	50.0481
常绿落叶阔叶混交林	1.0417	1.3594	190.9364	3341.385	136.0412	45.0635
常绿阔叶林	1.0513	1.1171	358.9937	3.1239	198.3091	45.4956

注：FRAC_MN. 平均斑块分维数（分形指数）；ENN_MN. 平均最近距离；IJI. 散布于并列指数

15.2.1.4 植被景观的斑块特征

常绿落叶阔叶混交林 PLAND 值、ED 值和 SHAPE_AM 值最大，分别为 32.8347、63.209 和 32.4197，说明该植被类型是区域的基质，分布最广，边界形状复杂。针阔混交林 CA、PLAND、FRAC_MN 和 SHAPE_AM 值位列第 2，LPI 值位列第 3，说明该类型连接度较高，同时较大的分布面积和边界密度决定了其仅次于基质的优势地位。落叶阔叶林的 NP 和 LSI 值最大，分别为 2197 和 68.6476，而其他数据与针阔叶混交林相当，说明该类型边界最为复杂，形状最不规则，但在整个区域中分布最广。针叶林 LSI、SHAPE_AM 值位列第 3，说明该植被类型仍然是该区域的主要植被类型之一，并且分布相对集中。

此外，高山草甸的 NP、PD 及 LSI 值最小，分别为 120、0.32 和 15.9771，而
ENN_MN值和IJI值最大，分别为 405.1992 和 84.6321，反映其在整个区域景观中分布
面积小、斑块数量最少、斑块形状最规则的特点，常绿阔叶林除了 MMNN 在各指数上
均排列在前之外，其他指数均排列在后，充分体现了它们边界简单、景观地位弱的特征。

15.2.1.5　植被景观的多样性特征

景观水平指数通常适于对不同时期或不同区域景观格局及其变化特征进行比较分析
(陈利顶和傅伯杰，1996)。唐家河自然保护区的景观多样性指数、均匀度指数分别为
1.5859 和 0.8150，这说明了唐家河自然保护区的植被景观多样性程度较高，景观要素类
型丰富(表 15-4)。从均匀度来看，唐家河自然保护区各景观类型分配不均、优势植被典
型的特点(表 15-4)，其原因主要是落叶阔叶林、针阔混交林在唐家河自然保护区内占绝
对优势，从而导致其均匀度降低。从优势度指数看，本研究的结果与前人的研究相差较
大(黄尤优等，2008)，主要原因应该是两个研究在研究时间和植被类型分类上的差异
所致。

表 15-4　唐家河自然保护区多样性、优势度、均匀度指数表

名称	总面积/hm²	多样性指数	优势度指数	均匀度指数
唐家河自然保护区	40000	1.5859	0.3601	0.8150

15.2.1.6　生态系统格局评价

唐家河自然保护区土地总面积约 4 万 hm²，其中林地景观 3.7 万 hm²，森林覆盖率
为 94.41%，林地景观处于唐家河自然保护区景观基质地位，林地景观共有 5197 个斑
块。在整个林地景观中乔木林景观占绝对优势，斑块数占 4646 个，其中落叶阔叶林面积
和斑块数极不平衡，落叶阔叶林总面积 0.8 万 hm²，斑块数 2197 个，说明落叶阔叶林分
布广泛。从整体来看，研究区的景观生态质量较好，植被的保护总体上较为完整，从景
观格局的形成角度看，常绿落叶阔叶混交林、落叶落叶林和针阔混交林起主导作用，对
保护区的生物多样性保护及促进保护区和社区生态、环境、经济的可持续发展都具有重
要意义。

15.2.2　功能区划

在世界范围内，自然保护区都面临着保护与经济发展需要合理协调的难题。自然保
护区的功能区划是一个有效的管理工具而得到广泛的应用(Hull et al.，2011)。功能区划
是保护区规划管理的核心问题之一，合理有效的功能区划是充分发挥自然保护区多重功
能和实施有效管理与评估的关键(张新娜等，2011)。一个客观科学的功能区区划方案对
自然保护(即自然环境和自然资源)的保护有着十分重要的促进作用，它通过对自然保护
区内部区域设置的优化，促进了保护、增值和合理利用自然资源和保护人类生存、发展

的自然环境(Hull et al.，2011)。同时，合理的功能区区划可以更好地确保可更新资源的可持续存在、确保物种多样性和基因库的发展以及维持自然生态系统的动态平衡(周世强，1994)。基于以上原因，我们对唐家河自然保护区的功能区划进行评价，并提出相应的修改建议。

15.2.2.1　生态系统保护与可持续发展

唐家河为我国第一个无居民居住的自然保护区，保护区总面积 4 万 hm²。唐家河自然保护区以保护大熊猫及森林生态系统为主要保护对象，先后 3 次进行了功能区的划分。本书重点介绍和评价最近两次的功能区划。在 1986 年功能区划的基础上，1999 年明确提出了 3 个功能区(核心区、缓冲区和实验区)的分区与划界(图 15-2)。其中，核心区主要包括重点保护对象的集中分布区域以及保存较为完好的自然生态系统，面积为 2.43 万 hm²，占保护区总面积的 60.75%；缓冲区面积为 1.12 万 hm²，占保护区总面积的 28%；实验区面积为 0.45 万 hm²，占保护区总面积的 11.25%(四川唐家河国家自然保护区管理处，2005)。2008 年，国家环境保护部批准通过由唐家河与四川省林业规划设计院共同完成的唐家河保护区功能区调整，旨在保证旅游资源与生态保护的可持续协调发展。在该功能区划中，把原部分缓冲区和实验区(临近四川省东阳沟自然保护区部份)区划为核心区，将唐家河保护站外围社区居民生产、生活集中的区域(原为缓冲区)区划为实验区(图 15-2)。核心区面积为 2.72 万 hm²，占保护区总面积的 65.63%，缓冲区面积为 0.38万 hm²，占保护区总面积的 10.16%，实验区面积为 0.9 万 hm²，占保护区面积的24.21%(表 15-5)。

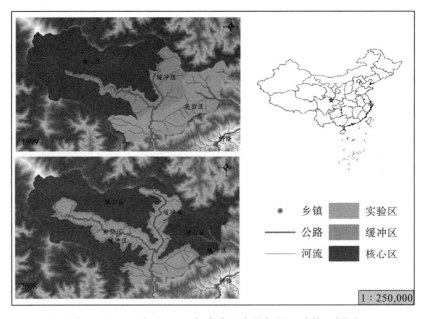

图 15-2　1999 年和 2008 年唐家河自然保护区功能区划图

表 15-5　1999 年和 2008 年唐家河自然保护区各个功能区面积和百分比

年份	核心区		缓冲区		实验区	
	百分比/%	面积/万 hm²	百分比/%	面积/万 hm²	百分比/%	面积/万 hm²
1999	2.43	60.75	1.12	28%	0.45	11.25
2008	2.72	65.63	0.38	10.16	0.9	24.21

15.2.2.2　功能区划评价方法

本节从保护区主要的保护对象——大熊猫，以及主要的干扰因素——人类活动两个方面对当前唐家河自然保护区正在应用的功能区划方案(2008 年版)进行评价。

从保护大熊猫的角度出发，我们分析大熊猫种群空间分布与各功能区之间的关系。首先利用全国大熊猫第四次(2012 年)保护区调查大熊猫活动位点数据，采用核心密度估计法(KDE)估算唐家河自然保护区大熊猫的分布范围(95%的家域水平)，其中 h 取固定值 1000。将大熊猫分布范围与功能区划进行空间叠加分析，计算不同功能区中有大熊猫利用区域的比例，进而评价功能区划的有效性。

同时，我们也分析了大熊猫适宜生境与功能区划的空间关系，首先我们对唐家河自然保护区的大熊猫生境适应性进行评价，主要评价因子包括海拔、坡度和森林，每个生境因子的具体的适宜性划分标准参照先前的关于唐家河大熊猫生境选择特征，以及主要的大熊猫生境评价研究所划定的适宜范围(张泽钧和胡锦矗，2000；欧阳志云等，2001)。本研究中采用环境变量空间叠加方法，将唐家河自然保护区大熊猫生境划分为适宜、次适宜和不适宜 3 个等级。海拔和坡度均提取自数字高程模型(DEM)，植被类型来源于遥感影像解译。应用 ARCGIS 软件，将大熊猫生境适宜性与功能区划范围进行空间叠加，计算出各功能区中，不同等级生境所占比例，从而评价功能区划方案对大熊猫保护的有效性。

此外，我们也评价了唐家河自然保护区内几种主要的人类活动类型与功能区划的关系。人类活动包括放牧、道路、旅游设施、偷猎和挖药行为对大熊猫栖息地的干扰。参照先前人类活动对大熊猫的影响范围研究，我们设定道路左右两边 200 m 为道路影响大熊猫的范围，以旅游设施为中心，半径 500 m 之内设定为旅游设施影响大熊猫范围(王学志，2010；Hull et al.，2011)。而放牧、偷猎和挖药的范围我们采用唐家河自然保护区的常规监测数据。我们将人类活动的影响区域与功能区划进行空间叠加分析，计算人类干扰活动在实验区、缓冲区及核心区所占比例。

15.2.2.3　功能区划评价结果

保护区内大熊猫的活动区域主要分布在核心区(82%)，但也有小比例的大熊猫活动区分布在缓冲区(7%)与实验区(11%)(图 15-3)。

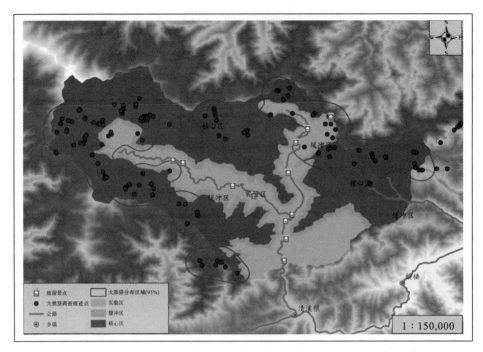

图 15-3　唐家河自然保护区大熊猫种群分布区域(95%)与功能区划关系示意图

大熊猫最适宜生境面积有 1.32 万 hm², 其中有 76% 分布在核心区, 8% 分布在缓冲区, 16% 分布在实验区; 大熊猫适宜生境面积有 0.96 万 hm², 其中有 64% 分布在核心区, 13% 分布在缓冲区, 23% 分布在实验区; 大熊猫不适宜生境面积有 1.71 万 hm², 其中有 59% 分布在核心区, 10% 分布在缓冲区, 31% 分布在实验区(图 15-4)。

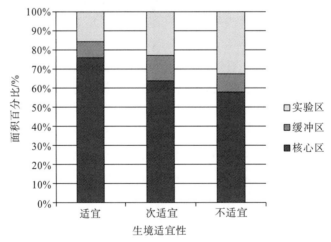

图 15-4　唐家河自然保护区大熊猫适宜、次适宜及不适宜生境在实验区、
缓冲区及核心区所占面积比例

在唐家河自然保护区, 对大熊猫及栖息地存在主要影响的人类活动包括放牧、道路、旅游、偷猎和季节性采集中草药(图 15-5)。其中, 放牧面积有 0.18 万 hm², 其中有 62% 分布在核心区, 8% 分布在缓冲区, 30% 分布在实验区; 道路影响的范围为 0.21 万 hm²,

其中有13.5%分布在核心区，0.5%分布在缓冲区，86%分布在实验区；旅游影响的范围为0.1万 hm²，主要分布在实验区(96%)，极小部分分布在缓冲区(4%)，在核心区内没有旅游点分布；采集中草药的活动区域面积为0.05万 hm²，主要分布在核心区(77%)，而在缓冲区和实验区则有很小比例的采药区域，分别为11%和12%；偷猎行为的活动区域为0.07万 hm²，主要分布在核心区(84%)，少部分分布在缓冲区(9%)及实验区(7%)；当地居民收集柴薪的活动区域为0.1万 hm²(图15-5)。

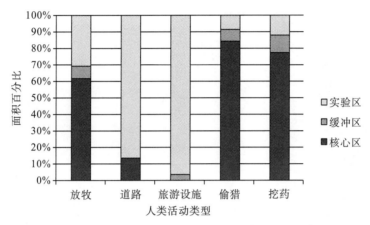

图15-5 唐家河自然保护区几种主要的人类活动分布在实验区、缓冲区及核心区的比例

15.2.2.4 功能区划建议

总体上，唐家河自然保护区采用"三区"区划模式有效地保护了大部分大熊猫活动区域及大熊猫栖息地(图15-3，图15-5)。核心区是自然保护区系统结构的核心，大熊猫主要的活动区域及最适宜生境大部分分布在核心区。核心区是受绝对保护的地区，自然生态系统保存最完整，野生动植物资源最集中的地区，具有特殊保护意义的地段，应该严格控制人类活动，但是我们发现放牧、偷猎和挖药等强干扰活动主要发生在核心区，这将对核心区内大熊猫的生存产生较大的威胁，我们建议唐家河自然保护区管护部门加强对以上几种干扰行为的管控。缓冲区处于核心区外围，区内的地理景观和植被类型与核心区相同或基本相同，缓冲区是功能最为多样化的地区，其主要作用是减缓周边人为活动对核心区的干扰，并通过自然生态系统的保护与恢复及必要的景观建设，逐步扩大保护区对周边地区的影响。较之1999年的功能区划方案，2008年的缓冲区设计方案明显更加合理，符合缓冲区应承担的功能，然而缓冲带的宽度较窄，大熊猫适宜生境及空间活动区域在实验区所占比例超高缓冲区，我们建议增加缓冲区的宽度，增强缓冲区的功能。当然前提是，考虑当地居民的社会经济活动，我们建议在缓冲区增加旅游设施。实验区处于保护区的外围与周边社区互相交错的地带，该区的主要功能是充分利用保护区的物种和自然景观资源，发展种植业，开展休闲度假旅游及进行非木材林产品、经济林产品的开发和有关科技成果的实验示范，以大力促进周边区社会经济的发展。同时也要一方面积极进行生态建设，开展退化生态系统的恢复与治理，实现生态良性循环。在唐家河自然保护区道路和旅游设施基本建设在实验区，在该保护立足发展旅游业的总体

目标下，这种设计比较合理；另一方面我们也看到在实验区内也分布有大熊猫适宜生境，且有一定比例大熊猫在实验区活动，所以我们建议在一些大熊猫活动的密集区域（图15-6），在图15-6中的A和B区的实验区部分调整为缓冲区，在合理范围内发展旅游业、科研等社会经济活动，另一方面增强对大熊猫的保护与管理。

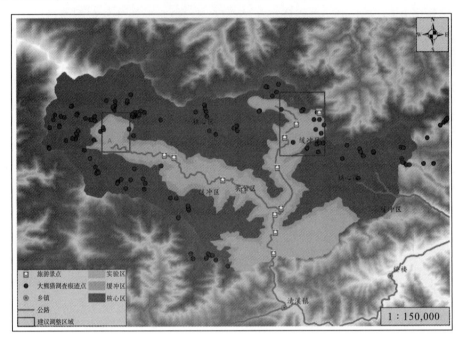

图15-6　唐家河自然保护区功能区调整示意图（建议将A和B区的部分实验区调整为缓冲区）

第16章 生态旅游资源开发保护与规划

16.1 引 言

16.1.1 研究背景

自然保护区是自然景观奇特优美、动植物资源独特丰富的地区，其外围地区和边缘地带是开展生态旅游的理想场所。从自然保护区的建立开始，就与旅游联系在一起。1872年建立的世界上第一个国家公园——美国黄石国家公园，是被永远地划为"供人民游乐之用和为大众造福"的自然保护地，兼有自然保护区和公园的功能(李长荣，2004；匡纬，2007)。目前全球推行生态旅游的主要是发达国家和具有原始自然资源分布的国家。我国1956年设立了第一个自然保护区—广东鼎湖山自然保护区，经过50多年的建设，获得了长足发展。进行自然保护区可持续发展研究，是促使自然保护区稳定恒久的基础(王兴国，1998；尤海涛，2005)。

唐家河自然保护区位于岷山山系龙门山地震断裂带的西北段、摩天岭南麓，为四川盆地北部向青藏高原过渡的亚热带交汇地带，生态系统、森林植被较完整，是大熊猫、扭角羚(*Budorcas taxicolor*)、川金丝猴(*Rhinopithecus roxellanae*)等珍稀野生动物资源较丰富的地区，被誉为"天然基因库"、"生命家园"和岷山山系的"绿色明珠"，具有重要的科研和保护价值。唐家河拥有三国阴平古道、红军战斗遗址和众多原生景观。生态旅游资源类型多样、种类齐全、特色鲜明、品位较高。

尽管唐家河自然保护区生态旅游已经历了十几年的发展，但是由于旅游业开发时间较短，目前还未形成自然保护区旅游开发的成熟模式。在唐家河自然保护区景观方面的研究主要有，唐家河自然保护区植被景观空间格局分析(黄尤优等，2008)，主要植被类型景观格局的梯度分析(黄尤优等，2009)，西北至东南方向景观格局的梯度变化(黄尤优等，2009)。在唐家河自然保护区旅游开发理论研究上，杨晓华(2005)对其生态旅游开发与保护研究做过研究，杨旭煜等(2006)对其生态旅游发展战略进行了研究，李如嘉(2006)研究了生态旅游利用问题，雷静等(2009)基于生物多样性保护的生态旅游发展进行了研究，李如嘉(2010)研究了"新旅游"视野下大熊猫旅游产品的开发。这些都为唐家河自然保护区生态旅游开发研究提供了借鉴和参考。

到目前为止，四川唐家河自然保护区比较完整、系统的生态旅游资源开发利用与保护研究还未形成。如没有科学合理的理论指导，继续采取不合理的旅游发展方式，将会对大熊猫栖息地造成更加严重的破坏，大熊猫的生存将受到严重威胁。如何尽可能地减少对自然资源和生态环境的影响，建立科学的生态旅游开发与补偿机制，将是生态旅游研究和实践中必须着力解决的问题。

16.1.2　研究目标及意义

本研究在对唐家河自然保护区充分调查研究基础上，分析其旅游的资源基础及优势，科学地设计旅游产品，同时通过对旅游现状调查研究，找出旅游中存在的问题和提出相应的发展对策，研究出一条适合唐家河旅游发展的策略。通过唐家河自然保护区生态旅游的研究，为后期各保护区经营管理部门及科研规划部门提供方向性的指导及局部规划依据，在科学、详细的调查研究前提下，有选择地提出该类型保护区中的生态旅游重点发展建设区域，创建生态旅游精品，为其他类型保护区的发展提供参考模式，促进保护区、当地社区的可持续发展及旅游业的多元化发展。

16.1.3　研究方法

本研究通过文献法、实地考察法、数理统计法和系统分析法等方法来进行研究。

(1)文献法：通过收集他人的研究成果了解现阶段生态旅游研究的热点和不足，确定本论文的课题及研究重点，同时借鉴有用的资料。

(2)实地考察法：通过实地调查，以获得第一手资料，其中包括"面谈"技术和"侧面观察法"获得游客的个人信息、旅游行为等。

(3)数理统计法：通过百分比、排序、统计图表等方法研究。

(4)系统分析法：运用系统科学的理论全面分析唐家河生态旅游资源状况、客源市场分布、产品开发与线路设计等。

(5)SWOT方法：运用SWOT方法，可以系统梳理和分析唐家河旅游业自身的优势和劣势，现在和未来面临的机遇和威胁，从而可以抓住机遇、避开威胁、发挥优势、克服劣势，选择适合唐家河实际的发展战略和发展目标。

此外还将应用定性描述法、抽样调查法、生态足迹法、层次分析法、专家调查法等。

16.2　生态旅游资源及评价

16.2.1　生态旅游资源

16.2.1.1　景观资源概述

唐家河自然保护区内峰奇石异、林美水秀，是珍禽异兽的乐园。其自然景观、人文景观和科普教育景观并存。

1. 自然景观

水体景观：区内有 50 多条山溪性河流汇集于唐家河。枯水期涓涓细流，洪水期水流湍急，沿山崖跌落形成道道瀑布，最为壮观的有水淋沟瀑布、黑瓮潭瀑布等。

山体景观：区内群山起伏，山峦叠嶂，姿态各异。主要山峰有大草坪、大草堂、摩天岭、野牛岭等海拔在 2200～3000 m。登上闻名遐迩的摩天岭或大草堂、野牛岭诸峰，饱览脚下飘动的白云，时有飘然若仙之感；还可观落日中的晚霞，晨曦微露中浮光耀金的云海，碎金流玉般的日出，令人心旷神怡。历年 9 月至次年 4 月，山峰冰雪不融，一派北国风光。

生物景观：区内风景如画，绿树成荫，素有"绿色明珠"、"生命家园"之称。保存有较完整的生态系统，森林覆盖率达 90%以上。观赏植物花卉主要有杜鹃花、紫荆花、山桃花、山樱桃花、灯笼花、野棉花、蝴蝶花、凤仙花、白芨、石竹、鱼腥草、蔷薇科等野生花卉遍布全区。从春到冬，一年四季均可观赏。野生动物出没频繁，遇见率极高，区内乘车或林间漫步，随处能观赏到毛冠鹿、短尾猴、红腹锦鸡、扭角羚、大熊猫等，有"春看熊猫，冬看牛羚，夏看锦鸡，秋看猴"之说。

2. 人文景观

区内有阴平古道、摩天岭、北雄关、写字岩、落衣沟、红军战壕工事、广武县城、摩天岭驿馆(摩天岭铺)、吴尔沟土司衙门、原关虎乡前哨村、伐木厂遗址及早期墓碑古碣等。

3. 科普教育景观

保护区有岷山山系动植物博物馆、野外观测台、野外巡护线路科普教育景观，是开展环境教育活动的好基地。

16.2.1.2　古迹名胜

1. 阴平古道

阴平道古为蜀国通周之谷径。西汉高帝六年(公元前 201 年)置阴平道(县)，是沟通四川北部与甘肃南部的一条古道路。北起甘肃省文县鸪衣坝，南止平武县南坝镇，全长 350 km，其中摩天岭(保护区境)－唐家河(保护区检查站)－青溪段长 32 km，现已规划为唐家河自然保护区观光旅游景区。

阴平道又称阴平左担道，久负盛名，屡见史籍。尤使阴平古道闻名遐迩的是三国时曹魏大将邓艾。魏景元四年(公元 263 年)，冬十月，邓艾"自阴平道，行无人之地七百余里，凿山通道，造作桥阁，山高谷深，至为艰险，又粮运将匮，频于危殆，艾以毡自裹，推转而下，将士攀木缘岩，鱼贯而进。先登江油，蜀将马邈降"(《三国志·邓艾传》)。至今尚有裹毡岩、磨刀石、鞋土山、点将台、写字岩、落衣沟等地名及口碑故事传说。

自邓艾伐蜀，凿山开道，造秦陇等阁道十二处，阴平道称为四大古道之一。《武都地区交通史》云："秦蜀古道在我国交通史上有比较重要的地位，是连接大西北的重要通道，阴平道便是其中的一条。"至今，阴平古道上仍有甘肃省文县和四川省青川县境内乡民到青溪赶集或去文县探亲访友过往。

2. 摩天岭关

摩天岭关又名青塘岭，"蜀号天险"，是四川青川与甘肃文县的界山。距唐家河国家级自然保护区驻地毛香坝约 27 km。登上摩天岭隘口，遥望四周，云海茫茫，群山连绵，山峰相接。西起大草坪，东至白龙江西岸之将军石，180 多个大小山峰，横亘 95 km，亦是岷山山脉支系。该处隘口海拔 2227 m，巍峨嶙竣，云遮雾锁。"一夫当关，万夫莫开"，历代为兵家争战之地。三国蜀丞诸葛亮于此布军防守，委廖化为广武督。《华阳国志》载：平武(晋为广武)有关尉，刘后置义守，号"关都尉"守护关口，稽查行人。据清雍正《四川通志》及《文县志》载："以青川城铺(今青溪镇)行，经石关隘铺，摩天岭铺入文县境，去石磨河塘及玉垒塘。塘汛属武备系统。"

3. 北雄关

又名控夷关、白熊关。《龙安府志·边防考》载："青溪所北 10 里，有大雄山出于云表"即北雄关也。距今保护区驻地毛香坝附近约 4 km。明万历元年(公元 1573 年)初于此置控夷关，为汉番分界处。此关卡面积约 10 m²，全由天然石片砌成。高约丈余，厚五尺许，十分坚固，虽历 400 余年，除关门外余皆完好。关卡两翼依山就势垒砌寨墙数十丈，南北皆绝壁，今建有一条步道沿山崖盘回而上关口。

4. 司曩日安抚司

明洪武十四年(公元 1381 年)于今保护区境内瓦舍坝置司曩日安抚司。明崇祯十七年(公元 1644 年)废，历 263 年。

5. 土司署

明万历元年(公元 1573 年)初，在境内北雄关设控夷关，辖水泉、梧桐、铁蛇、北雄关隘 4 处。由土通判，习称"前王土司"统昔腊、木作、蒿子、木瓜、瓦舍(今保护区蔡家坝)、陈家六寨。番牌、番目十三名，统番民 341 户。六寨外的擦脚寨，亦归前王土司统帅。置土司署，乡民习称"土司衙门"。清代龙安府安抚司派王松阳管理。设于北雄关西北约十五华里的吾尔沟(吴尔沟)。清末民初，里人进山挖药，均见其署院，并见木制刑枷二具(枷重 25～30 kg)，皮鞭一根。今房屋已塌，遗址尚存。

6. 驿馆

境内有高桥铺、青溪铺、石关铺、摩天岭铺，又称驿栈，当地人叫"官店"。是专供过往官员、驿卒、扛夫、驿马食宿和官府公文、邮件投递之所。"置邮传命，铺司传送，驿马急递。"明代设有青川铺(今青溪镇)至石关铺、经摩天岭铺通往甘肃文县境之邮路。该驿馆于 1935 年毁于战火。

7. 邓艾庙与武侯祠

邓艾伐蜀，途经青川，乡人为纪其事，于今保护区内的四角湾建邓艾庙一座。宋龙州知府洪咨夔巡青川，路过艾庙，大动肝火，告民曰："勿事仇难而忘父母。"令捣毁庙像，改祀武侯。今古木郁森，遗迹残存。

8. 孔明碑

清道光二十年(公元 1840 年)《龙安府志》载："孔明碑：在摩天岭，字迹磨灭不可识"。相传是"丞相诸葛武侯题"，其文曰："二火初兴，有人越此。二士争衡，不久自死。""二火初兴"指蜀刘禅的炎兴年号。"二士争衡"，隐指邓艾与钟会互相斗争，意谓诸葛亮已料定炎兴元年(公元 263 年)，邓艾越此灭蜀。不久钟会、邓艾将死(会字士季、艾字士载，故名"二士")。由于年代久远，原碑无存。2009 年 5 月，保护区管理处在摩天岭关(今摩天岭瞭望台侧)重立"孔明碑"。

9.广武县城

广武县城(治地在今保护区瓦舍坝)，建于蜀汉建兴(公元 229 年)，继是西晋至隋唐贞观八年(公元 634 年)历代郡、县治地，历经 405 年。其城累经焚修。《龙安府志》载："城垣营垒，完固堪守。"毁于元、明战火。后人曾在瓦舍坝挖掘大面积瓦砾碎片，城基犹存，今保护区之蔡家坝保护站所辖。

16.2.1.3　遗迹

1.写字岩

由青溪至落衣沟上行数里(唐家河检查站下约 1 km)处，小地名石罐子，即秦陇栈道遗址。《阴平修路碑记》："龙安栈道阁，在东北者，曰东阁，曰秦陇。"其地峰峦嵯峨，峭壁如镜，下临河谷，此处原为阴平道上的一段栈阁，今名写字岩。岩洞有一石突露，下至岩腔刻有半人高的石像。头戴战盔，身着袍甲，两肩有"大军"字样，相传乃邓艾像。又据民国初年过往者和当地年长者说："以水洗壁，则上有'邓艾过此'四字，已剥蚀难辨"。相传是邓艾骑在马上所书，与其栈道石孔，在 1964 年建公路时均毁，邓艾像陷入保坎墙中。今遗址尚存，并竖"邓艾过此"石碑于公路旁。

2.落衣沟

自青溪镇去唐家河自然保护区，驱车 4 km 处，该地名叫"关上"，又名"石门关"。左侧有一溪流名落衣沟，沟口有一块顶平面约 10 m² 的石块，上有衣痕、脚印及臀痕。相传邓艾伐蜀途经此处，在此石块上研究军情，临行时将衣服丢失在此石上，后被大风吹落沟中，故名"落衣沟"。该处有一座石拱桥系明末清初建，栏杆残缺，主体今存。1964年，筑林区公路建一公路桥，名"落衣沟桥"。

3.虎盘石印盒石

保护区至青溪镇工农村贾家坝下行 0.5 km 处落衣沟口，有天然生长的盘石一尊，形如猛虎盘踞，故名。清人袁汝萃咏《青川八景》中有述"关头虎石盘"即指此。巨石其上有约 40 cm 见方 5 cm 深的凹痕，相传邓艾过此盖印而名印盒石。此石 1964 年修林区公路时被毁掉。

4.鞋土山

保护区至写字岩下行 2.5 km 处贾家坝有约百余亩平地，中间有 3000 m³ 大一小山包，相传邓艾大军过此抖草鞋土堆积而成，故名。

5.磨刀石

在写字岩河边。周围数里无人居住，唯河边横卧一块坚硬的黄砂石，长约 2.5 m，厚 1 m，上有 32 道磨刀痕。相传邓艾军过此磨刀矛而形成。

6.撑锅石

在落衣沟相邻亦有三块石头相等，其中二石相距 1 m，一石跨架二石之上如桥，下边可容两人并肩而过。相传邓艾埋石支锅煮饭后，临行撤灶将一石架二石之上。

7.兵书石

在落衣沟上行数十步，有一巨石略呈长方，其侧有书更纹，横竖均有两道突出的石英石纹路，如捆扎状。相传邓艾将其兵书用绳缚背上。又云：早年该石时有发出锣鼓声。

8.打箭坪

自落衣沟沿周家沟山路到鲁班岩，再到蔚坝，其间有一地名打箭坪。相传邓艾军有一支人马经此，在该地支炉造箭头而故名。

9.放马坪

相传邓艾军在阴平山顶绕马道子的将士军马等沿尖山子半腰经水草垭转茅刺垭，下蔡家沟翻越兰衣沟，在该处山上发现一草坪，草深尺余，便在此饲养军马故名。

10.水中井

在今写字岩附近，其岩石连于河心处有一正圆形石井，直径1 m，深1.7 m。河水直经井上流过，不见积石沉沙。靠岸又有二井，直径、深度均0.5 m，亦正圆，与河中大井呈等腰三角形排列。相传邓艾军磨刀曾用此井水。

16.2.1.4　景点

1.大熊猫雕塑

保护区的大熊猫雕塑于1996年8月竣工，建于唐家河检查站。整个雕塑高约6 m，建筑以石材为主，金属为辅。有基座，圆形梯步，以地球仪、绿草花环、大熊猫、箭竹叶组合构成，依托摩天岭群山为背景，屹立于青山绿水之间，象征唐家河是以保护大熊猫为主的自然保护区。该雕塑布局、造型、色彩独具风格，是保护区门户重要标志设施。

2.纪念碑

1)青川伐木厂纪念碑

位于在唐家河检查站左侧。1979年10月，在唐家河检查站左侧由绵阳青片河林业局青川伐木厂修建。纪念碑高约8 m，其碑文有原青川伐木厂建设生产、经营停办经历和因工因病牺牲的职工名录等。台梯有一幅楹联"丹心映日月，林海换新天"，此碑是撤迁伐木厂，建立保护区的历史见证。

2)大熊猫纪念碑

1985年7月，由青川县青少年保护大熊猫夏令营捐款，建高约7 m的"保护国宝大熊猫"纪念碑1座。以象征抢救大熊猫捐款为造型，竖于区内大熊猫饲养场正面公路旁。此碑遭2008年"5·12"地震倒塌半截，至今可见。

3.唐家河

由青溪到唐家河的入区公路至此分为两线，向西至保护区毛香坝，向北过红军桥直上摩天岭。相传邓艾伐蜀越过摩天岭后分两路进军，在唐家河集结部队。此处设有唐家河保护站(检查站)。周边有原绵阳地区青川伐木厂纪念碑、大熊猫雕塑、红军桥和古银杏树。

4.太平缸

今置于唐家河检查站停车坪处，系境内原关虎乡前哨村村民搬迁后遗留。是该地村民祖先盛水之用。此缸选整块花岗石钻凿而成，呈方圆形，能容水约50 km。缸外壁镌刻："太平缸，同治三年（公元 1864 年）吉，二十月二日王有置。"

5. 红军桥

在唐家河检查站处，曾有铁索桥一座，清道光二十年（公元 1847 年）所建，后年久失修，铁绳连环被盗，成危桥。1935 年 4 月，红军自摩天岭转移时，曾在此建简易桥。1972 年，由绵阳地区青川伐木厂建成花岗石拱公路桥，净跨 28 m，两端各设 3 个小拱。为铭记红军的英雄业绩，更名为红军桥。

6. 古银杏树

古银杏树又名千年银杏树、白果树，在唐家河检查站红军桥北，能容 3 人合抱。相传邓艾军曾在此树拴过战马，又名"拴马树"，今打造为一旅游景点。

7. 南天门

顺唐家河北林区公路上行 7 km 处，只见两山悬岩所阻，险狭的岩壁上有一长方巨洞，形如大门，其上乱云飞渡，云天一色，云雾缭绕，若隐若现，恰似《西游记》中描写的南天门，又因此处为摩天岭之南而故名。

8. 瀑布

境内吴尔沟红旗渠瀑布，系青川伐木厂建水电站渠堰渡槽。每到 7～9 月雨季，渠满溪流，自高空溢口约 30 m 处飞流直下，形成一道人工瀑布，景观壮丽。

保护区驻地毛香坝至蔡家坝保护站水淋沟有一处天然瀑布。从高约 50 m 的丛林峭壁跌落而泻，飞溅出如烟似雾的云雨，水声如雷，气势宏大。1999 年 7 月被列为"水淋飞瀑"自然景观。

9. 鱼洞砭

青溪镇往保护区上行 2 km 处，岩下一溶洞与地下水连通，出口与青竹江相通，每年农历二月下旬至三月中旬，所谓桃花季节，鱼群首尾相随，鱼贯流出，夜间尤多，一夜可出 100 kg 以上，乡人日夜守捕，凡参守捕的人无论老少，见者有分。首捕人必须将头鱼捕住，后连接而出，若头鱼没捕住，鱼群缩回，有当夜不再游出或相隔数小时再出。《青川八景》诗中的"洞口鱼渊跃"指此。1978 年青溪镇修建堰坝后，此奇观不复存在。

10. 凉水井

唐家河检查站上行 3 km 背林沟处，一岩洞出泉水，清澈透明如蒸馏水，冬暖夏凉，过往行人特别是夏天喝此水解渴又解凉，饮后十分舒畅。1964 年修林区公路被毁。

11. 鸡公垭

蔡家坝保护站上行 3 km 处有一页岩腾空悬出约 4 m²，形似鸡公，高约 80 m，无论上行、下行的路人看视一只大公鸡悬于空中，得名鸡公垭。1976 年鸡冠已遭破坏。

16.2.2　生态旅游资源的分类和评价

16.2.2.1　旅游资源分类

依据王建军（2006）提出的景观和环境并重的生态旅游资源分类与评价体系《生态旅游资源分类与评价体系构建》，结合《旅游资源分类、调查与评价》（GB/T 18972-2003）

国家标准，对唐家河自然保护区森林旅游资源进行了分类。唐家河自然保护区旅游资源可分为 3 个主类、14 个亚类、51 个基本类型(表 16-1)。

表 16-1　唐家河国家级自然保护区生态旅游资源分类

主类	亚类	基本类型	代表性资源
景观资源	地质地貌	名山(峰)	大草坪、深垭口、麻山、火烧岭、大草堂、大草坡、大尖包、乱石山、光景堂、花栎山、南天门、八卦梁、摩天岭、肚子石、双石人、草坡岩窝、马鞍岭
		岩石岩层	二叠纪、石炭纪和泥盆纪的千枚岩、板岩、花岗岩、灰岩、沙岩等
		冰川景观遗迹	U 形谷地貌、冰斗地貌、悬谷、冰臼、大型漂砾；冰川运移时形成的羊脊石、灯盏石、冰川擦痕等
		奇特山石	鸡角崖
	地域水体景观	河川	红石河、文县河、石桥河、小湾河
		漂流	唐家河漂流
		潭池	碧云潭、黑熊潭
		瀑布	水帘瀑布、麒麟瀑布、九龙瀑布
	生物景观	珍稀兽类	大熊猫、川金丝猴、扭角羚、豹、云豹、林麝、马麝、猕猴、藏酋猴(短尾猴)、豺、黑熊、小熊猫、黄喉貂、斑林猫、水獭、大灵猫、小灵猫、金猫、兔狲、猞猁、鬣羚(苏门羚)、斑羚、岩羊
		珍稀鸟类	金雕、白尾海雕、胡兀鹫、斑尾榛鸡、雉鸡、绿尾虹雉、鸳鸯、黑耳鸢、黑鹳、鹃隼、苍鹰、凤头蜂鹰、雀鹰、灰胸竹鸡、白头鹎、宝兴歌鸫、凤头雀莺、宝兴鹛雀、黑额山噪鹛、橙翅噪鹛、三趾鸦雀、白眶鸦雀、银脸长尾山雀、红腹山雀、黄腹山雀、蓝鹀、斑尾榛鸡、绿尾虹雉、雉鹑、蓝马鸡、红腹锦鸡
		珍稀植物	光叶珙桐、银杏、水青树、连香树、红豆杉、独叶草、油樟、香果树、西康玉兰、麦吊云杉、大果青扦、岷江柏木、金钱槭、华榛
		草原景观	大草堂、大草坡、大草坪
		花卉	紫荆、高山杜鹃、樱花、野桃花、厚朴、月季
		野生动物栖息地	大熊猫栖息地、羚牛山岗、野牛岭、白熊坪、金丝猴研究基地
	气候气象景观	日出日落	日出、日落、蓝天、白云、漫天繁星、日月同辉
		云雾	烟雨、云海
		霞光佛光	彩虹、佛光
		冰雪景观	雾凇、冰雪、飘雪
	宗教活动场所景观	寺庙	清真寺
		庙会	唐家河庙会
	历史遗址遗迹景观	关	摩天岭关、北雄关
		司	司囊日安抚司、土司署
		驿馆	摩天岭铺驿栈
		碑庙	邓艾庙与武侯祠、孔明碑、青川伐木厂纪念碑、大熊猫纪念碑
		景点	磨刀河、磨刀石、写字岩、水中井、落衣沟、丁平山、虎盘石、印盒石、鞋土山、撑锅石、兵书石、打箭坪、放马坪大熊猫雕塑、太平缸、鱼洞砭、古银杏树、红军桥、广武县城

续表

主类	亚类	基本类型	代表性资源
景观资源	经济文化场所景观	生态露营点	白熊坪、杉木坪、长坪露营点、黄羊坪、倒梯子
		旅游接待点	毛香坝游客接待中心、毛香坝五星级生态木屋、长坪生态旅游服务站、关虎生态旅游接待点
		博物馆	唐家河博物馆春夏秋冬四展厅
		康乐休闲度假地	川浙交流中心、唐家河漂流、唐家河接待站、滑雪场
		聚会接待厅	关虎游客中心
	地方建筑与街区景观	乡土建筑	野性中国大草堂科考站
		街景	阴平村、落衣沟村、青溪镇
		保护站	毛香坝、唐家河、蔡家坝、摩天岭
		庭院	蜜园、听涛阁、兰花阁
环境资源	地域非生物类环境	大气、噪声、土壤、水环境，环境容量	整个保护区各处空气清新，无噪声污染，土壤无污染，地表水清澈见底，环境容量大
	生态系统物种环境	栖息环境	整个保护区都是动物良好的栖息环境
		有益植物精气	整个保护区都由含丰富精气的植物覆盖，精气植物平均树高 10 m
		空气负离子	主要景点空气负离子含量较高
	生态旅游气候环境	避暑气候	每年 6～9 月为避暑气候
		冰雪气候	每年 12 到次年 3 月为冰雪气候
	地域区位要素环境	地理位置	位于广元市青川县境内
		客源地距离	距青川县城约 72 km，距广元市区约 175 km，距成都市区约 320 km
		交通可及性	与国道、县道相通
		景点组合	保护区紧邻青溪古城、东河口地震遗址公园
社会资源	习俗节庆	民间习俗	锣鼓草、山歌、牛歌、狮舞、龙灯
		节庆集会	杜鹃节、冰雪节、紫荆花节
	旅游商品	菜品饮食	青溪豆腐、烟熏老腊肉、跑山土鸡、野生鱼、酸菜豆花饭(三色饭)、金裹银(大米+玉米饭)、蒸蒸饭(玉米羹)、荞凉粉、杂面、灰搅团、甜浆饭
		农林畜产品及制品	龙须菜、厥菜、木耳、香菇、香菌、薇菜、厥根粉、猕猴桃、野生板栗、山核桃
		中草药材及制品	天麻、党参、山药、木通、五倍子、五味子、猪苓、茯苓、贝母、泡参、杜仲、木瓜、金银花、虫蜡、羌活
		水产品及制品	雅鱼
		传统工艺品	麻柳刺绣、蜂蜜、青川老黄酒、唐家河蜂蜜酒、竹荪、青川黑木耳、七佛茶叶

16.2.2.2　唐家河生态旅游资源评价

旅游资源评价是在综合调查的基础上，运用一定的方法对其价值做出评价的过程(丁季华，1998)。对旅游资源与生态旅游资源评价方法总体上有定性评价、技术单因子定量评价、定性和定量相结合的综合评价(甘枝茂，2000)。

1. 唐家河生态旅游资源定性评价

定性评价是以美学理论为基础，用审美观点评价其观赏价值、文化艺术价值和科学保护价值，用文学艺术区别对生态旅游资源的质量而进行的评价(钟林生，2003)。如保继刚的经验评价法、黄辉石的"六字七标准"评价法、卢云亭的"三三六"评价法(张艳玲，2012)，定性评价简单明了，对数据资料和精确度要求不高。

1)旅游资源丰富，组合良好

唐家河拥有三国阴平古道、红军战斗遗址和众多原生景观。生态旅游资源类型多样、种类齐全、特色鲜明、品位较高。原始的自然风光与特有的回族风情相辅相成，相得益彰。游客可以在不同季节或者同一季节的不同地点、不同海拔上开展观光、探险、科考、科普旅游活动。

2)旅游资源高品位，特色鲜明

唐家河是岷山山系大熊猫主要栖息地的重要组成部分，被世界自然基金会划定为 A 级自然保护区，也是全球生物多样性保护的热点地区之一，被誉为"天然基因库"、"生命家园"和岷山山系的"绿色明珠"，其生态旅游资源品位高，特色鲜明。

3)具有重要的科研和保护价值

唐家河保护区生物资源十分丰富，得天独厚的自然条件和比较完整的生态系统使唐家河旅游资源具有典型性、多样性和科学性。据调查，保护区有陆栖脊椎动物 412 种，其中属于国家重点保护的动物有 74 种，大熊猫数量为 60 只，金丝猴 1000 多只、扭角羚 1200 多只；有植物 2422 种，属于国家重点保护的珍稀植物有 12 种，其中一级为 4 种。许多中外专家学者来保护区进行地质、森林、水文、环境、生态、动物、植物等科学考察与研究。

2. 唐家河生态旅游资源开发潜力定量评价

对旅游资源定量评价有层次分析法、模糊赋分法、综合评分法、条件价值法等(梁修存，2002)。层次分析法能够较好地反映客观规律，将定量与定性结合起来，具有明显的优势。

唐家河生态旅游资源开发潜力评价选取 3 个侧面的 12 项指标来刻划其开发利用潜力。采用层次分析法计算出各指标权重，评价因子指标值以满分 100 分标记，以自然保护区的生态旅游资源为背景进行打分，然后采用指标值的加权求和模型计算其总得分(表 16-2)。

从定量评价结果看，唐家河自然保护区生态旅游资源开发评价推荐得分 83.46，属四级旅游资源，其生态旅游资源种类丰富、品味较高，其开发潜力较高。大力开发唐家河自然保护区，完全有可能将其建设成为全国性的乃至世界级的生态旅游热点。

表 16-2　唐家河自然保护区生态旅游资源开发评价

综合层因子	综合层权重	项目层因子	项目层权重	唐家河得分
资源条件	0.648	景点地域组合	0.081	6.89
		旅游环境容量	0.027	2.43
		稀缺性	0.118	10.30
		奇特度	0.036	2.88
		知名度	0.060	5.10
		环境质量	0.290	26.10
		科研价值	0.036	3.24
旅游条件	0.230	餐饮食宿	0.056	4.48
		交通通讯	0.093	6.98
		导游服务	0.032	1.92
		旅游商品	0.032	2.24
		娱乐设施	0.017	1.11
区位条件	0.122	联接客源地的交通条件	0.046	3.45
		与主要客源地距	0.015	1.20
		与附近旅游地类型的异同	0.010	0.80
		与附近旅游地距离	0.051	4.34
合计	1.000		1.000	83.46

16.3　旅游开发与自然保护

16.3.1　旅游发展概述

16.3.1.1　旅游规划

1999 年 12 月，保护区管理处编制完成《四川唐家河国家级自然保护区总体规划》，将生态旅游纳入总体规划。

2005 年 7 月，保护区先后完成了《四川唐家河国家级自然保护区总体规划（修编）》和《四川唐家河国家级自然保护区生态旅游规划》。

2006 年 3 月，再次编制《四川唐家河国家级自然保护区生态旅游规划》。该规划期限 12 年，分近期（2006~2008 年）和远期（2009~2017 年）实施。

唐家河保护区建设发展生态旅游的总体思路是："牛羚山岗，紫荆花谷，知识旅游，休闲之地——牛羚等珍稀野生动物生态旅游目的地。"

16.3.1.2　旅游发展

1987 年 6 月，广元市确定唐家河自然保护区为市级首批开放参观点。

1998 年，建立保护区生态旅游小组，被四川省旅游局定为"四川省旅游定点单位"。

1999 年 6 月，邀请了成都、德阳、绵阳、广元等地旅游社参加保护区生态旅游促销会。

2000 年，保护区逐步规范旅游接待服务，观光旅游的旅客近 1 万人次。2001 年以来，游客数量年平递增 56.5%。

2004 年，"五一"旅游黄金周期间，创收 4 万余元，客房出租率达 67%，客流来自成都、德阳、绵阳和广元方向居多，自驾车旅游占 85%左右。

2005 年，来自成都、绵阳和外省(境外)游客增加，分别占 40%、24%和 9%。"十一"黄金周期间，接待游客 1162 人次，比同期增 7.4%，创收 10.082 万元，比同期增 14.8%。

2006 年，"五一"黄金周达到了唐家河保护区旅游接待历史上的高峰，单日接待 480 人，共接待 2118 人(次)，总收入 20.1 万元。在保护区旅游热潮的强力拉动下，保护区周边"农家乐"出现了前所未有的兴旺景象，成了青川生态农家旅游的新亮点。"十一"黄金周，接待游客 1418 人次。

2006 年 10 月，成立"四川唐家河生态旅游公司"，负责保护区的旅游管理、开发和接待等经营活动。

2007 年，建立健全了《唐家河景区门票管理细则》、《唐家河景区生态旅游突发公共事件应急预案》、《旅游公司内控制度》、《生态旅游协会章程》等。安装中英文防火、动植物简介警示标识、标牌。参加"魅力四川 2007"广元行活动，获度假类景区第一名，摄影类景区第八名，成功当选为"魅力四川 2007 之 QQ 游"目的地之一。当年接待游客 5 万余人次，旅游总收入 231 万元。

2008 年 3 月，重新组建四川唐家河旅游开发有限公司，由青川县国有资产监督管理局代表县人民政府履行出资人职责，组成一家国有独资有限责任公司。青川县委、县政府投资 160 多万元，对青溪新城镇建设进行了规划，把青溪古镇和唐家河生态旅游发展有效结合，改造青溪至关虎沿线民居风貌 50 余户。对农家旅游进行规范管理，改善服务质量。2008 年"5·12"地震前，周边乡村接待游客 5000 余人次，实现旅游综合收入 1000 余万元。

唐家河的灾后重建于 2008 年 8 月全面启动，经过 3 年的努力，总投资超过 2.35 亿元，累计实施基础设施、生态保护、服务接待、景点打造、内涵提升等 21 个项目。2011 年 6 月，以"动物天堂"享誉中外的唐家河重建竣工，以全新形象正式向游客开放。2012 年旅游总收入 800 万，2013 年旅游总收入 1000 万。2013 年 10 月，唐家河顺利通过国家生态旅游示范区检查，景区紫荆花谷入选首届"四川十大最美花卉观赏地"。

唐家河旅游产业起步较晚，但发展势头较好。唐家河生态旅游的培育和建设，带动了青溪镇乡村旅游快速发展，尤以川北民居特色的阴平村乡村旅游发展较快。唐家河是一个集生态休闲、动物观光、科考摄影、历史追踪、放松心情的最佳生态旅游目的地。

著名野生动物学家 Jako 考察唐家河自然保护区后极为惊叹，认为唐家河是一个非动物园的国家动物园，其野生动物可见率可与欧美许多国家公园媲美。中国台湾文化大学的专家教授们到时这里考察后，认为唐家河的生态资源具有国际品质。很多生态旅游专家认为唐家河是川北的明珠，是广元生态旅游的龙头，是一块尚未雕琢的美玉。

16.3.2　生态旅游开发的 SWOT 分析

SWOT 分析法又称为态势分析法，由优势（Strengths）、劣势（Weaknesses）、机遇（Opportunities）、威胁（Threats）4 个英文单词的首字母组成，它将与研究对象密切相关的各种优势、劣势、机遇和威胁等列举出来，并依据形式排列，然后用系统分析的思想，把各种因素相互匹配起来加以分析，从中得出相应的结论（高红梅，2007）。SWOT 矩阵的指导原则是：制订与选择的战略都应该利用机遇克服威胁，利用优势克服劣势。

目前 SWOT 分析已广泛应用于生态旅游开发的决策行为中，周国等（2012）对四川大熊猫栖息地生态旅游进行了 SWOT 分析。基于 SWOT 矩阵的分析原理，我们建立的唐家河生态旅游 SWOT 分析框架包括了外部环境因素（机遇因素和威胁因素）和内部环境因素（优势因素和劣势因素）分析（表 16-3）。

表 16-3　唐家河自然保护区生态旅游 SWOT 分析矩阵

内部环境因素　　外部环境因素	优势（S） 野生动植物资源丰富 独特的大熊猫等珍稀动物资源 多样的人文旅游资源 具备基本的接待能力 社区居民的支持	劣势（W） 基础设施落后可进入性差 经济发展落后 体制管理不顺 缺乏科学的旅游规划 缺乏专业管理人才
机遇（O） 政府部门支持 经济结构调整 保护区生态旅游开发关注度提升 独特的自然风景厚重的历史文化 与其他类型旅游资源的良好组合	SO 战略 重点利用申遗成功、灾后重建及与四川其他类型旅游资源的组合优势创建唐家河生态旅游品牌	WO 战略 完善基础设施条件，培养旅游人才动态调整门票价格，开发旅游市场
威胁（T） 法规制度不健全 缺乏产业支撑技术手段落后 资金短缺，投入不足 生态旅游市场不成熟 周边景区的竞争 对大熊猫栖息地自然环境资源的破坏	ST 战略 完善法制、严惩"宰客"等不法经营现象；政府公关，尽力减小地震的影响，做好灾后重建	WT 战略 减少劣势回避威胁

16.3.2.1　外部环境分析

1. 机遇分析(Opportunities)

1) 政府重视、社区参与

当地政府十分重视唐家河自然保护区生态旅游的发展，把唐家河自然保护区生态旅游作为广元市旅游业发展的龙头来打造。2013 年 9 月，广元市旅游发展大会在唐家河大酒店隆重召开。在唐家河自然保护区生态旅游发展上，政府与保护区管理处和社区居民在思想和认识上已经取得共识，构成了唐家河自然保护区生态旅游业发展的巨大合力和动力，为保护区生态旅游的发展奠定了有利的外部环境基础，提供了发展的机遇，必将对川北旅游业的整体发展产生巨大推动作用。

2) 经济产业结构调整

青川县经济转型和农业结构调整及县域旅游产业和服务业的发展，交通、通讯、能源等基础设施的改善，将极大促进唐家河自然保护区生态旅游的发展，从而拉动整个川北旅游及其配套产业的发展，改变川北旅游发展滞后的格局。

3) 保护区生态旅游开发关注度提升

如何取得自然保护与生态旅游的和谐共赢，成为国人关注的焦点(牛江，2007)。唐家河自然保护区若能在这一领域中取得进展和成功，将极大地有利于打造唐家河自然保护区生态旅游的自然、生态、知识、和谐的品牌，成为四川乃至中国生态旅游业的亮点，给中国自然保护区生态旅游的科学发展提供经验和借鉴。

2. 威胁分析(Threats)

1) 生态旅游市场不成熟

唐家河自然保护区的旅游开发正在升级，如果自不能把这种"旅游热"控制在合理程度，积极和科学地推进生态旅游的发展，将可能出现超容量、过渡竞争和管理低效等阻碍保护区生态旅游的可持续发展。

2) 对保护区旅游建设投入不足

资金短缺一直是发展生态旅游面临的一个大问题，许多自然保护区开辟额外收入来源，以弥补保护管理经费的不足(唐永锋，2005)。因此，一些自然保护区非常依赖旅游业的收入，导致以牺牲保护目标来维持或加强旅游开发。唐家河自然保护区同样面临着这类风险和问题。由于法规的不完善，致使保护区失去了多元融资渠道，旅游产业的发展后劲不足(游云飞，2001)。

3) 周边产品竞争及生态旅游客源较少

四川的旅游资源极为丰富，对唐家河自然保护区的生态旅游发展造成威胁，在客源、资金、销售网络、品牌、人才等多方面构成竞争。另外，与之合作的旅行社普遍存在小、散、弱、低效的现状，难以对唐家河自然保护区生态旅游的发展提供有力的客源支持，特别是高质量和高效益的高端客源，导致保护区高知识性的精品生态旅游发展受到阻碍。

16.3.2.2 内部因素分析

1. 优势分析(Strength)
1)独特的自然风景与厚重的历史文化

唐家河自然保护区拥有独特的自然风景、丰富的生物多样性和质量极高的自然生态环境，区内和周边地区还有着丰富的文化旅游资源。这些自然和文化资源为生态旅游发展提供了巨大的潜力，为多种形式的探险体验、健身康体、户外休闲和文化旅游等生态旅游活动，提供了合适的环境空间和资源禀赋。

2)野生动植物种类多遇见率高

唐家河自然保护区野生动物种类多，数量大，遇见率极高，人们能近距离接触、观察野生动物的活动，这种人与野生动物亲密接触的体验活动，是唐家河生态之旅的最佳卖点。

3)社区居民支持发展旅游

唐家河自然保护区以野生动植物资源和自然生态系统保护为基础，保护区提供的社会公共服务和发展生态旅游产业，能为当地社区创造经济社会发展机遇的要求是一致的，成为生态环境保护建设的有效途径。

2. 劣势分析(Weaknesses)
1)生态旅游管理缺乏统一指导和全局观念

唐家河自然保护区管理处代表国家行使对自然资源和自然生态系统保护管理的职责，但在生态旅游开发上，却存在所有权、管理权与经营权不分的问题。这种问题的存在，使得保护区生态旅游的重大决策可能会更倾向于经济利益，也容易带来不公平的竞争，难以对生态旅游进行公正、有效和协调的管理，从而可能影响唐家河自然保护区生态旅游业的可持续发展。

2)保护区可进入性不强

唐家河自然保护区目前的可进入性尚不理想，远离成都、广元等大中城市及铁路线和干线公路。保护区距青川县82 km，距广元市185 km(广元-竹园-青溪-保护区)，距成都市330 km(成都-绵阳-江油-白草-青溪-保护区)。青溪镇是距保护区最近的一个乡镇，其间仅有一条公路(青-唐公路，22.5 km)相连，青川、青溪到保护区均未开通定期班车。

3)缺乏生态旅游方面的专业管理人才

唐家河自然保护区在野生动植物和自然生态系统保护上比较成功，但在生态旅游发展上却显得心有余而力不足。生态旅游开发、管理与服务人才的缺乏，制约了保护区生态旅游发展。

16.3.2.3 基于SWOT分析的唐家河生态旅游战略选择

针对上述唐家河自然保护区生态旅游发展SWOT分析，在唐家河自然保护区生态旅游发展过程中，应针对性地采取如下对策：

1. 抓住大好时机，积极稳步推进生态旅游

唐家河自然保护区近距离接触、观赏野生动物体验活动，是其最具有代表性的市场

卖点。经过多年的发展建设，唐家河自然保护区的生态旅游产业已具有一定的基础和条件，在省内已有一定的影响。目前，地方各级政府对唐家河自然保护区的旅游相当的支持。因此，要抓住时机，科学合理地利用唐家河自然保护区的生态旅游资源，发展生态旅游业及其配套产业，并以此促进自然保护事业的进一步发展，促进区域和谐社会的建设。

2.丰富旅游产品设计，打造生态之旅

目前唐家河自然保护区生态旅游业还没有形成体系，其规模和影响力都很有限，对生态旅游资源和独特的景观资源的利用程度和开发方式还不够科学和合理。因此，在立足于自然资源与自然生态系统保护的前提下，在生态旅游产品开发、线路设计中注意融观赏、体验、休闲、教育等于一体，增强沿线生态旅游项目的参与性与体验性，创造出受市场欢迎的、独特和畅销的生态之旅线路。

3.构建销售网络，开拓客源市场

在唐家河自然保护区生态旅游的开发与市场营销和推广过程中，要与旅行社紧密合作，相互依托，互惠互利。利用旅行社各方面的优势，把唐家河自然保护区的生态旅游项目纳入四川各大旅行社的旅游线路目录之中，借助旅行社的销售平台，积极开拓客源市场，促进唐家河自然保护区生态旅游业的发展壮大。

4.加强宣传力度，提高品牌效应

借助地方各级政府的各种旅游推介会和促销活动，大力宣传唐家河自然保护区的生态旅游资源及其产品。充分利用电视、报刊、网络等媒体，尤其要联合省内各大旅行社的黄金周或大型节庆活动，开展有针对性的品牌宣传活动，让公众了解、认识唐家河自然保护区生态旅游的内容及服务，提高唐家河自然保护区生态旅游的知名度与影响力，打造唐家河自然保护区生态旅游品牌。

5.完善设施建设，提高服务质量

唐家河自然保护区生态旅游的发展，不仅依托独特的生态旅游资源这一基础条件，还应借助好的设施设备和先进的管理手段，为游客提供高质量和高知识的服务。要按照生态旅游游客的需求，建设和提供配套的生态旅游接待服务设施，加强对生态旅游从业人员的培训，培养一大批生态旅游方面的高素质的专业管理人才和服务人才，为生态旅游游客提供周到和满意的接待服务，创造唐家河自然保护区生态之旅的良好口碑。

6.注重效益统一，建设和谐社会

唐家河自然保护区生态旅游的开发利用，首先要注重生态效益及环境教育功能，在保证主要保护对象和自然生态系统有效保护的前提下，充分发挥生态旅游在环境教育、可持续发展等方面的重要作用；同时，要遵循市场经济规律，面向市场，着力开拓市场空间，为唐家河自然保护区及青川县的经济建设和社会发展提供支持；此外，旅游的发展离不开好的环境条件与空间条件，应借助生态旅游线路的编排与建设，打造绿色生态旅游通道，实现自然保护与生态旅游发展的良性互动，促进生态效益、社会效益和经济效益的统一和协调。

16.3.3　生态旅游市场分析及营销

在唐家河自然保护区景区入口处、青溪古城、保护区各有名景点，采用问卷调查、统计分析和访谈的研究方法，对旅游市场进行了调查研究。为了使调查能够客观的反映出唐家河生态旅游市场的实际情况，调查考虑了旺季和平季。

16.3.3.1　客源基本特征分析

1. 人口学特征

（1）性别构成：调查资料显示，参加唐家河生态旅游的女性约占调查人数的 47.6%，男性约占 52.4%。

（2）年龄构成：生态旅游者的年龄构成为：14 岁及以下约占总人数的 5.3%；15~24 岁约占总人数的 40.1%；25~44 岁约占总人数的 44.4%；45~64 岁约占总人数的 8.6%；65 岁及以上约占总人数的 1.6%。结果表明，15~44 岁是唐家河生态旅游的主要市场，两者总和占了调查人数的 84.5%。

（3）文化程度构成：被调查的生态旅游者中，具有初中及以下学历的约占调查总人数的 11.2%；具有高中（含中专）学历的约占总数的 30.5%；具有大专及大学的约占 54.5%；具有研究生及以上的约占调查总数的 3.7%；结果表明，来唐家河旅游的生态旅游者的总体文化程度较高，符合生态旅游发展的需要。

（4）职业构成：参加生态旅游的游客的职业排行前六位依次为学生、企事业管理人员、教师、其他（这里主要为无职业者）、个体户、公务员，所占比例分别为 22.5%、16.0%、14.4%、13.4%、10.7%、7.5%。这六大细分市场约占整个构成中的 84.5%。学生之所以是唐家河生态旅游市场中所占比例最大的一个细分市场，这是因为调查的时间主要集中在暑假和黄金周，另外，学生拥有充足的时间，且随着教育和互联网的发展，学生对外界的了解更多，出游动机也最大。在这六大细分市场中低收入人群学生、其他、个体户占到了总数的 46.6%，表明唐家河生态旅游的消费层次还很低；另外，由于唐家河生态旅游市场主要由上述六类人群构成，应该加强对上述六类人群进行产品设计和促销。

（5）游客收入构成：从唐家河生态旅游者收入调查数据来看，月收入 1000 元以下的约占 25.7%，月收入 1000~2000 元的约占 36.4%，月收入 2001~3000 元的约占 21.9%，月收入 3001~5000 元的约占 11.2%，月收入 5000 元以上的约占 4.8%。其中月收入 1000 元以下的主要是学生、农民和无职业者（多为家庭主妇）；游客的可支配收入主要集中在 1000~3000 元，占到整个调查人数的 58.3%；月收入 3001 元以上者，占整个调查人数的 16%，比例虽小，对旅游收入的贡献却很大。

2. 行为学特征分析

（1）游客了解生态旅游产品途径：通过亲友介绍了解的占 41.2%：调查数据显示，游客了解生态旅游产品途径中，通过亲友介绍的占 41.2%，说明目前唐家河生态旅游宣传途径还主要是靠口碑宣传。通过书报了解的占 3.7%，通过广播、电视了解的占

19.3%，通过互联网了解的占7.0%，通过传说与典故了解的占15.0%，通过旅行社介绍的占1.1%，通过其他方式了解的占12.7%。因此唐家河生态旅游在以后的发展过程中应做好宣传工作。

（2）旅游动机：旅游动机的调查结果显示，排行前三位的是体验民族风情、休闲度假和体验、了解自然，比例分别为27.8%、24.6%和23.5%，这是来唐家河的主要旅游动机，占到75.9%。通过侧面观察法和访谈法了解到，以体验民族风情为主要旅游动机的多为县外和省外的游客；选择休闲度假的多为县内的旅游者；选择体验、了解自然的旅游者主要是以学生为主体；因此，开发唐家河生态旅游产品时要充分把握市场需求，体现本土特色，要特别注意增强旅游项目的体验性、参与性，同时不要忽略对科考、探险等市场的开拓。

（3）游客旅游方式分析：调查结果显示，游客的旅游方式主要以与朋友结伴和与家人一起为主，比例分别高达48.1%和40.6%，另外，以单位组织的旅游方式占3.1%，单独一人的旅游方式为7.5%，以旅行社方式出游的仅仅占到0.5%，一方面说明唐家河生态旅游主要以散客为主，另外一面也表明青川县旅行社行业欠发展。

（4）游客停留时间：游客旅行时间长短受旅游地距离、旅游活动性质等因素影响。据本次调查数据显示，当天返回的游客所占比例最大，占38.0%，他们多是四川省内游客；其次是2~3天的游客较多，占29.9%。

（5）游客旅游花费构成：从调查数据来看，旅游总花费100元以下的比例最大，占32.1%，这主要是因为县内旅游者所占得比例较大，他们多是一日游旅游者；依次是100~200元占17.1%；200~300元和300~500元并列第三，都占12.8%；500~700元占10.7%；700~900元占2.7%，900元以上占11.8%。总消费额中花费项目主要为餐饮、交通、门票和住宿，比例分别为66.8%、57.2%、46.5%和43.9%。购物和娱乐所占比例较小，分别占20.3%和22.5%，说明唐家河生态旅游产品还没有充分发挥经济功能，生态旅游商品和娱乐项目还不丰富。

（6）游客出游时间分析：唐家河生态旅游者出游率最高的还是在法定假日，占40.6%，这跟国家的休假制度有很大关系，同时进一步说明，生态旅游参与者的主流是固定职业者；另外，平时空闲时间出游的比例占38%，经侧面了解，有的旅游者不愿意在法定假日（如黄金周等）出游，因为这个时候旅游人数太多，太拥挤。

（7）决定游客旅游的最主要因素：调查中发现，有71.1%的旅游者认为个人兴趣是决定游客旅游的最主要因素；其中有16.0%的旅游者认为经费问题是决定旅游的最主要因素，选此选项的主要是低收入人群和学生。时间、距离和季节对旅游的决定性作用就较小了。

（8）对"生态旅游"的了解程度：调查中发现，接近一半（49.2%）的游客对生态旅游仅处于听说过但不够了解的程度，较为了解的占35.8%，完全没听说过和非常了解的分别占到8.0%和7.0%。

（9）游客生态旅游环境保护意识分析：调查中，我们将游客关于乱扔垃圾的行为作为考察游客对生态旅游环境保护意识的一个指标。统计显示，具有环境保护意识的人占多数，达到99%以上。其中73.6%的游客认为不应在景区乱扔垃圾，43.35%的游客认为看到被扔的垃圾应该主动捡起来，维护环境卫生，11.51%的游客认为遇到别人乱扔的情况会主动上前阻止劝说，而只有一位游客回答当作没有看到被扔的垃圾，分析说明来唐家河的游客环境保护意识很强，特别是青年人对景区环境比较重视，并且比较喜欢纯自然的生态旅游景区。不仅游客具有很强的环境保护意识，景区设施设备也体现出了生态旅游环境保护的意识。

（10）游客对景区不满意的方面：在对景区的评价上，游客有 38.24%认为景区基础设施不够完善，30%的游客认为旅游服务设施不够完善，26.76%的游客认为景区商品吸引力不够强，另外有 12.65%的游客认为景区建筑太多，视觉污染严重，有 12.06%的游客认为景区服务水平和服务态度差。因此唐家河生态旅游景区一是要做好基础设施和旅游服务设施的建设；二是要组织培养高素质的旅游服务人员，进一步规范和提高旅游服务；三是做好景区景观设计和规划；四是打造景区特色商品和产品，增强景区吸引力。

16.3.3.2　市场营销

市场营销规划主要包括生态旅游市场细分、目标市场的选择、营销策略等步骤（游云飞，2001）。

1. 目标客源市场定位

1）大众市场

根据距离衰减规律，现初步将唐家河的客源市场定位为如下三级：

一级市场：一级目标市场包括省内的成都、广元、绵阳、德阳和重庆及陕西汉中。与唐家河自然保护区共同竞争这一市场的旅游景区较多，彼此间资源有较大的共性，产品差异化程度不高，市场竞争激烈。

二级市场：二级目标市场包括北京、上海等东南沿海发达地区，以及武汉、广州长江三角洲和珠江三角洲这个大市场，这个市场经济发达，人口众多，旅游消费水平高，市场前景十分广阔。

三级市场：三级目标市场包括郑州、西安、兰州、昆明等国内其他机会市场和欧美等传统远程客源市场。在质量和效益上，欧美等传统远程客源市场是唐家河自然保护区应重点开发的核心市场。

2）专项市场

与唐家河自然保护区距离较近的成都、重庆、西安、武汉等大城市群的商务、会务市场。包括公司活动、会议、展览、奖励旅游，以及各种休闲度假和避暑养生市场。

2. 营销形象口号

围绕唐家河自然保护区生态旅游资源、景观和产品特色，在不同的场合，面对不同的目标市场和生态旅游消费者，应利用如下营销形象口号，开展营销活动，并不断深化和拓展。

中国的"黄石国家公园"

四季唐家河，多彩摩天岭

生命家园、知识胜地——中国唐家河生态和知识之旅

牛羚山岗、紫荆花谷——中国珍稀野生动植物生态旅游目的地

生物多样性王国，文化差异性故地——中国唐家河

千里岷山绿色宝库——中国唐家河

嘉陵江畔绿色明珠，摩天岭上牛羚家园——中国唐家河

摩天岭上观牛羚，阴平古道读三国——中国自然文化之旅

自由原生态，活力唐家河——年轻人的乐园

春赏百花秋望叶，夏有凉风冬听雪——中国唐家河

3.市场营销策略

1）产品营销策略

产品的营销策略包括：生态化策略、差异化策略、个性化策略。

2）价格策略

价格是调节旅游需求的一个杠杆，保护区应高度重视价格策略的制订。一要通过调整价格来调控游客的数量。二要根据季节、产品、游客这三要素来制定出不同层次的价格体系。三要在价格采取一定的鼓励措施，吸引更多的回头客。根据这 3 个原则拟定以下价格策略：

（1）根据旅游淡旺季实行不同价格。如"五一"、"十一"黄金周旺季，景区管理压力加大、对生态环境及动植物的影响加重可提高门票价格，冬季游客过少可降低门票价格。

（2）对特殊群体实行不同的价格。如对老人、儿童、残疾人员及当地居民，实行优惠价格。

（3）薄利多销策略。对团体购票者，根据人数的多少，采取一定的折扣优惠。

（4）与剑门关、翠云廊、天台山等旅游景点联合推出套餐门票。

3）促销策略

（1）广告促销方案：唐家河自然保护区主要针对成都、重庆、西安、武汉的电视媒体，同时有选择性地辐射上海、广州等相关媒体。一是制作唐家河旅游形象广告宣传片，重点选择目标市场电视台和旅游频道播出；二是拍摄制作唐家河旅游电视宣传专题片；三是赞助一些比赛活动，如摄影大赛、游记创作大赛等，通过比赛间接宣传自己。

（2）网络推广方案：电脑网络促销是一种新的促销形式，它具有覆盖面广、形式多样、快捷有效的优点。首先要建立唐家河旅游门户网，这个网站应该成为景区景点宣传、保护区新闻发布、天气预报等的平台；其次通过筛选确定一些有影响的网站如同城网、网易网、搜狐网等知名网站，在这些网站上插入唐家河保护区广告。

（3）节事活动促销方式：举办大型主题活动和节庆活动，吸引目标市场和机会市场的参与。一是定期举办主题活动，如唐家河紫荆花节、冰雪节、漂流节等；二是在节日期间举行优惠活动、有奖活动和体验活动。同时争取四川省内商务活动，大型会议及体育赛事，从而展示唐家河自然保护区旅游形象。

（4）公共关系促销：一是与新闻媒体保持良好的关系，及时向新闻人员提供稿件，适时邀请杂志报刊记者、旅游作家及电台节目主持人到唐家河考察游览。二是协调与政府部门的关系。三是与旅行社、宾馆、饭店保持信息沟通及结成利益共同体。四是与一些企业合作，在企业的产品销售中用抽奖的方式使更大范围的人到保护区来游玩。五是响应政府号召的公益活动，如资助当地社区的基础设施修建、捐助希望工程等。

(5)科普考察联合促销:一是与大专院校、科研院所合作,联合开发科普考察项目,组织大学生及中小学生参与唐家河自然保护区科考之旅。二是联合开发高端旅游项目,邀请相关动植物及生态旅游专家参与到生态旅游之中。

16.3.4　旅游生态补偿机制研究

将生态效应与"补偿"、"赔偿"结合起来,就有了关于生态补偿的最初解释。近年来,生态补偿在研究与实践层面都成为国内一个不断升温的热点和前沿问题。生态补偿这一概念起源于生态学理论,《环境科学大辞典》定义其为:"生物有机体、种群、群落或生态系统受到干扰时,所表现出来的缓和干扰、调节自身状态使生存得以维持的能力,或者可以看作生态负荷的还原能力"(毛显强,2002)。

目前国内外在旅游领域的生态补偿研究并不多。国外对生态补偿通常使用的概念是生态服务付费(payment for ecosystem services,PES),即为环境服务消费者提供付费、环境服务供应者得到付费的经济行为。Nicolas Kosoy 等(2008)注意到通过建立生态旅游基地推动 PES 项目发展。Chen(2009)在 PES 背景下认为中国劳动力迁移的趋势和中国卧龙自然保护区旅游业的发展将有利于当地生态系统的恢复。Ghazoul 等(2009)认为可以将景观标签的概念扩展到旅游服务。许春晓(2000)研究了旅游资源非优区的补偿类型与性质。米姗姗(2007)分析了生态旅游的特性和与现状,指出了构建生态补偿机制可以改善生态旅游存在的对生态环境的负面影响,并对生态补偿的模式进行了分析。赵立民(2007)在对我国现有的生态旅游开发模式评述的基础上提出了生态旅游资源开发的价值补偿机制。汪慧(2009)则在征地补偿概念的基础上认为应该完善旅游项目征地补偿制度。

本研究以唐家河自然保护区为例,分析了保护区的生态环境威胁因素和旅游生态补偿现状,在此基础上构建了旅游生态补偿系统,包括补偿主体、对象、原则、补偿标准。根据旅游生态足迹分析模型,探索基于生态足迹方法对当地居民进行生态补偿的机制与标准,以期有助于唐家河的可持续发展,为其他景区与自然保护区的生态旅游开发与管理提供借鉴。

16.3.4.1　生态环境威胁因素调研

由于旅游开发和周边社区的影响,有许多直接对保护对象的生存和发展带来负面影响的威胁因素。这些威胁因素需要进行生态环境建设与管理,需要一定的生态补偿机制。

1. 旅游者对生物多样性的影响

随着游客数量的大幅度增加,使唐家河的动物特别是兽类改变自己的活动范围,减少栖息地面积,使动物密度下降。保护区植被遭到游客的践踏,一些珍稀植物被采摘,种群数量不断减少。由于旅游餐饮需要,外购大量鲜货食品,可能引起外来物种侵入、疾病及病虫害增加。

2. 旅游设施建设对生物多样性影响

旅游设施的建设,不仅造成水土流失,也可能改变或破坏原有的生境,甚至造成栖息地隔离和破坏,导致区内动植物的种类和数量变化。许多人文景观的修建是在山顶、水域边缘或生态脆弱地带，易造成局部干扰和破坏。

3. 旅游商品开发对生物多样性的影响

游客喜欢来自山里的野菜、野果和中药材等土特产。随着旅游业的发展，旅游需求的不断增加，势必对此旅游商品的需求量更大。社区居民为了追求经济利益，会加大对这些植物的采摘，不仅使其种群数量下降，还因食物链的关系，减少动物的食物，影响动物的多样性区内的经济鱼类(细鲤鱼、雅鱼)也被居民们大量采集；受市场诱惑，少数社区居民常有偷猎活动，如黑熊、野猪、扭角羚、毛冠鹿、小麂等，这很容易导致某些动植物的灭绝(雷静，2009)。

这些采集活动除了直接给保护对象造成威胁、干扰外，还会带来其他威胁，如野外用火、栖息地破坏等。

4. 环境污染

保护区内目前有4个保护站，一个大酒店，除了保护区职工常年生活在此外，随着旅游的开发，游客大量进入，产生生活污水和垃圾在所难免，这对野生动物的栖息环境产生了一定程度的污染，也污染了下游社区居民的饮用水源。除此之外，还有入区车辆产生噪声和废气污染，游客所携带方便食品的包装带来的白色污染，都可能对保护区造成危害。

5. 森林火灾隐患

保护区森林火灾隐患主要来自于社区传统的耕作方式用火、上坟祭祖、过往人员临时用火、进入区内的游客和自然火灾。火灾隐患的原因在于设施设备不足，监测体系缺乏，同时护林防火缺乏周边社区居民的积极参与。

6. 放牧

保护区周边社区放牧是一种传统养殖模式。由于旅游开发的需要，社区耕牛、山羊有增长的趋势，散放的家畜啃食树皮与地表覆盖物，引起森林资源的破坏和水土流失，放牧区域已与野生动物的栖息地有部分重叠，干扰了保护对象，家畜携带的病菌有可能与野生动物交叉感染。

7. 非法砍伐林木和薪柴利用

由于周边社区及更远社区居民，时常有在保护区、国有林或集体林盗伐薪柴现象，薪柴的过度消耗，破坏了森林资源和野生动物的栖息环境。

8. 采矿

由于保护区林权问题，保护区内的联盟社区有花岗岩开采项目，造成对大熊猫等野生动物正常生活的干扰和对栖息地的直接破坏。

9. 野生动物对社区的危害

经对周边社区10个行政村的PRA调查，种在林缘地带的农作物经常遭受野生动物危害。主要有野猪、黑熊等，偶有豹猎捕牛羊，受害区域主要集中在平桥村、工农村、联盟村和三农村，受危害的农户分别占各村总户数的30%、30%、35%和40%，农户每年直接经济损失在300~500元。

16.3.4.2　生态环境建设及旅游生态补偿现状

1.争取国际合作基金支持，开展保护区生态环境建设及保护

1981 年至今，分别自美国、德国、英国等 10 多个国家及中国香港特别行政区的政府、组织、专家前来唐家河考察、交流达 260 多批 1200 余人次。通过项目的开展，保护区共获得项目 6350 万元人民币的经费支持，同时还有技术支持。保护区除了在保护技能上有较大提高外，硬件上也得到了一定的支持。更为周边社区居民做了大量实事，促进了当地经济和资源保护的协调发展，建立了社区共管示范体系，唐家河保护区在国际国内的知名度也日渐提高。

1)世界自然基金会(WWF)合作项目

中国与世界自然基金会(原世界野生生物基金会 WWF)合作，拉开了中外专家和学者研究大熊猫、黑熊、扭角羚、川金丝猴等动物研究的序幕。至 1984 年年底，用于白熊坪观察站的经费投入 44931 元。

2002 年，世界自然基金会与国家林业局签署了合作协议，正式启动岷山森林景观保护与发展项目。2007 年正式开展唐家河生态旅游项目。

2)中德合作资源保护项目(GTZ)

1997 年，与德国技术公司进行了中德四川自然保护区自然资源保护项目(GTZ 项目)通过 GTZ 专家的考察评估，1998 年在保护区直接接壤的青溪镇工农村建立示范村。2000 年，GTZ 专家对工农村进行了土地利用规划，为唐家河提供交通工具、办公现代化设备和巡护装备，在现代管理、生态旅游、生态监测、电脑运用、参与式管理等方面进行方法和能力培训外，同时亦给周边社区经济提供发展项目。

3)中德合作中德合作四川造林与自然保护项目(KFW)

1999 年，KFW 批准实施中德合作四川造林与自然保护项目。2001 年保护区与德国复兴银行(KFW)正式达成协议，合作开展"中德合作四川造林与自然保护项目——唐家河自然保护区野生动物管理项目"。同时争取 KFW 财政援助自然保护造林项目，用于唐家河自然保护区缓冲区内、周边社区及县内新造林 45000 hm²；该项目不仅改善周边农民的经济条件；也建立持续的野生动物管理和种群控制计划。

2006 年年底，KFW 项目外方提出追加项目投资，包括摩托车道桥梁建设、保护站点建设、野外监测棚屋建设、社区供水系统及环境教育等。

4)美国华盛顿国家动物园合作项目

1999 年，保护区与美国华盛顿国家动物园意向性达成建立十年合作伙伴关系。2001 年分别签署了《会谈备忘录》、《野生动物保护和管理培训项目(WCMTP)协议书》等。

培训项目主要有：保护生物学与野生动物管理培训、野外科研项目培训、地理信息系统培训。研究项目主要有：红外线相机野外观察项目亚洲黑熊生态研究项目、地球观察项目(Earth Watch)、扭角羚 GPS 跟踪调查项目。

5)全球环境基金(GEF)合作项目

2002 年，唐家河自然保护正式启动 GEF(全球环境基金)项目，该项目的实施期为 6 年。主要有自然保护区规划和管理、以社区为基础的自然保护、项目监测和评价等。

2.社区共管，多渠道补偿，反哺周边社区，和谐发展

1)借助国际合作项目，改善社区周边环境，促进社区经济发展

唐家河在获得国际合作项目资助的同时，完善和发展了唐家河社区共管理念。在国际合作项目中，引导农户参与实施自然保护，降低资源消耗与社区经济协调发展，带动了周边社区生态乡村旅游，加强了环境保护意识教育活动，提高了周边社区村民的保护意识和参与意识。唐家河保护区与周边社区共管发展协调机制，得到世界自然基金会、世界银行、德国复兴银行、德国技术公司等国际组织认同，被作为一个模式受到推崇。

2)以保护区的生态旅游带动社区的乡村旅游

按唐家河风景区规划，青溪古镇及阴平村等乡村农家乐纳入保护区生态旅游体系，将社区的田园风光、特色民居、参与农活等作为生态型休闲游的有机组成部分。保护区在开展的GEF项目中已经启动了部分农家乐的建设和示范工作，采取"区内游，区外住"的反哺周边社区经济发展机制，与地方政府一道推动阴平村乡村农家乐规模化建设，阴平村建设了一批具有川北民居文化特色的农家乐，目前已有200家经营农家乐，随着唐家河旅游开发的深入，青溪古镇全面建设，竹园至青溪等8个沿途乡镇的旅游业也将开展。社区与保护区旅游开发同步发展，体现保护区对社区的带动作用。

3)建立唐家河保护区社区发展基金

保护区在前期社区工作中，通过实施GEF项目和GTZ项目，成立了"社区滚动发展基金"，以极低利息借给老百姓，对社区弱势群体特别是妇女给予重点扶持。社区滚动发展基金是我国少有的社区金融项目，一定程度上推动了社区的发展。为推动该项目的进一步发展，目前正在建立"唐家河保护区社区发展基金"，资金来源为保护区投入、地方政府投入、企业捐赠、社会团体和个人捐赠，保护区每年从经营性收入中持续投入一定量的资金逐步扩大规模。基金资助方向为社区有机农业发展、农家乐建设、社区能力建设等内容。

4)帮助社区发展有机农业，创建岷山地区农副产品集散中心

保护区目前正在实施的工程是根据国家对有机农业、绿色食品的标准和生产要求，制订有机农业培训计划，由保护区出面申请国家有机农产品认证，并进行标示、注册、创建"唐家河"商标和认证。

3.旅游与保护协同发展，旅游门票收入反哺自然保护区

"四川唐家河旅游开发有限公司"经营旅游的收益，必须回投于唐家河自然保护区，管理处通过生态恢复措施，消除旅游开发和经营的负面影响。按协议，旅游公司门票收入的30%反哺给唐家河自然保护区管理处，作为生态补偿。唐家河旅游开发有限公司2012年旅游总收入800万，门票收入300万，按协议应有90万元反哺自然保护区。

4.天然林保护工程，间接获得国家生态建设及补偿

唐家河自然保护区管理处2000年度启动天然林保护工程，国家的补贴政策是5～7元/亩。结合天然林资源保护工程，在保护区进行原生植被的恢复，采取育苗补植辅助自然恢复的办法清除外来物种，补植的树种采用保护区内的珍稀物种或适宜于野生动物食物的乡土树种，严格防止和控制外来物种的侵入。

随着天然林保护工程和周边社区退耕还林的的项目实施，周边林缘社区森林植被得到较快的恢复，野生动物数量、种类及分布范围都有显著的增加和扩大。

16.3.4.3 旅游生态补偿主体分析

1. 政府

唐家河自然保护区对四川生物多样性的保护及生态环境的改善都有很大贡献。广元市、青川县等各级政府期望在生态保护的基础上以唐家河生态旅游为龙头，带动其旅游及相关产业的发展，因此政府应当是补偿的主要主体(王峰，2012)。

四川省政府、四川省林业厅做为唐家河自然保护区管理处主管部门，期望通过生态旅游活动，保护自然资源和自然生态系统，履行环境教育职责，四川省林业厅应当承担更多的补偿责任，成为补偿主体。

2. 旅游开发企业

唐家河旅游开发有限公司凭借对旅游资源的把控，获取了利润。有义务回馈旅游生态环境，成为补偿主体。更多地承担补偿责任。

3. 旅游商品及"农家乐"经营者

保护区毗邻的青溪古镇、阴平村、落衣沟至关虎等村落，以及下一步开发的竹园至青溪等8个沿途乡镇的旅游商品及"农家乐"经营者希望保护区的生态旅游带动社区的旅游服务产业及"农家乐"的发展，因此这些经营者有义务回馈保护区的旅游生态环境，对周边社区没参加旅游经营的社区居民也应尽更多的社会责任，适当补偿，促进社区和谐发展。

4. 游客

游客在唐家河自然保护区的生态旅游，消耗了唐家河的自然资源，对生态环境造成了一定的影响。除买门票外，有责任对唐家河旅游生态环境进行补偿。

16.3.4.4 旅游生态补偿对象分析

1. 保护区的生态环境

前面分析了唐家河自然保护区生态环境威胁因素，唐家河在旅游开发中，被污染的环境、被破坏的生态系统其环境功能会逐步丧失，进而失去自然保护区的特色，因此要对其进行补偿。

在唐家河，随着旅游的开发，游客大量进入，产生生活污水和垃圾在所难免，这对野生动物的栖息环境产生一定程度污染的，也污染了下游社区居民的饮用水源。

特色漂流项目的开展，破坏了支流河道的原始风貌和周围植被，因此应对其开发地区的饮水源进行保护，对造成的损失进行生态补偿。为了防止在旅游开发过程中的土地板结与沙化，保护区也将进行植树造林，对其投入的生态成本应予以补偿。

在唐家河旅游开发中，对灌木林、草场、河滩、重要湿地等生态环境敏感地带也会产生不同程度的破坏，应予充分保护和补偿。对当地丧失灌溉水源或饮用水源的社区居民进行合理的补偿。

在唐家河旅游开发中，对原自然生态环境进行了一些人为的改造，对原自然生态生存的野生动物产生了影响。旅游开发方应对保护处为保护野生动物所花去的成本进行补偿。因旅游开发，保护处及周边社区为保护被迫迁徙的野生动物而遭受的人身、财产或其他损失也应进行补偿。通过对周边 10 个行政村参与式乡村评估（PRA 调查）和专题调查，野生动物危害还体现对农作物危害，这主要集中在与保护区相邻的半高山部分，对这些区域也应进行补偿。

2. 保护区周边社区及居民

由于唐家河的旅游产业开发，原区内居民逐步迁出，由于旅游开发，许多传统生产、生活方式被约束或限制。所以保护区周边社区及居民应该得到相应补偿。

唐家河周边社区及居民的补偿范围主要是保护区周边涉及的平武县高村、木座、木皮 3 个乡，青川县的青溪、桥楼、三锅 3 个乡（镇），总人口大致 15676 人。

3. 保护区管理处

唐家河自然保护区管理处转让生态旅游开发和经营权，应参照国家生态公益林补偿标准补偿；唐家河旅游公司的旅游收益，必须回投于保护区；其他的生态补偿主体也应对保护区管理处进行适度补偿。唐家河自然保护区管理处将补偿经费用于自然资源和自然生态系统的保护管理。

4. 保护区内员工

唐家河自然保护区管理处的员工不仅要进行日常的保护工作，在旅游旺季，保护区几个保护站的职工的主要精力都放在维持交通、秩序和环境卫生和安全上，几乎没有精力从事保护站的日常工作，而这些工作他们日后又不得不补上。因此对唐家河自然保护区管理处的员工，特别是各保护站的员工应进行旅游生态补偿。

16.3.4.5　旅游生态补偿的原则

1. 受益者付费原则

受益者付费原则是基于生态环境的公共品和公有资源属性，生态补偿的核心原则。凡是享用者和使用者有必要都必须为自己的受益而支付一定的使用费或成本费用，这是出于社会公平的需要。自然资源的开发利用者，应向管理人或所有人支付相应对价（秦艳红，2007）。

2. 开发者养护，污染者治理原则

开发者养护、污染者治理原则，是生态补偿制度的一项基本原则。开发者养护是指生态环境和自然资源的开发利用有责任对其环境进行恢复、整治和保护，应该维持生态环境的原状。污染者治理是指对生态环境造成污染的个人或组织，有责任对其污染源和污染环境进行治理。

3. 公平合理原则

每个人在占有和使用自然资源时，不应该损害他人的利益，应遵循"公平合理"的原则对受损方予以相应的补偿。"公平"是指所有受损者都应得到补偿，"合理"是指受损者获得的补偿额应与其所受的损失基本相当。国外学者将此原则称为"对后代负责的原则"，人们在开发利用能源时，不能危及后代人，并且能满足其能源需求能力（杨光梅，2007）。

４. 政府主导和市场机制作用并重原则

生态环境公共品和公有资源的属性都要求政府应发挥其主导作用，但政府主导作用也存在一些问题，如政府自身的行政行为缺乏效率，某些补偿不符合公平原则，难以做到生态环境及自然资源产业配置上的效益最大化。为此，还有必要发挥社会和市场机制作用。社会是实施生态补偿的重要力量，可以为生态补偿提供大量的补偿资金，如一些社会公益性组织，政府应当为他们的参与提供方便。

５. 均衡协调原则

均衡协调补偿原则的含义首先体现在人类社会发展与生态环境关系。维护必要的生态平衡是发展的前提，补偿标准（即补偿中生态环境和自然资源价值的体现程度），要根据具体的社会生态环境状况来定。在当今要优先考虑生态价值，甚至要以牺牲一定经济增长速度为代价；均衡协调补偿原则的含义还体现在当代人与后代人的关系，对于生物多样性和不可再生资源尤其要对后代有所保留。

16.3.4.6　基于旅游生态足迹的社区居民生态补偿标准研究

生态足迹（ecological footprint）最早由加拿大生态经济学家 William Rees 等在 1992年提出并在 1996 年由其博士生 Wackernagel 等加以完善，是一种测量生态足迹与生态承载力之间差距的方法（徐娥，2006）。

根据生态足迹的理念，旅游生态足迹（touristic ecological footprint，TEF）可界定为：指旅游地支持一定数量旅游者的旅游活动所需的生物生产性土地面积（韩光伟，2008）。由于旅游地所支持的人口包括当地居民与旅游者，两者都消费当地自然资源所提供的产品与服务，因此旅游者的旅游生态足迹通过与当地居民生态足迹的"叠加"效应，共同对旅游地可持续发展产生影响与作用。

旅游者与居民生态足迹的大小并进行效率差异比较，可以明晰旅游者与居民对当地环境资源影响与利用效益的差异性程度，为对居民进行生态补偿提供决策依据（俞颖奇，2012）。

１. 旅游生态足迹及效率差异分析

在调查研究的基础上，通过数据整理、分析与计算，得出唐家河旅游生态足迹及效率值（冯国杰，2014）。

唐家河旅游者 2012 年的旅游生态足迹总值为 30141.73 hm^2，人均为 0.045315 hm^2。唐家河社区居民 2012 年生态足迹的总值为 13349.68 hm^2，人均生态足迹值是 0.8516 hm^2。

旅游者占用了相当多的当地社区居民的生态足迹需求，产生居民利益损失，应进行相应的旅游生态补偿（曹辉，2007）。

唐家河自然保护区 2012 年旅游生态足迹总计 30141.73 hm^2，旅游收入 $2.67×10^8$ 元，其旅游生态足迹效率是 8871 元/hm^2，是中国平均水平（3386 元/hm^2）的 2.62 倍，接近全球平均水平（1106 美元/hm^2），这说明唐家河自然保护区旅游资源利用的相对高效性，但与美国（3337 美元/hm^2）、中国香港（3982 美元/hm^2）等发达国家及地区相比，还存在较大的差距。这主要是旅游购物、餐饮的生态足迹效率较低导致的（鲁丰先，2006）。

由此发现，唐家河自然保护区的旅游产业链有待完善，旅游交通网络应不断完善，畅通旅游流。

唐家河自然保护区 2012 年社区居民的生态足迹总值是 13349.68 hm²，经济总收入是 2907.1×10³ 元，其本底生态足迹效率值是 3092 元/hm²。

对 2012 唐家河自然保护区 2 个生态足迹效率值进行比较得出，旅游者的旅游生态足迹效率(8858 元/hm²)是当地居民的本底生态足迹效率(3092 元/hm²)的 2.9 倍。

2. 社区居民的生态补偿标准

1)生态补偿最低标准

计算得出，居民的直接收益损失价值为 1628.37×10³ 元，这可以作为生态补偿最低标准，唐家河自然保护区社区居民 2012 年每户应得补偿 379 元，人均应得补偿 104 元。

2)生态补偿最高标准

计算得出，退耕还林还草的游憩功能价值是 4664.98×10³ 元，这可以作为生态补偿上限标准，唐家河自然保护区社区居民 2012 年每户应得补偿 1085 元，人均应得补偿 296 元。

3)生态补偿合理标准

确定补偿的合理标准是选择以旅游者与社区居民的生态足迹效率之差计算(郑敏，2008)。

唐家河自然保护区 2012 年旅游者与社区居民的生态足迹效率之差为 5766 元/hm²，退耕还林还草的面积 526.64 hm²，根据式(16-1)可以计算居民的生态补偿值(冯国杰，2014)：

$$EC=(E_{Tef}-E_{ef})\times S\times k \tag{16-1}$$

式中，EC 是要计算的居民生态补偿价值；E_{Tef} 代表的是旅游生态足迹效率；E_{ef} 代表的是居民生态足迹效率；S 代表的是退耕还林还草的面积；k 代表的是生态补偿调节系数，我们计算时取 k 为 1。

计算结果是 3036.61×10³ 元，这可以作为生态补偿合理标准，唐家河自然保护区 2012 年社区居民每户应得补偿 706 元，人均应得补偿 194 元。

16.4　生态旅游规划

16.4.1　生态旅游规划总则

根据保护区规划的理论原则，结合唐家河自然保护区的实际情况，拟定适合唐家河的规划原则。

16.4.1.1　规划设计的指导思想

以可持续发展观为重要指导思想，在保护好现有旅游资源和环境质量的前提下，遵循在保护的基础上发展的思想，立足广元，面向全省，辐射全国各地及部分海外市场。

在规划设计中以保护区原始风貌为主体，以生物资源为依托，充分利用森林、地貌、水文、天象等景观资源优势，开展以观赏野生动物、科考、避暑、休闲、度假旅游为主的旅游活动。以生态保护优先为原则，并根据需要辅以景点建设，创造条件，统一规划，合理布局，精心策划，把唐家河建设成为环境优美、风景宜人、设施完善、服务一流、管理科学和运营灵活的自然保护区。

16.4.1.2　规划设计的原则

1.生态保护优先原则

唐家河自然保护区的生态旅游资源是属于整个人类的财富。其生态旅游开发，必须实施保护优先、选择性发展的精品战略。

2.可持续发展原则

自然保护区的生态旅游是把自然生态环境保护与市场经济有机联系在一起的产业。为了实现生态旅游可持续发展的要求，在运作时，既要实现自然资源和自然生态环境的有效保护，又要符合市场经济规律，有别于大众化旅游开发模式，引导出与当前社会生态文明要求相适应的自然保护区生态旅游发展战略，以获取长期和满意的经济效益。充分体现出取用有度、公平分配的可持续发展原则。

3.游客容量动态控制原则

游客过量进入会造成唐家河保护区自然生态环境逆向演替变化，旅游开发应以野生动物数量、遇见频率、野生动植物群落及其自然生态系统演替趋势、水体指标变化为基本的监测评估因子，建立生态旅游游客容量动态监测和控制机制。

4.培育与引导生态旅游目标市场原则

对生态旅游市场进行分析，应重点对唐家河自然保护区生态旅游目标市场的需求程度进行分析和预测，逐步培育生态旅游细分市场。开发者应当通过推出特殊的旅游产品，对唐家河生态旅游的潜在目标市场加以重点的培育和引导。

16.4.2　生态旅游商品设计

传统大众旅游产品的使用价值主要体现在食、住、行、游、购、娱六大方面。而生态旅游产品的使用价值除了对生态旅游资源和设施的享用外，还应使旅游者在享用过程中获得生态知识和环境保护教育。唐家河可实施漂流二期、修建儿童水上乐园、"马走阴平"等项目满足游客各方面的要求。

16.4.2.1　生态旅游商品的种类

唐家河自然保护区生态旅游商品应包括生态旅游日用品、纪念品、土特产品等，开发中应注重其纪念性、实用性与生态性，并应充分体现出保护区的自然资源特点、地域特色与文化特色，并突出其纪念意义、保健功效和收藏价值(表16-4)。

表 16-4　唐家河自然保护区主要旅游商品

种类	主要旅游商品
野菜	龙须菜、厥菜、木耳、香菇、香菌、薇菜、厥根粉
野果	猕猴桃、野生板栗、山核桃
中药材	天麻、党参、山药、木通、五倍子、五味子、猪苓、茯苓、贝母、泡参、杜仲、木瓜、金银花、虫蜡
名小吃	青溪豆腐、烟熏老腊肉、跑山土鸡、野生鱼、酸菜豆花饭(三色饭)、金裹银(大米＋玉米饭)、蒸蒸饭(玉米羹)、荞凉粉、杂面、灰搅团、甜浆饭
手工艺品	麻柳刺绣
特产	蜂蜜、竹荪、青川黑木耳、七佛茶叶
酒类	青川老黄酒、唐家河蜂蜜酒

16.4.2.2　生态旅游商品的开发现状

近年来,随着唐家河自然保护区生态旅游的发展,保护区管理处利用区内丰富的天然无污染蜜源资源,发展养蜂业,生产野生蜂蜜,并利用蜂蜜作为原料,开发出酿造型蜂蜜保健酒等深加工产品。唐家河自然保护区的蜂蜜和蜂蜜加工产品,已拥有了与自然保护区自然原始和生态保护形象联系的品牌,具有一定的影响和知名度,并取得了比普通蜂蜜产品高 2~3 倍的经济效益。同时,保护区管理处还开发了保护区徽章、大熊猫毛绒玩具,并对木耳、蕨根粉等青川县土特产品重新进行了包装,初步形成了自己的旅游商品系列。

但从整体上讲,唐家河自然保护区生态旅游商品的开发程度还十分有限,水平不高,品种较单一,规模有限,特别是没有充分发挥和利用唐家河自然保护区的资源优势,开发出充满唐家河自然保护区独特性和神秘性的旅游商品,也还没有形成生态旅游商品体系,创造出优质名品和市场品牌。

16.4.2.3　生态旅游商品的开发策略

1. 实现规模化的生产

目前青川县生态旅游商品生产企业还存在小、弱、差的问题,资金和技术力量十分有限,离规模化道路还有一定的距离。如蜂蜜是唐家河自然保护区的传统土特产品,已有较大生产规模和市场基础,蜂蜜质量极高,但受蜜源数量制约,最高年产量只有50000 kg 左右,深加工程度不高。其生产、加工、销售皆由唐家河自然保护区蜜蜂养殖户自行进行,存在散、小、低的状况。规模化的生产不仅能提高生产效率,还能保证生态旅游商品的数量和质量。

2. 加大管理力度

首先,为了树立唐家河生态旅游商品的品牌形象,政府需对生态旅游商品的生产企业积极采用绿色标准进行管理,从生产源头上保证生态旅游商品的环保性和健康性;其次,生态旅游商品的生产企业需保证商品质量达标,做到不同企业生产的同一产品都能让旅游者满意;再次,生产企业还应保证对员工进行定期的生产技能技巧培训,才能不断地提高商品质量和生产效率。政府加强旅游商品生产企业的标准化管理定能促使生态旅游商品可持续发展。

3. 加强技术支持和引导

唐家河自然保护区周边社区野生资源植物十分丰富，如能科学和合理地利用，其中不少可在不破坏野生资源的前提下，开发成食品、饮品或药品。但目前利用这些资源形成的产品只有蕨根粉、木耳等少数几类，深加工程度远远不够，品种单调，没有充分体现唐家河自然保护区的自然和生态的价值，没有形成适当的规模和绿色品牌效应，因此，所产生的经济效益也十分有限。政府及管理处应在不影响唐家河自然保护区及其周边地区自然资源和自然生态系统保护的前提下，在保护区周边社区适度发展具有较高食用、饮用、药用价值或其他保健功能的野生植物人工种植与加工产业，在规范产品的质量标准、检验体系和销售渠道的前提下，由唐家河自然保护区统一收购和销售，或者允许社区加贴唐家河自然保护区的专有商标和品牌后销售。

4. 开发特色生态旅游商品

由于唐家河自然保护区的生态旅游正在起步和发展之中，生态旅游市场的规模还不大，生态游客的数量还不多，所以目前围绕唐家河自然保护区风景、野生动植物等方面的音像、图书等生态旅游文化商品，无论是在数量还是在质量方面，都还明显不足。随着唐家河自然保护区生态旅游的不断发展，无论是生态旅游游客群体还是公众群体，对这类生态旅游文化商品都会产生浓厚兴趣和需求。所以，应站在生态旅游游客和感兴趣者的角度，按照他们的需求、兴趣和审美心理来设计实景油画、风光照片、风景画册、鸟鸣 CD、风光 VCD 等生态旅游文化商品。如此，既可以宣传唐家河自然保护区的自然魅力，让更多的人认识、了解唐家河自然保护区的山水之情、动物之趣、生态之美，又能拉动生态旅游消费，形成新的生态旅游消费点。

16.4.3　功能定位与旅游功能区划

16.4.3.1　功能定位

四川唐家河自然保护区主要以保护大熊猫及其生存环境为主，全面保护其他濒危、珍稀物种及其栖息地和森林生态系统，是集物种与生态保护、科学研究、国际交流、生态与环境科普宣传、水源涵养、生态旅游和可持续发展利用等多功能于一体的综合类国家级自然保护区。

16.4.3.2　旅游功能区划

根据唐家河的资源承受能力和游客体验最大化原理，将唐家河自然保护区划分六大功能区："野牛岭白熊坪探险体验型生态旅游区"、"毛香坝至蔡家坝生态旅游区"、"落衣桥－关虎配套服务和古军事文化旅游区"、"红军桥至蔡家坝野生动植物观赏生态旅游区"、"毛香坝至水池坪科普休闲生态旅游区"和"红军桥－摩天岭自然文化观光生态旅游区"（表 16-5）。

表 16-5　唐家河自然保护区旅游功能区划表

序	功能区名称	生态小区	景点	现有功能产品	设计旅游产品
1	野牛岭白熊坪探险体验型生态旅游区	白熊坪区	红石河保护站、长坪、白熊坪、石桥河口	登山健身、森林揽胜、品氧清肺、观奇峰日出、赏高瀑	学习生态知识、植物知识、学习三国文化、日光浴、露营、吊床小憩
		野牛岭区	金丝猴研究基地、大草堂、倒梯子、野牛岭		
2	毛香坝至蔡家坝生态旅游区	毛香坝区	唐家河大酒店、鸡公崖、北雄关、古冰川遗迹、牛羚岗	登山、天然林探幽、丛林穿越、品氧清肺、观冰川飞瀑	溯溪、亲水赏石、深山探宝、攀岩、动植物探险、原始乐园
		蔡家坝区	蛇岛、蔡家坝露营地		
3	落衣桥—关虎配套服务和古军事文化旅游区	阴平村区	唐家河漂流	行政管理，旅游服务，游客吃、住、停车、旅游购物、休闲度假	漂流比赛、野营野餐、自行车比赛、植物标本制作游、棋牌休闲啤酒烧烤、生态瓜果园
		落衣沟	点将台、鱼洞砭、磨刀石、水中井		
		青溪古城	伊斯兰教堂、青溪古城		
		保护区入口	博物馆、关虎游客中心		
4	红军桥至蔡家坝野生动植物观赏生态旅游区	紫荆花谷	野生紫荆花林、凉水井	徒步、野外自行车骑行、观赏路旁、山间的珍稀野生动植物等旅游活动	林区生活体验乡村生活体验系列产品、森林休闲、森林游戏、紫荆花专项游、珍稀动物亲近游、杜鹃风情游
		动物观赏	扭角羚、金丝猴、猕猴、红腹锦鸡、短尾猴、黑熊、夜视动物		
		红军桥区	水淋飞瀑、千年银杏、写字岩、红军桥、蛇岩、两河口、岩羊岭		
5	毛香坝至水池坪科普休闲生态旅游区	灵猴谷景区	落英碧潭、石桥河口南岸亲水区、观瀑、戏水、观猴、水池坪、阴坝、红旗渠瀑布	徒步开展林间漫游、亲水活动、近距离观赏野生动物等	水上游戏、野营野餐、游泳健身、水球运动
6	红军桥—摩天岭自然文化观光生态旅游区	摩天岭区	孙明碑、烽火台、裹毡岩	山地越野自行车骑游、徒步暴走、历史古迹考察、溯溪、野营、红叶观赏旅游	马走阴平
		潭水瀑布	黑熊潭、碧云潭、水帘瀑布、麒麟瀑布、九龙瀑布		
		阴平古道	小黄山、南天门、半边街、红军战壕		

16.4.4　旅游线路规划

唐家河自然保护区旅游线路设计应借助外力推进，将其纳入九寨黄龙旅游圈内，通过品牌旅游产品带动其发展，这里主要设计外部旅游精品联动线路和内部主题游览线路。

16.4.4.1　外部旅游联动线路

1.线路产品设计
以成都为中心的旅游线路产品：成都—唐家河—九寨沟—黄龙—成都五日游。
以重庆为中心的旅游线路产品：重庆—南充(万卷楼)—阆中(古城、滕王阁)—剑阁

（剑门关）—唐家河—九寨沟—黄龙—成都—重庆七日游。

以广元为中心的旅游线路产品：广元—剑门关—唐家河—九寨沟—黄龙—广元五日游，或广元—唐家河—报恩寺—王朗—窦团山—剑门关—昭化古城—广元五日游。

以绵阳为中心的旅游线路产品：绵阳—唐家河—九寨沟—黄龙—绵阳五日游，或绵阳—剑门关—昭化古城—唐家河—猿王洞—绵阳三日游。

2.线路产品内涵

在毛香坝游客接待中心住宿一夜，乘保护区环保车在红军桥—毛香坝旅游线路观赏牛羚等珍稀野生动植物，或者乘车在红军桥—摩天岭生态旅游线路观赏牛羚等珍稀野生动植物和考察古三国历史文化遗址，或者徒步在毛香坝—长坪生态旅游线路认知野生动植物，并参观唐家河自然博物馆和毛香坝环境教育中心。

16.4.4.2　内部主题游览线路

1.三日游探险体验型生态旅游线路产品

针对具有较高付费能力的探险体验型生态旅游游客，在唐家河自然保护区可以考虑三日游，推出以下两条线路，并可根据游客的特殊需要，对线路进行调整、组合和整合。

1)毛香坝/红军桥—倒梯子—野牛岭探险体验型生态旅游线路产品

第 1 天，在毛香坝游客接待中心或生态木屋住宿，并安排参观唐家河自然博物馆、毛香坝环境教育中心、开放式观赏植物聚落等地；第 2 天，沿毛香坝—水池坪生态旅游线路或毛香坝科普小环线观鸟、观兽，乘保护区环保车至倒梯子生态旅游管理点，然后向杉木坪徒步进发，感受原始林森林风景，搭建露营帐篷、野炊，观赏牛羚集群，赏彩云、云海、晚霞与落日。第 3 天，观赏高山日出，观赏绿尾虹雉、血雉、斑尾榛鸡、红腹锦鸡等雉类及其他鸟类，徒步深入牛羚活动区，近距离观察牛羚。

2)毛香坝—水池坪—长坪—白熊坪探险体验型生态旅游线路产品

第 1 天，在毛香坝游客接待中心或生态木屋住宿，并安排参观唐家河自然博物馆、毛香坝环境教育中心、开放式观赏植物聚落等地。第 2 天，沿毛香坝科普小环线观鸟、观兽，乘保护区微型环保车至长坪保护站，然后向白熊坪文县河段徒步进发，识别野生植物，寻踪探访大熊猫，感受原始林森林风景。到达白熊坪露营区后，搭建露营帐篷、野炊，赏彩云、云海、晚霞，观察牛羚、豹等野生动物。第 3 天，感受原始林的勃勃生机，识别和观赏绿尾虹雉、血雉、斑尾榛鸡、红腹锦鸡等雉类以及其他鸟类。

2.一日游生态保护型休闲旅游线路产品

针对生态保护型休闲旅游游客，在唐家河自然保护区可以考虑一日游，推出以下 4 条线路，可根据游客的特殊需要，对线路进行调整、组合和整合。

1)红军桥—毛香坝野生动植物观光旅游线路产品

全长 11 km，游览时间 4~6 h。自驾车、乘保护区环保车或者徒步、野外自行车骑行均许可。沿途观赏路旁、山间的珍稀野生动植物。以毛香坝游客接待中心为住宿地。先在毛香坝参观唐家河自然博物馆和毛香坝环境教育中心，再从毛香坝经蔡家坝到红军桥进行野生动植物观赏，进入蔡家坝牛羚观察点观赏牛羚，在背岭沟观野生紫荆花林及相关景点，然后返回。

2)毛香坝—长坪科普休闲旅游线路产品

往返全程约 16 km，步行游览需 6～8 h。以毛香坝游客接待中心为本旅游线路的出发点，早餐后沿巡护摩托车道漫步至水池坪，作短暂停留观景听鸟，并进入牛羚野外观察点观赏牛羚。继续徒步前行抵达长坪保护站，简单中餐后折返。在旅游线路往返途中，游览沿途各景点，开展林间漫游、亲水戏水、野生动植物认知、近距离观赏野生动物等活动。

3)毛香坝—香妃墓—毛香坝科普教育线路产品

游程较短，全长约 2 km，步行游览需 1~2 h。主要开展野生植物认知、清晨观鸟和历史遗迹观光等活动。

4)红军桥—阴平古道标牌—摩天岭/倒梯子自然文化观光旅游线路产品

三国古战场遗迹"阴平古道"全线长 14 km，徒步游览需 6～8 h。阴平古道标牌—倒梯子徒步和自行车旅游线路全长约 3 km，徒步需时 1 h，自行车越野需时 20 min。游客在倒梯子露营区/黄羊坪露营区住宿，徒步或利用山地自行车沿途观光，在唐家河倒梯子段开展拓展运动、溯溪、山地越野自行车骑游、徒步暴走、溯溪、红叶观赏或登摩天岭寻幽访古，追寻先人在阴平古道的足迹。

第17章 保护管理与可持续发展

  岷山山系是我国大熊猫主要分布的山系，是第四纪冰川"避难所"，处于全球34个生物多样性热点地区之一。唐家河自然保护区位于岷山山系龙门山地震断裂带的西北段、摩天岭南麓，为四川盆地北部向青藏高原过渡的亚热带交汇地带，生态系统、森林植被完整，是大熊猫、扭角羚、川金丝猴等珍稀野生动物资源较丰富的地区，被世界自然基金会评定为A级自然保护区，具有重要的科研和保护价值。唐家河保护区与甘肃白水江和四川王朗、东阳沟、小河沟等自然保护区共同构成岷山北部大熊猫栖息地，是连接岷山山系北部大熊猫种群的重要走廊地带，是《大熊猫保护工程》的重要区域。在《中国生物多样性保护综述》内被列为"A"级优先保护区。

  唐家河自然保护区1978年经国务院批准（国发〔1978〕256号），1986年晋升为国家级自然保护区（国发〔1986〕75号）。保护区成立以来，已经完成了一、二、三期的建设工程，在保护管理、基础设施建设、宣传教育、科学研究、对外合作与交流、社区共管等方面做了大量卓有成效的工作，在各个领域都取得了长足的进展。

17.1 保护管理现状与评价

17.1.1 设置与历史沿革

  唐家河自然保护区是在撤迁原绵阳地区青川伐木厂和青川县森林经营所的基础上建立起来的。1956年青川县农林水利局在唐家河林区建立了森林经营所；1965年建立绵阳地区青川伐木厂，开始采伐；1975年申报成立保护区，同年停采。1978年经国务院批准建立唐家河自然保护区（国发〔1978〕256号）；1979年青川伐木厂停办并迁出保护区，同年撤消唐家河森林经营所并成立四川省青川县保护区管理所；1986年晋升为国家级自然保护区（国发〔1986〕75号）；1992年经四川省编制委员会（川编发〔1992〕51号）文件确定为四川省林业厅直属副县（处）级事业单位，管理处处址设在青溪镇。

17.1.2 保护区范围及功能区划

  按1986年功能区划，保护区管辖范围划分为核心区、缓冲区、实验区3个部分。核心区主要包括重点保护对象的集中分布区域及保存较为完好的自然生态系统，面积约2.43万 hm^2，约占保护区总面积的60.75%；缓冲区面积为1.12万 hm^2，约占保护区总面积的28%；实验区面积为0.45万 hm^2，约占保护区总面积的11.25%。

　　2008 年，国家环境保护部以《关于吉林莫莫格四川唐家河 2 处国家级自然保护区功能区调整有关问题的复函》(环办函〔2008〕449 号)，批准通过唐家河保护区功能区调整。目前唐家河保护区核心区面积为 27153.87 hm²，占保护区总面积的 65.63%，缓冲区面积 3798.30 hm²，占保护区总面积的 10.16%，实验区面积为 9047.83 hm²，占保护区面积的 24.21%。

17.1.3　机构设置和人员配置

　　唐家河保护区是四川省林业厅直属副县(处)级事业单位，业务和人事由四川省林业厅直接管理。2007 年 12 月 19 日，广元市机构编制委员会以广编发〔2007〕53 号文批复，由广元市人民政府委托青川县人民政府管理，四川省唐家河国家级自然保护区管理处同时成立四川省广元唐家河风景区管理局，实行两块牌子，一套人员的管理体制，原有机构性质，内设机构，人员编制不变；设处长(局长)1 名(兼县委常委或副县长)，副处长(副局长)3 名。

　　唐家河保护区管理处(同设党委和工会)下设行政办公室(人事劳资科、宣传教育科)、科教保护科、计财科、旅游管理科、项目办、乔庄办事处和林区派出所等。按照四川省编制委员会川编发〔1992〕51 号文件，保护区人员现编制为 43 人，其中：现有管理及专业技术人员 27 人，工勤人员 16 人(表 17-1)。

表 17-1　唐家河自然保护区在职人员结构表

类　型	项目分类	人　数	比例/%
年龄结构	35 岁以下	7	16
	36~45 岁	28	65
	46~55 岁	6	14
	56~60 岁	2	5
受教育程度	研究生	4	9
	大学本科	9	21
	专科	20	47
	高中(含中专、技校)	7	16
	初　中	3	7

　　各部门分工及职责如下：

　　(1)行政办公室负责组织起草单位综合性材料；负责档案印章管理、收发文登记、上传下达、文印及保密工作；负责考勤、信访、车辆管理、公务接待；检查督促各科室按时、按质、按量完成管理处及处领导安排布置的各项工作；负责对干部职工工作绩效考核；承办管理处交办的其他工作。

　　(2)科教保护科负责制定贯彻落实及宣传国家林业、自然保护方面的政策法规并组织实施；负责科教宣传和环境教育的规划和实施；负责组织实施保护区自然资源的调查；

负责森林病虫害的防治和预测、预报；负责区内天然林保护工程的组织和实施；负责对保护站的管理和业务指导；负责野生动植物保护、反偷盗猎、护林防火、监测巡护、社区共管；负责科研项目和课题的申报、储备与实施；负责境内野生动物危害防范工作；承办管理处交办的其他工作。

(3)旅游开发科负责制定景区旅游规划；负责旅游项目争取、合作洽谈、招商引资；负责旅游人才队伍培训，旅游数据统计上报，旅游资源营销推介，旅游服务管理工作；负责农家旅游的打造、推介和服务工作；承办管理处(局)交办的其他工作。

(4)计划财务科负责资金使用过程的监督管理，规范执行财经纪律，防止资产流失，合理调度使用资金；负责单位计划、财务、统计、审计、年度预决算工作；负责基本建设、项目资金、事业经费的管理；负责职工工资发放，保险、住房公积金、税收的办理；负责固定资产的统计、评估、台帐管理；负责单位财产、物资和材料的监管；负责国际国内合作项目的报账工作；负责欠款催收、科内档案管理等工作；负责管理处后勤保障、环境卫生管理及伙食团建设；承办管理处交办的其他工作。

(5)宣传科负责管理处对外宣传工作；负责对外宣传报道审核把关，外界媒体接待、协调，管理处网站维护、更新、管理；负责工作简报、信息、重要材料撰写工作；承办管理处交办的其他工作。

(6)人事劳资科负责职工调动、退休、职称职务调整、工资变更等手续办理；按国家有关政策及管理处的要求落实好职工的福利待遇政策；负责职工年度考核及人事统计等工作；承办管理处交办的其他工作。

(7)项目管理办公室负责国际国内合作项目的申报、储备和组织实施，承办管理处交办的其他工作。

(8)派出所负责区内各类案件的查办、侦破；负责保护区安全、综合治理；配合保护科依法做好区内野生动植物资源保护及护林防火工作；负责保护区国安、内保及其他相关安全保卫工作；负责警械、枪械和有毒药品的管理；承办管理处交办的其他工作。

(9)乔庄办事处受管理处委托，代表管理处协调处理县域相关工作；负责管理处与县属各部门的联系协调工作，保证县级部门的文件及时送达管理处；负责保护区在县城职工家属区和金熊猫宾馆管理工作；负责保护区老年工作；承办管理处交办的其他工作。

(10)保护站，唐家河保护区管理处在唐家河、摩天岭、蔡家坝、毛香坝、水池坪设保护站，各保护站负责入区人员及车辆登记、检查，制止入区人员将火源火种、枪支、易燃易爆、有毒物品带入保护区；负责责任区内的日常巡护和监测工作，负责科研及项目的具体实施，负责责任区的护林防火及相关安全工作；负责各旅游服务站设施管理、环境保护、旅游服务、日常卫生工作。

17.1.4　基础设施建设

1.建筑设施

唐家河保护区自1978年成立以来，先后在区内毛香坝建设了管理处本部，在唐家河、蔡家坝建立了保护站，共完成了房屋建筑面积2100 m²。管理处建筑包括办公楼、职工宿舍、接待楼、标本馆。其中，办公室 11 间计 460 m²，人均办公面积 20 m²（图 17-1，图 17-2）。

图 17-1　唐家河自然保护区管理处办公楼

图 17-2　唐家河自然博物馆

2.电力设施

唐家河保护区全由水力发电供电。毛香坝保护站建有装机容量 100 kW×2 水电站一处，在夏季山洪暴发常使引水堰渠淤塞，导致停电，冬季枯水季节又由于水量不够而常使发电量大幅度下降，用电极不稳定。唐家河、蔡家坝保护站分别修建有 50 kW 和 26 kW 的小型水电站各一座，摩天岭保护站已建成一处 40 kW 小水电站（图 17-3）。

3.交通工具

机关有越野车 2 辆（其中一辆快报废）、轿车 1 辆、皮卡车 1 辆（已超报废年限），毛香坝、唐家河、摩天岭配有面包车，4 个保护站配有两轮摩托车。

4.通讯设备

唐家河保护区建有青溪镇至毛香坝 22.5 km 光缆及终端设备被地震损毁，毛香坝、蔡家坝、摩天岭、唐家河保护站建有移动通讯基站，蔡家坝、唐家河、摩天岭建有大功率的无绳电话。

图 17-3　蔡家坝保护站水电站

图 17-4　唐家河 10 kV 电缆分支箱

5.防火设备

唐家河保护区防火设备主要有干粉灭火器 30 个、打火服 40 套、打火铁扫把 40 把和一部分扑火小工具，配置到各保护站，防火、扑火能力较低。

6.办公设备

唐家河保护区办公设备现有笔记本电脑 7 台，复印机 3 台，便携式投影仪 2 部，各科室配有台式电脑、打印机，保护站配有台式电脑和打印机、电话等。

7.确界立标

为了明确保护区的范围、边界和功能区界线，加强对保护区的保护、管理和宣传，警示非法入区人员，在保护区区界与进出保护区的主要道路相交处设置界碑；在保护区区界及核心区界、缓冲区与实验区之间的区界上设置保护区界桩、不同功能区区界桩，在自然地形明显、人为活动较少的地段每隔1000 m树立一个界桩，在自然地形不明显、人为活动较多的地段每隔300 m树立一个界桩；在出入保护区的各路口，设置保护区提示性、警示性、限制性、解说性标牌。共有界碑4个，界桩310个，有24个标牌。

界碑上书写"唐家河国家级自然保护区"和批准机关及时间(图17-5)；界桩顶部标注"核心区界"，或"缓冲区界"，或"保护区界"（图17-6）；标牌上的文字主要是昭示规定、规则，宣传规章制度，提示人们注意事项等。

8.野外监测设备及装备

配有摄像机1部、激光测距仪、夜视仪，这些设备均受到地震不同程度损毁，4个保护站设备配有GPS、望远镜、对讲机、数码相机，装备配有睡袋、爬山包、帐篷、海拔仪、指南针和野外作业服装。

9.环教宣传设备

管理处本部现有1套共用卫星接收天线系统，可同时接收17套电视节目。唐家河、蔡家坝、摩天岭保护站各有1套卫星地面接收系统，仅可接收1套电视节目。宣教培训中心设有多媒体音像展示系统1套，岷山山系动植物博物馆和宣教培训中心各有1台触摸屏电脑用于环境教育和对外展示。

10.环卫设施

唐家河保护区管理处(毛香坝)建有30 m² 简易垃圾处理池一个，公厕一处。

图 17-5　唐家河自然保护区警示牌

图 17-6　唐家河自然保护区界桩界碑

17.1.5　土地利用与权属

保护区现有面积 4 万 hm²，其中林业用地 39691.4 hm²，占现有土地的 99.23%，活立木蓄积 5165001 m³；非林业用地面积 308.6 hm²，占现有土地的 0.77%。其中缓冲区 1.12 万 hm² 由青川县人民政府代管，核心区和实验区全部为国有林，权属清楚，无争议。

17.1.6　科学研究

保护区为我国较早开展大熊猫研究的区域之一。1973 年根据全国珍稀动物调查工作会议精神，四川省林业厅于 1974 年组建了由 20 余位专家组成的珍稀野生动物调查队，对唐家河林区的动物资源首次进行了 3 个月的野外调查，根据调查数据分析，专家们初步认定唐家河林区的大熊猫有 86 只，分布密度较高，青幼个体所占比例较大，有明显的种群发展优势，据此当时的青川县农林水利局提出将唐家河林区划为自然保护区的建议。保护区成立后，国内外的专家、学者先后在保护区开展了大熊猫、扭角羚、川金丝猴、黑熊、大熊猫可食竹类等的研究，并先后在国内外发表论文近 100 余篇，2005 年出版了《四川唐家河自然保护区综合科学考察报告》。

从 1984 年开始，保护区一直积极争取与国内外有关组织的合作，曾先后参加国家林业局与世界自然基金会、德国政府的合作，并与中国科学院、西华师范大学、华东师范大学、四川省林业厅野生动物资源保护管理站等合作，开展了科研、保护区管理、社区发展等活动，并取得了一系列成果，既促进了保护的进步，又丰富了保护的成效。唐家河保护区成立后，国内外专家、学者先后在唐家河自然保护区内就大熊猫（图 17-7）黑熊

（图17-8）、川金丝猴、扭角羚（图17-9）、鬣羚、斑羚及大熊猫栖息地内植被、可食竹的生态生物学习性展开了广泛研究。

图17-7　大熊猫麻醉（1984，右一为著名大熊猫专家胡锦矗教授）

图17-8　麻醉黑熊

图17-9　Bill在麻醉扭角羚

　　1981年至今，分别自美国、德国、英国等10多个国家及中国香港特别行政区的政府、组织、专家前来唐家河考察、交流达260多批1200余人次。特别是近几年，唐家河的国际合作项目深受好评，出色地完成了德国技术援助项目（GTZ）；目前正在实施的有：与全球环境基金（GEF）的合作项目、与世界自然基金会（WWF）岷山地区的大熊猫监测项目、在十年合作伙伴关系框架内按年度计划进行的华盛顿国家动物园合作项目、德国复兴银行合作项目（KFW）。通过项目的开展，保护区除了在保护技能上有较大提高外，硬件上也得到了一定的支持，如车辆、电脑、红外相机、防火设备、巡山装备等。更为周边社区居民做了大量实事，促进了当地经济和资源保护的协调发展，建立了社区共管示范体系，唐家河保护区在国际国内的知名度也日渐提高。

同时，保护区还积极参与区域合作。20 世纪 90 年代初期，保护同时，保护区还积极参与区域合作。20 世纪 90 年代初期，保护区与甘肃省白水江国家级自然保护区及平武县均加入了川甘两省岷山地区护林防火联防组织，积极组织周边社区参与林区联防联保活动。为加强与周边保护区的联系，建立共管联防体系，继续保持同白水江、王朗等周边保护区的交流与联络，开展跨边界协调、联合监测巡护和打击盗猎犯罪行为，开展人员交流培训，组织社区居民与其他保护区互访，积极推动并履行岷山山系大熊猫保护区联盟章程和职责；建立稳固的定期交流合作模式和共管联防体系，努力与兄弟单位携手共进，共建人与自然和谐相处的美好家园。

近年来，唐家河保护区积极拓展与外部研究机构的科研合作，先后与美国华盛顿动物园、北京大学、中科院动物研究所等合作开展了扭角羚、黑熊生态学研究项目，并与成都大熊猫繁育研究基地及西华师范大学就野生大熊猫的数量、分布及生态习性等展开了深入研究。由此唐家河保护区于 2009 年与中国科学院动物研究所合作建立了"中国科学院动物研究所唐家河扭角羚研究中心"（图 17-10，图 17-11）。

图 17-10　中国科学院动物研究所研究员　　　图 17-11　与西华师范大学合作开展
　　　　在保护区建立扭角羚研究中心　　　　　　　　　金丝猴研究

17.1.7　宣传教育

唐家河保护区每年定期向当地居民进行有关保护野生动植物的法律、法规及护林防火知识的宣传。1997 年起通过与德国技术合作公司合作，给周边学校提供了约 1000 册自然保护环境教育小册子；2000 年通过与美国华盛顿国家动物园合作，在青溪中、小学举办了 10 次的环境教育活动，接受环境教育的学生约 1500 人次；2004 年与 GEF 项目合作，在青溪小学举办了爱鸟周宣传活动，以及"六一"儿童节突出环保主题的"热爱地球妈妈"宣传活动，受教育学生约 700 人（图 17-12，图 17-13）。保护区前期的基础设施建设中，建成了宣教培训中心和岷山动植物博物馆，内部设有多媒体音像展示系统和触摸屏电脑，较早就建立了网站（http://www.tjhnr.cn/），用于环境教育和对外展示。近年来，随着旅游的人数增多，在入区检查站对游客进行护林防火宣传，同时通过参观博物馆及观看保护区资料片，使他们尽量能够了解自然保护的重要性及保护工作的性质，在此基础上理解保护区的工作，进而关注、支持保护事业的发展。唐家河保护区是广元地区的科普教育基地、青川中学德育基地，通过组织学生参观博物馆、观看保护区宣教资料及野外实习，培养他们热爱大自然的情趣，增强他们的自然保护意识。2008 年制作了《唐家河画册》，印制新的 DM 宣传单，编制彩页版《唐家河简报》。

2008 年，在管理体制转变和遭受地震灾害后的重建，树立了"保护立区、依法建区、科技兴区、旅游强区"的理念，确定了"把唐家河建设成为国内一流、国际知名的示范自然保护区和生态旅游示范区"的奋斗目标，提出了"爱岗敬业、艰苦奋斗、团结互助、勇争一流"的唐家河精神，把灾后重建作为唐家河第二次创业和腾飞发展的机遇，发扬唐家河精神，努力实现灾后重建新跨越，极大地鼓舞了职工队伍。

图 17-12 关庄中学学生环境教育活动

图 17-13 面对中、小学生自然保护宣传

17.1.8 保护管理评价

17.1.8.1 管理制度

制度是实现目标的强力保障。唐家河自然保护区的历届领导班子一直注重建章立制、规范管理，制度的建立和实施无疑是保护区发展的坚实基础。

保护区管理处的领导由四川省林业厅和广元市组织人事部门考察、考核和任免。中层及中层以下干部由管理处负责考核并报广元市林业局、广元市人事部门任免。人事考核工作按照四川省人民政府办公厅川办发〔1996〕134 号文件关于《四川省事业单位工作人员考核暂行办法》实行逐级管理，分别考核。

保护区管理处处长主管全局，副处长负责分管科、室、站、所等部门的考核。考核的内容为德、能、勤、绩四个方面。考核方法：个人述职、部门总结、分管领导主考、考评小组进行总评。考核时间是每年年终一次。

考核标准定为优秀、合格、不合格 3 个档次。被评为优秀的给予表彰奖励和优先享受晋升职务的资格；合格者具有晋升工资和发给奖金的资格。专业技术人员获得合格者及以上档次，具有续聘的资格；对考核不合格者给予告诫、批评教育和不发给奖金，连续两年考核不合格，根据不同情况予以降职、调整工作、低聘或解聘。

为了提高保护区的管理水平和强化管理职能，使保护管理工作有章可循、遵章办事、依法办事、规范管理，制定并完善保护区内部管理制度，明确各职能部门、各岗位人员的责任。各种制度都已经整理成册，包括学习制度、会议制度、考勤制度、档案制度、监测巡护制度、项目管理制度等 23 项；制定了绩效考评、工作纪律和考核及奖惩办法等；制定了森林防火、安全生产、道路交通、生态旅游、汛期安全等突发事件的预防和处置应急预案。特别是量化考核制度得到了国家林业局的认可，并在全国保护区系统推广，国家林业局《自然保护区管理计划编写指南》（保护司编著）一书中将此量化考核作为案例介绍（59~97 页）（保护成效评价）。总之，保护区已经具有完善的保护、防火、公安、林政、科研、人事、财务制度体系，并确保了保护区的高效管理。

17.1.8.2 行政执法

为了做到保护管理有法可依，有章可循，严格执法，依据《中华人民共和国野生动物保护法》、《森林和野生动物类型自然保护区管理办法》、《四川省〈中华人民共和国野生动物保护法〉实施办法》，经广元市人民政府 2005 年批准执行的《四川省唐家河国家级自然保护区管理办法》，使保护区对境内野生动植物的保护做到了有法可依，有章可循，依法保护野生动植物资源和生态环境起到了重要作用。

保护区坚持执法机构和执法队伍建设。1984 年建立青川县公安局唐家河林区派出所，受四川省林业厅委托的区内执法权。为了强化唐家河检查站的入区管理工作，由公安干警和林政人员昼夜值班，做好出入区人员的检查和登记。入口处设立了唐家河检查站强化入区管理工作，严防火源、枪支及作案工具等被带入保护区，必要时巡护队在重点部位临时设卡。在每一个责任片区内，巡护人员必须全面巡山到位，搜山封点，搜捕非法入区者。同时保护区还加强同地方公安、法院、检察院的合作，建立协同执法机制，使违法案件能尽快得到处理，违法分子能从重从快受到惩处。，

17.1.8.3 巡护监测

通过开展日常巡护、打防结合，对保护区的资源进行了有效的管护。在区内开展针对大熊猫为主的生物多样性监测工作，手段及技术不断提升，运用"3S"技术，使保护工作由单纯的资源管护向资源管理转变，实现了保护工作质的飞跃。

保护区建立了系统完整的监测巡护管理制度（图 17-14），成立了 4 支监测巡护队伍，划分了 4 个管理片区，把责任落实到人头，对监测巡护掌握的情况及收集到的信息及时整理分析，及时将结果上报管理处。通过常年巡护监测，逐渐掌握了保护区大熊猫的活动区域、季节迁徙情况及栖息地质量等基本信息；较清楚地掌握了保护区扭角羚的活动规律，为进一步开展该物种的保护和研究奠定了基础，同时也为生态旅游活动中游客野外观察扭角羚等创造了条件；掌握了违法人员在保护区重点偷猎时段、偷猎地点及入山通道等重要信息，使得开展防范与打击更有成效；对保护区资源可能带来威胁（采药及偷猎）的社区人员的名单逐步建立并适时更新。总之，通过常年的监测，逐步增补完善本底信息，对主要保护对象的情况基本做到心中有数，对异常情况了解与认识更为充分，有效地推动了保护工作的发展。

图 17-14　巡护监测

17.1.8.4　社区共管

　　唐家河保护区所处地理位置偏远,整个地区经济发展落后。目前,保护区管理处最大限度地保护了区内独特的生态系统和自然原始状况,使之免遭人为干扰和破坏;较好地创造了有利于大熊猫等珍稀动物生存的环境条件;能较好地保护区内分布的其他稀有和孑遗野生动植物物种。在积极保护的基础上,保护区适度开发利用自然资源,发展保护区经济,增加造血功能;积极开展社区工作,努力减少社区与保护区之间的矛盾冲突。总体而言,保护区在保护管理方面基本能满足生物多样性保护的要求,但保护管理事业的进一步发展需要各级部门及社区各界在多方面给予更大投入与帮助。从 2002 年开始逐步实施 GEF 项目以来,保护区于 2000 年完成了 3 个乡(镇)社会经济调查;2003 年在县级各部门收集了二手资料,并完成了 10 个村的社会经济调查,组建了县级共管领导小组,筛选出项目示范村,成立了 2 个村级共管委员会。

　　据统计,最近 5 年来,保护区直接争取给周边社区各个方面的投入近 600 万元,给周边社区经济发展提供了极大的帮助和支持。

17.1.8.5　护林防火

　　20 世纪 90 年代初期,保护区与甘肃省白水江国家级自然保护区及平武县均加入了川甘两省岷山地区护林防火联防组织,积极组织周边社区参与林区联防联保活动。保护区成立了护林防火领导小组,分管保护工作的副处长和派出所所长担任正、副组长,并且成立了一支扑火队,定期邀请青川县消防大队到保护区对扑火队员进行培训、演练。

17.1.8.6　管理成效

　　自建区以来,各保护站就积极开展巡护工作,主要内容包括护林防火及宣传,打击偷猎、采集、盗伐，违章用火等活动。自 1988 年开展比较规范的监测巡护工作以来，积累了大量的原始数据，但数据记录比较粗放、随意，不能满足保护区保护管理的需要。1999 年保护区在世界自然基金会和德国技术合作公司的资助下，开始规范的监测巡护，制定了《监测巡护管理制度》，在保护区内设计了 5 条固定监测样线，成立了 20 人的专职监测巡护队伍，配备了部分野外巡护装备。2003 年开展四川省大熊猫保护区生物多样性监测工作，重新设计了 16 条监测样线，统一印制了调查表格，按保护站分配了监测任务，规定每季度调查一次。

17.2　社　区　共　管

17.2.1　共管联防体系

从 2002 年开始逐步实施美国华盛顿动物园合作项目和全球环境基金林业持续发展项目(GEF)项目以来，保护区于 2000 年完成了 3 个乡(镇)社会经济调查；2003 年在县级各部门收集了二手资料，并完成了 10 个村的社会经济调查，组建了县级共管领导小组，筛选出项目示范村，成立了 2 个村级共管委员会。2006 年，在 GEF 项目的资助下，唐家河自然保护区管理处为提升周边社区居民经济获得能力，通过与保护区周边社区居民广泛讨论和磋商，制定了《四川省唐家河国家级自然保护区社区技术培训和技能提高示范活动计划》，其中包括核桃、板栗等修枝整形技术培训，人工饲养中蜂技术培训，中药材栽培技术培训，玉米、大豆改良栽培管理培训，牲畜家禽科学养殖培训及组织村民到周边乡镇考察学习等(图 17-15)。

图 17-15　全球环境基金林业持续发展项目(GEF)官员检查指导

17.2.2　共管项目

　　唐家河的社区工作一直走在全国保护区前列，积累了许多成功的经验。保护区始终重视社区共管工作，建立共管联防体系，充分调动社区群众参与自然保护的积极性，有序发展唐家养蜂产业，为社区村民提供农技培训，帮助发展种养植业，壮大乡村旅游，培育新的经济增长点，使社区群众在自然保护工作中得到明显实惠，提高周边社区居民收入，构建起人与自然和谐相处的可持续发展生态文明新型自然保护区。

　　保护区周边涉及平武县的高村、木皮、木座，以及青川县的青溪、桥楼、三锅6个乡(镇)。与保护区接壤的青溪镇、桥楼乡和三锅镇所辖的29个行政村中有18个行政村与保护区接壤(其中有4个行政村和1个自然村298户1104人分布于保护区内)，总人口15676人。少数民族主要是回族，分散居住于桥楼乡和三锅镇的8个行政村内，共有898人。

　　保护区建立初期，曾就护林防火、野生动植物保护等方面与周边社区联防、建立共管委员会。1983年保护区成立了电影队，为周边社区农户在婚嫁活动和冬春农闲季节放电影和录像，并进行护林防火宣传和野生动植物保护方面的法律、法规宣传。充分让农户了解建立保护区的目的和意义。每年入冬组织周边社区干部来区召开护林防火、野生动植物保护工作会议，使周边社区农户普遍认识到保护自然资源的重要意义。

　　1997~2008年，保护区先后实施了自然基金会项目(WWF项目)、中德合作四川省自然保护区资源保护项目(GTZ项目)、中德合作四川造林与自然保护项目——保护区野生动物管理项目(KFW项目)、美国华盛顿动物园合作项目和全球环境基金林业持续发展项目(GEF项目)等，通过这些项目，保护区引进参与式管理理念，积极引导农户实施自然保护与社区经济协调发展项目活动。保护区在示范村为社区做了大量工作，帮助社区修建了人畜饮水工程、农田灌溉系统、铁索桥，资助示范村村级小学改造了校园，开展小额信贷项目，提供了种养殖业技术培训，为社区建节能灶和示范苗圃等。近年来，保护区旅游业的发展也为社区民众带来了更多的就业机会和商机。特别是养蜂产业、社区滚动发展基金对社区具有重要影响。1994年，唐家河保护区制定了以稳定经济收入促进资源保护的养蜂政策，鼓励职工与周边社区村民联合养蜂，目前已基本形成了一条天然绿色食品产业，每年生产野生蜂蜜近20 t；保护区的社区滚动发展基金为我国仅有的几个由保护区单独成立的金融案例，其运行模式对我国保护事业具有重要意义。据初步统计，近几年来，保护区直接给周边社区各个方面的投入近600万元，给周边社区经济发展提供了极大的帮助和支持；同时也创建了和谐、安全的社区环境。

17.2.3　共管对策与范例

　　周边社区对保护对象影响及其预防措施是：周边社区受经济贫困影响，对自然资源利用依赖性极强，合理利用自然资源意识有待提高，目前对保护区保护生态有威胁的主要是放牧、偷猎、开矿、挖药和少量的盗伐现象。采取"自下而上"的工作方法：社区群众提供劳动力，配合、支持管理处的管护活动，参与决策、规划、实施、监测等各个环节，可生产、销售和分配总体规划中所规定的经营开发项目与产品；管理局提供科技、宣教培训、技术指导。根据广大村民的意愿和要求开展相关工作，帮助周边社区脱贫致富，让农民从中得到实惠，使社区居民与自然保护区之间建立一种非过度消耗保护区资源的新型依赖关系。建立社区信息网络：一是成立由乡村林业、社会科学和对社区管理有兴趣的村民组成的"乡村林业协会"，起到桥梁和纽带作用；二是建立乡、村级项目联络员制度，做好社区内信息上传下达及协调工作(图 17-16)。签订协议：与社区签订联防、联保协议，明确各自的责任和义务，得以保证；开发项目要由各方通过协议，明确经营范围、投资比例、分配原则等，得以顺利实施。

图 17-16　参与式乡村评估(PRA)

如 20 年前，阴平村和周边村组的村民普遍经济贫困，文化落后，"靠山吃山不护山"意识较浓，对保护区自然资源采取乱砍树木、采药打笋、狩猎捕鱼等方式是村民家庭收入主要来源，与唐家河保护区在保护与利用方面的矛盾冲突非常突出，资源保护越发困难，社区关系越发难处。打击和防范不是目的，只是手段，共谋发展才是出路。就此以来，唐家河自然保护区在抓好科学保护的同时走进社区、关注社区生存与发展，深入了解社情、民情和民意，化解矛盾和冲突，逐步建立起社区森林防火联防体系，提供务工就业机会。保护区基础设施建设重点满足周边社区参与，出台鼓励社区养蜂政策，带动社区村民发展联合养蜂，单位和个人积极参与社区村民的婚丧嫁娶活动，唐家河与社区关系得到融洽，保护得到理解和支持，社区共管模式初步形成，由此唐家河走进社区、关注民生、共谋发展作为唐家河常态工作持续开展。随着国际国内各界对唐家河自然保护区的高度关注和重视，保护区获得国际国内合作项目资助，进一步完善和发展了唐家河社区共管理念，保护区科学管理能力得到快速提升，加大了对周边 3 个乡镇 15 村实施资源共管、经济发展、能源保护、环境教育等综合性项目资助力度。在与地方政府协同参与支持下为周边社区实施了维修铁索桥，维护小学校，修建了饮水工程等基础设施；实施了建节柴灶、建沼气池、购节柴取暖炉等能源保护项目；开展了种植核桃、魔芋、山药、良种玉米、良种大豆、紫花苜宿草、家禽家畜养殖和规模化养蜂等替代生计资助项目；开展了野生动物危害防治示范活动；带动了周边社区生态乡村旅游；加强了环境保护意识教育活动，提高了周边社区村民的保护意识和参与意识。

通过一系列项目的实施，巩固了社区资源共管体系，建立起长效滚动发展基金机制。制定了村级《自然资源管理办法》、《鱼类资源管理办法》、《滚动发展基金管理办法》。组建了养蜂协会、鱼类资源管理小组、反偷盗猎小组、护林联防队。经过示范，成功推广了建设沼气池和节柴灶等能源保护项目；调整了产业结构，乡村旅游、核桃种植、魔芋种植、养蜂等产业得到了大力发展。大大降低了薪柴的消耗，森林资源得到较好的恢复，村民能自觉保护管理本村的自然资源，同时拓宽了村民的收入门路，野生动物危害得到有效控制，人均收入比以前有了明显提高，非法入区进行乱砍滥伐、乱捕乱猎、乱挖乱采的活动减少了80%~90%及以上，村民们寻求替代性产业的积极性提高，进入保护区打工、参加保护区建设和巡护监测的村民增多了。密切了周边社区群众与保护区的关系，使唐家河与周边社区达到共管双赢、持续稳定、和谐发展的态势。

唐家河自然保护区在遵循"保护优先、科学发展"为前提可持续发展生态旅游的同时，采取"区内游，区外住"的反哺周边社区经济发展机制和措施，积极与地方政府推动阴平村乡村农家乐规模化建设，通过阴平村居民全力参与投入建设，形成了青砖步道、亭台楼阁、小桥流水、果园人家等具有川北民居文化特色的农家风貌氛围，目前已有200家经营农家乐，就此拉动整个青溪古城第三产业的发展和壮大。为此，美丽神奇的唐家河与古风犹存的青溪古城，是领略自然风光、观赏动物、怀旧访古和避暑纳凉休闲圣地。

17.3　保护区管理与可持续发展

依据国家林业局的要求，在保护好的前提下，保护区积极开展生态旅游，以通过生态旅游带动周围社区的经济发展，提高保护区的知名度。自1998年开始进行生态旅游工作，一方面是为了充分发挥保护区的环境教育功能；另一方面是为了增强保护区的宣传及影响力度，目前每年的游客量约2万人。

根据四川省委、省政府关于"要在进一步加大保护力度的基础上，继续搞好广元市、青川县唐家河自然保护区的综合开发"和"以唐家河为龙头带动广元生态旅游"的指示精神。按照"保护性开发、科学化建设"的原则，保护区于2005年7月编制完成了《四川唐家河国家级自然保护区生态旅游规划》，并于2009年由台北规划设计中心、台湾筑景国际工程股份有限公司、台湾筑景国际建筑师事务所完成了《唐家河国家级自然保护区景区建设性规划》。保护区又明确提出了"把唐家河建设成为国内一流、国际知名的示范自然保护区和生态旅游示范区"的目标。近年来，成功完成了AAAA级旅游景区创建工作，力争加入世界人与生物圈网络保护区；在2018年保护区建区40周年时，力争完成AAAAA级旅游景区创建工作，争取跻身岷山山系大熊猫栖息地世界自然遗产名录。

目前，保护区正按照"依法建区，旅游强区"的理念，启动并实施了保护区道路、电力、通讯建设、建筑风貌改造和导视标识系统设置，加大招商引资力度，构建新的融资平台，启动关虎游人中心建设，全面完成软件资料，成功创建成国家 AAAA 级景区。保护区先后参加了西安、成都、浙江嘉兴旅游产品推介会，在绵广高速、西汉高速入口和天桥设置了广告牌，与四川省摄影家协会成功举办了"震后唐家河依然美丽"——唐家河秋韵摄影活动。通过一系列活动，为唐家河保护区生态旅游的启动开创了良好的局面。此外保护区还开展了一下可持续发展的工作。

17.3.1 养蜂

从 1988 年开始打破单位集体统一养蜂格局，鼓励职工个人养蜂，由一年取一次蜜的原木型养蜂法发展为在产蜜期可取蜜 8~10 次的箱式巢脾养蜂法，由原来单箱产蜜 10 kg 上升为 30~50 kg 的单箱产量，新法养蜂不仅产量提高，蜜质纯正，职工收益得到改善。由原来职工雇请社区居民付酬传授技术发展养蜂，演变为股份合作，或以社区居民独立养蜂、职工负责销售等方式推动了保护区养蜂产业，随着旅游发展游客增多，蜂产品畅销，形成了"唐家河品牌"蜂蜜。为了发挥"唐家河品牌"效益，增强蜂蜜附加值，唐家河保护区修订完善了《养蜂管理办法》，加强蜂蜜质量标准和品牌形象包装管理，近 3 年来持续带动了周边 3 个乡镇 100 多户社区居民发展养蜂，年产量达到 100 t。

17.3.2 环境教育

当地居民：由保护科和保护站人员每年定期向当地居民宣传有关保护野生动植物的法律、法规及护林防火知识。2005 年 8 月，在全球环境基金(GEF)的支持下，唐家河自然保护区管理处组织编写了《社区保护意识教育工作计划》，其主要目的是通过宣传自然保护与生物多样性的价值及与自然保护相关的法律法规，使社区群众充分认识到保护区发展与社区经济发展、生态保护与资源可持续利用之间的关系，提高社区居民参与自然保护管理的兴趣和能力，从而推动保护、管理工作的更有效发展。

学生：保护区为广元市的科普教育基地，通过学生参观博物馆、观看保护区宣教资料及野外实习(图 17-17)，培养他们热爱大自然的情趣，增强他们的自然保护意识。同时，自 1997 年起通过与德国技术合作公司合作，保护区给周边学校提供了一些自然保护环境教育的小册子。2000 年通过与美国华盛顿国家动物园合作，保护区在青溪中、小学举办了一系列的环教活动。

旅游者：由保护区工作人员对入区游客进行护林防火宣传，同时通过参观博物馆及观看保护区资料片，使之了解自然保护的重要性及保护工作的性质，进而关注、支持保护事业的发展。

图 17-17　夏令营活动

17.3.3　合作建设

在全球环境基金(GEF)等的支持下,保护区管理处尚编制了《四川唐家河国家级自然保护区 GEF 项目宣传手册》和《生命家园唐家河》读本。该手册和读本通过图文并茂的方式,宣传了自然保护区与周边社区相互依存的保护理念,引领社区居民可持续性地利用自然资源,降低对资源的过度消耗,努力在自然保护与可持续利用之间寻找平衡点。

17.3.4　可持续建设成效

四川唐家河国家级自然保护区建立近 40 年间,先后 4 次被国家林业局、国土资源部、农业部、环境保护总局等部(局)授予"全国自然保护区先进集体"、"全国自然保护区示范单位";多次获省级抢救大熊猫工作"先进单位"、森林防火"先进单位";川甘两省岷山地区护林防火委员会护林联防"先进集体";市级"最佳文明单位"、"卫生先进单位"、林业工作"目标考核合格单位"、保护野生动植物"先进集体"、"抗震救灾先进集体";县级红旗"党支部"、"四好"领导班子、党员实践"三个代表"示范单位、"交通建设先进单位"、普及义务教育"先进集体"、社会治安综合治理"模范单位"、安全工作"先进单位"等 70 多项荣誉称号。先后被广元市人民政府授予"青少年科普教育基地";被省、国家野生动物保护协会列为"四川省未成年人生态道德教育基地"、"四川省低碳生态旅游示范单位"、"全国野生动物保护科普教育基地"、"中国生物圈保护区网络成员"。

展望未来,任重道远。四川唐家河国家级自然保护区全体干部职工始终坚持"保护立区,依法建区,科技兴区,旅游强区"的发展理念,继承和发扬"爱岗敬业、艰苦奋斗、团结互助、勇争一流"的唐家河精神，将始终坚持"以人为本，树立和践行科学发展观"，围绕"把唐家河建设成为国内一流、国际知名的示范自然保护区和生态旅游示范区；近年来，创建成国家 AAAA 旅游区，并力争加入世界人与生物圈；到 2018 年建区 40 周年时，力争建成 AAAAA 国家级旅游区，争取跻身岷山山系大熊猫栖息地世界自然遗产名录"的目标，继往开来，与时俱进，再创辉煌，开拓唐家河美好的明天。

补　遗

在本书即将付梓之际，在保护区内又新发现了扁颅鼠兔(*Ochotona flatcalvariam*)、斑嘴鸭(*Anas poecilorhyncha*)、黑啄木鸟(*Dryocopus martius*)、小灰山椒鸟(*Pericrocotus cantonensis*)、栗背短翅鸫(*Brachypteryx stellata*)、蓝短翅鸫(*Brachypteryx montana*)、白眶鹟莺(*Seicerus affinis*)、四川柳莺(*Phylloscopus sichuanensis*)、绿臭蛙(*Odorrana margaretae*)及白头蝰(*Azemiops feae*)等新种或新分布记录，特补记于此。

主要参考文献

曹辉.2007.城市旅游生态足迹测评——以福建省福州市为例.资源科学,29(6):98-105.

陈宝麟.1997.中国动物志(第八卷).北京:科学出版社:1-884.

陈宝麟.1997.中国动物志(第九卷).北京:科学出版社:1-190.

陈德懋.1985.我国特有的裸子植物.生物学通报,4:12-15.

陈利顶,傅伯杰.1996.黄河三角洲地区人类活动对景观结构的影响分析.生态学报,16(4):337-344.

陈一心.1999.中国动物志(第16卷).北京:科学出版社:1-1660.

谌利民,高正发,欧维富,等.1999.四川唐家河自然保护区两栖爬行动物调查报告.四川动物,18(3):132-134.

谌利民,何万红,张敏,等.2004.四川唐家河自然保护区工农村PRA调查报告.国家林业局世行中心(内部资料).

谌利民,何万红,张敏,等.2005.四川唐家河自然保护区工农村资源管理计划.国家林业局世行中心(内部资料).

谌利民,何万红,张敏,等.2006.四川唐家河自然保护区周边工农村自然资源利用冲突与管理对策研究.四川林勘设计,12(4):5-9.

谌利民.2003.四川唐家河自然保护区管理初论.四川动物,22(3):175-176.

谌利民.2003.四川唐家河自然资源保护与管理初论.野生动物,135(5):48-49.

谌利民,欧阳阳维富.2001.四川唐家河自然保护区鸟类区系和生态类群.动物学杂志,36(4):63-66.

谌利民,欧阳维富.2002.四川唐家河自然保护区鸟类资源.四川动物,21(2):76-81.

谌利民,欧阳维富,李明富.2001.发展周边社区经济是保护自然资源的有效途径.四川动物,20(4):190-191.

谌利民,王孝军,何万红,等.2004.四川唐家河自然保护区周边社区综合调查报告.国家林业局世行中心(内部资料).

谌利民,熊跃武,马曲波,等.2006.四川唐家河自然保护区周边林缘社区野生动物冲突与管理对策研究.四川动物,25(4):781-783.

戴玉成.2009.中国多孔菌名录.菌物学报,28(3):315-327.

戴玉成,杨祝良.2008.中国药用真菌名录及部分名称的修订.菌物学报,27(6):801-824.

戴玉成,周丽伟,杨祝良,等.2010.中国食用菌名录.菌物学报,29(1):1-21.

邓其祥,江明道.1999.唐家河自然保护区的鱼类.四川师范学院学报(自然科学版),20(4):322-325.

丁季华.1998.旅游资源.上海:上海三联书店.

丁圣彦.2004.生态学.科学出版社

董磊,孙悦华.2007.四川唐家河自然保护区发现灰冠鸦雀.动物学杂志,42(6):151.

董鸣,于飞海.2007.克隆植物生态学术语和概念.植物生态学报,31(4):689-694.

范滋德.1997.中国动物志(第六卷).北京:科学出版社:1-707.

范滋德.2008.中国动物志(第四十九卷).北京:科学出版社:1-1186.

方承莱.2000.中国动物志(第十九卷).北京:科学出版社:1-589.

费梁,胡淑琴,叶昌媛,等.2009.中国动物志—两栖纲(第一至三卷).北京:科学出版社:1-1847.

符建荣,刘少英,胡锦矗,等.2006.四川海子山自然保护区鸟类资源及区系.四川动物,25(3):501-508.

符建荣,刘少英,王新,等.2007.四川雪宝顶自然保护区的鸟类资源.四川林业科技,28(4):42-47.

符建荣,刘少英,孙治宇,等.2008.米亚罗自然保护区的鸟类资源.西华师范大学学报(自然科学版),29(3):269-277.

甘枝茂,马耀峰.2000.旅游资源与开发.天津:南开大学出版社.

高红梅,黄清.2007.自然保护区生态旅游的SWOT分析.野生动物,(1):47-50.

葛桃安.1988.扭角羚的御敌与护幼.野生动物,4:30-31.

葛桃安, 胡锦矗, 江明道.1988.扭角羚的舔盐行为观察及初析.南充师范学报, 9：15-18.

葛桃安, 胡锦矗, 江道明, 等.1989.唐家河自然保护区牛角羚的兽群结构及数量分布.兽类学报, 9(4)：262-268.

葛桃安, 胡锦矗, 吴诗宝.1990.扭角羚的社会行为生态学研究.长沙水电师范学报, 5(2)：232-239.

葛钟麟.1966.中国经济昆虫志(第十册).北京：科学出版社：1-170.

耿伯介, 王正平.1998.中国植物志.北京：科学出版社.

顾人和.2005.王朗自然保护区的大自然景观类型分析与评价.生物学杂志, 22(3)：1-4.

国家林业局.2009.中国重点陆生野生动物资源调查.北京：中国林业出版社.

国家林业局调查规划设计院.2009.四川唐家河国家级示范自然保护区建设实施方案(2010-2014年)(内部资料).

韩红香, 薛大勇.2011.中国动物志(第五十四卷).北京：科学出版社：1-787.

何飞, 王金锡, 刘兴良, 等.2003.四川卧龙自然保护区蕨类植物区系研究.四川林业科技, 24(2)：12-15.

何海, 高信芬, 刘庆.2005.四川及重庆蕨类植物区系组成、特有现象和珍稀种类.长江流域资源与环境, 14(2)：181-186.

何礼, 魏辅文, 王祖望, 等.2000.相岭山系大熊猫的营养和能量对策.生态学报, 20(2)：177-183.

何文容.2007.昔日打工仔今朝凤还巢——青川县外出务工人员回乡创业的调查与研究.四川劳动保障, 7：19.

洪明生, 王继成, 杨旭煜, 等.2012.原始林与次生林中大熊猫微生境结构的比较.西华师范大学学报(自然科学版), 33(4)：356-361.

侯万儒, 任正隆, 胡锦矗.2003.唐家河自然保护区黑熊种群生存力初步分析.广西科学, 10(4)：301-304.

胡杰, 李艳红, 胡锦矗, 等.2003.四川青川县大熊猫种群分析.四川动物, 22(1)：46-48.

胡杰, 李艳红, 黎大勇, 等.2013.四川省鸟类新纪录——白喉矶鸫四川动物, 32(1)：34.

胡锦矗.1981.大熊猫的食性研究∥胡锦矗.大熊猫生物学研究与进展.成都：四川科学技术：45-51.

胡锦矗.1986.岷山山系的大熊猫.四川动物, (2)：25-28.

胡锦矗.1990a.唐家河自然保护区大熊猫的觅食生态研究.四川师范学院学报, 11(1)：1-13.

胡锦矗.1990b大熊猫生物学研究与进展.成都：四川科学技术出版社：19-29.

胡锦矗.1995.大熊猫的摄食行为.生物学通报, 30(9)：14-18.

胡锦矗.1999.唐家河自然保护区兽类资源初析.四川师范学院(自然科学版), 20(1)：10-14.

胡锦矗.2001.大熊猫研究.上海：上海科技教育出版社.

胡锦矗.2005a.四川唐家河自然保护区综合科学考察报告.成都：四川科学技术出版社.

胡锦矗.2005b.追踪大熊猫岁月.郑州：海燕出版社.

胡锦矗.2007.哺乳动物学.北京：中国教育文化出版社：88-241.

胡锦矗, 胡杰.2003.大熊猫研究与进展.西华师范大学学报(自然科学版), 24(3)：253-257.

胡锦矗, 夏勒, 潘文石, 等.1985.卧龙的大熊猫.成都：四川科技出版社.

胡锦矗, Schaller G.B., Johnson K.G.1990.唐家河自然保护区大熊猫的觅食生态研究.四川师范学院学报, 11(1)：1-13.

胡锦矗, 吕向东, 宋云芳, 等.1992.魅力的小熊猫.成都：电子科技大学出版社.

胡锦矗, 胥晓, 张君.2005.四川唐家河自然保护区综合科学考察报告.成都：四川科学技术出版社.

黄春梅, 成新跃.2012.中国动物志(第五十卷).北京：科学出版社.1-852.

黄尤优, 刘守江, 张鹤, 等.2006.唐家河自然保护区植被景观空间格局分析.中南林业科技大学学报(自然科学版), 28(1)：108-112

黄尤优, 刘守江, 张鹤, 等.2008.唐家河自然保护区植被景观梯度变化及其成因.生态与农村环境学报, 24(4)：17-22.

黄尤优, 刘守江, 胡进耀, 等.2009a.四川唐家河自然保护区西北至东南方向景观格局的梯度变化.云南植物研究, 29(1)：49-56.

黄尤优, 刘守江, 胡进耀, 等.2009b.唐家河保护区主要植被类型景观格局的梯度分析.长江流域资源与环境, 18(2)：197-203.

江世宏，王书永.1999.中国经济叩甲图志.北京：中国农业出版社：1-195

蒋书楠.1985.中国经济昆虫志(第三十五册).北京：科学出版社：1-189.

蒋书楠，陈力.2001.中国动物志(第二十七卷).北京：科学出版社：1-296.

蒋志刚，纪力强.1999.鸟兽物种多样性测度的G-F指数方法.生物多样性，7(3)：220-225.

蒋志刚，马勇，吴毅，等.2015.中国哺乳动物多样性及地理分布.成都：科学出版社.

孔宪需.1984.四川蕨类植物地理特点兼论"耳蕨—鳞毛蕨类植物区系".云南植物研究，6(1)：27-38.

孔宪需.1988.四川植物志(第六卷).成都：四川科学技术出版社.

匡纬，李莎.2007.美国国家公园初探.科技信息，(23)：264.

雷静，冯明义，兰英，等.2009.基于生物多样性保护的唐家河自然保护区生态旅游发展研究.四川林勘设计，(1)：37-40.

黎运喜，张泽钧，谌利民，等.2011.四川唐家河自然保护区黑腹绒鼠对夏季生境的选择.四川动物，30：1000-7083.

李长荣.2004.生态旅游的可持续发展.北京：中国林业出版社.

李桂垣.1995.四川鸟类原色图鉴.北京：中国林业出版社.

李国树，徐成东.2009.药用蕨类植物的研究进展.楚雄师范学院学报，24(9)：66-69.

李明，蒙世杰.1997.羚牛的遗传多样性及其种群遗传结构分析.兽类学报，23(1)：10-16.

李明，蒙世杰.2002.用mtDNA序列探讨羚牛亚种分类(偶蹄目：牛科).动物分类学报，27：865-870.

李琦，张健.2006.四川省蕨类植物资源的分布及其开发利用前景.安徽农业科学，34(2)：289-290，293.

李仁伟，张宏达.2001.四川裸子植物区系研究.广西植物，21(3)：215-222.

李如嘉.2006.唐家河自然保护区的生态旅游利用问题研究.四川省情，(12)：51-52.

李如嘉.2010."新旅游"视野下大熊猫旅游产品的开发——以唐家河国家级自然保护区为例.西南民族大学学报(人文社科版)，(10)：141-144.

李伟，刘斌，张亚辉，等.2005.不等距Leslie矩阵及其对唐家河地区大熊猫种群动态的应用.阿坝师范高等专科学校学报，22(3)：122-125.

李欣海，李典谟，雍严格，等.1997.佛坪大熊猫种群生存力分析的初步报告.动物学报，43(3)：285-293.

李怡.2009.汶川地震前后岷山A种群大熊猫栖息地状况研究.四川林业科技，30(1)：43-47.

李义明，李典谟.1994.种群生存力分析研究进展和趋势.生物多样性，2(1)：1-10.

梁修存，丁登山.2002.国外旅游资源评价研究进展.自然资源学报，17(2)：253-260.

刘鹏，陈立人.1999.浙江北山蕨类植物资源及其开发利用.武汉植物学研究，17(1)：53-57.

刘庆，吴宁，陈庆恒.2000.亚高山退化针叶林生态系统的非平衡性探讨及其研究动态.世界科技研究与发展，22(增刊)：58-63.

刘亚萍.2005.景观生态学原理和方法在规划设计自然保护区中的应用.贵州科学，23(1)：62-66

刘友樵.2006.中国动物志(第四十七卷).北京：科学出版社：1-385.

刘友樵，李广武.2002.中国动物志(第二十七卷).北京：科学出版社：1-458.

刘媛，程治英，龙春林，等.2006.蕨类植物的综合利用价值.西南园艺，34(6)：39-41.

刘志学，安里宁，王仕安，等.1981.巴山木竹的林学特性.云南林学院学报，(1)：24-33.

鲁丰先，秦耀辰，徐两省，等.2006.旅游生态足迹初探——以嵩山景区2005年"五一"黄金周为例.人文地理，21(5)：31-35.

马文珍.1995.中国经济昆虫志(第四十六册).北京：科学出版社：1-215.

毛显强，钟瑜，张胜.2002.生态补偿的理论探讨.中国人口·资源与环境，12(4)：40-43.

卯晓岚.2000.中国大型真菌.郑州：河南科学技术出版社.

米姗姗，阎友兵.2007.试论生态旅游与生态补偿机制的构建.企业家天地下(理论版)，(1)：18-19.

摩天岭自然保护区群四川省唐家河国家级自然保护区管理处.2010.管理计划(2009-2013)(内部资料).

南充师范学院大熊猫考察队.1986.青川县唐家河自然保护区大熊猫食物基地竹类分布、结构及动态.南充师范学院学报，2：1-9.

南充师范学院大熊猫考察队.1986.唐家河自然保护区大熊猫的夏季栖息地和种群数量的调查研究.四川动物,
　　(3)：23-26.

欧维富,鲜方海,陈万里,等.1999.唐家河自然保护区大熊猫种群数量及栖息地的移动.四川动物,18(2)：89-91.

欧阳志云,郑华.2009.生态系统服务的生态学机制研究进展.生态学报,29：6183-6188.

欧阳志云,王效科,苗鸿.1999.生态系统服务功能及其生态经济价值评价.应用生态学报,10(5)：635-640

欧阳志云,刘建国,肖寒.2001.卧龙自然保护区大熊猫生境评价.生态学报,21(11)：1869-1874.

欧阳志云,徐卫华,王学志,等.2008.汶川地震对生态系统的影响.生态学报,28：5801-5809.

潘清华,王应祥,岩崑.2007.中国哺乳动物彩色图鉴.北京：中国林业出版社.

彭少麟,廖文波,等.广东丹霞山动植物资源综合科学考察.北京：科学出版社.

彭仕扬,等.2011.四川唐家河国家级自然保护区志(内部资料).

蒲富基.1980.中国经济昆虫志(第十九册).北京：科学出版社：1-158.

秦仁昌.1978.中国蕨类植物科属的系统排列和历史来源.植物分类学报,16(3)：7-19.

秦艳红,康慕谊.2007.国内外生态补偿现状及其完善措施.自然资源学报,22(4)：557-567.

秦自生,艾伦泰勒.1992.大熊猫主食竹类的种群动态和生物量研究.四川师范学院学报(自然科学版),113
　　(4),268-274.

《青川县志》编撰委员会.1992.青川县志.成都：成都科技大学出版社.

全国强,谢家骅.2002.金丝猴研究.上海：上海科技教育出版社.

冉江洪,刘少英,孙治宇,等.2002.四川青川县大熊猫栖息地主要伴生哺乳动物调查.四川动物,21(1)：50-52.

冉江洪,刘少英,王鸿加,等.2003.放牧对冶勒自然保护区大熊猫生境的影响.兽类学报,23(4)：288-294.

冉江洪,刘少英,孙治宇,等.2004.四川九寨沟自然保护区的鸟类资源及区系.动物学杂志,39(5)：51-59.

任顺祥.2009.中国瓢虫原色图鉴.北京：科学出版社：1-336.

任毅,刘明时,田联会,等.2006.太白山自然保护区生物多样性研究与管理.北京：中国林业出版社：38-68.

《四川江河鱼类资源与利用保护》编委会.1991.四川江河鱼类资源与利用保护.成都：四川科学技术出版社.

四川省嘉陵江水系鱼类资源调查组.1980.嘉陵江水系鱼类资源调查报告.成都：四川省嘉陵江水系鱼类资源调查组.

四川省唐家河自然保护区管理处.2003.四川省唐家河自然保护区开展社区参与式管理.林业与社会,2：30.

四川唐家河国家级自然保护区管理处.2005.摩天岭自然保护区群四川唐家河国家级自然保护区管理计划(内部资料)

四川省唐家河国家级自然保护区管理处,四川省广元唐家河风景区管理局.2011.四川唐家河国家级自然保护区志(公
　　元前201—公元2010).成都：四川科技出版社.

四川植被协作组.1980.四川植被.成都：四川人民出版社.

四川植物志编辑委员会.1981.四川植物志(第二卷).成都：四川人民出版社.

四川植物志编辑委员会.1985.四川植物志.成都：四川科学技术出版社.

宋延龄,曾治高.2001.秦岭羚牛的生存现状及其面临的问题.生物多样性(香港),2：94-100.

苏杨.2004.中国西部自然保护区与周边社区协调发展的研究.农村生态环境,20(1)：6-10.

孙儒泳.2001.动物生态学原理.北京：北京师范大学出版社.

谭娟杰.1980.中国经济昆虫志(第十八册).北京：科学出版社：1-234.

谭娟杰,王书永,周红章.2005.中国动物志(第四十卷).北京：科学出版社：1-415.

唐家河自然保护区管理局,等.1987.唐家河植被及资源植物.成都：四川科学技术出版社.

田慧颖,陈利顶.2006.生态系统管理的多目标体系和方法.应用生态学报,25(9)：1147-1152

万秋红,方盛国,李建国,等.2005.唐家河自然保护区大熊猫的家庭网络：当代基因流评估.科学通报,50
　　(16)：1738-1745.

汪慧.2009.完善旅游项目征地补偿制度.合作经济与科技,(9)：25-26.

汪松,解焱.2009.中国物种红色名录.北京：高等教育出版社.

汪松,Smith A.T.,解焱,等.2009.中国兽类野外手册.长沙：湖南教育出版社.

王建军,李朝阳,田明忠.2006.生态旅游资源分类与评价体系构建.地理研究,25(3)：507-516.

王金锡，马志贵.1993.大熊猫主食竹生态学研究.成都：四川科学技术出版社.

王平远.1980.中国经济昆虫志(第二十一册).北京：科学出版社:1-262.

王兮之，王刚，Helge B.，等.2002.SPOT4遥感数据在荒漠—绿洲景观分类研究中的初步应用.应用生态学报，13(9)：1113-1116.

王小明，邓启涛.1987.唐家河自然保护区羚牛生态观察.野生动物，6：16-17.

王兴国，王建军.1998.森林公园与生态旅游.旅游学刊，(2)：16-19.

王艳妮，周材权，张君，等.2005.唐家河自然保护区夏季啮齿类的空间生态位.兽类学报，25(1)：39-44.

王西之，胡锦矗.1996.四川兽类原色图鉴.北京：中国林业出版社.

王淯，胡锦矗，谌利民.1994.唐家河自然保护区社鼠种群空间格局研究.四川动物，13(2)：67-68.

王淯，胡锦矗，谌利民，等.2003.唐家河自然保护区小型哺乳动物种群空间关系.东北师范大学学报(自然科学版)，2：110-112.

王淯，王小明，胡锦矗，等.2003.唐家河自然保护区小型兽类群落结构.兽类学报，23(1)：39-44..

王淯，胡锦矗，谌利民，等.2005.唐家河自然保护区小型哺乳动物空间生态位初步研究.兽类学报，25(4)：379-384.

王淯，胡锦矗，谌利民，等.2005.唐家河自然保护区小型兽类生物量的初步研究.生态学杂志，24(6)：707-710.

魏辅文，胡锦矗，许光瓒.1989.野生大熊猫生命表初编.兽类学报，9(2)：81-86.

魏辅文，胡锦矗，袁重桂，等.1991.唐家河自然保护区牛羚的生态学研究.四川师范学院学报，12(2)：127-132.

魏辅文，周才权，胡锦矗，等.1994.马边大风顶自然保护区大熊猫对竹类资源的选择利用.兽类学报，16(3)：171-175.

魏辅文，周昂，胡锦矗.1996.马边大风顶自然保护区大熊猫对生境的选择.兽类学报，16(4)：241-245.

魏辅文，冯祚建，王祖望.1999.相岭山系大熊猫和小熊猫对生境的选择.动物学报，45(1)：57-63.

魏宇航，肖雷，陈劲松，等.2013.克隆整合在糙花箭竹补偿更新中的作用.重庆师范大学学报(自然科学版),.30(4)：150-156.

卧龙植被及资源植物编写组.1987.卧龙植被及资源植物.成都：四川科学技术出版社.

卧龙自然保护区，四川师范学院.1992.卧龙自然保护区动植物资源及保护.成都：四川科学技术出版社.

邬建国.2001.景观生态学.北京：高等教育出版社.

吴华，胡锦矗.2001.四川唐家河羚牛、鬣羚、斑羚春冬季生境选择比较研究.生态学报，21(10)：1627-1633.

吴华，胡锦矗，陈万里，等.2000.唐家河自然保护区鬣羚春冬对生境的选择.动物学研究，21(5)：355-360.

吴华，张泽钧，胡锦矗.2002.唐家河自然保护区斑羚春冬季对生境的选择.华东师范大学学报(自然科学版)，2：92-97.

吴家炎.1990.中国羚牛.北京：中国林业出版社.

吴诗宝，刘云.1997.野生扭角羚繁殖习性的研究.重庆师范学院学报(自然科学版)，14：36-40.

吴诗宝，魏辅文.1997.扭角羚的繁殖特征及生命表初编.安徽大学报，20(2)：145-149.

吴诗宝，魏辅文，胡锦矗.1992.扭角羚的年龄鉴定初探.西华师范大学学报(自然科学版)，1：001.

吴诗宝，魏辅文，胡锦矗.1998.唐家河自然保护区扭角羚种群动态及稳定性的初步研究.华中师范大学学报，32(4)：464-469.

吴诗宝，魏辅文，胡锦矗.1998.唐家河自然保护区扭角羚种群动态及稳定性研究.四川师范学院学报(自然科学版)，19(2)：142-146.

吴燕如.2000.中国动物志(第二十一卷).北京：科学出版社:1-442.

吴征镒.1991.中国种子植物属的分布区类型.云南植物研究，增刊Ⅳ：1-6.

吴征镒，周浙昆，李德铢，等.2003.世界种子植物科的分布区类型系.云南植物研究，25(3)：245-257.

武春生.2010.中国动物志(第五十二卷).北京：科学出版社:1-416.

武春生，方承莱.2003.中国动物志(第三十一卷).北京：科学出版社:1-960.

西华师范大学生命科学学院.2013.四川省白河自然保护区综合科学考察报告(内部资料).

西华师范大学珍稀动植物研究所.2003.四川冶勒自然保护区综合科学考察报告(内部资料).

西华师范大学珍稀动植物研究所.2006.四川东阳沟自然保护区综合科学考察报告(内部资料).

西华师范大学珍稀动植物研究所.2008.四川栗子坪自然保护区综合科学考察报告(内部资料).

西华师范大学珍稀动植物研究所.2012.四川勿角自然保护区综合科学考察报告(内部资料).

鲜方海.1996.唐家河自然保护区保护事业的发展状况.四川林业科技与技术,9:75.

鲜方海.1998.唐家河保护区内老弱病残牛羚能否利用亟待探讨.大自然探索,17(63):95.

鲜方海.2000.唐家河自然保护区的中蜂蜜深受消费者青睐.蜜蜂杂志,9:32.

鲜方海.2006.四川省青川县唐家河野生资源开发有限责任公司.世界农业,2006,8:38.

鲜方海.2009.唐家河自然保护区的中蜂养殖.中国畜禽种业,9:16-18.

鲜方海,喻晓钢.2011.唐家河国家级自然保护区大型真菌多样性研究.中国野生动物资源,30(2):17-20.

萧刚柔,等.1991.中国经济叶蜂志.西安:天则出版社:1-220.

徐建国.2011.戴云山国家级自然保护区生态旅游开发条件与对策分析.林业勘察设计,(2):90-93.

徐雨,冉江洪,岳碧松.2008.四川省鸟类种数的最新统计.四川动物,27(3):429-431.

许春晓.2000.论旅游资源非优区的补偿类型与性质.湖南师范大学社会科学学报,29(4):67-71.

薛大勇,朱弘复.1999.中国动物志(第十五卷).北京:科学出版社:1-1090.

杨光梅.2007.我国生态补偿研究中的科学问题.生态学报,27(10):299-300.

杨旭煜,李如嘉,程励,等.2006.四川唐家河国家级自然保护区生态旅游发展战略研究,四川动物,25(1):72-75.

杨友桃,张涛.1997.甘肃白水江国家级自然保护区鸟类资源及其评价∥甘肃白水江国家级自然保护区管理局.甘肃白水江国家级自然保护区综合科学考察报告.兰州:甘肃科学技术出版社:173-195.

易同培.1985.大熊猫主食竹种的分类和分布(之二).竹子研究汇刊,4(2):20-45.

尤海涛,周立学.2005.自然保护区的旅游开发议.临沂师范学院学报,(3):53-56.

游云飞.2001.森林旅游产品开发与市场营销策略.福建林业科技,28(1):61-64

余志伟,邓其祥,江明道,等.2000.唐家河自然保护区的鸟类区系研究.四川师范学院学报(自然科学版),21(1):29-35.

虞佩玉,等.1996.中国经济昆虫志(第五十四册).北京:科学出版社:1-336.

袁锋,周尧.2002.中国动物志(第二十八卷).北京:科学出版社:1-590.

袁明生,孙佩琼.1999.四川蕈菌.成都:四川科学技术出版社.

袁明生,孙佩琼.2007.中国蕈菌原色图集.成都:四川科学技术出版社.

袁重桂,胡锦矗,吴毅,等.1990.唐家河自然保护区冬季独栖羚牛及其习性.动物学研究,11(3),203-207.

约翰·马敬能,菲利普斯,等.2000.中国鸟类野外手册.长沙:湖南教育出版社.藏得奎.1998.中国蕨类植物区系的初步研究.西北植物学报,18(3):459-465.

曾治高,钟文勤,宋延龄,等.1998.羚牛生态生物学研究现状.兽类学报,23:161-167.

曾宗永,岳碧松,冉江洪,等.2002.王朗自然保护区大熊猫对生境的利用.四川大学学报(自然科学版),39(6):1140-1144.

张荣祖.1999.中国动物地理.北京:科学出版社.

张荣祖.2011.中国动物地理.北京:科学出版社.

张新娜,乔丹,白亚妮.2011.浅析我国自然保护区功能区划原则及现存问题.时代报告,(7):306.

张泽钧,胡锦矗.2000.大熊猫生境选择研究.四川师范学院学报(自然科学版),21(1):18-21.

张泽钧,胡锦矗,吴华,等.2002.唐家河大熊猫种群生存力分析.生态学报,22(7):990-998.

章家恩,徐琪.1997.现代生态学研究的凡大热点问题透视.地理科学进展,16(3):29-37.

章士美.1985.中国经济昆虫志(第三十一册).北京:科学出版社:1-301.

章士美.1995.中国经济昆虫志(第五十册).北京:科学出版社:1-194.

赵尔宓.1998.中国濒危动物红皮书:两栖类和爬行类.北京:科学出版社.

赵尔宓.2006.中国蛇类(上、下卷).合肥:安徽科学技术出版社.

赵建铭.2001.中国动物志(第二十三卷).北京:科学出版社:1-305.

赵立民，魏敏. 2007. 基于生态旅游资源开发的价值补偿机制研究. 生产力研究，(19)：71-73.

赵秀娟，张泽钧，胡锦矗. 2012. 唐家河与蜂桶寨自然保护区大熊猫生境选择初步比较. 西华师范大学学报(自然科学版)，33(3)：234-239.

赵养昌，陈元清. 1980. 中国经济昆虫志(第二十册). 北京：科学出版社：1-200.

赵仲苓. 2003. 中国动物志(第三十卷). 北京：科学出版社：1-495.

郑光美. 2011. 中国鸟类分类与分布名录. 北京：科学出版社.

郑光美，王岐山. 1998. 中国濒危动物红皮书：鸟类. 北京：科学出版社.

郑乐怡，等. 2004. 中国动物志(第三十三卷). 北京：科学出版社：1-805.

郑维超，黎大勇，谌利民，等. 2012. 唐家河国家级自然保护区川金丝猴冬季栖息地选择. 四川动物，31(2)：1000-7083.

郑雯，冉江洪等，李波，等. 2012. 汶川地震对四川龙溪—虹口和唐家河自然保护区大熊猫栖息地利用格局的影响. 兽类学报，32(2)：118-123.

郑哲民. 1998. 中国动物志(第十卷). 北京：科学出版社：1-616.

中国地震台网中心. 2008. 1933年以来汶川地震震中200公里范围地震. http：//www. csi. ac. cn/Sichuan/sichuan08512_his. htm

中国科学院青藏高原综合科学考察队. 1992. 横断山区昆虫(Ⅰ、Ⅱ). 北京：科学出版社：1-1547.

中国科学院植物研究所. 1983. 中国高等植物科属检索表. 北京：科学出版社.

中国科学院植物研究所. 1987. 中国高等植物图鉴. 北京：科学出版社.

中国科学院植物研究所. 1994. 中国高等植物图鉴(第一册). 北京：科学出版社.

中国科学院中国植物志编辑委员会. 1978. 中国植物志(第三卷). 北京：科学出版社.

中国植被编辑委员会. 1980. 中国植被. 北京：科学出版社.

钟林生，赵士洞，向宝惠. 2003. 生态旅游规划原理与方法. 北京：化学工业出版社.

钟章成. 1982. 四川植被研究的历史与展望. 生态学杂志，2：40-43.

周国，严贤春，冯国杰，等. 2012. 四川大熊猫栖息地生态旅游SWOT分析. 大众科技，(4)：121-123.

周世强. 1994. 卧龙自然保护区的功能分区及有效管理研究. 四川师范学院学报(自然科学版)，15(2)：153-156.

周旭. 1999. 简析裸子植物特有树种在四川的分布特点. 四川林业科技，20(4)：42-46.

周尧. 1998. 中国蝴蝶分类与鉴定. 郑州：河南科学技术出版社：1-349.

周尧. 1999. 中国蝴蝶原色图鉴. 郑州：河南科学技术出版社：1-385.

朱弘复，王林瑶. 2001. 中国动物志(第十一卷). 北京：科学出版社：1-418.

朱弘复，等. 1981. 中国蛾类图鉴(Ⅰ、Ⅱ、Ⅲ、Ⅳ). 北京：科学出版社：1-484.

Alan H T，Qin Z S. 1987. Culm dynamics and dry matter production of bamboos in the wolong and Tangjiahe giant panda reserves，Sichuan，China. Journal of Applied Ecology，24：419-433.

Altmann J. 1974. Observational study of behavior：Sampling methods. Behaviour，49：227-267.

Balvanera P，Pfisterer A B，Buchmann N，et al. 2006. Quantifying the evidence for biodiversity effects on ecosystem functioning and services. Ecology Letters，9：1146-1156.

Chapman C A. 1990. Ecological constraints on group size in three species of neotropical primates. Folia Primatologica，73：1-9.

Chen X D，Frank L P，He G M，et al. 2009. Factors affecting land reconversion plans following a payment for ecosystem service program. Biological Conservation，142：1740-1747.

Daily G C. 1997. Natures Services：Societ al Dependence on Natural Ecosystems. Washington D C：Island Press.

Ge B M，Guan T P，Powell D，et al. 2011. Effects of an earthquake on wildlife behavior：a case study of takin(*Budorcas taxicolor*)in Tangjiahe National Nature Reserve，China. Ecological Research，26(1)：217-223.

Groves P，Shields G F. 1997. Cytochrome B sequences suggest convergent evolution of the Asian takin and arctic muskox. Molecular Phylogenetics and Evolution，8：363-374.

Guan T P, Ge B M, McShea W J, et al. 2013. Seasonal migration by a large forest ungulate: a study on takin(*Budorcas taxicolor*)in Sichuan Province, China. European Journal of Wildlife Research, 59(1): 81-91.

Guan T P, Ge B M, Powell D M, et al. 2012. Does a temperate ungulate that breeds in summer exhibit rut-induced hypophagia? Analysis of time budgets of male takin(*Budorcas taxicolor*)in Sichuan, China. Behavioural Processes, 89 (3): 286-291.

Han W Q, Chang Y. 2005. Research advance in landscape Pattem optimization. Chinese Journal of Ecology, 24 (12): 1487-1492.

He G, Chen X, Liu W, et al. 2008. Distribution of economic benefits from ecotourism: A case study of Wolong Nature Reserve for Giant Pandas in China. Environmental Management, 42: 1017-1025.

Helander M, Jia R, Huitu O, et al. 2013. Endophytic fungi and silica content of different bamboo species in giant panda diet. Symbiosis, 61: 13-22.

Howe R W, Davis G J. 1991. The demographic significance of "sink" population. Biological Conservation, 57: 239-255.

IUCN. 2010. IUCN Red List of Threatened Species. (<www. iucnredlist. org>)

IUCN. 2011. The IUCN Red List of Threatened Species. (Version 2011. 2).

Jaboury G, Claude G, Kushalappa C G. 2009. Landscape labelling: A concept for next-generation payment for ecosystem service schemes. Forest Ecology and Management, 258: 1889-1895.

Janson C H, van Schaik C P. 1988. Recognizing the many faces of primate food competition: Methods. Behaviour, 105: 165-186.

Kirk P M, Cannon P F, Minter D W, et al. 2008. Ainsworth & Bisby's dictionary of the fungi. 10th. Suvey. CABI.

Koenig A, Beise J, Chalise M K, et al. 1998. When females should contest for food: Testing hypotheses about resource density, distribution, size, and quality with Hanuman langurs(*Presbytis entellus*). Behavioral Ecology and Sociobiology, 42: 225-237.

Li B, Pan R, Oxnard C E. 2002. Extinction of snub-nosed monkeys in china during the past 400 years. International Journal of Primatology, 23: 1227-1243.

Li B G, Chen C, Ji W H. 2000. Seasonal home range changes of the Sichuan snub-nosed monkey (*Rhinopithecus roxellana*) in the Qinling mountains of China. Folia Primatologica, 71: 375-386.

Li Y M, Li D M. 1994. Advance in population viability analysis. Chinese Biodiversity, 2(1): 1-10.

Liu J, An L, Batie S S, et al. 2003. Human Impacts on land Cover and Panda Habitat in Wolong Nature Reserve, In People and the Environment. London: Springer: 243-263.

Liu J, Yang W. 2012. Water sustainability for China and beyond. Science, 337: 649-650.

Liu J G, Ouyang Z Y, Pimm S L, et al. 2003, Protecting China's biodiversity. Science, 300: 1240-1241.

Liu W, Vogt C A, Luo J, et al. 2012. Drivers and socioeconomic impacts of tourism participation in protected areas. PloS ONE, 7: e35420.

Long Y C, Kirkptrick R C, Zhong T, et al. 1994. Report on the distribution, population, and ecology of the Yunnan snub-nosed monkey (*Rhinopithecus bieti*). Primates, 35: 241-250.

Millennium Ecosystem Assessment Ecosystems and Human Well-being: A Framework for Assessment. Washing DC: Island Press. 2003.

Milton K. 1979. Factors influencing leaf choice by howler monkeys: a test of some hypotheses of food selection by generalist herbivores. American Naturalist, 114: 362-378.

Myers N, Mittermeier R A, Mittermeier C G, et al. 2000. Biodiversity hotspots for conservation priorities. Nature, 403: 853-858.

Neas J R. Hoffmann. 1987. Budorcas taxicolor. Mammalian Species:1-7.

Oates J F. 1987. Food distribution and foraging behavior. *In*: Smuts B B, Cheney D L, Seyfarth R N, et al. Primate

Societies. Chicago: University of Chicago Press.

Qi D W, Hu Y B, Gu X D, et al. 2012. Quantifying landscape linkages among giant panda subpopulations in regional scale conservation. Integrative Zoology, 7: 165-174.

Raboy B E, Dietz J M. 2004. Diet, foraging, and use of space in wild golden-headed lion tamarins. American Journal of Primatology, 63: 1-15.

Reid D G, Hu J C. 1991. Giant panda pelection petween *Bashania fangiana* bamboo habitats in Wolong Reserve, Sichuan, China. Journal of Applied Ecology, 28: 228-243.

Schaller G B, Hu J C, Pan W S, et al. 1985. The Giant Panda of Wolong. Chicago: the University of Chicago Press.

Schaller G B. 1998. 最后的大熊猫. 张定绮译. 北京: 光明日报出版社.

Wan Q H, Fang S G, Li J G, et al. 2005. A family net of giant pandas in the Tangjiahe Natural Reserve: assessment of current individual migration. Chinese Science Bulletin, 50(17): 1879-1886.

Wei F W, Feng Z J, Wang Z W, et al. 1999. Feeding strategy and resource partitioning between giant and red pandas. Mammalia, 63(4): 417-430.

Wei F W, Feng Z J, Wang Z W, et al. 2000. Habitat use and separation between the giant panda and the red panda. Journal of Mammalogy, 81(2): 448-455.

Wei F W, Hu J C, Xu G Z. 1989. A study on the life table of wild giant pandas. Acta Theriologica Sinica, 9(2): 81-86.

Wilson D E, Reeder D M. 2005. Mammal Species of the World: A Taxonomic and Geographic Reference-3rd ed. Baltimore: Johns Hopkins University Press.

Yang J D, Hou R, Shen F J, et al. 2011a. Microsatellite variability reveals significant genetic differentiation of giant pandas(*Ailuropoda melanoleuca*)in the Minshan A habitat. African Journal of Biotechnology, 10(60): 12804-12811.

Yang J D, Zhang Z H, Shen F J, et al. 2011b. Microsatellite variability reveals high genetic diversity and low genetic differentiation in a critical giant panda population. Current Zoology, 57(6): 1-11.

Zhan X J, Li M, Zhang Z J, et al. 2006. Molecular censusing doubles giant panda population estimate in a key nature reserve. Current Biology, 16: 451-452.

Zhang W P, Yie S M, Yue B S, et al. 2012. Determination of Baylisascaris schroederi infection in wild giant pandas by an accurate and sensitive PCR/CESSCP Method. PLoS ONE, 7(7): 1-7.

Zhang Z J, Hu J C, et al. 2002. An analysis on population viability for giant pandas in Tangjiahe. Acta Ecologica Sinica, 22(7): 990-998.

Zhang Z J, Swaisgood R R, Zhang S N, et al. 2011. Old-growth forest is what giant pandas really need. Biology Letters, 7: 403-406.

Zhang Z J, Wei F W, Li M., et al. 2006. Winter microhabitat separation between giant and red pandas in *Bashania faberi* bamboo forest in Fengtongzhai Nature Reserve. Journal of Wildlife Management, 70(1): 231-235.

Zhang Z J, Zhan X J, Yan. L., et al. 2009. What determines selection and abandonment of a foraging patch by wild giant panda(*Ailuropoda melanoleuca*) in winter? Environmental Science and Pollution Research, 16: 79-84.

附　　图

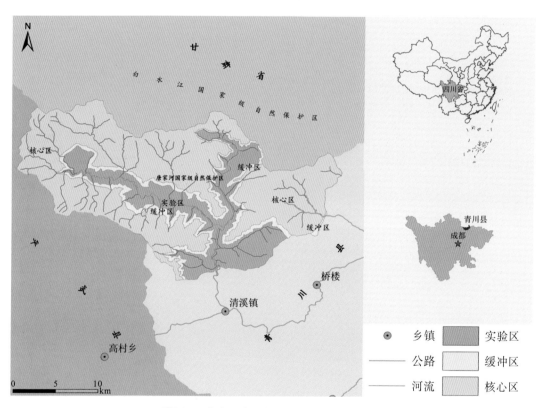

附图 1　唐家河自然保护区区位关系示意图

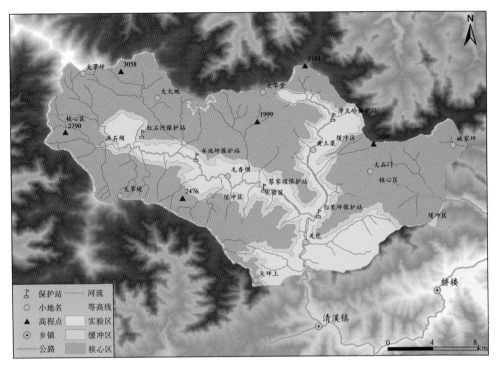

附图 2　唐家河自然保护区功能分区示意图

附图 3　唐家河自然保护区植被类型示意图

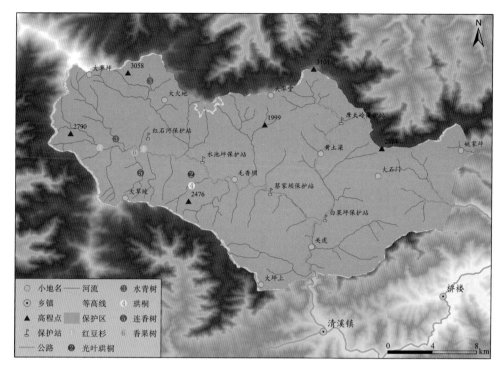

附图 4　唐家河自然保护区国家重点保护植物分布示意图

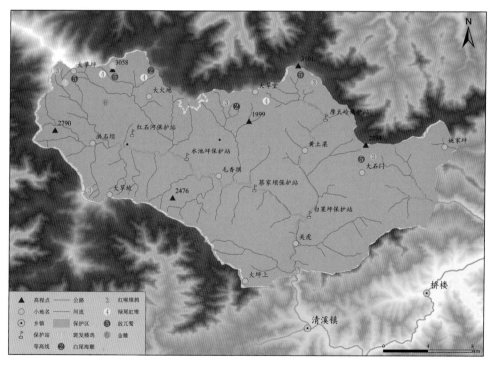

附图 5　唐家河自然保护区国家 I 级重点保护鸟类分布示意图

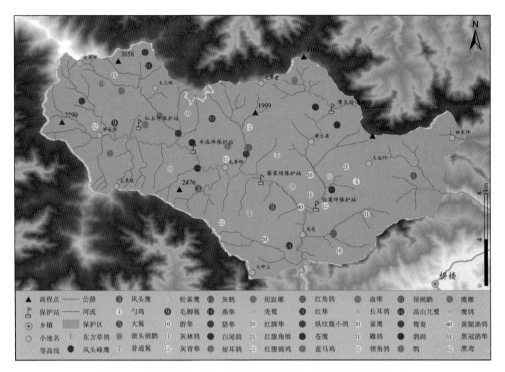

附图 6　唐家河自然保护区国家Ⅱ级重点保护鸟类分布示意图

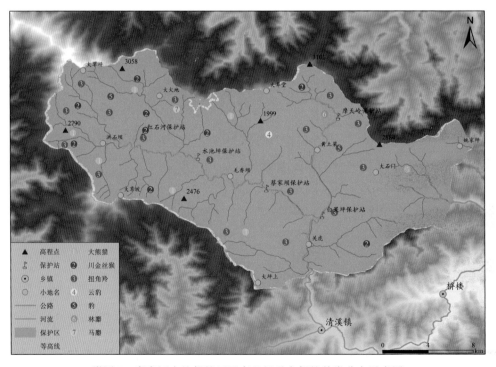

附图 7　唐家河自然保护区国家Ⅰ级重点保护兽类分布示意图

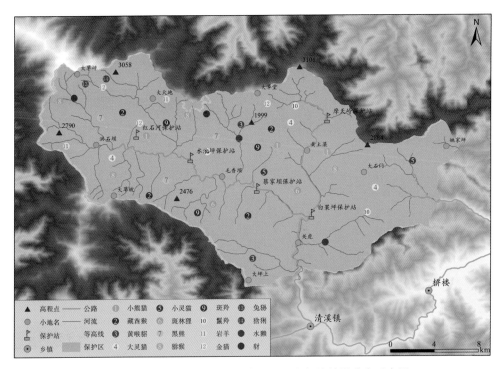

附图 8　唐家河自然保护区国家Ⅱ级重点保护兽类分布示意图